高等院校石油天然气类规划教材

油 藏 地 质 学

(第四版)

唐　洪　　蒋裕强　　杨辉廷　主编

石油工业出版社

内 容 提 要

本书包括油气地质基础理论、油气藏资料录取与解释、油气藏静态地质研究和油气藏开发阶段地质研究四个方面的内容，系统介绍了常规和非常规油气藏的形成过程、分布规律，油气藏勘探开发过程中油气藏特征研究的基础资料、基本方法和技术。

本书可作为石油工程、勘探技术与工程等非石油资源勘查工程专业的本科教材，也可作为从事油田经营、管理等方面的专业人员学习、掌握油气藏地质知识的培训教材或参考书。

图书在版编目(CIP)数据

油藏地质学／唐洪,蒋裕强,杨辉廷主编. —4 版.
—北京:石油工业出版社,2022.6(2023.6 重印)
高等院校石油天然气类规划教材
ISBN 978－7－5183－5316－3

Ⅰ.①油… Ⅱ.①唐… ②蒋… ③杨… Ⅲ.①油田开发－石油天然气地质－高等学校－教材 Ⅳ.
① P618.130.2

中国版本图书馆 CIP 数据核字(2022)第 054772 号

出版发行:石油工业出版社
(北京市朝阳区安定门外安华里 2 区 1 号楼 100011)
网 址:www.petropub.com
编辑部:(010)64251362 图书营销中心:(010)64523633
经 销:全国新华书店
排 版:北京乘设伟业科技有限公司
印 刷:北京中石油彩色印刷有限责任公司

2022 年 6 月第 4 版 2023 年 6 月第 2 次印刷
787 毫米×1092 毫米 开本:1/16 印张:26.75
字数:690 千字

定价:60.00 元
(如出现印装质量问题,我社图书营销中心负责调换)
版权所有,翻印必究

第四版前言

《油藏地质学(第三版)》作为普通高等教育"十一五"国家级规划教材和面向21世纪课程教材,得到了专家、师生和其他读者的认可和好评。他们对该书提出了许多意见和建议,足见他们对本教材的关心和爱护。

《油藏地质学(第三版)》作为本科教材已经使用10年,这期间油气田的勘探、开发理论和方法技术有了跨越式的发展。为适应当前形势,实现本书油气地质知识的系统性和完整性,编者对第三版进行了全面的修订。本次修订补充了国内外油田地质研究的新理论、新技术和新成果,融入了最新的研究成果,吸取了有关专家学者的建议、教学一线教师的体会和广大读者的意见。

本版教材包括四篇内容,共分为十章。第一篇为油气地质基础理论,包括第一章常规油气成藏理论、第二章非常规油气地质理论;第二篇为油气藏资料录取与解释,包括第三章油气藏静态资料录取与解释、第四章油气藏动态资料获取及应用;第三篇为油气藏静态地质研究,包含第五章至第八章,介绍了油气藏构造及沉积微相,储层特征与评价,油气藏流体、温度和压力特征,油气藏地质模型与储量;第四篇为油气藏开发阶段地质研究,包括第九章油气藏开发设计理论基础和第十章油气藏动态地质特征。

本次修订将第三版第一章和第二章整合为第一章,新增非常规油气地质理论作为第二章,呼应了当前油气地质的主流理论。对第三版第二篇的内容进行了较大调整,凸显了静态资料和动态资料的分类。原有的第三章钻井地质设计被删除,在保留录井资料的基础上新增了钻井地质资料(含井型、井别和井位部署原则)、地球物理资料。新增的第四章内容,包括了地层测试与试油资料、生产动态资料和动态监测资料。整合了原第五章、第七章,补充了碳酸盐岩的部分内容,新增页岩气储层、煤储层特征与评价,完善了储层构型相关理论知识。对第七章和第八章部分内容进行了调整,并根据最新的国家标准,修订常规油气估算内容,新增页岩气和页岩油储量估算。第四篇在第九章新增油气藏开发设计理论基础,在第十章整合了原第十章和第十一章的内容。此外,此次修订对本书的有关概念做了进一步的更新,增加了专业术语对应的英文词汇。

本书由唐洪、蒋裕强、杨辉廷主编,其中绪论由唐洪编写;第一章由徐志明编写;第二章由蒋裕强编写;第三章、第四章由杨辉廷编写;第五章由唐洪、周彦编写;第六章由蒋裕强、唐洪、谷一凡、王占磊、付永红编写;第七章由唐洪编写;第八章由唐洪、杨辉廷编写;第九章、第十章由周彦编写。全书由唐洪、杨辉廷统稿。博士生冯林杰、周亚东参与碎屑岩成岩作用的编写并补充了地震裂缝预测图件，研究生邓睿、周昱军、李大忠、陈广杰等在图件清绘中做出了贡献。

本书由蔡正旗教授主审。他对本书的体系及内容提出了许多宝贵的意见，并对修订内容进行了全面指导。

在成书过程中，编者获得了来自多方人士的支持和帮助，在此一并向提供帮助和指导的诸位专家、同仁、朋友和引用文献的作者们表示诚挚的谢意。

限于专业水平和时间所限，本书必然有不足与错漏之处，望广大读者不吝批评指正。

编　者

2021 年 8 月

第三版前言

本教材出版至今,获得了专家、师生和读者的好评。当然,不少专家、老师同学和读者也对本书提出了许多意见和建议,足见他们对本教材的关心和爱护。藉此第三版出版之际,首先向关心本书的专家、师生和读者表示深切的谢意。

本版充分考虑教学第一线专家的意见,特别是石油工程有关专家学者的建议,对全书做了较大修订。本着让石油工程、勘查技术工程等非资源勘查工程专业师生能更有效、系统、连贯学习的原则,本版将全书分为三大篇。对第二版第一章和第二章内容做了调整和改动,补充了近年来较为流行或公认的最新研究成果,以此作为第一篇。对第二版第三章和第四章中的部分内容进行了次序调整和新资料的补充与完善,作为第二篇。第五章至第十一章这部分内容进一步系统化,并补充了储层构型、微构造、流体流动单元的概念和划分方法及其开发措施等最新的研究资料与认识成果,作为第三篇。此外,对本书的有关概念做了进一步的斟酌和更新。

本版由西南石油大学多位老师集体编写,第三章、第四章由蔡正旗教授编写;第五章、第六章由蒋裕强副教授编写;周彦老师参与了第五章部分内容编写;第七章由李斌副教授编写;第八章第三节由徐志明副教授编写;第九章由唐洪、杨辉廷老师编写;第十一章由渠芳老师编写;第一章、第二章、第八章第一节、第二节及第十章由其他老师编写。全书由蔡正旗等人统稿,伍友佳主审。虽然如此,限于专业水平,书中的不足与错漏之处仍在所难免,切望各位专家、同仁和广大读者给予批评指正。

编 者

2011 年 2 月

第二版前言

本书出版两年,所印2000册已销售一空,不得不于今年再版。不少专家、老师、同学和读者对本书提出了许多意见和建议,足见他们对本教材的关心和爱护。藉此再版之际,首先向关心本书的专家、师生和读者表示深切的谢意。

本次再版对全书做了较大修订。主要考虑与石油工程、石油物探等非地质的石油上游专业的"地质基础"课程的衔接,对初版第四章至第七章中较深的内容和与"地质基础"课程衔接不好的部分做了全面改动。对初版第八章至第九章和第一章至第三章中的部分内容做了次序调整。此外,对全书的字句做了进一步的斟酌、订正。

本次再版,由于蔡正旗副教授忙于其他工作,全书由伍友佳高级地质师结合教学实践和各方面意见进行了全面修订。虽然如此,限于个人的业务水平,书中的不足与错漏仍在所难免,切望各位专家、同仁和广大读者给予批评指正。

伍友佳
2003年10月

第一版前言

"油藏地质学"是为非地质专业的本科学生学习油气地质知识而开设的一门课程。在学习了"地质学基础"课程之后,为使学生了解、掌握油气藏形成、油气藏描述、油藏地质在开发过程中的变化等油气地质知识,特意编写了这本《油藏地质学》教材。本书内容包括油气生成与运移聚集的石油地质知识、油气藏描述知识,以及油藏在开发过程中的地质变化等开发地质知识。目的在于让从事石油上游行业工作的非地质勘探人员通过本书的学习就可基本了解、掌握油藏或油田地质的基本知识。这就为从事钻井、采油、油藏工程、石油物探及其他石油上游行业工作的同志学习后续专业课程打下一个全面的油藏地质知识的基础。

本书绪论、第一章至第三章及第八章至第九章由伍友佳高级地质师编写,第四章至第七章由蔡正旗副教授编写,全书由伍友佳统稿。由于水平所限,加之时间仓促,错漏之处在所难免,望各位专家、同行及广大读者给予指正。

编 者

2000 年 11 月

目 录

绪 论 ·· (1)

第一篇 油气地质基础理论

第一章 常规油气成藏理论 ··· (6)
第一节 油气生成理论 ·· (6)
第二节 油气藏形成的基本地质因素 ·· (23)
第三节 油气藏形成的基本条件及类型 ··· (40)
思考题 ·· (52)

第二章 非常规油气地质理论 ·· (53)
第一节 非常规油气及特征 ·· (54)
第二节 非常规油气主要类型及分布 ·· (57)
思考题 ·· (62)

第二篇 油气藏资料录取与解释

第三章 油气藏静态资料录取与解释 ··· (63)
第一节 钻井地质资料 ·· (63)
第二节 地球物理资料 ·· (95)
思考题 ··· (110)

第四章 油气藏动态资料获取及应用 ··· (111)
第一节 地层测试与试油资料 ··· (111)
第二节 生产动态资料 ·· (124)
第三节 动态监测资料 ·· (130)
思考题 ··· (137)

第三篇 油气藏静态地质研究

第五章 油气藏构造及沉积微相 ·· (138)
第一节 油层对比 ·· (138)
第二节 油气田构造研究概述 ··· (152)

第三节　井下断层研究 ………………………………………………………………… (157)
　　第四节　沉积微相分析 ………………………………………………………………… (169)
　　思考题 …………………………………………………………………………………… (179)

第六章　储层特征与评价 …………………………………………………………………… (180)
　　第一节　储层类型 ……………………………………………………………………… (180)
　　第二节　储层非均质性研究 …………………………………………………………… (217)
　　第三节　储层裂缝研究 ………………………………………………………………… (235)
　　第四节　储层构型研究 ………………………………………………………………… (251)
　　第五节　储层综合评价 ………………………………………………………………… (261)
　　思考题 …………………………………………………………………………………… (267)

第七章　油气藏流体、温度和压力特征 …………………………………………………… (268)
　　第一节　油气藏流体分布 ……………………………………………………………… (268)
　　第二节　油气藏温度系统 ……………………………………………………………… (279)
　　第三节　油气藏压力 …………………………………………………………………… (280)
　　思考题 …………………………………………………………………………………… (287)

第八章　油气藏地质模型与储量 …………………………………………………………… (289)
　　第一节　油气藏地质模型 ……………………………………………………………… (289)
　　第二节　油气资源与储量 ……………………………………………………………… (294)
　　第三节　容积法油气储量估算及评价 ………………………………………………… (304)
　　思考题 …………………………………………………………………………………… (334)

第四篇　油气藏开发阶段地质研究

第九章　油气藏开发设计理论基础 ………………………………………………………… (335)
　　第一节　油气藏开发阶段的划分 ……………………………………………………… (335)
　　第二节　油藏开发方案设计基础 ……………………………………………………… (347)
　　思考题 …………………………………………………………………………………… (363)

第十章　油气藏动态地质特征 ……………………………………………………………… (364)
　　第一节　注水开发过程中的油藏地质变化 …………………………………………… (364)
　　第二节　油层水洗规律 ………………………………………………………………… (383)
　　第三节　剩余油分布与预测 …………………………………………………………… (394)
　　思考题 …………………………………………………………………………………… (412)

参考文献 ……………………………………………………………………………………… (413)

绪 论

一、油藏地质学课程设置与定名

油藏地质学是关于油藏形成、油藏地质特征、油藏在开发中的变化等相关理论和研究方法的学科，是一门了解和掌握油气地质理论、油气藏动态和静态地质特征、直接为油气藏勘探开发服务的理论和技术基础课。之所以在石油高校中石油类相关专业（除资源勘查工程专业外）开设这门课程，其原因主要体现在以下两个方面。

（一）石油高校专业设置与合并的需要

自1995年以来，国内各石油高校将钻井、采油、油藏工程三个专业归并为石油工程专业，将物探、测井专业合并为石油地球物理探测专业，现为资源勘查技术专业等。随着专业的合并，专业人才培养对知识的需求势必拓宽，课程数目将会增多，显然，对一些课程进行调整、合并十分必要。

（二）油气地质课程系统性的需要

与油气相关的非资源勘查工程专业在知识架构中需要掌握油气藏地质。油气地质的核心知识主要包括油气地质理论和研究技术方法两个方面，主要分布在石油地质学、油矿地质学、开发地质学等课程之中。但是要了解和掌握油气地质理论和方法原理需要相关地质学基础，如普通地质学、矿物学、普通岩石学、沉积岩石学、地层与古生物学、构造地质学等，非资源勘查工程专业的师生深感地质课程内容繁多，缺乏系统性、连贯性，遂有将地质课程进行整合的建议。在考虑上述意见并全面权衡以后，各方比较一致的意见是，将石油工程专业、勘查技术与工程专业的地质课程集中归并为两门：一门是地质学基础，集中讲述普通地质学、岩石矿物学、沉积岩与沉积相、构造地质学等地质基础知识；另一门是油气藏地质学，集中介绍油气藏形成、油气藏研究与评价、油气藏开发动态地质等专业地质知识。这样的课程设置，便于非资源勘查工程专业学生对油气地质专业知识形成全面、系统的认识。

该类课程已经在石油工程等石油类相关专业开设多年，各石油高校在不同的专业中使用的课程名称不尽相同，有的院校在石油工程专业课程设置或教学实践中使用"油气藏开发地质学"，在勘查技术工程专业中采用"石油地质基础"。从课程设置目的、课程涉及内容等方面考虑，笔者觉得"油藏地质学"内涵广泛，所以至今沿用。

二、油藏地质学研究的内容

在油气藏勘探开发过程中，油藏地质的研究以油气地质理论为指导，在区域普查阶段和圈闭预探阶段以发现油气田为目标，油气成藏研究包括成藏条件、成藏机理、油气藏分布规律等内容；在油气田发现之后的油气藏评价阶段、产能建设阶段和油气生产阶段，油藏地质研究以探明油气藏和提高油田采收率为目标，开展油气藏内部非均质性及其对油气田开发的控制作用的油藏地质研究。因此，油藏地质学主要介绍以下四个方面的内容：

(一)油气地质基础理论

油气地质学是阐述石油与天然气在地壳中生成、运移聚集、产出状态及分布的专门学科,是石油与天然气勘探开发油藏地质研究的基础。随着油气勘探新区、新层系、新类型的不断拓展,该学科从传统的油气地质学演化为常规油气地质和非常规油气地质两个学科方向。本教材针对学科的发展将油气地质理论分为常规油气成藏理论和非常规油气地质理论两个部分进行介绍,分别对应本教材第一章和第二章。

常规油气成藏理论介绍传统油气地质理论中油气藏的基本要素及基本概念,包括油气成因理论、油气藏形成的基本条件、油气的运移和聚集、圈闭和油气藏的度量及类型。非常规油气地质理论介绍非常规油气藏的概念、类型和非常规油气的基本特征、分布。

(二)油气藏资料录取与解释

油气藏资料是油气藏地质特征研究的资料基础。根据资料录取的阶段和所能提供的油气藏信息特征,将资料分成静态资料和动态资料两个大类,分别对应本教材的第三章和第四章。

油气藏静态资料是指非油气藏开发过程中录取的资料,主要反映油气藏静态地质特征,包括钻井录井资料和地球物理资料。钻井录井资料能够直接认识油气藏的基本特征,为地球物理方法研究油气藏地质提供基础;地球物理资料由于分布范围广、种类多,可以间接而又更加全面地认识油气藏地质特征,两者缺一不可。

油气藏动态资料是指在油气藏开发过程中的生产数据和油气藏测试与监测资料,主要反映油气藏生产特征,但通过综合分析也可以反映油气藏类型、油气层特征及油气水性质等。油气藏动态资料包括地层测试与试油资料、生产动态资料和动态监测资料。

在油气藏勘探开发过程中,取全、取准反映地下地质情况的各项资料,对于深刻认识油气藏具有十分重要的意义。

(三)油气藏静态地质研究

对于已经发现的油气藏,从油气藏勘探钻井到油气藏开发每个阶段,都需要对油气藏的特征及变化进行分析、评价和预测。油气藏静态地质特征研究主要阐述油气藏构造及沉积微相,储层特征与评价,油气藏流体、温度和压力特征,油气藏地质模型与储量等内容,分别对应教材的第五章至第八章。

油气藏构造研究油气藏范围内各油层单元的构造起伏和断裂状况,沉积微相研究的是油气藏范围内各油层单元的最小沉积单元,都需要以油层对比的成果等时地层格架为基础。第五章"油气藏构造及沉积微相"介绍了油层对比、油气藏构造、沉积微相的概念和研究方法。

储层是油气田勘探和开发的直接目的层。第六章阐述了储层的研究内容及研究方法,包括储层类型、储层非均质性研究、储层裂缝研究、储层构型研究及储层综合评价等。

油气藏流体是油气藏开发的对象,而温度及压力是油气开发的环境条件。第七章"油气藏流体、温度和压力特征"主要介绍油气藏流体、温度、压力的分布规律以及研究方法。

油气藏地质模型是在全面认识油气藏地质特征的基础上,利用数学方法建立的三维数字模型,不仅能综合表征油气藏地质特征,同时对资料点间和之外区域具有一定的预测能力。油气储量是石油工业发展的基础,关系到国民经济规划和油田建设投资问题,是非常重要的概念。第八章"油气藏地质模型与储量"侧重介绍了油气藏地质模型概念、储量分类、分级与评价，还介绍了各类油气藏静态储量的估算方法，包括油气藏地质模型、油气资源与储量、容积法油气储量估算。

(四) 油气藏开发阶段地质研究

油气藏投入开发以后，油气水在油层中发生运动，使油层中流体分布发生变化。另外，外来流体的注入打破了地层中岩石与流体间的平衡，地下油层自身及其与流体相互作用，使得油层和流体性质等发生变化。这些变化共同影响着油气的采出和油田开发效果。开发过程中的油水运动变化和剩余油分布是油田开发地质工作者全力追寻的目标。这部分内容就是传统意义上的开发地质学内容，对应教材的第九章和第十章。

油藏开发方案设计知识是研究油气藏动态地质的基础。第九章介绍了油气藏开发阶段的划分、开发方案设计所涉及的开发层系、注水开发方式及优化、驱动类型等知识。第十章主要介绍了油藏开发过程中的油藏地质变化、油层水洗规律和剩余油分布等。

三、油藏地质在油气藏开发中的地位和作用

无论是油气勘探还是油气开发，其对象和目标都是针对"油气"而言，而"油气"又储集在一定地质条件下的油气藏中，只有了解和掌握油气藏地质特征，才能有效开发油气并提高油气采收率。油气藏从发现到开发结束要经历很长的时间，其间可划分为评价勘探、开发设计与开发实施、开发生产、开发调整及提高采收率等多个工作阶段。在整个油田生产过程中，油藏地质自始至终都是各项工作的基础，起着非常重要的作用。离开油藏地质，油田开发无从谈起；油藏地质情况不清，这样的油藏开发起来必然问题重重；只有油藏地质情况清楚，才能谈得上科学合理地开发油田。由此可以看出，油藏地质在油气田开发工作中处于一种基础、核心、关键和支配的地位，油藏地质工作在油气田开发中起着智囊团、参谋部的作用。

油藏从勘探到开发结束的基本过程与各阶段的主要地质工作见表1。在表中，只有区域勘探阶段的地质工作不属于油藏地质研究的范围，其他所有阶段都涉及油藏地质研究工作，而且与开发联系紧密。

表1 石油勘探开发的基本过程与各阶段主要地质工作

分项	区域勘探阶段	评价勘探阶段	开发设计与开发实施阶段	开发生产阶段	开发调整及提高采收率阶段
目的	找油	探明油藏	设计实施开发方案	采出油气	提高采油速度与采收率
成果	提供油藏	提交开发储量	提供油气生产能力	提供商品原油	改善开发效果增加可采储量
时间	1年至几年	1年至几年（一般为1年至2年）	1~3年	20~50年以上	
主要地质工作	生储评价、成藏条件研究，指示有利勘探方向	钻探取资料，油藏描述，油藏评价及储量计算	试采及开发试验，编制开发方案，钻井、油建，编制射孔投产投注方案	动态分析，开发管理，油藏静态研究，开发治理研究	油藏开发的整体解剖研究，编制调整方案，提高采收率研究与方案编制

四、怎样学好油藏地质学

油藏地质学的学习,既有一般学科的共性,也有其自身的特点。要想学好一门课程,需要了解其特点,并采取有助于该课程学习的针对性措施,方能收到事半功倍的效果。建议大家从以下三个方面进行努力。

(一)了解学科特点

油藏地质学具有两个重要的特性,即综合性和应用性。

1. 综合性

油藏地质学作为石油工程专业及其他非资源勘查专业学生的专业基础课,它涵盖了油气地质的全部知识。从面上来说,油藏地质学与油层物理、渗流力学、石油物探、石油测井、油藏工程、采油工程关系紧密,互为基础和互相补充。要学习好油藏地质学这门课程,就应该首先学好各门相关课程。

2. 应用性

油藏地质学从科学或学科这一角度来看可能是不够系统、不够完善的,但它的确是油田开发的起点和基础,是油田开发中极为重要而又必不可少的核心工作。油藏地质学的存在是油气开发生产实践的需要。因此,怎样学习和应用油藏地质学知识来解决实际问题,指导油气开发生产,改善开发效果,提高油气采收率,就显得特别重要。

(二)学好相关课程

鉴于油藏地质学较强的综合性和重要的应用性,我们必须努力学好这门课程。为达此目的,我们必须学好相关课程,比如先修课程"地质学基础""油层物理""渗流力学""石油测井"。而学好后续的"油藏工程""采油工程"等课程可以更好地帮助同学们理解本课程的内容。

(三)养成踏实、严谨的学风与作风

油藏地质学是一门直接为油气田勘探及开发服务的学科。要做好油藏地质工作必须具备踏实、严谨的学风与作风。

(1)油田开发与勘探的高风险与高投入,要求在其中起关键作用的油藏地质工作者必须在工作中细致、严格、踏实。在油藏勘探开发工作中,地质工作者因踏实严谨而创造或节省上亿元财富的事迹并非个别,由于地质工作的疏忽而损失浪费上亿元的事例也并不罕见。

(2)油田开采动态反映与开发效果表现的滞后性,使得对开采措施不当或开发决策失误的发现必然较晚,这往往会造成相当的损失和一定的后遗症。如果能通过自己踏实严谨的工作避免一次或几次这样的失误,或者能更早地发现和纠正这些失误,这不正是油藏地质工作者所致力追求的吗?当然这也是油藏地质工作者的责任与义务。

(3)油藏地质工作主要是利用油田各种资料,分析油藏地质特征。我们必须搜集油藏从第一口探井开始到至今为止所能得到的一切资料,进行仔细分析研究和综合判断,才能掌握油

藏地下的最新动态,以便随时制定客观合理而又切实可行的对策。

(4)油藏地质工作在油田开发中处于参谋部、智囊团的重要地位,一项措施的实施或一个方案的施行,常常牵动方方面面,稍有不慎就会徒劳无功或造成不必要的损失。

良好的学风十分关键,真心诚意才能达到静心、高效学习的效果。学风与作风不是一个早晨一下决心就能养成的,必须在青年时代的学习、生活、工作中长期不懈地严格自律。

第一篇　油气地质基础理论

第一章　常规油气成藏理论

第一节　油气生成理论

一、油气成因理论

石油一词，源于北宋沈括（公元1031—1095年）《梦溪笔谈》："鄜、延境内有石油，旧说高奴县出脂水，即此也"。而在更早的唐、晋、汉甚至周代，我国已有关于石油的记载。比如，周代的《易经》中就有"上火下泽""火在水上""泽中有火"的记载。英文中，石油一词为"petroleum"或"rock oil"。石油是天然产出的烃类物质，在正常条件下，呈气态者称为天然气，呈液态者称为石油或原油（原状的未经加工的石油），呈固态者称为沥青、沥青砂或气水合物（可燃冰）等。

石油的成因问题是石油地质界的一个重大问题。它不仅具有重要的理论意义，而且具有指导油气勘探的重要实践意义。

自19世纪70年代以来，人们对石油成因问题，先后提出过几十种假说。大多数假说都是根据两方面的认识提出来的：一是实验室的实验认识；二是石油勘探开发的实践认识。按照原始生油物质的不同，可以把各种生油假说归纳为两大学派，即无机生油学派和有机生油学派。前者认为石油是由无机物质变化生成的，而后者则认为石油是由有机物质演变形成的。

（一）石油有机成因理论的提出

长期以来，两大学派展开了激烈的争论。从19世纪末到20世纪中叶，无机生油学派曾盛行一时。其中比较著名的学说有：Д. И. 门捷列夫的碳化物说（1876）、В. Д. 索可洛夫的宇宙说（1889）、Н. А. 库得梁采夫的岩浆说（1949）等。

自20世纪以来，有机学说逐渐占据优势。但在有机生油学派内部也有争论。例如就生油物质来说，有的认为是植物，有的认为应是动物；在生油环境方面，有海相生油与陆相生油的争论；在生油时间上，有主张成岩早期生油的，也有认为主要是成岩晚期生油的。但20世纪70年代以来，晚期生油说逐渐成为主流。

石油成分的复杂多样性、油气生聚时间的极其长期性、石油本身的流动性以及随之而来的石油运聚场所的空间变化性,造成石油成因问题研究的困难性。迄今为止,关于油气生成的许多细节问题仍不清楚,有关石油生成问题的争论仍在继续中,但基本以石油有机成因说占据主导地位。

现今多数学者认为:自然界虽确有无机生成的低分子烃类化合物存在,但其数量与规模均极有限,地壳上绝大部分的油气(oil and gas)是由动植物尸体等生物有机质(biological organic matter)经与细粒沉积物一起沉积形成沉积有机质(sedimentary organic matter),然后经成岩作用转换为干酪根(kerogen),最后在温度的作用下进一步埋藏热演化裂解形成的。

(二) 石油有机成因理论主要证据

随着油气勘探和生油研究不断深入,无机成因理论逐步为有机成因理论所代替。有机成因理论的主要论据是:

(1) 世界上已发现的油气田,99.9%以上都分布在沉积岩中;与沉积岩无关的大片岩浆岩、变质岩区没有产出石油;少量产出工业油流的岩浆岩、变质岩都与沉积岩毗邻。

(2) 油气中先后鉴定出很多与活生物体有关的生物标志化合物。例如,石油中的卟啉类化合物、异戊间二烯烃类、胆甾醇、植物甾醇等生物成因物质的存在。又如,石油中的碳同位素与生物体中的碳同位素符合母源成因分馏效应。这都说明二者之间具有不可否认的成因关系。

(3) 石油成分的复杂多样性和石油组成元素的大体一致性,与生物有机质成分的复杂多样性及其组成元素的大体一致性,有着惊人的相似性。石油是非常复杂的烃类与非烃物质的混合物,世界上既没有成分完全相同的两种石油,也没有成分完全不同的石油;大多数石油的化学组成十分相似。这与生物有机质的丰富多样性及其组成元素的大体一致性,有着无可否认的相似性(表1-1)。

表1-1 石油与沉积岩中的有机质元素组成对比表

元　　素	沉积岩中的有机质	石　油
C	52%~71%	83%~87%
H	7%~10%	11%~15%
O	15%~35%	痕量~4%
N	4%~6%	痕量~4%
S	—	痕量~4%

(4) 在近代海相与湖相沉积中已发现有机质向油气转化的证据。我国在青海湖及洞庭湖,美国在墨西哥湾与加利福尼亚滨外大陆架,苏联在里海、黑海和谢万湖的近代沉积中,通过热模拟实验,都发现了有机质向石油转化的直接证据。

总之,油气的有机成因说充分考虑了油气的生成和产出的地质、地球化学条件,深入对比了油气及有机质的组成特征,因此更能说明油气的成因,为绝大多数石油地质、地球化学工作者所接受。不过,经现代研究证明,有部分天然气很可能是无机成因的。

二、油气生成的有机质来源

自然界的生物种类繁多,但不论是高等生物还是低等生物,也不论是水生生物还是陆地生物,它们都是由脂质(lipid)、蛋白质(protein)、碳水化合物(carbohydrate)、木质素(lignin)和色素等化合物组成的。虽然这些物质转变成为了石油,其过程、细节目前还研究得不很清楚,但大量资料表明,上述生物物质在适当的环境条件下,都可以转变成烃类,生物体中的各种有机物质都可以作为石油生成的原料。

近年来的油气地球化学研究认为,石油是从"干酪根"逐渐演变形成的。干酪根(kerogen)一词来源于希腊语,意为能生成油蜡状物的物质。1912年,A. G. Brown第一次提出该术语,表示苏格兰油页岩中的有机物质,这些有机物质在干馏时可产生类似石油的物质。以后这一术语多用于代表油页岩和藻煤中的有机物质。直到20世纪60年代才明确规定为代表沉积岩中的不溶有机质。Forsmann和Hunt(1963)明确提出,干酪根系指沉积岩中一切不溶于普通有机溶剂的分散状有机物质,特别是非储集沉积岩中的不溶有机质。Tissot和Welte(1978)则定义干酪根为沉积岩中既不溶于含水的碱性溶剂,也不溶于普通有机溶剂的有机组分,它泛指一切成油型、成煤型的有机物质,但不包括现代沉积物中的腐殖物质。此外,Hunt(1979)认为干酪根是不溶于非氧化的酸、碱溶剂的沉积岩中的全部分散的有机质。这个定义为多数学者所接受。干酪根是原始有机质经过一定埋藏,在还原环境下经过一定的化学或生物降解转化而形成的大分子物质。它是沉积有机质的主体,约占沉积有机质总量的80%~90%。著名油气地球化学家Hunt认为:80%~95%的石油烃是由干酪根转化形成的(John Hunt,1979)。

干酪根可以划分为三种主要有机质类型(organic matter type):

Ⅰ型干酪根:以含类脂化合物为主,直链烷烃很多,多环芳烃及含氧官能团很少[图1-1(a)],具高氢低氧特征(H/C原子比1.25~1.75,O/C原子比0.026~0.12),它可以来自藻类沉积物,也可能由各种有机质被细菌改造而成,生油潜能大。

Ⅱ型干酪根:氢含量较高(H/C原子比0.65~1.25,O/C原子比0.04~0.13),但较Ⅰ型干酪根略低,为高度饱和的多环碳骨架,含中等长度直链烷烃和环烷烃较多,也含多环芳烃及杂原子官能团[图1-1(b)],来源于海相浮游生物和微生物,生油潜能中等。

Ⅲ型干酪根:具低氢高氧特征(H/C原子比0.46~0.93,O/C原子比0.05~0.30),以含多环芳烃及含氧官能团为主,饱和烃很少[图1-1(c)],来源于陆地高等植

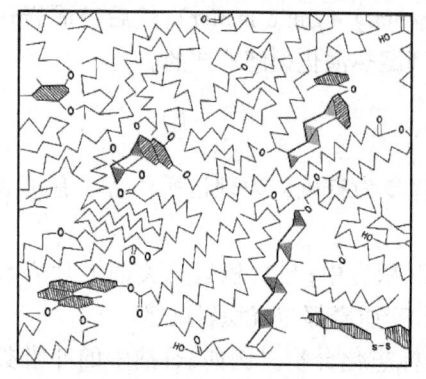

(a) Ⅰ型

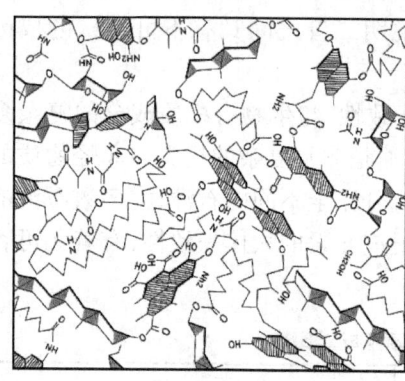

(b) Ⅱ型

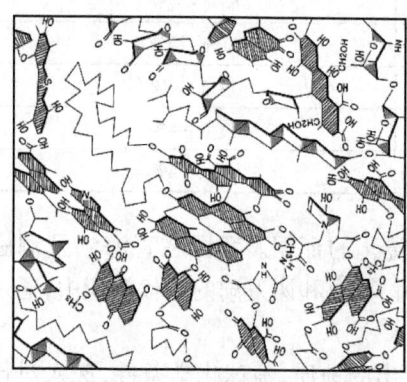

(c) Ⅲ型

图1-1 干酪根模型示意图
(据 Harry Dembicki,2017)
脂肪链结构用锯齿状线表示,环状结构用无阴影的多边形表示,芳香环结构用带阴影的多边形表示;O表示氧;H表示氢;N表示氮

物,对生油不利,但可成为有利的生气来源。

比较以上三种干酪根的结构模式图可以看出(图1-1):Ⅰ型干酪根主要富含脂肪链结构,这是形成原油的重要脂类来源,所形成的原油还可以进一步裂解形成天然气;Ⅲ型干酪根富含芳香环结构,含有少量的脂肪链结构,仅可以形成一定数量的天然气;Ⅱ型干酪根结构介于Ⅰ型干酪根和Ⅲ型干酪根之间。从形成油气的数量来看,Ⅰ型干酪根的生烃转换率最高可以达到70%,而Ⅲ型干酪根生烃转换率只有10%~20%,最高仅为30%。大部分干酪根转换为稠环芳香结构乃至石墨,典型的例子如煤的形成,仅伴生一定数量的瓦斯(甲烷为主)。因此,如果将生成的烃类产物全部转换为天然气进行计量,Ⅰ型干酪根的生气量远远大于Ⅲ型干酪根。

不同类型的干酪根在热演化过程中均向着H/C原子比、O/C原子比降低的方向演化,同时形成不同的演化产物(图1-2)。例如,成岩作用阶段主要处于未成熟带,干酪根主要释放出CO_2和H_2O以及少量生物甲烷;在成熟阶段的主生油带主要生成原油及少量伴生气,在演化后期主要是天然气的生成带,包括高成熟阶段的湿气和过成熟阶段的干气。干酪根的生烃演化不能一直持续下去,生成的油气与干酪根大分子地质聚合物(geopolymer)相比较,主要属于小分子烃类,且都属于饱和烃和芳烃香,自然条件下形成的油气无烯烃(有机质人工实验室热模拟生烃会产生大量的烯烃),故需要更多的氢来满足小分子烃类形成。例如一个甲烷需要一个碳原子和四个氢原子,H/C比值为4,脂肪链结构氢含量较高,可以直接裂解形成烃类,其他为饱和碳原子额外需要的氢原子,主要来源于干酪根中环

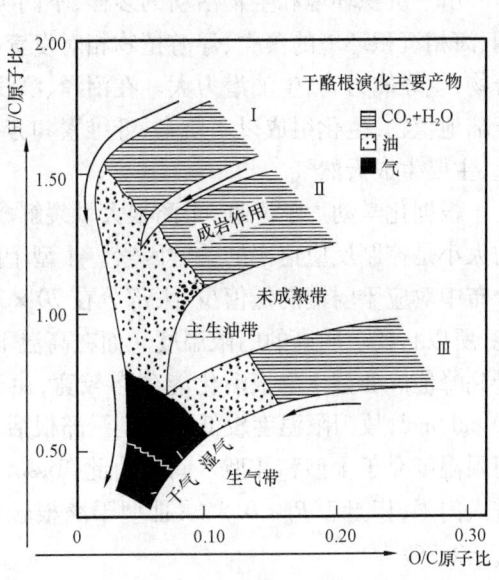

图1-2 三种干酪根类型的元素演化及主要产物示意图(据B.P.Tissot等,1984)

烷结构的芳构化及芳香结构的稠化。因此,随着油气的生成,残余干酪根氢含量逐渐降低(原始Ⅰ型干酪根的H/C比值一般为1.5~1.75),最后干酪根由于氢的耗尽,生烃能力枯竭而变成"死碳"(dead carbon),无论是Ⅰ型干酪根,还是Ⅲ型干酪根,都逐渐向稠环芳香结构转化,直至最终形成石墨。

地球上的油气储量是较为丰富的。作为生油物质的沉积有机质,其数量情况怎样,对于油气生成是否足够,这是有机生油学说必须回答的一个问题。根据亨特(John Hunt,1979)的研究,所有沉积物和沉积岩中总的有机碳含量约为1.2×10^{19}kg,其中,分散于沉积岩中的有机碳为1.1×10^{19}kg,煤和泥炭中的有机碳为1.5×10^{15}kg,非储集层石油中的有机碳为2.65×10^{17}kg,储集层石油中的有机碳为1.0×10^{15}kg。总之,沉积岩中的有机碳只有约0.01%以油气的形式存在于储层中,可见,石油的生成与聚集是非常低效的。尽管如此,由于地壳沉积物体积巨大($80\times10^6km^3$),以有机碳平均含量取1%(Parker Trask认为,近代沉积物平均有机碳含量为2.5%,古代沉积物中约为1.5%)并且以0.1%转化为烃类计算,将会生成$8\times10^{11}m^3$烃类。这一数量十分接近地球上已知可采与不可采的全部石油的数量。可见作为生烃物质,地球上的有机质是足够丰富的。

三、油气生成的影响因素

油气生成的全过程从分散有机质被埋藏堆积后的生物化学作用阶段开始,经过成岩作用中干酪根的形成及深成作用阶段中的热降解,再经历原油在高成熟及过成熟阶段的热裂解和最终的甲烷化阶段。油气生成的影响因素主要包括原始有机质组成与性质、地层温度与埋藏时间、黏土矿物催化作用等。

(一)原始有机质组成与性质

由于沉积环境和生物活动的多样,不同类型烃源岩中的沉积有机质来源复杂多样。如深湖、海相沉积环境的藻类、浮游植物相对发育,往往形成腐泥型干酪根,含有较高比例的脂类化合物,生烃能力高,生油潜力大。在沼泽、滨浅湖等沉积环境,烃源岩中的沉积有机质主要来源于陆地植物,生化组成以木质素、纤维素和芳香丹宁为主,一般形成腐殖型干酪根,其生油能力差,主要生成天然气。

根据化学动力学原理,干酪根大量裂解成油气是一系列化学反应的结果,而干酪根活化能的大小是控制反应速率的关键因素。Ⅰ型干酪根因以脂肪族结构为主,杂原子键少,故活化能分布中对应于弱键的低值少,大部分在 $70 \times 10^3 cal/mol$ 附近,相应于 C—C 键断裂所需的活化能,所以它要求较高的门限温度。而在高温下,Ⅰ型干酪根反应速率迅速增长,生烃量很快上升到峰值。Ⅱ型干酪根活化能分布较宽,由于杂原子键较多,活化能较Ⅰ型低,峰值为 $50 \times 10^3 cal/mol$,故门限温度较低。Ⅲ型干酪根活化能分布平缓,最大值集中在 $60 \times 10^3 cal/mol$,故门限温度介于Ⅰ型和Ⅱ型之间。由此,Tissot 和 Welte 提出了油气生成界限,Ⅱ型干酪根首先进入门限,相当于 $R_o = 0.5\%$;Ⅲ型干酪根较晚,相当于 $R_o = 0.6\%$;Ⅰ型干酪根最后,相当于 $R_o = 0.7\%$。

(二)地层温度与埋藏时间

干酪根作为一种结构复杂的缩合物,从化学动力学角度来看,是由一些能量不同的键组合而成的聚合物。干酪根生成油气的过程并不是一个简单的裂解反应,而是由一系列平行和连续的裂解反应组成,但从总体过程来看,尤其是成熟的干酪根生成油气的过程,可以近似为具一级反应特征的阿仑尼乌斯热裂解反应,即反应速率与反应物干酪根的浓度的一次方成正比,反应速率等于反应物干酪根浓度与反应速率常数的乘积,见式(1-1)。

$$dX/dt = -kX \qquad (1-1)$$

其中,反应速率常数 k 虽然称为常数,仅指在反应速率方程中,反应速率与反应物浓度两者之间的比例系数,即反应速率常数 k,反应速率仅受反应物浓度控制。但实际上反应速率除浓度控制外,还受温度、活化能等因素的控制,后两种因素的控制具体表现在反应的温度和反应物的活化能对反应速率常数 k 的控制上。反应速率常数 k 与温度(T)和活化能(E)的关系可以用阿仑尼乌斯一级反应方程表示,见式(1-2)。

$$k = A\exp\left[\frac{-10^3 E}{R(T+273)}\right] \qquad (1-2)$$

式中 X——参加反应的干酪根的数量,mol;

t——时间,Ma;

dX/dt——干酪根成烃的反应速率,mol/Ma;

k——干酪根成烃的反应速率常数,Ma^{-1};

A——干酪根的频率因子,Ma^{-1};

E——干酪根的活化能,kcal/mol;

R——气体常数,cal/(mol·K),一般取值为1.986;

T——t时刻的地温,℃。

除温度外,时间对干酪根裂解也有影响,J. Connan(1974)在研究石油生成时间与温度关系时从阿仑尼乌斯一级反应方程出发,得出时间—温度关系式:

$$\ln t = \frac{E}{RT} - A \tag{1-3}$$

式中 t——时间,Ma;

A——干酪根的频率因子,Ma^{-1};

R——气体常数,cal/(mol·K),一般取值为1.986;

E——干酪根的活化能,kcal/mol;

T——t时刻的地温,℃。

式(1-3)表明烃源岩年龄对数与该层温度之间存在着线性关系。在石油生成过程中,时间和温度存在着补偿关系。因此,生烃门限温度不仅取决于古地温,还取决于烃源岩的地质时代,即该温度下的时间间隔。当干酪根类型相同时,烃源岩时代越新,门限温度就越高;反之,烃源岩层越老,其门限温度就越低(图1-3)。干酪根成烃过程中,时间和温度的作用并不完全相当,温度对有机质的热演化起主导作用,反应速率与温度成指数关系,与时间成线性关系(图1-4)。一般来说,温度每增加10℃,反应速率增加一倍。

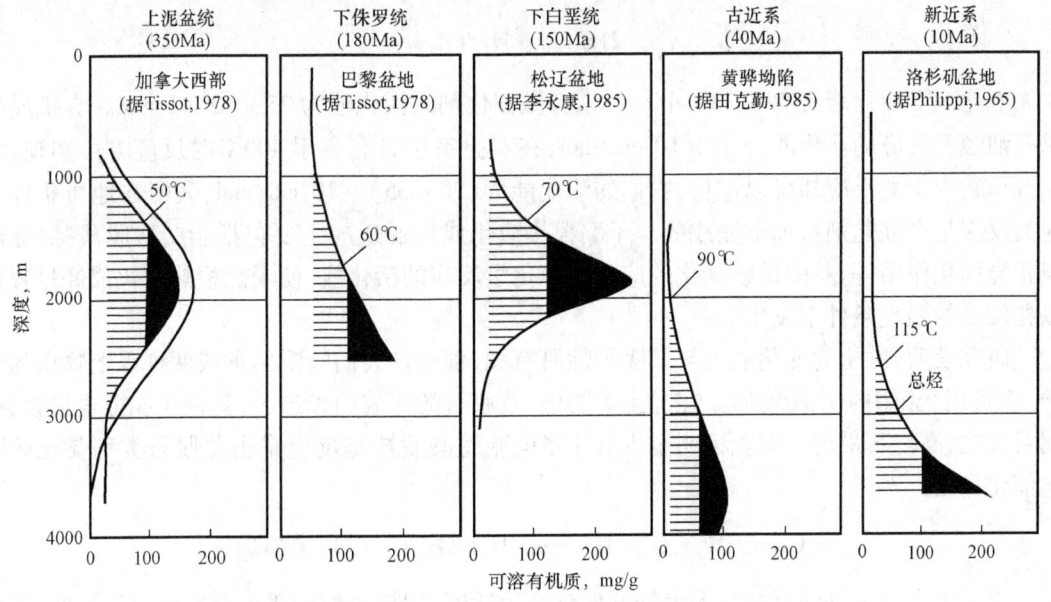

图1-3 几种不同时代烃源岩的门限深度和门限温度比较

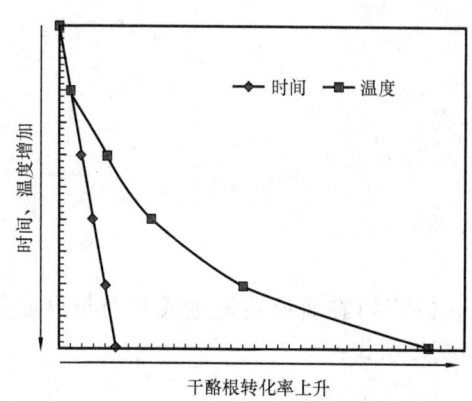

图 1-4 温度和时间对干酪根转化率的影响比较(据 Harry Dembicki,2017)

时间的补偿作用也是有一定限度的,古老地层若埋藏过浅,从未达到生油门限温度,时间再长也无法使有机质成熟。J. Karweil 在研究煤化温度与时间关系时,发现在 50~60℃以下,即使经历长达两亿年的时间也不能达到在 150℃下受热两千万年的煤化程度。也就是说受热温度过低(小于 50~60℃),时间因素的影响很小,当温度超过 50~60℃时,时间的影响才显示出来。

干酪根生烃过程与煤化过程相似,是一个长期而连续累加的不可逆过程。经受的温度较低,生油过程就缓慢;温度升高,过程随之加速;温度再度降低,干酪根生油过程可以再次变慢。只要有机质不被氧化、剥蚀,只要有生油潜力,无论经历多么复杂的过程,一旦进入门限深度就可以生成烃类,即"二次生烃"。

总之,在温度和时间的综合效应下,有利于生成并保存油气的盆地是年轻的热盆地和古老的冷盆地。相反,年轻的冷盆地中有机质难以达到生油门限值,干酪根难以大量转化为油气。相反,在老盆地中,长期处于高地温环境条件则对油气的保存不利,尤其是石油(液态烃)的保存温度一般不超过 200℃。

(三)黏土矿物催化作用

催化剂对反应速率的影响与浓度、温度对反应速率的影响是不一样的,后者并不改变反应的机理,而催化剂是通过改变反应机理来影响反应速率的。催化剂的存在使反应活化能降低,加快反应速率,如

$$2HI \longrightarrow H_2 + I_2$$

在无催化剂下活化能为 $44 \times 10^3 cal/mol$,用金做催化剂时活化能为 $25 \times 10^3 cal/mol$。有机质生成石油烃类反应的活化能为 $60 \times 10^3 cal/mol$,在实验室中只有高于 400℃时反应方可实现,而在沉积物中这类反应却可以进行,它们的活化能为 $(20~35) \times 10^3 cal/mol$,表明在地质条件下这类反应是在催化剂参加下完成的。干酪根热演化成烃的反应主要包括脂肪酸脱羧基、键断裂和异构化作用等,其中矿物催化效应降低了化学反应的活化能,使干酪根热演化成烃过程可以在较低的温度条件下发生。

研究表明,黏土的催化能力与其吸附性质有关,催化剂表面吸附两种或两种以上物质的分子,使其相互作用生成新物质。在黏土矿物中,蒙脱石的比表面积最大,其催化能力也最强,伊利石次之,高岭石最弱。实验证明至少有一半的脂肪酸脱羧基反应是由蒙脱石类型黏土矿物起催化作用。

$$CH_3(CH_2)_n COOH \longrightarrow CH_3(CH_2)_{n-1}CH_3 + CO_2$$

岩石中大量水分的存在会大大降低催化剂的活度,阳离子的性质也会影响它的活度,因此一般沉积物中的黏土矿物是低活性的催化剂。

此外,黏土矿物的催化作用会影响反应机理。Hunt 认为,在无催化剂时,C—C 键断裂为

自由基反应,直链原始物质仍形成直链烃类;在有催化剂存在时,反应通过形成正离子,使碳骨架重排,形成以支链烃为主的烃类。一般认为在中温下(低于125℃)以热催化裂解为主,高温下则以热裂解为主。

碳酸盐岩烃源岩与泥岩烃源岩相比较,由于缺乏黏土矿物或者黏土矿物含量较低,在相同的热演化条件下,烃源岩热演化程度滞后延缓。例如,泥岩烃源岩生油高峰对应于镜质组反射率 R_o 为 1%,而碳酸盐岩烃源岩的生油高峰对应的镜质组反射率可能滞后 0.1%~0.2%,R_o 为 1.1%~1.2%。

最新研究表明,在黏土矿物中真正起到催化作用的是过渡族金属元素(Mango,1992,1994,1996)。过渡族金属元素在原油和天然气的生成过程中起了关键性的催化作用。在油气生成的热模拟实验过程中加入过渡族金属元素,其生成的油气组成及性质与天然产出的油气具有非常好的可比性。

(四) 地层压力

干酪根热降解成烃理论、热模拟实验及长期的油气勘探实践均表明,温度和时间对油气生成起了重要的控制作用,压力对油气生成的促进作用影响较小,在生成的油气不能及时有效排出生油岩而出现局部高压时,压力甚至起到了阻碍作用。丁富臣等(1991)的实验表明,压力升高对生油岩中的干酪根的热解有阻滞作用。姜峰(1998)通过未成熟泥炭的热压模拟实验表明,在相同温度下增加反应压力,实验样品的镜质组反射率降低。热模拟实验表明,在压力增高时,烃类的裂解受到抑制,使得正常条件下本应该裂解向低碳数的凝析油转化的原油仍然保持为高碳数的正常油,原油的裂解过程滞后。

在自然界中发现,当有异常高压存在时,即使地层温度超过 200℃,镜质组反射率大于 2%,仍可有液态烃赋存,而在正常压力下,烃类已转化为气相。如华盛顿湖油田(6540m)、巴尔湖油田(6060m),地层温度均超过 200℃,仍为油藏,这可能是异常高压阻止了液态烃裂解为天然气的缘故。由此可见,压力对油气的生成和转化可能起着滞后延缓作用。

另外,除上述作用外,细菌的作用主要发生在沉积物埋藏不深、温度不是很高的未成熟阶段,此时对油气的贡献主要是形成生物气,以及形成后续热降解生成油气的物质基础原料干酪根。相对而言,干酪根在温度与持续时间作用下的热降解作用生成的油气数量最大,其贡献数量可以达到 91% 以上,而早期的未成熟阶段生成的烃类的总数量不到 9%,甚至更低。在极端情况下,油藏受到生物降解作用,如果细菌降解作用形成的天然气能够保存并聚集起来,也可以形成生物气藏,但这种生物气藏是以消耗降解聚集的油藏为代价的。

总之,在有机质向油气转化过程中,有机质本身的组成和性质是其转化的重要内在因素,决定了有机质是转化为原油还是转化为天然气,以及转化数量的多少;温度与催化剂在成油过程中是重要的外在因素,而温度与时间又可互为补偿,即温度的不足可用时间的延长来弥补。在泥岩烃源岩的自然演化过程中,由于不缺乏黏土矿物,特别是不缺乏黏土矿物中存在的过渡族金属元素,如 Fe、Ni、V 等,催化剂的作用被认为是理所当然的,此时温度的作用显得尤为重要,是油气生成研究中要考虑的主要因素。而在对缺乏黏土矿物的碳酸盐岩烃源岩进行油气演化研究时,才强调黏土矿物的催化的重要性。

四、油气生成的理论模式

在有机质热演化成熟过程中,沉积物中的有机质要发生一些化学变化,正是此变化造成了

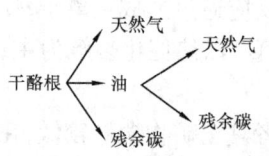

图 1-5 干酪根生成油气的简单模式(据 Harry Dembicki,2017)

油气的生成。简单说来,烃类的生成过程就是沉积物中的干酪根在温度和时间的影响下发生蚀变形成油、气及残余碳的过程(图 1-5)。生成的原油随后进一步裂解形成更多的天然气和额外的残余碳。虽然复杂的油气生成模式已经存在,该简单模式已经足够进行现在的讨论(复杂模式随后讨论)。这个简单的油气生成模式是石油地球化学中的一个重要基本概念"生油窗"的基础。生油窗的概念很早就被一些研究者所关注,他们注意到页岩中烃类的生成量相对于总有机碳含量,随埋藏深度的增加呈现指数倍的增加。后来的观察也发现在埋藏深度增大的条件下,液态烃含量的减少对应着气态烃的增加。这些观察形成了生油窗概念的基础。生油窗内的产物不是单一某个裂解作用的产物,而是很多同时发生的一系列平行裂解作用的累积结果。干酪根裂解转化为油和气,随后油又被裂解转化为天然气。因此,生油窗内形成的产物是所有成熟作用阶段所形成产物的总和,为随后复杂生油模式的建立奠定了基础。

烃源岩有机质组成虽然复杂多样,但是埋藏过程的演化趋势基本相似。烃源岩热演化阶段主要根据镜质组反射率(vitrinite reflectance) $R_o(\%)$ 来确定。$R_o(\%)$ 为油浸介质下测得的镜质组反射率,其数值等于反射光强度 I 与入射光强度 I_o 的比值。$R_o(\%)$ 随热演化成熟度的增加而增大,是反映烃源岩热演化成熟度的最可靠指标。沉积有机质的油气生成演化过程基本上分为四个逐步过渡的阶段:未成熟阶段(immature stage)(生物化学生气阶段,$R_o<0.5\%$)、成熟阶段(mature stage)(热催化生油气阶段,$R_o=0.5\%\sim1.3\%$)、高成熟阶段(highly-mature stage)(热裂解生凝析油气阶段,$R_o=1.3\%\sim2.0\%$)及过成熟阶段(post-mature stage)(深部高温生裂解气阶段,$R_o>2.0\%$)。在沉积物的成岩演化过程(成岩作用,深成作用及变质作用)中,沉积有机质也同时经历了复杂的演化过程。目前,人们将 Tissot 等(1974)针对 I 型干酪根总结出的成烃演化特征作为一般成烃模式(图 1-6)。该成烃模式提出后,经几十年的生产实践,被证明具有典型的代表性。在干酪根成烃演化一般模式中,干酪根的成烃作用可划分为以下 4 个阶段。

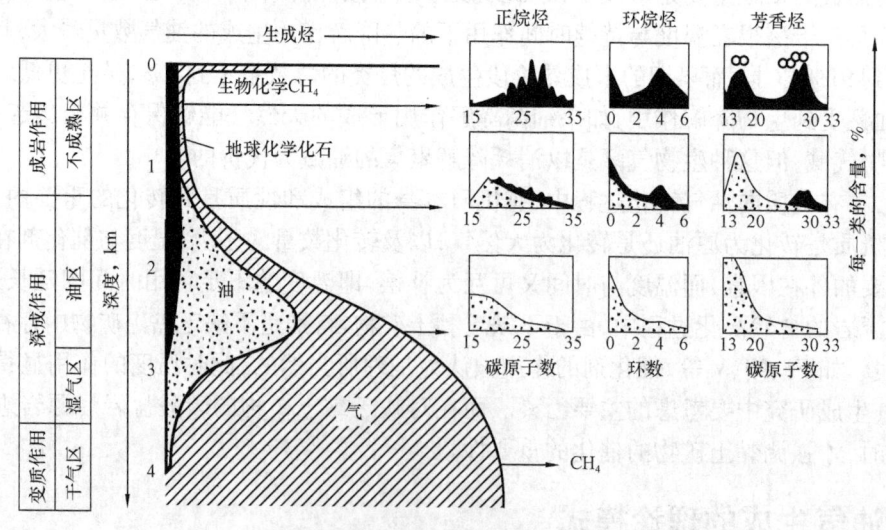

图 1-6 干酪根成烃演化的一般模式(据 Tissot 等,1974)

深度是示意的,它根据古生代和中生代生油岩生油门限深度平均值得出

(一)未成熟阶段(生物化学生气阶段)

此阶段对应 Tissot 模式的成岩作用阶段,这一阶段包括从生物被埋藏,到经生物化学解聚及缩聚等作用而形成腐殖酸和腐殖质,最终多组分缩合、聚集形成复杂的高分子有机质混合物干酪根的一系列过程。主要特点是埋藏浅(从沉积界面到数百米乃至 1500m)、低温(10~60℃)、低压和强烈的微生物活动,与沉积物的成岩作用阶段基本相符。在缺乏游离氧的还原环境内,厌氧细菌非常活跃,生物起源的沉积有机质被选择性分解,转化为分子量更低的生物化学单体(如苯酚、氨基酸、单糖、脂肪酸等),部分有机质被完全分解成 CO_2、CH_4、NH_3、H_2S 和 H_2O 等简单分子。这些新生成的产物相互作用形成复杂结构的地质聚合物"腐泥质"(sapropelic organic matter)和"腐殖质"(humic organic matter),前者富含脂肪族结构,后者富含芳核结构,都是干酪根的前身。另外,随着可溶于酸、碱的有机化合物与孔隙水的排出,胶质、沥青质和少量液态烃等可溶于有机溶剂的含量逐渐增加,矿物介质(如铁和硫酸盐)则被还原为低价化合物(菱铁矿、黄铁矿)。

由于埋藏深度较浅,温度、压力较低,有机质除形成少量烃类和挥发性气体以及早期低成熟石油外,大部分转化成干酪根保存在沉积岩中。该阶段由于细菌的生物化学降解作用,产物以甲烷为主,缺乏轻质烃类,是生物甲烷气的大量生成阶段。

(二)成熟阶段(热催化生油气阶段)

此阶段对应 Tissot 模式的深成作用早期阶段,是油气生成的主要阶段,称为生油主带(principal zone of oil generation),又称为"液态烃窗"(liquid hydrocarbon window)阶段。所谓"液态烃窗",是指液态烃类能够大量形成并保存的温度区间。据研究,液态烃类开始大量形成的温度是 60~70℃,低于 60℃生成的主要是生物成因天然气。当温度超过 140~150℃时,液态烃类受到破坏,变成热解类型天然气。这个温度范围被称为液态烃的窗口。生物化学阶段结束,干酪根大量热降解成烃开始,直到液态烃生成结束,即液态烃生成的上、下门限之间的这一阶段的深度被称为"生油窗"(oil window)阶段,此阶段的镜质组反射率值 R_o 一般确定为 0.5%~1.3%。

在生油主带,随着沉积地层温度升高至 60~150℃,促使有机质转化的最活跃因素是热催化作用,使干酪根大量裂解形成液态烃及少量的天然气。黏土矿物的催化作用可以降低有机质的成熟温度,促进石油生成。在此阶段生成的油统称为成熟原油,根据研究需要,有时又可以按照演化程度进一步分为低成熟原油和成熟原油。

(三)高成熟阶段(热裂解生凝析油气阶段)

此阶段对应 Tissot 模式的深成作用晚期阶段。当地层地温达到 150~250℃,进入深成作用晚期阶段。此时的干酪根除了继续断开杂原子官能团和侧链,生成少量水、二氧化碳和氮外,其主要反应是大量 C—C 链断裂,包括环烷的开环和破裂。早期形成的液态烃因发生热裂解与热焦化作用而急剧减少,同时伴随甲烷及其气态同系物低分子正烷烃(C_1~C_8)的大量生成,烃体系气油比一般超过 600~1000m^3/t。液态烃裂解使 C_{25} 以上高分子正烷烃含量逐渐趋于零,只有少量低碳原子数的环烷烃和芳香烃,在族组成中脂肪族相对增加,含杂原子的胶质含量减少,沥青质组分则转换为焦沥青或固态残渣。

(四)过成熟阶段(深部高温生裂解气阶段)

此阶段对应 Tissot 模式的变质作用阶段。当地层埋藏深度超过 3500~4000m 时,经过上述的深成作用阶段,干酪根上绝大部分可以断裂的侧链和基团基本消失,无生成液态烃的能力,但能进一步裂解形成甲烷等气态烃。已形成的液态烃和重质气态烃强烈裂解,变成热力学上最稳定的甲烷,干酪根残渣释出甲烷后进一步缩聚,H/C 原子比降至 0.45~0.3,接近甲烷生成的最低限。干酪根的结构进一步缩聚形成富碳的残余物质。由于地层温度升高,干酪根向两极明显分化,即甲烷和固态沥青(缩聚富碳的残余物),因此,该阶段也称为过成熟干气阶段。

五、油气生成的主要产物特征

(一)原油特征

1. 原油的化学组成

元素组成是化学组成的基础。世界上各油田所产石油的性质虽然千差万别,但它们的元素组成是一致的,基本是由碳、氢、硫、氮、氧等五种元素组成,而且主要是碳和氢。它们在石油中含量的一般范围是:碳 83.0%~87.0%,氢 11.0%~14.0%,硫 0.05%~8.00%,氮 0.02%~2.00%,氧 0.05%~2.00%。除此之外,还含有微量金属元素(如镍、钒、铁、铜、铀、钙、镁、铝、锶等)和微量的非金属元素(如磷、溴、碘等)。

原油是由数目众多的烃类和非烃类化合物所组成的混合物,其物理性质和化学性质都与其化学组成有密切的联系。在原油的化学组成中,按照化学结构可进一步细分为:烃类(hydrocarbon),包括烷烃(alkane)、环烷烃(cyclo-alkane)、芳香烃(aromatic hydrocarbon);非烃(non-hydrocarbon),包括含氧化合物、含硫化合物、含氮化合物,统称为含杂原子化合物。

烷烃是原油中的重要组成部分,可分为正构烷烃和异构烷烃。在原油中正构烷烃的含量是较高的,其含量一般为 15%~20%。原油中已检测出 C_1~C_{40} 的各种正构烷烃,还有少量碳数超 40 的正构烷烃。在大多数原油中,高碳数的正构烷烃含量随碳原子数增加有规律地减少。正构烷烃含量在很大程度上取决于其生成条件,尤其是原始有机质的性质。高蜡原油和陆相原油往往含有大量的正构烷烃。烃源岩的热演化程度对原油中正构烷烃含量也有一定的影响,随烃源岩热演化程度的增加,低碳数正构烷烃含量增加。受到微生物降解后的原油,正构烷烃的含量下降。

具有三个碳原子以上、单链相连、呈闭合环状结构的烃类称为环烷烃,有单环、双环和多环环烷烃。在碳数小于 10 的轻馏分中,环己烷、环戊烷及其衍生物是石油的重要组分,特别是甲基环己烷和甲基环戊烷常常是最丰富的。中等到重馏分(C_{10}~C_{35})的环烷烃一般由 1~5 个五元环和六元环组成。其中单环和双环环烷烃占环烷烃总量的 50%~55%,三环环烷烃占 20%,四环和五环环烷烃平均占碳数大于 10 的环烷烃的 25%。

具有六个碳原子和六个氢原子组成的特殊碳环,即苯环的化合物称为芳香烃。单环型包括苯、甲苯和对二甲苯;多环型包括联苯、三苯甲烷;稠环型包括萘、蒽、菲,含 2 个或多个苯环,共用 2 个相邻碳原子稠合而成。其中 1~3 环的苯、萘和菲系列含量最高,占芳香馏分的 70%

左右,而四环以上的芳香烃仅占不到10%。

所有原油中都含有一定量的硫,但不同原油的含硫量相差很大,从万分之几到百分之几。原油中有机硫化物已鉴定出250种,除元素硫以外,主要以硫醇、硫醚和噻吩类等形式出现,成为评价石油质量的重要指标。碳酸盐岩、膏盐岩含油层中多为高硫原油,一般硫含量>2%;砂岩含油层中多为低硫原油,一般硫含量<0.5%。

石油的族组成(gross composition)包括饱和烃(saturated hydrocarbon)、芳香烃(aromatic hydrocarbon)、胶质(resin,通常也被称为非烃,即 non-hydrocarbon)和沥青质(asphaltene)。

胶质多为棕黄色到黑色的黏稠状液体和半固体,可溶于低分子量的正构烷烃和苯、石油醚、三氯甲烷、四氯化碳等有机溶剂,分子量一般为500~1200,其中氧占2%~8%,硫占0.5%~5%,氮占2%左右,相对密度为1~1.1。胶质有很强的着色能力,原油的颜色主要是由胶质引起的。胶质主要由缩合芳香烃和环烷烃组成,部分是杂环,环间由脂肪链联结。

沥青质多为脆性固体黑色粉末,不溶于低分子量的正构烷烃,但可溶于苯、石油醚、三氯甲烷、四氯化碳等有机溶剂,其分子量为1000~10000,其元素组成与胶质无多大差别,主要是含O、S、N等杂原子含量更高。沥青质的结构是多环的,以缩合芳香核为主,它们形成的沥青质质点大小为50~100Å。

原油的族组成与其母质类型、热演化程度和成藏后的次生变化密切相关。

2. 原油的物理性质

原油是从地下深处开采出来的黄色、褐色乃至黑色的可燃性黏稠液体,不同地区所产出原油的密度、黏度、凝点等都不一样。原油的性质与有机质的类型、热演化程度和成藏后的次生变化有关。一般情况下正常原油的形成与有机质成熟阶段生成的油气有关,轻质原油与有机质在高演化阶段的生油有关,而重质原油则与低演化阶段或生物降解、泄漏等因素有关。根据原油物性可将原油划分为不同类型(表1-2)。

表1-2 原油物性分类标准(据黄第藩等,2003)

密度,g/cm³		含蜡量		含硫量	
轻质油	<0.80	低蜡原油	<5%	低硫原油	<0.5%
正常原油	0.80~0.934	中蜡原油	5%~10%	中硫原油	0.5%~1.0%
重油	>0.934	高蜡原油	10%~25%	高硫原油	>1.0%
		特高蜡原油	>25%		

(二)天然气特征

"天然气"一词的含义,有广义与狭义之分。广义而言,自然界一切天然产出的气体,都可称为天然气。石油地质学所指的天然气是狭义的天然气,它指蕴藏于地表以下以烃类混合物为主的可燃气体或气水合物。天然气与石油,在起源上既有密切联系又有显著区别(张厚福等,1989)。在形成条件上天然气比石油更为广泛、迅速、容易。世界各国现已开采的油藏,绝大多数石油来自原始有机质。在还原环境下,原始有机质埋藏到中等深度,经受一定地温的热催化作用,达到成熟,生成大量石油。而天然气的来源除生油原始物质外,还有高等植物的木质纤维,以及地球深部、宇宙空间的多种无机物质,在乏氧或有氧、低温至高温的各种环境内,都可以生成天然气。

1. 天然气的化学组成

天然气一般无色,可有汽油气味或带硫化氢气味,可燃、易爆炸。由于成分不一,天然气的物理性质变化较大。与液态石油的组成比较,天然气的组成较为简单。其组成可分为烃与非烃两大类。

1)烃

天然气的烃类组成十分简单,主要成分为低分子烷烃,以甲烷为主,其含量一般大于70%;乙烷次之,其含量一般小于10%;丙烷及丁烷含量更少。此外,某些类型天然气可含有少量的 C_5 与 C_6($C_5 \sim C_6$ 又称汽油蒸气)。在常温常压下,甲烷、乙烷、丙烷及异丁烷呈气态,正丁烷呈液态(沸点为 +15℃)。常用天然气干燥系数(C_1/C_{1-5})或湿度系数(C_{2+}/C_{1-5})表征天然气的干湿度。甲烷相对含量高,一般在95%以上属于干气;重烃含量高,一般 $C_{2+}>5\%$ 以上属于湿气。

2)非烃

天然气中的非烃种类较多,常见的有 H_2S、CO_2、N_2、CO、H_2,有时也有 He、Ne、Kr、Xe 等惰性稀有气体。非烃气体在天然气中含量一般很低,据我国343个气藏统计(唐泽尧等,1996):有约60%的气藏甲烷含量大于95%,约56%的气藏重烃含量小于1%,72%以上的气藏 H_2S、CO_2 含量小于1%(表1-3)。

表1-3 中国气藏天然气组分统计表(据唐泽尧等,1996)

气藏数与比例	甲烷含量,%					重烃含量,%				硫化氢含量,%				二氧化碳含量,%			
	>95	95~90	90~85	85~80	<80	>10	10~5	5~1	<1	>1	1~0.5	0.5~0.1	<0.1	>5	5~1	1~0.1	<0.1
个数	207	55	36	28	17	39	69	42	193	14	6	34	50	7	50	102	50
比例	60.3	16.0	10.5	8.2	5.0	11.4	20.1	12.2	56.3	13.5	5.8	32.7	48.0	3.4	23.9	48.8	23.9

2. 天然气赋存形态

天然气以多种形态赋存于地壳之中。其赋存形态不同,组分含量变化很大。

1)气藏气(non-associated gas)

烃类气可以单独聚集成藏,形成天然气气藏。气藏气成分以甲烷为主,其含量常在95%以上,其余重烃气含量极少,一般不超过1%~4%,属于干气或贫气。

此外,某些气藏气可以有很高的非烃气含量。例如,俄罗斯的奥伦堡气田,H_2S 含量可达10%;法国的拉克气田,H_2S 含量达15%~16%;我国四川盆地川东北普光气田(T_1f)H_2S 含量也高达10%以上。美国犹他州帕拉道克斯盆地,从石炭系到三叠系的气藏,其 CO_2 含量可达90%;美国怀俄明州奥陶系和密西西比亚系的碳酸盐岩气藏,其 CO_2 含量可达80%。荷兰的格罗宁根气田含 N_2 达14%;美国犹他州海尔列气田含 N_2 达84.4%,此外还含 He 达7.16%;加拿大艾伯塔南部的许多天然气含 N_2 量达8%~85%。我国南海东方1—1气田有的气层 CO_2 含量达55%~71%(此外含 N_2 达4.75%~7.03%),有的气层 N_2 含量高达15.31%~31.2%(此外含 CO_2 则不足1%);河北赵兰庄气田孔店组一段硫化氢气藏,其 H_2S 含量高达

92%;山东平方王气田及滨南气田沙四气藏含CO_2高达97%。

天然气中的某些非烃组分也是重要的资源。比如,氦气是具有重要经济价值的稀有气体,具高导热、低密度、低溶解度、低蒸发潜热和强扩散性等优点。天然气中氦气含量大于0.1%即有开采利用价值。目前我国只有威远气田灯影组气藏生产氦气。

2) 气顶气(gas-cap gas)

游离态的烃类气体与液态石油共存于同一油气藏中,由于重力分异呈"气在上油在下"的储存状态,称为气顶气。它与共存的石油中的溶解天然气在压力变化时可以互相转化,二者具有相同成因与近于一致的组分。气顶气重烃含量较高,可达百分之几至几十,属于湿气(富气)。我国大庆喇嘛甸油田的气顶气,其甲烷含量一般为85%~94%,乙烷以上重烃含量为5%~13%。辽河双台子油田的气顶气,其甲烷含量为81%~83%,重烃含量为13%~18%,N_2含量约为1.04%,CO_2含量约为0.54%。

天然气以其重烃气含量多少分为干气与湿气。干气是指甲烷气含量很高、重烃气含量很少、基本不含汽油蒸气的天然气,有时也称为贫气。湿气是指重烃气含量较高、甲烷气含量有所降低、可含有一定数量汽油蒸气的天然气,有时也称富气。一般来说,气藏气与某些气顶气属于干气,石油溶解气、凝析气与多数气顶气属于湿气。

3) 溶解气(solution gas)

天然气易溶于石油,当天然气中重烃增多或石油中轻烃增加时,天然气在石油中的溶解度增高。降低温度或增大压力,也会使天然气在石油中的溶解度增加。油藏石油中都程度不同地溶解有天然气。每立方米(或每吨)石油中溶解天然气的立方米数(或吨数)称为溶解气油比。油藏石油的原始溶解气油比最低的为重油(稠油),为一至十几立方米每立方米;一般石油的原始溶解气油比变化很大,低的几至几十立方米每立方米,中等者百余立方米每立方米左右,高者数百至数千立方米每立方米。

石油的溶解气以甲烷为主,其重烃气含量较干气高。在不同油田的溶解气中,其烃类组分差异较大。例如,大庆喇嘛甸油田溶解气甲烷含量为89.8%;胜利胜坨油田溶解气甲烷含量为93%~95%;克拉玛依油田溶解气甲烷含量为71%~84.6%。重质原油(相对密度在0.90以上)中的溶解气几乎都是甲烷。

天然气也可以溶解于水,但在水中的溶解度一般较低,多在$0.7~3.5m^3/m^3$之间。天然气在水中的溶解度随压力增加有所增加,随地层水矿化度增加有所下降,随水中CO_2含量增加而增加。水溶气是指地层水中溶解的烃类气体。含油气盆地地下水中溶解的烃类气体一般较多。例如,苏联的伏尔加—乌拉尔盆地古生代地层层间水天然气含量为$1~1.3m^3/m^3$,西西伯利亚盆地为$2~3m^3/m^3$,黑海中部盆地为$4~5m^3/m^3$;我国四川盆地威远气田震旦系地层水含气量为$2.42m^3/m^3$。苏联学者研究了黑海刻赤半岛的水溶气随深度变化的情况,刻赤半岛异常高压带深度3000m以上、温度低于120℃,地下水含气量不超过$5m^3/m^3$,向下随深度、温度、压力增加而急剧增加,3000~4000m深度含气量为$7m^3/m^3$,4000~5000m水层中溶气量增至$19m^3/m^3$。世界上利用水溶气最多的国家是日本,由于能源缺乏,它从1930年就开始开发利用水溶性天然气,在北海道、秋田、新潟等地共有40多个水溶性气田投入工业开发。水溶性天然气开采成本较高,但日本的水溶性气田中共生水含碘高达90~120mg/L(海水一般为0.05mg/L),开发利用水溶气就有相当大的经济效益了。

4）凝析气（condensate gas）

当地下油气藏的温度、压力超过临界条件后,轻质液态烃逆蒸发形成气体,称为凝析气。当凝析气采出时,由于压力、温度的下降,其中逆蒸发呈气态的轻质液态烃出现反凝析而析出,成为凝析油。含凝析油是凝析气的基本特点。各凝析气藏中凝析油的含量差别很大,从数克每立方米到数百克每立方米不等。凝析气藏埋藏深度较大,大多分布在3000~4000m深度以下,具很高的地层压力与气藏温度。

凝析气成分仍以甲烷为主,含量多在80%~89%,重烃气含量大多比干气高（多在8%~18%）,其非烃气含量一般较低。

5）天然气水合物（natural gas hydrate）

在自然界的低温条件下,甲烷能够与水结合形成天然气水合物,又称"冰冻甲烷"或"可燃冰"。有时乙烷、丙烷、异丁烷、二氧化碳及硫化氢也可与甲烷一起形成水合物。天然气水合物是固体结晶物,可视为"固体溶液"。其中"溶剂"是水分子组成的结晶骨架,其内分布着"溶解"的天然气分子,故也有人认为天然气水合物属于笼形络合物。天然气水合物的密度为 $0.88 \sim 0.90 \text{g/m}^3$。一般而言,$1\text{m}^3$ 气体水合物中含有 0.9m^3 水和 $70 \sim 240\text{m}^3$ 气体,含气量的多少取决于气体的组成。

根据天然气水合物分布的区域,可将天然气水合物气藏分为大陆型水合物气藏和海洋型水合物气藏两类。

大陆型水合物气藏：甲烷水合物的形成条件是低温、高压以及有足够量的气体存在。因为标准的地表温度梯度约为20℃/km,所以甲烷水合物只能形成于地表温度低的地区。地球两极附近地区（陆地部分或海域）的永冻区有利于甲烷水合物的形成。1969年,苏联西西伯利亚盆地永久冻土带梅索雅卡发现了大陆型水合物气藏。其上部为含游离气的水合物产层,下部是游离气产层,天然气可采储量约 $4 \times 10^{11}\text{m}^3$,是目前世界上可以进行开采的唯一水合物气藏,产层分布于250~850m深度范围内。美国阿拉斯加的普拉德霍湾永冻带的深度为610m,预测甲烷水合物稳定的深度范围为210~1100m。另外在加拿大的北极群岛等地区发现了30多处大陆型水合物气藏。南极区冰盖层上面的地面温度平均为-30~-6℃,冰层底的温度约为0℃,冰层的负荷提供了甲烷水合物稳定的压力条件,因此,推测南极冰层下面可能存在着大规模的甲烷水合物,但这里勘探工作很难进行。

海洋型水合物气藏：海洋中具有水合物形成和保存的有利条件,它的分布范围比大陆型水合物要广泛得多,在深海、半深海、大陆斜坡和海隆都可能存在。因此,海洋沉积物中蕴藏的天然气资源比陆地上的要多得多。初步估计,水深1500m内的水域中,就有 $5 \times 10^{15} \sim 2.5 \times 10^{16}\text{m}^3$ 的天然气资源（包芡,1988）。海水上覆水柱施加的静水压力足以使天然气水合物形成并处于稳定状态。这些高压将水合物限定在水深1200m以下的水下沉积物中（图1-7）。由于海底以下较深处沉积物温度较高,使得天然气水合物不稳定,所以天然气水合物主要存在于海底沉积物上部300~1000m之内。中国辽阔的海域完全有形成海洋型水合物气藏的地质—地理条件。这种气藏是中国未来天然气的勘探领域之一,且其潜力也是很大的。据估算,我国东海冲绳海槽附近的天然气水合物资源中约含天然气 $24 \times 10^{12}\text{m}^3$。总之,天然气水合物是一个潜在的巨大能源新领域,有关天然气水合物的分布、蕴藏与开发利用的研究尚在进行中。

6）煤层气（coal-bed gas）

煤层气是一种储集在煤层中的自生自储式的天然气。在煤的开采过程中经常会遇到煤层瓦斯，实际上这就是煤层气。由于煤层瓦斯常常危及矿井安全并污染环境，因而被视为有害气体。随着人们对煤层气资源的认识和开采技术的进步，特别是在能源紧缺的压力下，人们对煤层气的认识发生了根本的转变，许多发达国家已不把瓦斯视为有害气体，而看成是一种宝贵的资源。因此，煤层气的开发不仅在于煤层气是一种潜力巨大的资源，而且还可以减少煤矿的瓦斯灾害，防止煤层瓦斯对大气的污染。另外，开采煤层气还具有深度较浅、投资小、见效快的特点。我国是一个煤炭大国，煤层分布广泛，资源丰富。估计全国煤炭资源的总量为 $50479.26 \times 10^8 t$，丰富的煤炭资源中蕴藏着非常巨大的煤层气资源。

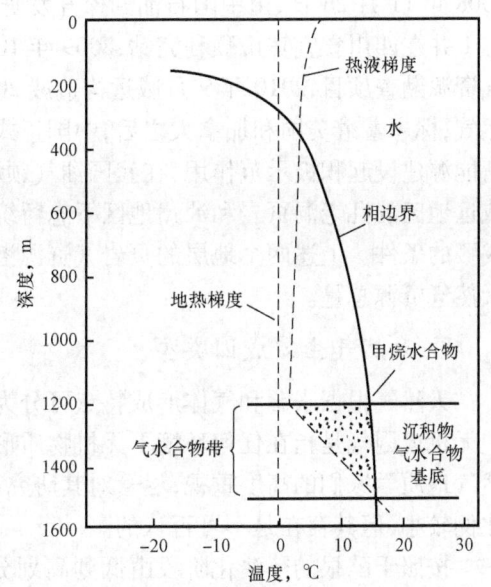

图1-7 海洋型天然气水合物形成条件图解（据雷怀彦,1999）

煤层甲烷在煤储集层中赋存状态有游离、吸附和溶解等三种。一般来说，煤化作用过程中生成的天然气首先在煤炭中吸附，然后是溶解和游离析出。在一定的温度压力条件下，这三种状态的气处于统一的动态平衡体系之中。游离状态（自由状态）的煤层甲烷存在于煤的孔隙、裂隙或空洞中，气体分子在煤体孔隙内可以自由流动，其数量的多少决定于煤层内的自由空间，当然也与外界的温度和压力有关。然而，由于煤是一种孔隙虽多但很小的储集体，其中自由空间有限，所以游离状态的煤层甲烷数量一般较少。煤中天然气75%~95%呈吸附状态赋存于煤层中，在泥炭、褐煤中，由于孔隙较大，且含水量较高，初步估算水溶气和游离气所占比例较高，可在30%左右。

7）页岩气（shale gas）

页岩气特指赋存于页岩中的非常规天然气，是一种极具开发价值的新能源。它以多种相态存在并富集于泥页岩（部分粉砂岩）地层中。它以游离相存在于天然裂缝与粒间孔隙中；吸附在干酪根或黏土颗粒表面；溶解于干酪根和沥青里。页岩系统是指页岩及页岩中夹层状的粉砂岩、粉砂质泥岩、泥质粉砂岩甚至砂岩。页岩气是指由烃源岩连续生成的生物化学成因气、热成因气或两者的混合，在泥页岩及粉砂岩夹层、砂岩夹层中以吸附、游离或溶解方式赋存的天然气。

美国对页岩气的勘探开发走在世界的前列，是目前页岩气大规模商业开发取得成功的唯一国家。加拿大紧随其后，近年来也开展了页岩气的勘探及实验研究。全球页岩气资源量为 $456.24 \times 10^{12} m^3$，主要分布在北美、中亚、中国、拉美、中东、北非和俄罗斯。美国的页岩气资源量达 $28.3 \times 10^{12} m^3$（Brown,2006），目前已对密歇根、印第安纳等多个盆地进行商业性开采，页岩气年产量已超过 $200 \times 10^8 m^3$，其大规模的成功开发主要得益于水平井和分段压裂技术的应用。

我国页岩气资源丰富，主要沉积盆地的页岩气资源量估算约为 $(15 \sim 30) \times 10^{12} m^3$。其中，我国四川、吐哈等盆地页岩十分发育，并且具有页岩气成藏的基本条件，其勘探潜力巨大。

2008年11月26日,由中国石油勘探开发研究院设计实施的我国首口页岩气取心浅井——长芯1井在四川省宜宾市顺利完钻;2009年10月,重庆市綦江县(现綦江区)启动我国首个页岩气资源勘查项目,2010年9月威远构造威201井在寒武系邛竹寺组压裂试采获上万立方米天然气,标志着继美国和加拿大之后,中国正式开始页岩气资源的勘探开发并试点成功,对中国新能源建设起积极示范作用,在我国油气领域具有里程碑意义。我国有关专家预测:四川盆地威远地区的九老洞页岩和泸州地区下志留统龙马溪页岩,其有机质丰富、厚度大,具备页岩气成藏的条件。上述两个地层的页岩气资源潜力为$(6.8~8.4) \times 10^{12} m^3$,相当于四川盆地常规天然气资源总量。

3. 天然气主要成因类型

天然气根据来源和气体形成特点可分为两大类:无机成因天然气和有机成因天然气。其中无机成因气是指在任何环境下无机物质形成的天然气。近年来无机成因天然气日益引起天然气地质学家们的高度重视,尽管对其研究程度较低,同时它在具有商业价值的气藏中所占的比例较小,但其存在是不可否认的。

按照干酪根的热演化阶段由低到高划分的4个阶段分别是未成熟阶段($R_o<0.5\%$)、成熟阶段($R_o=0.5\%~1.3\%$)、高成熟阶段($R_o=1.3\%~2.0\%$)和过成熟阶段($R_o>2.0\%$)。相应热演化阶段形成的天然气分别为生物气、原油伴生气(腐殖型干酪根主要生气,对应的天然气为腐殖型成熟气)、凝析油气和裂解气,其中原油伴生气(包括腐殖型成熟气)和凝析油气统称为热解气(表1-4)。

表1-4 按照有机质类型与成熟度对有机成因天然气的划分(据戴金星,1992,有修改)

演化阶段	未成熟阶段 ($R_o<0.5\%$)		成熟—高成熟阶段($0.5\%<R_o<2.0\%$)			过成熟阶段 ($R_o>2.0\%$)
				成熟阶段 ($0.5\%<R_o<1.3\%$)	高成熟阶段 ($1.3\%<R_o<2.0\%$)	
腐泥型天然气(油型天然气)	腐泥型生物气(油型生物气)	生物气	腐泥型热解气(油型热解气)			腐泥型裂解气(油型裂解气)
			热解气	原油伴生气	腐泥型凝析油气	裂解气
腐殖型天然气(煤型天然气)	腐殖型生物气(煤型生物气)		腐殖型热解气(煤型热解气)	腐殖型成熟气	腐殖型凝析油气	腐殖型裂解气(煤型裂解气)

1)生物气(biogenic gas)

广义的生物气包括一切生物作用下生成的天然气。狭义的生物气又称为细菌气或生物化学气,是指在表层生物化学作用带内(或成岩作用早期),在微生物群体的发酵和合成作用中而形成的甲烷和部分二氧化碳、少量的氮气及微量的其他气态组分。目前的天然气勘探开发表明,生物气是一种重要的能源,其探明储量占世界天然气探明储量的20%以上。大型生物气田主要分布于白垩系到第四系中,更老的地层中也有生物气显示。生物气藏埋深在几十米到一千多米,个别可达三千米(Rice和Claypool,1981;张义纲和陈焕疆,1983)。从组分上来看,在烃类组分中以甲烷为主,甲烷与乙烷以上重烃的比值(C_1/C_{2+})大于100,甚至大于1000;从同位素组成上来看,生物气非常富集轻碳同位素,甲烷碳同位素比值$\delta^{13}C_1$小于$-55‰$(或$-60‰$)。无论原始有机质为腐泥型还是腐殖型均可生成生物气。在富含有机质沉积物的表层,可形成甲烷,但大部分逸散到水体或大气中,只有在缺氧、低SO_4^{2-}环境且具备圈闭的条件下才能有大量的生物气形成并聚集成气藏。

2) 热解气(pyrolytic gas)

热解气是指沉积有机质在成熟阶段和高成熟阶段($R_o=0.5\%\sim2.0\%$)经热催化作用和热裂解作用形成的天然气,包括原油伴生气和凝析油伴生气。由于有机质类型的不同,形成的热解气性质就有差异,所以根据有机质类型可将热解气分为:

(1) **油型热解气**(又称腐泥型热解气,sapropelic pyrolytic gas):指腐泥型干酪根在成熟阶段形成的天然气。这类干酪根成油为主、成气为辅。在早期以热催化作用为主($R_o=0.5\%\sim1.3\%$),主要形成液态烃和少量天然气(主要为湿气),此时形成的天然气常称为原油伴生气;晚期除热催化作用外,热裂解作用逐渐增强($R_o=1.3\%\sim2.0\%$),主要以凝析油气为主。油型热解气在大多数情况下伴生于原油或凝析油中,只在少数情况下可游离出来形成气顶气或气层气。油型热解气分布甚广,在含油气盆地中只要发现了油藏,都可找到数量不等的油型热解气,多分布在深度为1500~4000m的中深部。例如,我国东部的油气区聚集了中国85%的石油探明储量和近90%的石油产量,也是中国油型热解气的主要分布区。

(2) **煤型热解气**(又称腐殖型热解气,humic pyrolytic gas):指腐殖型干酪根在成熟阶段和高成熟阶段($R_o=0.5\%\sim2.0\%$)形成的天然气。这类干酪根在该阶段多以成气为主、成油为辅,故煤型热解气以游离的气层气为主。在煤系中也可形成凝析油气(或轻质油气),多与树脂体或蜡质有关。油型热解气和煤型热解气的主要区别在于成气有机质的化学成分和结构显著不同。含煤盆地在地壳中分布广泛,世界煤炭可采储量达10^{13}t。我国煤炭储量达5×10^{12}t。富含腐殖型有机质的层系展布更为广泛,所以煤型热解气资源无论是在世界范围内或是我国范围内都非常丰富。例如,我国四川盆地(中坝、平落坝气田)和鄂尔多斯盆地(中部气田)的天然气均与煤系地层中的有机质有关,且能形成大中型气田。

3) 裂解气(cracking gas)

裂解气一般指在过成熟阶段($R_o>2\%$)由前期已经生成的液态烃和部分重烃气以及残余干酪根经高温裂解作用而形成的天然气。它的重烃含量随有机质的成熟度增加而明显减少,最后变成以甲烷为主的干气。实际上在热解气形成阶段已经有部分裂解气生成。因此,热解气和裂解气中间常常有交叉而没有严格的界限,但热解气的形成温度低于裂解气形成温度。由原油裂解形成的油型裂解气和残余腐泥型干酪根裂解而成的天然气,属腐泥型裂解气;由煤型热解气和残余腐殖型腐泥型干酪根裂解而成的天然气,属腐殖型裂解气。

裂解气藏多分布在深逾4000m的超深层,常为纯气藏。Ⅰ型、Ⅱ型干酪根成气主要以油型裂解气为主,而Ⅲ型干酪根主要以干酪根晚期成气为主(Rudkiewicz 和 Behar 等,1992;Behar等,1991,1992)。在美国墨西哥湾及二叠盆地,深逾4500m的超深井常见纯气藏和凝析气藏;在我国四川盆地震旦系的海相碳酸盐岩中,发现了威远气田。目前,我国发现的裂解气主要是油型裂解气,多分布在演化成熟度甚高的古生界海相地层中。例如,四川盆地卧龙河、五百梯、普光等气田,塔里木盆地和田河气田、柯克亚气田的天然气均是我国典型的油型裂解气。

第二节 油气藏形成的基本地质因素

油气藏是地壳上油气聚集的基本单元,是油气在单一圈闭中的聚集。而圈闭(trap)是适合于油气聚集,形成油气藏的地质场所。圈闭中聚集了油气就形成了油气藏(oil and gas reservoir/pool/accumulation）。形成油气藏要具备一定的前提条件,即必须具备油气藏形成的基本地质因素,这些地质因素经常被地质人员概括为"生、储、盖、圈、运、保",全面地概括了油气藏形成的基本条件,缺失其中任何一个因素,都不可能形成油气藏。"生"是指生油岩或烃源岩,是形成油气藏的物质基础;"储"是指储层,为油气的聚集提供空间;"盖"是指盖层,是避免储集层中的油气向外散失的屏障;"圈"是指圈闭,是油气得以聚集的场所;"运"是指运移过程,是油气从分散状态向圈闭集中形成油气藏的必备过程;"保"是指保存条件,地质历史中形成的油气藏只有在一定的条件下才能保存下来形成油气资源。

一、烃源岩与烃源层

（一）烃源岩的概念

烃源岩(source rock),又称生油岩、生油母岩。蒂索(B. P. Tissot,1978)将烃源岩定义为"已经产生或可能产生石油的岩石"。亨特(J. M. Hunt,1979)则将烃源岩定义为"在天然条件下曾经产生和排出烃类并已形成工业性油气聚集的细粒沉积"。笔者认为,烃源岩研究应以寻找油气为目标,据此,烃源岩以"富含有机质并完成了生油过程的岩石"的定义较恰当;富含有机质但未完成生油过程的岩石以称为"可能烃源岩"或"潜在烃源岩"为好。显然,对可能烃源岩或潜在烃源岩的研究,具有一定理论意义但一般不具油气勘探的实际意义。

烃源岩所在的地层称为烃源层或生油层。烃源岩与烃源层,含义相近,区别在于前者强调岩样岩石,后者强调地层岩层。烃源层是油气形成的基础,是油气资源评价与油气勘探的依据。烃源层研究不仅具有重要理论意义,而且具有巨大的实际意义,从而成为石油地质与油气勘探领域一项重要的研究内容。

（二）烃源岩的岩石类型

烃源岩可以分为两个大类:泥岩烃源岩(mudrock source rock)与碳酸盐岩烃源岩(carbonate source rock)。这两大类烃源岩大都发育在浅海区、深湖区及海(湖)靠近三角洲的地区。这些地区具备生物繁盛的优势,具备生物有机质堆积、保存的有利条件。只要地壳沉降与沉积物补偿速度大体一致,常能发育巨厚的烃源层沉积,成为大油气田形成的有利条件。可见,浅海相、深水湖相和三角洲相,是烃源层最为发育的有利相带。

1. 泥岩烃源岩

泥岩烃源岩泛指泥岩、页岩、黏土等细粒碎屑沉积物所构成的烃源岩,它们是远岸的稳定水体环境中形成的产物。这种环境水生生物繁盛,生物尸体可与陆源黏土物质一起大量堆积。其环境乏氧安静,利于有机质保存并向油气转化。这些泥岩烃源岩富含有机质与丰富的生物化石,由于是还原环境下的产物,颜色多呈暗色,常含有黄铁矿、菱铁矿等指示还原环境的指相矿物,其地面露头或岩心中常见石油沥青类显示。其岩矿特征与化石种类均可显示为潮湿、温暖的气候环境。

2. 碳酸盐岩烃源岩

碳酸盐岩烃源岩指由富含有机质的细粒碳酸盐岩类组成的岩石,主要岩性有生物灰岩、泥灰岩、石灰岩及白云岩等。这类烃源层为广阔的浅海相及深水湖相沉积,多呈灰黑、深灰、褐灰及灰色,颗粒少,以灰泥为主,多呈厚层—块状,水平层理或波状层理发育,含黄铁矿及生物化石。我国四川盆地中的一些天然气就是在二叠系石灰岩中生成的。国外著名的波斯湾油气区,其烃源层即是上侏罗统阿拉伯组石灰岩与古近—新近系阿斯马利石灰岩。

(三)烃源岩的评价方法

烃源岩评价是研究决定油气形成源岩的有机质丰度(organic matter amount)、有机质类型(organic matter type)和有机质成熟度(organic matter maturity)等特性,确定生油气潜能的大小,从而进行油气生成量的定量计算,并判断是否具有形成大规模油气聚集的物质基础。

1. 有机质丰度

岩石中有足够数量的有机质是形成油气的物质基础,是决定岩石生烃能力的主要因素。有机质丰度是评价烃源岩好坏的重要指标,常用有机碳含量来定量评价,其下限值的确定一般依据经验而定。对于泥质烃源岩,国内外大多数学者的看法基本一致,有机质丰度下限为0.4%~0.5%(程克明等,1982),较为统一的标准是有机碳含量的下限值为0.5%。但有机质的热演化程度直接影响有机碳的含量,因此,不同热演化阶段的有机质的有机碳丰度的下限值不同。

2. 有机质类型

有机质类型是衡量烃源岩质量的指标。不同类型有机质的生烃潜力不同且生成的产物也不同,生油门限值和生烃过程也有一定差别,这主要与有机质的化学组成和结构有关。研究表明,陆相生油和海相生油在成烃机理和规律上并没有本质区别,主要是沉积规模和有机质性质等方面表现出的成烃规模和油气性质的不同。因此,有机质类型的不同是海、陆相生油的重要差别之一。研究者常用干酪根和生油岩热解划分有机质类型。

3. 有机质成熟度

沉积岩中有机质的丰度和类型是生成油气的物质基础,但是有机质只有达到一定的热演化程度才能开始大量生烃。成熟度是表示沉积有机质向石油转化的热演化程度。目前用于评价生油岩成熟度应用较广的是镜质组反射率$R_o(\%)$。

在烃源岩研究中还有许多地球化学指标,这些指标或者展示烃源岩的生油潜力,或者展示有机质的热演化程度,或者展示成油阶段或转化效率。这些指标对油气资源评价及油气勘探有重要作用,但对非地质勘探专业来说意义不大,在此不作介绍。

二、储集岩与储集层

可能有人将石油在地下的埋藏情况想象成"油河""油海",但大量油气勘探及开发实践已证明,地下不存在什么"油河""油海",油气是储存在那些具有互相连通的孔隙、裂隙的岩层内,就好像水在海绵里的状态一样。凡是具有一定的连通孔隙、能使流体储存并在其中渗滤的岩石都称为储集岩(reservoir rock)。常见的储集岩类型划分为三大类:碎屑岩、碳酸盐岩与其他岩类储集层。其他岩类储集层主要包括:火山岩、侵入岩和变质岩等结晶基岩储集层,以及泥质岩类储集层。

储集层指能够储集和渗滤流体的岩层,通常简称为储层(reservoir)。在储集层的概念中,除了指明储集层的储集能力外,还同样强调了储集层的渗流能力。为什么要强调储集层的渗流能力呢？这是因为油气从生油层运移进入储集层时，需要储集层具备一定的渗流能力，而在油气开采时，更需要相当的渗流能力才能形成工业产能。可以这样说，只有储集空间而没有渗流能力的岩层，是不可能成为储集层的。

储集层的含义只强调了岩层储渗油气的能力，这并不意味着储集层中一定有油气。如果储集层中含有油气，则称为"含油气层"。含有工业（商业）价值油气的储集层被称为"油层"或"气层"。已投入开发的油层或气层称为"产层"。储集层必须具备储集空间与渗流能力，才能储集油气。也就是说，储集层必须具备孔隙性和渗透性，孔隙性与渗透性是储集层的两大基本特征。

储层储存和渗流流体的这种性质以及流体在储层中的饱和程度称为储集层的物理性质，简称物性。它是储层的基本属性，是评价储层质量、确定开发方案的重要依据。

(一) 储集空间分类

在油气工业发展过程中，人们已经习惯用"孔隙"来表述岩石中未被固体物质所充填的空间。目前发现能储存和渗滤油、气的空间类型越来越多，可以进一步划分为孔隙、洞穴和裂缝三种储集空间类型，并按形状和大小划分为孔隙(pore)、洞穴(cave)、裂缝(fracture)和喉道(throat)。

1. 孔隙

孔隙是指空隙直径小于2mm的空间。按空隙直径划分，空隙直径2~0.1mm为粗孔，空隙直径0.1~0.01mm为细孔，空隙直径<0.01mm为微孔—纳米孔。

依据流体在孔隙中流动受毛细管力的影响程度，可将孔隙划分为超毛细管孔隙、毛细管孔隙、微毛细管孔隙(V. Schmidt, 1979)。

超毛细管孔隙的孔隙半径大于$250\mu m$，流体在其中可以自由流动，受毛细管压力影响很小。在碎屑岩中，这类孔隙称为特大孔，但较少，如强溶解作用形成的铸模孔和超粒孔可达到这个级别。在缝洞型碳酸盐岩中，溶洞和大溶缝普遍达到这级别。

毛细管孔隙的孔隙半径为$0.1~250\mu m$。流体在其中受毛细管压力影响。只有外力克服本身的毛细管压力时，流体才能在其中流动，流体流动遵循渗流力学的一般规律。

微毛细管孔隙的孔隙半径小于$0.1\mu m$，亦有学者将其称为微孔。孔隙内分子间的引力（毛细管压力）很大，在正常地层条件下难以克服这种力而使其中流体流动，为无效孔隙。

但是有关孔隙大小的分类有强烈的地域和领域特色。李道品(1997)针对长庆油田低渗透砂岩，将孔隙半径大于$40\mu m$的称为大孔，孔隙半径$0.05~40\mu m$的称为微孔，孔隙半径小于$0.05\mu m$的称为难流动孔。

需要说明的是，页岩储层的孔隙总体很小，孔径大小为微—纳米级。与砂岩储层有明显区别。参考国际纯粹与应用化学联合会(IUPAC)1994年的分类标准，依据页岩孔径大小分为宏孔（孔径大于50nm）、介孔（50~2nm）和微孔（小于2nm）。显然，页岩的微孔与前面提到的微毛细管孔隙有区别。

2. 洞穴

洞穴是指空隙直径≥0.002m的空间。洞的大小悬殊，巨大的洞穴可形成暗河或管道。关于洞穴中大洞、巨洞等大小的划分标准也不统一。唐泽尧(1981)根据现场岩心及钻井放空情况划定一个相对标准。洞径大于1m为巨洞，0.1~1m为大洞，0.05~0.1m为中洞，0.002~0.05m为小洞。

3. 裂缝

裂缝是指岩石发生破裂作用而形成的不连续的、有一定延伸长度、片状或板状的空间。裂缝类型划分的主要依据包含力学成因、地质成因划分方案。

裂缝描述参数包括裂缝张开度(宽度、开度)、产状、延伸长度、充填特征、发育程度等。按张开度划分,一般以 3mm 及以上为大缝,1~3mm 为中缝,0.1~1mm 为小缝,0.01~0.1mm 为微缝,小于 0.01mm 为超微缝。微缝和超微缝需要借助显微镜放大观察。

有学者将需要借助显微镜进行放大来观察和描述的裂缝称为微裂缝,其宽度一般小于 50μm(Laubach,1997;Anders et al.,2014)。在岩心、野外露头及测井响应特征上可直接观察和描述的缝称为宏观缝,其宽度一般大于 50μm。

4. 喉道

喉道是指孔隙系统中相对较小的、局限在两个颗粒之间连通的狭窄的空间部分(图 1–8)。每一条喉道可连接两个孔隙,而每个孔隙可以与多个喉道相通。对碳酸盐岩储层甚至岩浆岩、变质岩储层,因为溶蚀作用、构造与非构造破裂作用形成孔洞缝网络系统,洞穴与洞穴之间、孔洞之间连通的狭窄通道也称为喉道,为广义喉道。在具有孔、洞、缝的储集层中被裂缝分割的岩块称为基质(迈杰鲍尔,1980),见图 1–9。

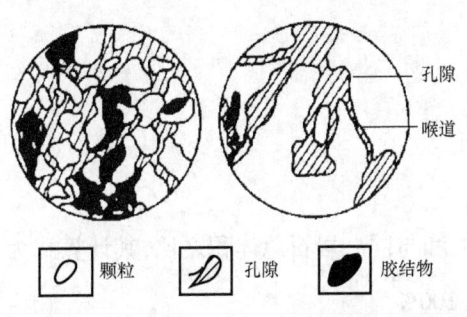 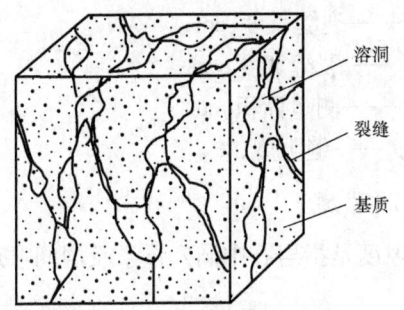

图 1–8 储集层岩石中孔隙与喉道分布示意图　　图 1–9 具有孔、洞、缝储层中的"基质"的示意图

狭义喉道的宽窄是决定岩块基质渗透率及产能大小的关键。由于石油和天然气性质上的差异,储气层和储油层的喉道级别的划分界限也不一致。唐泽尧(1981)以喉道宽度 >1μm 为大喉,喉道宽度 1~0.2μm 为中喉,喉道宽度 0.2~0.03μm 为小喉,喉道宽度 <0.03μm 为微喉来界定天然气储层喉道大小。对于储油层,喉道级别应该较天然气储层的相应级别要粗。

储集空间是构成储集层的核心,有关储集空间的类型、成因、分布、容积大小、连通情况、油气的饱和程度等的认识,是认识油气储集层性质、划分储集类型、分析油气田产能及生产情况、合理开采及提高采收率的基础。

(二)储集性能

储层储集性能是指储层储集空间储集流体的能力大小,用空隙度来度量。

空隙度系指岩石中空隙体积与同一岩石总体积之比。空隙体积是孔隙体积、洞穴体积、喉道体积及裂缝体积之和。空隙度是孔隙度、洞隙度、缝隙度之和,其计算式为

$$\phi_s = V_s/V \times 100\% = V_s/(V_s + V_g) \times 100\% \tag{1-4}$$

式中　ϕ_s——空隙度,%;

V_s——空隙体积,cm³;

V_g——固体体积,cm³;

V——岩石的总体积,cm³。

1. 缝隙度

缝隙度是指岩石中张开裂缝的体积与同一岩石总体积之比,其计算式为

$$\phi_f = V_f/V \times 100\% \tag{1-5}$$

式中 ϕ_f——缝隙度,%;

V_f——张开裂缝的体积,cm³;

V——岩石的总体积,cm³。

对于裂缝,可以通过露头、岩心样品或薄片测定面缝率,再换算求缝隙度。二者的计算式分别为

$$R_f = (l \times b)/S \times 100\% \tag{1-6}$$

$$\phi_f = 104 \times R_f \tag{1-7}$$

式中 R_f——面缝率,%;

l——裂缝长度,cm;

b——裂缝宽度,cm;

S——测量面积,cm²;

ϕ_f——缝隙度,%。

2. 洞隙度

洞隙度是指岩石中洞穴体系及洞间喉道体积之和与同一岩石总体积之比,其计算式为

$$\phi_n = V_n/V \times 100\% \tag{1-8}$$

式中 ϕ_n——洞隙度,%;

V_n——洞穴体系及洞间喉道体积之和,cm³。

对于有洞穴、孔隙、裂缝的全直径岩心(指对钻井取出的岩心不经切割和劈分,整段用于实验室分析的柱状岩心,一般长 15~30cm,直径为 5~10cm),采用高真空酒精法测定全直径空隙度,量取张开缝的长、宽、高求缝隙度,再在无缝部位钻取小样品测得基质总孔隙度(下述)后,用空隙度减去基质孔隙度与缝隙度即为洞隙度。

3. 孔隙度

孔隙度可以进一步划分为绝对孔隙度(absolute porosity)(又称总孔隙度,total porosity)、连通孔隙度(connected porosity)和有效孔隙度(efficient porosity)。

(1)绝对孔隙度(总孔隙度)。

岩样中所有的孔隙空间体积(包含喉道体积)与该岩样总体积的比值,称为该岩样的绝对孔隙度或总孔隙度(由于喉道所占体积远远小于孔隙体积,可忽略),可用下式表示:

$$\phi_n = V_t/V \times 100\% \tag{1-9}$$

式中 ϕ_t——总孔隙度,%;

V_t——总的孔隙及喉道体积,cm^3。

对具有孔、洞、缝的岩石来说,在实验室条件下,如果测试样品选取的是没有洞穴的小栓塞样品(直径为2.5cm,长为4cm的样品),那么测得的孔隙度也称为基质孔隙度。

(2)连通孔隙度。

连通孔隙度是指在一般测试条件下,岩石中互相连通的孔隙的体积与同一岩石总体积之比,其计算式为

$$\phi_c = V_c/V \times 100\% \qquad (1-10)$$

式中 ϕ_c——连通孔隙度,%;

V_c——连通孔隙及喉道的体积,cm^3。

(3)有效孔隙度。

各文献对有效孔隙度的定义不相同,有的将连通孔隙度定义为有效孔隙度。对油气储层而言,有效孔隙度的下限值是指在当前工艺技术条件下,使储集层的产油气量达到工业油气流下限的孔隙度值。工业油气流下限是依据当前钻井成本、油气价格等因素综合确定的。凡等于或大于有效孔隙度下限值的孔隙度称为有效孔隙度。

有效孔隙度是用容积法计算储量的重要参数,它受油气层的埋深、厚度、孔隙结构、储集类型、裂缝发育程度、裂缝产状、流体物理性质等多种因素控制。有效孔隙度的下限值必须利用工业油气井,以单层试油气法、产能模拟法或生产测井法来确定,等于或大于该下限值孔隙度才能确定为有效孔隙度。

(三)渗透性

1. 渗透率的定义

渗透性是指在一定压力作用下,岩石空隙允许流体渗流的能力,表征其渗流能力大小的数值就是渗透率(permeability)。渗透率是反映储集层产能及评价油气层的重要参数。

孔隙之间、孔洞之间及洞穴之间的喉道的宽窄或岩块之间张开裂缝的宽窄、通过空隙的流体的类型及其饱和程度是影响渗透率的重要因素。

目前使用的渗透率单位为达西(D)或毫达西(mD)。$1D = 10^3 mD = 0.989623 \mu m^2$。实际运用中,采用 $1mD \approx 10^{-3} \mu m^2$。

渗透率类型较多,根据岩石允许流体渗流的通道类型是否是裂缝分为基质渗透率与裂缝渗透率;当渗流介质存在多相时,又将基质渗透率分为绝对渗透率、有效渗透率、相对渗透率;根据是否进行克氏(滑脱)校正而把气体渗透率分为平均气体渗透率及克氏气体渗透率;根据测试方向不同分为垂直渗透率、水平渗透率、方向渗透率等。

2. 基质绝对渗透率

基质绝对渗透率是指岩石孔隙中完全被一种流体饱和(即100%)时,流体与岩石间不发生物理—化学反应,流体的流动符合达西直线渗流定律时所测得的渗透率。它反映的是孔隙间喉道允许单相流体渗流能力大小的数值,也称为渗透率。

达西直线渗流定律表明,当单相流体通过孔隙介质呈层状流动时,单位时间内通过岩石截面积的液体流量与压力差和截面积的大小成正比,而与液体通过岩石的长度以及液体的黏度成反比,有

$$Q = \frac{K(p_1 - p_2)F}{\mu L} \tag{1-11}$$

式中 Q——单位时间内流体通过岩石的流量,cm^3/s;

F——液体通过岩石的截面积,cm^2;

μ——液体的黏度,$10^{-3} Pa \cdot s$;

L——岩石的长度,cm;

$p_1 - p_2$——液体通过岩石前后的压差,MPa;

K——岩石的渗透率,D。

由达西定律可知,当 p_1、p_2、F、L、μ 均为常数时,流量与渗透率 K 成正比,即流体通过的量取决于岩石本身使流体通过的能力。

对于气体来说,由于它与液体性质不同,受压力影响十分明显,当气体沿岩石由 p_1(高压力)流向 p_2(低压力)时,气体体积要发生膨胀,其体积流量通过各处截面积时都是变数,故达西公式中的体积流量应是通过岩石的平均流量,于是渗透率的公式可写成

$$K = \frac{2p_2 Q_2 \mu_g L}{(p_1^2 - p_2^2)F} \tag{1-12}$$

式中 μ_g——气体的黏度,$10^{-3} Pa \cdot s$;

Q_2——通过岩石后,在出口压力(p_2)下,气体的体积流量,cm^3/s。

3. 基质有效渗透率与相对渗透率

基质有效渗透率又称相渗透率(phase permeability),是指当岩石孔隙中被两种或三种流体饱和时,在压力作用下,允许其中某种流体渗流的能力大小的数值。如油、气、水的基质有效(相)渗透率分别用 K_o、K_g、K_w 表示。岩石对每一种流体的相渗透率小于该岩石的绝对渗透率。

基质相对渗透率(relative permeability)是指岩石的有效渗透率与绝对渗透率的比值。油、气、水的相对渗透率分别为 K_o/K、K_g/K、K_w/K。显然,各相的相对渗透率之和小于100%。

实验证明,相对渗透率与有效渗透率一样,取决于相的饱和度、岩石的润湿性和岩石孔隙空间的结构。图1-10和图1-11是实测油、气、水的相对渗透率曲线。由图可知,随着某相流体饱和度的增加,其有效渗透率和相对渗透率均增加,直到全部为该相流体饱和,其有效渗透率等于绝对渗透率,相对渗透率则等于1。相反,随着该相流体在岩石孔隙中的含量逐渐减少,有效渗透率则逐渐降低,直到某一极限含量,该相流体停止流动。

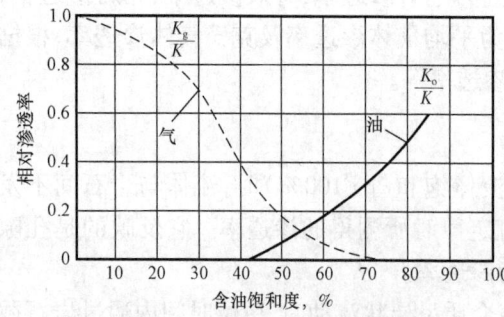

图1-10 油气饱和度与相对渗透率的关系曲线(据Levorsen,1954)

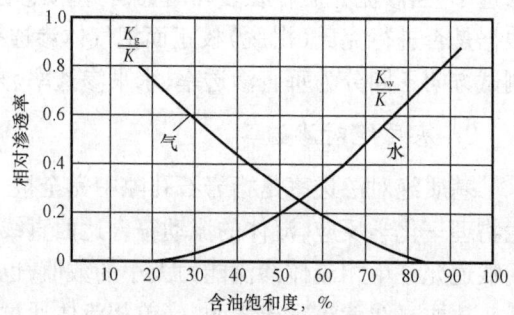

图1-11 气水饱和度与相对渗透率的关系曲线(据Levorsen,1954)

4. 克氏渗透率

达西(1856)做实验测试渗透率之初,以水为流体,后来他用空气或氮气为流体测试渗透率。人们发现对同一样品用气体测试渗透率总比用水测量的要高。直到1941年,克林肯伯格才指出气体在岩石孔道中渗流时的"滑脱效应"是气测渗透率大于液测渗透率的原因。他认为,气体在小孔道中呈匀速运动[图1-12(a)],而当液体从其中流动时,由于液体分子距离小,相互间有一定引力,特别是孔壁对附近的液体分子引力更大,故孔壁附近的液体分子流速小,而孔道中心液体分子流速大[图1-12(b)]。这种孔壁对附近低压气体分子流动无影响的"滑脱效应"被壳牌石油公司称为克氏效应。

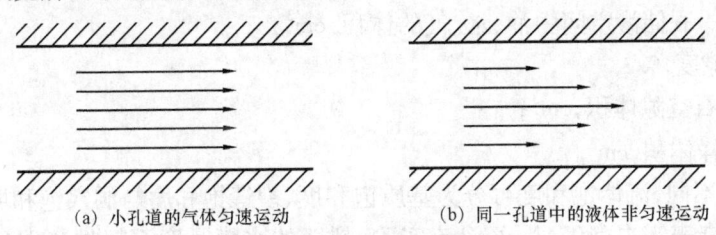

(a) 小孔道的气体匀速运动　　　　(b) 同一孔道中的液体非匀速运动

图1-12　气体"滑脱效应"示意图

因为对同一样品在相同压差下,用气体所测渗透率要大于液体渗透率,故应进行校正。克氏气体渗透率是指经过气体"滑脱效应"校正的气体渗透率,又称为液体渗透率或称为等效液体渗透率。

克氏气体渗透率不随测试时的进口压力而变化,它是一个恒定值,有时称为岩石的真实渗透率,可以作为岩石气体渗透率对比的依据和基础。

5. 分析渗透率、测井解释渗透率与试井解释渗透率

储层渗透率资料的获取,有三个基本的来源。第一,通过储层岩心样品分析测定获取,称为分析渗透率(因现场多采用压缩空气流过岩样测定渗透率,因而又称空气渗透率)。第二,通过测井曲线资料解释得出渗透率,称为测井解释渗透率。第三,通过生产井的压力恢复曲线或注水井的压力降落曲线,用试井理论解释得出的渗透率,称为试井解释渗透率或有效渗透率。在这三种渗透率资料中,分析渗透率直接、真实,但并非多数井都有取心资料(取心井总是少数);测井解释渗透率的准确性较差(渗透率解释较孔隙度解释的精度要差很多,渗透率解释是由测井资料解释出孔隙度再用间接方法得出的),但却是每井每层每段每小段都有;试井解释渗透率反映的是整个储层(或多个生产层段)宏观大范围的渗透率总和,最能代表整个产层或油藏的渗透率,不足之处在于难以反映各细分层段的渗透率,而且在多相渗流的情况下,解释得出的渗透率将受流体饱和度影响,由于地层流体的饱和度难以确定,因此储层渗透率难以求准。

对于岩样代表性较好的储层,比如孔隙性砂岩储层,其分析渗透率可靠性较高,一般以分析渗透率为准,测井解释渗透率仅做参考。对于岩样代表性较差的储层,比如裂缝性储层,岩样疏松、破碎厉害的储层等,分析渗透率可靠性较差,但这时的测井解释渗透率一般也差,倒是试井解释渗透率尤其是早期的试井解释渗透率较为可靠,此时应视具体情况,综合应用这三种渗透率资料做出尽可能准确的推断校正。

(四) 含流体性

储集岩的空隙空间通常被各种流体所占据,某种流体占据空隙空间体积的比例被称为该

流体的饱和度(saturation)。

油气藏中储层空隙空间为液态烃、气态烃及地层水所充满,相应的流体饱和度被称为含油饱和度、含气饱和度及含水饱和度,三者的计算式为

$$S_o = V_o/V_p \times 100\% = V_o/(\phi \times V_r) \times 100\% \quad (1-13)$$

$$S_g = V_g/V_p \times 100\% = V_g/(\phi \times V_r) \times 100\% \quad (1-14)$$

$$S_w = V_w/V_p \times 100\% = V_w/(\phi \times V_r) \times 100\% \quad (1-15)$$

式中　S_o, S_w, S_g——含油饱和度、含水饱和度、含气饱和度,%;

V_o, V_w, V_g——储渗空间中油、水、气的体积,cm³;

ϕ——空隙度,%;

V_p——岩石空隙体积,cm³;

V_r——岩样体积,cm³。

因空隙类型不同,流体饱和度可分为基质饱和度、裂缝饱和度与洞穴饱和度。后二者不易实测。据 E. M. 斯麦霍夫(1974),经渗流实验,裂缝的水膜厚度不超过 0.016μm。按裂缝平均宽度为 15μm 计,裂缝中含气饱和度近于 100%。同样,洞穴中的天然气饱和度也可认为是 100%。

岩石基质油气饱和度、水饱和度是油气藏或油气层研究的重点基础资料,是油气田勘探和开发阶段的重要参数。但这一参数并非一个常数,特别是在开发阶段流体饱和度变化相当大,总的是油气饱和度在不断下降、水饱和度不断上升,最终油气藏枯竭。

三、盖层

要形成油气藏,除需要烃源层(生油层)、储集层之外,还需要能阻隔油气散逸,使之达到工业聚集的盖层(cap rock)。只有在具备一定的生油、储油和盖层条件之后,才有可能形成工业油气藏。因此,盖层与生储盖组合在油藏地质学中具有十分重要的意义。

石油与天然气是一种流体矿物,在地层中易于流动,要使其聚集成藏,必须有对油气不渗透、可起封隔遮挡作用的岩层置于其上,才能使之集聚成藏而免于逸散。这种位于储集层之上,能够封隔储集层中的油气而使之免于向上逸散的不渗透地层就是盖层。

封隔性是盖层必备的条件,不具封隔性的地层显然不能称为盖层。盖层条件的好坏直接影响油气的聚集与保存。具封隔性的岩层必须岩性致密、无裂缝、渗透率极低;或者,按现代的观点,封隔性岩层应具有较高的排驱压力,达到"不渗透"的程度。

常见盖层有页岩、泥岩、盐岩、石膏等类型。页岩、泥岩盖层常与碎屑岩储集层互层共生。由于地壳的升降震荡及水流的变换摆动,砂岩、泥岩层在剖面上的交替出现,砂岩可以作为储集层,泥岩可以作为盖层。盐岩、石膏盖层多发育在碳酸盐岩剖面中,由于盐岩、石膏为致密化学岩,孔隙极不发育,本身又具可塑性,不易产生裂缝,具有良好的盖层特性。除上述岩性外,致密的泥灰岩与石灰岩也可作为盖层。此外,也有"永冻层"作为盖层的罕见情况:在俄罗斯西西伯利亚盆地北部的大片地区,其白垩系砂岩的干气被圈闭在永冻层之下。

H. D. 克莱姆(1977)统计了世界上 334 个大油气田的盖层岩性:页岩、泥岩作盖层的占总数的 65%,盐岩、石膏作盖层的占 33%,致密灰岩作盖层的占 2%。我国油气田的盖层多为泥页岩,在四川、江汉盆地也有以膏盐作为盖层的油气田。

四、圈闭

(一)圈闭的概念

运移着的油气,如果遇到遮挡物阻止其继续运移,只能就地停止,形成油气聚集。遮挡物的存在是油气聚集成藏的基本条件。这种迫使油气停止运移从而聚集成藏的遮挡物,与储集层和盖层一起,就构成对于油气的"圈闭"。

圈闭(trap)是地下储集层中能够阻止油气继续向前运移,适合于油气聚集,形成油气藏的地质场所。

圈闭的三个要素为:(1)油气储渗的储集层(reservoir);(2)阻止油气向上逸散的盖层(cap rock);(3)阻止油气继续运移、造成油气聚集的遮挡物(barrier)。

储集层提供了圈闭储存油气的空间;盖层位于储集层之上,对油气的向上散逸起阻止作用;遮挡物位于储集层侧面,对油气的侧向运移起阻挡作用。遮挡物可以是盖层本身的弯曲变形,如背斜;也可以是封闭性断层或非渗透性岩层,如断层、岩性变化、地层不整合等(图1-13)。

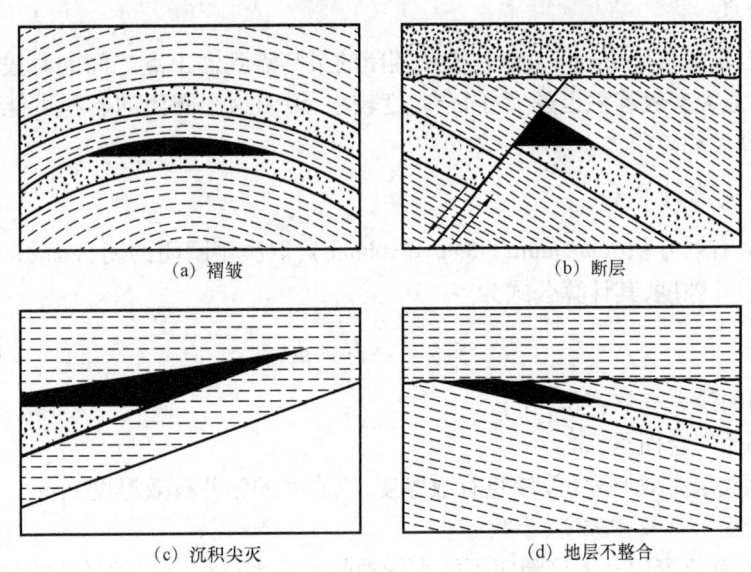

(a) 褶皱　　(b) 断层
(c) 沉积尖灭　　(d) 地层不整合

图1-13　形成圈闭的几种遮挡条件

(二)圈闭的度量

圈闭是油气藏地质中的重要概念,是油气藏形成的基础。没有适宜油气聚集的圈闭,就不可能形成油气藏,而油气藏是盆地中油气聚集最基本的单元。油气勘探的目标就是寻找有利的圈闭和油气藏。

圈闭是油气藏存在的必要条件。圈闭的大小和规模往往决定着圈闭储集油气的能力。因此,为了找到油气藏,必须对所发现的圈闭进行度量研究评价。其中,圈闭的大小,是圈闭度量评价的重要内容,是通过以下参数来刻画、表征的:

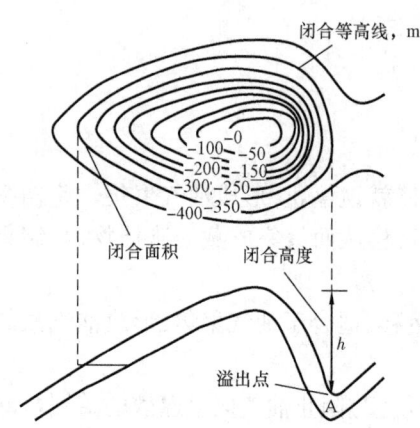

图 1-14 圈闭度量的基本参数

1. 溢出点

溢出点(spill point)是指油气充满圈闭后开始溢出的点(见图 1-14 中 A)。当油气充满该圈闭并超过该溢出点时,多余的油气就会流出该圈闭发生外泄。

不同形状(不同类型)的圈闭决定溢出点位置的因素不同。对于由背斜构成的圈闭,其溢出点位于紧邻背斜最低一条闭合等高线的一条不闭合等高线的开口处;而由断层作为封闭条件的圈闭,其溢出点在断层位置最低的封闭点处。

2. 闭合面积

闭合面积(closure area)是指通过溢出点的水平面(或通过溢出点的构造等高线所在的平面)与储集层顶面的交线所圈出的面积。闭合面积也可以在一定程度上显示一个圈闭的容积大小。闭合面积越大,圈闭的有效容积也越大。圈闭面积一般由储集层顶面构造图量取。不同类型的圈闭闭合面积相差很大。

3. 闭合高度

圈闭的闭合高度(closure height)是指从圈闭的最高点到溢出点之间的海拔高差。闭合高度越大,圈闭的最大有效容积也越大;闭合高度较小,说明这个圈闭的容积可能较小。不同类型的圈闭闭合高度相差很大。

4. 圈闭最大有效容积

圈闭的最大有效容积(maximum effective volume),取决于圈闭的闭合面积、储集层有效厚度与储集层有效孔隙度,其计算公式为

$$V = F \times H \times \phi \tag{1-16}$$

式中　V——圈闭最大有效容积,m^3;
　　　F——圈闭闭合面积,m^2;
　　　H——储集层有效厚度(取铅直有效厚度,或直井的钻井有效厚度),m;
　　　ϕ——储集层有效孔隙度,小数。

圈闭的最大有效容积表示该圈闭可能容纳油气的最大体积,它是评价圈闭的重要参数。

五、油气运移和聚集

油、气在圈闭中聚集形成油气藏的过程称为油气聚集(oil and gas accumulation)。油、气、水由于密度不同,在圈闭中会发生重力分异。当油、气在盆地内生成以后,运移至储集层的油、气便沿着上倾方向向周围高处的圈闭中运移。由于油、气、水的密度不同,天然气的密度最小、黏度也小,在孔隙介质中最易流动,所以运移的结果,天然气占据盆地中心周围最高位置的构造环,而石油则占据其下倾方向位置较低的构造位置,比较接近盆地的中心。世界上很多含油气盆地具有这样的油气分布特点,但也有很多例外。

油气运移(oil and gas migration)是石油和天然气在地壳内的任何移动,它可以导致油气聚集成藏,也可导致油气分散和已形成的油气藏破坏。研究油气运移聚集规律,对于找油勘探有

重要意义。油气运移问题是一个很复杂的问题,有关的研究、认识、观点、意见甚多,而且不完全一致。本教材只对一些基本的问题做简要介绍。石油和天然气的运移,始于生油层开始生油的时期,也可以说,在油气生成的同时,油气运移已经开始。

在烃源岩中正在生成的石油是分散的。烃源岩所生成的石油首先需要从孔隙细小、渗透率极低的烃源层中运移出去,汇集在有一定孔隙性和渗透性的储集层中,然后再从储集层向适宜油气聚集的地质体中运移。显然,油气从烃源层向外运移与油气在储集层中的运移在许多方面是很不相同的。因此,在油气运移领域,很自然地就形成了油气初次运移与二次运移这两个基本概念或研究范畴。

在烃源岩中生成的油气,自烃源层向邻近的储集层中的运移,称为初次运移。相应地,将油气进入储集层后的一切运移,归入二次运移(图1-15)。显然,无论是油气初次运移还是油气二次运移,对于油气藏的形成都是十分重要的。

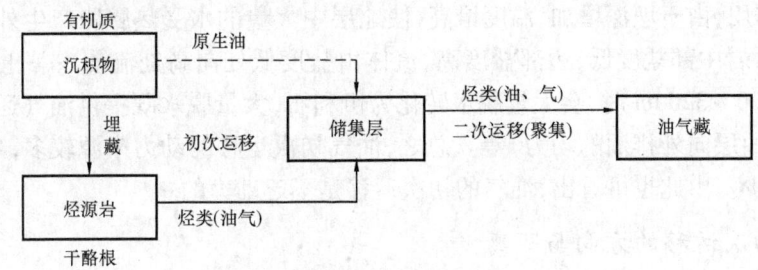

图1-15 油气运移聚集过程示意图

(一)油气初次运移

烃源层中生成的油气,最初是呈分散状态存在于烃源层中的。要形成有工业价值的油气藏,就必须经过运移聚集的过程。要实现这一过程,烃源层生成的油气首先就必须从烃源层向外部的、邻近的储集层运移(也称为初次运移,primary migration),才能开始和继续油气聚集成藏的过程。由此可见油气初次运移的重要性。如果比较清楚地了解、掌握了油气初次运移的特点和规律,对研究其后的油气二次运移和油气藏形成规律,都将具有重要的意义。

1. 油气初次运移的时间

油气初次运移的时间,始于烃源层开始生油的时间,而止于生油结束的时期。现今比较一致的看法是,石油是一边生成一边运移的。要使生油过程得以继续,也必须让已生成的石油陆续外移。当然,油气初次运移的高峰期应在生油层大规模生油的时期。研究油气初次运移的时间,有助于推断油藏形成的时期:任何油藏的形成,不会早于其油气初次运移的时期。

2. 油气初次运移的通道

天然气可以比较容易地从生油岩的细小孔喉中排出,但液态石油肯定难以通过烃源岩的细小孔喉。那么,石油是怎样排出烃源层的呢? 比较一致的看法是:石油是通过烃源岩中的微裂缝完成其排出生油层的初次运移的。在生油层埋藏深度增加、压实作用增强的同时,差异压实常可产生一定数量的裂缝。此外,许多研究认为,在压实作用最强烈的阶段,沉积岩大量脱水,会产生类似水力压裂的作用,导致泥质岩类产生相当数量的微裂缝。这都会有利于油气的初次运移。

3. 油气初次运移的物理状态与载体

由于烃类难溶于水,因此多数看法认为:在初次运移时,大部分石油是以原有相态(液态石油)运移的。只有少量油气可能以溶于水的方式运移。

烃源层中含有大量的原生水,这些水随着埋藏深度增加,压实作用增强,将会从烃源层大量排出,而这时正是烃源层生油的时期。这些原生水的运动,对油气的初次运移起着极重要的"运载体"作用。甲烷气可作为油气初次运移载体的观点(H. D. 赫德伯格,1979),已受到人们的重视。

4. 油气初次运移的动力

由于烃源岩孔喉细小,渗透率很低,油气在其中运移困难,显然需要特别的动力。关于油气初次运移的动力,已有许多研究认识。主要的运移动力来自:压实作用,使孔隙流体受压外排;水热增压作用,由于埋深增加,温度增高,使地层中大量的水受热膨胀产生外排动力;渗透压力作用(泥页岩中部盐度低,边部盐度高,流体由盐度低处向高处流动);黏土脱水作用(蒙脱石在埋深 2000~3200m 时,会大量脱水转化为伊利石,大量脱水既提供油气运移的载体,又产生油气自生油层向外排油的动力)等。总之,油气初次运移的动力来源较多,单独一种动力的情况可能较少。由此也可看出,油气的初次运移是不乏动力的。

5. 油气初次运移的方向与距离

关于油气初次运移的方向,一般认为以向上或向下的垂直运动为主,横向的水平运动较为次要。因为油气初次运移主要发生在孔喉细小的烃源岩中,在这样的条件下要想长距离运移显然是不现实的,烃源层生成的油气只有向其上、下最接近的储集层运移才是最容易最可能的(其横向运移可以在油气进入储集层后比较容易地进行)。油气初次运移的距离可能与烃源层裂缝发育情况、排油动力大小、烃源层与储集层的接触状况等因素有关。有人认为,油气初次运移的距离大致在烃源层与储集层接触面的上下 14m 左右的距离内。据此,生油岩的单层厚度以 10~20m 为最好,单层太厚时,其中间部位生成的石油难以排出。

(二)油气二次运移

石油和天然气自烃源层进入储集层后的一切运移,都称为二次运移(secondary migration)。它包括油气在储集层内的运移、油气沿断层或不整合面等通道的运移,也包括已形成的油气藏遭受破坏使油气发生重新分布的运移。可见,油气的二次运移是紧接着初次运移进行的,也可以说,油气二次运移是初次运移的继续。

油气进入储集层之后,其运移的环境条件有了很大的改善。最根本的改善是运移通道的渗透性大大提高,这就为油气的二次运移提供了良好的条件,使油气可以在很大范围内运移、聚集、富集、成藏。

1. 油气二次运移的动力

油气生成并从烃源层运移出来以后,要形成具工业价值的油气聚集,必须经历较长距离、较大规模的二次运移,才能使分散的油气富集成藏。显然,这种较长距离、较大规模的油气运移,是需要较为强大、较为持久的动力的。油气二次运移的动力可能是多方面的,主要的动力有如下三种:

1)构造作用力

在地质历史时期中,地壳的构造运动是频繁的,每次构造运动,地层中的应力会发生变化,从而促使地层流体的运移与重新分布。与此同时,多数构造运动都会使地层产生一定的褶皱、弯曲、断裂等变形,从而为油气进行较长距离、较大规模的二次运移提供动力与通道。

2)浮力

天然气比水轻,液态石油一般也都比水轻。当油气进入饱含水的储集层后,油、气、水就会按密度大小进行分异。天然气最轻,居上部;水最重,居下部;液态石油居中。在储集层出现倾斜或上下两个分隔的储集层之间出现断层、裂缝连通时,油气就会在浮力的作用下向上运移,直到遇到某种封隔遮挡才会停止。

3)动水压力

当某些储集层与地表连通,并有外界水源供给时,其中的流体会出现经常性的定向流动。当生油层生成的油气进入这样的储集层时,其中的油气自然会随动水压力的作用进行运移。

2. 油气二次运移的主要时期

虽然油气二次运移是在油气初次运移开始不久即已开始,但油气二次运移的主要时期一般是在主要生油期之后的第一次构造活动时期。一般来说,只有构造运动的作用力,才会促成油气的大规模运移。

3. 油气二次运移的通道

油气二次运移的主要通道应是连续的储集层、大型层间裂缝、断层、不整合面等可在平面、剖面的较大范围连通的通道。连续的储集层与区域不整合面可将油气输送到较远的地方,大型层间裂缝与断层可将下部储集层的油气转送到中部、上部的另外的储集层。这就大大扩大了油气运移聚集的范围,有可能形成大型、特大型油气藏。

4. 油气二次运移的距离

关于油气二次运移的距离,长期以来一直是石油地质界争论的问题。有人主张长距离运移,有人主张短距离运移。从我国油气田的情况看(表1-5),它们大都有靠近沉积中心(油源区)分布的特点,油气运移距离一般都在50km以内,最大也仅80km,说明油气二次运移的距离不会很大。

表1-5 我国部分含油气盆地油气运移距离统计

盆地名称	油气运移距离,km	
	一般	最大
松辽盆地	小于40	—
鄂尔多斯盆地	小于40	60
渤海湾盆地	小于20	30
江汉盆地	小于10	15
南襄盆地	小于10	20
酒泉盆地	5~20	30
准噶尔盆地	30~50	80

5. 油气二次运移的主要方向

地壳中的油气总是沿着动力最大、阻力最小的方向运移的,这是油气运移的基本规律。油气运移动力的大小主要取决于运移通道的倾斜程度。运移通道较陡,则油气运移的动力(浮力)较大;运移通道平缓,则油气运移的动力较小。其具体运移的主要方向则受多种因素控制,其中最重要的因素是区域构造背景,即凹陷区与隆起区的相对位置与发展历史。在一般情况下,位于生油凹陷附近的隆起带与斜坡带,常是油气运移的主要方向。

(三) 单一圈闭内的油气聚集过程

England 等提出了石油进入具水湿性储层的圈闭的一般模式(图 1-16)。England 等认为,在油气运聚成藏过程中,油气最初呈树枝状通过储层中那些较粗(排替压力最小)的孔隙进入油藏,当运移进入的石油范围增大连片时,浮力也随之增大,致使石油向较小的孔隙充注并把残余地层水排出。如果新生成的石油从烃源岩中源源不断地排出,并从圈闭的一侧注入,它则如同一系列"波阵面"那样,向圈闭内部推进,从而在横向上和垂向上取代以前生成的石油,并且阻止石油柱的广泛混合。因为石油的物理和化学性质随着成熟度增长而变化,造成在油藏充注过程完成时,石油柱存在着横向上和垂向上的成分差异。

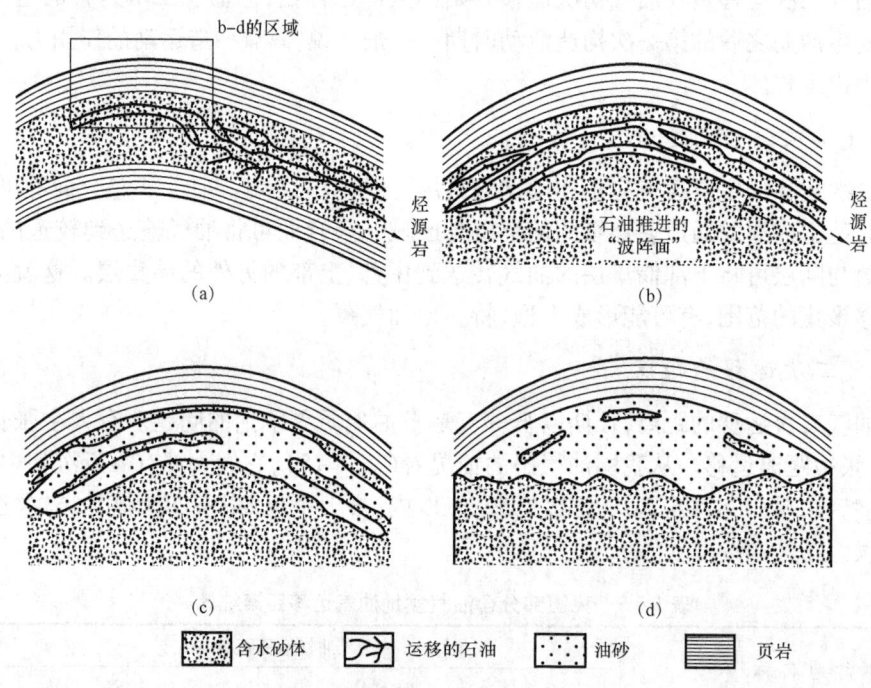

图 1-16 油气充注模式图(据 England 等,1989)

(a)石油从烃源岩进入储层,注入石油的"麻绳"状通道与烃源岩连接起来;(b)石油经过一系列"波阵面"推进至圈闭;(c)和(d)由于石油不断向下取代水,充注石油的孔隙增多,直至微小的孔隙保留未被充注为止

因此,在静水压力条件下,如果油气源源不断地进入圈闭中,油气在单个圈闭中的聚集过程可以分成三个阶段(图 1-17)。第一阶段:圈闭中聚集了油气,原来占据着圈闭的水被排出一部分,由于重力分异,气体占据圈闭的顶部,油在中部,油气并未充满整个圈闭,其下部为水。第二阶段:油气数量继续增加,油水界面一直降到溢出点,但油气数量还在继续增多,一部分石油便从溢出点沿上倾方向溢出。第三阶段:油气继续进入圈闭,天然气向圈

闭上部聚集,将石油推向溢出点,石油不断地被排出。当天然气的数量足够占据整个圈闭时,石油便不可能再进入圈闭,而是沿溢出点向上倾方向溢去。在这种情况下,这个圈闭就完全被天然气所充满了。

(四)油气差异聚集过程

油气的基本聚集过程能够解释为什么在盆地中心周围靠外的部分是大量的气藏,而在盆地近中心部分是以油藏为主。不过,世界上也发现了很多相反的情况:在低处的构造圈闭中充满着天然气,而在高处的构造圈闭中却充满着石油。这种现象称为差异聚集,即沿区域倾斜方向上,属于同一渗透层的几个连续背斜圈闭中,在构造位置最低的圈闭中聚集了天然气,构造较高的圈闭中聚集石油或油、气并存,位置最高的圈闭中充满水。假如在静水压力条件下,同一渗透层相连通的圈闭的溢出点海拔依次递增,而且没有局部支流运移和溶解气体的影响,就会出现如图1-18所表示的油气差异聚集情况。其形成过程如下:

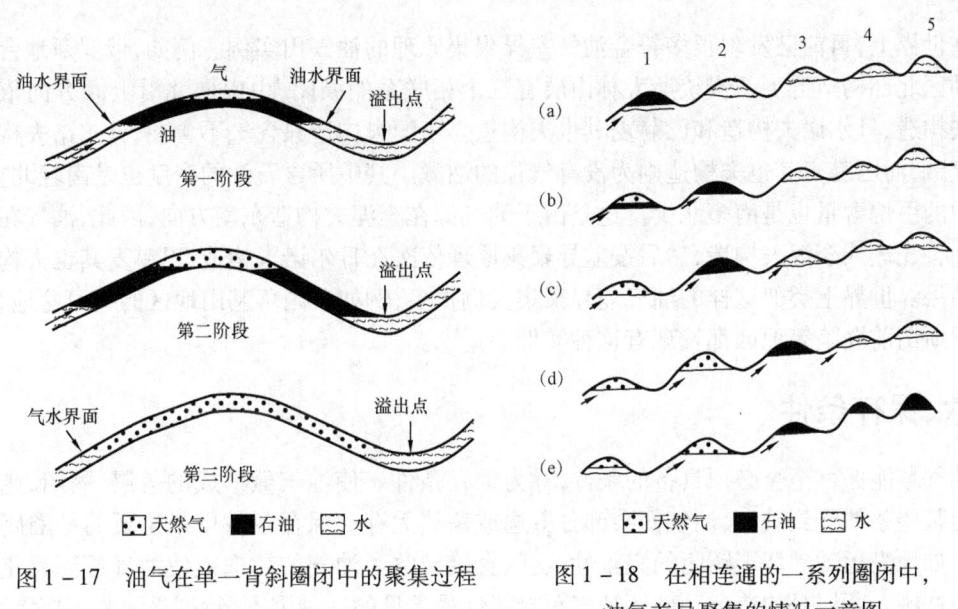

图1-17 油气在单一背斜圈闭中的聚集过程　　图1-18 在相连通的一系列圈闭中,油气差异聚集的情况示意图

图1-18中(a)表示第一阶段,油气从盆地烃源区沿区域性上倾方向运移,首先进入圈闭1中,这时圈闭1尚未装满。图1-18(b)代表第二阶段,油气继续供应,圈闭1中的油水界面下降至溢出点,石油开始从圈闭1中溢出而进入圈闭2,但天然气仍在圈闭中形成气顶。图1-18(c)代表第三阶段,油气仍在继续供给,使圈闭1完全充满天然气,油气则通过溢出点向圈闭2运移,此时在圈闭1中已经形成纯气藏;圈闭2则形成有气顶的油藏;如此继续聚集,如果油气供给比较充足,则通过图1-18(d)、图1-18(e)所示阶段,最终的结果可能是圈闭1为纯气藏,圈闭2为带气顶的油气藏,圈闭3、4、5可能为纯油藏。当油气供应来源特别充足或者不充足的时候,则油气在五个圈闭中的聚集情况会有所变化,但所遵循的原理是不变的。要特别注意的是溢出点的高度,它是控制油气是否继续向上倾方向运移的控制点,而构造圈闭的顶点并不起控制作用(图1-19)。溢出点最低的圈闭1中将充满天然气,而溢出点稍高的圈闭2中则油气并存(虽然圈闭1的构造顶点高于圈闭2的构造顶点),溢出点更高的圈闭3则为没有气顶的油藏。

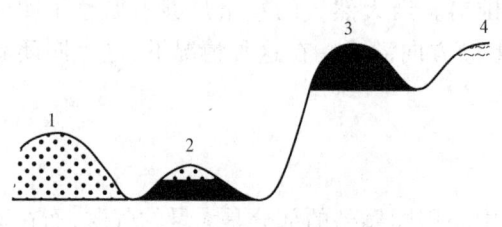

图 1-19 不同高度溢出点对
油气运移影响示意图

因此,油气差异聚集的结果如下:

(1) 在离供油气区最近、溢出点最低的圈闭中,在气源充足的前提下,形成纯气藏;相距稍远的、溢出点较高的圈闭中,可能形成油气藏或纯油藏;在溢出点更高、距油源区更远的圈闭中,可能只含水。

(2) 一个充满石油的圈闭仍然可以作为有效聚集天然气的圈闭。但是,一个充满了天然气的圈闭则不再是一个聚集石油的有效圈闭了。

(3) 若油气按密度分异比较完善,则离供油区较近、溢出点较低的圈闭中,聚集的石油或天然气的密度应小于距油源区较远、溢出点较高的圈闭中的油或气的密度。

(4) 所形成的纯气藏、油气藏、纯油藏的数目取决于油气来源供应的充分程度及圈闭的大小和数目。

在世界上,目前已发现很多符合油气差异聚集原理的油气田实例。例如,俄罗斯地台伏尔加格勒区北部构造群下石炭统斯大林山层有三个相联系的圈闭,由南向北沿上倾方向依次为李涅夫构造、日尔诺夫构造和巴赫麦其也夫构造。李涅夫构造只含气不含油,日尔诺夫构造为一油气藏,而巴赫麦其也夫构造则为没有气顶的油藏。其中所含石油的密度也是南轻北重,天然气中的甲烷含量也是南多北少。这是由于油气源在李涅夫构造东南方向,因此,油气在运移过程中首先进入李涅夫构造,然后按差异聚集原理依次在日尔诺夫构造、巴赫麦其也夫构造聚集的结果。世界上类似这样的油气差异聚集实例很多,例如美国落基山地区的绿河盆地、伊朗扎格罗斯山前坳陷等地区都发现有这种实例。

六、保存条件

油气藏能保存至今必须具备的条件,称为保存条件。使油气藏形成的盖层、圈闭、遮挡物或其他某些条件受到破坏,油气便会部分散逸或荡然无存。保存条件中最主要的是圈闭的完整性。如地壳运动破坏了圈闭的完整性,这就直接导致了油气的散逸或使油气遭到氧化或地下水的冲刷。断层是构造运动破坏油气藏封闭性最常见的一种因素,特别是那些规模大、在油气藏形成以后产生的断层以及早期断层后期又有继承性活动的开启性断层,常是最重要的破坏因素。另外,上覆盖层厚度、水文地质保存条件以及圈闭所处的区域构造位置等对油气藏保存条件也有一定的影响,必须综合分析,才能得出全面、正确的认识。

第三节 油气藏形成的基本条件及类型

要想形成大中型乃至巨型油气藏,前述的基本地质因素(烃源岩、储集层、盖层、圈闭、运移和保存条件等多种地质因素)必须相互匹配、共同发挥作用,只有满足了油气藏形成的基本条件,才能保证形成所期望的工业性油气藏。前人对世界上已经发现的各种大中型油气藏进行了全面的分析、提炼,总结出了形成大中型乃至巨型油气藏的基本条件,并按照圈闭的成因划分出了对应的油气藏类型,为油气藏的勘探和开发提供了理论指导。

一、油气藏形成的基本条件

(一)充足的油气来源

在一个沉积盆地中,能否形成储量丰富的油气藏,充足的油气来源是必不可少的物质条件。烃源条件取决于盆地内烃源岩的发育情况、所含沉积有机质的多少以及向油气的转化程度。如果一个盆地稳定下沉持续时间长,接受的沉积物与沉积有机质就多,其沉积岩厚度大,其中的烃源层系就较发育,这就具备一定的烃源条件。如果长时间稳定下沉的盆地越大,则盆地中的沉积岩体积与烃源岩体积都会十分巨大。世界上许多大型特大型油气田所在的沉积盆地,大多具备上述沉积岩厚度巨大与盆地面积巨大的特点(表1-6)。

表1-6 世界大型含油气盆地基本情况统计

盆地名称	面积 $10^4 km^2$	沉积岩厚度 m	烃源岩厚度 m	油气可采储量 $10^8 t$ 或 $10^8 m^3$	特大油气田个数
波斯湾	240	5000~12000	1000~1500	油541	28个
西西伯利亚	230	4000~8000	500~1000	油60	8个
美国墨西哥湾	110	平均4000	1000~2000	油53.4	1个
马拉开波	8.5	平均4600	2000	油73	2个
伏尔加—乌拉尔	65	平均3100	200~500	油42.7	2个
利比亚锡尔特	35	平均2500	1000~2000	油40,气7790	4个
北海	62	总厚8000	—	油30,气23500	4个
尼日尔三角洲	6	4000~6000	1000~2000	油27,气11200	6个
松辽	22.6	平均3000	500~1000		1个
华北	25	4500左右	1000~1500		1个

根据有效烃源岩的分布控制着油气的分布这一特点,形成了适合我国陆地盆地的油气藏预测理论——源控论。如松辽盆地北部的大庆长垣油田处于生烃凹陷腹部,有利于就近聚集捕获油气,形成著名的大庆油田。准噶尔盆地西北缘的许多山前洪积扇体油气藏(也都环玛湖等生烃凹陷)周边呈裙带分布。

(二)有利的生储盖组合

1. 生储盖组合

石油的生成依靠烃源层,储集需要储集层,聚集保存则需要盖层。要形成工业油气藏,三者缺一不可。但有了它们,还不一定就能形成油气藏,还需要烃源层(生油层)、储集层、盖层的有效配置。

1)生储盖组合的概念

剖面上紧密相邻的烃源层、储集层、盖层三者的有效配置,称为生储盖组合(source-reservoir-cap rock assemblage)。这里所指的"有效",既指储集层对烃源层所生成油气的聚集、储集有效,又指盖层对可能储集油气的储集层的封盖有效。

2) 生储盖组合的类型

根据生、储、盖层三者的空间配置关系,可将生储盖组合划分为四种类型(图 1-20)。

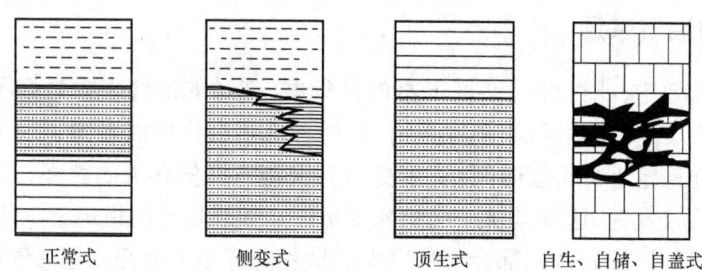

图 1-20 生储盖组合类型示意图

(1) **正常式生储盖组合**:烃源层居下,储集层居中,盖层在上,即常说的下生、中储、上盖的生储盖组合,称为正常式生储盖组合。油气由下部的烃源层向上运移进入储集层并为其上的盖层所封隔,这是许多油田的一种基本的生储盖组合方式。我国辽河、胜利、大港等油田的生储盖组合多属此种类型。

(2) **侧变式生储盖组合**:烃源层与储集层呈侧向过渡,盖层则位于二者之上,即常说的低生、侧储、上盖的生储盖组合,称为侧变式生储盖组合。这种组合类型大多发育在坳陷内生油凹陷向边缘斜坡或隆起的过渡带上。由于岩性岩相的横向变化,使同一时期沉积的地层,在坳陷中部地区为细粒富含有机质的烃源层,而向外围高部位则相变为粗粒孔隙发育的储集层,油气可横向进入储集层,其上则有盖层封隔。我国新疆克拉玛依油田的生储盖组合多属此种类型。

(3) **顶生式生储盖组合**:烃源层与盖层同属一个岩层,储集层则位于其下,即常说的顶生、底储、上盖的组合类型。绝大多数潜山型油藏都属于此种类型。老地层由于出露地表遭受风化剥蚀,形成裂缝—溶蚀洞缝型储集层,其后接受的沉积若为有价值的烃源层,则其生成的油气可就近进入其下的潜山,而烃源层一般都是致密地层,可以充当盖层。我国著名的任丘油田就是此种类型。

(4) **自生、自储、自盖式生储盖组合**:即生、储、盖同层,自生、自储、自盖。此类生储盖组合在碳酸盐岩的某些局部层段常有出现,此外许多以泥质岩类为储集层的裂缝型泥页岩油藏也属此种类型。例如四川盆地川南二叠系石灰岩的某些气藏、青海柴达木盆地油泉子泥岩油藏即属这一类型。

由于实际地层剖面中岩性往往是过渡的,常常互相交替,厚薄不一,因此,实际的烃源层(生油层)、储集层、盖层也常是多层而复杂的。这样,生储盖组合的划分就有一个合理取舍的问题。一般取相近的主要烃源层、主要储集层、主要盖层,划为一个生储盖组合。

2. 有利的生储盖组合

油气勘探的实践证明,烃源层、储集层、盖层之间的密切有效配置,是形成丰富的油气聚集,尤其是形成大型油气田的必不可少的条件。有利的生储盖组合,就是指烃源层中生成的油气能及时地运移到储集层中,即烃源层的排油外输通道畅通;同时盖层的配置和质量又可以保证运移到储集层中的油气不会逸散。这是形成丰富油气聚集的重要条件。

地壳中的生储盖组合可归纳为两大类,即连续沉积的生储盖组合与被不整合面所分隔的生储盖组合。前一类生储盖组合是盆地稳定沉降期间形成的,其烃源层、储集层、盖层之间常为互层状紧相邻密切配置,只要烃源层与储集层发育,生成的油气传输外排比较容易,盖层条件一一般容易满足,这样便易于形成丰富的油气聚集。例如我国的大庆油田,便是在松辽盆地长时间稳定沉降下形成的互层状生储盖组合。后一类被不整合面分隔的生储盖组合,则是有沉积间断、不同时期的生储盖层的恰当配置,在这种生储盖组合中,不整合面起着重要的作用,有些不整合面可作为油气传输外排的通道,而有些不整合面又可作为封隔遮挡油气的盖层与圈闭条件。

(三)有效的圈闭

圈闭是形成油气藏的必要条件。所谓圈闭的有效性,就是指在具有油气来源的前提下,圈闭聚集油气的实际能力大小。影响圈闭有效性的因素很多,主要的影响因素有以下两种:

1. 圈闭形成时间的有效性

油气是在圈闭形成以后才在其中聚集起来的。如果一个圈闭在盆地最后一次区域油气运移以后才形成,则这个圈闭对于聚集保存油气来说肯定是无效的,因为在它形成时,油气已经运移走了。图1-21(a)示意在油气运移前形成的岩性尖灭砂岩体圈闭可以聚集油气,图1-21(b)示意在油气运移之后形成的背斜圈闭没有油气聚集。如果在油气运移时一直没有形成圈闭,则油气沿着储层上倾方向运移,直到地面形成油苗(图1-22)。只有那些在油气区域性运移以前或同时形成的圈闭,对油气的聚集才是有效的。

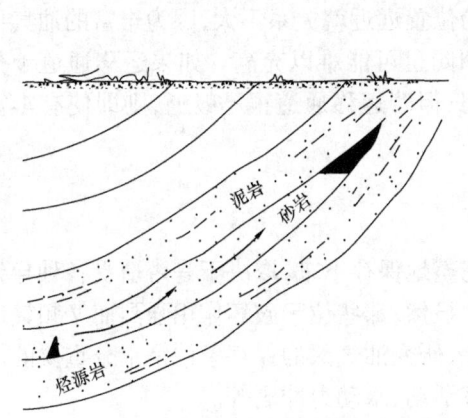 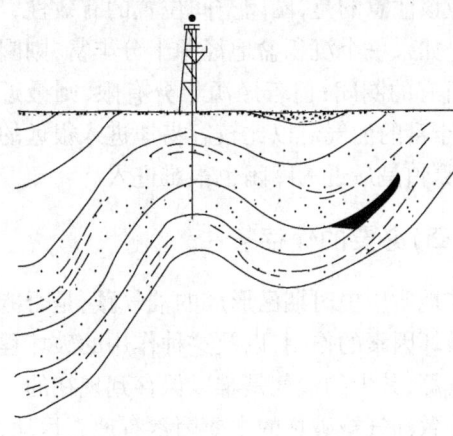

(a) 油气运移聚集到岩性尖灭砂岩体圈闭中　　(b) 运移之后形成的背斜圈闭无油气聚集

图1-21　油气运移时间与圈闭形成时间对油气聚集的影响(据 N. J. Hyne,2012)

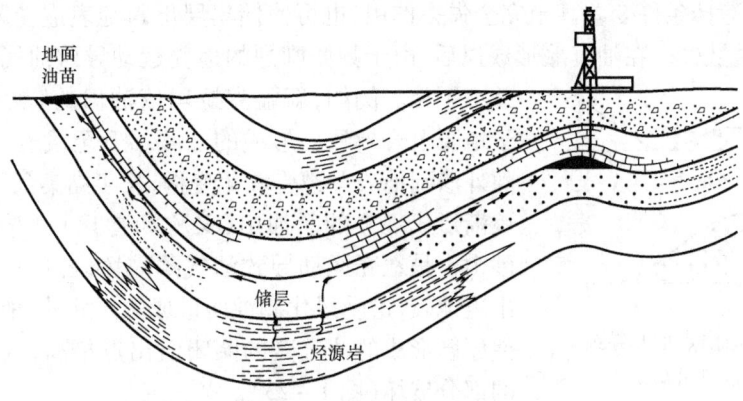

图1-22　盆地中油气的运移聚集与散失(据 N. J. Hyne,2012)

油气区域运移的时间,可以通过以下资料判断:

(1)根据烃源岩的生油高峰期判断。一般认为,烃源岩在埋深1500m左右时,逐渐进入生油排油的高峰期,这也是油气初次运移的高峰期。因此,在这以前或同时形成的圈闭,对油气聚集才是有效的。

(2)区域断裂形成时间。一般认为,油气二次运移的通道的形成多与断裂的活动期有密切关系。在断裂形成过程中或断裂形成后的早期,断裂处于活动期,断裂面大多是开启的;而在断裂形成后趋于沉寂的中后期,断裂大多是封闭的。因此,油气区域运移的时间应在区域断裂形成时或稍后的一段时间,而止于断裂沉寂之时。

(3)盆地内最后一期构造运动时间。沉积盆地最后一期构造运动,决定了盆地内地质构造的现今面貌,它也常常是此盆地最后一次区域性油气运移的时间。

2. 圈闭空间位置的有效性

如果一个圈闭紧邻有利的烃源区,则烃源区所生成的油气将优先进入此圈闭;相反,若一个圈闭远离烃源区,则油气只有在充满比它近的圈闭之后,并在运移通道畅通的情况下,才会进入此圈闭。因此,圈闭所处空间位置距烃源区的远近,决定着圈闭聚集油气的有效性。圈闭越接近烃源区,其聚集油气的有效性越大。

应该注意的是,圈闭空间位置的有效性,与烃源的丰富程度和运移通道的畅通程度有一定关系。如果一个沉积盆地烃源十分丰富,则圈闭的位置远近就关系不大,因为丰富的油气可以充满所有的圈闭;但若烃源十分有限,则最近的圈闭也可能难以充满。如果运移通道十分畅通,则丰富的油气可以比较容易地进入很远的圈闭;但若运移通道很不畅通,则即使有丰富的油气,哪怕是最近的圈闭也很难进入。

(四)必要的保存条件

在地质历史时期已形成的油气藏,是否能够完整地保存下来,取决于是否遭受各种导致油气藏破坏因素的作用,以及这种作用的破坏程度。显然,那些位于破坏作用强烈而又频繁地区的油气藏,其中的油气是难以保存到现在的。因此,研究油气藏的保存条件是十分重要的。

导致油气藏破坏的主要因素有地壳运动、岩浆活动、水动力冲刷等。

1. 地壳运动

地壳运动可以导致油气藏保存条件的部分或全部丧失。比如地壳运动可以产生断层与裂缝,导致盖层或遮挡条件变差甚至完全失去作用,也可使储集层出露地表遭受风化剥蚀,使已聚集的油气大量散失。在油气藏形成以后,由于频繁剧烈的地壳运动导致油气藏破坏的实例并不罕见。例如,新疆克拉玛依油田的"黑油山",即是由于地壳上升导致已形成的油藏抬升至浅表,油气沿浅表裂隙外渗到地表并遭受氧化变稠,长年黏集刮风带来的砂砾,逐渐形成现今的黑油山(又称沥青丘)。青海柴达木的油砂山也是地壳运动导致油气藏破坏,古近—新近系储集层出露地表,遭受风化剥蚀所形成的。此外,地壳运动也可以使原已形成的油气藏的圈闭溢出点抬高,从而导致油气藏的部分破坏(图1-23)。

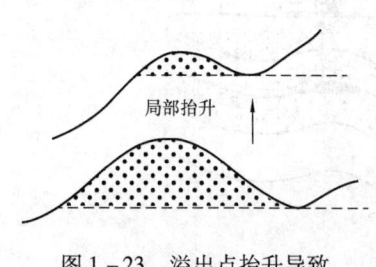

图1-23 溢出点抬升导致油气藏的部分破坏

2. 岩浆活动

岩浆活动对油气藏的保存是不利的。因为油气藏受到高温岩浆侵入影响时,往往伴随有较强的构造活动,油藏圈闭条件可能遭受破坏导致油气逸散。此外,高温作用还可使油气结焦炭化,从而失去开采价值。

3. 水动力冲刷

水动力作用的强弱对油气藏的保存有重要影响。强烈的水动力冲刷作用可以将油气从圈闭中冲走,导致油气部分或全部散失。因此,一个相对稳定的水动力环境,是油气藏保存的重要条件。

油气藏部分或全部遭受破坏后,其散失的油气将重新分布,有可能进入附近的特别是上部的圈闭,从而形成次生油气藏。这一点,应当引起注意。必要的保存条件包括:地壳运动对油气藏的破坏性不大、岩浆活动对油气藏的保存没有影响、水动力冲刷也没有破坏油气藏的保存。

二、油气藏类型

圈闭中聚集了油气就形成了油气藏(oil and gas reservoir/pool/accumulation)。油气藏是地壳上油气聚集的基本单元,是油气在单一圈闭中的聚集。一个油气藏具有统一的压力系统和油水界面。如果圈闭中只聚集了石油,则称油藏;只聚集了天然气,则称气藏;二者同时聚集,则称为油气藏。

(一)油气藏分类的基本原则和方法

由于对圈闭成因认识的不同,不同学者按照圈闭的成因也提出了不同分类方案。对油气藏分类应该遵循以下两条基本原则:

(1)分类的科学性,即分类应能充分反映圈闭的成因,反映各种不同类型油气藏之间的区别和联系;

(2)分类的实用性,即分类应能有效地指导油气藏的勘探及开发工作,并且比较简便实用。

这两条基本原则要求分类不能任意过细,过于烦琐,更不能随意命名,引起混乱,难以鉴别,而是要求分类必须有高度的、科学的概括性。

世界上已发现的油气藏数量众多,类型各异,无论从理论认识还是生产实践的角度,都应该对其进行分类。但任何对客观事物的归类概括,都有其主观目的性;其主观目的不同,其归类概括各异。基于开发的目的,可以根据油气藏的储层类型、油气性质、驱动类型等左右开发决策的因素进行分类,这部分内容将在本教材的第十章介绍;基于勘探找油的目的,则应该依据圈闭类型这一左右勘探部署决策的主要因素来进行油气藏分类。

在油气藏的勘探地质分类方面,国内外石油地质专家曾提出过上百种分类方案,大致可以概括为五种:

(1)圈闭成因分类法,以美国 A. I. Levorson 为代表,分为构造、地层与混合三大类型油气藏;

(2)按储集层形态分类法,以苏联 И. О. 布罗德为代表,分为层状、块状和透镜状等类型的油气藏;

(3)以圈闭形态为主、成因为辅的分类法,由苏联的 B. B. 西敏诺维奇等人提出,分为油储顶弯曲、侧向遮挡与岩性封闭等油气藏类型;

(4)按烃类相态分类法,分为油藏、气顶油藏、带油环气藏、气藏和凝析气藏等;

(5)按油气产量和储量规模大小分类法,分为工业性、非工业性油气藏及小型、中型、大型、巨型油气藏等。

我国石油地质专家李德生、田在艺、张万选、张厚福、陈荣书、张文昭等对我国的油气藏都提出过各自的分类。

(二)油气藏的类型

自然界地质作用因素复杂,圈闭在其形成和演化过程中,往往不仅仅受某一种单一地质因素的控制。从这个角度讲,自然界的圈团大都是复合作用的结果。圈闭成因的分类就是要强调其主导作用因素,因此,本书采用主因素分类原则,即根据圈闭形成的主控因素进行分类。根据分类基本原则以及圈闭和油气藏的概念,本书按照圈闭的成因类型,将油气藏分为构造油气藏、地层油气藏、岩性油气藏以及复合油气藏等四大类,并根据其具体特点再进一步细分为若干类型(表1-7)。

表1-7 常规圈闭与油气藏类型划分表

大　类	类　型
构造圈闭与构造油气藏	背斜圈闭与背斜油气藏
	断层圈闭与断层油气藏
	裂缝性油气藏
	岩体刺穿圈闭与岩体刺穿油气藏
地层圈闭与地层油气藏	地层不整合圈闭与地层不整合油气藏
	地层超覆圈闭与地层超覆油气藏
岩性圈闭与岩性油气藏	储集岩上倾尖灭圈闭与储集岩上倾尖灭油气藏
	储集岩透镜体圈闭与储集岩透镜体油气藏
	生物礁圈闭与生物礁油气藏
复合圈闭与复合油气藏	构造—地层圈闭与构造—地层油气藏
	构造—岩性圈闭与构造—岩性油气藏
	岩性—地层圈闭与岩性—地层油气藏
	水动力圈闭与水动力油气藏

1. 构造圈闭与构造油气藏

构造圈闭(structural trap)是由于构造作用使地层发生变形或变位而形成的圈闭。构造油气藏(structural reservoir)是指构造圈闭中聚集油气而形成的油气藏。构造油气藏过去和现在都是最重要的一种油气藏类型。构造作用可以形成各种各样的构造圈闭,形成的油气藏也各式各样。这类油气藏的共同特点,在于其圈闭的成因都是地壳构造运动的结果。其中比较重要的有背斜油气藏、断层油气藏、裂缝性油气藏以及岩体刺穿油气藏等。下面分别予以介绍。

1)背斜圈闭与背斜油气藏

在构造运动的作用下,地层发生弯曲变形,形成向四周倾伏的背斜,称为背斜圈闭(anticline trap)。油气在背斜圈闭中聚集形成的油气藏,称为背斜油气藏(anticline reservoir)。背斜圈闭的特点是储集层顶面拱起,上方和四周被非渗透性盖层所封闭。背斜油气藏的油气分布局限于闭合空间内,油、气、水按重力分异,气油界面、油水界面或气水界面与储集层顶面的交线同构造等高线平行,且呈闭合的圆形或椭圆形,具体形态取决于背斜的形态,油气柱高度等于或小于闭合度。

背斜油气藏的类型主要有挤压背斜油气藏、基底隆升背斜油气藏、底辟拱升背斜油气藏、披覆背斜油气藏、逆牵引背斜油气藏等五种油气藏。其中挤压背斜油气藏是背斜油气藏的主要类型。挤压背斜圈闭一般具有以下特征:

(1)一般为不对称背斜,两翼地层倾角较大。这种背斜一般是在造山运动的同时由区域挤压作用形成的,挤压应力往往来源于褶皱山系一侧,因此挤压背斜也往往是不对称的,靠近褶皱山系的一翼较缓,靠近盆地中心的一翼较陡。

(2)圈闭的闭合高度较大,而闭合面积较小。

(3)常常有逆断层相伴生。背斜形成过程中往往伴随着推覆作用,形成一系列逆断层和逆掩断层,特别是在背斜靠近盆地的一翼逆断层常比较发育。

背斜油气藏在国内外存在的大型油气田的实例较多,如大庆油田、沙特波斯湾盆地的加瓦尔油田、西西伯利亚盆地的萨莫特洛尔大油田属于基底隆升背斜油气藏,其中加瓦尔油田可采储量高达 $104 \times 10^8 t$,为世界第一大油田。

我国渤海湾盆地东辛油田、科威特布尔干油田属于典型的底辟拱升背斜油气藏。布尔干油田可采储量高达 $90 \times 10^8 t$,为世界第二大油田。

2)断层圈闭与断层油气藏

储集层上倾方向受断层遮挡所形成的圈闭,称为断层圈闭(fault trap)。断层圈闭中的油气聚集,称为断层油气藏(fault reservoir),是世界上广泛分布的一种油气藏类型。

断层油气藏主要有三种类型:断层遮挡的鼻状构造(也称为断鼻构造)油气藏(图1-24)、断层遮挡的单斜构造油气藏(图1-25)和断块油气藏(fault block reservoir)(四周都为断层遮挡封闭)。它们的共同特点是储集层都有一定程度的倾斜,并在倾斜储集层的上方或四周有封闭性断层阻隔遮挡。

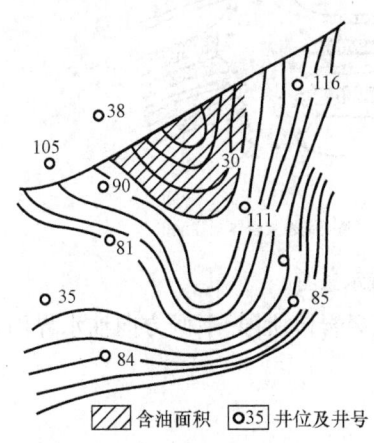

图1-24 断层与鼻状构造相结合形成的圈闭及油气藏

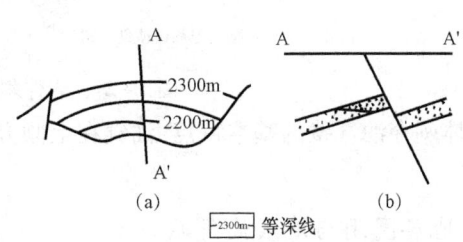

图1-25 胜坨油田某断块油藏构造图

3) 裂缝性油气藏

裂缝性油气藏(fractured reservoir)是指油气储集的空间和渗滤通道主要靠构造作用形成的裂缝或由裂缝连接的溶孔、溶洞系统组成的圈闭中的油气聚集。根据储层岩性划分为碳酸盐岩裂缝性油气藏、泥岩裂缝性油气藏、砂岩裂缝性油气藏等。

裂缝性油气藏具有的特点有:(1)油气藏常呈块状,没有固定产层,但有共同的油水界面、统一的压力系统;(2)钻井中常发生钻具放空,钻井液漏失,井喷现象;(3)室内实测岩心渗透率与试井测定结果相差极大;(4)单井初产量高,递减快,井间产量相差悬殊;(5)高产井、低产井、干井交叉出现;(6)生产中井间干扰明显。

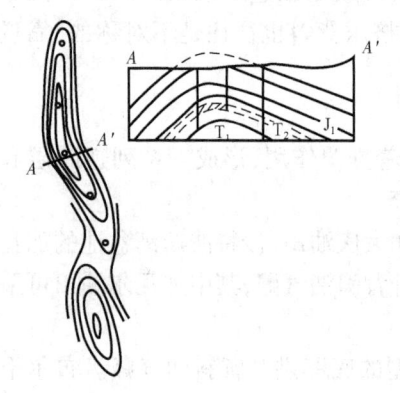

图1-26 石油沟气田构造图及剖面图

石油沟气田位于四川盆地东南部的含气区,为轴向近南—北的不对称长轴背斜,西翼陡,倾角达45°~50°;东翼缓,倾角为15°~30°;南北长约40km,东西宽8~9km,闭合高度为1100m(图1-26)。石油沟气田的生产层主要是三叠系嘉陵江组石灰岩和白云岩,其上部为硬石膏层作为盖层。据岩心分析,储集层的平均孔隙度仅2%,渗透率小于1mD。但试井发现,渗透率达10~100000mD,平均值高达3000mD。显然,这种良好的渗透性是由次生裂缝造成的。

此外,自然界还存在泥岩或砂岩裂缝油气藏,如柴达木盆地泉子泥岩裂缝油田,鄂尔多斯盆地三叠系延长组砂岩裂缝油田。

4) 岩体刺穿圈闭与岩体刺穿油气藏

岩体刺穿圈闭(diapiric trap)是指地下深处塑性岩体(泥火山、盐体、岩浆)在上覆地层不均衡重压下沿薄弱带侵入并刺穿上覆地层,使储层变形并直接与刺穿体结合形成的圈闭。在刺穿接触圈闭中的油气聚集称为刺穿接触油气藏(diapiric reservoir)(图1-27)。

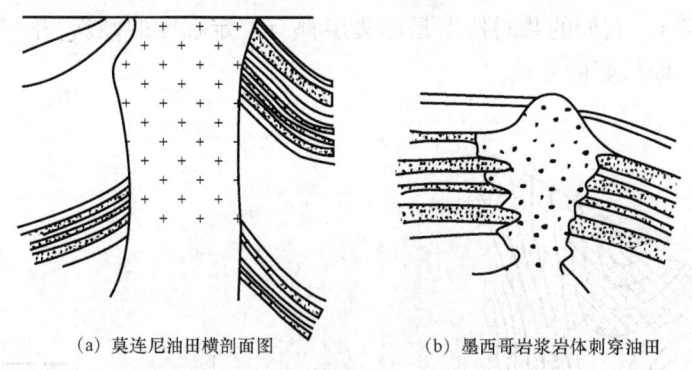

(a) 莫连尼油田横剖面图   (b) 墨西哥岩浆岩体刺穿油田

图1-27 岩体刺穿油气藏示意图

岩体刺穿油气藏的基本特点:油气在上倾方向被刺穿岩体所限,下倾方向油水界面与等高线平行。

2. 地层圈闭与地层油气藏

地层圈闭(stratigraphic trap)是指储集层由于纵向沉积连续性中断而形成的圈闭;油气在地层圈闭中的聚集称为地层油气藏(stratigraphic reservoir)。地层油气藏分为地层不整合油气藏(stratigraphic unconformity reservoir)(图 1-28、图 1-29)和地层超覆油气藏(stratigraphic overlap reservoir)。

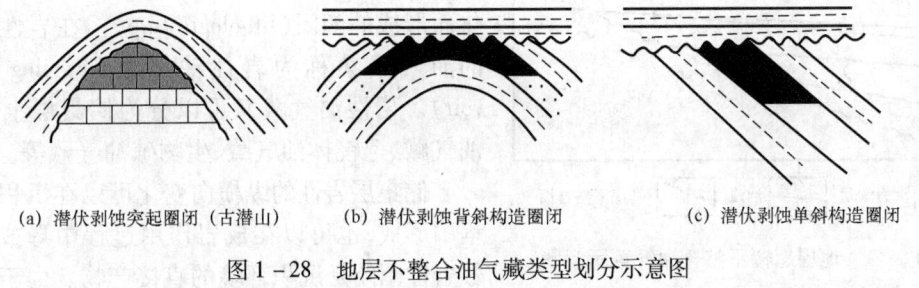

(a) 潜伏剥蚀突起圈闭（古潜山）　　(b) 潜伏剥蚀背斜构造圈闭　　(c) 潜伏剥蚀单斜构造圈闭

图 1-28　地层不整合油气藏类型划分示意图

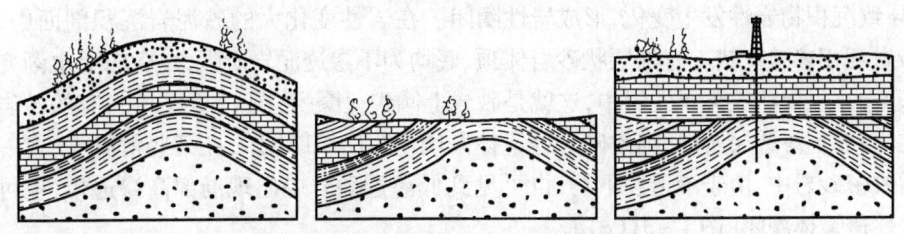

图 1-29　地层不整合油气藏形成演化过程示意图(据 N. J. Hyne,2012)

1) 地层不整合油气藏(不整合面以下的不整合油气藏)

地壳运动使地层上升,遭受强烈风化、剥蚀的破坏。由于岩石抗风化能力的差异,形成了高山、丘陵、平原、沟谷等古地貌景观。在未被剥蚀成平原之前,又重新下降,同时被新的沉积物所掩埋覆盖。当其上被不渗透性地层所覆盖时,就可形成地层不整合圈闭。

地层不整合油气藏又分为潜伏剥蚀突起油气藏和潜伏剥蚀构造油气藏两类。潜伏剥蚀突起油气藏(古潜山油气藏)是古地形突起被不渗透地层覆盖形成圈闭,油气聚集其中而形成。古突起的岩性可以是碳酸盐岩、碎屑岩、岩浆岩、变质岩,储集空间以长期风化淋滤作用形成的溶蚀孔缝系统为主,油气藏常呈块状。潜伏剥蚀构造油气藏是原有的古构造(背斜、单斜等)被剥蚀掉一部分,残留的构造被新的非渗透性岩层不整合覆盖,形成圈闭条件,油气聚集其中而成。

潜伏剥蚀构造油气藏的实例如位于阿拉斯加北极以北 425km 的巴罗隆起上的普鲁德霍湾油田,为世界第七特大油田。石油可采储量为 $13.12 \times 10^8 t$,天然气 $26 \times 10^{12} m^3$。该构造为一向西南倾伏的鼻状构造,北部被断层所切,东部被不整合削蚀,其上被下白垩统海相页岩不整合封闭。储层为二叠系、三叠系和侏罗系砂岩。

2) 地层超覆油气藏(不整合面以上的不整合油气藏)

地层超覆圈闭指当水体渐进时,沉积范围逐渐扩大,较新沉积层覆盖较老沉积层,并向陆地发展,与更老的地层侵蚀面成不整合接触。地层超覆圈闭聚集油气则为地层超覆油气藏(图 1-30)。

地层不整合在油气藏形成中的作用为双重作用,其有利方面包括:不整合面有利于储集层形成大规模裂缝溶洞、孔隙带,从而在附近形成一系列圈闭;不整合面是油气运移的良好通道。其不利方面为:使已经形成的油气藏的盖层甚至储层遭受剥蚀,起破坏作用。

3. 岩性圈闭和岩性油气藏

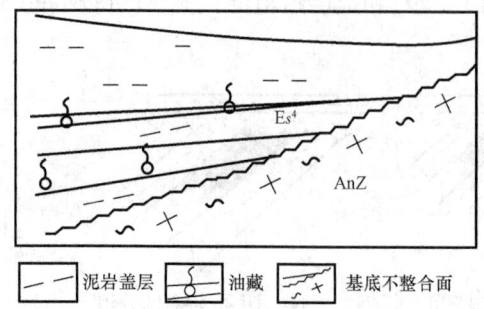

图1-30 地层超覆不整合油气藏示意图

岩性圈闭是储集层岩性或物性发生横向变化而形成的圈闭(lithologic trap)。在岩性圈闭中的油气聚集称为岩性油气藏(lithologic reservoir)。岩性油气藏又可以分为储集层上倾尖灭油气藏、透镜体油气藏、生物礁油气藏等。

储集层岩性的纵横向变化可以在沉积作用过程中形成,也可以在成岩作用过程中形成。大多数岩性圈闭是沉积环境的直接产物。由于沉积环境不同,导致沉积物岩性发生变化,形成岩性圈闭。在岩性变化大的砂泥岩沉积剖面中,常见许多薄层砂岩互相参差交错。有的层状砂岩体顶、底均为不渗透泥岩所限,在横向上也渐变为不渗透泥岩,砂岩体呈楔状尖灭于泥岩中,这就是砂岩上倾尖灭圈闭[图1-31(a)];有的砂岩体呈透镜状,周围均被不渗透层所限,则为砂岩透镜体圈闭[图1-31(b)];在某些情况下,在一些渗透性很差的致密砂岩中,由于渗透性不均,也可见到低渗透砂岩中出现局部高渗透带,也可以形成局部的岩性透镜体圈闭[图1-31(c)]。

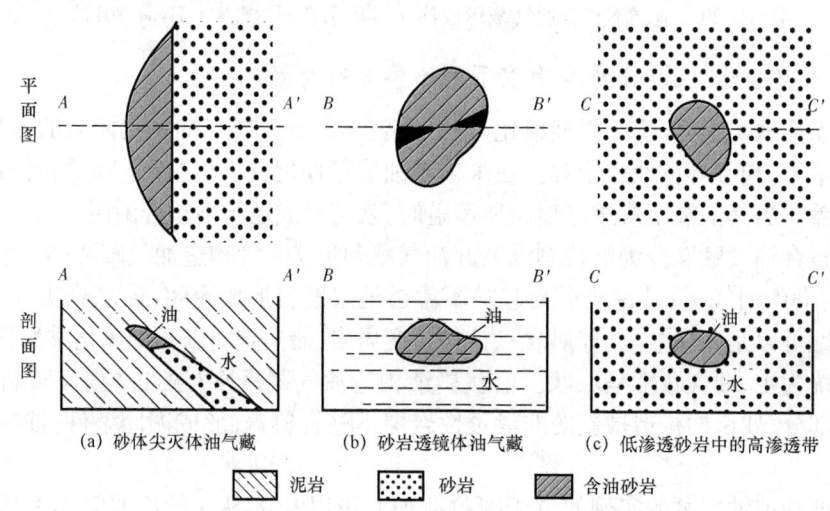

图1-31 砂体尖灭体及透镜体岩性油气藏

1)储集层上倾尖灭油气藏

储集层上倾尖灭油气藏是储集层沿上倾方向尖灭于非渗透性岩层或渗透性变差而构成圈闭。

美国最大的气田霍戈登气田为单斜构造,产层为下二叠统多孔鲕状石灰岩和白云岩,自东向西多孔碳酸盐岩逐渐减少,泥质、砂质含量逐渐增加,最后被红色砂泥岩所代替。多孔碳酸盐岩在西侧上倾方向被非渗透性红色砂泥岩封闭,形成上倾尖灭型岩性圈闭和气藏。在红色砂泥岩发育区不产气。

2)透镜体油气藏

透镜体油气藏是透镜状或不规则状储集层四周被非渗透性岩层所限或渗透性变差而构成圈闭形成的油气藏。

美国密西西比州小溪油田为典型的边滩砂岩体油气藏。砂岩厚度与蛇曲沙凹岸一侧延伸方向一致,砂体的形态与边滩一致。该油田构造为一向北倾斜的鼻状构造,油田分布主要受边滩砂岩体所控制。

3) 生物礁油气藏

生物礁是以原地生长的造礁生物(珊瑚、层孔虫、苔藓虫、藻类等)的骨架为主体的碳酸盐岩建造。生物礁油气藏(reef reservoir)是指礁组合中具有良好孔隙—渗透性的储集岩体上方和围翼被非渗透性岩层覆盖而形成的圈闭中的油气聚集。生物礁圈闭是碳酸盐岩地层中的一种特殊的岩性圈闭,它是礁组合中具有良好孔隙性和渗透性的储集岩体被周围非渗透性岩层和下伏水体联合封闭而形成的圈闭(图1-32)。生物礁圈闭中的储集体(礁核与礁前相)与不渗透性的遮挡层(礁后和盆地相)主要是由岩性和岩相的变化形成的,因此应归入岩性圈闭。

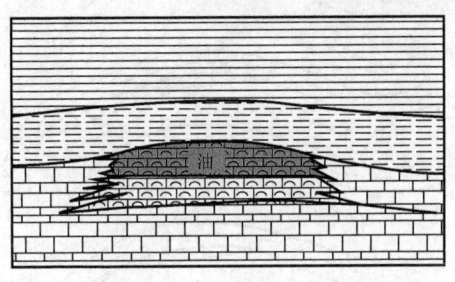

图1-32 生物礁油气藏

生物礁型油气田储产量特点为:

(1) 一般油气田储量都比较巨大。如世界上生物礁型大油田的总储量是 $43.4 \times 10^8 t$。加拿大60%的油气产自生物礁,墨西哥70%的石油产自生物礁。

(2) 单井产量一般都比较高。

(3) 油田成群、成带分布。生物礁发育在一定的环境,为成带分布,因此,发现一个生物礁油田,往往就可以发现许多油气田。

墨西哥黄金巷生物礁油气藏,礁呈椭圆形,长150km,宽70km。该油田以拥有3口万吨高产井而闻名(阿泽尔4号井初日产量$3.7 \times 10^4 t$)。

4. 复合圈闭与复合油气藏

如果储集层上方和上倾方向是由构造、地层、岩性和水动力等因素中两种或两种以上因素共同封闭而形成的圈闭,则称其为复合圈闭(combination trap);油气在复合圈闭中的聚集,形成的油气藏称为复合油气藏(combination reservoir)。复合圈闭和复合油气藏主要包括:构造—岩性圈闭与构造—岩性油气藏、构造—地层圈闭与构造—地层油气藏、岩性—地层圈闭与岩性—地层油气藏。水动力油气藏是一种特殊的复合油气藏。

构造—岩性油气藏:受构造和岩性双重因素控制形成的圈闭即为构造—岩性圈闭,若其中聚集了油气即为构造—岩性油气藏,常见的有背斜—岩性油气藏、断层—岩性油气藏等类型。如济阳坳陷的梁家楼油田沙三段构造—岩性油气藏,沙三段浊积砂岩体被断层切割,形成一系列断层—岩性圈闭。

构造—地层油气藏:凡是储集层上方和上倾方向由任一种构造和地层因素联合封闭所形成的油气藏,就称为构造—地层油气藏。其中最常见的有背斜—地层不整合油气藏、地层不整合—断层油气藏。美国得克萨斯州卡尔塞吉大气田、保加利亚奇连气田、美国路易斯安那州罗得沙油田都是该类油气田的典型实例。

岩性—地层油气藏:岩性—地层圈闭(或称地层—岩性圈闭)是指由地层沉积间断(不整合作用)和沉积相变或储层成岩作用等因素共同作用下形成的非构造圈闭。这类圈闭的盖层部分或全部由不整合遮挡构成,其储层则明显受沉积相变或成岩作用的控制,储层孔渗性横向变化复杂。国内比较有代表性的地层—岩性油气藏是鄂尔多斯盆地的靖边气田和塔里木盆地的塔河油田。

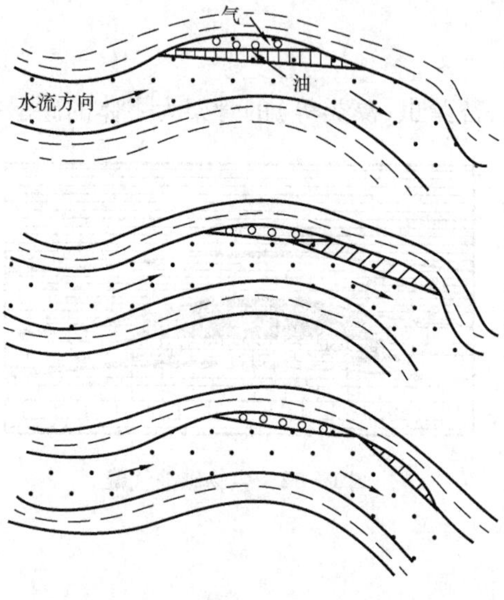

水动力油气藏(hydrodynamic reservoir):水动力油气藏是一种特殊的复合油气藏。这类油气藏一般由挠曲或鼻状构造与水动力条件复合而形成。其最重要的特征是从剖面上看油水(或气水)界面是倾斜或弯曲的,呈悬挂式,其油水边界在平面上与构造等高线相交。在静水条件下,油气藏中的油水界面或气水界面都是水平面,因此在没有闭合度的构造挠曲部位不能形成圈闭。在动水条件下,如果水流的方向是从地层的上倾方向流向地层的下倾方向,则在净浮力与水动力的合力的作用下,油水界面或气水界面将发生倾斜,使本来不具备圈闭条件的构造挠曲形成了圈闭,这样的圈闭就是水动力圈闭,若其中聚集了油气就是水动力油气藏(图1-33)。

图1-33 水动力作用下平缓背斜内油气分布情况示意图

思 考 题

1. 油气多为有机成因的,是否所有的有机质都可以生成油气?
2. 富氢的腐泥型有机质与贫氢的腐殖型有机质在化学结构上有什么差异?它们对形成油气有什么影响?
3. 干酪根生烃热演化阶段是如何划分的?各阶段的主要烃类产物有什么特征?对指导油气勘探有什么作用?
4. 油气藏形成的基本地质要素包括哪些?
5. 要想形成大中型乃至巨型油气藏,各基本地质要素需要如何匹配?
6. 油气藏的类型划分的依据是什么?各类油气藏有什么特点?

第二章　非常规油气地质理论

能源是经济社会发展和提高人民生活水平的重要物质基础。中国是能源消费大国,尽管消费结构不断优化,但碳的排放量相对较高。据国家统计局资料,2020年,我国能源消费总量中,煤炭消费占56.8%,石油消费占18.9%,天然气消费占8.4%,一次电力及其他能源占15.9%。预计我国实现碳达峰目标后,煤炭、油气、非化石能源消费比例将达到4∶3∶3。我国石油天然气对外依存度不断高位攀升,减少二氧化碳排放要求虽然对石油需求消费增速有所放缓,但不会消失,而天然气作为清洁能源,需求将快速增长。中国石油经济技术研究院发布的《2050年世界与中国能源展望》预计,到2050年我国石油对外依存度将维持在70%以上;麦肯锡发布的《全球能源视角2019》预测2035年后中国将成为天然气需求增长最快的国家,天然气将成为唯一在总能源需求占比中出现增长的化石燃料,到2050年中国天然气对外依存度将达到90%以上。油气资源安全迫在眉睫,我国必须加快构建全面、综合的石油天然气安全体系,平稳实现油气战略资源接替。端牢能源饭碗,大力提升油气勘探开发力度,实现油气增储上产,是保障国家能源安全战略之需。

非常规油气未来将成为我国常规油气资源的重要战略接替资源,是调整能源结构、推进能源转型的重要物质基础。美国实现"能源独立战略"就是因非常规油气资源中的页岩气开采取得了关键突破。我国非常规油气资源丰富,根据"十三五"全国油气资源评价的初步成果,我国非常规天然气可采资源量与常规天然气可采资源量相当,潜力巨大。经过10余年持续攻关与实践,我国非常规油气勘探开发取得了突破性进展,非常规油气正驶入发展的"快车道",成为继美国之后全球第二大非常规油气资源开发利用国家。非常规油气是未来油气勘探开发增储上产的主战场。

目前,我国海相页岩气已实现3500m以上浅层规模效益开发,深层页岩气持续取得重大突破,已经建成重庆涪陵、川南长宁—威远等志留系龙马溪组海相页岩气产区,并积极开展对海陆过渡相及陆相页岩气的勘探开发攻关研究。我国致密气主要分布在鄂尔多斯和四川盆地,已进入规模化开发利用阶段,2020年位于鄂尔多斯盆地的长庆油田致密气年产量突破$330 \times 10^8 m^3$,成为我国最大的致密气生产基地;位于天府之国的中石油西南油气田加速推进致密气开发进程和规模效益开发,培育了可复制的沙溪庙组致密砂岩高产井模式,实施井测试产量屡创新高。

煤层气的有效抽采利用有助于煤矿实现安全生产及二氧化碳减排。山西省是煤层气开发的"领头羊",正推动沁水、鄂东两大煤层气基地项目建设,煤层气产业正加速布局。

继2017年由国土资源部组织实施的南海神狐海域天然气水合物试采后,2020年,我国迈出了天然气水合物产业化进程中关键的一步,第二轮试采取得成功,实现了从探索性试采向试验性试采的重大跨越。2020年3月试采连续产气30天,累计产气量$86.14 \times 10^4 m^3$,日均产气量$2.87 \times 10^4 m^3$,创造了产气总量最大、日均产气量最高两项世界纪录。

我国陆相页岩油资源丰富,主要分布在松辽盆地、渤海湾盆地、苏北盆地、江汉盆地、四川盆地、鄂尔多斯盆地、准噶尔盆地、三塘湖盆地、柴达木盆地等,正成为石油增储上产的重要来源。但总体上处于局部突破阶段。近年来,通过持续开展以"水平井+体积压裂"为核心的技术攻关和工业试验,在准噶尔盆地芦草沟组、鄂尔多斯盆地延长组长7段及渤海湾盆地古近系的勘探开发取得突破,建成新疆油田国家级页岩油示范区,初步实现了长庆油田页岩油示范基地的规模效益开发及大港油田陆相页岩油工业化开采。四川凉高山组陆相页岩油取得良好进展,中石油、中石化多口钻井获得工业性油流,展现了良好的勘探前景。

第一节 非常规油气及特征

一、非常规油气定义

非常规油气的研究始于20世纪30年代,属于W. B. Wilson(1934)油气藏分类中的开放性油气藏。虽然当时认为该类油气藏没有勘探价值,但已预测到非常规油气藏的存在。

20世纪80年代,随着世界油气地质理论的发展与勘探技术进步,缺乏明确油气水界面、大面积聚集分布的页岩气、致密砂岩油气以及煤层气等逐渐成为全球油气储量、产量增长的重点领域和研究热点。页岩主要发育5~200nm之间的孔隙,几乎无渗透率,传统上作为烃源岩或盖层研究,作为烃源岩,主要研究页岩生成油气后经排烃、运移后的聚集量,对其中滞留的油气量关注不多;致密砂岩基质渗透率极低,空气渗透率小于$1\times10^{-3}\mu m^2$或者$2\times10^{-3}\mu m^2$,因岩石致密,一般也不作为储层研究对象。由于岩石致密,一般无自然产能或自然产能低于工业油气流下限,只有通过压裂,在岩石中形成"人造裂缝",才能产出工业油气。为此,有学者或机构将是否用传统技术获得自然工业油气产量作为判断常规与非常规储层油气的依据,普遍认为非常规油气是指在现有经济技术条件下,不能用传统技术开发的油气资源。

石油工程师学会(SPE)、石油评价工程师协会(SPEE)、美国石油地质学家协会(AAPG)、世界石油大会(WPC)2007年联合发布了非常规资源的定义,指存在于大面积遍布的石油聚集中,不受水动力效应明显影响的油气资源,又称为"连续型沉积矿"或"连续型油气"。

因发现的非常规油气资源包括重油、油砂油、油页岩等,Harris(2012)基于渗透率和流体黏度,将非常规油气(资源)定义为:通过技术改变岩石渗透率或流体黏度,使得油气的渗透率与黏度比值变化,从而获得工业产能的油气资源。常规油气(资源)则是指不需要改变渗透率或流体黏度即可获得工业产能的油气资源。

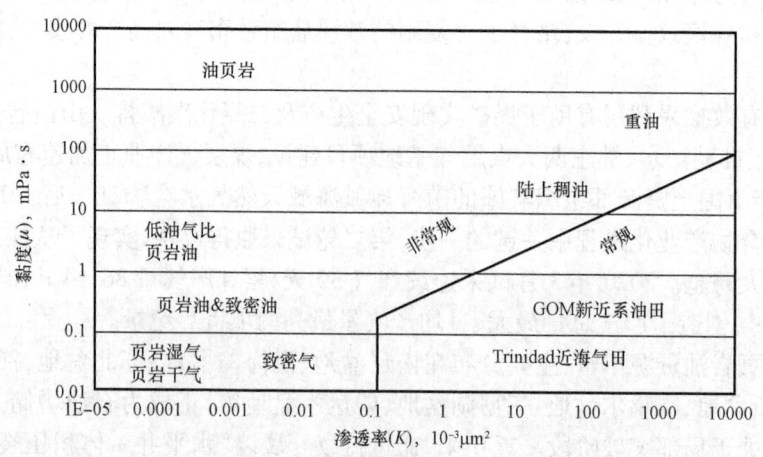

图2-1 非常规油气资源黏度与渗透率相关性图版(据Harris,2012)

邹才能(2012)在系统总结非常规油气聚集理论的基础上,对非常规油气(unconventional oil and gas)的定义是:用传统技术无法获得自然工业产量、需用新技术改善储层渗透率或流体黏度等才能经济开采、连续或准连续型聚集的油气资源。他指出非常规油气有两个关键标志和两个关键参数。两个关键标志为:(1)油气大面积连续分布,圈闭界限不明显;(2)无自然工业稳定产量,达西渗流不明显。两个关键参数为:(1)孔隙度小于10%;(2)孔喉直径小于1μm或渗透率小于$1\times10^{-3}\mu m^2$。主要类型有致密油、致密气、页岩油和气、煤层气、重油、沥青砂、天然气水合物等(图2-2)。

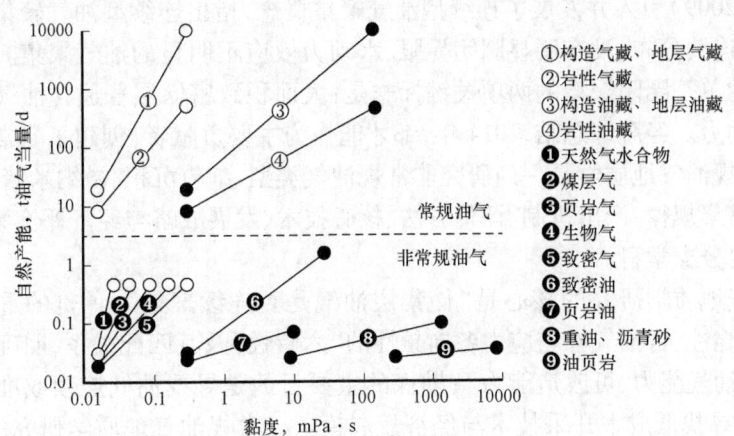

图2-2 非常规油气资源黏度与自然产能相关性图版(据邹才能等,2013,有修改)

二、非常规油气地质学理论

伴随石油工业的发展,油气地质基础研究呈现新趋势:

(1)生烃评价研究从生烃高峰期向生烃全过程扩展。

(2)储集层目标研究从发现微米-毫米级孔喉的优良储集层向纳米级孔喉的储集层扩展。

(3)油气成因机制研究从具有碳酸盐岩缝洞储集层的"管流"聚集、微米-毫米级孔喉储集层的"渗流"运聚延伸到致密条件的纳米级孔喉储层的"滞留"储集。

(4)油气运移动力研究从浮力驱动向压差驱动、扩散等多类型动力方式扩展。

(5)油气聚集研究从圈闭、连续或准连续分布的大油气区或层系向揭示常规-非常规不同类型油气资源空间共生与伴生分布扩展。

(6)资源分布研究从远景与地质资源量评价,向技术可采资源量与经济可采资源量空间预测转变。

发展非常规油气聚集理论及评价技术受到越来越多的石油地质学家的关注,成为石油天然气地质学研究的重要分支学科及研究前沿。

针对含油气盆地非常规储层中油气大面积聚集分布、圈闭与盖层界限不清、缺乏明确油气水界面的特点,美国地质调查局的J. W. Schmoker 和 D. I. Gautier 等(1995)提出了"连续型油气聚集"的概念。所谓连续型油气聚集(continuous hydrocarbon accumulation),是指大面积广泛分布的一种石油聚集,它不受水动力效应的明显影响。这些聚集包括在非常规资源中,如致密油和致密气、页岩油和页岩气等。B. E. Law 等(2002)提出了非常规油气系统的概念,指出非常规油气系统与构造圈闭无关,基本上不受重力分异的影响,区域上存在大规模普遍含油气区带。

随着北美油气勘探开发从常规油气延伸到非常规油气领域,在国内非常规油气地质研究日益受到重视。20世纪90年代以来,中国出现深盆气(金之钧等,1999)、根源气(张金川,2003)、深盆油(侯启军,2005)、向斜油(吴河勇,2006)、致密油(邹才能等,2010;贾承造等,2012)、致密气(邹才能等,2011;戴金星等,2012)、页岩气(张金川等,2003;董大忠等,2009;邹才能等,2010;蒋裕强等,2010)、页岩油(邹才能等,2011)、源岩油气(邹才能等,2010)等概念。

邹才能等(2009)引入并发展了连续型油气聚集概念,指出连续型油气聚集是指大面积储集体系中,油气连续分布、没有明显圈闭界限、水动力效应不明显的油气聚集。连续型油气聚集与传统意义的单一圈闭聚集的两项关键标志是:大面积致密储层普遍含油气及浮力不是油气聚集的主要动力。经凝练总结,2014年,邹才能作为主要贡献者,创建了非常规油气地质学理论,指出非常规油气地质学是一门研究非常规油气类型、细粒沉积、微纳米储层、油气形成机理、分布特征、富集规律、产出机制、评价方法、核心技术、发展战略与经济评价等的石油与天然气地质学的重要分支学科。

非常规油气地质学研究的核心是"储集层油气是否连续聚集",评价的重点是烃源岩特性、岩性、物性、脆性、含油气性与应力各向异性的"六特性"及其匹配关系,明确"生油气能力、储油气能力、产油气能力、可改造能力";勘探的主要目的是寻找油气连续或准连续分布的边界与"甜点区",寻找低成本开采技术与经济发展模式。常规油气地质学研究的核心是"圈闭是否成藏",评价的重点是生、储、盖、圈、运、保六要素及其最佳匹配关系,勘探的主要目标是发现含油气圈闭及储量规模,开发主要是追求油气圈闭范围内的高产和稳产。常规与非常规油气地质学研究任务有显著不同。

"非常规油气地质学"是中国人的创造,其理论发展不仅在于解决人类社会发展的能源需求,更重要的是培养非常规思维、引领非常规创新,使人类认识世界有非常规思想、改造世界有非常规方法、推动世界有非常规人才,形成"非常规哲学"。该学科的发展,对推动我国非常规油气资源的开发利用、保障我国油气战略资源持续接替具有重大理论意义。

三、非常规油气基本特征

(一)源储特征

非常规油气的源储关系多为源储共生,主要包括源储一体型和源储接触型两种类型,即烃源岩油气和近源油气。源储一体型指烃源岩生成的油气没有排出,而是滞留于烃源岩层内部,包括页岩气、页岩油和煤层气等。源储接触型是指油气经过短距离运移与烃源岩层系共生的各类致密储集层中聚集的油气,包括致密砂岩油气和致密灰岩油气等。

常规油气聚集理论指出,源储分离的单个圈闭中如果聚集并保存油气则成为油气藏;而油气聚集区带是受同一个二级构造带或岩性地层变化带控制,聚集条件相似的一系列油气田(藏)的总和,强调了油气藏边界的概念和作用。非常规油气聚集主要是储集于大面积源储共生层系纳米级孔喉系统等储集空间中的连续型油气聚集,突破了带状分布的油气藏的理念,无明显"藏"边界。从常规圈闭油气藏、常规油气聚集区带到非常规油气聚集,代表了油气勘探开发对象的变迁,即从源外勘探向近源或源内勘探,从而拓展含油气盆地的多层系立体勘探,实现常规与非常规协同开发。

(二) 运聚特征

非常规油气聚集单元是大面积储集层,不存在明显或固定界限的圈闭和盖层。

非常规油气运聚过程中,区域水动力影响较小,水柱压力与浮力在油气运聚过程中的作用局限,以扩散和超压作用等非达西渗流为主,油气水分异差。源储一体型油气主要是滞留聚集,源储接触型油气主要靠渗透扩散。运聚动力为烃源岩排烃压力,运聚阻力为毛细管压力,两者耦合控制油气边界或范围。

非常规油气聚集运移距离一般较短,为初次运移或短距离二次运移,其中煤层气、页岩油气"生—储—盖"三位一体,基本上生烃后原地存储;致密砂岩油气存在一定程度运移,渗滤扩散和超压等是油气运移的主要方式,如美国 Fort Worth 盆地石炭系 Barnett 页岩既是烃源岩,又是储集层,含气面积达 $1.3 \times 10^4 km^2$,表现为"连续"聚集特征。

(三) 储集层特征

非常规油气聚集储集层主要发育大规模微米—纳米级孔喉系统。如志留系龙马溪组页岩气储层孔喉直径主要为 5~700nm;致密砂岩气储集层孔喉直径主要为 25~700nm;致密砂岩油储集层以鄂尔多斯盆地湖盆中心长6油层组为代表,孔喉直径主要为 60~800nm;致密灰岩油储集层以川中侏罗系大安寨段为代表,孔喉直径主要为 50~800nm。

纳米级孔喉系统导致储集层致密、物性差,一般孔隙度小于10%,渗透率为 $(10^{-6} \sim 1) \times 10^{-3} \mu m^2$,断裂带发育处伴有微裂缝,储集层物性变好。如鄂尔多斯盆地苏里格地区盒八段平均孔隙度为7.34%,渗透率为 $0.63 \times 10^{-3} \mu m^2$;山一段平均孔隙度为7.04%,渗透率为 $0.38 \times 10^{-3} \mu m^2$(据8141个数据)。页岩油气储集层更加致密,孔隙度一般为 4%~6%,渗透率小于 $10^{-7} \mu m^2$。

(四) 流动特征

一般无自然产量、非达西渗流是非常规油气聚集的典型特征之一。以致密砂岩为例,渗流机理受孔渗条件和含水饱和度控制,存在达西流和非达西流双重渗流机理,广泛存在非达西渗流现象。致密油气具有滞流、非线性流、拟线性流三段式流动机理。

(五) 开采特征

非常规油气储集层致密,一般无自然工业产量,产量有高有低,生产早期递减快,可长期低产稳产。非常规油气为低品位资源,务求经济开发与工业化发展。因此,通常采用水平井、多分支井等钻井技术,最大限度钻揭储集层;采用水平井多级多段体积压裂改造技术,最大限度提高储集层压裂改造的范围和规模,最大限度提高单井产量;采用平台式工厂化开采技术,最大限度开发利用地下资源;多打井,通过井间接替来弥补产量递减。

第二节 非常规油气主要类型及分布

以传统圈闭为依据,油气资源可分为构造、岩性、地层与复合油气藏。依据地质、技术和经济等因素,油气资源可分为常规与非常规两种类型,彼此有因果联系、空间共生,两者在空间分布上紧密共生出现,形成统一的常规—非常规油气"有序聚集"体系(图2-3)。

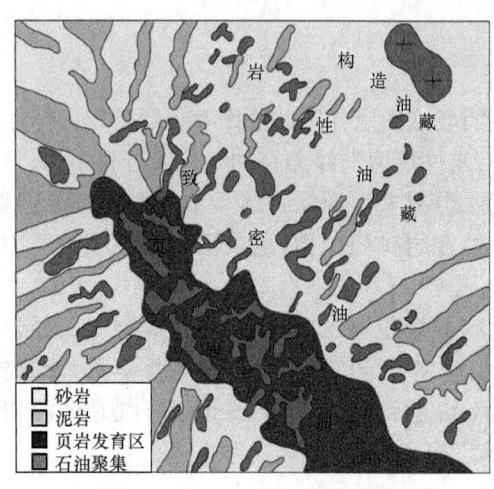

图 2-3 不同类型油气聚集分布模式

一、非常规油气类型划分

非常规油气类型多样,资源丰富,目前对非常规油气还没有统一的划分方案。从不同角度,可根据非常规油气的不同属性和特征,分别根据储集岩类型、油气成因、生储盖组合、赋存状态等因素对非常规油气分类(表2-1)。

根据储集岩类型,非常规油气可以分为致密砂岩油气、页岩油气、煤层气。

根据成熟度、密度和黏度,非常规油气可分为油页岩,重油、油砂,页岩油、致密油,页岩气、煤成气、致密气。

根据油气赋存载体及其耦合关系,非常规油气可以分为流固耦合型(致密油气、页岩油气、煤成气)、气水固合型(天然气水合物)、气水融合型(水溶气)、水动力遮挡型(水动力封闭气)。

表 2-1 非常规油气不同划分方案及主要类型一览表

分类依据		主要类型
储集岩类型		致密砂岩油气、页岩油气、煤层气
成熟度、密度和黏度		油页岩,重油、油砂,页岩油、致密油,页岩气、煤成气、致密气
赋存载体与耦合关系		流固耦合型(致密油气、页岩油气、煤成气)、气水固合型(天然气水合物)、气水融合型(水溶气)、水动力遮挡型(水动力封闭气)
油气成因	成熟度	热成因油气、生物成因油气、混合成因油气
	母质来源	有机成因油气、无机成因油气、混合成因油气
生储盖组合	源储关系	源储一体型、源储接触型
	生储组合	自生自储油气(煤层气、页岩油气等)、非自生自储油气(致密砂岩油气等)
	油气来源	自源型油气(煤层气、页岩油气等)、他源型油气(致密砂岩油气等)
油气赋存状态		吸附型、游离型、混合型

二、主要类型特点及分布

不同类型非常规油气的地质特征、聚集机理和分布规律既有共同之处,也存在差别。

(一) 致密砂岩气(tight sandstone gas)

致密砂岩气是覆压基质渗透率不大于 $0.1 \times 10^{-3} \mu m^2$ (约相当于空气渗透率不大于 $1 \times 10^{-3} \mu m^2$)的砂岩气层,单井一般无自然产能,或自然产能低于工业气流下限,但在一定经济条件和技术措施下,可以获得工业天然气产量。通常情况下,这些措施包括压裂水平井、多分支井等。覆压基质渗透率采用不含裂缝岩心(基质)、在净上覆岩压作用下测定的渗透率。致密砂岩气的基本特征是:储层物性差,孔隙度小于10%,渗透率为$(0.001 \sim 1) \times 10^{-3} \mu m^2$;砂泥间互、源储邻接;无明显圈闭和直接盖层,但上覆区域性盖层好,构造活动性弱,保存条件好;天然气聚集服从"活塞式"运移原理,一般致密气运移聚集表现为气层与气源岩大面积接触,以短距离二次运移为主;主要分布于盆地中部及斜坡,气水界限与分布复杂。

(二)致密油(tight oil)

致密油是储集在覆压基质渗透率不大于 $0.2×10^{-3}\mu m^2$(约相当于空气渗透率不大于 $2×10^{-3}\mu m^2$)的致密砂岩、致密碳酸盐岩等岩层中的石油。

形成致密油需具备3个必要条件:(1)广覆式分布的Ⅰ型或Ⅱ型优质成熟生油层;(2)大面积分布的储集层;(3)致密储集层与生油岩紧密接触。

致密油具有以下地质特征(董大忠,2014):

(1)致密油层为砂泥岩互层,夹持于厚层烃源岩层系中,大面积分布。储层岩性以致密细砂岩、粉砂岩、碳酸盐岩等为主,非均质性强,厚度横向变化大。

(2)储层物性差。储层孔隙以微米—纳米级孔隙为主,孔喉半径小,孔隙结构复杂。如鄂尔多斯盆地上三叠统长6致密油储层孔喉直径为80~200nm的占30%,孔喉直径为200~2000nm的占31%。孔隙度和渗透率低,变化范围大,孔隙度一般为7%~8%,渗透率一般小于 $1×10^{-3}\mu m^2$。

(3)原油密度小,黏度低。原油密度一般小于 $0.85g/cm^3$,地层中黏度一般小于 $3mPa·s$。油层原始含水饱和度低,一般为30%~40%。

(4)致密油为近源成藏,运移方式以短距离运移为主,渗流以非达西流为主,并具连续成藏特征。

从构造背景和源储关系看,致密油主要分布于盆地坳陷、斜坡,存在于与富有机质生油岩大面积紧密接触的致密砂岩、致密灰岩储层中。

(三)页岩气(shale gas)

页岩气是以吸附态与游离态赋存于富有机质和极低孔渗的页岩地层系统中的天然气。富烃页岩既是烃源岩,又是储集岩,发育纳米级孔隙系统,主要有粒间孔、粒内孔和有机质孔。

四川盆地及其周缘志留系龙马溪组海相页岩气勘探开发实践已证实:

(1)黑色页岩产层段为深水陆棚相沉积,厚度大,分布稳定,广泛分布于川南及其邻区,沉积中心区厚度一般为20~135m,其中富有机质页岩段具高伽马测井响应。

(2)石英、长石、碳酸盐3种脆性矿物含量超过40%,黏土矿物不含蒙脱石和高岭石,具较高弹性模量和较低泊松比,质地硬而脆。

(3)页岩气区有机质丰度是常规油气区的2~3倍以上,商业性页岩气的有机碳含量一般为2%,有机质丰度最高可达10%。

(4)页岩气具有多种成因,包括生物成因、热成因以及生物与热成因混合,以热成因为主。

(5)页岩气最佳成气窗口 R_o 值为1.35%~3.5%,在热演化过程中,天然气的生成量随热演化程度的不断增加而增加,但页岩成熟度过高,导致有机碳石墨化程度增加,从而降低有机质微孔隙。

(6)页岩中部分天然气以吸附态赋存于有机质颗粒表面,有机质含量越高,吸附气含量越高,不同有机质类型的产物、生烃潜力、对天然气的吸附能力不同。

(7)页岩气易保存,无明显圈闭界限,大面积连续分布,富集需要良好封闭,含气范围广,资源规模大,有"甜点核心区"。

(8)储层致密,以纳米级孔隙为主,微裂缝普遍发育。孔隙发育残余原生孔隙、有机质孔隙、黏土矿物层间微孔隙、不稳定矿物溶蚀孔等4种基质孔隙,其中有机质微孔隙和黏土矿物层间微孔隙是页岩基质孔隙的主要组成部分。

(9)需大型压裂开采,形成"人造渗透率"产出机理。页岩气显著特征是气体产出以非达西流为主,存在解吸、扩散、渗流等相态与流动机制转化。早期以游离气产出为主,后期以吸附气的解吸、扩散为主,必须通过大型人工造缝(网)工程才能形成工业生产能力。

(10)单井产量不高,但稳产时间长,采收率变化较大,一般为10%~25%。页岩气单井初期产量高,很快递减,但开采寿命较长,一般可达20~30a甚至更长,以增加单井累积产量实现效益开发。

在盆地类型和沉积相带上,富有机质页岩在海相、海陆过渡相和陆相均有分布。海相富有机质页岩形成于克拉通内坳陷或边缘半深水—深水陆棚相。海陆过渡相富有机质页岩主要形成于沼泽—潟湖相。湖湘富有机质页岩形成于裂陷(断陷)盆地或陆内坳陷盆地半深湖—深湖相。

(四)页岩油(shale oil)

页岩油的概念在中国石油学术界颇有争议,与油页岩、致密油等概念有混用的现象,但随着勘探开发实践的不断丰富,页岩油的内涵与类型得到进一步明确。早期由于依据储集空间、沉积岩性、有机质成熟度、丰度等不同侧重点,出现了多个定义(姜再兴等,2014;杜金虎等,2019;胡素云等,2020),可大致归为两类:

(1)狭义的页岩油,富有机质泥页岩(源内)中自生自储型的石油聚集。

(2)广义的页岩油,泛指蕴藏在页岩层系中页岩及致密砂岩和碳酸盐岩等含油层中(近源、源内)的石油资源,包括自生自储型和短距离运移型的石油聚集。

国际上对于泥页岩层系中的石油资源定义也并非一成不变。美国能源信息署(EIA)起初称之为页岩油(shale oil),2014年后改为致密油(tight oil)。加拿大自然资源部(NRC)称之为致密页岩油(tight shale oil)或致密轻质油(tight light oil)。美国学者Donovan将页岩油定义为:在烃源岩层系(页岩以及页岩层系中的致密砂岩和碳酸盐岩)中的滞留烃(Donovan et al.,2017)。也有学者强调在埋藏300m以下深度的泥页岩层系中者才可称为页岩油(赵文智等,2020)。我国国家标准化管理委员会于2020年制定《页岩油地质评价方法》(GB/T 3718—2020)中指出"页岩油是指赋存于富有机质页岩层系(包括层系内的粉砂岩层、细砂岩层、碳酸盐岩层)中的石油",并且对其中夹层单层厚度以及占比进行了定义:单层厚度不大于5m,累计厚度占页岩层系总厚度比例小于30%。但也有学者比较认同单层厚度不超过1m,累计厚度不超过20%(黎茂稳等,2019);或单层厚度不超过2m,累计厚度不超过30%(宋明水等,2020)。随着中国陆相页岩油勘探开发的不断进行,这些差异正在逐步统一。

页岩油的定义确定了页岩油的内涵。我国学者对页岩油的分类,从早期的岩性特征、赋存状态以及开采方式等作为依据,到后期逐渐聚焦在"源—储"特征上(表2-2)。"源",指的是赋存在页岩层系中的石油资源,本质上强调烃源岩的岩性与热演化程度,根据热演化程度可分为中—低成熟度页岩油(R_o=0.50%~1.00%)与中—高成熟度页岩油(R_o=1.00%~1.50%)(杜金虎等,2019),但R_o界限值还存在较多争议。而对"储"的性质,页岩油具备"源—储一体"的性质,覆压基质渗透率极低,但其内涵仍不够明确,特殊岩层段(如贫有机质层段、白云石层段以及凝灰岩层段)、不同源—储组合类型(如源—储共存、源—储分离和纯页岩等)下的含油气特征难以用"源—储一体"来简单概括,仍需进一步探究。

表2-2 不同学者划分的页岩油类型及依据(据金之钧,2021)

划分依据	页岩油类型
物理化学性质及开采难易程度	黏稠型和凝析型
赋存空间	基质含油型、夹层富集型和裂缝富集型
赋存状态	游离态页岩油、吸附态页岩油及溶解态页岩油
储集特性和岩性	纯页岩油、混合型页岩油、裂缝油
赋存空间和岩性	泥页岩型和夹层型页岩油
热演化程度和岩性	未熟页岩油、中—低成熟度页岩油、中—高成熟度页岩油
热演化程度	中低成熟度页岩油、中高成熟度页岩油
源-储特征	源—储共存型、源—储分离型和纯页岩型

中国页岩油勘探表明页岩油主要富集在中生代、早二叠世以及晚古近纪的陆相泥页岩层系地层中,埋深为1000~4300m。20世纪70年代以来,我国在渤海湾盆地、松辽盆地、江汉盆地、苏北盆地等多个盆地均发现了页岩裂缝中存在的石油,但不成规模,未能引起广泛关注。随着海相页岩气在四川盆地取得巨大成功,国内也开始关注页岩油。经近几年的勘探开发实践,仅在准噶尔盆地芦草沟组、鄂尔多斯盆地延长组7段及渤海湾盆地古近系的勘探开发取得点状突破,勘探效果不理想,面临借鉴的北美压裂技术不适用的难题(刘合等,2020)。

我国陆相盆地页岩层系与海相页岩地层相比,具有沉积相变快、非均质性强,黏土矿物含量高;沉积年代较新、地层能量和地温梯度较低,成熟度较低;烃类流体黏度和密度较大等特点。页岩油的可动性是关注的核心问题。页岩油的可动性与赋存机制密切相关,明确赋存机制是优选陆相页岩"甜点"的关键,因此亟须加大基础科学问题的研究,探索适合中国陆相页岩油勘探开发的技术与理论。

(五)煤层气(coalbed methane)

煤层气是一种生成并储存于煤层中,以甲烷为主要成分、以吸附状态为主的烃类气体。在煤矿开采中俗称为"瓦斯"。它主要由甲烷(含量超过95%)和极少量较重的烃类(大部分为乙烷和丙烷)以及氮气、二氧化碳组成。煤岩不仅持续生成煤层气,而且煤层气的运移、聚集、分布以及开采过程均表现出"连续性"特征。

煤层气的成因有生物成因、热成因和无机成因。煤层气主要以吸附态赋存吸附于煤层颗粒基质表面,在煤层割理(裂缝)中含微量游离气、水溶气。一般煤阶越低,煤层游离气越多;煤阶越高,煤层吸附气越多。煤层气赋存具有明显的分带性,由盆地边缘向腹地一般可划分为氧化散失带、生物降解带、饱和吸附带、低解吸带4个带。其中饱和吸附带盖层条件好,处于承压水封闭环境,含气量大,吸附饱和度高,煤层埋深适中,物性较好,气井单井产量高,是煤层气勘探的主要目标区。

国内外研究表明,在大的区域构造背景下,煤层气具有向斜分布特点,即由盆地边缘向盆地中心含气量增加,向斜核部煤层气含量较高的特点。

(六)重油沥青(heavy oil asphalt)

重油和沥青在不同国家有不同的定义标准,一般指黏度大、密度高、地下条件下不易流动或不能流动的原油。在油层温度条件下,黏度大于1000mPa·s,密度小于10°API(相对密度大于1.0)的石油为沥青;黏度为50~1000mPa·s,密度为10~20°API(相对密度为0.934~1.0)的石油为重油。

重油和沥青的成因主要有原生型和次生型两种类型。原生型主要是指未成熟油或低成熟油,次生型是指后期遭受生物降解等稠变作用形成的重油。重油和沥青的特点是密度大、黏度高和馏分组成偏重,20℃时密度均在$0.9g/cm^3$以上。

重油和沥青的展布受控于全球新生代褶皱带的分布,与中、新生代构造运动关系密切。我国的重油和沥青在东部、西部盆地均有分布,具备环太平洋成带的特点。

(七)油页岩(oil shale)

油页岩又称油母页岩,是指高灰分的固体可燃有机岩,含油率应大于3.5%。它可以是腐泥、腐殖或混合成因的,其发热量一般≥4.19MJ/kg(刘招君,2009)。它和煤的主要区别是灰分超过40%,与碳质页岩的主要区别是含油率大于3.5%。

油页岩为盆地坳陷、斜坡区的未成熟页岩。基本特征是:含油率越高,颜色及色调越深。光泽一般为暗淡光泽、油脂光泽或沥青光泽。油页岩一般是一种由细碎屑矿物组成的沉积物,主要成分是方解石、石英、伊利石、蒙脱石、钠长石、钾长石、黄铁矿,同时还富含微量的钛、银、锰、钡、硼、铬、铅、钒、镍、铷、锌和锆等矿物。

油页岩是"人造石油"(即合成液体燃料)的一种重要原料,经加热干馏后可分解生成油页岩油、干馏气和页岩半焦。油页岩油可作为燃料油进一步加工制取汽油、柴油和化学品,也可作为锅炉燃料而用于发电。

(八)天然气水合物(natural gas hydrate)

天然气水合物是由主体分子(水)和客体分子(烃类甲烷、乙烷、丙烷、异丁烷等气体分子及非烃类N_2、CO_2以及H_2S等气体分子)在合适的温度、压力、气体饱和度、盐度、pH值下,通过范德华力相互作用,形成的结晶状笼形固体络合物。其中分子借助氢键形成结晶网络,网络中的孔穴内充满轻烃、重烃或非烃分子。水合物具有极强的储载气体能力,一个单位体积的天然气水合物可储载100~200倍于该体积的气体量。天然气水合物通常呈白色,外形如冰雪状。结晶体以紧凑的格子构架排列,与冰的结构相似。天然气水合物中通常含大量甲烷或其他碳氢气体分子,易燃烧,也有人称之为"可燃冰",而且天然气水合物在燃烧后几乎不产生任何残液或废弃物。

决定天然气水合物形成和分布的地质控制因素包括温压稳定性、气源、水源、天然气运移和储集岩。天然气水合物广泛存在于陆缘外围的海底沉积物和永久冻土的适宜温压稳定带中。在我国南海、东海陆坡海底沉积物及大陆冻土带广泛分布。根据2018年发布的"中国天然气水合物资源报告",我国南海海域天然气水合物资源量高达$800×10^8$t油当量。天然气水合物资源量巨大。

思 考 题

1. 请说明非常规油气勘探开发对保障国家能源安全的重大作用。
2. 请说明非常规油气类型及基本特征。
3. 请说明致密油气与页岩油气地质特征异同。

第二篇　油气藏资料录取与解释

第三章　油气藏静态资料录取与解释

第一节　钻井地质资料

在油气的勘探开发中，要找到石油和天然气离不开钻井，要开采石油和天然气更需要钻井，钻井工作贯穿油气勘探和开发的全过程。钻井本身属于石油工程领域，但与钻井工程相关的地质工作即钻井地质工作属于油气地质领域，钻井地质工作是贯穿整个钻井全过程的一项非常重要的工作。

钻井过程中，各项地质资料的录取主要通过地质录井进行。地质录井（简称录井）是指在钻井过程中，在钻井井场的不同部位或者井下钻柱中，通过地面人工操作，或者在钻井井场的不同部位安装各种传感器，分别录取反映地下地质情况和钻井工程动态的各种信息，包括地质信息、油气信息、钻井工程信息等。从古至今，地质录井是油气层（藏）发现的最重要手段。伴随古代深井凿井技术发展，录井技术应运而生。中国是世界上最早创用录井的国家，从11世纪中叶"卓筒井"发明后就伴生了"扇泥筒"录井，再到近代油气勘探，作为钻井基础的地质录井在世界找油找气的过程中是功不可没的。人们不会忘记，1959年9月26日大庆长垣松基3井喷油，改写了中国贫油论的历史。大庆会战截至1960年12月，完成了93口井探井钻探，每口探井要求必须取全取准"十二项资料和七十二项数据"，正是这种精益求精的"工匠精神"和实事求是的科学态度，坚持严、细、精、准的地质录井，只用了1年零3个月探明了世界级特大油田。松基3井自井深1051m取心，至1461.76m已多次发现油气显示，取心见油砂（1109.5~1308.5m共14层，厚19.8m），中方决定完钻，与苏联总地质师米尔钦克有重大分歧（不能中途改变设计），结果经康世恩批准测试，从而加速了大庆油田的发现。

录井的项目多种多样，根据其资料应用可分为地质录井和工程录井；根据其依据的科学理论基础，可分为基于地质学原理的录井方法、基于物理学原理的录井方法和基于地球化学原理的录井方法；根据其目的可分为建立地质剖面的录井和识别油气水层的录井。

一、井的类别与部署原则

（一）井的类别

在油气勘探开发的不同阶段，所钻井的任务及目的是不相同的，如勘探阶段以发现、评价油气藏为主,而开发阶段则以提高油气采收率为主,因此,不同勘探开发阶段所钻井的类别不同。根据油气勘探或开发阶段钻探目的差异,一般分为两大类十一小类。

1. 探井类

1) 地质井(geological well)

在盆地普查阶段,由于地层、构造复杂,地震也难以反映地下情况时,为了确定构造位置、形态,以及查明地层组合和接触关系而钻探的井称为地质井。

地质井以一级构造单元统一命名,取井位所在一级构造单元名称的第一个汉字加大写汉语拼音字母"D"组成前缀,后面再加布井顺序号命名。例如,"东 D1 井"为东营凹陷的第一口地质井。

2) 参数井(parameter well)

油气区域勘探阶段,在地质普查和地震普查的基础上,为了解一级构造单元的区域地层层序、岩性、生油条件、储层条件、生储盖组合关系,并为物探解释提供参数而钻的探井,称为参数井,它是对盆地(坳陷)或新层系进行早期评价的探井。

参数井以基本构造单元—盆地或地区统一命名。取井位所在盆地或地区名称的第一个汉字加"参"或"科"字组成前缀,后面再加参数井布井顺序号命名。例如,江汉盆地第一口参数井命名为"江参1井"。

3) 预探井(preliminary prospecting well)

在油气勘探的预探阶段,在地震详查的基础上,以局部圈闭、新层系或构造带为对象,以发现油气藏、计算出控制储量和预测储量为目的的探井,称为预探井。

预探井以井位所在的十万分之一分幅地形图为基本单元命名,或以二级构造带名称命名。以二级构造带或次一级构造命名时,采用二级构造带或次一级构造名称中的某一汉字加 1~2 位数字命名,如"纯 11 井"为东营凹陷纯化断裂鼻状构造带上纯化油田的一口预探井。

4) 评价井(evaluation well)

对已获得工业油气流的圈闭,经地震详查后(复杂区应在三维地震评价的基础上),为查明油气藏类型,探明油气层的分布及厚度与物性变化,评价油气田的规模、生产能力及经济价值,计算探明储量为目的而钻的探井,称为评价井。

评价井取油气田(藏)名称的第一个汉字加3位数字命名。如"纯112井"为东营凹陷纯化断裂鼻状构造带上纯化油田的一口评价井。

5) 水文井(hydrological well)

为了解水文地质问题和寻找水源而钻探的井,称为水文井。

2. 开发井类

1) 生产井(production well)

在已探明储量的区块或油气田,为完成产能建设任务和生产油、气所钻的井,称为生产井,包括直井、斜井、水平井、套管开窗侧钻井等。

2）注水（气）井（injection well）

为提高油、气井生产能力所钻的井，称为注水（气）井。其目的是为产层注水（气），改变地层油气驱动能力，提高产能，提高采收率。也可利用废弃井及低产井等进行注水（气）。

3）观察井（observation well）

通过改变油、气井工作制度等方法来观察油气生产能力的井，称为观察井。一般是用已有的井改作观察井。

4）资料井（data well）

在油气开发阶段，为获取油、气层物性资料或特殊资料所钻的井，称为资料井，如开发取心井。但此类井多兼有开发井的使命，只是新增了获取资料的项目。

5）检查井（inspection well）

为检查油气层开发效果、注水、注气效果、产层物性变化等情况所钻的井，称为检查井。生产现场大多用已有的井进行观察。

6）调整井（adjustment well）

当油气田全面投入开发若干年后，根据开发动态及油藏数值模拟资料，为提高储量动用程度及采收率，需对原油气田的开发方案进行调整，调整井就是按调整方案分期分批所钻的井。

开发井按井排命名，一般采用油气田（藏）名称的第一个汉字加上开发区、井排、井点命名。如王7-5-2井表示王家场油田七区5排2号生产井。开发井中的生产井、注水（气）井等需在设计井别一栏内说明。

3. 生产现场井命名

这里需要说明的是，上述井的分类是按用途或目的分类。实际上，生产现场还经常使用其他分类，其命名则有所不同。

1）定向井

定向井的井号命名应在上述命名的基础上，在井号的后面加小写的"x"，再加数字命名。如柳1x2井表示在柳赞油田柳1井井口处钻探的第二口定向井。

2）海上钻井

海上钻井井名采用多级命名法，由构造名、区块编号及井的编号三部分组成，井名排序依次为井所在的方度区名称、方分块顺序号、构造编号、井类、井口平台、井的编号及特殊井别名称。海上钻井井名的符号采用汉语拼音的缩写字头加编号的组合方式。汉语拼音字头采用两个，最多不得超过四个，同一海域的井名符号不能重复。

（1）探井。

海上探井按"方度区—方分块—构造—井号"命名，方度区采用经度1°、纬度1°分区，用海上或岸上地名命名。方度区内以经度10′、纬度10′分方分块，每个分度区可分36个方分块，每个方分块内根据构造解释进行编号，每个构造所钻的第一井为预探井。如"Bz28—1—1井"表示渤中方度区28方分块1号构造1号探井。探井若为直井则不再加标注，若为斜井，在井号后加小写英文字母"d"，若为水平井，在井号后加小写英文字"h"。

(2)开发井。

有生产平台的开发井,采用"构造编号—井口平台编号—开发井号"命名。井口平台号按开发方案设计命名,用大写英文字母表示(S除外)。如"CB—A—1 井"表示埕北油田 A 平台 1 井。无生产平台的开发井,在构造编号后,井号前加大写英文字母"S"命名,如"LD22—1—S1 井"表示 LD22—1 气田的第一口采气井。

(3)特殊井。

海上特殊井的命名是在井号后用不同的小写英文字母表示。

侧钻井命名是在原井号之后按照侧钻的先后顺序,加大写英文字母"S",并加小写英文字母组合成。如 wz10—3—5Sd 井为 wz10—3—5 井第四次侧钻井。

多底井命名是在原生产井井号后加大写英文字母"M",并配置小写英文字母组合成。如 QHD32—6—B3Mb 井为 QHD32—6 油田 B 平台 3 井第二个多底井。

报废后重钻井命名,因工程等原因原井报废后,再在其近旁重新钻井,这类井的命名是在原井号之后加大写英文字母"R"。如 LD30 – 1 – 1Ra,表示报废井旁新钻的第一口井。

水源井的命名是在井号的右下标处加小写英文字母"w"。

气源井的命名是在井号的右下标处加小写英文字母"g"。

(二)井型

井型是指根据井眼的轨迹形状划分出的井类型。它可分为两大类:直井和定向井。

1. 直井

直井是指井身近于铅直的井。它是从地表垂直向下钻探的井,其井口与井底基本上在同一条铅垂线上。钻直井的优点是设备简单,钻进速度快、井场操控相对容易、钻探成本较低。

在直井轨迹的设计中,理论上井轨迹上所有点的井斜角都应为零,但在实际钻井中,由于存在地层倾角、断层等地质因素以及钻柱结构等工程因素的影响,实际的井眼仍会存在一定井斜。只要井斜不超过一定的范围,仍称之为直井。人们最初的钻井是从直井开始的,但是随着对实践的认识,人们发现井会钻斜。当井斜角超出一定的范围而达不到勘探开发要求时,就变成不合格井,往往需要填井重钻而造成巨大的浪费。由于地层倾角等地质因素及钻具结构等方面的原因,在某些地方,直井的防斜问题十分突出,以至直井的轨迹控制难度甚至超过了定向井。因此,直井的防斜打直技术成为现代钻井技术中一项既十分重要又急需发展的钻井技术。目前,直井的防斜打直技术主要是根据地质情况,通过改进钻具的结构组合来实现的。

为保证地质目的实现和钻井施工的顺利,直井井眼轨迹应符合以下两条要求:

1)实钻井底要落在地质允许范围之内。允许偏移范围是一个以地下井位为圆心有一定半径的一个圆形区域。此圆半径,根据井深不同,可从几十米到上百米。

2)井眼轨道的全角变化率不超过规定值。一般规定不允许超过 3°/30m。

2. 定向井

1)定向井的概念

定向井(directional well)是指按照预先设计的井斜方位和井眼轴线形状进行钻进的井。从定义可以看出定向井的内涵本质是:定向钻进有预定目标,该目标是根据地质目的、工程目的或其他方面一些条件的限制和要求来确定,可以是某一点,也可以是井眼轴线特定方向和角度,使钻进达到目标要求。

采用定向井技术可以使地面和地下条件受到限制的油气资源得到经济、有效的开发,能够大幅度提高油气产量和降低钻井成本,有利于保护自然环境,具有显著的经济效益和社会效益。

2)定向井的应用

定向井主要应用在以下几种情况下:

(1)地面条件受限而使用定向井:油气田埋藏在高山、城镇、森林、沼泽、海洋、湖泊、河流等地貌复杂的地下,或者地面有重要设施、自然保护区等情况下,需要另选井场钻定向井到需要的靶点(设计规定的、需要钻达的地层位置)。

(2)地下地质条件要求使用定向井:用直井难以穿过的复杂层、盐丘和断层等,常采用定向井。

(3)钻进事故需要使用定向井:用于处理卡钻、断钻及井喷着火等恶性钻井事故。如油气井发生井喷着火而无法扑灭时,需要在远离井场一定距离处钻定向井通向着火井的地下靶点实施救援。

(4)经济有效开发油气藏要求使用定向井:原井钻探落空,或者钻通油水边界和气顶时,可在原井眼内侧钻定向井;遇多层系或断层断开的油气藏,可用一口定向井钻穿多组油气层;对于裂缝性油气藏可钻水平井穿遇更多的裂缝;低渗透地层、薄油层都可钻水平井以提高单井产量和采收率;在高寒、沙漠、海洋等地区,可用丛式井开采油气。

3)定向井的井身剖面

定向井的井身剖面类型或井眼轨迹的设计,需要考虑靶区深度、井底位移大小和穿过复杂地层等因素。

定向井一般采用三种类型的井身剖面(图3-1),其井身剖面的选择应依据地质构造、钻井液性质、套管程序和地下井眼的空间条件来决定。

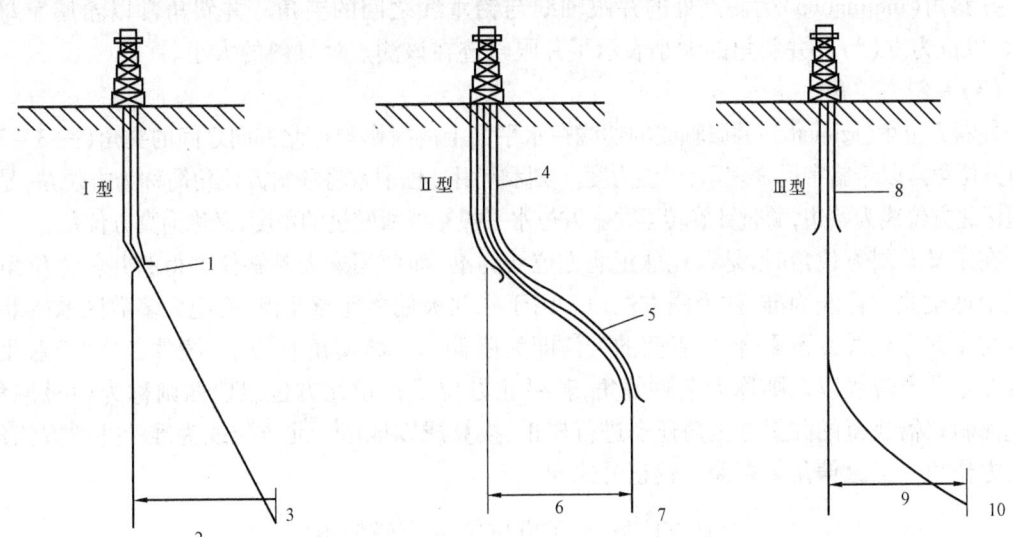

图3-1 定向井井身剖面示意图

1—套管鞋;2、6、9—井底位移;3、7、10—井底靶位深度;4、8—表层套管;5—技术(或中间)套管

Ⅰ型井身剖面：在这种井身剖面中，初始造斜角是在比较浅的深度就开始的，造斜形成以后，就保持该井斜角沿斜线钻进到靶心。其表层套管一般下过造斜井段即可。此类型井身剖面通常用在大斜度探井和大水平位移的深井中。

Ⅱ型井身剖面：又称为S形曲线井身剖面，其井眼是在比较浅的深度就开始造斜，其表层套管一般下过造斜井段。之后继续钻进达到水平位移要求，然后转弯并垂直钻达靶心。这种井身剖面一般要将技术套管下到第二个垂直井段中的适当位置，以解决复杂地层的控制问题。

Ⅲ型井身剖面：此类型井身剖面开始造斜的位置较深，其井斜角较大而水平位移较小。Ⅲ型井身剖面的造斜部分很少下套管，这种井身剖面比较适合只需要较小井底位移的井。

4）定向井井身参数

实际钻井的定向井井眼轴线是一条空间曲线。钻进一定的井段后，要进行测斜，被测的点为测点。两个测点之间的距离为测段长度。每个测点的基本参数有三项：井斜角、井斜方位角和井深，这三项为井身基本参数，又称为井身三要素。井身参数还包括全变化角、水平位移、全角变化率等。

（1）井深。

测量深度（MD，measured depth）指井口（通常以转盘面为基准）沿井轨迹至测点间的井眼实际长度，简称为测深，也常称为斜深。

垂直深度（TVD，true vertical depth）指从井口到井筒中某一测点的垂直深度，简称垂深。

海拔深度指从海平面至井筒中某一测点的垂直深度。井轨迹上测点的海拔深度为该处的垂深与补心海拔之差。补心海拔是指方补心顶面至海平面的垂直距离，为补心高度（方补心顶面至地面的高度）与地面海拔之和（图3-2）。方补心是套在方钻杆上，位于转盘中心带动方钻杆旋转的一个部件，中心是方孔，外形是一个上方下圆的钢制件，其顶面一般与钻盘面相同。

（2）井斜角。

井斜角（inclination）为测点处的井眼轴线与铅垂线之间的夹角。井斜角常以希腊字母 α 表示，单位为度（°）。井斜角的大小表示了井眼轨迹在该测点处倾斜的大小。

（3）井斜方位角

井斜方位角（azimuth）：井眼轴线的切线在水平面上的投影与正北方向之间的夹角（图3-3）。井斜方位角常以希腊字母 β 表示，单位为度。实际应用过程中常将井斜方位角简称为方位角，是从地理正北方位线为始边，顺时针旋转至井斜方位水平投影线所转过的角度，又称为真方位角。

在定义井斜方位角时，是以地球正北方位线为准，而使用磁力测斜仪测得的井斜方位角则是以地球磁北方位线为准，称为磁方位角。由于磁北极偏离地球北极，使绝大多数区域磁北方位线与正北方位线并不重合，二者间的夹角即为磁偏角。磁偏角有偏东、偏西之分，若磁北方位线在正北方位线以东则称为东磁偏角，若磁北方位线在正北方位线以西则称为西磁偏角。因此测斜仪器测得的井斜方位角还需进行校正，换算成以地球正北方位线为准的井斜方位角，即真方位角。当磁偏角为东偏时校正公式为

$$真方位角 = 磁方位角 + 东磁偏角$$

当磁偏角为西偏时校正公式为

$$真方位角 = 磁方位角 - 西磁偏角$$

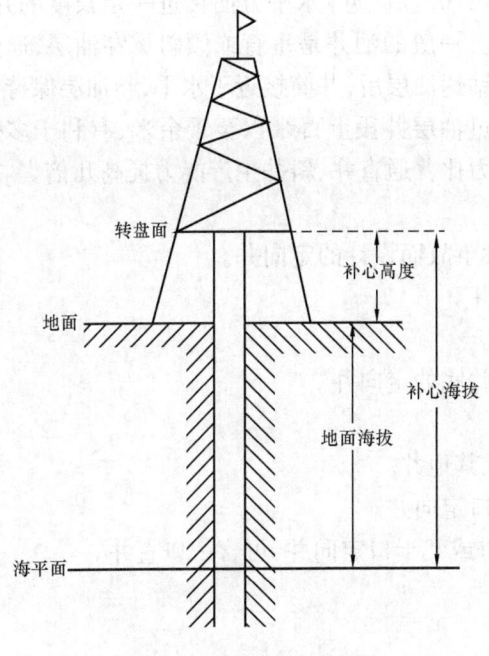

图3-2 补心海拔示意图

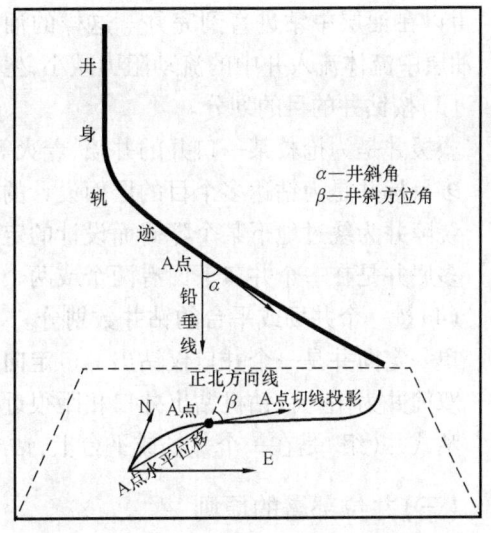

图3-3 井斜角与井斜方位角示意图

(4)水平位移。

水平位移(closure distance)指井眼轴线某一点在水平面上的投影至井口的距离,部分国外文献称其为闭合距。水平位移常以 S 表示。

(5)全变化角和全角变化率。

全变化角(狗腿角)是指某井段相邻的两个测点的切线在空间上的夹角 ε,简称全角。全变化角既反映了井斜角的变化,又反映了井斜方位角的变化。

全角相对于两点间井眼深度 ΔL 变化的快慢即为全角变化率,其表达式为

$$K = \varepsilon/\Delta L$$

5)定向井的分类

随着定向钻井技术的发展,定向井的种类越来越多,可按不同的方法进行分类。

(1)按设计井眼轴线形状划分。

二维定向井指井眼轴线在某个铅垂平面上变化的定向井,井斜变化,方位不变化。

三维定向井指井眼轴线超出某一铅垂面在三维空间变化的定向井,井眼轴线既有井斜角的变化,又有井斜方位角的变化。

(2)按设计最大井斜角划分。

低斜度定向井是最大井斜角小于15°的定向井,由于井斜角小,钻进时方位不易控制,钻井难度较大。

中斜度定向井是最大井斜角为15°~45°的定向井,钻井时井斜、方位易控制,钻井难度相对较小,是使用最多的一种。

大斜度定向井是最大井斜角为46°~85°的定向井,其斜度大,水平位移大,增加了钻井难度和成本。

水平井(horizontal well)是最大井斜角为86°~120°,沿(近)水平方向钻进一定长度的井。其钻井相对较难,需要特殊设备、钻具、工具、仪器。一般的油井是垂直或倾斜贯穿油层,通过油层的井段比较短。而水平井是在垂直或倾斜地钻达油层后,井筒接近于水平,与油层保持平行,得以在油层中钻进直到完井。这样的油井穿过油层井段上百米以至千余米,有利于多采油,油层中流体流入井中的流动阻力减小,生产能力比普通直井、斜井生产能力提高几倍。

(3)按钻井的目的划分。

救援井是为抢救某一口井的井喷、着火等重大事故而设计的定向井。

多目标井是为钻达多个目的层而设计的定向井。

绕障井为绕过地下某个障碍而设计的定向井。

多底井是在一个井口下面有两个或两个以上井底的定向井。

(4)按一个井场或平台的钻井数划分。

单一定向井是一个井口仅钻出一口定向井,无其他井。

双筒井为用一台钻机钻出井口相距很近的两口定向井。

丛式井(组)是在一个井场或平台上,钻出几口或几十口定向井,可含一口直井。

(三)井位部署的原则

钻井是有针对性的,不同类型的井的部署原则是不相同的。

1. 参数井

在一个含油气盆地或凹陷内,经地质、物探普查后,为了确定该盆地或凹陷的含油气性,即主要了解盆地基岩以上全部或部分沉积层段内是否具有生油条件和储集条件而在盆地或凹陷内的不同二级构造单元上设置的井即为参数井。

2. 预探井

在已探明的具有含油气远景的盆地内,经过地震及地质综合论证,在有利的二级构造带上部署的预探井,其目的是证实是否具有工业性油气流。

3. 详探井

详探井又叫评价井,其钻探目的是查明预探井所确定的含油气构造的含油气规模,以探测油气藏的边界为主要任务。因此,其井位部署以出油的预探井为中心,向四周扩展。

4. 开发井

经过预探及详探,在基本探明油气田(藏)规模的基础上,需要编制开发方案,设计开发井网,并对开发井位进行论证,最终钻开发井。其目的是合理、高效地开发油气田(藏)。开发井包括生产井、注水井等。许多油气田(藏)开采一段时期后就会出现许多开发上的问题,应调整开发方案,按新的调整方案部署开发井。

5. 滚动勘探开发井

对于一些复杂的油气田(藏),如某些断块油气田,因具有多含油层系、多种圈闭类型、油层非均质性强、叠合连片类型多样、油气富集程度不均匀等特点,一般不可能在勘探阶段一次认识清楚。当投入开发后,上述问题不断暴露,这就需要采用勘探、开发和生产滚动式前进的方法,在未探明的区块或层段部署滚动勘探开发井,进一步搞清地下油层的分布状况,采取新的开发措施,提高开发效率。

二、建立地质剖面的录井

建立地质剖面的录井技术主要包括岩屑录井、岩心录井(包括岩心扫描照相与存储)、钻时录井、碳酸盐含量分析、岩矿分析、古生物分析、地质循环观察录井等技术。

(一) 钻时录井(drilling - time logging)

钻时是指每钻进一定厚度的岩层所需要的时间,单位为 min/m。钻时录井就是系统地记录钻时并收集与其有关的各项数据、资料的全部工作过程。钻时录井的特点是及时、简便,钻时资料对于现场地质和工程人员都是很重要的。钻时录井采样点的间距是根据不同类别井的要求确定的,一般情况下从井口开始每米记录一次钻时,到达目的层则可适当加密到 0.25~0.5m 记录一次。

1. 影响钻时因素

1) 岩石性质(岩石的可钻性)

松软地层比坚硬地层钻时低,如疏松砂岩比致密砂岩钻时低,多孔的碳酸盐岩比致密石灰岩、白云岩钻时低。

2) 钻头类型与新旧程度

根据岩石可钻性选择钻头类型,一般钻软地层用刮刀钻头,钻硬地层用牙轮钻头。新钻头比旧钻头钻时低。

3) 钻井措施与方式

在同一岩层中,当钻压大、钻速快及排量大时,钻头对岩石破碎效率高,钻时低。涡轮钻转速一般比旋转钻转速约大 10 倍,故涡轮钻钻时低。若钻井措施不当,进尺就少,钻时高。

4) 钻井液性能与排量

钻井液黏度低、密度低、排量大时钻进速度快,钻时低。一般清水钻进比钻井液钻进的速度高 1 倍以上。

5) 人为因素的影响

司钻的操作水平与熟练程度对钻时高低都有影响。如司钻送钻均匀,钻时就能反映岩性变化,否则就忽高忽低。

尽管影响钻时高低的因素较多,但是这些影响因素至少在一个井段内相对稳定,因此,钻时大小的相对变化可以反映地下岩性的变化。

2. 钻时曲线的绘制与应用

1) 钻时曲线的绘制

绘制钻时曲线时,以纵坐标代表井深,横坐标代表钻时,将每个钻时点按纵、横坐标标在图上,连接各点即成钻时曲线(图 3-4)。纵向比例尺一般采用 1∶500,以便与标准电测曲线对应,有利于地层对比和岩屑归位。横向比例尺通常采用 1cm 代表 10min 或 20min。为了便于解释和应用,在曲线旁用符号或文字在相应深度上标注接单根、起下钻、跳钻、蹩钻、溜钻、卡钻以及更换钻头的位置、钻头尺寸、类型等内容。

2) 钻时曲线的应用

钻时曲线主要用于岩性解释、岩屑归位及地层对比。根据钻时的大小,既可以帮助判断井下地层岩性的变化和缝洞发育情况,又能帮助工程人员掌握钻头使用情况。当工程条件不变时,钻时的变化反映了岩性的差别(图3-5)。

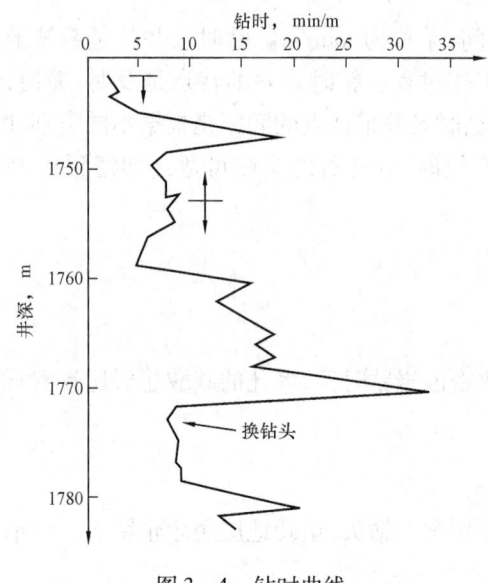

图3-4 钻时曲线　　　　　图3-5 ××井录井综合图(据刘宜平,2004)

疏松含油砂岩钻时最少,普通砂岩较少,泥岩、石灰岩较多,玄武岩、花岗岩最多。对于碳酸盐岩地层,利用钻时曲线可以判断缝、洞的发育程度。如突然发生钻时明显变少,钻具放空现象,说明井下可能遇到缝洞渗透层。钻时越少,放空越大,反映钻遇的缝洞越大。应该指出的是,同一岩类,随其埋藏深度和岩石胶结程度等不同,反映在钻时曲线上也各不相同。

(二) 岩屑录井(cuttings logging)

地下的岩石被钻头破碎后,随钻井液被带到地面,这些岩石碎块就叫岩屑(cutting),又常称之为"砂样"(图3-6)。在钻井过程中,地质人员按照一定的取样间距和迟到时间,连续收集和观察岩屑并恢复地下地质剖面的过程,称为岩屑录井。通过岩屑录井可以掌握井下地层层序、岩性,初步了解地层含油、气、水情况。由于岩屑录井具有成本低、简便易行,了解地下情况及时和资料系统性强等优点,因此,在油气田勘探开发过程中被广泛采用。例如1998年克拉2气田的发现就源于一粒小小的岩屑。1998年3月,现场的地层汇报与地质设计非常不符,根据设计这口井早就应该进入主力产层砂岩段。时任塔里木会战指挥部总地质师的贾承造院士来到井上,仔细查看采集出来的岩屑,最

图3-6 岩屑

终在散落的岩屑中发现了一粒细小的砂岩颗粒。他立即决定,停钻进行气测对比,取心确认。取心结果表明,当初一直被认定的泥岩段就是主力气层砂岩,整个气层厚度达到200多米。1998年9月17日,克拉2井完井测试,强大的天然气气流喷涌而出,西气东输主力气源之一的克拉2气田被发现。

岩屑录井的流程如图3-7所示。

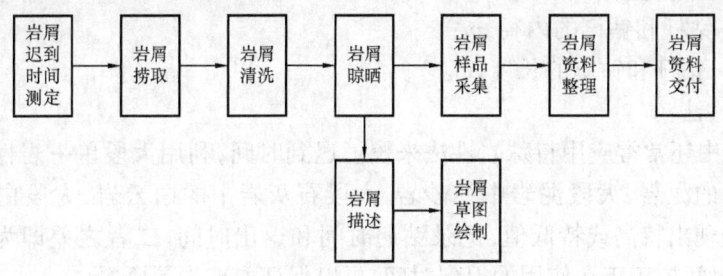

图3-7 岩屑录井流程图

1. 岩屑迟到时间的确定

岩屑迟到时间(cutting lagged time)是指岩屑从井底返至井口的时间。由于钻遇某一深度岩层的时间与在井口捞取到该深度岩屑的时间是不相同的,因此只有准确地确定出迟到时间,才能确定井口捞取的岩屑在井底被钻头破碎的时间,进而确定该岩屑所在的井深。

岩屑迟到时间准确与否,直接影响岩屑的代表性和真实性。常用的测定岩屑迟到时间的方法有三种,即理论计算法、实测法和特殊岩性法。

(1)理论计算法。

从理论出发,有

$$T = \frac{V}{Q} = \frac{\pi(D^2 - d^2)}{4Q} \cdot H \tag{3-1}$$

式中 T——岩屑迟到时间,min;
V——井眼与钻杆之间的环形空间容积,m^3;
Q——钻井泵排量,m^3/min;
D——井径,即钻头直径,m;
d——钻杆外径,m;
H——井深,m。

(2)实物测定法。

选用与所钻岩层的岩屑大小、密度相近似的物质(常用红砖块或白瓷碎片),在接单根时投入钻杆内,记下投入后开泵的时间,然后在钻井液出口或振动筛处密切注意,并记下投入物开始返出的时间,这两个时间差就是实物在井筒内循环一周需要的时间($T_{循环}$),它包括了实物沿钻杆从井口下行到井底的时间($T_{下行}$)和从井底通过钻杆外环形空间返出井口的时间(T)。那么,岩屑的迟到时间为

$$T = T_{循环} - T_{下行} \tag{3-2}$$

因为钻杆、钻铤内径是规则的(如果用内径不同的混合柱时,要分段计算)。所以,下行时间可以通过下式得出:

$$T_{下行} = \frac{V_1 + V_2}{Q} = \frac{\pi d_1^2}{4Q}H_1 + \frac{\pi d_2^2}{4Q}H_2 \qquad (3-3)$$

式中　$T_{下行}$——实物沿钻杆从井口下行到井底的时间，min；

V_1, V_2——钻杆和钻铤的内容积，m³；

Q——钻井泵排量，m³/min；

d_1, d_2——钻杆和钻铤的内径，m；

H_1, H_2——钻杆和钻铤的长度，m。

(3) 特殊岩性法。

在实际工作中还常常应用特殊岩性法来校正迟到时间，利用大段单一岩性中的特殊岩性（如：大段砂岩中的泥岩，大段泥岩中的砂岩，大段石灰岩中的白云岩、大段白云岩中的膏岩等），在钻时上表现出特高或特低值，记录钻遇时间和返出时间，二者之差即为真实的岩屑迟到时间，用这个时间校正正在使用的迟到时间，可以保证取准岩屑资料。

以上介绍的岩屑迟到时间测定法，是指某一深度、某一泵排量下的迟到时间。而实际钻进过程中，井深是不断加深的，泵排量有时也会变化，为了保证岩屑录井质量，应按规定间距测算一次迟到时间，作为该深度段的岩屑迟到时间。当变泵时，迟到时间也应相应调整。

2. 岩屑的录取

岩屑由井底返出地面后，地质人员根据设计的捞样间距，在振动筛前捞取岩屑。岩屑捞取后还需要进行清洗、烘晒等工作。

1) 岩屑捞取

岩屑的捞取必须严格按照设计间距和岩屑迟到时间准确进行，以确保岩屑的真实性、准确性。岩屑捞取时间为钻达岩屑所在地层的时间加上岩屑迟到时间。

在一般情况下，岩屑是按照取样时间在振动筛前连续捞取的，砂样盆放在振动筛前，岩屑沿筛布斜面落入盆内。

2) 岩屑清洗

捞取出的岩屑应缓缓放水清洗，并进行充分搅动，水满时应慢慢倾倒，要防止悬浮细砂和较轻的物质（沥青块、油砂块、碳质页岩、油页岩等）被冲掉，直至清洗出岩屑本色，清洗时要注意观察盆面有无油气显示。

3) 岩屑烘晒

捞出的岩屑清洗干净后，要按深度顺序在砂样台上晾干、晒干。在雨季或冬季需要烘烤时，要控制好烘箱温度。用于含油气试验的储集层岩屑及作生油条件分析的生油岩样，严禁烘烤。

3. 岩屑描述

现场捞取的岩屑，由于受多种因素的影响，每包岩屑并不是单一的岩性，而是十分混杂的。这就要求进行岩屑描述工作，将地下每一深度的真实岩屑找出来，给予比较确切的定名，才能真实地恢复和再现地下地质剖面。因此，岩屑的观察描述是地质录井工作中一项重要工作。

1) 真假岩屑的确定

在裸眼井中，由于钻井液性能的变化、钻具与井壁碰撞等因素的影响，往往使井壁的岩层出现剥落或垮塌,并混于来自井底的岩屑之中。要想从这些真假混淆的岩屑中鉴别出真正代表井下某一定深度岩层的岩屑,就必须综合考虑以下几方面:

(1)岩屑的颜色和形状:色调新鲜,其形状往往呈多棱角或呈片状者,通常是新钻开地层的岩屑。反之在井内久经磨损而成圆形、岩屑表面色调模糊或呈大块状,则多为上部井段的滞后岩屑或垮塌物。

(2)注意新成分的出现:在连续取样中,如果发现具有新成分的岩屑,且以后逐渐增加,则标志着井下新地层的出现,即使出现的数量很少(对一些薄岩层而言,有时仅发现数颗新岩屑),也表明进入了新地层。

(3)以岩屑的百分含量变化来识别:经过上述岩屑的颜色、成分等筛选,若岩屑中仍存在两种或两种以上的岩性,此时应统计各类岩屑的百分含量,以岩屑百分比相对增加或减少来判断所代表的地层岩性,即百分比相对增加的岩屑就是所钻地层的岩屑。

(4)利用钻时、测井等资料验证:除使用上述几种方法判断外,还应参考钻时和测井等资料,多种资料同时使用可提高解释的精度。

2)岩屑描述

岩屑描述的重点是岩石定名和含油气情况的描述。岩屑描述的方法一般是:大段摊开,宏观观察;远看颜色,近查岩性;干湿结合,挑分岩性;分层定名、按层描述。

(1)大段摊开,宏观观察:在描述之前,先将要描述的数包岩屑大段摆开,距离稍远些进行粗看,目的是大致找出颜色变化和岩性界线的有无。然后再系统地逐包观察岩屑的连续变化,找出新成分,避免孤立地看一包岩屑。

(2)远看颜色,近查岩性:因为井下岩屑各种颜色比较混杂,远看视线开阔,易于观察区分。近查岩性是指对薄层、松散岩层及含油岩屑、特殊岩性需要逐包仔细查找、落实,仔细观察岩屑中出现的新成分新变化,估算不同岩性的岩屑百分比。

(3)干湿结合,挑分岩性:描述颜色时,以晾干后的岩屑颜色为准,但岩屑湿润时,颜色变化、层理、特殊现象和一些微细结构比较清晰,容易观察区分。挑分岩性是指分别挑出每包岩屑中的不同岩性,进行对比,帮助判断分层。

(4)分层定名、按层描述:通过上述方法观察到的岩性变化情况,遵循去伪存真的原则,参考钻时曲线,进一步在岩屑中"上追顶,下查底",卡分出层来,对每层的代表性岩屑进行详细描述。

4. 岩屑录井资料的整理及应用

当录井过程中去掉假岩屑后,既可记录下从井口到井底的每一米地层的岩性,也可保存岩样。利用这些资料可以建立岩屑实物剖面和绘制岩屑录井草图(图3-8)。岩屑录井的资料不仅可以建立地层剖面,还可用于地层对比,并为测井解释及钻井工程提供地质依据,更为重要的是可了解地下地层的岩性、油气显示及储层缝洞的发育情况。

(三)岩心录井(core logging)

在钻井过程中使用特殊的取心工具将地下岩石成块地取到地面上来,这种成块的岩石称为岩心(core)。岩心录井就是指在钻井过程中利用取心工具,将地下岩石取上来,进行整理、描述、分析,获取地层的各项地质资料、恢复原始地层剖面的过程。

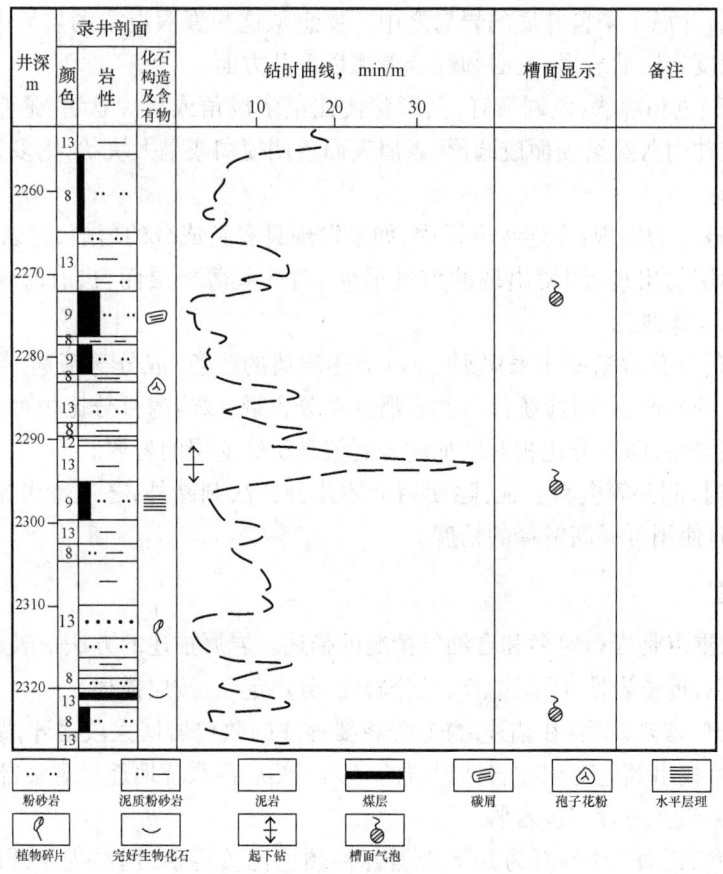

图 3-8 岩屑录井草图

1. 岩心录井的作用

岩心录井资料是最直观地反映地下岩层特征的第一手资料。通过对岩心的分析、研究,可以解决以下问题:

(1)获得岩性、岩相特征,进而分析沉积环境。
(2)获得古生物特征,确定地层时代,进行地层对比。
(3)确定储集层的储油物性及有效厚度。
(4)确定储集层的"四性"(岩性、物性、电性、含油性)关系。
(5)取得生油层特征及生油指标。
(6)了解地层倾角、接触关系、裂缝、溶洞和断层发育情况。
(7)检查开发效果,了解开发过程中所必需的资料数据。

2. 钻井取心的基本原则

在油气勘探和开发井中,取心井段是根据钻井目的确定的。

(1)参数井(区域探井)取心主要是为了了解地层、构造、生储盖组合特征、烃源岩类型及丰度、储层岩性及物性参数。

(2)预探井取心主要是为了了解地层岩性、含油气层段的岩石物性、含油气情况、烃源岩条件和确定地层层序等。

— 76 —

(3)评价井取心主要是为了获取各油层组的岩性、物性、含油性等资料,以提供储量计算的有关参数。

(4)开发井取心主要是为了检查开发效果,了解油层物性变化及剩余油分布,为研究油藏水驱效果提供依据。

(5)特殊目的的取心,其目的根据具体情况确定。例如,构造取心主要是为了解构造产状特征;断层取心主要是为了了解断层情况;地层取心主要是为了了解地层的岩性和时代。

3. 取心方法

1)常规取心

常规取心是用专门的取心工具进行取心。取心工具可分为短筒取心,中、长筒取心及橡皮筒取心。短筒取心是指取心钻进中不接单根。中、长筒取心是指取心钻进中要接单根,其优点是降低取心成本。橡皮筒取心能及时有效地保护松散易碎的地层岩心。

2)井壁取心

利用测井电缆将取心器下入井筒中,在测井曲线上确定井壁取心的位置,按自下而上的顺序,从井壁取出岩心(炮取、钻取等方式)。此类取心在现场使用广泛,但岩心在地层剖面上不连续,取样密度越大,间距越小。

3)特殊取心

(1)油基钻井液取心:油基钻井液取心可获得不受或少受钻井液自由水污染的岩心,以求准油层的原始含油饱和度,为合理制定油田开发方案提供依据。

(2)密闭取心:密闭取心是采用密闭取心工具及密闭液,在水基钻井液条件下取出几乎不受钻井液自由水污染的岩心。密闭取心时,在钻井液中加入"示踪剂",以检查所取出的岩心是否被钻井液侵入及侵入程度。密闭取心可近似代替油基钻井液取心。

(3)保压密闭取心:保压密闭取心是采用保压密闭取心工具与密闭液,在水基钻井液条件下,取得保持地层压力却又未被污染的岩心,进而可获得井底条件下的油层流体饱和度、油层压力、相对湿度及储层物性等资料。

(4)定向取心:定向取心是采用定向取心工具,取出能反映地层倾角、倾向及走向等构造参数的岩心。

4. 岩心整理

1)岩心出筒

岩心出筒要保证岩心次序、排列不乱,尽可能保证岩心的完整和原有特征。按出筒顺序及时清洗岩心,及时观察岩心出油、冒油、含水情况,及时进行荧光直照、滴照和滴水实验,并做好记录。

2)岩心丈量

岩心丈量时要注意判断真假岩心。通常假岩心出现在整筒岩心的顶部,多为井壁掉块或余心碎块与滤饼的混合物,松软、手指可插入,掰开后可见混杂的岩石成分。若有假岩心应清除,再开始丈量岩心长度。首先对好断面,使茬口吻合,磨光面和破碎岩心摆放要合理,由顶到底用尺子一次丈量,长度读至厘米。

由于种种原因,岩心的长度与钻井的进尺往往不一致,这里便存在岩心收获率的问题。因此

岩心丈量后要计算岩心收获率(计算结果取小数点后第2位,第2位按四舍五入),其公式为

$$岩心收获率 = \frac{实际取出岩心长度}{取心进尺} \times 100 \qquad (3-4)$$

3) 岩心编号

将丈量完的岩心按井深自上而下(以写井号一侧为下方)、由左向右依次装入岩心盒内,然后进行涂漆编号。编号密度原则上储层按20cm一个,其他岩性40cm一个,应在本筒的范围内,按自上而下逐块编号。编号采用带分数的形式表示,如 $3\frac{6}{25}$ 即表示第三次取心中共有25块岩心,此块为第6块。

5. 岩心描述

岩心的观察描述是正确认识岩心的过程,是一项非常细致的地质基础工作。岩心描述与一般野外岩石描述方法和内容大致相同,主要包括以下几方面:

1) 岩性描述

岩性描述包括岩心的颜色、岩石名称、矿物成分、结构、胶结物及胶结程度、特殊矿物及其他含有物等的描述。

2) 相标志分析

相标志分析包括岩心的沉积结构(粒度、成分、颗粒形态、颗粒排列情况等)、沉积构造(各种层面构造,如水流波痕、泥裂、雨痕、载荷模、滑动构造等,以及各种层理构造)、生物特征(种类、含量、保存情况)等的分析。

3) 储油物性分析

储油物性分析包括岩心的孔隙度、渗透性及孔、洞、缝发育情况与分布特征等的分析。

4) 岩心的油、气、水实验

岩心的油、气、水实验包括含气实验、含水观察、滴水实验、荧光实验。

(1) 含气实验。

洗岩心时,将岩心浸入清水下约20mm,观察含气冒泡情况。如气泡的大小、部位、处数、连续性、持续时间、声响程度、与缝洞关系、有无 H_2S 味等。凡冒气泡地方用色笔圈出,凡能取气样者,都要用针管抽吸法或排水取气法取样。

(2) 含水观察。

含水观察这一步,直接观察岩心剖开新鲜面湿润程度:湿润,明显含水,看见水外渗;有潮感,含水不明显,手触有潮感;干燥,不见含水,手触无潮感。

(3) 滴水实验。

滴水实验这一步,用滴管滴一滴水在含油岩心平整的新鲜面上,滴时滴管位置不宜过高,观察水滴的形状和渗入速度,以其在1min之内的变化为准分为4级(图3-9)。

渗:水滴保不住,滴水即渗,判断是含油水层。

缓渗:水滴呈凸透镜状,浸润角小于60°,扩散渗入慢,判断是油水层。

半珠状(微渗):水滴呈半珠状,润湿角60°~90°,不见渗入,判断是含水油层。

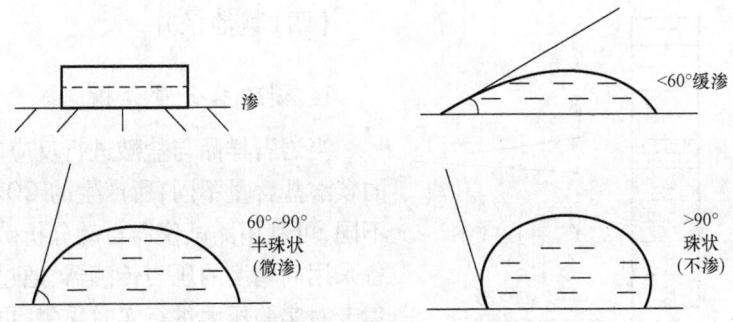

图 3-9 滴水级别的划分

珠状(不渗):水滴不渗,呈圆珠状,润湿角大于 90°,判断是油层。

(4)荧光实验。

荧光实验的方法包括直照法、滴照法、系列对比法、毛细分析法等。

6. 岩心录井图的编绘

为了便于及时分析对比及指导下一步的取心工作,应用统一规定的符号将岩心录井中获得的各项数据和原始资料(如岩性,油、气显示,化石,构造,含有物及取心收获率等),绘制在岩心录井草图上(图 3-10)。在测井曲线出来以后,还要依据测井曲线、综合各种资料对所取得的岩心进行准确的"归位"。

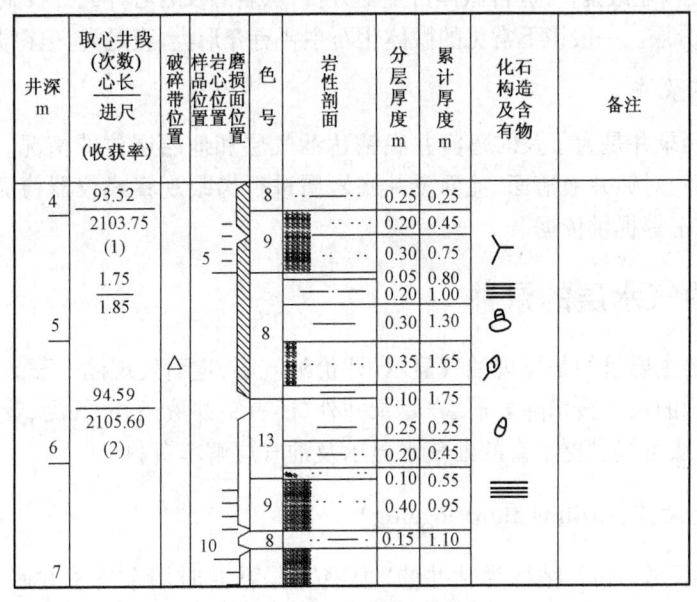

图 3-10 岩心录井草图

岩心归位原则:以筒为基础,用标志层控制,在磨损面或筒界面适当拉开,泥岩或破碎处合理压缩,使整个剖面岩性、电性符合,解释合理。

岩心归位方法:(1)自然伽马归位,对岩心按一定密度连续测自然伽马,与测井自然伽马曲线对比归位(图 3-11);(2)特殊岩层归位,以测井显示特殊的岩层对比归位,如砂岩、泥岩剖面中钙质层等;(3)物性归位,以孔隙度、渗透率值连续剖面相对变化与测井曲线对比归位。

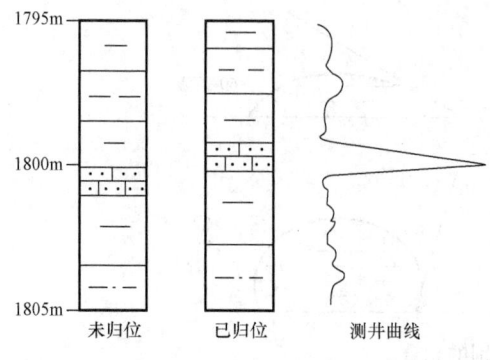

图 3-11 岩心归位示意图

（四）其他录井

1. 碳酸盐含量分析

当岩石样品与盐酸进行反应时，因岩石样品的碳酸盐含量不同，所产生的 CO_2 气体的压力也不同，可利用测试仪器自动分析碳酸盐含量。设备采用高精度的压力传感器，通过计算机数据采集卡对实验压力进行实时采集，再通过自动分析处理软件进行处理，即可得到碳酸盐总含量。

测试成果可用于录井现场碳酸盐岩的辅助定名、地层界线的判识、储集层评价等，也可为钻井工程提供岩石成分资料。

2. 现场岩矿分析

在现场，可利用矿物结晶学、晶体光学、岩石学的相关理论，通过分析岩石的矿物成分、结构与构造，不仅可以鉴定岩性，还可为确定地层层位、沉积相分析、储集层评价、成岩作用等研究提供依据。

3. 现场微古生物分析

借助于双目实体显微镜，可进行微体古生物分析，从岩屑及岩心样品寻找微体古生物化石特征，进而指导地质分层。一般镜下常见的微体化石主要有介形类、腹足类、孢粉类、轮藻类等。

4. 地质循环录井

地质循环观察录井是为了及时落实井底钻达油气层和地层层位的情况。在停钻状态下，进行钻井液的循环，对钻井液槽面、池面及井底岩屑进行肉眼观察或仪器检测，为下一步地质资料录取、钻井施工等提供依据。

三、识别油气水层的录井

油气井钻探的主要目的是发现油气显示、评价油气层，进而发现油气藏。在钻井过程中能够识别油气水显示的录井技术除岩屑、岩心录井外，还有钻井液录井、气测、荧光及岩石热解等录井方法，这些方法可提供更丰富的油气水显示及油气层解释资料。

（一）钻井液录井（drilling fluid logging）

钻井液（旧称泥浆，mud）被称为钻井的"血液"，是钻井时用来清洗井底并把岩屑携带至地面、维持钻井操作正常进行的流体。由于钻井液在钻遇油层、气层、水层和特殊岩性地层时，其性能将发生各种不同的变化，所以根据钻井液性能的变化及槽面显示，来判断井下是否钻遇油层、气层、水层和特殊岩性的方法称为钻井液录井。

1. 钻井液录井的作用

钻井液录井是重要的常规录井工作之一，主要有以下作用：

（1）在钻进过程中通过钻井液槽、钻井液池油气显示，发现并判断地下油气层，通过钻井液性能变化，分析研究井下油气水层的情况。

(2)利用钻井过程中钻井液性能的变化,判断井下的特殊岩性。

(3)通过进出口钻井液性能及量的变化,发现水层、漏失层或高压层。

(4)通过钻井液录井,可发现盐层、石膏层、疏松砂层、造浆泥岩层等。

(5)加强钻井液循环槽、池面观察及液面定时观测记录,及时发现油气显示、井漏或井喷预兆、盐膏侵等异常情况,采取必要措施,确保安全钻进。

(6)合理调整钻井液性能,保证近平衡钻进,可以防止钻井事故的发生,保证正常钻进,加快钻井速度,降低钻井成本,为发现油气层、保护油气层的措施提供依据,是打好井、快打井、科学打井的重要措施与前提。

2. 钻井液的性能要求

钻井液种类繁多,其分类各异,主要包括水基钻井液、油基钻井液和清水。水基钻井液一般是用黏土、水、适量药品搅拌而成,是钻井中使用最广泛的一种钻井液。油基钻井液以柴油(约占90%)为分散剂,加入乳化剂、黏土等配成,这种钻井液失水量小,成本高,配制条件严格,一般很少使用,主要用于取心分析原始含油饱和度。清水钻进适用于浅井、地层较硬、无严重垮塌、无阻卡、无漏失及先期完成井。地质录井人员必须了解钻井液的基本性能及其测量方法,能在不同的地质条件下合理使用钻井液。

钻井液性能要求包括以下几方面:

1) 钻井液相对密度(relative density of drilling fluid)

钻井液相对密度是指钻井液在20℃时的重量与同体积4℃的纯水重量之比。调节钻井液密度主要是用来调节井内钻井液柱的压力。相对密度越大,钻井液柱越高,对井底和井壁的压力越大。在保证平衡地层压力的前提下,要求钻井液相对密度尽可能低些。这样,易于发现油气层,钻具转动时阻力较小,有利于快速钻进。当钻入易垮塌的地层和钻开高压油、气、水层时,为防止地层垮塌及井喷,应适当加大钻井液密度;钻进低压油层、气层及漏失层时,应减小钻井液密度,使钻井液柱压力近于低压层压力,以免压差过大发生井漏。总之,调节钻井液密度,应做到对一般地层"不塌不漏",对油层、气层"压而不死,活而不喷"。

2) 钻井液黏度(drilling fluid viscosity)

钻井液黏度是指钻井液流动时的黏滞程度,一般用漏斗黏度计测定其大小,常用时间"s"来表示。对于易造浆的地层,钻井液黏度可以适当小一些;而对易于垮塌及裂缝发育的地层,黏度则可以适当提高,但不宜过高,否则易造成泥包钻头或卡钻,钻井液脱气困难,砂子不易下沉,影响钻速。因此钻井液黏度的高低要视具体情况而定。通常在保证携带岩屑的前提下,黏度较低一些较好。

3) 钻井液失水量(fluid loss)和滤饼(mudcake)

当钻井液柱压力大于地层压力时,钻井液在压差的作用下,部分钻井液水将渗入地层中,这种现象称为钻井液的失水性。失水的多少称作钻井液失水量。

钻井液失水的同时,黏土颗粒在井壁岩层表面逐渐聚结而形成滤饼。钻井液失水量小,滤饼薄而致密,有利于巩固井壁和保护油层。若失水量太大,滤饼厚,易造成缩径现象,起下钻遇阻遇卡,并且降低了井眼周围油层的渗透性,对油层造成损害,降低原油生产能力。

4) 钻井液切力(drilling fluid shear)

使钻井液自静止开始流动时作用在单位面积上的力,即钻井液静止后悬浮岩屑的能力称为钻井液切力,其单位为 mg/cm²。钻井液静止一分钟后测得的切力称为初切力,静止十分钟后测得的切力称为终切力。

钻井要求初切力越低越好,终切力适当。切力过大,钻井液泵起动困难,钻头易泥包,钻井液易气浸。而终切力过低,钻井液静止时岩屑在井内下沉,易发生卡钻等事故,对岩屑录井工作也带来许多困难,使岩屑混杂,难以识别真假。

5) 钻井液酸碱值(pH of drilling fluid)

钻井液的 pH 值表示钻井液的酸碱性。钻井液性能的变化与 pH 值有密切的关系。例如:pH 值偏低,将使钻井液水化性和分散性变差,切力、失水上升;pH 值偏高,会使黏土分散度提高,引起钻井液黏度上升;如果 pH 值过高时,会使泥岩膨胀分散,造成掉块或井壁垮塌,且腐蚀钻具及设备。所以,应要求钻井液的 pH 值适当。

6) 钻井液含砂量(sand content of drilling fluid)

钻井液含砂量是指钻井液中直径大于 0.05mm 的砂粒所占钻井液体积的百分数。一般采用沉砂法测定含砂量。钻井液含砂量高,易磨损钻头,损坏钻井液泵的缸套和活塞,易造成沉砂卡钻,增大钻井液密度,影响滤饼质量,对固井质量也有影响。所以做好钻井液净化工作是十分重要的。

7) 钻井液含盐量(salt content of drilling fluid)

钻井液的含盐量是指钻井液中含氯化物的数量。通常以测定氯离子(Cl^- 简称氯根)的含量代表含盐量,单位为 mg/L。它是了解岩层及地层水性质的一个重要数据,在石油勘探及综合利用找矿等方面都有重要的意义。

3. 钻井液录井资料的收集

当油层、气层、水层被钻穿以后,若油层、气层、水层压力大于钻井液柱压力,在压力差作用下,油气水进入钻井液,随钻井液循环返出井口,并呈现不同的状态和特点,这就要求进行全面的钻井液录井资料收集。油气水显示资料,特别是油气显示资料,是非常重要的地质资料。这些资料的收集有很强的时间性,如果错过了时间,就可能使收集的资料残缺不全,或者根本收集不到资料。

1) 油气水显示的分级

现场对钻井液的油气水显示一般依次分为 4 级:

(1) 油花气泡,油花或气泡占槽面面积 30% 以下;

(2) 油气侵,油花或气泡占槽面面积 30% 以上,钻井液性能变化明显;

(3) 井涌,钻井液涌出至转盘面以上不超过 1m;

(4) 井喷,钻井液喷出转盘面 1m 以上,即为井喷,喷高超过二层平台称为强烈井喷。

2) 油气水显示资料收集

(1) 钻井液性能的观察测定:钻遇目的层或其他油、气层时,应定时连续测量钻井液密度、黏度、含盐量,直到油气显示结束为止,据此判断井下地质情况和油气水显示。

(2) 钻井液槽和钻井液池液面观察:在做钻井液性能测定的同时,应记录槽面出现油花、气泡的时间以及显示达到高峰的时间,显示明显减弱的时间;记录油气在槽面的产状、油的颜色、油花分布情况;记录钻井液池的液面有无上升、下降现象,上升、下降的起止时间,上升、下降的速度和高度,池面有无油花、气泡及其产状等。

(3)钻井液出口情况观察:油气浸严重时,特别是在钻穿高压油、气层后,要经常注意钻井液流出情况,是否时快时慢、忽大忽小,有无外涌现象。如果有这些现象,应进行连续观察,并记录时间、井深、层位及变化特征。井涌往往是井喷的先兆,除应加强观察外,还应通知工程上做好防喷准备工作。

3)油气上窜速度的计算

当油气层压力大于钻井液柱压力时,在压差作用下,油、气进入钻井液并向上流动,这就是油气上窜现象。在单位时间内油、气上窜的距离称为油气上窜速度。油气上窜速度是衡量井下油、气活跃程度的标志。油气上窜速度越大,油气层能量越大。如果井底油气活跃,钻井液静止时间过长,油气柱越来越长,当达到一定长度后,钻井液柱压力就会远低于油气层压力,严重时就会发生井喷。所以,在现场工作中准确计算油气上窜速度具有重要意义,是做到油井"压而不死、活而不喷"的依据。现场计算油气上窜速度的方法有迟到时间法和容积法两种。

(1)迟到时间法。

迟到时间法比较接近实际情况,是现场常用的方法。油气上窜速度的迟到时间法计算式为

$$v = \frac{H - \frac{h}{t}(t_1 - t_2)}{t_0} \tag{3-5}$$

式中 v——油气上窜速度,m/h;
H——油气层深度,m;
h——循环钻井液时钻头所在井深,m;
t——钻头所在井深的迟到时间,min;
t_1——见油气显示时间,min;
t_2——下到井深后开泵时间,min;
t_0——井内钻井液静止时间,h。

(2)容积法

油气上窜速度的容积法计算式为

$$v = \frac{H - \frac{Q}{V_c}(t_1 - t_2)}{t_0} \tag{3-6}$$

式中 v——油气上窜速度,m/h;
H——油气层深度,m;
Q——钻井泵排量,L/min;
V_c——井眼环形空间理论容积,L/m;
t_1——见油气显示时间,min;
t_2——下到井深后开泵时间,min;
t_0——井内钻井液静止时间,h。

4. 影响钻井液性能的地质因素

了解钻井过程中影响钻井液性能的地质因素,对于判断油层、气层、水层和岩屑的变化十分重要。影响钻井液性能的地质因素是比较复杂的,归纳起来有以下几方面:

1) 高压油、气、水层

当钻穿高压油气层时,油气浸入钻井液,造成密度降低、黏度升高。当钻遇淡水层时,密度、黏度和切力均降低,失水量增大。钻遇盐水层时,黏度增高后又降低,密度下降;切力和含盐量增加。水侵会使钻井液量增加。

2) 盐侵

当钻遇可溶性盐类,如石膏($CaSO_4$)、盐岩($NaCl$)、芒硝(Na_2SO_4)等时,会增加钻井液中的含盐量,使钻井液性能发生变化。由于岩盐和芒硝这些含钠盐类的溶解度大,使钻井液中 Na^+ 浓度增加,使其黏度和失水量增大。当盐侵严重时,还会影响黏土颗粒的水化和分散程度,而使黏土颗粒凝结,黏度降低,失水量显著上升。

3) 砂侵

砂侵主要由于黏土中原来含有的砂子及钻进过程中岩屑的砂子未清除所致。含砂量高,则影响钻井液密度、黏度,使切力增大。

4) 钙侵

当钻遇石膏层或钻水泥塞而带入了氢氧化钙时,均发生钙侵,使黏度和切力急剧增加,有时甚至使钻井液呈豆腐块状,失水量随之上升,当氢氧化钙侵入时还将使钻井液的 pH 值增大。

表 3-1 钻遇各种地层时钻井液性能变化表

岩层性能	油层	气层	盐水层	淡水层	黏土	石膏	盐层	疏松砂岩
密度	减	减	减	减	微增	不变→微增	增	微增
黏度	增	增	增→减	减	增	剧增	增	微增
含盐量	不变	不变	增	减			增	
含砂量								增
失水	不变	不变	增	增	减	剧增	增	
切力	微增	微增	增	增	增	剧增		
滤饼				增		增	增	
电阻	增	增	减	增	减	增	减	
pH 值				减	减	减	减	

5) 黏土层

钻遇黏土层或页岩层时,因地层造浆,使钻井液密度、黏度增高。

(二) 气测录井 (gas logging)

气测录井是应用专门仪器直接测定钻井液中可燃气体总含量和组分的一种录井方法。气测录井是在钻井过程中进行的,无须停钻就能及时发现油气显示,是钻探过程中发现油气层、判断油气性质、估计油气产能的有效方法。

气测录井一般分为色谱气测和非色谱气测两种方法。非色谱气测是利用各种气态烃的燃烧温度不同,将甲烷与其他重烃分开,这种方法只能得到甲烷及重烃或全烃的含量,分析数据少,区分油层、气层、水层时有一定的困难。色谱气测是利用色谱法将天然气中各种组分(主要是甲烷至戊烷)分开,所得到的分析数据多而准确,并且速度快,故目前气测录井主要应用的是色谱气测方法。

1. 井筒中气测信息分类

1)破碎岩屑气

破碎岩屑气是由于岩石破碎进入钻井液中的气体。它的含量与地层的有效孔隙度和含油饱和度成正比;与钻头直径、钻头类型、钻时有关,钻头直径越大,钻时越小,气测显示越好;与钻井液排量有关,排量越大,气显示越差。

2)负压地层气

当接单根或其他作业采取停泵并上提钻具时,造成井筒压力小于地层压力的负压情况,导致地层中的烃类物质渗入到钻井液中,产生一个记录峰值,该显示对应负压地层气。

3)起下钻气——后效气

当停止钻井液循环进行起下钻或其他作业时,由于已被钻穿的油气层的侵入,当再次开泵循环时,会导致色谱图上出现一个峰值,对应起下钻气。它的形成除了负压地层气形式的因素之外,还有因上提钻具而造成钻具与井壁的摩擦、碰击,使井壁坍塌和剥落,从而有利于地层孔隙中的气体向井筒释放。在气测曲线上起下钻气一般表现为峰值较高,峰宽较大,组分浓度较高,组分含量同已钻显示层相符合。

4)污染气

当钻井液在地面循环系统受到污染后,可导致气测曲线出现峰值,对应污染气。污染气在气测曲线上的特征为曲线上升一台阶后,成为基本平滑的类似背景气的曲线,无尖峰出现,峰宽与钻井液添加剂的数量有关,组分与钻井液添加剂的性质有关。

负压地层气、后效气均对破碎岩屑气有干扰作用,污染气产生高的背景值,在解释评价中属于消除的范畴。

2. 色谱气测仪工作流程

色谱气测是利用某种吸附剂对混合气体的不同组分具有不同的吸附能力使天然气的各种组分得到微小的分离。这种分离又在气体流动过程中反复多次进行,使得原来微小的分离产生很大的差别,最终使天然气中各组分完全分离开。它是一个连续、自动的记录体

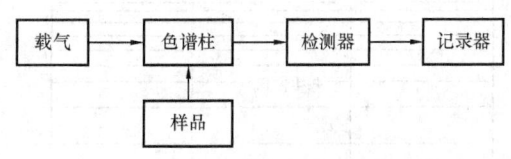

图 3-12 色谱气测仪工作流程图

系,具有分析速度快,数据多而准确的优点。常用的色谱气测仪主要包括气样源、色谱柱、检测器和记录器四个部分,其工作流程见图 3-12。

3. 气测资料解释

利用色谱气测资料进行油层、气层、水层解释的方法很多,下面仅就其中主要两种方法做一简介。

1)利用全烃和重烃数值识别油层、气层、水层

油层和气层都含有重烃。油层中重烃含量比气层高,而且还包含了丙烷以上的烃类气体。

气层中的重烃含量不仅低,而且重烃成分只有乙烷和丙烷,没有丙烷以上的烃类气体。所以,油层表现为全烃和重烃数值同时升高,且二者差值较小;气层则表现为全烃数值很高,重烃数值很低,且二者差值很大。

由于某些水层中含有少量的溶解烃类气体,因而水层的气测值也会升高。有的水层全烃和重烃的气测值同时升高,有的水层全烃的气测值升高,重烃无异常。但水层的气测值要远比油层低(图3－13)。

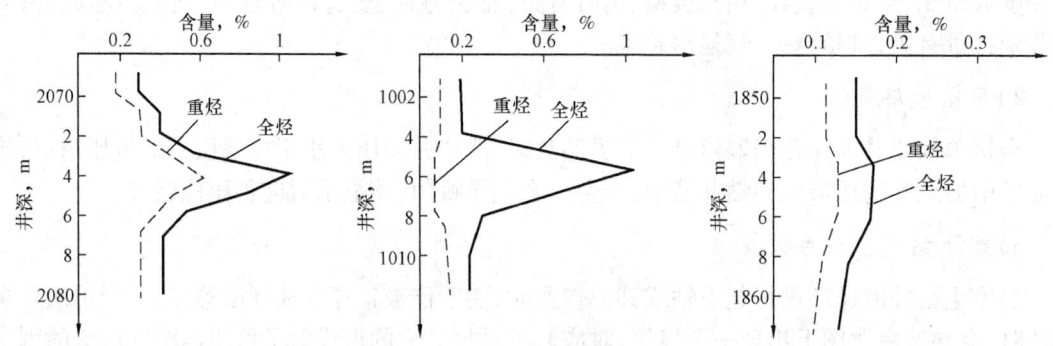

图3－13 半自动气测仪气测录井曲线

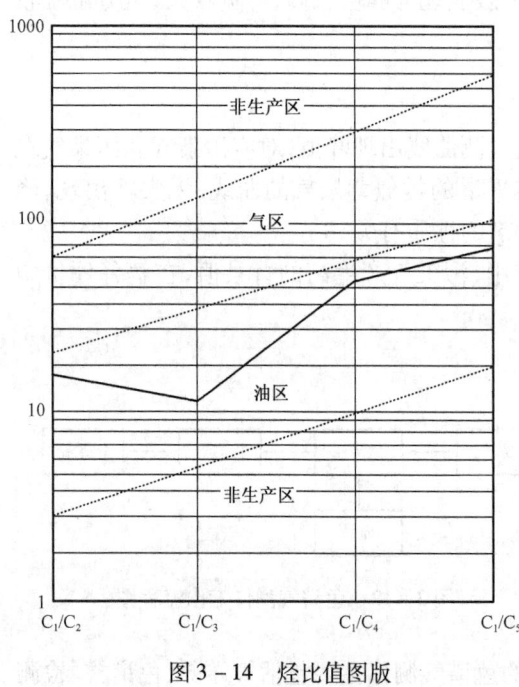

图3－14 烃比值图版

2)利用色谱气测解释图版解释油层、气层、水层

(1)烃比值图版法。

根据气相色谱分析资料,先求出甲烷(C_1)与各重烃(C_2、C_3、C_4、C_5)的比值,标在对数纸上(横坐标为等距,代表各组分比值的名称;纵坐标为对数坐标,表示气体组分的比值),将同一测点各组分比值连起来,就是烃比值曲线。根据某一地区大量资料的统计结果,在图版中划分油区、气区和非生产区(如图3－14)。再根据实测样品点烃比值曲线所处的区域和形态来判断油气性质。

[例3－1] 已知某层组分 C_1 含量为3.38%,C_2 含量为0.195%,C_3 含量为0.26%,iC_4 含量为0.03%,nC_4 含量为0.048%,iC_5 含量为0.021%,nC_5 含量为0.025%,试判断流体性质。

解:$C_1/C_2 = 17.3$,$C_1/C_3 = 13$,$C_1/C_4 = 43.3$,$C_1/C_5 = 73.5$。其烃类比值曲线落在图3－14中油区范围,该层可解释为油层。

(2)烃比值法。

利用气相色谱组分含量计算比值评价油气层,有

烃湿度比 $$W_h = \frac{\sum 重烃}{全烃} \times 100\%$$ (3－7)

烃平衡比 $\qquad B_h = \dfrac{C_1 + C_2}{C_3 + C_4 + C_5} \times 100\%$ \hfill (3-8)

烃特征比 $\qquad C_h = \dfrac{C_4 + C_5}{C_3} \times 100\%$ \hfill (3-9)

具体评价标准见表 3-2。

表 3-2 烃类比值法评价气体类型(据《钻探地质录井手册》,1993)

油气类别	W_h	B_h	C_h
非可采干气	<0.5	>100	
可采天然气		$W_h < B_h < 100$	
可采湿气	0.5~17.5		>0.5
可采轻质油		$W_h > B_h$	<0.5
可采石油	17.5~40		
非可采稠油或残余油	>40	$W_h \gg B_h$	

(3)三角形组分图版法。

三角形组分图版是根据一个油田一定含油层位的试油结果及相应天然气组分含量,选用 $C_2/\sum C$、$C_3/\sum C$、$C_4/\sum C$($\sum C$ 为全烃)三个参数,按三角形坐标绘制,并根据试油结果划分出油、气、水区间(如图 3-15)。进行解释时,根据测量结果计算烃类气体各组分含量之和,求出各烃类气体占全烃的百分数,然后根据计算结果确定上述各参数在图中的位置和形状。

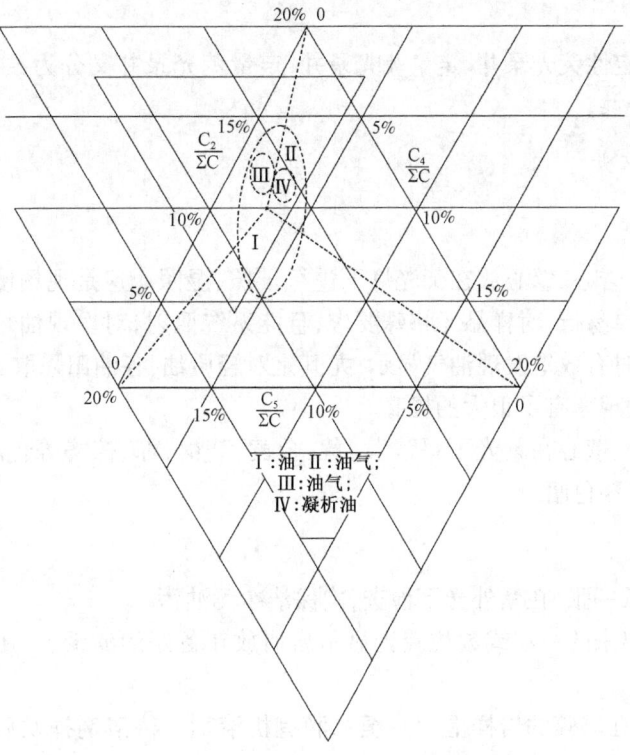

图 3-15 色谱气测三角形组分解释图版

[**例3-2**] 根据某层组分,已求出 $C_2/\sum C = 16.5\%$,$C_3/\sum C = 11.5\%$,$C_4/\sum C = 4.5\%$。如图3-15所示,根据上述数据,即组成一个"内三角形"。它代表该值在三角形坐标图中的三角形的大小和形状。根据三角形的大小、形状和区间范围确定流体性质。图3-15中虚线椭圆形界限为根据试油结果圈定油气层的分布范围。

通过外三角形原点与内三角形相应的顶点各连一条直线,三条直线交点即表示该值在图中的位置。该点落在Ⅰ区为油层。

根据内三角形的大、小和正、倒(与外三角形同向者为正,反向者为倒)位置,判断油、气、水层,再根据内、外三角形的相对顶角连线的交点是否在工业产区内,判断其工业价值。内三角形的大小,根据内三角形与外三角形边长之比值大小来确定。大于外三角形边长75%为大三角形;在25%~75%为中三角形;小于25%为小三角形。

解释原则为:大—中倒三角形为油层;大正三角形为气层或轻质油层;中正三角形为气水间层;小正、倒三角形为油水层或油气过渡带。

(三)荧光录井(fluorologging or fluorescence logging)

石油是碳氢化合物,除含烷烃外,还含有芳香烃化合物及其衍生物。芳香烃化合物及其衍生物在紫外光的照射下,均可发光,称为荧光。轻质油的荧光为浅蓝色,含胶质较多的石油的荧光为绿色和黄色,含沥青质多的石油或沥青质的荧光为褐色。所以,石油发荧光的颜色随石油或沥青质的性质而变,不受溶剂性质的影响,而发荧光的强度,则与石油或沥青质的浓度有关。由于石油的发荧光现象非常灵敏,只要溶剂中有十万分之一的石油或沥青物质,即可发荧光。荧光录井就是根据石油的这种特性,将现场采集的岩屑浸泡后便可直接测定砂样中的含油量。

荧光录井分为定性荧光录井、定量荧光录井,定量荧光录井又分为数字荧光录井、二维荧光录井、三维荧光录井。

1. 定性荧光录井

1)荧光直照

将洗净的岩屑、岩心、壁心放在荧光灯下进行干照、湿照。这是现场使用最广泛的一种方法。它的优点是简单易行,对样品无特殊要求,且能系统照射,对发现油气显示是一种极为重要的手段。为了及时有效地发现油气显示,尤其是对轻质油,各油田采取了湿照和干照相结合的方法,使油气层发现率有了很大的提高。

含油岩屑、岩心、壁心在紫光下呈浅黄、黄、金黄、黄褐、棕、棕褐等色。油质好,发光颜色强、亮;油质差,发光颜色暗。

2)荧光滴照

(1)取定性滤纸一张,在紫外光下检查,确保洁净无油污。

(2)将湿照挑出来的一粒或数粒荧光显示岩屑放在备好的滤纸上,用有机溶剂清洗过的摄柄碾碎。

(3)悬空滤纸,在碾碎的岩样上滴一至二滴有机溶剂。待溶剂挥发后,在紫外光下观察。若为岩心,可先在岩心的荧光显示部位滴一至二滴有机溶剂,停留片刻,用备好的滤纸在显示部位压印,再在紫外光下观察。

(4)若滤纸上无荧光显示,则为矿物发光。

(5)观察荧光的亮度和产状,按表3-3划分的滴照级别,若为二级或二级以上,则参加定名。

表3-3 荧光级别的划分表

滴照级别	一级	二级	三级	四级	五级
荧光特征	模糊晕状边缘无亮环	清晰晕状,边缘有亮环	明亮,呈星点状分布	明亮,呈开花状放射状	均匀明亮或呈溪流状

(6)观察荧光的颜色,划分轻质油和稠油(表3-4)。

表3-4 轻质油和稠油荧光特征表

轻质油荧光特征	稠油荧光特征
轻质油含胶质、沥青质不超过5%,而油质含量达95%以上,其荧光的颜色主要显示油质的特征、通常呈浅蓝色、黄色、金黄色、棕色等	稠油含胶质、沥青质可达20%~30%,甚至高达50%,其荧光颜色主要显示胶质、沥青质的特征,通常为颜色较深的棕褐色、褐色、黑褐色

3) 荧光系列对比法

该对比法的操作方法是:取 1g 磨碎的岩样,放入带塞无色玻璃试管中,倒入 5~6mL 氯仿,塞盖摇匀,静置 8h 后与同油源标准系列在荧光灯下进行对比,找出发光强度与标准系列相近似的等级。用下列公式计算样品的沥青含量,然后用求得的结果与标准系列石油沥青含量表(表3-5)对比,得到对应的荧光级别。

$$Q = \frac{A \times B}{G} \times 100\% \tag{3-10}$$

式中 Q——被测岩样的石油沥青百分含量,%;
A——被测岩样同级的 1mL 标准溶液中的沥青含量,g;
B——被测岩样用的氯仿溶液体积,mL;
G——样品质量,g。

表3-5 原油标准系列液的含油量(据王守君等,2002)

级别	含量,%	含油浓度,g/mL	级别	含量,%	含油浓度,g/mL
1	0.000310	0.000000661	9	0.0780	0.000156
2	0.000630	0.0000122	10	0.1560	0.000313
3	0.001250	0.0000244	11	0.3125	0.000625
4	0.002560	0.0000488	12	0.6250	0.00125
5	0.005000	0.0000976	13	1.2500	0.00250
6	0.010000	0.0000195	14	2.5000	0.050
7	0.020000	0.0000391	15	5.0000	0.0100
8	0.0400	0.0000781			

2. 荧光录井级别标准

根据荧光录井所录取的资料,包括湿照和干照的颜色、强度和面积;滴照荧光颜色及产状;系列对比级别(一般要求4级以上描述);荧光显示岩屑占同类岩性的百分比;岩心和井壁取心的荧光面积百分比等。将荧光显示、沥青类型和岩样溶解特征与荧光等级进行划分,见表3-6至表3-8。

表3-6 荧光显示级别划分标准(国外)(据王守君等,2002)

荧光显示级别	荧光面积,%	反应速度
A	>90	快
B	70~90	中—快
C	30~70	中—快
D	<30	慢—中

表3-7 岩样溶解特征与荧光等级划分标准(据王守君等,2002)

荧光等级		1	2	3	4
试剂扩散边荧光显示色		浅蓝色微弱光环	浅蓝—浅黄色明亮光环	浅黄—黄色明亮光环	棕黄—棕色片状
岩样印痕荧光显示色		无	无	无或黄色星点状亮点	棕黄—棕色片状
岩样荧光显示色	干湿照	无	无	无或不明显	棕黄—棕色
	滴照	无	无	浅黄—黄色	浅黄色、棕黄色、棕色

表3-8 沥青类型划分标准(据王守君等,2002)

斑痕发光颜色	沥青质类型	
淡蓝色、带白色的蓝色、蓝绿色	油质沥青	
黄色、浅黄色、橙黄色、黄褐色	胶质沥青	
浅褐色、橙褐色、褐色	平均组成沥青	
绿褐色、深褐色	一类	胶质沥青质沥青
黑绿色、褐黑色、暗褐色	二类	

3. 定量荧光录井

石油中的发光物质主要是芳烃和非烃,饱和烃并不发光。经过多种原油的频谱分析,发现最佳激发光的波长范围为250~330nm(紫外光),大多数散射光(石油荧光)波长范围为300~400nm,而可见光波长大约从400nm开始。每一种原油拥有独特的荧光频带,因为荧光波长的变化范围取决于原油的组成成分。从凝析油到重质油,只有中质油的一小部分到重质油的荧光是肉眼可以看到的,也就是说多数石油荧光是肉眼看不到的。

定量荧光录井是在石油钻探过程中利用荧光录井仪定量检测岩样中所含石油的荧光强度(荧光强度与岩样中石油浓度成正比),通过比较同一口井不同层位的荧光强度大小来判断地层含油情况的方法。

1)定量荧光录井仪简介

目前在国际和国内的石油勘探与开发中所用的定量荧光录井仪主要有3种类型:单一波长型、二维型和三维型。

单一波长型是指仪器内只安装1个单一波长的激发滤光片和1个单一波长的接收滤光片,只能在单一指定波长处测定样品的荧光强度,其特点是仪器简单,所提供的数据信息量极其有限。

二维型是在仪器内安装1个单一波长的激发滤光片和1个连续的接收光栅,可以给出以波长为横轴、以荧光强度为纵轴的二维荧光图谱,也能给出指定波长下的荧光强度,它的特点是能检测从凝析油到重质油的各种油类,并可直观反映原油的油质特征;能有效识别钻井液添加剂对荧光录井的干扰,该仪器能在录井现场使用。

三维型与二维型相比较,只是激发端也采用光栅,可以连续激发,给出激发波长,发射波长和荧光强度的三维荧光图谱。它提供的信息量大,仪器结构复杂,不适宜在录井现场使用。

2) 资料应用

(1) 评价样品的含有丰度。

定量荧光测量的样品荧光强度,通过校正处理,可有效消除环境影响,建立区域荧光录井标准剖面图,并结合相关资料,可在现场对油层、气层、水层进行初步评价,为试油工作提供依据。

(2) 确定原油性质。

利用原油族组分中以芳香烃为主的组分在紫外光下能发射荧光的特点,根据荧光主峰波长的差异(二维)、最佳激发接收波长(三维)和油性指数 R 可判断原油性质。

(3) 识别真假油气显示。

① 二维定量荧光。

二维定量荧光主要从谱图特征来识别真假油气显示。不同性质原油的二维定量荧光特征如下:

a. 轻质油,中质组分主峰为 358~360nm,轻质组分主峰的荧光强度有明显增高,无重质组分,或重质组分占相当小的比例;

b. 中质油,中质组分主峰为 360~364nm,轻质油峰不高,可见重质油峰,比中质主峰强度低;

c. 重质油,中质组分主峰为 362~365nm,重质主峰比中质主峰稍低,轻质主峰明显变低,图谱峰形形态宽;

d. 稠油,中质组分主峰为 363~367nm,轻质主峰强度低,中质主峰与重质主峰双峰并列,或两峰重叠为一个宽缓的峰,图谱形态很宽。

② 三维定量荧光。

三维定量荧光识别真假油气显示的方法主要有图谱特征法和参数法两种。图谱特征法可以从三维图谱、等值图谱指纹图以及密集椭圆、灵敏线等图谱特征来识别真假油气显示,相对于二维荧光信息量更大、更加直观。在参数法中,不同添加剂、成品油均有各自不同的最佳激发波长、最佳发射波长和油性指数 R 值,通过这些参数对比可以更加有效地识别真假油气显示。

(四) 岩石热解地化录井(rock pyrolytic geochemical logging)

地化录井是近十几年发展起来的录井技术,它是将室内岩石热解色谱分析方法应用于钻井现场,根据岩心、岩屑样品分析结果对生、储油岩层进行评价。

1. 岩石热解地化录井原理

岩石热解分析的原理是在程控升温的热解炉中对生油或储油岩样品进行加热,使岩石中的烃类热蒸发成气体,并使高聚合的有机质(干酪根、沥青质、胶质)热裂解成挥发性的烃类产物。这些经过热蒸发或热裂解的气态烃类在载气的携带下,直接由氢火焰离子化检测器(FID)进行检测。将其浓度的变化转换成相应的电流信号,经微机处理,将得到各组分的含量及最高热解温度。

2. 分析流程

采集并称取研细后的生油岩样品或储层样品100mg左右,放入坩埚内,置于一个特制的热解炉中,利用程序升温烘烤,使岩石样品中的烃类和干酪根(生油母质)在不同温度范围内挥发和裂解,通过载气(H_2或He)的吹洗使其与岩石样品实现物理分离,由载气携带直接进入氢焰离子化检测器(FID)进行定量检测。检测结果经气电转换将烃类浓度的不同转变成相应的电信号的变化,经放大进入计算机进行运算处理,得到烃类各组分含量和热解烃峰顶温度。岩石热解录井流程如图3-16所示。

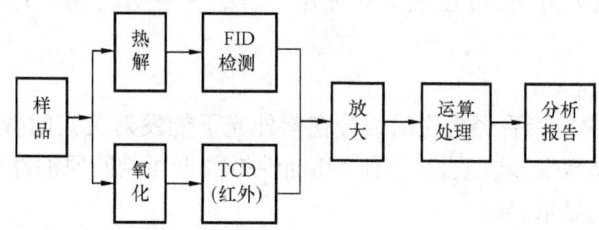

图3-16 岩石热裂解录井流程

岩石热解分析技术包括热解分析及氧化分析两部分。热解分析部分是定量测定岩样中可热蒸发和热解的烃类,在不同的温度区间,分别测定原油的不同馏分;氧化分析部分是测定由于烃类热解而产生的残余碳部分。

3. 录取参数及应用

1)录取的参数

一次分析可以得到10个参数:S_0(天然气峰)、S_1(油峰)、S_2(热解烃峰)、P_g(产油气潜量,mg烃/g岩石)、GPI(气产率指数)、OPI(油产率指数)、TPI(油气总产率指数)、C_p(有效碳,%)、T_{max}(样品峰顶温度)、S_1/S_2(轻/重比,游离烃/热解烃比)。

根据岩样的总有机碳(TOC)含量计算3个参数:D(降解潜率,%)、HI(氢指数,mg烃/gTOC)、$(S_0+S_1)/TOC$(烃指数)。

2)应用

(1)生油岩评价。

可利用测试参数定量评价生油岩、划分有机质的类型及判断有机质的成熟度。如按产油潜量(P_g)和有效碳(C_p)可将生油岩划分为4个等级(表3-9)。

表3-9 生油岩评价等级表(据王守君等,2002)

生油岩等级	P_g,kg/t	C_p,%	生油岩等级	P_g,kg/t	C_p,%
极好生油岩	>20	>1.7	中等生油岩	2~5	0.17~0.4
好生油岩	5~20	0.4~1.7	差生油岩	<2	<0.17

(2)储集层评价。

利用岩石热解地化录井进行储集层评价,主要包括储层孔隙度评价、含油饱和度评价、原油性质评价三方面。

储层孔隙度的评价主要是基于热解前后岩屑重量的变化(热失重),利用阿基米德定律计算储层的绝对孔隙度。含油饱和度的评价主要是在已知孔隙度的基础上,通过储层岩石热解得到的 S_0 (单位岩石中储存的气态烃量), S_1 (单位岩石中储存的液态烃量), S_2 (单位岩石热裂解烃量,主要是 C_{32} 以上重质烃类、胶质、沥青质)及通过残碳分析测得的残余有机碳等来计算得到含油饱和度。原油性质的评价主要依据 GPI、OPI、TPI 等参数来进行原油性质(轻质油、中质油、重质油)的划分。

(五)其他录井方法简介

1. 岩石热蒸发烃色谱录井

热蒸发烃色谱录井(rock thermal evaporative hydrocarbon chromatography logging)是根据干酪根的温度和时间为降解成油的主要成因机制而实现的一种实验室模拟方法。将待分析的样品装入坩埚,经加热炉加热后,将被测样品中的烃类蒸发出来,由载气(N_2)携带进入柱箱,经毛细色谱柱分离后至 FID 检测,放大器放大后由数据处理系统进行接收、判断和处理,最后获得单体烃色谱流出曲线。

根据所得烃色谱曲线、碳数范围、主峰碳数等参数,分析不同烃类组分含量、分布特征,可进行储层油气水评价、原油性质评价,并识别真假油气层。这是对岩石热解录井有益的拓展和补充。

2. 罐顶气轻烃气相色谱录井

罐顶气轻烃气相色谱录井(tank top gas light hydrocarbon gas chromatography logging)分析是对罐装岩屑顶部空间气体 C_1 至 C_7 轻烃的分析。与气测录井方法相比,罐顶气轻烃分析的优点是:受大气干扰小;分辨率高,可将 C_1 至 C_7 各组分逐一分离;信息量大,由 C_1 至 C_7 轻烃产生的若干参数可对生油层及储油层进行评价。

应用罐顶气录井资料,不仅可以评价烃源岩的成熟度和有机质质量、解释油气水层及判识混油钻井液条件下的真假油气显示,还可判断地层原油的生物降解和热演化程度、估算原油密度及定性判断取心井段储集层的渗透率。

3. 核磁共振录井

核磁共振录井(NMR logging)检测的对象是岩样(岩心、岩屑及井壁取心等)孔隙内流体(油或水等)中的氢原子核(^1H)。在特定的条件下,氢原子核与磁场之间会发生强烈的相互作用(即共振),从而可以检测到流体的核磁共振信号强弱及 T_2 弛豫时间大小。

流体的核磁共振信号强弱反映了岩石孔隙中流体量的多少,经过标准刻度得到岩石孔隙体积即孔隙度;T_2 弛豫时间长短反映了流体受岩石孔隙固体表面的作用力强弱,大孔隙中的流体弛豫时间较长,小孔隙中的流体弛豫时间较短。核磁共振录井正是通过测量岩石孔隙中流体氢核的衰减信号得到岩石孔隙大小以及岩石孔隙拓扑结构等丰富的地质信息。

4. 钻井液离子色谱分析录井

离子色谱分析主要应用于对钻井液滤液的水分析,属离子交换液相色谱技术。它应用离子交换色谱原理在离子交换柱内快速地分离各种离子,由串联在分离柱后的离子色谱抑制器或抑制柱除去淋洗液中的强电解质以扣除其本底电导,再用电导检测器连续测定流出液的电导值,使各个离子的色谱峰达到分离,实现定性、定量分析一次完成。

地层水的无机组成主要有 Na^+、K^+、Mg^{2+}、Ca^{2+} 和 Cl^-、SO_4^{2-}、HCO_3^-、CO_3^{2-},它们的含量及其组合关系是地层水分类的基础。因此,利用这 8 种离子的浓度,可反映可溶性矿物的性质、判断地层水类型及确定油水界面、气水界面的位置。

四、综合录井

综合录井(comprehensive logging)是指在石油钻井作业中,利用循环钻井液作为信息的载体,使用各种检测仪表或其他方法,从不同的方面记录井下地质、油气、压力、物性等随深度变化的一种综合录井方法。

综合录井不仅包括了传统的各种录井内容,还包括了钻井参数、钻井液参数及地层压力的预测。综合录井提高了录井作业的自动化程度,同时也提高了录井资料的定量化程度。

综合录井的基本原理就是通过对各种不同参数的检测、记录、整理、分析、计算,达到对地层进行含油气的初步评价、孔隙压力的预测以及钻井监控的目的。

(一)综合录井的构成

综合录井系统可分为四部分:信息变量收集系统,采集和初步处理系统、数据解释处理系统及信息输出系统。

1. 信息变量收集系统

信息变量收集系统可分为四组:(1)装在钻台相关位置的传感器,收集大钩负荷、大钩高度、转盘转速和扭矩等信息;(2)装在循环钻井液的通道上,主要测量循环钻井液信息(如流量、立管压力、钻井液池内活动体积等),还有钻井液在循环通路入口处的物理性质的检测(如密度、温度及电阻率);(3)专门采集钻井液中的气体的仪器(被采集气体包括烃类、非烃);(4)安装在钻柱前部的测量仪器,采集井身状况的数据,如井斜角、方位角等。

2. 数据采集和初步处理系统

信息变量系统测得的信号大多是模拟信号或脉冲信号,录井系统设置一个数据采集系统,将非标准信号转换成二进制数字信号,并对信息变量做初步处理,为计算机数据处理提供标准的二进制数据,各变量信息数据是经过调校、刻度的,其精度可有保证。

3. 数据解释处理系统

数据解释处理系统以 2 组计算机为主体,构成 1 个网络式数据处理系统。

4. 信息输出系统

录井系统采集和分析得到的信息可以实时送到用户面前。常规传送的信息包括地质监督的实时屏幕信息(录井图和数据信息)、钻井监督的实时屏幕信息(钻井工程信息)和钻台司钻的数据显示。

(二)录取的资料

综合录井仪录取的资料丰富,共计 6 大类,其中有 31 条曲线和 3 种样品。

(1)岩屑录井:包括岩性、结构、荧光、含油程度、化石、裂缝、孔洞、泥(页)岩密度、碳酸盐岩含量(石灰岩、白云岩)、岩屑内残余气体全烃含量等内容。

(2)气测录井:包括深度、时间、钻时、气体含量、气体组分相对百分含量(甲烷、乙烷、丙烷、异丁烷、正丁烷)、钻井液全脱气、含气指数、后效气测等内容。

(3)钻井液录井:包括录井液的物理及化学性质(如类型、密度、温度、电阻率、黏度、切力、失水量、滤饼厚度、酸碱值、氯离子含量等)、钻井液量、迟到时间、钻井液处理、槽面显示、漏失、井喷或井涌、荧光沥青含量等。

(4)钻井工程录井:包括井位、井深、钻具型号、钻头型号、井身结构(如完钻井深、井眼状况、套管程序、阻流环位置、人工井底、水泥返高等)、钻时、钻压、转盘转速、扭矩、立管压力、套管压力、泵冲速、起下钻具、井斜、套管与固井、工程大事记要、井史资料等内容。

(5)地层压力录井:包括上覆地层压力、地层压力及地层破裂压力。

(6)获取的样品:包括岩屑样品、岩心样品及钻井液样品。

(三)综合录井在油气钻探中的作用

1. 钻探合成技术的信息中枢

油气钻探以钻井工程为作业主体,钻井作业中各种状态及钻遇地层的各种信息都是综合录井提供的,因此,综合录井已成为钻探的信息中枢。如钻井工程需要按录井传达的信息不断地变动运行参数,以确保安全快速钻进和发现油气层。

2. 对地层进行含油气的及时评价

钻时、钻井液、气测录井等均包含在综合录井中,利用这些信息不仅可以综合识别油层、气层、水层,还可对油气层进行及时评价。

3. 为钻井安全和保护油气层提供信息

在钻井施工中,随时有井漏、井涌、井喷等险情发生,为排除这些险情,及时提供相关信息极为重要,综合录井则可提供这方面信息,除在钻台上提供参数信息显示外,还有声响报警。

油气层保护是油气钻探中十分重要的问题,综合录井提供的信息可以判断钻井液密度是否合适,是否会对油层造成污染。另外,综合录井提供的信息可减少钻井事故的发生,避免了因钻井事故造成钻井液与地层长时间接触,减小了地层的污染。

第二节 地球物理资料

一、地震资料

地震勘探(seismic exploration)是通过人工激发地震波,研究地震波在弹性不同的地下地层中传播的规律,以查明地下岩层的形态和性质,达到油气或其他勘探目的的一种地球物理勘探方法。地震勘探所获得的资料,通常与其他的地球物理资料(如测井资料)、钻井地质资料及其他地质资料联合使用,并根据相应的物理与地质知识,得到有关构造及岩石分布的信息。

(一)地震勘探基本原理

雷达(radar)一词源于 radio detection and ranging 的缩写,意思为"无线电探测和测距"。雷达测距原理是测量发射脉冲与回波脉冲之间的时间差,因电磁波以光速传播,因此根据传播时间和速度就能计算出雷达与目标的精确距离。地震勘探的基本原理类似于雷达利用电磁波测量目标距离。地震勘探就是在地表层激发(放炮、震动)地震波,地震波向地下空间传播,遇到不同岩层的界面就反射回地面,用地面的接收器(检波器)接受反射波信号,并记录下反射波到达的时间,再利用其他方法推断出地震波在岩层中传播的速度,就可以计算出地下各地层的埋藏深度。

如果在一条测线上观测,并对记录的地震信号进行数字处理,就可以得到反映地下岩层分界面埋藏深度的资料——地震剖面图(图3-17)。再结合其他物探方法和地质、钻井等资料,对地震剖面进行解释,就可以查明地下可能含油的构造。

图3-17 ××构造地震剖面图(inline720)

总之,地震勘探的基本原理就是利用地震波从地下地层界面反射至地面时的旅行时间和波形变化等信息,从而推断地下地层的性质、构造形态以及流体特征。

(二)地震勘探工作流程

地震勘探首先是用人工的方法使地下质点产生振动,振动向外传播时会形成地震波,地震波遇到岩层分界面会产生反射返回到地面。反射波到达地面时,又会引起地表质点的振动,检波器将地表质点的振动转变为电信号。电信号输送到地震仪器后被放大,然后通过模数转化器将电信号转变为数字并记录在磁带上,成为地震记录。利用计算机可以对地震记录进行数字处理,提取用于构造、岩性或流体解释的资料和信息,对处理后的地震资料进行地质解释,制作出地震构造图,并且划分有利油气聚集的相带,最后进行油气资源的综合评价,这就是地震勘探的全过程。整个地震勘探的工作流程可以划分为三个阶段。

1. 野外资料采集

野外资料采集阶段的任务是在地质以及其他物探工作初步确定的可能含油气区域内布置测线,人工激发地震波,并用地震仪器把地震波传播的情况记录下来。野外生产工作的组织形式是地震队,其最终成果是记录有地面振动情况的地震数据磁带/光盘/硬盘。

2. 室内地震资料处理

这个阶段的任务是根据地震波的传播理论,利用计算机对野外施工获得的原始地震资料进行"去粗取精、去伪存真"的处理工作,并且求取地震波在地层中的传播速度等资料。这一阶段的成果是地震剖面图和地震波速度等。资料处理工作在配备有计算机和专用设备的计算中心完成。

3. 地震资料解释

经过计算机处理得到的地震剖面,虽然在一定程度上能反映地下地质构造的特征,但是地下的情况是复杂多变的。地震剖面上的一些现象,既可以反映地下的真实地质现象,也可能只是假象。如果是一条二维地震剖面,在地震剖面上只能看到地层沿该剖面方向的变化,而没有一个完整的空间概念。地震资料的解释工作是运用地震波的传播理论和地质学原理,综合地质、钻井和其他资料,对地震剖面进行深入的分析研究,对产生地震反射的地质层位给出解释,并对地质构造做出说明,最终查明可能的含油气构造。

地震资料解释工作主要包括三个方面的内容:

1) 地震资料构造解释

地震资料构造解释是以时间剖面为主要资料,在构造地质学和地震成像原理的基础上,确定地下反射界面的埋藏深度,落实和描述地下岩层的构造形态特征。此阶段的主要目的是为钻探提供有利的构造圈闭。

2) 地震资料地层解释

地震资料的地层解释同样以时间剖面为主要资料,先划分地震层序,然后进行海平面相对升降变化分析和地震相分析,对地震相做出地质解释,将地震相转变为沉积相,并划分出含油气有利的相带。

3) 地震资料岩性解释

地震资料的岩性解释是利用地震波的振幅、频率、极性等动力学信息,结合层速度以及钻井、测井资料,最终可以得到岩性和储层参数(如流体性质、储层厚度、泥质含量、孔隙度等),并进行地震资料的岩性分析及烃类检测。

20世纪70年代到90年代,随着数字地震技术的发展,地震剖面的质量有明显提高,解释人员根据地震剖面特征和结构划分沉积层序,分析沉积相和沉积环境,预测沉积盆地的有利油气聚集带。地层岩性解释主要是通过提取地震属性参数,综合利用地质、钻井和测井资料,研究特定地层的岩性、厚度、孔隙度和流体性质,为油气勘探开发提供地质依据。

(三) 地震资料的构造解释

1. 地震反射波及其参数

1) 地震波基本概念

地震波(seismic wave)是一类不同于谐振动的、延续时间短、振幅变化大的非周期脉冲振动,从激发地震波到地面接收反射波的最长时间不超过5s。地震波传播速度是影响地震构造解释准确性的重要因素。地震波在岩石中的传播速度取决于岩石的弹性系数和密度。

纵波和横波的传播速度分别对应如下关系：

$$v_P = \sqrt{\frac{\lambda + 2\mu}{\rho}} \quad (3-11)$$

$$v_S = \sqrt{\frac{\mu}{\rho}} \quad (3-12)$$

$$\lambda = k - \frac{2\mu}{3} \quad (3-13)$$

式中 v_P——纵波波速，m/s；

v_S——横波波速，m/s；

μ——切变模量，10^4 MPa；

ρ——密度，g/cm³；

λ——拉梅常数，10^4 MPa；

k——体变模量，10^4 MPa。

从上述公式中可以看出，岩石中地震波的传播速度与岩石的弹性系数和岩石密度密切相关。地震波的传播速度随岩石的弹性系数的增加而增大，随岩石密度的增加而减小。但是，当岩石的致密程度增加时，岩石密度增大，岩石弹性系数的增长比密度增加更快，因此，随着岩石致密程度的增加，地震波传播波速增大。

岩石的弹性系数和密度受岩石的岩性、孔隙度及孔隙中的充填物质等因素的影响。

岩性 在地壳的三大岩类中，以岩浆岩的波速最大，变质岩的波速也比较大，而沉积岩的波速一般较小。沉积岩的波速一般为 1500～6000m/s；花岗岩的波速一般为 4500～6500m/s；变质岩的波速一般为 3500～6500m/s。

岩层密度 沉积岩层的密度越大，其地震波速度也越大。岩层的密度与岩石的埋藏深度和地质年代的久远有关，岩石埋藏越深，压实作用就越强，其致密程度就越大。岩石的地质年代越久远，其经历的构造作用、压实作用甚至变质作用就越强，其密度就越大。

岩石孔隙度 岩石的孔隙形状和孔径大小对地震波速度有一定的影响。总体来说，岩石孔隙度越小，岩石越致密，地震波速度就越大；相反，岩石孔隙度越高，其波速就会减小。此外，砂岩越纯，其地震波速就越大；若砂岩中泥质或灰质含量增加，其波速也会有一定减小。

孔隙中流体的性质 油、气、水的地震波传播速度比造岩矿物低，当岩石中充满着油、气、水时，岩石地震波速度就会降低，其降低的程度取决于油气水的地震波传播速度。三种流体中，水的传播速度最高，油次之，气最低，因此，相同岩石中，流体饱和度相同的情况下，含水岩层传播速度最高，其次为含油岩层，最低的是含气岩层。

地震波的传播速度与地层密度的乘积即为地层的波阻抗，地层界面上、下的波阻抗之比为界面反射系数(孙家振，2002)。如果地层界面上、下波阻抗不同，即会产生地震反射波；如果界面之上的地层波阻抗小于界面之下的地层波阻抗，即形成正极性反射，否则形成负极性反射。因此可以根据反射波极性变化，判断界面上、下地层的岩性特征：界面上、下地层的波阻抗相差越大，界面的反射系数越大，反射波强度越强；如果反射系数相等，反射强度随地层深度增加而减小。

2)地震反射物理参数

描述地震反射波特征的物理参数包括视振幅、视频率和连续性(表3-10)。

表3-10 地震反射波的视振幅、视频率和连续性(据孙家振,2002)

地震反射属性	地质意义	分类	分类标准	分类模式	实例
视振幅	反映反射系数大小	强振幅	振幅超过1个地震道		
		中振幅	振幅在大于1/3地震道且小于1个地震道		
		弱振幅	振幅小于1/3地震道间距		
视频率	反映相邻反射界面间距大小	高频	相邻同相轴紧密排列		
		中频	相邻同相轴间距中等		
		低频	相邻同相轴间距稀疏		
连续性	反映界面间距横向上的稳定程度	高连续	连续长度大于叠加段		
		中连续	连续长度接近1/2叠加段		
		低连续	连续长度小于1/3叠加段		

(1)视振幅(amplitude)是质点离开平衡位置的最大位移,反映反射系数大小。振幅超过1个地震道为强振福;振幅大于1/3地震道且小于1个地震道之间为中振幅;振幅小于1/3地震道间距为弱振幅。一般致密地层与疏松地层间由于其波阻抗差别大,界面的地震反射系数大,因此两套地层之间的地层界面可形成具有强振幅特征的地震反射界面。

(2)视频率(frequency)是质点每秒钟振动的次数,其倒数为视周期,即质点从振幅极大值到极小值再到极大值经历的时间,两个极大值或极小值之间的距离为反射波的波长,反射波的波长随视频率增加而减小。通常情况下,薄岩层构成的地层地震波具有高频率、小波长的特征,而由均值厚岩层构成的地层,其地震波具有低频率、大波长的特征。

(3)连续性(continuity)是指具有相似特征的地震反射面横向连续分布的程度。如果以地震剖面的长度为标准,则反射界面连续分布的长度等于或大于剖面长度,为高连续度;连续长度接近1/2剖面长度为中连续度;连续长度小于1/3剖面长度为低连续度。反射界面的连续度反映沉积地层的连续性,也反映地层沉积环境的稳定性。高可容空间形成的沉积地层连续性较好,低可容空间形成的沉积地层连续性较低。

由于地震波传播速度及其他属性受到岩石岩性及其充填物的影响,因此可以利用地震波波速及其他属性来判识岩性、孔隙度和流体性质变化等。如地震振幅变化可以反映孔隙度增大或减小、孔隙内流体性质的变化。

2. 地震构造解释基本原理

地震波在地下传播的速度、反射和折射的程度和方向,取决于所穿过的各地层的性质、深度和产状。地表人工激发的冲击波在向外传播时会产生几种类型的波,即纵波(P波,又称为疏密波或压缩波,即质点振动方向与波传播方向平行)、横波(S波,又称为切变波,即质点振动方向与波传播方向垂直)和表面波。三种波各以自己特定的速度传播,其速度随岩石不同而存在差异。目前地震勘探主要利用的是纵波,横波也在被利用中。地震油气勘探可分为反射法和折射法。折射法仅在普查或特殊环境下使用,广泛应用的是反射法。

反射法地震探测就是在地面或地表的浅层用人工的方法激发一定强度的地震波,它们向地下深处传播过程中遇到岩石性质不同的分界面时,会产生反射和透射。通过地面上检波器接收反射回来的地震波,记录传播时间和振动情况,就获得了地震测量的原始资料——地震记录。当地下地层中存在连续的岩性分界面,就能获得连续的反射时间界面。如果地下有多个岩层分界面,则可获得多个反射时间界面,从而构成一个地震反射时间剖面。

利用以下公式可计算反射界面深度:

$$H = \frac{1}{2}vt \tag{3-14}$$

式中 H——反射界面深度,m;
v——地震波传播速度,m/s;
t——地震波往返传播的时间,s。

从地震记录上读出时间 t,再根据实验室或其他资料测定得出的地震波在该岩层中的传播速度 v,就可以计算出该反射界面距离地面的深度。如声波速度为 $v=340\text{m/s}$,声波由发声到回声的旅行时间为 $t=10\text{s}$,则障碍物到声源的距离为 $S = \frac{1}{2}(340 \times 10) = 1700\text{m}$。如果在某方向上连续布置地震测线,就可得到该反射界面在该测线方向上的深浅变化。从而了解该地层界面的起伏变化情况,并据此确定地下构造的发育和展布情况。

总的来说,由于沉积地层具有成层性的特点,地震波速在同一地层中传播速度接近或相同,在不同地层中波速明显不同。因此,可以依据地震波速的这种变化来探查地下岩层的分布和变化情况,由此展示地质构造的发育分布。

3. 地震构造解释流程

地震资料经过处理及实钻井标定后,可用于进行构造解释。

1) 地震层位标定

反射层位的准确标定是构造解释和描述的基础。一般可应用垂直地震剖面(VSP)和人工合成地震记录进行层位标定,找出地质界面和地震反射波的对应关系。

(1) 人工合成地震记录。

首先用声波、密度测井经井径及钻井液浸染校正后,再进行波阻抗及反射系数计算,由井旁地震道选择出地震子波,并与反射系数进行褶积运算,即可获得人工合成地震记录(图3-18)。

(2) 垂直地震剖面(VSP)层位标定。

VSP测井是将测井检波器放入井中,记录下从井口至井下各深度处直达波的传播时间,通过井口地表海拔与地震基准面的高程差和替换速度即可换算出地震基准面至井下各深度处的

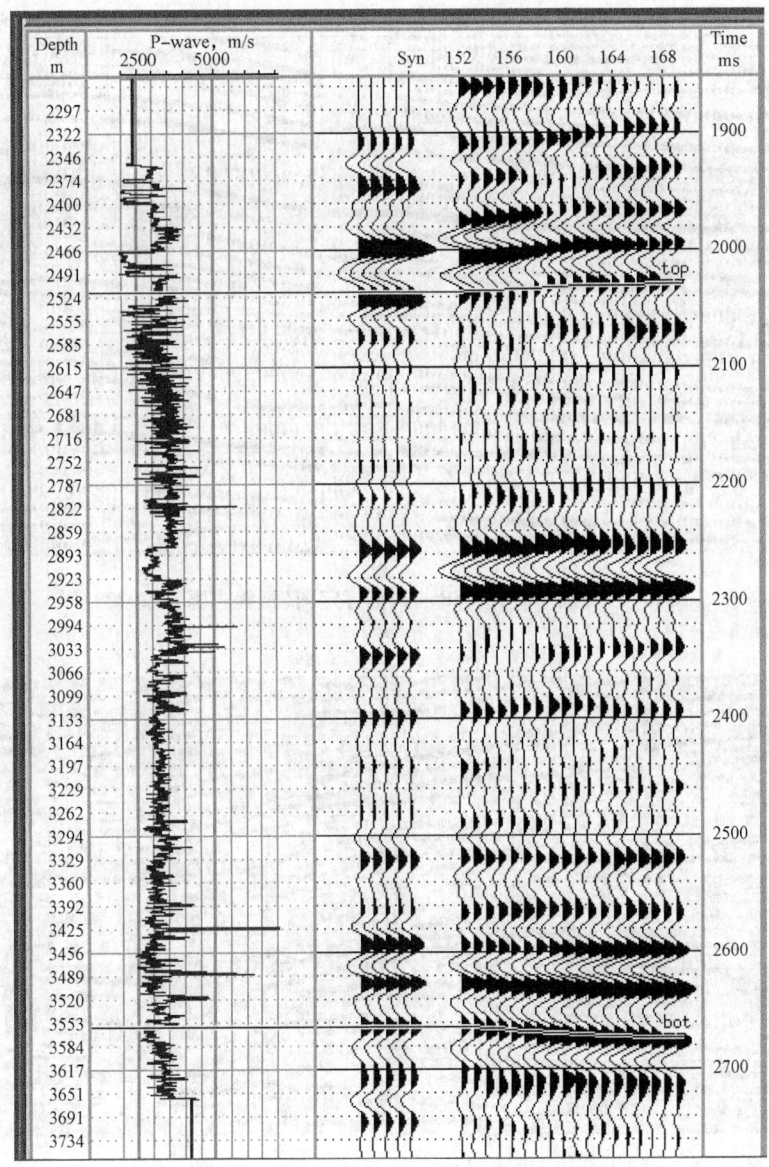

图 3-18　某井的人工合成地震记录成果图

双程旅行时。由于它用时间显示,未经速度换算,因此,通过 VSP 与钻井地层剖面进行对比,可直接建立时间与深度的关系(包括时深转换关系表和时深关系图),并可在 VSP 剖面上确定各地层界面的反射同相轴。将标定有地质层位的 VSP 剖面直接与井旁地震剖面进行对比(图 3-19),就能够准确地在井旁地震剖面上确定各地质层位的反射同相轴,从而确定其相应的地质层位。

2)断层解释

(1)断层在地震剖面上的识别标志。

① 反射波同相轴发生错断,表现为反射标准层的错断和波组、波系的错断。在错断的两侧,波组特征完全能够对比(图 3-20)。

② 反射同相轴的数目突然增减或消失,波组间隔突然变化,在断层的下降盘地层变厚,而

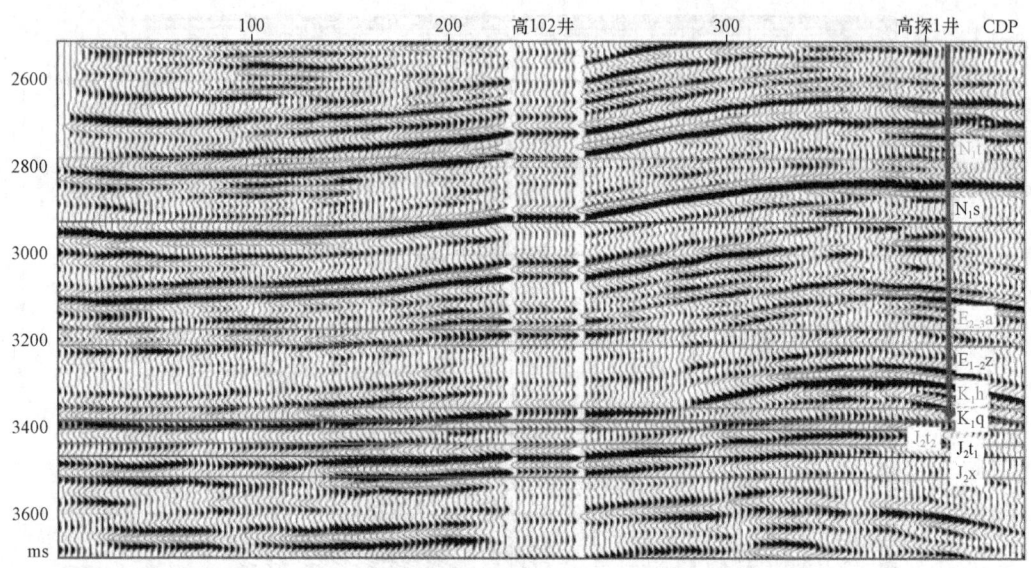

图 3-19　高 102 井 VSP 与剖面标定图（据程志国等，2022）

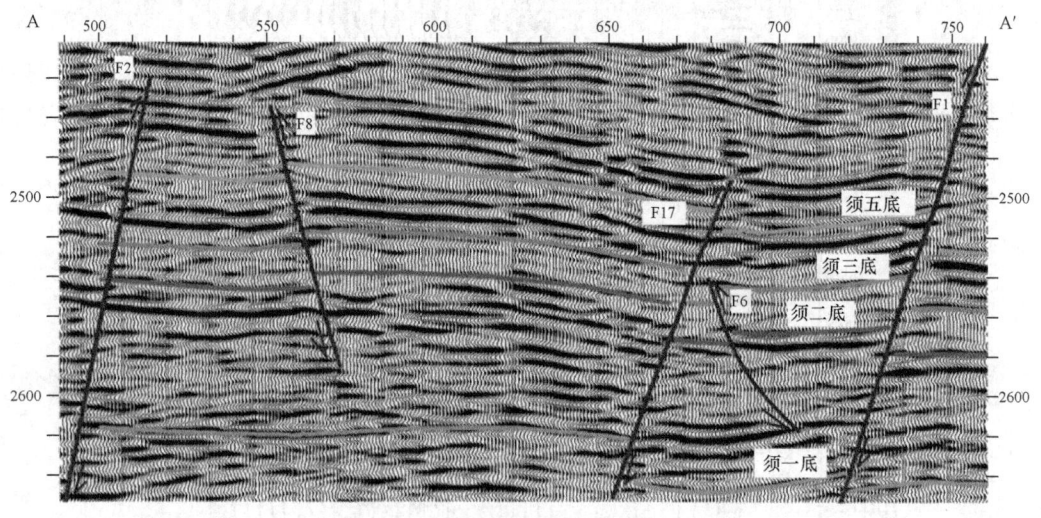

图 3-20　断层在地震剖面上的特征

上升盘地层变薄甚至缺失。这种情况往往是基底大断裂的反映，特点是断距大，延伸长，破碎带宽。

③ 反射波同相轴形状突变，许多反射层突然错断，并且产状发生突然变化，或记录面貌零乱甚至出现反射空白带。这些现象是由于断层错动使断层两侧地层产状发生突变或断面的"屏蔽"作用和对射线的畸变作用所造成的。

④ 反射标准波同相轴发生分叉、合并、扭曲、强相位转换等，一般这是小断层的反映。因为这种变化比较微小，时间剖面上不容易发现，观察波形记录更为适宜。但此类变化有时可能是由地表条件变化或地层岩性变化、波的干涉等因素引起的，要综合其他资料进行仔细分析和鉴别，如地表条件引起的同相轴扭曲，一般对不同深度的同相轴都同样会引起扭曲的。

⑤ 特殊波的出现，这是识别断层的重要标志。绕射波、断面波等常常伴随着同相轴的错断而出现，它们一方面使记录复杂化，另一方面也成为确定断层的重要依据。

(2)断层面的确定。

断层面解释的基础是确定断点,解释断层面的过程又是检验断点解释是否正确的过程。一般应从以下几个方面考虑:

① 以浅、中、深层断点控制,断点的连线就是断层面的位置。

② 断层面是一个强反射界面,因此,断层面之外将出现反射层的中断甚至空白,即屏蔽区,这时应根据非屏蔽区的断点来确定断层面位置。

③ 不同方向测线相交处的断面点应是闭合的。

④ 利用钻井所得资料推测断层面位置,同时注意识别地层缺失和地层断缺的差别。

⑤ 考虑速度因素的影响,大断层往往是条座椅形断层。一般而言应避免解释为直线断层。

3) 不整合面的解释

(1)平行不整合与角度不整合。

平行不整合的特点是上下构造层之间存在侵蚀面,但产状一致,这种不整合难以在时间剖面上识别。但是,因为不整合面受到长期风化剥蚀而呈现凹凸不平,往往产生绕射波,并且波阻抗变化大,使不整合面的反射波振幅和波形变化也大,利用这些特点可以识别平行不整合。

角度不整合容易识别,它表现为两组或两组以上视速度具有明显差异的反射波同时存在,并且沿水平方向这两组以上的波逐渐靠拢、合并,不整合面以下的反射波相位依次被不整合面上的反射波相位代替,最后尖灭消失。此外,有时也会出现如平行不整合那样的绕射波及反射波的特点。

(2)古潜山。

古潜山的顶面是不整合面,波阻抗差别大,所以对应的反射波能量强,具有不整合面反射波的特点,而且频率低、相位数目多、时差大(地层倾角大所致),常伴有大量绕射波、断面波、回转波、侧面波等出现,形态比较复杂。但由于基本反射波的特征较明显,且反射波、绕射波、断面波、回转波等互相之间也有一定的联系和规律性,所以逐个追踪、反复对比,方可区分。

在古潜山内部,如果地层稳定、分布面积广,则反射波的特征明显,有标准波出现,其特点与古潜山顶面反射相近。如果地层倾角很大,断层又多,则反射同相轴难以辨认。

4) 地震构造图的绘制

(1)地震构造图的基本概念和分类。

地震构造图就是地震反射层的等深线(或等时线)平面图,它反映了某个地质时期的反射界面的构造形态。地震构造图是经过反射标准层的对比,相位闭合和地质解释之后做出的,是地震构造解释的最终成果图件。

根据等值线的参数不同,地震构造图可以分为两类,即等 t_0 构造图和深度构造图。等 t_0 构造图可由时间剖面的数据直接绘制,在地质构造比较简单的情况下可以反映构造的基本形态,但其位置有偏移。深度构造图通常利用解释好的同一层位的 t_0 时间,采用工区内的平均速度实现时深转换,再由人工或者计算机绘制而成(图 3-21)。地震构造图是地震资料构造解释的基本成果,通常用于含油气远景评价和钻探井位的部署。

(2)绘制构造图的基本步骤。

① 绘制测网平面位置图。根据工区内的测量数据(二维情形是指各条测线位置,三维情形是指工区范围)按绘图比例尺展布在底图上,要求详细标明测线的起止桩号、测线号、测线拐点桩号、测线交点桩号和重要的地名、地物、已钻井的井位及经纬度等。

② 检查地震剖面解释的可靠性。检查内容包括:所追踪的标准层层位及其数目是否符合

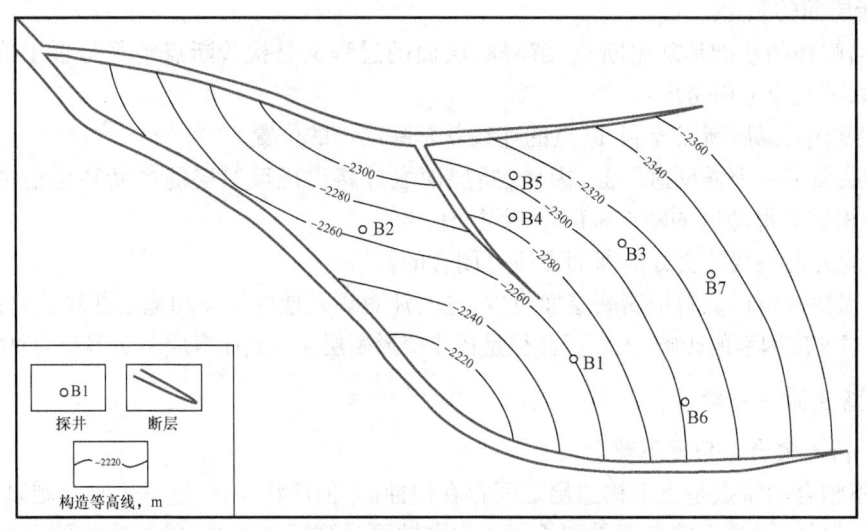

图3-21 某区块M油层顶面构造图

地质任务的要求;追踪对比的各解释层位是否合理可靠、是否闭合(通常要求闭合误差小于半个相位);断层是否准确,断点和断层面的确定是否有充分的依据,断层标志是否清楚;反射层、超覆、尖灭点的确定是否合理可靠;深浅层之间及相邻测线之间的解释结果有无矛盾等。使用交互解释系统进行地震资料解释时,剖面闭合可以通过显示屏幕上的测网底图所标示的色彩是否一致来控制。完成同一层位对比追踪后,检查交点闭合与否可以借助于解释系统的简易绘图软件,对彩色背景下的等t_0图进行检查,出现不闭合的测线则返回其相应的剖面进行修改,如此反复,直到所有交点闭合为止。

③ 取数据。按构造图的比例尺确定取数据点的间距,读取或从工作站输出相应的数据,包括层位数据、断点数据、尖灭或超覆点数据等,并标注在测网底图的相应位置上。

④ 断裂系统图的勾绘。这也是为绘制构造图的等值线"搭框架"。断点平面组合不准确将会影响构造形态的正确性。为了使断点平面组合准确合理,在勾绘断裂系统图时应遵循的原则是:同一断层在相同方向的测线上,断点性质、落差及断层面产状应该基本一致或者有规律地变化;当断层面倾角较陡时,在相同方向的测线上断层面的视倾角应该基本一致或者有规律地变化;同一断块内地层产状具有一定的规律性。

⑤ 等值线的勾绘。勾绘等值线是在断裂系统已经标注齐全的平面图上进行。一般遵循从易到难、由低到高或者由高到低的顺序,先勾出大致轮廓,然后再考虑构造的细节,逐渐使它丰富、完整。在断裂复杂地区,应以断块为单位进行勾绘,先把剖面上的高点或低点标注到平面上,然后再把相同的高(低)点连接起来,组成背斜或向斜的轴线,利用轴线的位置勾绘等值线。

二、测井资料

地球物理测井(geophysical logging)已成为油气勘探与开发的主要手段之一。测井资料的应用十分广阔,从划分、对比地层,地质构造及沉积相分析,储集层识别和油层、气层、水层判断,求取油层参数,计算油气储量,编制开发(或调整)方案等,测井资料都是不可缺少的。随着测井技术的不断完善,数字测井技术的广泛使用,测井信息不断增多,目前已由单井评价发展到多井分析,由油层、气层、水层解释发展到地质研究、储量计算和产能分析预测。如应用高分辨率地层倾角测井信息可以研究构造、岩相和沉积环境,应用自然伽马信息研究生油及储层泥质含量,应用声波和密度测井信息合成垂直地震剖面、估算异常地层压力,应用井下声波电视和地层微电阻率扫描新技术研究裂缝等。由此可见,测井资料的应用范围正不断扩大。

(一)测井技术的分类

1. 电法测井

电法测井(electrical logging)是研究地层电学性质和电化学性质的各种测井方法的总称。研究地层导电性质的有各种电阻率测井,研究地层极化性质的有各种高频电磁波测井,研究地层电化学性质是自然电位测井和人工电位测井。

2. 声波测井

声波测井(sonic logging)是研究地层声学性质的各种测井方法的总称。包括研究纵波速度的声速测井、研究纵波幅度的声幅测井、研究横波速度的横波测井、研究声波全波列各种成分的声波全波列测井、研究纵波反射的井下电视测井等。

3. 放射性测井

放射性测井(radioactive logging)是研究地层核物理性质的各种测井方法的总称。研究地层天然放射性的有自然伽马测井和自然伽马能谱测井,研究伽马射线与介质相互作用的有密度和岩性—密度测井,研究中子与介质相互作用的有中子孔隙度测井、中子寿命测井和次生伽马能谱测井等。

4. 其他测井

其他测井包括测量地层温度的井温测井,测量井眼几何形态的井径测井,测量钻井液烃含量的气测井等。

(二)测井系列组合

目前使用的测井的种类较多,有自然电位测井、电阻率测井、侧向测井、感应测井、电磁波传播测井、声波测井、放射性测井及井下电视成像等。由于勘探与开发研究的要求不同,各沉积盆地的地质条件不同以及井身结构的差异等,并不需要进行全系列测井。现在生产现场及国外的测井公司多使用组合测井,根据油田地质特征选择测井种类,且每个阶段的测井项目有固定的搭配。每一组测井曲线就是为了解决某一类特定的地质或工程问题(如了解岩性、孔隙度,解释油、水层,了解固井质量等)而设计的,由此组成专门的测井系列。

例如北部湾地区,电测井按井径分别提出要求,在 36in、26in 井径的井段不进行电测。在 17½in 井径的井段,一般只进行双感应—声波—自然伽马—自然电位测井;在 12½in、8½in 井径的井段则包括双感应—声波—自然伽马—自然电位、密度—中子—自然伽马—自然电位、地层倾角、地层测压、井壁取心等测井作业。在油气显示井段应加测双侧向—微侧向—自然伽马—自然电位测井。能谱测井也被使用,以分析地层中特殊矿物成分和评价地层。下套管固井后均进行变密度—水泥胶结质量测井。这种组合是根据当地的地质和工程等多种因素决定的。

测井组合的基本要求是要满足油层研究的需要,组合测井曲线应达到如下要求:

(1)能解释构成储油层的各件基本岩性,准确地确定出油层、隔层以及其他特殊岩层;

(2)能将薄油层划分出来,如 0.2m 的薄油层,且精度达到 80% 以上。

(3)能确定油层参数,如注水后的含水饱和度及含油饱和度,高含水期的油层孔隙度、渗透率及残余油饱和度等。

(三)测井解释

1. 测井曲线的识别及变化特征

测井曲线的形态和变化特征主要取决于测井方法和岩性、物性、含油性的变化。探测范围浅的测井曲线的形态变化剧烈,反映层界面的效果好,对岩性的变化比较敏感,如微电极、微球、球形聚焦、八侧向等测井对应的曲线。

探测范围深的测井曲线的形态变化平缓,一般不能有效地反映薄层的变化,如深感应电阻率曲线、深侧向电阻率曲线、自然电位曲线等。

有的曲线(如深感应电阻率曲线、0.5m 电位电阻率曲线、自然电位曲线)为对称型的,中、厚层可以用半幅点划分层界面,而有的曲线(如 4m 梯度电阻率曲线、2.5m 梯度电阻率曲线、中感应电阻率曲线等)为非对称型的,一般不用半幅点来划层界面。

含油性主要对电阻率测井资料影响明显,如油气层在深电阻率测井曲线上常显示出高值。岩性、物性的变化在岩性特征曲线(如自然伽马、自然电位、井径)、孔隙度曲线(如声波时差、密度、中子)上反映明显,研究和总结工作区内测井曲线的变化规律是充分应用好测井资料解决地质问题的前提。

2. 储层识别与解释

1)储层划分

储层划分是根据测井资料,结合其他地质资料,将一口井中那些可能含油气的储集层划分出来,并确定其顶、底界面的深度及厚度,以便进一步对储集层做出评价。储层识别和划分的一般方法是:依据自然伽马、自然电位、井径、微电极或微球曲线,结合声波时差等孔隙度曲线和径向电阻率曲线的变化来识别储层。

(1)砂泥岩剖面储层特征。

砂泥岩剖面中的储层岩性主要是砂岩,在储集层的上下围岩通常都是厚度较大而稳定的泥岩隔层。在人工解释中,划分储集层是根据测井曲线,并结合其它地质资料,把一口井中可能的含油气储集层划分出来,并确定其顶底界面的深度及厚度。常用的测井曲线是自然电位(SP)或自然伽马(GR)、微电极(ML)、井径曲线。

淡水钻井液砂岩储集层的典型特征是 SP 有明显异常:当钻井液滤液电阻率 R_{mf} 大于地层水电阻率 R_w 时,为负异常,反之为正异常,两者差别越大,异常也越大。另一电性特征是,微电极曲线上有明显的正幅度差。一般泥岩层微电极为低值,没有或只有很小的幅度差,而砂岩或其他岩性储集层微电极读数为中等值,有明显正幅度差,砂岩中的灰质致密夹层,其微电极读数有明显高尖峰,而幅度差可大可小,可正可负。

微电极曲线主要反映滤饼的影响。一般泥岩层的微电极曲线为低值,没有或只有很小的正或负幅度差;渗透层的微电极曲线为中等值,且有明显的正幅度差。地层渗透性越好,正幅度差也越大。

此外,在砂泥岩剖面中,渗透层处存在滤饼,使实际井径值一般小于钻头直径,且井径曲线较平直,因此可以参考井径曲线来划分渗透层。孔隙度测井曲线(声波时差、密度、中子)可反映地层孔隙度大小,对划分渗透层也有参考价值。

(2)碳酸盐岩剖面储层特征。

碳酸盐岩储集层的基本岩性为裂缝和孔隙较发育得比较纯的碳酸盐岩,其孔隙度相对于砂岩储层来说一般较低,其围岩一般为致密碳酸盐岩。碳酸盐岩储层的主要特点是"三低一高",即低电阻率、低自然伽马、低密度和高声波时差(图3-22)。

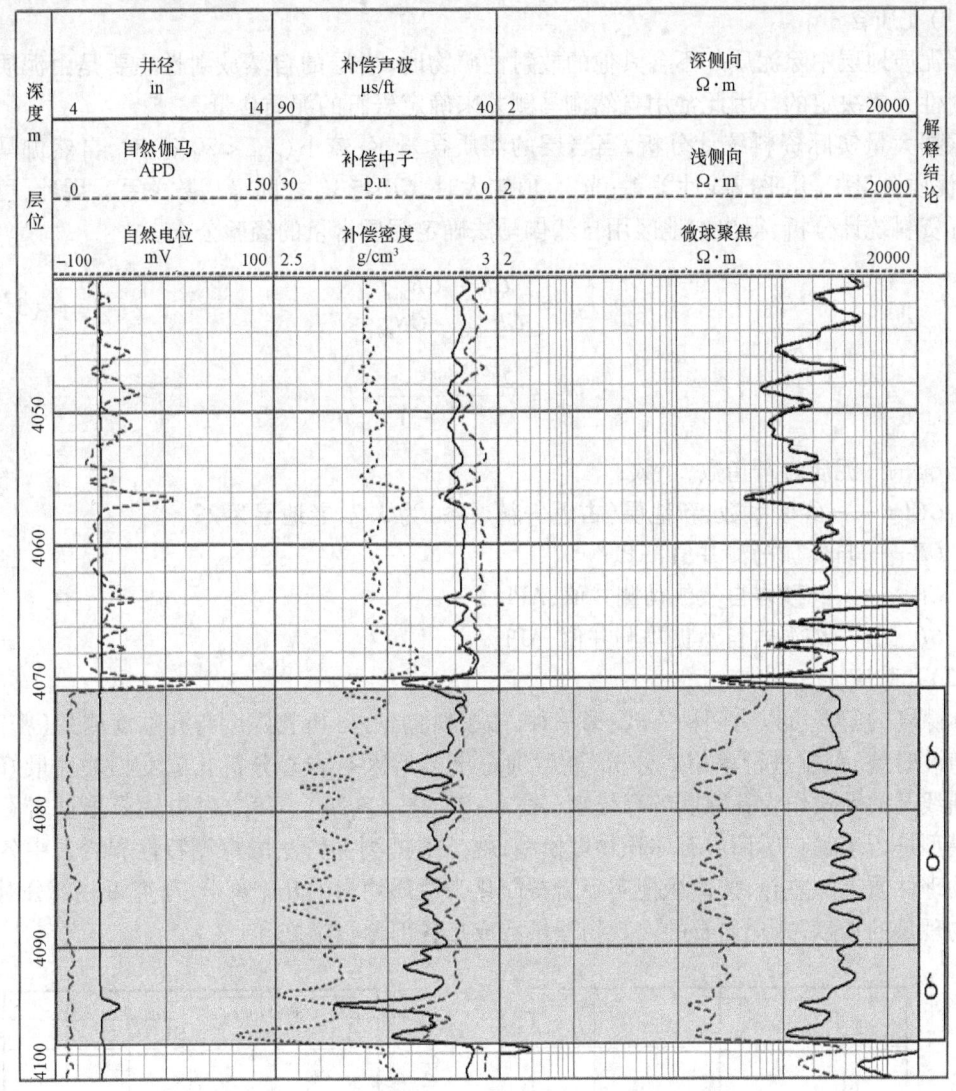

图 3-22 四川盆地××井碳酸盐岩储层测井特征图

划分方法一般是先找低阻和高孔隙显示层,然后去掉自然伽马相对高的泥质层,其他就为储层;也可以用低自然伽马找出比较纯的碳酸盐岩,然后再从中找出低阻高孔隙显示的渗透性储层。如果有三孔隙度资料,则碳酸盐岩储层显示为高声波时差、低密度和低中子。

(3)划分储集层的方法。

① 将录井的第一性资料标注在综合测井图上;

② 与邻井对比,找出本井钻井的目的层,将测井资料分为若干解释井段,每段的地层水有基本相同的含盐量;

③ 在解释井段内,以 SP 或 GR 为主,找出储集层位置。以电阻率资料为主,并结合录井显示和邻井对比,找出最明显的水层和最可能的油气层,然后将其他储集层与之逐一比较,按分层要求,找出其他可能含油气地层。

按照划分储集层的要求,用水平的分层线,逐一标出所要划分的储集层界面。

2) 储层参数解释

(1) 泥质含量。

当泥质地层中除泥质外不含其他的放射性矿物时,岩层的自然放射性主要是由泥质吸附的放射性元素决定的。因此常用自然伽马测井来确定岩石的泥质含量。

根据大量实际资料统计分析,当岩层的泥质含量 V_{sh} 较小($V_{sh}<20\%$)时,自然伽马强度 GR 与泥质含量 V_{sh} 几乎成线性关系;当 V_{sh} 值较大时,GR 与 V_{sh} 之间呈指数关系。因此,可以通过实际资料统计分析,得出本地区用自然伽马法确定泥质含量的经验公式。

$$I_{GR} = \frac{GR - GR_{\min}}{GR_{\max} - GR_{\min}} \qquad (3-15)$$

$$V_{sh} = \frac{2^{GCUR \cdot I_{GR}} - 1}{2^{GCUR} - 1} \qquad (3-16)$$

式中 I_{GR}——泥质含量指数,小数;

$GCUR$——经验系数,新地层(古近—新近系)为 3.7,老地层为 2;

GR——自然伽马测井值,API;

$GR_{\min}$——纯砂岩自然伽马测井值,API;

$GR_{\max}$——纯泥岩自然伽马测井值,API。

(2) 孔隙度。

孔隙度的解释可以有两种方式:第一种方式是将岩心分析孔隙度与孔隙度测井(密度、中子和声波时差)数据进行单相关分析,最后确定出本地区与岩心分析孔隙度相关性最好的孔隙度曲线及关系式作为孔隙度解释模型(图 3-23、图 3-24)。第二种方式是根据岩石物理体积模型进行求解。所谓岩石体积物理模型,就是根据测井方法的探测特性和岩石中各种物质在物理性质上的差异,按体积把实际岩石简化为性质均匀的几个部分,研究每一部分对岩石宏观物理量的贡献,并把岩石的宏观物理量看成是各部分贡献之和。

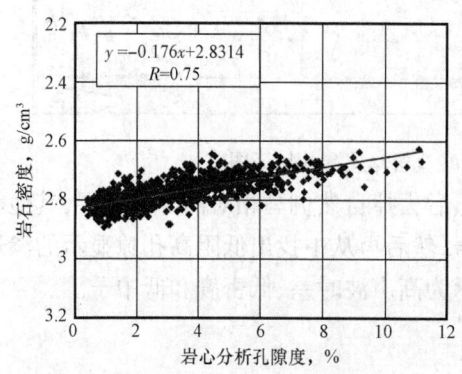

图 3-23 岩心分析孔隙度与岩石密度关系图

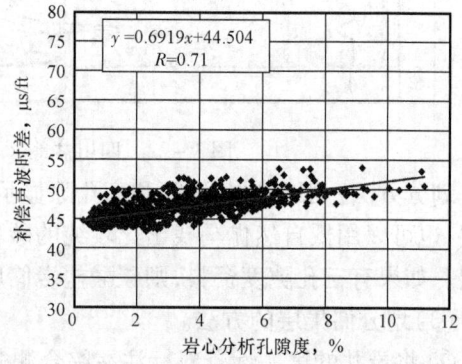

图 3-24 岩心分析孔隙度与补偿声波时差关系图

$$\Delta T = \phi \cdot \Delta T_{mf} + V_{sh} \cdot \Delta T_{sh} + \sum_{i=1}^{n} V_{mai} \cdot \Delta T_{mai} \qquad (3-17)$$

$$\phi_N = \phi \cdot \phi_{Nmf} + V_{sh} \cdot \phi_{Nsh} + \sum_{i=1}^{n} V_{mai} \cdot \phi_{Nmai} \qquad (3-18)$$

$$\rho_b = \phi \cdot \rho_{mf} + V_{sh} \cdot \rho_{sh} + \sum_{i=1}^{n} V_{mai} \cdot \rho_{mai} \qquad (3-19)$$

$$\phi + V_{sh} + \sum_{i=1}^{n} V_{mai} = 1 \qquad (3-20)$$

式中，ΔT_{mf}、ϕ_{Nmf}、ρ_{mf}分别代表流体声波时差（μs/ft）、流体中子孔隙度（%）、流体密度（g/cm³）；ΔT_{sh}、ϕ_{Nsh}、ρ_{sh}分别代表泥质声波时差（μs/ft）、泥质中子（%）、泥质密度（g/cm³）；ΔT_{ma}、ϕ_{Nma}、ρ_{ma}分别代表骨架声波时差（μs/ft）、骨架中子（%）、骨架密度（g/cm³）；ΔT、ϕ_N、ρ_b分别代表声波时差测井值（μs/ft）、中子测井值（%）、密度测井值（g/cm³）；ϕ代表孔隙度；V_{sh}代表泥质含量；V_{ma}代表矿物体积含量。

（3）渗透率。

实际应用中，将影响渗透率的主要因素如孔隙度、泥质含量等参数与岩心分析渗透率等做单相关分析，然后根据单相关分析结果进行多元逐步回归，剔除一些相对不重要的因素。目前砂岩储层中一般使用下面的公式作为渗透率的通用模型：

$$K = a \frac{\phi^b}{\Delta GR^c} \qquad (3-21)$$

通过对上式进行多元回归分析，可得出公式中系数 a、b、c。如某油田渗透率有如下关系：

$$K = 10^{2.3038} \phi^{2.1763} / \Delta GR^{0.8528} \qquad (3-22)$$

其相关系数 $R = 0.7558$。

对纯砂岩地层有时候可以采用 K、ϕ 单相关模型。如四川盆地某砂岩储层的渗透率解释模型为（图 3-25）：

$$\log K = 0.3764\phi - 3.3071 \quad (R = 0.7782)$$

（4）饱和度。

建立饱和度解释模型主要有两类方法：一类是以 Archie 公式为基础，通过岩心样品的岩电实验获得 Archie 公式中的常数项 a、m、b、n，从而根据 Archie 公式计算出含水饱和度。第二类方法是在油基钻井液取心分析基础上采用多元统计分析法直接建立饱和度模型。对于 Archie 公式：$S_w = \sqrt[n]{\dfrac{abR_w}{R_t^m}}$，两边取对数，经整理可得

$$\lg S_w = a_0 + a_1 \lg R_w + a_2 \lg \phi + a_3 \lg R_t$$

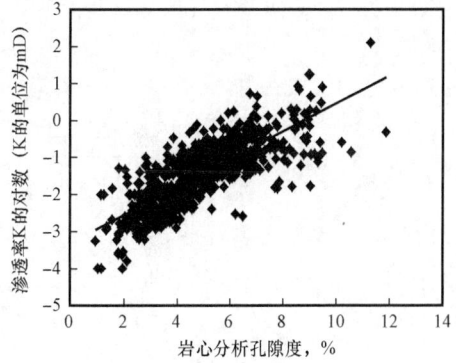

图 3-25　四川盆地某砂岩储层的岩心分析孔隙度与渗透率关系图

胜利孤岛油田对 Ng 层位进行了实际回归统计,建立了含水饱和度的计算公式:

$$S_w = 0.09177 \lg R_w - 0.40614 \lg \phi - 0.42186 R_t - 0.29359 \quad (相关系数 0.9001)$$

思 考 题

1. 探井类和开发井类的井类别分别有哪些？探井类的命名原则是？
2. 定向井的概念、应用及井身参数？
3. 地质录井工作者应具备哪些基本素养？
4. 请列举影响钻时长短的因素。
5. 请说明岩屑迟到时间的确定方法以及真假岩屑的判断方法。
6. 请说明滴水实验如何判断岩心含油水情况以及岩心归位的方法。
7. 请说明岩屑录井和岩心录井的作用。
8. 请说明地震波传播速度的主要影响因素。
9. 如何在常规测井曲线上识别出砂岩储集层和碳酸盐岩储集层？

第四章　油气藏动态资料获取及应用

油藏在开发以前处于静止状态,当其钻井采油后,油藏内的流体就由原始静止状态转变为运动状态。由于井与井之间的油层是相互连通的,它们的产量和压力都会相互影响。油田动态就是指油藏内部油、气储量的变化;油、气、水分布的变化;压力的变化,生产能力的变化等。在油田开发过程中,通过对油藏开发动态的分析研究,掌握其变化规律和控制因素,预测其发展趋势,制定新的开发策略,编制油田调整挖潜方案和生产规划,以获得更多的石油和天然气。

油田动态分析工作需要录取大量反映油田动态的资料,通过对这些资料的整理和分析研究,可以从中解释生产现象,发现规律,解决生产问题。

第一节　地层测试与试油资料

一、地层测试

(一) 地层测试概述

在油气田勘探过程中,应用钻井方法钻穿油气层,通过钻井地质录井及地球物理测井取得各种地质和地球物理资料,它们能直接或间接地指出油气层的层位。为了认识和鉴别油气层,掌握油气层的客观规律,为油气田开发和开采提供可靠的科学依据,在找到油气层后,还要在钻井过程中或完井后对油气层进行测试,获取动态条件下地层和流体的各种特性参数,如油气层产量、压力、产液性质、地层渗透率、流体样品等资料,从而及时准确地对产层作出评价,这一类工作被称为地层测试(formation testing)。如果测试时间长些,还可探测地层边界。所以对一口井的最终评价,包括是否具有工业价值,油气藏属于什么类型,油气层有什么特性,油气水的性质如何等问题都有待于地层测试来完成。

由于地层测试是评价油层最重要的方法之一,世界各产油国都将地层测试作为一项重要技术加以研究,测试工具方面和资料处理方面的发展都很快。美国在 1961 年研制出第一台多流测试器(MFE),测试器只要简单地上下运动就可打开或关闭测试阀,能在井下取得流体样品,并能进行多次流动与关井测试。20 世纪 70 年代又研制出用于海洋钻井和斜井的压力控制测试装置(PCT)。80 年代研制出遥控测试系统,使地层测试方法出现了飞跃。操作者能直接读出流量、液体类型、压力与其他测试数据,同时还能监控和描述测试曲线。20 世纪 90 年代斯伦贝谢等西方石油公司研制出了组合式地层测试器。组合式地层测试器采用模块化设计,可以根据测试需要安装不同的功能模块,仪器工作灵活性大。与重复式地层测试器相比,加大了预测室体积,增加了流动控制组件、连续泵排组件、多个取样筒、流体样品自动识别系统等;仪器的探测半径大,取样质量高,仪器一次下井可以对多点地层取样,对地层垂向渗透率和各向异性测试精度高。其中,斯伦贝谢公司推出的组装式地层动态测试器、阿特拉斯公司推出的油藏特性测试仪以及哈里伯顿公司研制的油藏描述仪,代表了电缆式地层测试器发展的前沿。

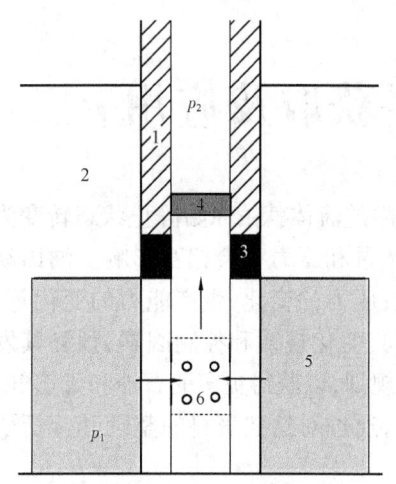

图4-1 地层测试原理示意图
1—钻井液;2—隔层;3—封隔器;
4—测试阀;5—测试层;6—筛孔

(二)地层测试的原理

地层测试的基本原理是用钻杆或油管将测试工具送到井下待测试位置,座封好封隔器,将测试层与上下其他层段隔开,然后在地面控制打开测试阀,在地层和井筒之间造成较大的压差(地层压力 p_1 > 井筒内压力 p_1'),地层中的流体在压差的作用下流入井筒中,经过测试仪器流到地面,即可获得测试层的产量、压力以及地层条件下的流体样品等资料(图4-1)。

(三)地层测试方法

近些年来,无论在国内或国外,地层测试技术都被广泛应用。大部分探井和部分生产井都要进行地层测试,主要测试方法有以下几种:

1. 钻柱测试(drill stem testing)

钻柱测试是用管柱将测试工具下到预计井深,用封隔器将测试层与其他地层隔离;通过在地面旋转、上提、下放管柱或依靠环空压力控制,使井下测试阀多次打开和关闭;在压差作用下,使测试层中的流体流入测试工具;开井获得油气水产量、流动压力和产液性质;关井获得地层静压和恢复压力。

钻柱测试按时间先后可分为中途测试、完井测试;按不同类型的井分为裸眼井测试和套管井测试;按测试方式可分为常规测试和跨隔测试。中途测试是在钻进中一经发现油气层或重要油气显示后,立即停钻并下入专门的测试仪器和地层封隔器,采用钻杆做油气流出地面通道的测试方式;完井试油是在发现或钻穿油气层以后,先进行完井(下套管、固井),然后射开目的层,采用油管做油气流出地面通道的测试方式。常规测试是最简单的一种,其封隔器下部只有一个测试层;跨隔测试是在一口井有多层的情况下对其中某一层进行的测试,要求必须有两个封隔器将测试层的上部和下部都隔开。

2. 电缆地层测试

电缆地层测试是在钻井过程中或完钻后,利用电缆地层测试器对地层进行压力降落和恢复测试。目前,电缆式地层测试器可测量地层压力、采集地下地层流体、估算有效渗透率、预测产能、预测油气界面、油水界面、气水界面及判断储层的连通性等。与试井和DST相比,电缆式地层测试相当于一种微型试井,它是用电缆将测试器下至测试层进行测试。井下测试器的操作由地面的测井车控制,下井仪器操作的全过程都记录在胶卷上。

二、钻柱测试

(一)工作程序及步骤

下面以多流测试器 MFE(multi-flow evaluation)为例,说明钻柱测试的工作流程和步骤。测试器在井下工作状态可分为4个步骤:下入井内、开井、关井、从井内取出(图4-2)。

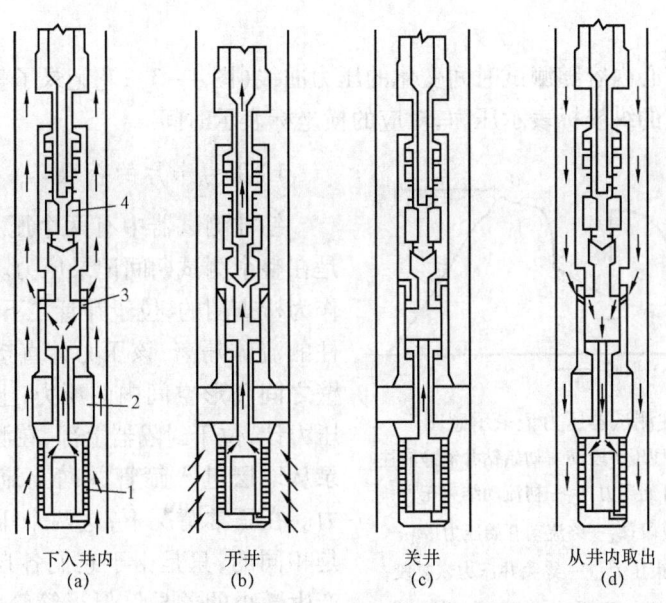

图4-2 MFE测试工具井下工作状态(据C.S.马修斯等,1983)
1—筛管;2—封隔器;3—旁通阀;4—测试阀

1. 下入井内

测试工具按一定顺序连接在钻杆端部,下入井中。在此过程中,封隔器松开,测试阀关闭,旁通阀打开,如图4-2(a)所示。井筒内的钻井液就可以由筛管经旁通阀和环形空间返至地面,可避免封隔器产生活塞效应,造成地层堵塞。这时钻杆内的压力保持在0.1MPa左右。

2. 开井

测试工具下至目的层后,坐稳封隔器,关闭旁通阀,测试阀随即打开,如图4-2(b)所示。这时,封隔器以下地层原来所承受的液柱压力全部由封隔器承担。测试层的流体经筛管和测试阀流入钻杆内。如果测试井很深,地层压力很高,需要在管柱内充水,管柱内的充水称为水垫。未加水垫或气垫时,测试层在开井瞬间的回压接近于大气压力,在这种大压差的作用下,地层流体容易流出,轻微堵塞可以解除,获得地层的最大产量。

3. 关井

关井时MFE的工作状态如图4-2(c)所示,测试阀关闭,使地层压力得以恢复。在此过程中,压力计测量该层的压力恢复曲线,取样器取到终流动时的流体样品。

4. 从井内取出

当压力稳定后,就可结束全部测试工作,起出井内测试工具,如图4-2(d)所示。测试阀关闭,旁通阀打开,上提钻具,封隔器松开,将测试工具起至地面,取出地层流体样品,进行分析。

(二)钻柱测试成果

钻柱测试的主要成果包括压力卡片,油、气、水的产量,以及地层条件下的流体样品。

1. 压力卡片

压力卡片的核心内容随测试时间变化的压力曲线(图4-3),它记录了整个测试过程的压力变化。曲线对应的纵坐标表示压力,对应的横坐标表示时间。

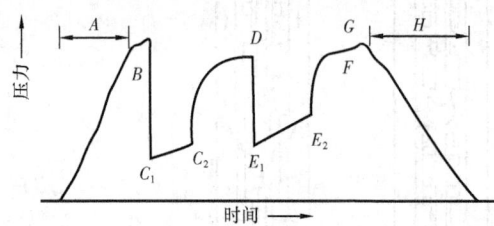

图4-3 钻柱测试器压力记录示意图
A—下井钻井液静液柱压力段;B—初始钻井液静液柱压力;C_1—初流动开始压力;C_2—初流动结束压力;D—初关井压力恢复段;E_1—终流动开始压力($E_1 = C_2$);E_2—终流动结束压力;F—终关井压力恢复段;G—终钻井液静液柱压力;H—最终钻井液静液柱压力

1)压力卡片的获取

钻柱测试器中有两个压力计,它们的作用是在整个测试期间记录压力。其中下压力计是作为检查用的,位于筛管之下,它与通过测试管柱的流体隔离,该压力计直接测量支撑管与井壁之间环形空间内的压力;上压力计又称管内压力计,位于封隔器上部,在测试过程中直接记录从地层进入筛管并向上流入钻杆的流体压力。在正常情况下,这两个压力计记录的压力是相同的,只是由于它们各自所处位置不同而产生微小的差异。但当筛管的孔眼被堵塞时,两个压力计压力就不相同了。因此,可以用这两个压力来检查地层测试器的工作情况。测试期间的井底压力是通过井下压力计的压力记录装置记下的压力曲线得到的。

2)压力卡片的标准形式

在常用的二开二关井测试中,钻柱地层测试所提供的压力资料包括初开井和初关井的压力资料、终开井求产过程中连续的流动压力资料和终关井的压力恢复资料。这些压力资料是在压力卡片上以曲线形式被记录下来的。实测压力记录曲线受到多种因素影响,形态变化无穷,但它都是以标准曲线为基础,因此必须了解和掌握压力记录的标准曲线形式。

图4-3所示为二开二关油井压力卡片记录的曲线。A段表示随工具下井深度增加而增加的钻井液静液柱压力。工具下到井底后,钻井液静液柱压力达到最大,B点的压力为初始钻井液静液柱压力。封隔器座封后,打开测试器,流体从地层流入测试工具,被测试层段处的压力急速下降,直到C_1点,C_1点的压力是初流动开始压力。若不采用水垫或氮气垫,C_1点的压力值应与空钻杆内的大气压力接近。从C_1点开始,流体将不断从地层通过筛管进入钻杆,在此期间压力逐渐上升,初流动结束时压力为C_2。此段曲线形状决定于地层的渗透率、流体黏度与密度以及测试层的厚度。随即开始初关井压力恢复,初关井压力为D。如果关井时间足够长,D点压力将是地层静压力(通常不会达到地层静压力)。随即进行第二次流动和关井压力恢复试验。二次开井后,压力迅速下降,终流动开始压力为E_1,E_1应和C_2近似相等。从该点开始,流体将从地层流入钻杆,压力上升,该段最大压力为终流动结束压力E_2,终流动结束前取样器取到终流动时的流体样品。终关井后压力恢复,终关井压力为F。测试器关闭,提松封隔器,使压力恢复到钻井液静液柱压力G。在G点后将测试器起出,压力逐渐降低为H段。直到起至地面,整个测试过程至此结束。

除通常所用的二开二关井测试外,尚可进行多次的开井和关井测试。

3)压力卡片的检查

压力卡片采集以后,在对压力记录卡片进行解释和计算之前,应进行初步的检查,以确定压力卡片是否合格,是否有使用价值。合格压力卡片应具有以下特征:

(1)压力基线(零压线)直而清晰,起始点压力为零。

(2)卡片能完整地记录测试全过程的压力变化。在两次开关井测试时8个压力点(B、C_1、C_2、D、E_1、E_2、F、G)停点清晰(图4-3),时钟行程与地面计时相符。

(3)卡片记录的初始和最终液柱压力相等,即 B 点与 G 点压力相等,而且与液柱回压相符合。但要注意区别测试漏失层时,因钻井液漏失造成 G 点压力小于 B 点压力。

(4)座封后打开测试阀,测试进入流动期,压力曲线急剧下降,关井后压力曲线逐渐上升或有规则上升。

(5)流动压力恢复曲线与关井压力恢复曲线光滑,无异常突变。其压力变化点与开关井时间一致。

(6)终流动压力的终止点压力值与总回收液体高度折算的回压相符合。

2. 油、水、气的产量

1)油、水产量的确定

油、水产量是钻柱测试应取的主要资料之一。若测试井的液体能自喷到地面时,通过油嘴和分离器的控制,确定油水产量。若测试井液体不能自喷,可根据钻杆内液面的高度计算测试井的产量,有

$$Q = \frac{H}{t} V_u \times 1440 \qquad (4-1)$$

式中 Q——液体产量,m^3/d(地面);

H——液柱高度,m;

V_u——单位长度钻杆(钻铤)的容积,m^3/m;

t——流动时间,min。

2)产气量的确定

为了准确地得到井的产量,对气井和油井都要测量气量。因为油中含气量的多少影响到油的体积。测定气量的方法较多,一般使用孔板流量计(原理为气体经过孔板时,流速增加)。当气流速度小开临界速度时,孔板前后的压差越大,流经孔板的气量越大。所以测定孔板前后的压降就能算出气量。

测试层产气量较小时,可使用垫圈流量计,测试范围从几十立方米到几千立方米。

3)地层条件下的流体样品

各类钻柱测试器均可取得地层条件下的流体样品,通过分析,得到地层条件下的压力、体积、温度等参数。

综上所述,成功的钻柱测试应取全取准压力、产量(油、气、水)和井下取样全部资料,通过这些资料的化验、分析和计算处理取得如下成果:(1)压力(原始、流动)和完整的压力恢复曲线;(2)产量(油、气、水)和潜在产能、气油比;(3)采油指数;(4)有效渗透率或传导系数;(5)堵塞系数和表皮系数;(6)井的边界形状或到产层边界的近似距离;(7)裂缝、衰减及驱动类型的分析;(8)利用分析化验资料对形成油藏的可能性进行评价,对地下烃类相态作出判断;(9)单井控制储量计算;(10)单井生产动态的预测。在此基础上对测试层作出评价。

(三)压力卡片的解释和应用

压力卡片是在地层动态条件下取得的,由压力曲线进行解释而得出的地层参数是地层某一性能的综合反映,这是其他静态方法所不能比拟的。但是这种测试方法由于井身条件等因素的影响,测试器不能在井下停留过长的时间,因此所取资料也存在一定局限性。

1. 压力卡片的定性解释

对于钻柱测试压力卡片的定性解释,一般以压力卡片上第二次测试的流动段为依据,根据流动段的斜率来定性解释地层的渗透率。一般情况下,流动段 $E_1 \sim E_2$ 的斜率越大,则地层的渗透性越好。如图4-4所示的A、B两张压力卡片,A卡片的终流动段斜率明显大于B卡片的终流动段斜率,因此可以定性地判断A卡片所代表的地层渗透率大于B卡片所代表的地层渗透率。

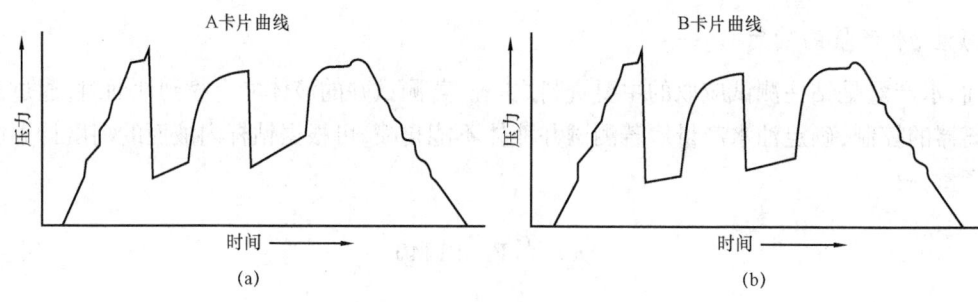

图4-4 某井的两张压力卡片图

2. 压力卡片的定量解释

除定性分析外,为了进一步对地层做出准确的评价,还要对压力资料进行定量解释及计算。压力卡片的定量解释与计算包括两个过程,首先是利用压力卡片进行压力资料分析,然后是利用压力资料分析结果确定地层参数。由于压力卡片和电子压力计资料是在地层动态条件下取得的,因此其所解释的参数较真实地反映了地层实际的流动能力和井周围的地质情况。

1)压力卡片定量解释的理论基础

对压力卡片和电子压力计资料的分析,实际上就是分析压力恢复和降落曲线。解释压力恢复或降落曲线的基本公式是根据渗流力学理论推导出来的。尽管理论上可用流动段及压力恢复段的压力资料求取地层参数,但多采用压力恢复段进行解释。在压力恢复段的常规试井解释方面,人们使用较多、理论上较为成熟的是霍纳法(由 Horner 在1951年提出)。后来发展了双对数曲线拟合法,又称现代试井分析方法。当前国内外普遍把霍纳法和双对数曲线拟合法结合使用,收到很好的效果。下面以霍纳法为例,说明压力恢复曲线的分析及应用的基本原理。

霍纳法是把可压缩流体的体积随压力变化的定律、物质守恒定律、达西定律用数学方式统一起来并作了下述假设:符合径向流动、均质地层、处于稳定状态、无限大油藏及单相流动。公式是在严格的假设条件下推导出来的,但实践证明这并不影响它的实用性。

霍纳法表达式为:

$$p_{ws} = p_i - m\log\frac{t_p + \Delta t}{\Delta t} \tag{4-2}$$

式中　p_{ws}——随关井时间变化的井底压力,MPa;
　　　p_i——原始地层压力,MPa;
　　　m——井底压力恢复(压降)曲线在半对数坐标中的直线段斜率,MPa/cycle;
　　　t_p——开井生产流动时间,h;
　　　Δt——关井压力恢复时间,h。

$$m = \frac{2.121 \times 10^{-3} q\mu B}{Kh\rho_o} \quad (4-3)$$

式中　q——关井前的稳定产量,m³/d;
　　　μ——流体的黏度,mPa·s;
　　　B——流体体积系数,小数;
　　　K——地层渗透率,μm²;
　　　h——地层有效厚度,m;
　　　ρ_o——地面脱气原油密度,t/m³。

从式(4-2)可以看出,在理想情况下,p_{ws}与 $\log\frac{t_p+\Delta t}{\Delta t}$ 的关系曲线应是一条直线,m 为斜率,p_i 为截距,如图4-5所示。但在油田实际情况下,该曲线第一部分并不是直线,如图4-6所示,是受续流影响的结果(由于关井后井底压力比地层压力低,因此地层中的流体继续流入井内,并压缩井筒中的流体,产生续流现象)。当续流效应消失,压力恢复曲线为一直线。直线段常在关井后期出现,达到直线段的关井时间长短是不一样的,关井压力恢复是否达到直线段,绘制 p_{ws} 与 $\log\frac{t_p+\Delta t}{\Delta t}$ 的关系图可以直观地表示出来。

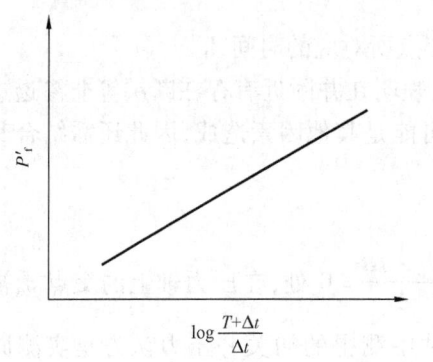
图4-5　压力对 $\log\frac{T+\Delta t}{\Delta t}$ 的理想图
(据Johnston Testers)

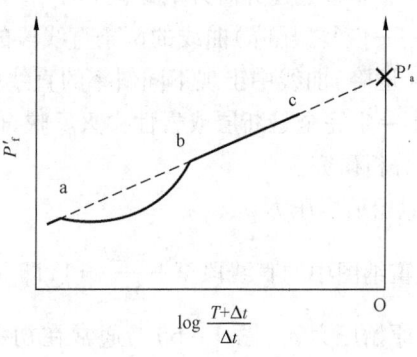
图4-6　压力对 $\log\frac{T+\Delta t}{\Delta t}$ 的实际图
曲线最初部分表示续流的影响
(据Johnston Testers)

2)地层参数的计算

应用压力资料分析成果,可以得出一系列计算或分析地层参数和井况的公式。下面简要介绍一下地层流动系数、地层产能系数、地层渗透率以及非渗透边界距离的估算。

(1)地层流动系数。

由式(4-3)可以得到计算地层流动系数 $\left(\frac{Kh}{\mu}\right)$ 的公式:

$$\frac{Kh}{\mu} = \frac{2.121 \times 10^{-3} qB}{m\rho_o} \tag{4-4}$$

(2)地层产能系数。

在测得原油的黏度 μ 值后,根据式(4-4)就可以将地层产能系数 Kh 值计算出来:

$$Kh = \frac{2.121 \times 10^{-3} q\mu B}{m\rho_o} \tag{4-5}$$

(3)地层渗透率。

在知道地层的有效厚度后,根据式(4-5)就可以把地层渗透率 K 计算出来。K 是评价地层允许流体通过能力的最重要的参数或指标。

$$K = \frac{2.121 \times 10^{-3} q\mu B}{mh\rho_o} \tag{4-6}$$

(4)非渗透边界距离。

如果在井附近存在封闭性断层或地层岩性尖灭,试井时压力恢复曲线的直线段将会发生上翘现象,这表明压力的传播受到阻挡。一般上翘直线段的斜率要比原直线段的斜率高出一倍左右。

求测试井与非渗透边界距离的公式为:

$$d = 1.422 \sqrt{\frac{Kt_k}{\phi\mu C_t}} \tag{4-7}$$

式中 d——非渗透边界离井的距离,m;

t_k——恢复(压降)曲线的两条直线段的交点所对应的时间,h。

恢复(压降)曲线中出现不同斜率的直线段,表明在井附近有存在断层等非渗透边界的可能,但并不一定完全是断层或岩性尖灭反映,也可能是其他因素造成,因此还需结合其他相关资料进行分析研究。

(5)原始地层压力 p_i。

外推霍纳图中的直线段至 $\frac{t_p + \Delta t}{\Delta t} = 1$,即 $\log \frac{t_p + \Delta t}{\Delta t} = 0$ 处,在压力轴上的交点 p_a 被认为是地层推算原始压力 p_i(图4-6)。通常在初关井中测得的初关井压力认为是实测原始地层压力。

(四)钻柱测试的注意事项

做好一口井的测试涉及多方面的工作,如测试工具的保养操作,井身质量及钻井液性能等。对取全取准资料影响较大的有关问题简述如下。

1. 合理选择测试层段和座封位置

测试层段:油气层、可能油气层(测井)、油气显示层(录井)。要求厚度小,有良好的隔层。

座封位置:一般根据井径和钻时曲线选择裂缝不发育的石灰岩和白云岩、致密砂岩、井壁规则的泥质砂岩、粉砂岩等为座封位置。

2. 地层压力预测

地层压力通常等于静水柱压力,根据测试层位海拔高度可以估算地层压力,根据地层压力大小选择压力计和设计测试工艺。这种预测尤其对存在异常压力地区更为重要。

3. 对钻井工艺技术要求

钻柱测试主要是在裸眼井中进行,因此对井身质量有一定要求,以保证测试工作安全进行。其具体要求是:井径规则、井斜尽可能小;泥浆性能良好,对油气层污染小;井壁不垮塌,并根据钻井液密度和失水量估计测试层的堵塞情况;搞好钻井地质录井,选准测试层段和座封位置。

4. 测试时间的分配

在地层测试施工之前,技术负责都要做一份书面的"地层测试设计"。而测试中开关井时间的合理安排是设计书中的重要部分。开关井时间设计不合理会影响测试资料的取全取准,影响合格的测试压力卡片的获取,从而给油藏工程造成不能正确计算地层参数和评价地层等方面的麻烦,甚至造成严重失误。

一般地,测试开关井时间的设计,是根据其测试目的和井眼可供安全测试的时间来分配的。决定测试总时间的原则是:保证测试结束后,测试工具能安全取出。当允许的测试时间较短时,各测试段时间的划分就十分重要,一般划分原则为(二开二关):

(1)初流动:3~5min,主要是释放钻井液柱压力,排除井壁附近的堵塞。
(2)初关井:≥1h,以便接近原始地层压力。
(3)终流动:以获得较稳定的产量为准,至少能查明地层中流体的类型。
(4)终关井:应获得霍纳恢复曲线中的直线段。当产层条件发生变化时,关井时间也随之变化。一般比终流动时间稍长一些。对于低渗透油藏,为了获得能进行分析处理的压力恢复数据,需要进行更长时间的压力恢复。

三、电缆式地层测试

为了正确认识油田,制定开发方案,需要进行广泛的评价工作。这期间要获取大量高质量的地层动态资料及流体样品,以便为将来的开发做准备。而获取这些数据,若仅仅依靠常规钻杆地层测试,费用将会很大。而电缆式地层测试器主要用于多油层的参数确定和产能预测。世界三大测井公司斯伦贝谢公司、阿特拉斯公司和哈里伯顿公司都先后推出了自己的电缆地层测试器(表4-1)。由于三大测井公司的电缆地层测试器原理相差不大,且斯伦贝谢公司的重复式地层测试器RFT(repeat formation tester)是最具代表性、在油田应用最广泛的一种电缆式地层测试,因此下面以斯伦贝谢公司的RFT为例对电缆式地层测试进行介绍。

表4-1 世界三大测井公司电缆地层测试器一览表

仪器名称	RFT(repeat formation tester)	FMT(formation multi-teseter)	MDT(modular formation dynamics tester)	CWFT(casing wells formation tester)
生产厂家	斯伦贝谢公司	阿特拉斯公司	斯伦贝谢公司	哈里伯顿公司
适宜井别	裸眼井	裸眼井	裸眼井	套管井
特点	最具代表性,油田应用最广泛	结果比较简单,效果受到一定影响	代表电缆式地层测试的最高水平,价格昂贵	主要在国外使用

(一) RFT 测试器工作原理

RFT 的测试原型与钻柱测试相似,就是利用地层与测试管路间的巨大压差,将地层流体引入到测试器内,从而对地层压力及流量等进行测试。

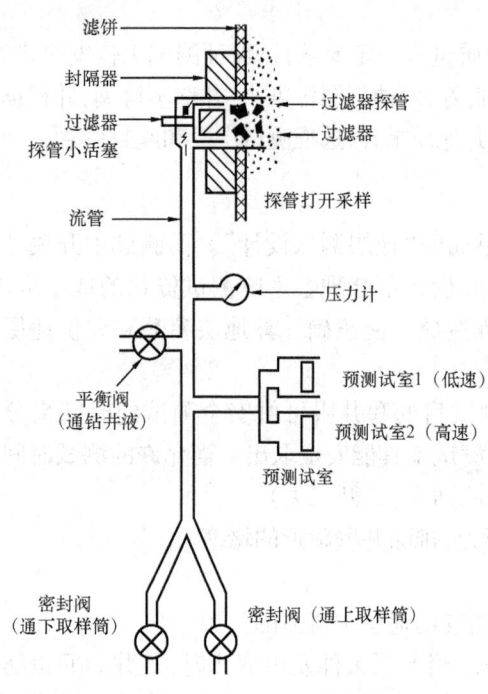

图 4-7　RFT 工作原理图(据郭海敏,2003)

RFT 井下仪器包括:(1)由地面控制的仪器推靠系统;(2)液压系统:地层密封器、过滤器、探针等;(3)取样筒:一个容积为 3780 cm^3,另一个容积为 10409 cm^3。取样时可以使用水垫及阻流器控制流速。图 4-7 为其工作原理图。

RFT 仪器的具体测量过程如下:

(1)根据自然电位(SP)、自然伽马(GR)及其他测井曲线,确定应测试地层的深度。

(2)封隔器在弹簧压力作用下,压在地层上,同时推靠臂推靠在相反的井壁上,固定测试器。此时,封隔器能阻止钻井液的侵入。当探管被压入地层时,地层中的液体经过过滤器进入管线,由此形成地层与预测试室的连通通道。

(3)当探管中的小活塞滑到探管根部时,封隔器继续压向井壁,一直到仪器完全固定于井壁为止。这时压力稍微升高,然后进行第一次预测试。此时,预测试室中的大活塞开始运动,流体以流量 q_1 充满预测试室 1,时间大约为 15min。

(4)预测试室 1 充满后,预测试室 2 开始工作。流体以流量 q_2 充满预测试室 2,q_2 比 q_1 大 2~2.5 倍。充满 10cm^3 的空间所需时间约为 7s。第二组压力降落数据也同时被记录下来。

(5)当活塞达到底部时压力便开始恢复,同时记录压力恢复数据。是否结束压力恢复测试可根据地面记录的曲线确定,一般记录到地层压力数据后,即可结束测试。

(6)若要进行地层取样,可根据记录曲线的形状确定。若仪器的密封性和地层渗透性良好,可打开取样阀取样。

(7)打开通向钻井液的平衡阀,再测一次钻井液压力。用活塞推出探头内的液体,过滤器同时被清洗干净,随后收回推靠臂、探管和封隔器,并将仪器移到下一个目的层进行测试。

(二) 测试成果

电缆式地层测试的主要成果为两大类:一类是测试曲线,即压力随时间变化的曲线;另一类是回收的流体。下面重点介绍一下测试曲线。

电缆地层测试曲线如图 4-8 所示,它为整个测试过程的模拟压力记录曲线。a 段表示打开平衡阀后记录的静液柱压力(钻井液柱压力)曲线。b 段表示推靠臂推向井壁、封隔器压向井壁及滤饼、探管进入地层表面时的压力记录曲线,这时压力有一些增加。c 段表示探管中小活塞抽吸,测试空间经过滤器与地层连通时的压力记录曲线,此时流压下降,探头继续压迫井壁。d 点表示探管内的小活塞完成抽吸并停止运动时的压力记录,此时压力稍微回升。这是封隔器向井壁继续施压造成的。e 段表示第一个预测试室大活塞工作时的压力记录,开始时间为 t_0,结束时间为 t_1,流量为 q_1,此时压力下降一小段,尔后基本保持稳定 ΔP_1(ΔP_1 等于地层压力减去第一预测试阶段的稳定压力)。当活塞1达到终点时,压力有一个小尖峰,尔后开始下降。f 段表示第二个预测试室工作时的压力记录,开始于 t_1,结束于 t_2,流量为 q_2。由于第二预测试室的抽液速度为第一预测试室的两倍以上,因此压力下降幅度更大。当第二个预测试室的活塞到达终点时,压力开始恢复,经过时间 Δt 后,恢复到原始地层压力。这段恢复曲线在图中用 g 表示,开始先快速上升,之后平稳增大,最终达到地层压力,所用时间仅主要取决于地层渗透率。

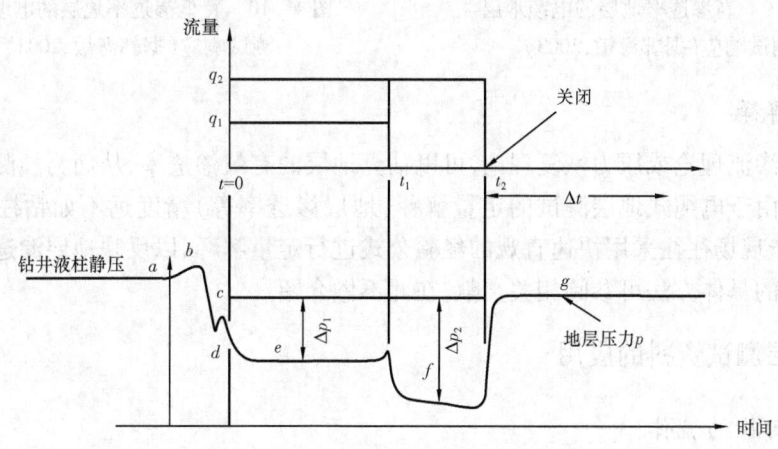

图 4-8　电缆式地层测试压力曲线图

(三) 测试资料解释

1. 定性解释

在地层测试中,当测试器及地层流体性质等相似时,不同渗透性的地层具有不同的压力测试曲线形态,它们存在明显的差异。这是因为地层的渗透率不同,必然导致地层流体进入测试器的流速不同,如高渗地层流速大,测试压力恢复快,反之亦然,从而导致测试压差(Δp)出现明显的不同。

1) 高渗地层

图 4-9 为高渗透率($K = 1000\mathrm{mD}$)地层的压力测试曲线。由图可知,抽吸流体造成的压降 Δp 很小,而且 Δp_1 和 Δp_2 差异小。

2) 特低渗地层

图 4-10 为特低渗透率($K = 5\mathrm{mD}$)地层的压力测试曲线。图中显示,第一次测试初期,压力下降得很快。由于流体从地层中流出很慢,第二次测试期间,压力降落很小,之后的压力恢复速度也很慢。若地层为干层,测试过程的压力降可能为零或负值,并且保持不变,与探测器完全被堵塞时的模拟记录相似。

3) 中渗地层

图 4-8 为中等渗透率($K = 200\mathrm{mD}$)地层的压力测试曲线。图中显示,第一次测试期间,

压力有一定程度的下降，Δp_1 为中等。第二次测试期间，压力继续下降，Δp_1 与 Δp_2 有一定的差异。

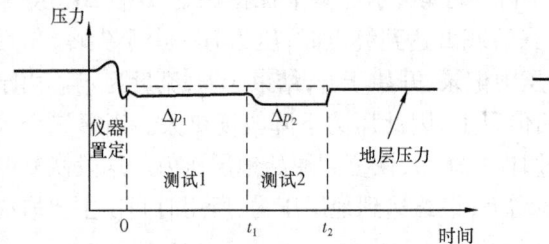

图 4-9　高渗透率地层的电缆地层
测试响应（据郭海敏，2003）

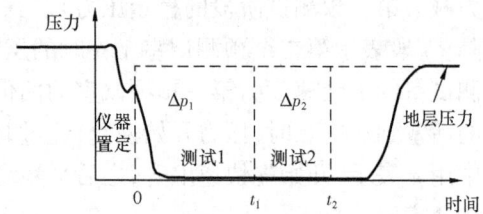

图 4-10　特低渗透率地层的电缆地层
测试响应（据郭海敏，2003）

2. 定量解释

根据球形渗流理论或压力恢复理论，可以估算地层的有效渗透率，从而为预测储层的产能提供了可能。由于电缆式地层测试的定量解释（地层渗透率等）精度远不如钻柱测试的解释精度，因此生产现场往往采用快速直观的经验公式进行定量解释，以反映地层渗透率的相对大小。定量解释的具体方法可参阅相关文献，在此不做介绍。

（四）地层测试资料的应用

1. 分析回收的流体

流体取到地面后，首先准确计量油、气、水的体积，然后采用分析仪器测定地层流体的黏度和油的密度。当地层测试回收流体的数量超过 1000mL 时，便能进行准确的定量分析。

1）气油比

根据取样罐中回收的天然气的体积（V_g）、原油的体积（V_o）及水的体积（V_w），则可以计算出气油比，有

$$GOR = \frac{V_g}{V_o} \tag{4-8}$$

同理，也可以计算气水比，有

$$GWR = \frac{V_g}{V_w} \tag{4-9}$$

2）估算地层水相对体积与产水率

地层测试器回收的水一般是钻井滤液和地层水的混合物，如果地层水的数量很小，则多半是钻井滤液。如果回收水的数量很大，可以通过分析确定矿化度，并查出其电阻率 R_z，或直接测量 R_z。然后根据测井资料或邻井的测试资料确定地层水电阻率 R_w 和钻井滤液电阻率 R_{mf}，这样便可以计算出地层水相对体积 W。

$$W = \frac{V_{wf}}{V_w} \tag{4-10}$$

式中 V_{wf}——地层水的体积。

V_w——回收的混合水体积。

若把混合水电阻率看成地层水电阻率(R_w)和钻井滤液电阻率(R_{mf})两部分并联构成,则

$$\frac{1}{R_z} = \frac{W}{R_w} + \frac{1-W}{R_{mf}} \tag{4-11}$$

解得的地层水相对体积 W 的计算公式为

$$W = \frac{R_{mf}/R_z - 1}{R_{mf}/R_w - 1} \tag{4-12}$$

这样便可算出产水率 F_w,有

$$F_w = \frac{V_{wf}}{V_{wf} + V_o} \tag{4-13}$$

3)预测地层的产液性质

根据地层测试器回收到的流体类型和体积,可以判断地层的产液性质。有以下几种情况:

第一种情况是只回收到油和气,显然属于油气层。

第二种情况是回收到油和水,若仅为钻井滤液,则地层产纯油;若有地层水,其含量超过回收流体体积的15%,则地层产油和水。

第三种情况是回收到的是气和水,若气量很少且地层水体积很大时,地层将产水,这时的气只是水中的溶解气;若回收气的体积较大且只有少量的钻井滤液,则地层可能只产气,并且可能需要采取增产措施提高产气量;当回收到的气体体积较大且地层水的体积超过回收流体体积的15%时,地层可能产气和水。

第四种情况是回收到的是油、气、水,地层产出的流体将主要取决于回收到的流体的数量。当用2.7USgal(1USgal=3.78541dm^3)的取样筒回收油的体积小于1000cm^{3}时,产液类型取决于回收气量和关闭压力,可查询相应的经验图版估算产层的性质,本教材不再赘述。如果取样筒体积不是2.7USgal,则使用该图版时,应将计量的油、气的体积乘上相应的比例系数。

2. 确定压力剖面及流体界面

渗透率较高时,压力恢复很快,最后的恢复压力与地层压力相同。对于低渗透层,压力恢复较慢,需要用恢复曲线外推求地层静压力。将所有测点处的地层压力沿深度连线,即可确定地层的流体性质及界面位置。

在取得大量的压力数据后,利用地层压力与深度建立的压力剖面,可以估算储层流体密度:

$$\rho = \frac{C(p_1 - p_2)}{(d_1 - d_2)\cos\theta} \tag{4-14}$$

式中 d_1、d_2——测井深度,m;

p_1、p_2——对应深度 d_1、d_2 的地层压力,psi;

θ——井斜角,(°);

C——换算系数。

若 p 用 psi 为单位,d 用 m 为单位,则 $C=0.7032$;若 p 用 psi 为单位,d 用 ft 为单位,则 $C=$

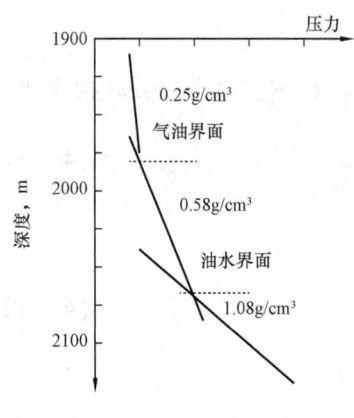

图 4-11 某井的压力剖面图

2.3072；若 p 用 MPa 为单位，d 用 m 为单位，则 $C=101.97$。

用流体密度的大小可以判断油气层，用流体密度与深度建立关系曲线，其交会点即为流体界面（图 4-11）。

3. 分析油藏生产动态

利用不同时期的地层测试压力剖面与原始地层压力剖面进行比较，可以预测产层的流体性质变化，分析油层的递减或动态变化，估计井内层间干扰。比较两口井之间压力的变化，可以确定地层的连通性或不连续性。如果油藏开采过程中压力递减是均匀的，则所得的压力分布平行于原始流体梯度线。相反若递减不均匀，这时压力不再是单一的压力梯度。

第二节 生产动态资料

一、动态资料的录取

油田生产动态资料的录取是以每一口采油井、注水井为单元，按时定期录取。

（一）油井资料

1. 产能资料

产能资料包括油井日产液量、产油量、产水量、产气量、分层的日产液量、产油量和产水量。这些资料可直接反映油井的生产能力及其分层构成。

2. 压力资料

压力资料包括油井及其分层的地层压力、井底流动压力，井口油管压力、套管压力和集油管线的回压。它们可以反映油藏内的驱油能量。

3. 水淹状况资料

水淹状况资料包括油井所产原油的含水率、分层的含水率，检查井和调整井的分层含水率和分层驱油效率等，它可直接反映剩余油的分布及储量动用状况。

4. 产出物的物理、化学性质

产出物的物理、化学性质包括油井所产油、气、水的物理、化学性质。它可以反映开发过程中的油、气、水性质的变化。

1) 油分析

油分析分为全分析和半分析。

全分析包括对含水量、含砂量、原油密度、黏度、凝固点、含蜡量、胶质含量、沥青质含量、含盐量、含硫量及馏程的分析。在选定油井上每年作一次。

半分析包括对含水率、原油密度、黏度、含砂量的分析。在选定油井上半年作一次。

2) 水质分析

水质分析是指对水的化学成分的分析(主要分析碳酸根离子、氯离子、硫酸根离子、钙离子、钾和钠离子、碳酸氢根离子的浓度及总矿化度,硬度、酸碱度等)和物理性质的分析(包括对颜色、气味、舌觉、透明性及悬浮性的分析)。水质分析资料可以了解油层的水是地层水还是注入水。

3) 气分析资料

气分析指对天然气中甲烷、乙烷、丁烷、硫化氢、二氧化碳、氧、氮等气体的含量的分析及对天然气的相对密度等的分析。可以了解该井是油田气顶气,还是原油溶解气,还是气夹层的天然气。新投产井要做一次气分析,以后一般每年做一次。

4) 地层油分析(PVT)资料

地层油是在地层条件下(即高温、高压,而且有溶解气存在的条件下)取得。地层油分析包括饱和压力,地层原油黏度、地层原油密度、原始油气比、原油体积系数、压缩系数、溶解系数等。

5. 井下作业资料

井下作业资料包括施工名称、内容、主要措施参数、完井管柱结构等,如油井压裂的压裂深度、层位,压裂时的排量、破裂压力,加砂的粒度、性质、砂量,压裂液的名称、用量等。

(二)注水井资料

(1)吸水能力资料:包括注水井的日注水量、分层日注水量。它直接反映注水井全井和分层的吸水能力及实际注水量。

(2)压力资料:包括注水井的地层压力、井底注入压力、井口油管压力、套管压力、供水管线压力。它直接反映了注水井从供水到井底的压力消耗过程,反映了井底的实际注水压力以及地下注水线上的驱油能量。

(3)水质资料:包括注入和洗井时的供水水质、井口水质、井底水质。水质一般包括含铁、含氧、含油、含悬浮物等项目。用它反映注入水质的好坏和洗井时井筒的清洁度。

(4)井下作业资料:包括作业名称、内容、主要措施的基本参数、完井的管柱结构等。如酸化的酸化深度、层位,挤酸时的压力、排量,酸的配方,完井管柱的型号等。

二、资料整理与应用

在油气田的开发过程中,为了便于生产管理和分析研究,录取的资料要通过各种表格进行整理,使其系统化、条理化。如油、水井的单井资料;分区、分层系的综合数据表;产油量数据表和分层产量数据表;压力分析统计表;油井、油层水淹状况分析统计表等。除表格以为,常常还用综合曲线图来反映油气田或油、气井的变化情况。根据其用途的不同,综合曲线图有多种形式。如总开采曲线、采油曲线、洗井曲线、增产计算曲线、压力恢复曲线、油气系统曲线等曲线多数以时间为横坐标,其他生产数据为纵坐标。

(一)生产数据表和生产阶段对比表的绘制

在油水井动态分析中应用最多的是生产数据表和生产阶段对比表。将油水井的各种数据收集、填写在表格中。这种表格反映生产情况比较直观,也容易对比。

1. 生产数据表

生产数据表包括油井生产数据表、注水井生产数据表。

1) 油井生产数据表

表4-2是将油井某一阶段的生产情况，按照动态分析的需要，将油井单井数据填入表格内。如果集中反映月的生产情况，可选用"单井当月综合记录"上的数据。如果反映一年内或几年内的生产情况，可选用"单井月度综合记录表"上的数据。

表4-2 油井单井生产数据表

对比时间	生产层位	工作制度	日产量			动液面 m	油性		水性		
			液量 t	油量 t	含水率 %		密度 kg/m³	黏度 mg/L	离子含量 mg/L	总矿化度 mg/L	水型

2) 注水井生产数据表

表4-3是将注水井某一阶段的注水状况，按照动态分析需要而设计的表格。其数据可在"注水井综合记录"和"注水井月度数据"中选取。

表4-3 注水井生产数据表

对比时间	泵压 MPa	油压 MPa	套压 MPa	全井注水量 m³	第一层段			第二层段		
					水嘴 mm	配注 m³	实注 m³	水嘴 mm	配注 m³	实注 m³

2. 阶段对比表

在油、水井动态分析中，如果突出某一阶段油、水井的变化情况或油、水井实施前后的变化情况，可采用阶段对比表。

1) 油井阶段对比表

表4-4为油井阶段对比表，数据可根据分析的需要从"油井综合记录"或"油井月度数据"中选取。

表4-4 油井阶段对比表

对比井号	阶段初				阶段末				对比差值				备注
	日产液量 t	日产油量 t	含水率 %	动液面 m	日产液量 t	日产油量 t	含水率 %	动液面 m	日产液量 t	日产油量 t	含水率 %	动液面 m	

2) 注水井阶段对比表

表4-5为注水井阶段对比表，数据可根据分析的需要，从"注水井综合记录"或"注水井月度数据"中选取。

表4-5 水井阶段对比表

对比井号	阶段初			阶段末			对比差值			备注
	全井注水量 m³	第一层系注水量 m³	第二层系注水量 m³	全井注水量 m³	第一层系注水量 m³	第二层系注水量 m³	全井注水量 m³	第一层系注水量 m³	第二层系注水量 m³	

3)措施效果对比表

表4-6表明了油井实施措施前后的变化情况及增产效果,表内措施前和措施后的数据要选取稳定值。

表4-6 措施效果对比表

措施井号	措施内容	措施前			措施后			增产油量 t	备注
		日产液量 t	日产油量 t	含水率 %	日产液量 t	日产油量 t	含水率 %		

4)生产井注水效果对比表

在油井、水井动态分析中,常常是油井有问题,水井找原因;同样注水井实施措施以后,其效果是在油井上反映出来,因此,这种情况一般采用生产井注水效果对比表(表4-7)。

表4-7 ×××生产井注水效果对比表

对比时间	工作制度	日产量			动液面 m	注水情况				注采比	备注
		液量 t	油量 t	含水率 %		相邻注水井	日注水量				
							1.1一层 m³	2.1一层 m³	3.1一层 m³		

(二)采油、注水曲线的绘制及应用

采油、注水曲线图是利用笛卡尔平面坐标控制数据点连成的关系曲线。它反映油井或注水井各生产数据的变化情况。多数以时间为横坐标,其他生产参数为纵坐标。

图4-12为采油曲线是油井的生产记录曲线,它反映油井开采时各指标的变化过程,是开采指标与时间的关系曲线,它以年、月、日时间为横坐标,以油井各指标为纵坐标,将选取的数点连成曲线,并在曲线图头上注明井号、开采层位、井段、厚度、层数等。自喷采油井曲线数据包括油嘴大小、生产时间、日产液量、日产油量、日产水量、含水率、油气比、地层压力、流动压力、油压、套压、原始地层压力等。抽油井主要包括生产时间、静液面、动液面、冲程、冲次、日产液量、日产油量和含水等项生产指标,如图4-12所示。

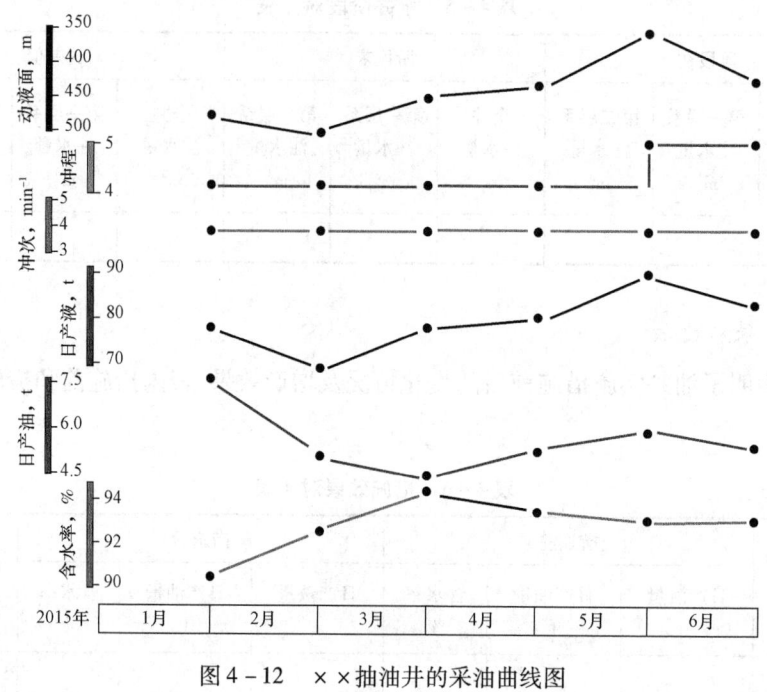

图 4-12 ××抽油井的采油曲线图

1. 采油曲线的绘制及应用

1）采油曲线绘制步骤

（1）在绘图纸的左边以各项生产参数为纵坐标，一般包括油井生产时间、动液面、油嘴或冲程、冲次（或冲数）、日产液量、日产油量、含水率等项指标，并标好适当的坐标刻度值；

（2）以日历时间为横坐标，画在图纸的最下面，建立直角坐标系；

（3）在平面直角坐标系中标出各指标数据与日历时间相对应的点；

（4）将每天开井时数画一段水平线，连接形成城垛状的曲线；

（5）用直线连接其他参数各相邻点，形成有棱角的折线；

（6）在产量线旁注明修井措施，并用箭头指明日期；

（7）标出图名。

2）采油曲线的应用

（1）选择合理的工作制度。

（2）了解油井工作能力，编制油井生产计划。

（3）判断油井生产变化趋势，分析存在问题，检查增产措施效果。

（4）检查和分析注水效果，研究注采调整措施。

2. 注水曲线的绘图及应用

1）注水曲线绘制步骤

（1）以时间为横坐标、以各项注水指标为纵坐标，包括（从上到下布局）注水时间、泵压、油压、套压、全井及分层日注水量。

(2)将绘制井注水综合数据上对应时间(日)的注水指标值准确地点到图纸上(注意:若每月一点,应将注水月度数据上对应时间的各注水指标准确地点到图纸上)。

(3)对于注水井所进行的作业,要将措施内容、作业日期注明。

(4)用不同颜色的线段将各项注水指标相邻的两点逐一连接起来,即为注水曲线。

2)注水曲线的应用

(1)根据注水曲线可以经常检查分析配注指标完成情况。

(2)根据注水曲线可以掌握地层吸水性能,然后分析原因,采取措施进行合理配水,有效注水。

(3)从注水曲线上各项指标的变化可以研究井下动态,以便及时发现问题,解决问题,保持正常注水。

(三)井组动态资料整理与应用

1. 注采井组综合曲线的绘制

综合开发曲线是油田各个开采阶段的生产记录,从曲线的变化上能反映出油田开发形势和生产能力的变化。

综合开采曲线主要包括生产井井数、平均油嘴、平均地层压力、平均流压、综合油气比、月(季)产油量、累计产油量、累计产水量、月(季)注水量、综合含水率等。根据动态分析的范围,可绘制分析分区或全油田的综合开采曲线。它是油田综合分析的重要曲线之一(图4-13)。

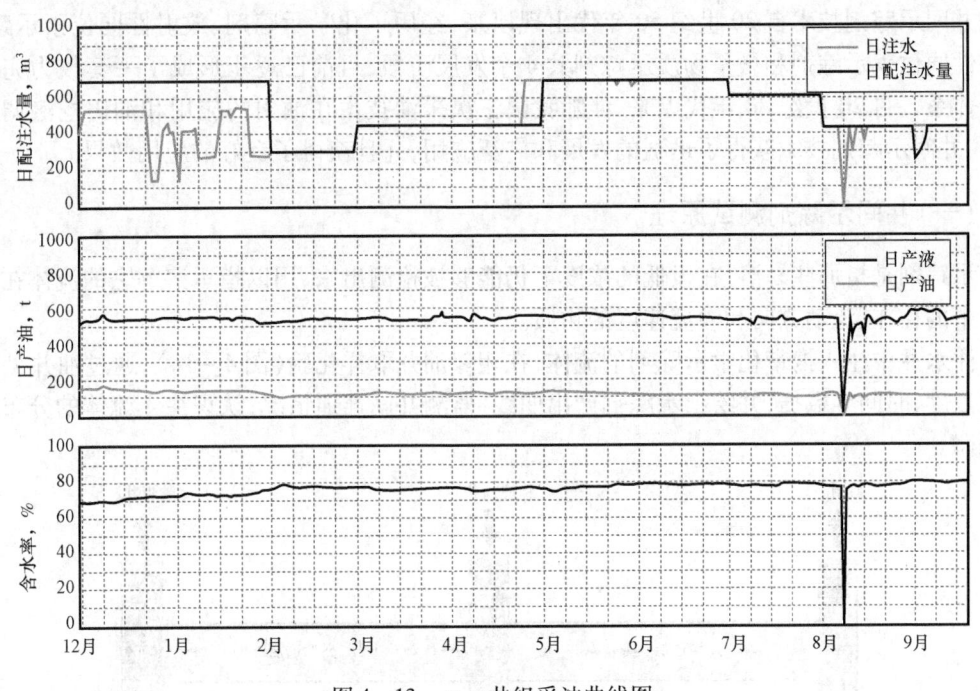

图4-13 ××井组采油曲线图

井组综合开采曲线绘制步骤如下:

(1)绘制注采井组生产数据表,见表4-8。

(2)在米格纸上以注采井组各项指标为纵坐标,以日历时间为横坐标,建立平面直角坐标系。

(3)在平面直角坐标系中标出各指标数据与日历时间相对应的点。

(4)用直线连接各参数相邻的点,形成有棱角的折线。
(5)将作业措施井在产量旁注明,并用箭头指明日期。
(6)上墨染色,标出图名。

表4-8 注采井组生产数据

控制参数 时间	井数	日产量			平均动液面 m	注采比	日注水量 m³	备注
		液量 t	油量 t	含水率 %				

2. 应用

通过注采井组综合开发曲线的绘制与分析可以对比油田驱动类型;观察保持油层压力的效果;检查采油方式和增产效果;预测油田动态。

第三节 动态监测资料

一、井间示踪剂测试资料

井间示踪剂技术自20世纪50年代出现以来,经历了化学示踪剂、放射性同位素示踪剂、稳定性同位素示踪剂和微量物质示踪剂共4个发展阶段,目前已逐步形成了一套较为完整的理论体系。自20世纪80年代以来,伴随我国三次采油技术在油田的应用和油田挖潜调整的需要,井间示踪剂技术获得了迅猛的发展和广泛应用,并且获得了良好的应用效果。

(一)井间示踪剂测试原理

示踪剂是指那些易溶,在极低的浓度下仍能够被检测出来,用以指示溶解它的流体在多孔介质中的存在、流动方向和渗流速度的物质。

注水井中注入携带化学示踪剂的流体,在相邻油井取样化验(图4-14),通过油井见到示踪剂浓度、时间等数据,并绘出示踪剂产出曲线,监测井间连通情况,认识注入流体的分布及运动规律。

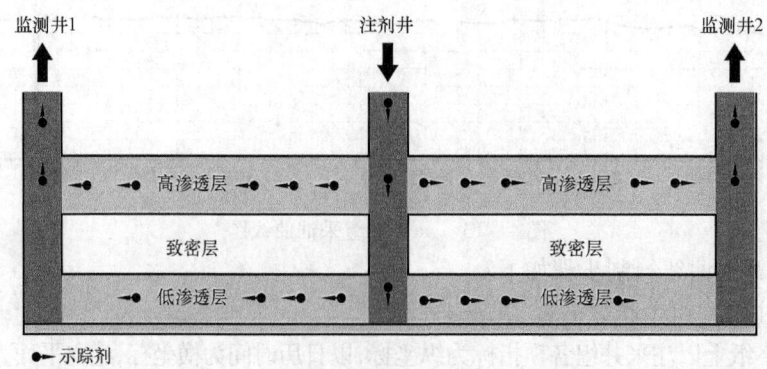

图4-14 井间示踪注采示意图

示踪剂从注水井注入后,首先随着注入水沿高渗层或大孔道突入生产井,示踪剂的产出曲线会逐渐出现峰值,同时由于储层参数的展布和注采动态的不同,曲线的形状也会有所不同。典型的示踪剂产出曲线如图4-15所示。在主峰值期过去之后,由于次一级的高渗条带和正常渗透部位的作用,会继续产出示踪剂,当所有峰值期过去以后,示踪剂产出浓度基本稳定在相对低一些的某一浓度附近,并且会持续较长

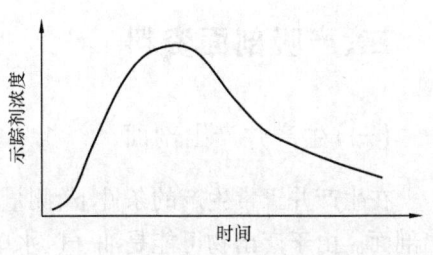

图4-15 单示踪剂产出曲线示意图

的一段时间。随着时间的延长,示踪剂的回采率也会逐渐增加。在注入水没有外流情况下,油层越均质,注水利用率越高,则见示踪剂时间越晚。反之,短时间内见到示踪剂,说明注入水沿高渗层窜流,储层非均质性强,开发效果差。

(二) 井间示踪剂测试的主要应用

通过井间示踪剂测试分析,既可标注已注入流体的运动轨迹,还可进一步研究和认识注入流体的分布及运动规律,从而为判断井间油层的连续性、油层非均质特征、油层动用状况、油层的潜力分布及剩余油饱和度等油藏工程问题提供更加可靠的信息。

1. 判断注入流体的主要流动方向

通过对示踪剂的监测,可准确和简单地判断注入流体的去向。若在一个区块的各注水井中注入不同的示踪剂,在受益井内取样分析各种示踪剂的到达时间,可得到对应注水井的水驱速度(用井距除以示踪剂到达时间),从而判断油井的水淹方向。

2. 分析储层平面连通性

根据生产井中示踪剂的产出情况(即产出还是不产出),可判别井间砂体的连通情况(连通还是不连通)。若监测井示踪剂不见效,则指示着井间存在渗流屏障(封闭断层或岩性尖灭等)。渗流屏障的存在,会阻止示踪剂从注入井到生产井的流动,导致监测井不见效。

3. 分析储层渗透率平面上的方向性

根据示踪剂产出的突破时间,可确定井间连通砂体的连通程度。针对某个测试层,在注入井注入携带示踪剂的流体,并向周围井流动时,若该层不同方向的监测井监测到示踪剂的时间不同,即不同方向的示踪剂突破时间(示踪剂自注水井注入后到达油井所用的时间称为示踪剂突破时间)存在差异,则揭示了不同方向渗透性的差异。生产井的示踪剂突破时间越长,则该方向示踪剂渗流越慢,说明该方向储层的渗透率相对较低;反之,则渗透率相对较大。

4. 分析储层层间渗流差异

在测试条件(压力、注水强度等)一致的情况下,对多个层进行井间示踪剂测试。若同一监测井不同层的示踪剂突破时间不同(如某一层几天就见效,而另一层一个月甚至几个月才见效),说明注入水在不同层的流动速度不同(层间渗流差异),这反映了不同层的储层质量有一定的差别。

二、产吸剖面资料

(一)生产井产出剖面

在生产井正常生产的条件下,测量各生产层或层段沿井深纵向分布的产出量,称为测量产出剖面。由于产出物可能是油、气、水单相流,也可能是油水、油气、气水两相流,或油气水三相流,因此,在测量分层产出量的同时,根据产出的性质,还需测量含水率或含气率,井内温度、压力,流体平均密度等参数。对于油水两相流的生产井,测出体积流量和含水率两个参数,即可确定产出剖面及分层产水量。对单井或井组进行定期测量,对比分析所测资料,就能够监视和了解生产层的储量动用情况和水淹程度,估算各层累计产出量,指出注水和产出剖面变化的层位和原因,查明各油层或区块的油水分布状况,为油层动态分析提供资料,为调整注采方案提供依据。

1. 测试方法

1)找水流量计法

该方法是将流量计和含水率计组合使用,用电缆将仪器下到预定测点,测试分层产液量和分层含水率,通常也称为自喷井找水测试。这种测试适用于油水两相流。当有油、气、水三相流动存在时,则需使用放射性密度计,分别求出各小层的产水量、产油量和产气量。

2)分采井管柱测试法

这是一种将测试仪下入分采井管柱内,测分层段的日产液量、含水率和地层压力的自喷井测试方法。根据管柱的不同,可以分为中心式和偏心式两种,各自的测试特点也不尽相同。

3)环空测试法

在抽油井正常生产情况下,从油管与套管之间的环形空间下入专用的小直径测试仪器,在套管中进行测试。这是目前公认的最好的测试方法之一,测试过程中不破坏油井的正常工作制度,且测试周期短,所测分层含水和日产液结果较为可靠。

4)气举测试法

这种方法是将抽油泵起出,下入气举管柱,气举降低流压,然后用自喷井测试仪器进行测试。气举测试法存在的主要问题是工艺较复杂,从抽油变为气举后,使测试结果不能代表油井正常抽油生产时的分层出油见水情况。

2. 应用

1)分析各层的产液状况

表4-9为我国东部某油田××井产液剖面测试结果,从表中可以清晰地看出该井射孔井段的产液状况,并计算出每一产层段的含水率。该井纵向上各产层的产液、产油、产水情况有很大的差异,2269~2276m井段是主要的产液层,同时也是主产水层,含水率达到90.67%,而2085.8~2091.4m井段的产液量为0。2300.6~2309.8m井段是主要的产油层,其含水率较低,为49.37%。

表4-9 某油田××井产液剖面测试成果表

序号	层位	射孔井段 m	有效厚度 m	相对产液量 %	产液量 m³/d	产油量 m³/d	产水量 m³/d	含水率 %
1	全井	2085.8~2309.8	24.5	100	75.00	20.00	55.00	73.33
2	S11	2085.8~2091.4	5.6	0	0.00	0.00	0.00	—
3	S11	2184.2~2241	5.8	8	6.00	1.80	4.20	70.00
4	S12	2269~2276	4.5	45	33.75	3.15	30.60	90.67
5	S12	2285.6~2294.2	4	10	7.50	1.00	6.50	86.67
6	S12	2300.6~2309.8	4.6	37	27.75	14.05	13.70	49.37

图4-16为大庆杏北2-6井两次不同时间测试的产液剖面结果变化对比图。1965年全井含水率为16%,1972年含水率上升为67%,主要产液层葡I_{1-2}层的产液率由59.6%增至80.9%,其他层的产液比例都有所下降。上述现象带有一定的普遍性,如果不及时采取合理的层间调整措施,采油井内的主要产液层的产液比例会越来越高,而差的产层产出情况会变得更差,层间矛盾不断加剧。

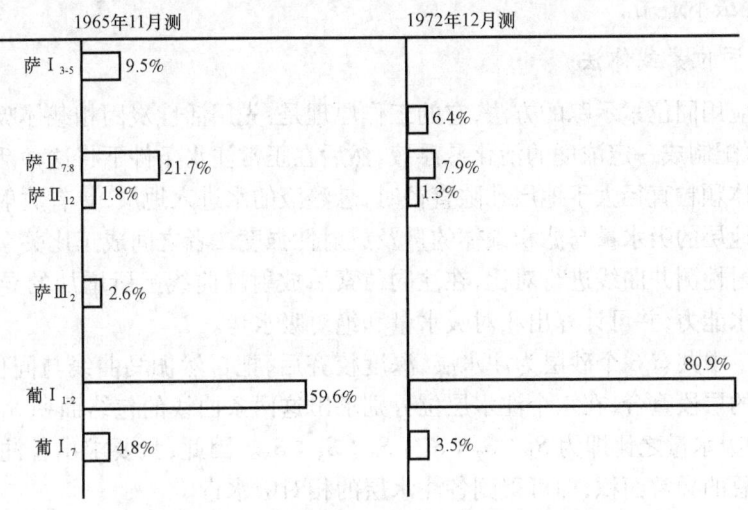

图4-16 大庆杏北2-6井两次产液剖面测试结果变化对比图(据陈永生,1993)

2)计算剩余油饱和度

利用产出剖面测量得出的含水率等参数,可以求得单井产层的剩余油饱和度。通过邻区多口井的剩余油饱和度计算,可以发现剩余油的集中分布区。

3)为堵水及产层改造服务

对于高含水油井的高含水层,如不采取堵水措施,继续生产就没有经济效益,因此必须对高含水油井的高含水层采取堵水措施。这就需要查明高含水层的位置,有针对性地实施堵水。另外,可以利用产出剖面资料对产能较低的层进行压裂改造,使低产层的油气产量提高,从而改善油井的产出剖面。

4)结合吸水剖面判断井间油层连通性

综合应用产出剖面及吸水剖面资料,可以了解近距离内注水井与产出井的联动效应。当井间存在封闭性断层、砂体尖灭或其他渗流屏障时,注水井的吸水剖面和生产井的产出剖面之间则无联动效应(同层的吸水强度与产液程度无对应关系)。当然,具体的影响因素应结合其他资料进行综合分析。

(二)注水井吸水剖面

吸水剖面是指注水井在一定的注入压力和注入量的条件下,各吸水层的吸水量。吸水剖面反映着地层的吸水能力以及吸水层位和吸水厚度。如果岩性差别大,开发层系太粗,一口井中不吸水层数和不吸水厚度占射开层数和射开厚度的比例大,注入水就会向渗透性好,连通性好的地层突进,降低驱油效率。在注水开发油田中,如果油水井连通情况好,注水效果就会反映在生产井中,就是有什么样的吸水剖面就有什么样的产出剖面,不吸水厚度对应不出油厚度,平面上吸水与产出受渗透性的控制。因此,利用吸水剖面测井资料,有助于了解挖潜、配产及选择改造层位。

1. 测试方法

1) 流量计法

流量计法分为点测流量计法和连续流量计法,适用于笼统注水井。如注水井下入了分层配注管柱,则此法不适用。

2) 放射性同位素载体法

这是一种应用同位素示踪的方法,它的工作原理是:先用活性炭固相载体吸附放射性同位素离子,再与水配制成一定浓度的活化悬浮液,然后在正常注水条件下将这种活化悬浮液注入水井内。当载体颗粒直径大于地层孔隙直径时,悬浮液的水进入地层,具有放射性的载体就滤积在井壁上。地层的吸水量与滤积载体的量及放射性强度二者之间成正比关系。将注入同位素前后两条放射性测井曲线进行对比,在注同位素后放射性曲线上所增加的异常值就反映了对应层位的吸水能力,并可计算出相对吸水量和绝对吸水量。

如图 4-17 中共有 6 个砂层为注水层,深度校齐后,把自然伽马曲线与同位素曲线叠合,并使其在非目的层段重合,在六个注水层位分别求出这两条曲线的包络面积 S_1、S_2、S_3、S_4、S_5、S_6,则这三层的吸水量之比即为 $S_1:S_2:S_3:S_4:S_5:S_6$。因此,只要求出各注水层的异常面积和各注水层总的异常面积,即可得到各注水层的相对吸水量。

3) 井温法

当注入水的温度与油层温度有明显差别,当井筒温度场未平衡时,进行系列井温测井,根据各层位的温度异常的大小及趋近地温的快慢,可以定性地分析判断吸水层和各层的吸水能力。

2. 应用

1) 了解吸水状况,分析层间差异

吸水剖面资料可反映注水井中的吸水层位、各层的吸水能力以及油层的吸水程度。各油层的相对吸水量或绝对吸水量的大小直接指示出了高吸水层位、不吸水层位和各层的吸水能力大小及差异程度。吸水差异越大,吸水剖面越不均匀,越易引起层间干扰,并影响油井中各小层储量的动用状况。通过具体计算吸水层数占注水射开层数百分数和吸水厚度占射开厚度百分数,可分别得出吸水层数百分数和吸水厚度百分数,进而直接反映油层的

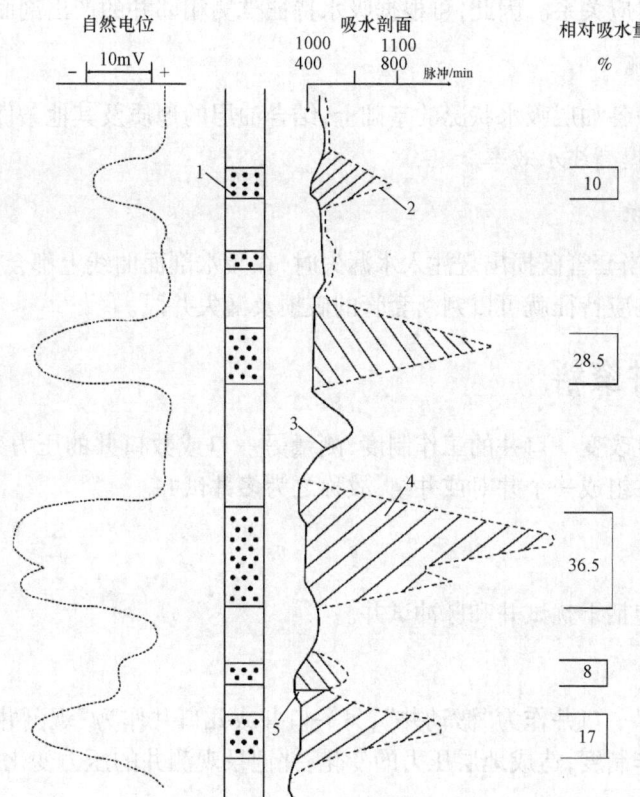

图 4-17 放射性同位素载体法测井原理示意图(据陈恭洋,2007)

吸水程度和注水效果(表 4-10)。显然,吸水层数占比和吸水厚度占比越大,注水效果越好。

表 4-10 中原油田 1991 年吸水剖面测量成果表(据夏位荣等,1999)

单位	测井数口	注水		吸水		吸水占比	
		层数	厚度 m	层数	厚度 m	层数占比 %	厚度占比 %
采油一厂	76	918	1895.9	366	934.3	39.9	49.2
采油二厂	189	1729	4674.8	833	2263.0	48.2	50.5
采油三厂	73	1186	2783.4	455	1262.4	38.4	45.4
采油四厂	40	420	810.9	152	386.9	36.2	47.7
采油五厂	69	906	1899.8	337	858.6	37.2	45.2
采油六厂	21	254	569	124	321.3	48.8	56.5
全油田	447	5413	12633.8	2267	6126.5	41.9	48.5

2)利用吸水剖面推测邻井产出剖面

当油层连通性好、注采井间油层对比关系清楚且注水与采油层位对应关系明确时,一般表现为吸水量较多的层也为主要的产液层,不吸水层厚度对应不出油层厚度,即吸水剖面与产出剖面有大体一致的对应关系。因此,可根据吸水特征推测相邻井的产出剖面。

3)提出改善措施

在掌握注水井中各油层吸水状况的基础上,结合油层的地质及其他条件,可以采取一些措施改善吸水剖面,以提高注水效率。

4)检测套管破损

大多数注水井,当套管破损出现注入水漏失时,在吸水剖面曲线上都会有所显示。根据吸水剖面曲线的异常响应特征就可以判断套管的破损及漏失井段。

三、多井试井资料

多井试井是通过改变一口井的工作制度,测量另一口或数口井的压力变化。由于测试至少需要两口以上的井组成一个井对或井组,故称之为多井试井。

(一)试井方法

多井试井方法包括干扰试井和脉冲试井。

1. 干扰试井

干扰试井一般以一口井作为"激动井",另一口井或几口井作为"观测井"(图4-18)。通过改变激动井的工作制度,造成地层压力的变化,并记录观测井的压力变化。

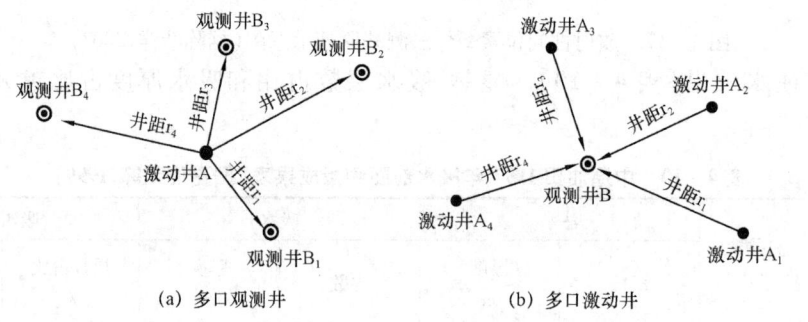

图4-18 干扰试井示意图(据庄惠农,2004)

2. 脉冲试井

脉冲试井是干扰试井方法的新发展。脉冲试井的激动井在测试期间需要多次改变工作制度。由于激动井间歇地关井和开井,在地层中造成脉冲激动,从而在观测井中下入高精度的微差压力计测得相应的压力响应,如图4-19所示。

(二)多井试井的应用

1. 了解井间油层的连通性

根据激动井与各观测井的压力变化,可直观地检测井与井间同一油层是否连通以及连通的程度。另外,还可利用激动层与观测层的压力变化,检测垂向上层间的连通性。

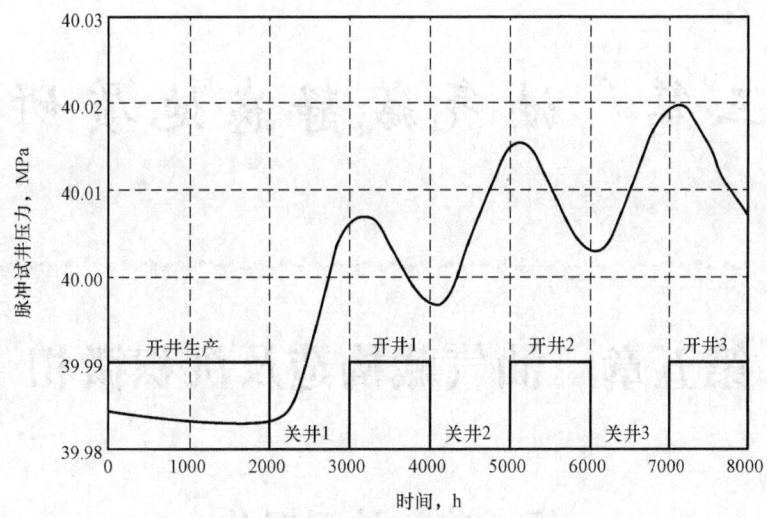

图 4-19　脉冲试井压力变化图(据庄惠农,2004)

2. 识别井间断层的封闭性

当井间存在断层时,可观察断层两侧是否出现压力干扰现象,用以判断断层的封闭性。

3. 求取储层参数

多井试井可以求取的储层参数有:井间区域流动系数 Kh/μ,井间区域储能参数 $\phi h C_t$(C_t 为岩石压缩系数),井间的导压系数 $K/(\mu \phi C_t)$,井间的连通渗透率 K,井间区域的单储系数 ϕh。

4. 分析油层的平面非均质性特征

利用多口观测井的试井资料,求出各观测井的地层渗透率;在动态及静态资料对比研究的基础上,便可了解地层平面不同方向的渗透性及变化特征,进而综合分析地层平面非均质性的特征。

思 考 题

1. 合格压力卡片具备哪些特征?
2. 如何利用钻柱测试的压力卡片进行定性和定量的解释?
3. 如何根据电缆式地层测试的压力曲线定性判断地层渗透率的相对高低?
4. 请说明井间示踪剂测试的原理和主要应用。
5. 产吸剖面资料有哪些主要应用?
6. 请说明多井试井的方法和应用。

第三篇 油气藏静态地质研究

第五章 油气藏构造及沉积微相

第一节 油层对比

油层对比是油气田开发地质工作的基础。要弄清油藏的构造形态，油层的空间展布与连通情况，油藏内部断层的分布及产状特征，油藏内部隔层、夹层的分布规律等涉及油藏描述的重大问题，都需要对各井所钻遇的油层进行以横向连续性追踪为主要内容的划分和对比。有了油层对比的成果，才能确定油层的横向分布范围及纵向连通性，以便进一步研究油层的非均质性，为开发层系的划分奠定基础。其实，在油气田地质研究中，无论是油层特性、油层的空间构造形态，以及储集层及生储盖组合特征，都是在油层对比的前提下实现的。通过油层对比，掌握油层的岩性、厚度、分布特征及其变化规律，对于油气田的勘探和开发具有重要意义。

在实际工作中，单井油层的正确划分是油层对比的基础和依据，而通过油层特性研究、油层对比又可以进一步指导和修正油层划分。因此，单井油层划分、油层对比以及油层特性的研究，这三个环节既有区别，又有联系，且相互制约，贯穿于整个油气田开发地质研究工作中，应随着资料的不断丰富和认识的深化，不断更改，逐步完善。

一、油层对比单元的划分

(一)基本概念

1. 油层对比

所谓油层对比(reservoir correlation)，就是在油气藏内部进行的井间储油层的横向连续性追踪。油层对比是研究油层空间展布和连通情况的基础。

油层对比是地层对比在油层内部的继续和深化，二者在对比依据和对比方法上既有联系又有区别。地层对比解决的是地层时代和大套岩层的横向比较，油层对比则是在已知地层时代和大套岩层横向延伸的情况下，所进行的以渗透性储层横向连续情况和隔夹层分布情况的横向追踪。与地层对比比较，油层对比的特点有两个：一是油层对比要求的精度更高，对比单元划分得更细，用于对比的资料更丰富，选用的方法综合性更强；二是油层对比更注重连通性,油层(砂层)在平面和剖面上的连通情况以及隔夹层的分布情况都是油层对比研究的重点。

2. 隔层与夹层

隔层和夹层是油气田开发地质中的重要概念。

所谓隔层,是指稳定分布于两个渗透性岩层中间的非渗透性岩层。隔层的特点是封隔性好、平面分布稳定、具有一定厚度(泥岩一般需 3m 以上)。隔层一般由泥岩、页岩或泥质含量很高、胶结比较致密的泥质粉砂岩等非储层岩性充当。夹层则往往是砂岩中的泥质条带、钙质条带,或泥、钙质粉砂岩薄层。

夹层(interlayer)是指夹在连续油层(或渗透性岩层)内部的非有效油层(或非储层)。夹层的特点是平面分布不稳定,一般较局限(多在几米至几十米范围,也可达几个井距),夹层的厚度较小(一般几厘米至几十厘米,也可厚达 2~3m)。夹层的封隔性差别较大,有的基本不具渗透性,有的夹层也具有一定的渗透性甚至还具有油迹以下的含油显示,但基本无可动油。一般来说,夹层可在局部范围内阻隔或减缓流体的上下流动。

隔层与夹层的差别如图 5-1 所示。

隔层在油气藏开发中比较重要。在多油层的情况下,进行开发层系组合划分、分层注水、分层采油、隔堵水、分层压裂酸化时,都需要重点研究隔层条件。在进行油气储量计算时,夹层应予以划分扣除,以提高储量计算精度。对于某些平面分布较稳定,具相当厚度而又位置适宜的夹层,也可作为隔层使用(射孔时在这种夹层的上下适当预留一定厚度避射)。

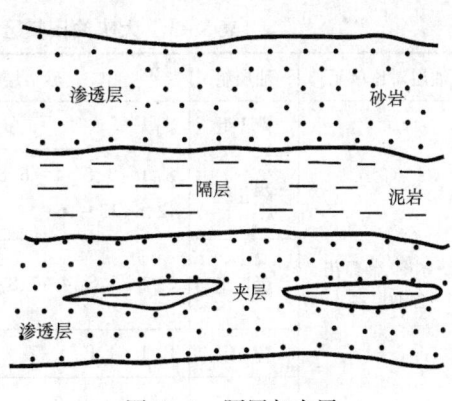

图 5-1 隔层与夹层

由于隔层与夹层的平面分布情况难以准确掌握,因此常将厚度较小、平面分布不够稳定的泥岩薄层笼统称为隔夹层(但厚而稳定的泥岩一般都称为隔层)。

(二)油层对比单元划分

划分油层对比单元,主要考虑油层特性(岩性、储油物性)的一致性和隔层条件(隔层的厚度与分布范围),目的是为研究开发层系、部署井网提供地质依据。多油层、多旋回是中国陆相碎屑岩油气层的固有特征。碎屑岩油层对比单元从大到小一般划分为四级:含油层系、油层组、砂层组、单油层。油层对比单元级别越低,油层物性的一致性越高,纵向上的连通性也越好。

1. 单油层(individual reservoir)

单油层是含油层系中的最小单元,也是油气储存和流动的基本单元。同一油田范围内的单油层具有一定的厚度和分布范围,并具岩性和储油物性基本一致的特征。单油层上下为隔层、夹层分隔,其分隔面积应大于连通面积。当单油层由多个砂体复合而成时,即单油层可以进一步细分时,单油层被称为小层,进一步划分的层被称为单层。

2. 砂层组(sands group)

砂层组(又称复油层)是由若干相邻的单油层组合而成。同一砂层组内的油层,其岩性特征基本一致,砂层组间上下均有较为稳定的隔层分隔。

3. 油层组(oil layer group)

油层组由若干油层特性相近的砂层组组合而成。其顶底以较厚的非渗透性泥岩作为盖层或底层,且分布在同一岩相段内,岩相段的分界面即为油层组的顶、底界线。

4. 含油层系(oil-bearing series)

含油层系由若干油层组组合而成,同一含油层系内的油层,其沉积成因、岩石类型相近,油水特征基本一致。含油层系的顶、底面与地层时代分界线基本一致。

例如,我国的大庆油田将萨尔图、葡萄花含油层系逐级划分为 5 个油层组,15 个砂层组和 45 个单油层(表 5-1)。又如,胜利的胜坨油田在古近—新近系有 6 套含油气层系,自上而下分别为明化镇组(气层)、馆陶组(气层)、东营组(油层)、沙一段(油层)、沙二段(油层)及沙三段(油层)。其中,沙二段为主力含油层系,发育 15 个砂层组 74 个小层,含油井段长 1400m 左右。

表 5-1　大庆油田某区萨尔图、葡萄花含油层系层组划分表

油层对比单元	油层组	砂 层 组	单 油 层
萨尔图、葡萄花含油层系	萨Ⅰ组	$S_I 1-5$	$S_I 1、S_I 2、S_I 3、S_I 4+5$
	萨Ⅱ组	$S_{II} 1-3、S_{II} 4-6、S_{II} 7-9、S_{II} 10-12、S_{II} 13-16$	$S_{II} 1、S_{II} 2、S_{II} 3、S_{II} 4、S_{II} 5+6、S_{II} 7、S_{II} 8、S_{II} 9、S_{II} 10、S_{II} 11、S_{II} 12、S_{II} 13、S_{II} 14、S_{II} 15+16$
	萨Ⅲ组	$S_{III} 1-3、S_{III} 4-7、S_{III} 8-10$	$S_{III} 1、S_{III} 2、S_{III} 3、S_{III} 4、S_{III} 5+6、S_{III} 7、S_{III} 8、S_{III} 9、S_{III} 10$
	葡Ⅰ组	$P_I 1-4、P_I 5-7$	$P_I 1、P_I 2、P_I 3、P_I 4、P_I 5、P_I 6、P_I 7$
	葡Ⅱ组	$P_{II} 1-3、P_{II} 4-6、P_{II} 7-9、P_{II} 10_1-10_2$	$P_{II} 1、P_{II} 2、P_{II} 3、P_{II} 4、P_{II} 5、P_{II} 6、P_{II} 7、P_{II} 8、P_{II} 9、P_{II} 10_1、P_{II} 10_2$
合计	5 个	15 个	45 个

二、油层对比的依据

在含油层系中,地层的岩性、沉积旋回、岩石组合特征及特殊矿物组合等,都客观地记录了沉积环境、分布范围、延续时间等信息,这就为油层的划分和对比提供了可靠的地质依据。油层对比的主要依据如下。

(一)岩性特征

岩性特征是指岩层的颜色、成分、结构、构造等岩石学特征,这些特征都是沉积环境的物质反映。同一稳定沉积环境下所形成的沉积物,其岩性特征应当相同或相似,而不同沉积环境中所形成的沉积物,其岩性特征不同。这就是运用岩性特征进行地层对比的基本原则或理论基础。

在地层的岩性、厚度横向变化不大的较小区域内进行油层对比,岩性是重要的依据,只要掌握工作区域内的几个有代表性的地层剖面,弄清楚纵向上岩层的颜色、成分、结构、构造、变化规律及其特殊标志,并结合其他依据,就可以直接划分对比油层,如图5-2所示。

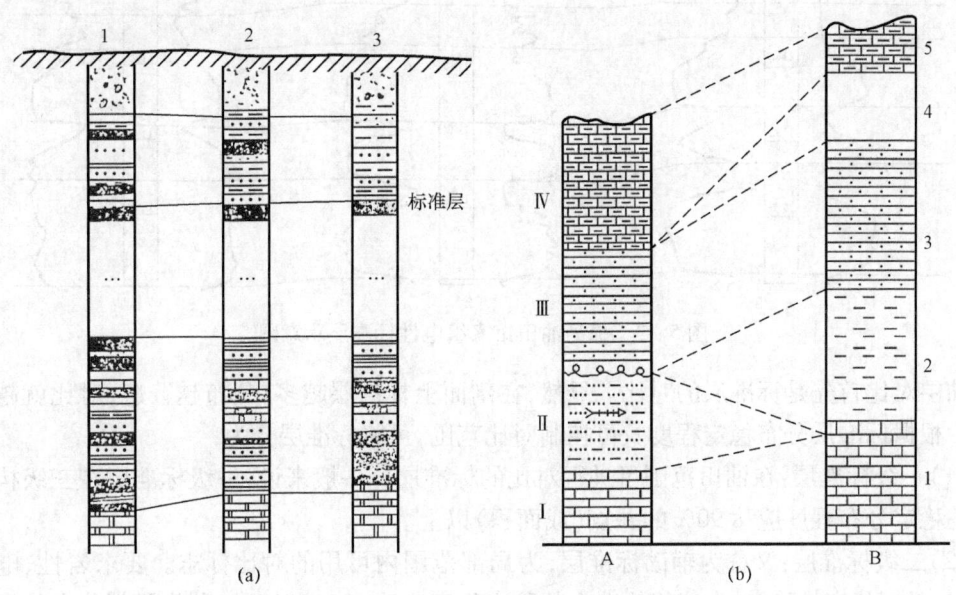

图5-2 岩性对比示意图

利用地层的岩性特征进行油层对比,可选择标准层和岩性及岩性组合进行对比。

1. 标准层(marker bed)

1)标准层的概念

标准层是指地层剖面上某些岩性稳定、特征突出、分布广泛且容易识别的岩层,是某一特定时间在一定范围内形成的特殊沉积。标准层的上述特征保证了它在油层对比中起着刻度和控制的重要作用。利用标准层可比较准确地确定油层组的界线。

在实际工作中,常利用测井曲线进行油层对比,因此,要求这些特殊岩性在测井曲线上具有明显的、易于识别的特征。在电测曲线上具有明显响应、易于识别的标准层称为电性标准层。如孤岛油田馆陶组 Ng31 顶部为一套稳定分布的含螺化石层,电测曲线上表现为一高感应"指状泥岩"(图5-3)。

2)标准层的选择

常见标准层及其电性特征有:

(1)碎屑岩剖面中夹有的致密薄层灰岩,表现为高电阻率;

(2)碎屑岩剖面中夹有的稳定泥岩段,表现为低电阻率和高自然伽马;

(3)碳酸盐岩剖面中某些石膏夹层或泥岩夹层,泥岩或页岩表现为低电阻率和高自然伽马;

(4)煤层,表现为高电阻率和高自然伽马;

(5)薄的黑色页岩层,表现为地质录井标志明显。

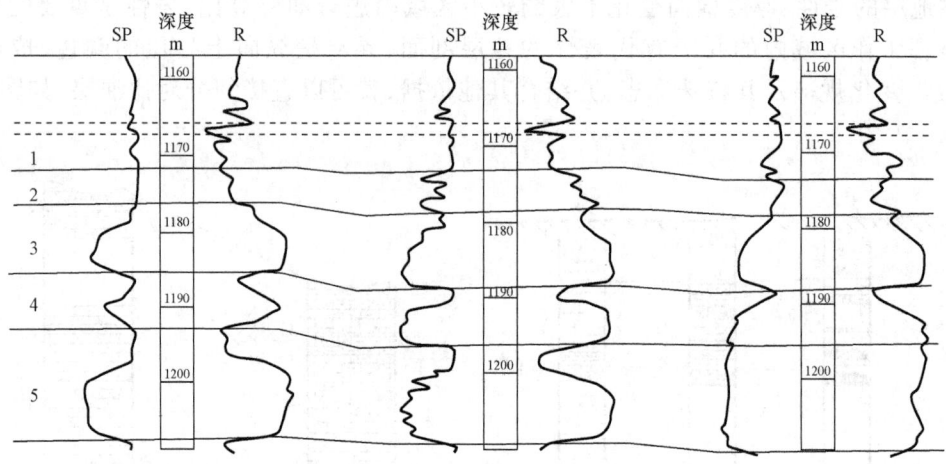

图 5-3 孤岛油田馆陶组电性标准层示意图

油层对比首先是标准层的对比。显然,在剖面上标准层越多,分布越普遍,对比就越容易进行。根据标准层分布稳定程度及可控制对比范围,可将标准层分为:

(1)一级标准层:在油田范围可进行对比的标准层。一般来说,一级标准层在三级构造范围内的稳定分布程度应达 90% 的井点(或面积)以上。

(2)二级标准层:又称为辅助标准层,为局部范围内可用的对比标志。要求岩性、电性特征突出,平面分布较稳定,在三级构造上的稳定程度应达 60%~90%。若为局部分布的标准层要圈出其分布范围,达到上述稳定率的要求者可在该范围内使用。

确定标准层稳定性的具体方法为:

(1)对于取心井,将各标准层分别表示在带测井曲线的岩心图上;

(2)对于未取心井或缺乏取心资料的层段,可按取心井中各标准层的电性特征将各井的相似层段找出并进行对比,若曲线形态相似且位置相当,则可认为该段为井中的标准层,并把该标准层表示出来;

(3)以取心井为骨架,分别追踪每一个标准层的分布范围,以确定各标准层的稳定性。

特别重要的是,在应用标准层进行油层对比时,需要分析标准层的等时性及等时范围。如大型湖侵形成的湖泛泥岩可作为等时层,但其等时范围是在湖侵影响范围内;冲积环境中的煤层,在小范围内是等时的,大范围内则易发生相变。另外,标准层本身也存在相变问题。例如,辽河断陷沙河街组一段中部顶有一层分布比较广泛的油页岩,无论是岩性还是视电阻率曲线上都易于辨认与对比,不失为井下对比的标准层,但这个层在西部凹陷的西斜坡上相变为浅水相的富含腹足类、介形类的泥灰岩,俗称"螺灰岩",由此相变为另一个标准层。

2. 岩性及岩性组合

当地层剖面上难以寻找到标准层或标准层较少时,往往会用岩性组合特征作为油层对比的重要依据。岩性组合是指地层剖面上的岩石类型及其纵向上的排列关系。地层剖面中常见的岩性组合包括以下四种类型:

(1)单一岩性层,即纵向上为单一岩性的厚层;

(2)两种或两种以上岩石类型组成的互层;

(3)以某种岩石类型为主,包含其他夹层;

(4)岩石类型有规律地重复出现的韵律层。

不同的岩性组合类型是不同沉积环境中不同沉积阶段的产物,而同一地层由于沉积条件基本相同或相似,表现在岩性上也有相同或相似的组合特征。一些横向分布相对稳定的特殊岩层组合,常常会形成特征突出,且易于识别的岩性组合段。它们就相当于标准层,并用于油层对比之中。如四川盆地川中地区的大安寨组地层,其中的薄层灰岩与暗色泥岩不等厚互层,其特征十分突出,成为一个良好的岩性组合标准层。

然而,岩性及岩性组合毕竟是沉积环境的产物。在不同时代的相同环境中,可出现岩性相似的地层。如果仅根据岩性对比,有可能误将不同时代岩性相似的地层当成同一时代的沉积物,甚至有时还会误将穿时的岩相界面当成等时的地层界线。因此,利用岩性及岩性组合进行油层对比时,需综合考虑油气层的其他特征,如地层厚度、所含化石及化石组合、上覆及下伏地层的特征等。

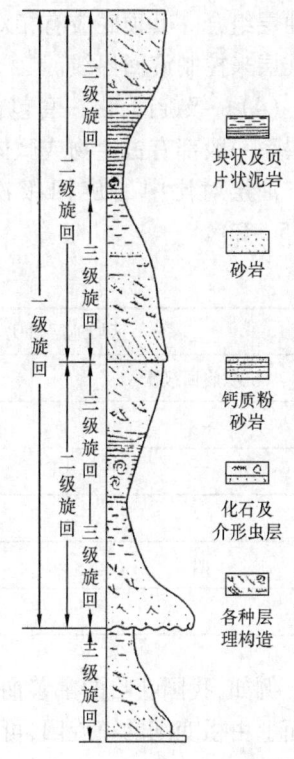

图 5-4 沉积旋回示意图

(二)沉积旋回

所谓沉积旋回(sedimentary cycle)是指在地层剖面上,岩性、岩相在纵向上有规律地重复出现的现象(图5-4)。这种有规律的重复出现可以在岩石的颜色、岩性、结构、构造等各方面表现出来,最常见的是岩石在粒度上的有规律重复,称之为韵律性。

形成沉积旋回的原因很多,最主要是由于相对海平面的变化所引起的。一般情况下,相对海平面上升,发生水进,导致水体由浅变深,在剖面上形成自下而上由粗变细的水进序列,称为正旋回;相对海平面下降,发生水退,水体由深变浅,在剖面上形成自下而上由细变粗的水退序列,则称为反旋回。完整旋回是指地壳下降而又上升,在剖面上形成自下而上由粗变细再变粗的水进水退序列。

海平面的升降运动是区域性的,在同一个沉积盆地内,同一次升降运动所表现出的沉积旋回特征是相同或相似的,这就是利用沉积旋回划分对比地层的理论依据。

同时,相对海平面升降运动是不均衡的,表现在升降的规模(时间、幅度、范围)有大有小,且在总体上升或下降的背景上还有小规模的升降运动。因此,地层剖面上的旋回就表现出级次来,即在较大的旋回内套有小的旋回(图5-5)。利用旋回对比油层时,可以从大到小分级次进行对比,这就是"旋回对比、分级控制"的油层对比原则的理论依据。

在油田范围内,沉积旋回一般从小到大按四级划分。

(1)四级旋回(或称韵律):包含一个单油层在内

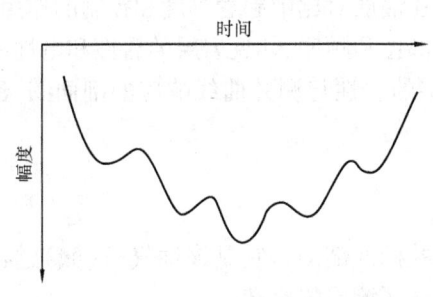

图 5-5 相对海平面运动振幅曲线

的不同粒度序列岩石的一个组合,在这个组合中单油层粒度最粗,它的厚度、结构及层理随沉积相带的变化而有所不同。

(2)三级旋回:同一岩相段内几种不同类型的单层或者四级旋回组成的旋回性沉积。它与砂层组大体相当。集中发育的含油砂岩有一定的连通性,上下泥岩隔层分布比较稳定。

(3)二级旋回:由不同沉积的岩相段组成的旋回性沉积,包含若干三级旋回。它包含若干砂岩组所组成的几个油层组。油层分布状况与油层特征基本相近,是一套可以组成开发单元的油层组合。其顶底应有相对厚度的泥岩将它与相邻油层组完全分隔,一般有标准层或辅助标准层来控制旋回界线。

(4)一级旋回:由一套包含若干油层组在内的旋回性沉积组成,相当于含油层系。每套含油层系一般都有古生物或微体古生物标准层来控制旋回界线。

油层对比中的旋回级次划分与区域地层对比的划分不同,存在如下的对应关系(表5-2)。

表5-2 沉积旋回对照表

区域地层对比		油层对比	
沉积旋回级次	地层单元	沉积旋回级次	地层单元
一	系		
二	组	一	含油层系或生储、储盖组合
三	段	二	若干油层组
四	砂层组	三	砂层组
		四	单油层

例如,我国吐哈的鄯善油田三间房组整体表现为一个向上变深的水进序列,剖面上形成自下而上由粗变细的正旋回,可视为一个含油层系。其中又可进一步划分为SⅠ、SⅡ两个二级旋回和S_1、S_2、S_3、S_4、S_5五个三级旋回,分别对应两个油层组和五个砂层组(图5-6)。

三、油层对比的准备工作

进行一个油田或一个中型以上的油气藏的油层对比,需要做大量的准备工作。主要有:

(一)选择标准层和辅助标准层

油层对比必须首先选择标准层和辅助标准层,它们在油层对比中起着刻度和控制的作用。一旦标准层被确定后,应分析各标准层在剖面上出现的部位和顺序、邻近岩层的岩性和电性特征,以及各标准层之间的厚度关系等,最后编绘各标准层的岩性与测井曲线响应的剖面图,建立相应的电性标准层。

(二)建立标准剖面

油气田(藏)的综合柱状剖面图就是该油气田(藏)的标准剖面。它是该油气田(藏)进行油层划分对比的标尺和依据,是全油田进行新井分层和全区统层的标准。

油气田(藏)综合柱状剖面图一般通过典型井剖面建立。用于建立标准剖面的典型井要

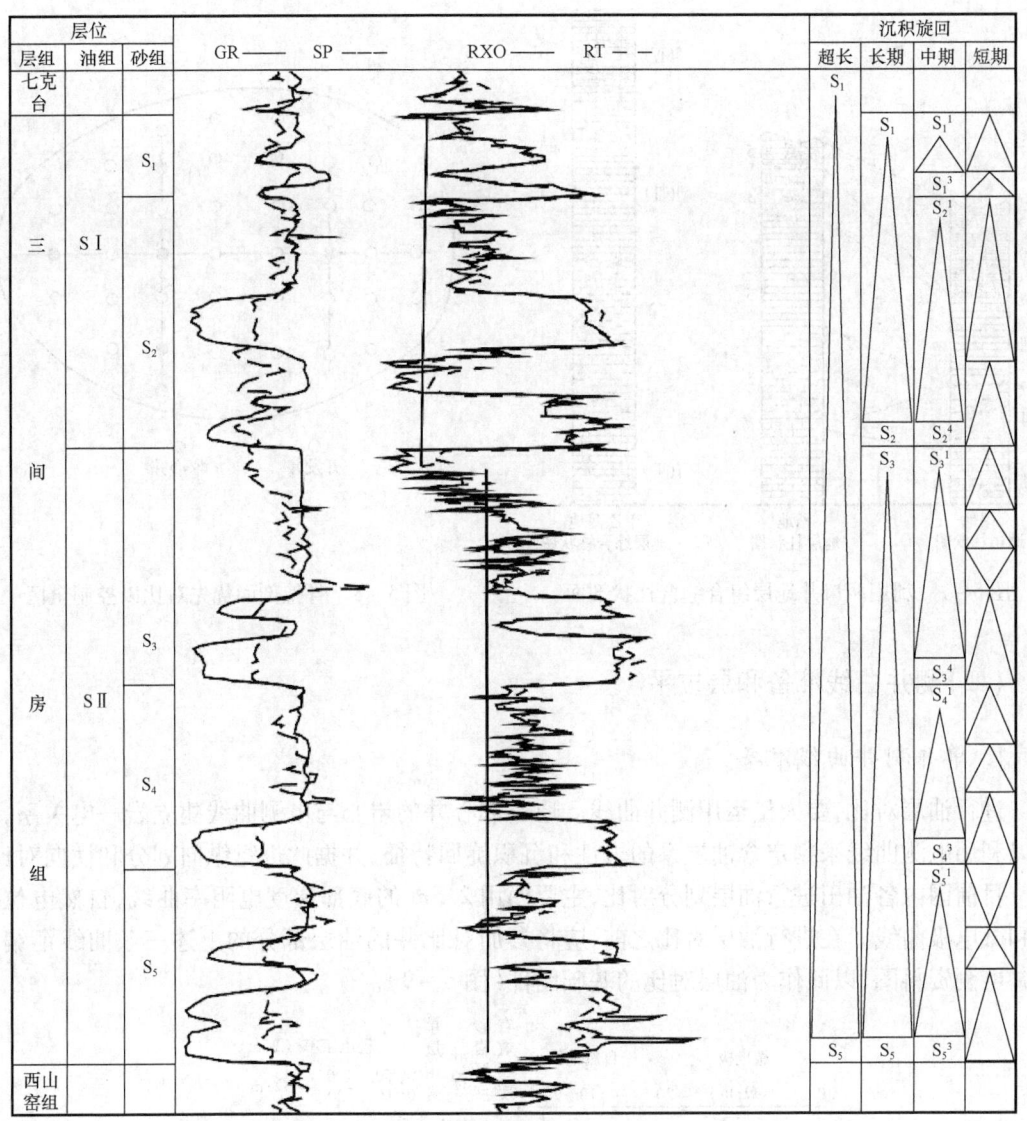

图 5-6 鄯善油田三间房组沉积旋回划分示意图

求油层发育好,具有全区代表性,位置居中,地层齐全,具有较全的岩心录井资料和测井资料。但有时油田中难以选出一口油层各层段都发育完全、代表性强的井,这时可以挑选几口井的油层发育较好的不同层段,组合编成油藏综合柱状剖面图(图 5-7)。

(三) 选择骨架剖面

油层对比应有一定的先后次序,尤其在油田较大、井数较多时,更应该如此。一般来说,在有一定井数的较大油田,应首先规划通过典型井的骨架剖面。骨架剖面一般选择沿岩性变化小的方向展开,这样容易建立井间相应的地层关系,然后再从骨架剖面向两侧建立辅助剖面以控制全区(图 5-8)。

如果在一个三级构造上,为了掌握油层的横向变化规律,应首先挑选沿构造轴线的各井进行对比,然后适当选几条垂直构造轴线的剖面参加对比,最后,以骨架剖面上的井作控制,向四周井作放射井网面对比。

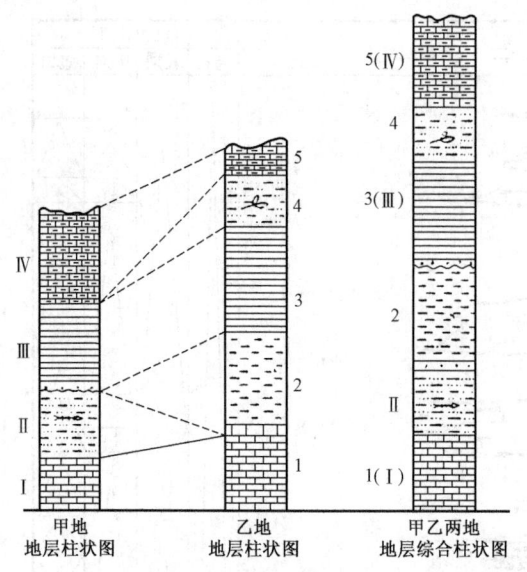

图 5-7 利用两口井地层组合综合柱状剖面　　图 5-8 骨架剖面优先对比以控制全区

(四)测井曲线准备和层拉平

1. 单井测井曲线准备

进行油层对比,要大量运用测井曲线。通过取心井的岩心与电测曲线建立岩—电关系,就可以利用电测曲线来判定含油层系的岩性和沉积旋回特征,并据此进行纵向划分和横向对比。

目前国内各油田进行油层划分对比,主要使用 2.5m 的底部梯度电阻率曲线、自然电位曲线和微电极曲线。在进行油层对比之前,应将参加对比井的油层部分的上述三条曲线汇编成单井电测资料图,以此作为油层对比的基础图件(图 5-9)。

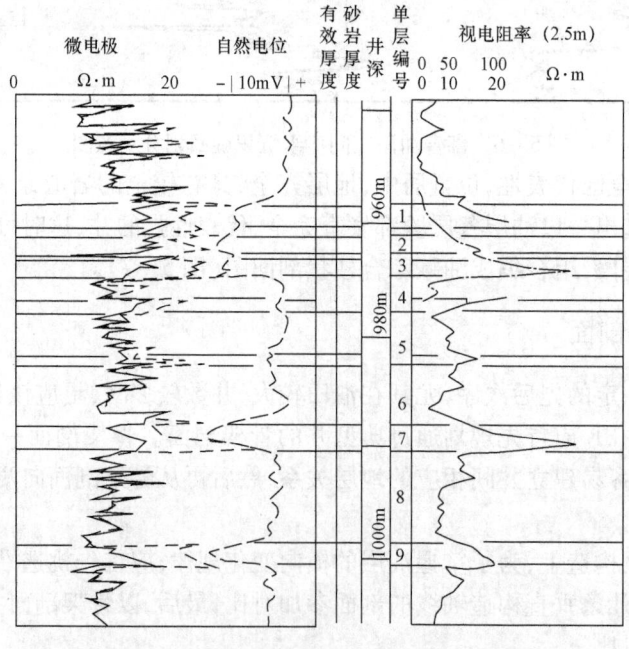

图 5-9 用于油层对比的单井测井曲线

2. 层拉平

由于构造运动的影响,含油气层系中的各油层单元在各井剖面上的位置相差往往较大。层拉平就是消除构造等因素的影响,使各井剖面中的油气层都处于沉积状态,以便观察油层、气层在纵横向上的变化。在实际工作中,一般选择标志层的顶面或底面作为对比基线,或者以已有的、多井共有的确定性地层界线作为对比基线井对比层位,进行拉平处理。

四、油层对比方法

(一) 油层对比的基本原则

油层对比主要是在区域地层对比的基础上,在含油层系内对油层组、砂层组、单油层的分级对比。由于对比范围较小,层段较薄,一般不宜采用生物地层学方法。油层对比的基本原则是:旋回对比、分级控制、岩性厚度相似、模式指导、全区闭合。纵向上按沉积旋回的级次,由大到小逐级对比,再由小到大逐级验证。横向上由点(井)到线(剖面),由线到面(全区)进行对比,再反过来由面到线、由线到点进行检查验证。通过反复对比验证,以确保油层对比的准确性和精度。

(二) 标准层控制下的旋回对比方法

1. 利用标准层划分油层组

通过油层剖面的分析,在掌握油层岩性、岩相变化,旋回性特征及电测曲线组合特征、油层组厚度变化规律的基础上,利用标准层确定油层组的层位界线。

如图 5-10 所示,在地层剖面上存在三个标准层:顶部①号标志层为灰黑色泥岩和介形虫泥岩,属区域对比标准层;底部③号标准层厚 20~30cm,为深灰色介形虫泥岩,该层在三级构造内普遍存在,可作为标准层;②号标准层位于剖面中下部,为灰黑色泥岩,层位稳定,但因邻井电性不稳,该层只能作为辅助标准层。剖面上油层组数量的多少取决于二级旋回的数量,每个二级旋回就相当于一个油层组,二级旋回的性质要参考一级旋回的性质而定。由于该区整个含油层系是在一个一级正旋回背景上沉积的,因此该剖面以②号标准层为界,上下可划分为两个二级正旋回,即分成两个油层组。

2. 利用沉积旋回对比砂层组

在油层组内,根据岩性组合规律进一步划分若干次一级旋回,次级旋回内粗粒部分的顶部均有一层分布相对稳定的泥岩层,它可以作为砂层组的分层界面。

3. 利用岩性和厚度对比单油层

在油田范围内,同一沉积时期形成的单油层,不论是岩性还是厚度都具相似性。在划分和对比单油层时,砂层组内较粗的含油部分即为单油层。

在油层对比过程中,需要充分考虑构造和沉积地质因素对地层的影响,如地层超覆、剥蚀、相变、缺失、重复等。在对比过程中,若发现这些异常井段,则需要分析其原因是分层错误还是地质现象,以及异常是由什么地质现象造成的。如对于厚度变小甚至缺失的情况,应分析是超覆、剥蚀还是断失,并分析其原因。如果是由于超覆或剥蚀(不整合)引起的异常,则其厚度变

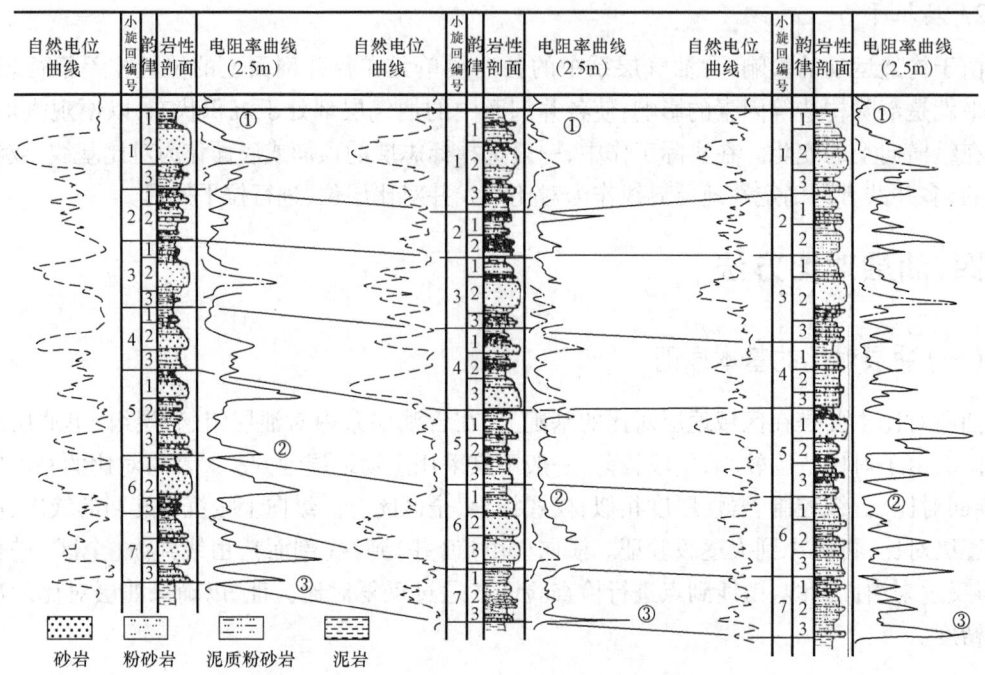

图 5-10　在标准层控制下由大到小逐级进行油层划分对比

化是有规律的,而且具有区域性特征;如果只出现于个别井或个别井段时,则可能与断层有关,此时可采用由正常井段逼近异常井段的方法,找出断缺或重复井段。关于断层对地层缺失(变薄)和重复(增厚)的影响,将在本章第二节油藏构造分析部分详述。

(三) 切片对比

河流沉积中由于河道随机地频繁摆动改道,使得河道砂体在泛滥沉积中随机出现,任何一个等时单元在侧向上总是出现河道砂体与泛滥沉积的交互相变,切片对比法是简单的沉积补偿原理,取任何一个基本平行标准层而遵循区域厚度变化趋势的层段切片的界面作为等时线控制对比。具体做法为:

(1) 在两个标准层间控制的大套河流连续沉积带内,等分或不等分地按总厚度变化趋势切成若干个片(约相当于亚组),切片界线就是对比的等时界线。

(2) 切片厚度不宜太小,一般要求绝大多数井都有一定层数的河道砂体与泛滥沉积相组合,以防止部分井以河道砂体为主,部分井则几乎全为泛滥沉积,这样做可以消除砂、泥岩差异压实带来的对比误差。各井的切片界线并不一定是合理的旋回界线,但其切片界线以内的砂泥岩沉积的等时性还是可以基本确定的。

(3) 区域厚度变化较大时,要利用地震剖面,选择连续性较好的反射界面,大体判别区域性厚度变化趋势,切片时应遵循这一基本趋势(图 5-11)。

(4) 切片界线尽可能与古土壤旋回性结合起来。

(四) 等高程对比

河道内的全层序沉积的厚度反映古河流的满岸深度,其顶界反映满岸泛滥时的泛溢面,同一河流内的河道沉积物其顶面应是等时面,而等时面应与标准层大体平行,也就是说同一河道沉积,其顶面距标准层(或某一等时面)应有大体相等的"高程"。反之不同时期沉积的河道砂体,其顶面高程应不相同,这就是等高程对比的依据。其具体做法如下:

(1)在砂岩组上部(或下部)选择标准层,并尽量靠近砂岩组顶(或底)界面。

(2)分井统计砂岩组内的主要砂层(单层厚度大于2m)的顶界距标准层的距离。

(3)在剖面上按深度统计主要砂岩层顶面距标准层的距离,并确定主要的时间段,将距不同距离的砂岩划分为若干沉积时间单元(图5-12)。

(4)全区综合对比统一时间单元,然后进行对比连线。

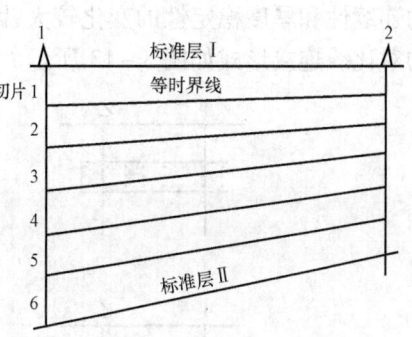

图5-11 切片对比示意图

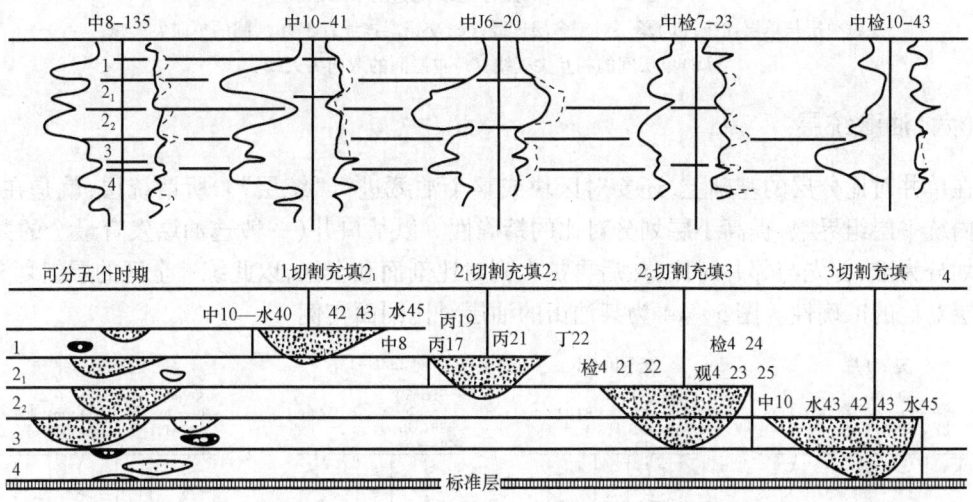

图5-12 河道砂体油层等高程对比图示

对于跨时间单元厚砂层的处理,应分析是一个沉积时间单元河流下切作用形成的,还是两个沉积时间单元的砂层叠加而成的,或是既有河流的下切,又有叠加综合而成的。大庆油田采用的方法是:

(1)综合判断沉积韵律,若砂层只有一个完整的韵律,说明是河流下切作用形成的,应为一个沉积时间单元;

(2)若砂层为多个韵律组合而成,且底部较粗,则为多个沉积时间单元组合而成的叠加砂层;

(3)若砂层中存在稳定的薄层泥岩夹层,则可将砂层划分成不同的沉积时间单元;

(4)通过邻井对比,以多数井的划分为准;

(5)可用动态资料进行验证,如见水层位、见水特征等。

(五)恰当连接对比线

油层对比不仅需要确定地层的层位关系,而且还要将油层的厚度变化、连通状况表示在对比图上。因此,除在地层对比剖面图上连接地层界线外,尚需连接井间砂体对比线。由于砂层的连续性和厚度稳定性的变化较大,因此,用简单方法很难将砂层的真实面貌表示出来,常用的对比线连接形式如图5-13所示。

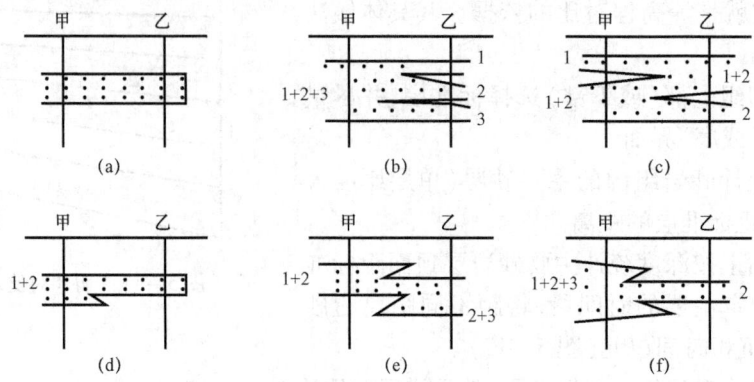

图5-13 砂层对比线的连接形式

(a)单层与单层连线;(b)单层对于多层连线;(c)交错层连线;(d)单层间的单向尖灭线;
(e)单层间的相互尖灭线;(f)单层间的双向尖灭线

(六)油藏统层

在单井对比分层的基础上,还要对区块或整个油藏进行"统层"。所谓统层,就是在全区范围内统一层组界限,提高小层划分对比的精确性。以某口井(一般选油层发育最全的井)的层组划分为准,首先与邻井对比,然后再扩大到对比剖面和全区,以此统一全区的层组划分,提高油层对比的准确性。图5-14为某油田的油层对比剖面实例。

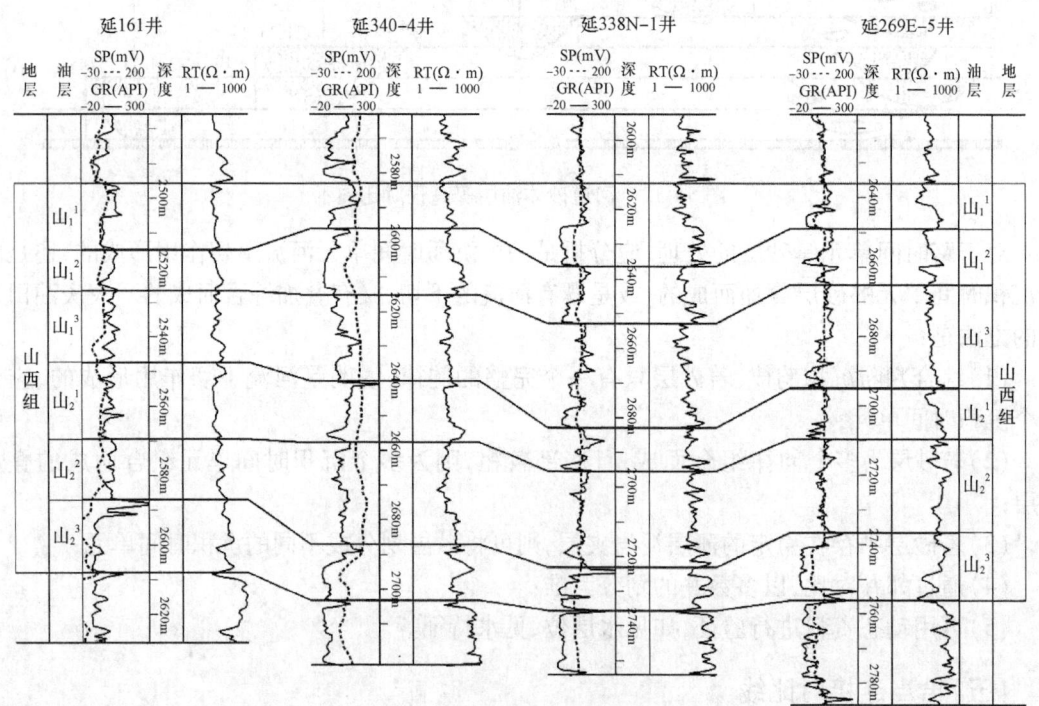

图5-14 ××油田××油层对比剖面

(七)油层对比成果与应用

油层对比完成后,需要将对比结果整理成表格和图件,它们是油藏描述的基础资料和重要成果。现简要介绍以下几种图表。

1. 编制小层数据表

根据油层对比结果,将每口井的分层数据,分别记录在统一的表格上,此表称为小层数据表,其格式见表5-3。该表是油田地质研究的基础资料,可用于编制油层平面图、剖面图和连通图等,也可作为计算油气储量、动态分析和开发方案制定的依据。

表5-3　××油田××区××层小层数据表

对比井号 项目	1	2	3	4	5	6	7	8	9	10
有效厚度,m										
砂层厚度,m										
渗透率,$10^{-3}\mu m^2$										
平面分布										
纵向连通性										

2. 绘制油层平面图

油层平面图有两类,一是油层厚度等值线图,它展示油层厚度在平面上的变化(图5-15)。二是油层综合图,它除绘有油层厚度等值线外,还用不同线条(或颜色)展示该油层的孔隙度和渗透率的平面变化,这就不仅可以显示油层的厚度变化,而且可以显示油层物性的平面差异。一般来说,油层对比结束后,应当提交主要的砂层组甚至重要的单油层各自的油层平面图,还要提交各油层组和含油层系叠加的油层厚度平面图和综合图。

3. 绘制油层剖面图

油层剖面图可以展示各砂层组或单层的岩性岩相变化、井间连通状况、物性变化等(图5-16)。

上述图件能从平面、剖面及立体的角度展现油层在二维和三维空间的变化情况,比较直观地反映油层厚度、物性等的空间分布特征和非均质性变化,是油田开发地质研究中大量应用的基础图件。

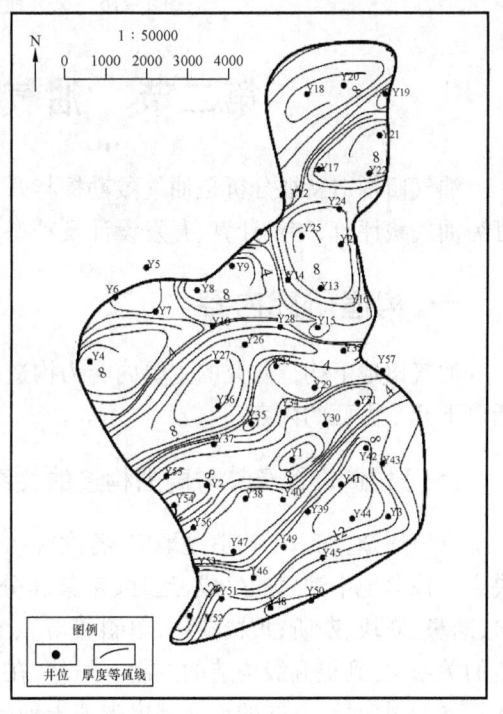

图5-15　××地区××层油层平面图

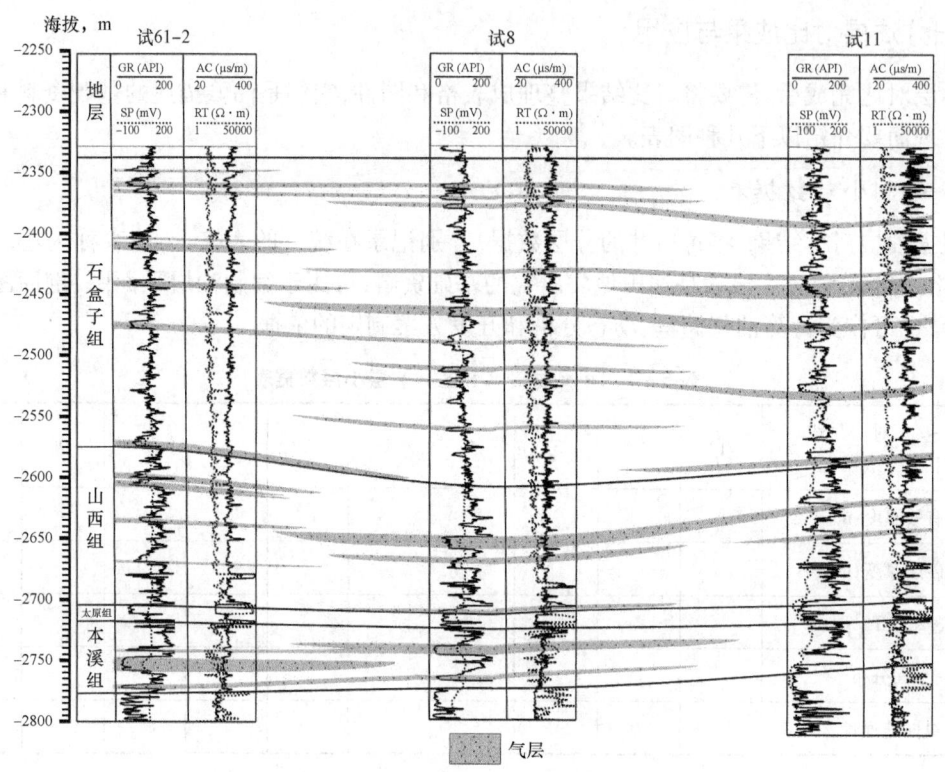

图 5-16　××地区××地层气层剖面图

第二节　油气田构造研究概述

油气田构造特征分析是油气藏勘探与开发的基础,对于已发现的油气藏,深入的构造研究可为油气藏评价、储量计算、开发设计及动态分析等提供重要的地质依据。

一、构造研究内容

油气田地下构造研究的主要内容为构造位置、构造展布、断层封闭性、构造性质等,具体包括以下几个方面的内容:

(一)构造位置及其与周围构造的关系

众所周知,在一个构造盆地中,各次级构造空间的配置以及它们与相邻构造的生成联系,决定了该盆地中油气的生成、运移、聚集和分布特征。各次级构造(例如背斜、向斜、地堑、地垒;断鼻、断块、断阶;披覆背斜、单斜等等),它们的产状特征、空间位置的配置及其与周围构造的关系,受到更高级构造的控制。虽然,在一个具体的构造盆地中,各局部构造有千差万别,在不同的时间域,不同的空间域出现若干种构造类型,但是这一系列的局部构造又是一个有机整体的"构件",因而,各种构造都有其特定的分布范围,各种构造之间存在着特定的内在联系。在一个含油气盆地中,由于多种构造的性质特征、分布范围及其所处位置等参数不同,这些参数又往往决定了该构造中油气藏的性质及其油气富集程度,所以弄清油气藏(田)所处局部构造的基本特征及其与周围构造的有机联系是油气藏(田)构造描述的基本任务之一。

(二)构造类型及产状

构造圈闭(structural trap)是油气藏成因类型的最重要的一种。构造类型(structure type)决定了圈闭类型,构造产状(attitude)是用来规定构造在三维空间的产出状态,能准确地反映圈闭的形态。因此构造类型和产状的描述是圈闭描述中的重要内容。

地质构造主要分为两大类:一是褶皱(fold),包括背斜(anticline)和向斜(syncline)两种形态;二是断层(fault),包括地垒(horst)(断层上升岩层)和地堑(graben)(断层下降岩层)两种。不同类型的构造描述的内容不同。褶皱主要描述三维空间中所处的位置,内容包括基本产状要素(走向、倾向、倾角)、构造长度、宽度等;断层描述的主要内容包括基本产状要素(走向、倾向、倾角、落差、水平位移等)、主断层的精细描述,断裂系统及空间组合、断层封闭性的描述等。

(三)构造高点的位置及特点

构造高点(culmination)是指层面(bedding surface)构造中的最高处。有的构造高点可以只是一个点(如倾伏背斜),可以是一个面(箱形背斜),还可以是一条线(单斜断块体)。确定构造的高点是构造描述的首要任务。油气在成藏过程中通常向上运移,往往指向构造高点,因此,构造高点是油气富集区的主要指向,在油气勘探中必须确定构造高点所处位置,才能为探井的布置提供依据。此外,构造高点离油源区远近不同,构造高点的特征不同,油气富集程度亦不同。构造高点呈线状的单斜断块和构造高点呈点状的倾伏背斜,在距离油源位置、圈闭条件相同的条件下富集油气的数量就不相同。由此可见,构造样式决定了"高点"特征,构造高点在局部构造中的位置及其在含油区中的位置均具有重要的石油地质意义。

(四)圈闭闭合面积和闭合高度

圈闭闭合面积(closed area)和闭合高度决定油气藏(田)的大小。大型油气藏(田)是闭合面积较大及(或)闭合高度较大的圈闭(群)中油气富集的结果。不同圈闭度量参数的确定方法也不同。例如,背斜型圈闭的闭合面积是圈闭等高线深度的最低值所围限的闭合范围,闭合高度等于构造高点与最低等高线值之差。而断块圈闭情形要复杂得多,如断鼻圈闭的闭合面积是构造等高线最低线与控制断层的断层线所围限区域,而闭合高度等于断鼻构造高点与最低等高线值之差。事实上,自然界中圈闭类型是丰富多彩的,除以上介绍的圈闭之外,还有其他类型的断层圈闭(如断层与单斜相结合型,两条或多条断层相交结合型等)和岩性圈闭。因此,圈闭闭合面积和闭合高度的确定方法多种多样,必须根据具体的圈闭类型具体分析。

(五)建立构造三维模型

油藏描述工作最终要体现在定量化的描述上,而构造三维数据体是油气田三维地质体建立的基础。在以上研究对油气田的构造有了较为详细认识的基础上,通过数学的方法(如地质建模的方法)在计算机上就可建立起构造几何形态的三维数据模型。

在油气田勘探和开发阶段,由于工作任务、资料录取程度的不同,对油气田研究内容的侧重点和描述的精细程度也不相同。勘探阶段包括区域勘探、圈闭预探和油藏评价三个阶段,其中前两个阶段的主要任务是发现油气藏或油气田。因此,地下构造研究主要从一个含油气盆地、凹陷或二级构造带入手,开展区域性的构造背景、主要构造样式及构造演化历史等研究。在油藏评价阶段,工作任务是评价油气藏,构造研究主要包括含油气圈闭的描述(圈闭形态、面积、闭合高度等,断层的分布、性质、产状、长度、断距等)、断层封闭性研究等。当油气藏(田)投入开发之后,为了编制、实施和调整开发方案,保证油田高效开采,提高油气田最终采收率,需要对油气藏构造进行更为精细的描述,以进一步深化对油气田构造的认识。在油气田开发阶段,录取的资料除地震和探井的钻井资料以外,还有大量的开发井资料,包括测井和动态资料等,因此开发阶段的构造研究是在勘探阶段对构造认识的基础上,利用新增资料对油气田构造进行深入认识,包括断层的精细描述(各级断层的分布状态、延伸距离、断层要素、断层封闭性等)及圈闭精细描述(构造类型、形态、倾角、闭合高度、闭合面积等)。

二、微构造

微构造(micro-strcture)是指在油田总的构造背景上,油层砂体顶面(底面)的微细起伏变化及错断。这些本身的微细起伏和错断幅度和范围很小,通常相对高差在10m左右,长度在500m以内,宽度在200~400m,构造范围在0.3km^{2}以内(李兴国,1987,1993,2000)。在开发早期或中期,地下构造研究的精度主要为小层;随着油田开发的深入,到油田开发后期,地下构造研究的精度达到单层。不同精度单元层面上的起伏变化还是存在一定的差异,并且油层单元越小,构造的变化幅度和范围越小。尽管如此,它对油藏注水开发过程中的剩余油形成与分布有着重要影响,因此,微构造是油藏内幕格架复杂性的一种体现,是油气藏开发中后期构造研究的重要内容。

(一)微构造成因

通常来讲,砂体微构造的成因分为两类,即与构造作用力无关及与构造作用力有关两种情况。

1. 与构造作用力无关的因素

与构造作用力无关的因素包括沉积作用(sedimentation)、差异压实作用(differential compaction)和古地形(ancient landform)等因素共同影响,是微构造的主要成因。

1)沉积作用——河流下切及沙坝的增长

河流下切是指由河流侵蚀作用或似乎是由侵蚀作用产生的河流向下切割侵蚀的自然现象。河流下切作用形成下切谷,同时,河流携带的碎屑颗粒在一定的条件下沉积充填于谷中,因此,在河道中存在局部的低点,也就是河道沙体的底面的低部位。在辫状河道中,河流沿主流线两侧形成对称环流,表流为发散水流,由中部向两岸流动,并冲蚀两岸;底流由两岸向河流中心辐聚,并携带沉积物在河床中部堆积下来,不断增长形成心滩,心滩砂体顶面上凸,形成局部高点。

2)差异压实作用

在碎屑岩沉积储层中,由于砂岩、泥岩沉积物的差异压实作用,在砂质沉积为主的区域压实作用较小,成岩后厚度减薄比例小,而在泥质沉积物为主的区域受压实作用影响较大,成岩后厚度减薄明显,这种差异压实作用致使沉积物的原始状态发生变化,泥质区下凹,砂质区上凸,形成局部高点。

3) 沉积古地形的影响

河流与湖相沉积受古地形影响较大,在古地形地势较低的部位沉积为填平补齐模式,形成砂体底面局部下凹。

2. 与构造作用力有关的因素

与构造作用力有关的因素就是与局部构造应力(tectonic stress)有关的因素。例如,在断层两侧,常伴生小的断鼻或断沟,这是由于下降盘不同部位的下降速度不同而产生的,下降较慢部分产生上凸,较快部分产生下凹;或者上升盘因受到不均衡的拖曳力,在拖曳力较强的地方产生正牵引,出现下凹;较弱处产生逆牵引,出现上凸。

通常情况下,与构造作用力无关的因素是控制砂体微构造形成的主控因素,但在断层比较发育的区域,由于断层活动强烈,与构造作用力有关的因素也发挥重要的作用。图 5-17 可见断层面(fault surface)上盘的岩体的重力(F_1)作用可以分解为沿断层面向下的作用力(F_2)和垂直作用于断层面的作用力(F_3),断层下盘的岩体受到自身重力作用(F_5)和上盘对其压力(F_3),使下盘靠近断层区域产生向下的拖曳力(F_6),在这些力的作用下,加上砂泥的差异压实作用,砂体沉积的原始状态得到进一步改造,产生了各式各样的微构造类型。

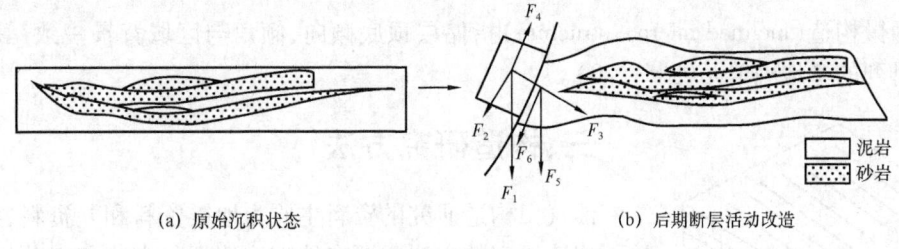

(a) 原始沉积状态　　　　　(b) 后期断层活动改造

图 5-17　微构造成因模式图(据侯建国等,2005)

(二)微构造的分类

根据微构造的起伏变化和形态,可将其分为 3 种类型,即正向、负向及斜面。

1. 正向微构造

正向微构造(positive micro-structure)是砂体顶、底面相对上凸的部分,包括微高点、微鼻状及微断鼻等。微高点指储层的顶底面相对向上弯曲,等值线闭合的微地貌单元[图 5-18(a)];微鼻状指储层的顶底面相对向上弯曲,但等值线不闭合的微地貌单元,一般与沟槽相伴生[图 5-18(b)];微断鼻指储层在上倾方向被断层切割的鼻状构造[图 5-18(c)]。其幅度仅有数米,但可形成剩余油的富集区。

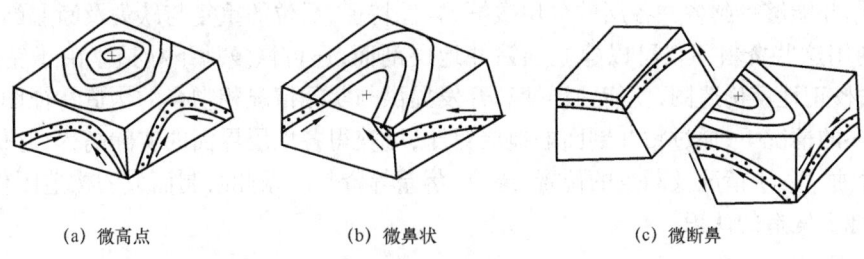

(a) 微高点　　　　(b) 微鼻状　　　　(c) 微断鼻

图 5-18　正向微构造类型模式(据李兴国,2000)

2. 负向微构造

负向微构造(negative micro-structure)是指砂体顶、底面相对下凹的部分,主要包括微低点、微沟槽及微断沟等。微低点指储层的顶底相对向下弯曲,等值线闭合的微地貌单元[图 5-19(a)];微沟槽是对应于鼻状构造的微地貌单元,其形态与微鼻状相对应,但方向相反,等值线不闭合的低洼处[图 5-19(b)];微断沟指在储层下倾方向被断层切割的鼻状构造[图 5-19(c)]。

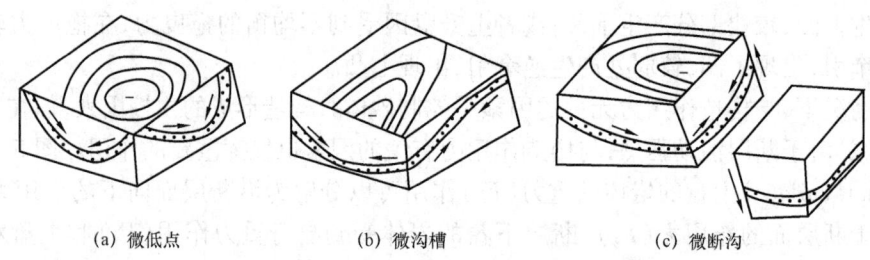

(a) 微低点　　　　　　(b) 微沟槽　　　　　　(c) 微断沟

图 5-19　负向微构造类型模式(据李兴国,2000)

3. 斜面微构造

斜面微构造(inclined micro-structure)指储层顶底倾向、倾角与区域背景一致,等值线均匀平直排列的微地貌单元(图5-20)。

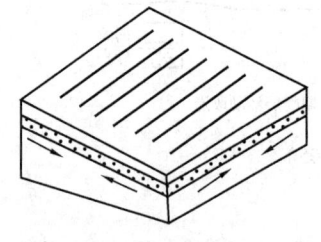

图 5-20　斜面微构造类型模式(据李兴国,2000)

三、构造研究方法

油气田构造研究的资料主要为地震资料和井资料,相应地,地下构造研究的方法主要有地震构造解释方法和多井构造研究方法。

(一) 地震方法

地震勘探就是通过人工激发地震波,研究地震波在地层中的传播情况,以查明地下地质构造。地震勘探可以提供油藏的测线剖面图及构造图。利用这些图件可以分析地质构造的形态、高点位置、闭合高度、闭合面积和断层特征。地震资料具有完整、齐全、连续的特点,可以非常直观地反映区域的构造特征,但由于分辨率较低,构造解释的精度和准确性较差,因此其解释结果必须用钻井资料校正才能较真实地反映构造特征。

(二) 钻井和测井方法

通过钻井能够得到各井各层的分层数据、岩性特征、层位的重复与缺失及断层断点的深度等资料,利用这些资料不仅可以建立起钻井地层剖面,还可恢复地下构造。由于钻井资料可靠,用它去校正地震构造图,就能为详探和开发提供与实际情况相吻合的构造特征图件。在钻井资料较多的情况下,通过钻井剖面的地层对比,可获得各地层界面的实际高程,起伏状况,岩性特征,含油、气、水情况及断点的位置、层位、落差等资料。据此绘制而成的构造图件,能进一步加深对地下构造的认识。

(三)动态方法

生产过程中可以获得井下地层的含油、气、水资料以及井间油水动态资料等,应用这些资料既可检验构造研究成果的准确性(如断层的连通与否,分层是否正确等),又可为构造研究提出问题(如构造的形态及局部变化如何等),以便配合其他资料使构造的解释更准确,更符合地下的真实情况。这在注水开发的油田中作用尤其明显。这是一种构造特征分析的辅助方法。

构造解释成果的精度主要取决于资料的丰富程度及资料的精度。勘探开发的阶段不同,各项资料的贫富相差悬殊,所选用构造研究的方法不同,构造解释精度差异大。在勘探阶段,钻井资料较少,以地震资料为主,因此,油气田构造研究主要应用地震资料,辅以钻井资料,通过井震结合的方法,开展油层组或砂层组级别的构造研究。在开发阶段,通常应用多井资料来进行精细构造研究。此时,地震资料难以达到精细构造研究分辨精度,而大量开发井的钻进、钻井资料和测井资料的增加为小层甚至单层的精细构造研究提供了资料保证,决定了构造解释精细和可靠程度。

第三节　井下断层研究

许多油气田中断层十分发育,有的井可能钻遇几条断层,地下构造可能被几条断层纵横切割成若干"断块"。为了有效勘探和合理开发这种断块油藏,就必须弄清断层性质、延伸状况、形成时期及其对流体的封闭情况。

一、井下断层的识别

钻井过程中有可能钻遇断层(fault),那如何进行识别? 实际上断裂活动将引起一系列地层与构造变化,也将改变油气层的埋藏条件,引起流体性质和压力的变异,利用与断层共存的各种标志就有助于判断地下断层的存在。

(一)断层识别的依据

应用井资料识别断层的依据主要包括地层厚度、海拔高程、油水界面、动态监测、地层倾角测井等方面。

1. 地层的重复与缺失

在对两口井(其中一口井的地层对比层段为没有断层的正常地层)进行地层对比时,若发现这两口井(特别是短距离内)上下标志层之间(或沉积旋回,或者岩性组合)的地层厚度发生急剧变化(变薄或变厚),则可能指示着断层的存在。

在地层倾角小于断层面倾角的情况下,直井钻遇正断层出现地层缺失或减薄(图 5 - 21),钻遇逆断层地层重复(图 5 - 22);反之,在断面倾角小于地层倾角且断面倾向与地层倾向一致的情况下,穿过正断层地层重复,穿过逆断层则地层缺失。断距(fault displacement)大小则决定了地层重复或缺失的程度。可以重复(或缺失)1 个或几个层,也可能重复(或断失)层内的部分厚度(导致同层厚度在短距离内的突变)。

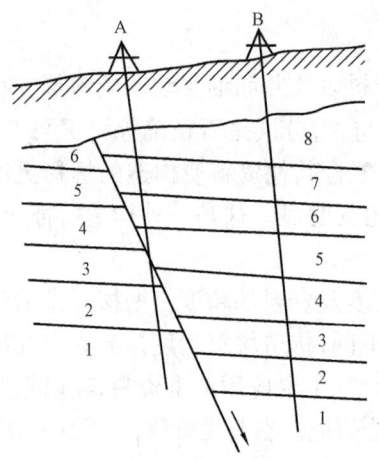
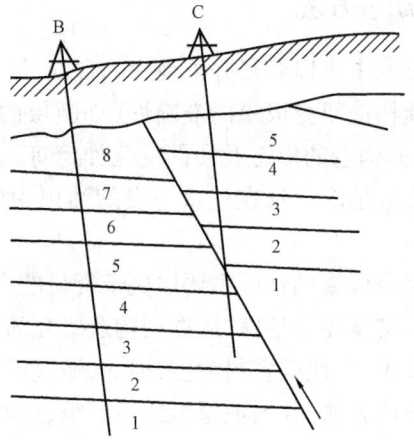

图 5-21 断层产生的地层缺失示意图　　图 5-22 断层产生的地层重复示意图

值得注意的是,当钻井为大斜度定向井时,钻遇断层时的地层重复与缺失情况与直井有较大的差别。以地层倾角小于断层倾角的情况为例,在正断层情况下,当大斜度井轨迹方向与断层面倾向一致时,且井轨迹与水平面夹角小于断层倾角时,井内地层会发生重复;只有大斜度井轨迹与水平面的夹角大于断层倾角时,井内地层才会发生缺失或减薄现象。逆断层情况则正好相反。

导致井间地层厚度变化的地质因素很多,除断层外,还与地层剥蚀(erosion)缺失、超覆(overlap)缺失、倒转背斜导致的地层重复、侧向相变导致的地层厚度变化等有关。地层剥蚀缺失(与不整合面相关)与断层导致的缺失可通过研究区域地层剖面特征加以区别:

(1)断层仅在钻遇它的部分井中出现地层缺失,而不整合面具有区域性,在更多的井中都出现地层缺失;

(2)缺失地层的层序是不同的。钻遇正断层造成的地层缺失,当与断层面的走向不一致时,缺失地层有规律地变化,而不整合造成的地层缺失的多少与新老由剥蚀程度决定。比如,钻遇同一正断层各井地层层序如表5-4所示。显然,1井地层正常,2井至4井分别缺失 A_2、B_1、B_2,缺失层位逐渐变新,钻遇缺失地层的井深也是逐渐变浅,这表明是正断层造成的。这里应注意,若井剖面与断层面的走向一致,各井缺失的地层会是相同的。另外,当钻井过程中各井钻遇如表5-5所示的地层层序时,可以判断井下有不整合存在。此例中,各井中都存在E和D层,1井地层正常,2井缺失C层,3井缺失B和C层,4井缺失C层。可见各井缺失的地层除C层外,还有更老的B层,这是强烈剥蚀所致。而D层分别覆盖于剥蚀面之上,即在一定范围内,剥蚀面上沉积了同一岩层,这是钻遇不整合的可靠依据(图5-23)。

地层超覆是在不整合面之上,沿盆地边缘斜坡向上沉积,导致上部地层比下部地层分布更广泛,下部地层则在盆地边缘斜坡面(不整合面)上部分缺失。这种缺失是有规律的,即地层由新至老,缺失地层层位增多。

(3)断层往往伴有牵引、摩擦、挤压等现象,并常有因破裂作用造成的岩石破碎带,而不整合面上常有砾岩、粗砂岩及风化产物,在地质录井中应细心观察,注意区别。

倒转背斜也可造成地层重复,那么如何区分逆断层与倒转背斜所造成的地层重复呢?从图5-24可以发现,钻遇倒转背斜时,地层层序是由新到老,再由老到新,反序重复。而钻遇逆断层则是由新到老,再由新到老,正序重复。据此,二者是不难区别的。

表 5-4 钻遇同一正断层时各井的地层层序

1井	2井	3井	4井
E	E	E	E
D	D	D	D
C_2	C_2	C_2	C_2
C_1	C_1	C_1	C_1
B_2	B_2	B_2	B_1
B_1	B_1	A_2	A_2
A_2	A_1	A_1	A_1
A_1			

表 5-5 钻遇不整合面时各井的地层层序

1井	2井	3井	4井
E	E	E	E
D	D	D	D
C	B	A	B
B	A		A
A			

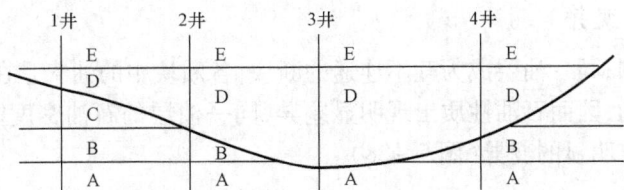

图 5-23 地层剥蚀产生缺失示意图

侧向相变也可导致地层厚度变化。如河道下切会使河道砂体沉积厚度大于其侧向的溢岸沉积厚度。侧向相变是在同层内发生的,容易与小断层导致的同层厚度突变相混淆。实际上,侧向相变虽然会导致厚度变化,但沉积序列是可以对比的,并且相变具有一定的沉积规律(符合相模式)。因此,可通过沉积相分析与断层导致的厚度变化加以区别。

2. 在短距离内同层厚度突变

当断层的断距较小时,地层的错断不足以使整套的地层出现缺失或重复,而是这套地层部分的缺失和重复,这时该地层的厚度发生突变(变薄或变厚)(图 5-25)。

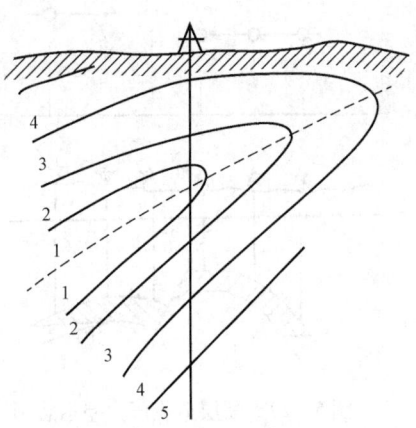

图 5-24 地层倒转在井剖面上产生的地层重复

3. 在近距离内同层层面海拔高程相差悬殊

当断层从井间通过时,断层上下盘的错动会造成两井同层顶面海拔高程出现较大的差异,而两井的地层厚度并没有明显变化(图 5-26)。当然,在背斜翼部或单斜上,同层顶面海拔高程也可出现较大的差异,但其地层层面的倾斜具有一定的趋势,而断层导致的海拔高程差异会偏离这一趋势。为此,可通过这一高程差异异常来判别井间断层的存在,并参考其他资料(特别是井间动态监测资料)进行综合判别。

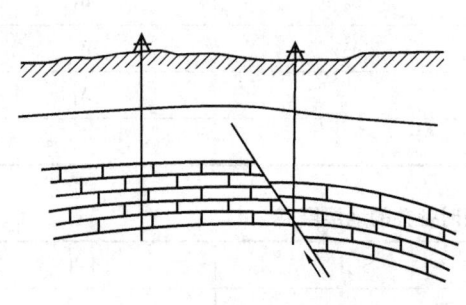

图 5-25 断层导致的井间
地层厚度的突变

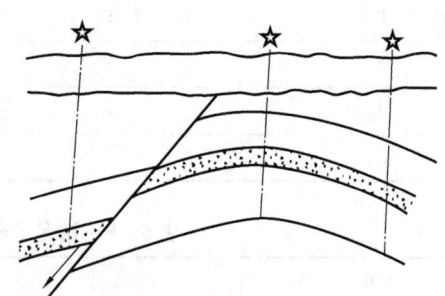

图 5-26 因断层引起的同层
标高相差悬殊示意图

4. 折算压力和油水界面的差异

由于断层的切割作用,使其两侧的油层处于不同深度,互不连通,各自形成独立的压力系统。在同一压力系统中,压力互相传导直到平衡,各井油层的折算压力相等。而在不同压力系统中,其折算压力完全不同(图 5-27)。同理,油水界面的高程在断层两侧也是完全不同。

5. 石油性质的变异

由于断层的切割,同一油层成为互不连通的断块,各断块中的油气是在不同地球化学条件下聚集并保存起来的,因而石油性质出现明显差异,同一油层的石油密度曲线、含胶量和含蜡量曲线在断层两侧有明显的变异(图 5-28)。

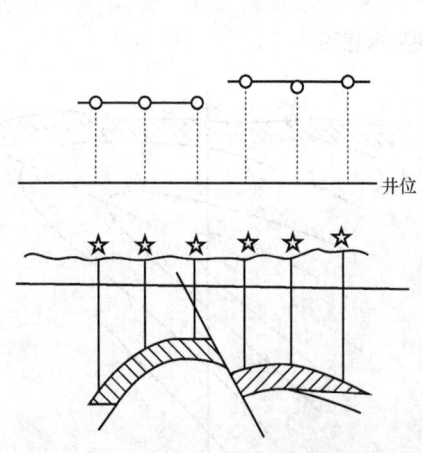

图 5-27 断层造成压力差示意图

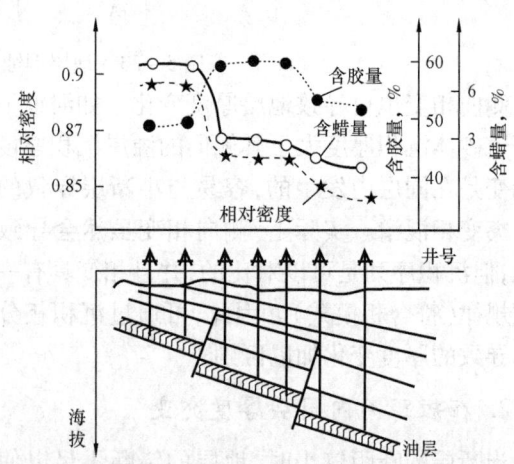

图 5-28 断层引起石油性质变异示意图

6. 断层在地层倾角测井矢量图上的特征

由于断裂作用,使断层上下盘的地层产状发生变化,在倾斜矢量图上表现出明显的差异。

构造力使岩石破裂,在断层面附近形成破碎带,在倾斜矢量图上呈现杂乱模式或空白带。由于构造应力的作用,通常在断层附近发生牵引现象,使局部地层变陡或变缓,这种畸变带在倾斜矢量图上表现为红模式或蓝模式。根据倾斜矢量图的变异特征,可以比较准确地确定断点位置、断层走向及断面产状(图5-29)。

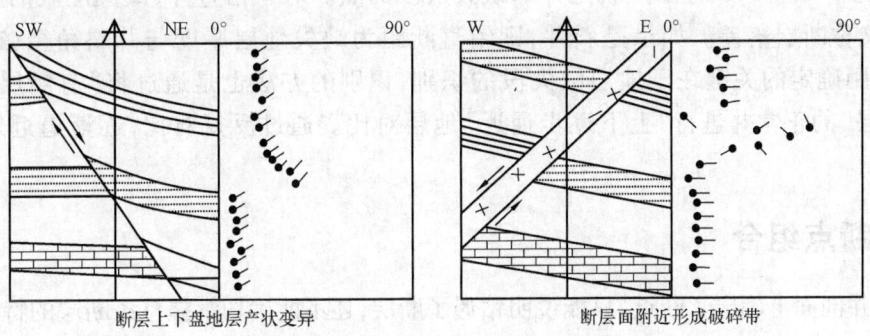

图5-29　不同类型断层的倾角矢量特征图(据Schlumberger,1970)

利用地层倾斜矢量图判断断层的最大优点是直观,仅一口井资料便可以作断层产状预测。然而应用地层倾斜测井资料判断断层具多解性,应结合其他测井曲线和地质资料进行综合分析。

(二)断点与断距的确定

当井下断层的性质确定后,还应进一步确定断点井深及断距大小。断点是断层与井轨迹的交点。

1. 逆断层断点与断距的确定

逆断层(reverse fault)断点为地层重复层段的起始点,直井中逆断层的断距即为地层重复层段厚度。

地层重复层段是采用"上下逐步逼近"的对比方法,就是将"有断层"的井与"没有断层"的正常井进行地层对比,针对断层井厚度增加的部位进行"上下逐步逼近"对比。首先,从其上的标志层向下对比,根据相似性原则对比相似段,直到不相似位置;然后,从其下的标志层向上对比,直到不相似段。应用上述方法反复对比,逐渐逼近地层重复层段。图5-30表示的是一个两井地层对比的结果,其中乙井是正常井,甲井剖面中的D_1、D_2、E、F地层重复,表明它钻遇了逆断层,断点在第一次出现的F层底界,井深为851m。两次出现的F层底界之差(876~851m)

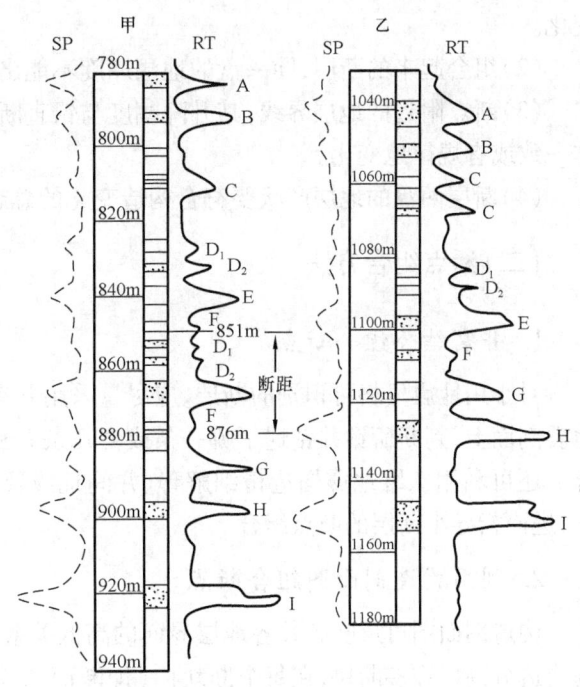

图5-30　逆断层断点和断距的确定

为重复地层,钻厚为25m。如果是铅直井,此厚度就是地层铅直断距。如果是斜井,则铅直断距为缺失地层厚度与井斜角余弦的乘积。

2. 正断层断点与断距的确定

正断层(normal fault)断点就是井下缺失层段的点。对于铅直井,缺失层段的厚度为垂直断距,又称断层落差。如果是斜井,则铅直断距为缺失地层厚度与井斜角余弦的乘积。断点和断距确定的关键在于地层缺失段的识别,识别的方法也是通过将"有断层"的井与"没有断层"的正常井进行"上下逐步逼近"地层对比。通过反复对比,逐渐逼近地层缺失点,即断点。

二、断点组合

在单井剖面上确定了断点,只能说明钻遇了断层,还不能确切掌握整条断层的特征。在多断层地区,几口井都钻遇了几个断点,哪些断点属于同一条断层?几条断层之间的关系如何?这些都需要对断点进行研究,将属于同一条断层的各个断点联系起来,全面研究整条断层的特征,这项工作称为断点组合。

(一)断点组合的一般原则

断点组合的首要原则是将性质相同的断点组合起来,不同性质的断点自然就分开。某种性质的断层往往是区域性分布的,如大庆、胜利油田地区主要是正断层,四川地区主要是逆断层。因此,井间断点组合时还应遵循如下基本原则:

(1)各井钻遇的同一条断层的断点,其断层面产状和铅直断距应大体一致或有规律地变化。

(2)组合起来的断层,同一盘的地层厚度不能出现突然变化。

(3)断点附近的地层界线,其升降幅度与铅直断距要基本符合,各井钻遇的断缺层位应大体一致或有规律地变化。

(4)断层两盘的地层产状要符合构造变化的总趋势。

(二)断点组合方法

1. 井震结合组合断点

对于用地震资料可识别的断层,应尽量采用井震结合的方法组合断点。将所钻井标注于地震剖面上,判断所钻井钻遇了哪一条或哪几条大断层(图5-31),从而指导各断层的断点组合。还可利用三维地震构造精细解释、井间地震及二维可视化等成果,了解小断层的发育特征,进而指导小断层的断点组合。

2. 利用构造剖面图组合断点

构造剖面图可反映各井各地层界面的高低关系和地层厚度的变化。断裂切割作用把完整的构造分割成许多断块,在每个断块内(即断面的一侧)各地层界面的高低关系是相对的,厚度是稳定的或渐变的;而不同断块(即断面两侧)同一地层界面的高低和厚度可能是变化的,因此,根据这些特征就能够把同一条断层的各个断点组合起来。

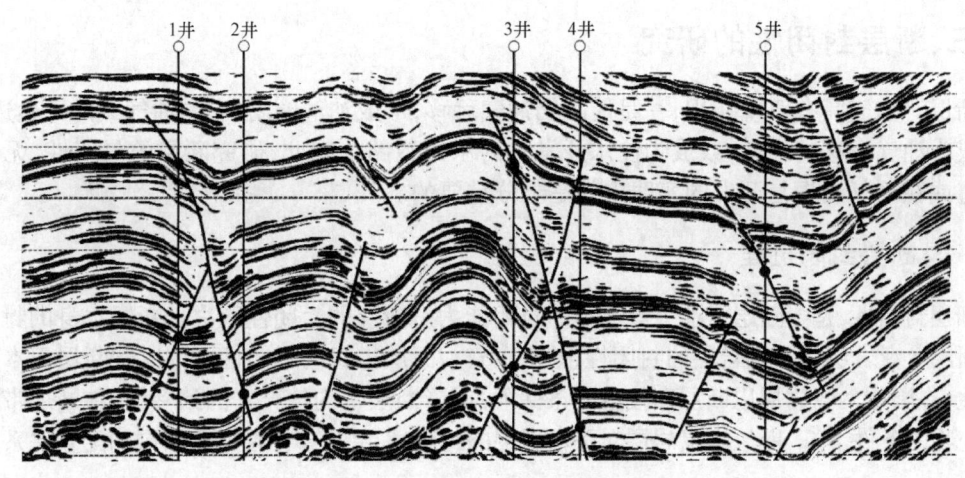

图 5-31 井震结合断点组合成果图

3. 利用断面等值线图组合断点

断面等值线图又称断面构造图或断层面等高线图。它以等高线表示断层面起伏形态,能反映某断层的倾向、倾角、走向及分布范围。同一条断层的这些要素在其分布范围内是渐变的,所以其断面等值线也是有规律地变化的;不同的断层,其断面等值线的变化趋势则是不同的。这正是应用断面等值线图组合断点的依据(图 5-32)。

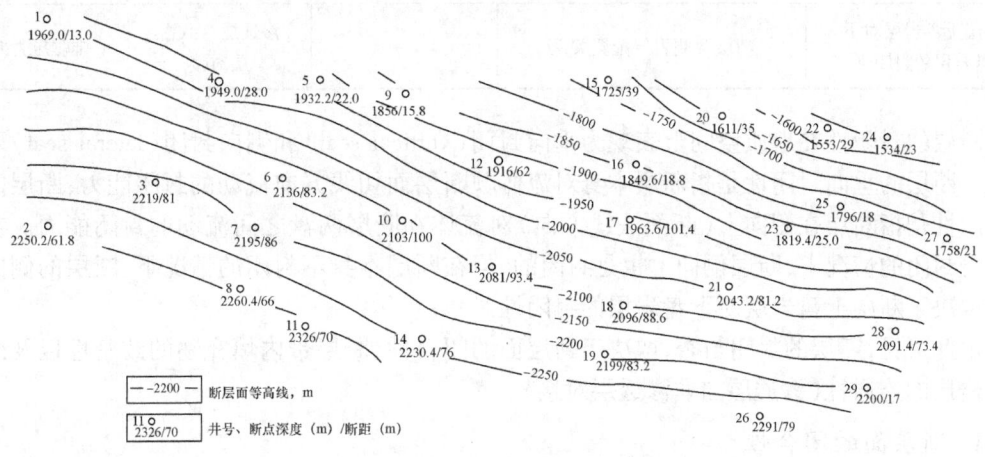

图 5-32 断层面等值线图

因此,为了将单井多断点的复杂区中不同的断层区分开来,可利用不同断层的空间产状差别,在远离复杂区的单断点区先编制断面等值线图,在获得该断层的基本要素后,再由已知的走向、倾向、倾角、落差等,逐渐向复杂区延伸,从三维空间上对断点进行组合,从而区分出不同的断层,进而作出各条断层的断面等值线图。

在地下构造复杂的地区,井下断点多,断点组合往往具多解性,需综合分析各项资料,互相验证,选出较合理的断点组合方案。首先应参考地震资料所提供的区域构造特征和分布模式,再以断面等值线图、构造剖面图和构造草图进行互相验证,若有矛盾,查明原因,调整断点组合方案,直到前述各项原则与各种构造图件互相吻合为止。只要有条件,还应尽量利用地层流体性质,油、气、水分布关系和压力恢复曲线特征来验证所组合成的断层。

三、断层封闭性的研究

断层对油气具有双重作用,一是能阻挡油气运移,形成油气圈闭,它是油气藏的天然边界;二是成为油气运移的通道,或成为注水开发时的水窜道路。因此,研究断层的封闭性,无论在理论上或在油气勘探与开发的实践中都是十分重要的。

(一)断层封闭机理

断层封闭性,是指断层对油气等流体的封闭能力。断层的封闭性取决于断层本身的封闭性以及断层上盘岩层对下盘岩层的封闭性(表5-6)。断层本身的封闭性又取决于断层面本身的闭合性(在断层两盘岩层以断层面接触的条件下)或者断层带内填充物的致密性(在断层带内具有填充物的条件下)。断层上盘岩层对下盘岩层的封闭性,受控于断层两侧岩层的配置关系。

表5-6 断层封闭性机理分析表

断层封闭性类型	断层封闭性影响因素	封闭条件		力学机制
		垂向封闭条件	侧向封闭条件	
断层本身的封闭性	断层面封闭性 (断层面接触条件下)	紧闭	紧闭	压应力
	充填物的致密性 (断层带内填充条件下)	致密	致密	排驱压力差
断层上盘岩层对下盘岩层的封闭性	断层两侧岩层配置关系	—	渗透层与致密层对接	排驱压力差

断层的封闭性在地质空间上表现为垂向封闭(vertical seal)和侧向封闭(lateral seal)两个方面。断层的垂向封闭性是指断层本身对流体顺断层面切线方向流动的封闭能力;断层的侧向封闭性是指断层在侧向上(断面法线方向)对流体在断层两盘之间流动的封闭能力。在断层本身封闭的情况下,断层侧向上也是封闭的,但在断层本身不封闭的情况下,断层的侧向封闭性取决于断层上盘岩层对下盘岩层的封闭性。

由此可见,断层的封闭与否,取决于断层面的闭合性、断层带内填充物的致密性以及断层两盘岩层的连通性(渗透层与非渗透层对接)。

1. 断层面的闭合性

在断层两盘岩层以断层面接触的条件下,断层面的紧闭是断层本身封闭的先决条件。如果断层面不紧闭,甚至断层两侧岩层间出现缝隙,便属于开启性断层了。

在断层两盘之间以"面"接触的情况下,断层面主要是依靠上覆岩层重力或区域主压应力使其发生紧闭,从而形成主应力封闭模式。根据地质力学理论,断裂分为压性、扭性、压扭性、张性及张扭性断裂。从定性的角度分析,通常认为张性、张扭性断裂是开启的,可成为油气运移的通道;压性、压扭性断裂则容易形成封闭性断层。但随埋深的增加,张性断裂的封闭性会发生变化。在断层面上,上覆地层必将有一个垂直于断层面的分力。这个分力与静水柱压力之差就是对断层面裂缝的压应力:

$$p = \frac{H(\rho_r - \rho_w)}{100}\cos\theta \tag{5-1}$$

式中 p——断层裂缝所承受的压应力,MPa;
H——断点井深,m;
ρ_r——岩石密度,$10^3 kg/m^3$;
ρ_w——地层水的密度,$10^3 kg/m^3$;
θ——断面倾角,(°)。

如果裂缝壁的强度抗拒不了这个压应力,断面裂缝必将合拢,并逐渐形成封闭。如某盆地沙河街组的砂岩,$\rho_r = 2.25 \times 10^3 kg/m^3$,$\rho_w = 1.03 \times 10^3 kg/m^3$,当断点井深为1000m时,断面倾角为60°~45°,由式(5-4)算得 $p = 6.10 \sim 8.54$ MPa;当断点井深为2000m时,若其他参数值不变,则 $p = 12.20 \sim 17.08$ MPa。而沙河街组泥岩的抗压强度为2.0MPa,砂岩的抗压强度为6.0~7.0MPa。由此可见,压应力远远大于岩石的抗压强度。从地质力学观点来分析,即使断面承受的压应力小于岩石强度,但在漫长的地质年代里,时间因素也会使岩石发生蠕变现象。因此,同一断层不同时期,其封闭性也是不相同的。通常断层在形成的早期是开启性的,在其后期由于上覆地层的压实或其他作用,可以转化为封闭性的。但是,由于断层面的凸凹起伏,仍会遗留渗漏空间,通常在断层缓角处紧闭、陡角处开启。同时,当封闭性的断层在很强的构造应力或注水压力下,有可能重新开启。因此,仅仅依靠断层面所受到的压力,尚不能判断断层面是否完全封闭,还必须借助于泥岩的塑性流动等研究来加以判断。

2. 断层带内填充物的致密性

当断裂带切割地层时,如果断裂带内填充物较致密,排替压力大,则意味着断裂带岩石的毛细管阻力大。若油气运移的动力(如浮力等)不能克服此阻力,则断层具侧向封闭性(图5-33)。否则,油气可沿断裂带发生垂向运移,或横穿断裂带进入断层另一盘的储层中而发生侧向运移。

断裂带内致密岩类有以下几种成因:

(1)挤压研磨:由于构造应力的作用,断层两侧岩层发生挤压研磨,形成细粒的断层岩,特别是在砂泥岩剖面中,断裂带内砂岩和泥岩容易被挤压研磨成致密的断层岩。一般地,同一力学性质的断层断距越大,断裂带越宽,则断层两侧岩块挤压研磨的碎裂作用越强,越容易形成偏细粒的断层岩,有利于断层封闭性的增强。

(2)后期成岩改造:若断层带内具有一定渗透性的填充物,由于后期破坏性成岩作用的改造,如地下水流造成的胶结及重结晶作用等,以及油气遭受氧

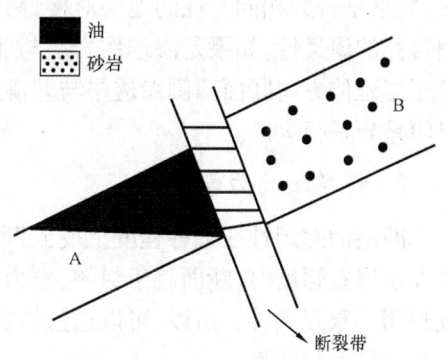

图5-33 高排替压力封闭示意图

化的沥青化作用,均可使断裂填充物的孔渗性变差、排替压力升高,从而使断层形成封闭。

(3)泥岩涂抹(shale smear):在同生断层在活动过程中,由于构造应力和上覆岩层重量的作用,断层两盘未固结或半固结的泥岩层被削截、挤压进入到断裂空隙,在断层两盘砂岩削截面上形成了薄泥质岩层。由于泥岩涂抹层在形成过程中受到较大的剪应力与地层重力的共同作用,使其孔渗性明显低于同深度泥岩层的孔渗性,因此,泥岩空间分布的连续性越好,泥岩涂抹的侧向封闭性越好。

3. 断层两盘岩层的连通性

当断层两盘岩层以"面"接触时,断层能否形成侧向封闭主要取决于断层两侧岩层的对接关系。在砂泥岩剖面上,当下盘砂岩与上盘泥岩对接时,由于泥岩剖面孔渗性差,排替压力高,上盘泥岩便可对下盘砂岩中的油气起到封闭作用。这种对接模式即为砂泥对接封闭模式;反之,若孔渗性能较好的砂岩位于断层面的另一侧,则不能形成封闭(图5-34)。

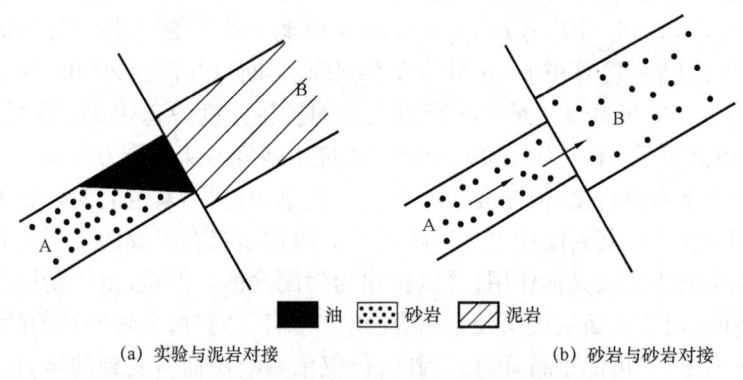

(a) 实验与泥岩对接　　　　　　　(b) 砂岩与砂岩对接

图5-34　断层两盘岩层对接模式

(二)断层封闭性研究方法

1. 断面两侧的岩性的识别

断面两侧地层岩性条件是断层具封闭性的基础。当钻遇断层时,首先要利用该井及邻井的分层、岩性及断距等资料,结合地震解释成果绘制构造剖面图,了解断层两侧岩性的配置状况,判别是否为相同岩性的地层对接;然后应用测井及岩心物性分析等资料进一步查明断层两侧岩性的渗透性,如果是渗透性岩层与非渗透性岩层相接触,说明断层是封闭的。但要注意,沿断层延伸方向断面两侧渗透层与非渗透层的接触关系是变化的,因此在断层的不同位置,其封闭差异是很大的。

2. 断层面的力学分析

断层的封闭性在某种程度上受到断面正应力(normal stress)的控制。断层面承受的正应力大于岩石强度时,断面趋于封闭,压力越大,断层面越紧密,因此,断面正应力是断层是否形成封闭的重要条件。所以,可以通过构造应力模拟等方法,估算断面正应力的大小,以此帮助判断断层的封闭性。

3. 断裂带充填物分析

1)岩性分析

在碎屑岩剖面上,如果断裂带充填岩性以泥质岩类为主,通常具有封闭性;如果是以砂质成分为主,且又未经过破坏性成岩作用的改造,则断裂带可能不具封闭性。

在碳酸盐岩剖面上,当钻遇断裂带时,往往会伴有次生矿物的出现,且多以次生方解石及白云石等为主,这时首先要观察其矿物的晶形,如果是以自形晶为主且数量较多,那断裂带可能是开启的,因为断裂带内有足够的空间让次生矿物自由生长;如果次生矿物以他形晶为主且具有相当数量,则断裂带可能不具封闭性。

2)岩石物性及成岩作用分析

如果取心井钻遇断裂带,一定要取相当数量的岩样进行孔隙度、渗透率及压汞等实验分析以及成岩作用分析,研究断裂带岩石原生封闭情况以及成岩作用对其的改造情况,以此判断断裂带封闭情况以及分析产生封闭性或开启性的原因。

3)断裂带泥岩沾污因子定量分析

泥岩沾污因子(SSF)是指倾斜断距(L)与被断泥页岩厚度(H)之比值。它是定量判断在断层面附近形成的泥岩沾污带是否连续分布的一个重要参数,其值过大或过小都可能表明泥岩沾污带在断面附近分布不连续,由此造成断裂带的封闭性变差。

4. 钻井过程中的显示

在正常钻井过程中,若钻遇断层时发现钻井液漏失、井涌及油气显示等现象,以及岩心有断层角砾岩,岩屑中存在次生方解石,石英含量增高,钻时减少等现象,这就预示钻遇的断层多为开启性的,否则为封闭性断层。例如,渤海湾地区很多井都钻遇了正断层,有的井钻遇正断层多达6~7条,但多数井未发现断点处有井漏、井涌及油气显示等现象,一般都认为断层是封闭的,并得到证实。

5. 断层两盘的声波测井信息

根据有关的研究表明,不同力学性质的断层,在它形成的过程中,将伴生相应的构造岩(tectonite),各种构造岩与原岩间的成分、结构等有明显的差异,这会导致它们的地球物理信息必然也有明显的区别。因此,可以利用声波测井信息来鉴别断层的位置、断层力学性质。

声波在岩石中传播的速度随岩石密度、弹性模量和含水量的增加而加大;随孔隙度的增大和裂隙的发育而减小;随压应力增大而加大;随张应力加大和岩石中缝洞的发育而减小。同岩性、同时代岩石的声波传播速度或时差的大小能够反映岩石内部结构、物性差异等。在压扭性断层中,构造岩具有岩石致密、坚硬,孔洞不发育,含水性和渗透性较差的特点,且常常重结晶或形成新的变质矿物,外来物质相对较少,破碎物质多具定向排列,岩石主要为压碎岩、糜棱岩、压扁岩等,声波传播速度比原岩相对较快,衰减相对较慢。张性断层的构造岩多为疏松的角砾岩,张裂带裂隙发育,渗透性好,声波在其中传播多出现反射、折射、绕射和散射等现象,能量衰减快,声速比同岩性非构造岩低,时差则相对增加。

露头区构造岩研究或覆盖区构造岩研究、模拟实验均表明不同力学性质的构造岩的声波测井信息存在明显的区别。

1)封闭性断层测井信息的特征

封闭性断层多为挤压应力(compression stress)形成,断裂带构造岩致密,坚硬,缝洞不发育,碎屑物呈走向排列,多为单项介质。胜利和中原等油田断层研究表明,绝大多数的封闭性断层,断裂带构造岩无论是砂岩或泥岩,声波时差的变化平均值均小于两盘同时代、同深度、同岩性的非构造岩的两倍以上,变化幅度大于正常压实趋势值的三倍以上,曲线形态偏离正常压实趋势线,向减小方向呈现不同曲率的弧形段或呈台阶式急剧减小,并来回跳跃,异常比多小于1(图5-35)。

2) 开启性断层的测井信息特征

开启性断层多为张应力(tensile stress)形成,断裂带构造岩疏松,缝洞极为发育。研究表明:开启性断层断裂带,声波时差与深度的散点图明显偏离正常压实趋势线,向增加方向呈不同曲率的弧形段,异常比大于1,其他特征与封闭性断层恰恰相反(图5-36)。

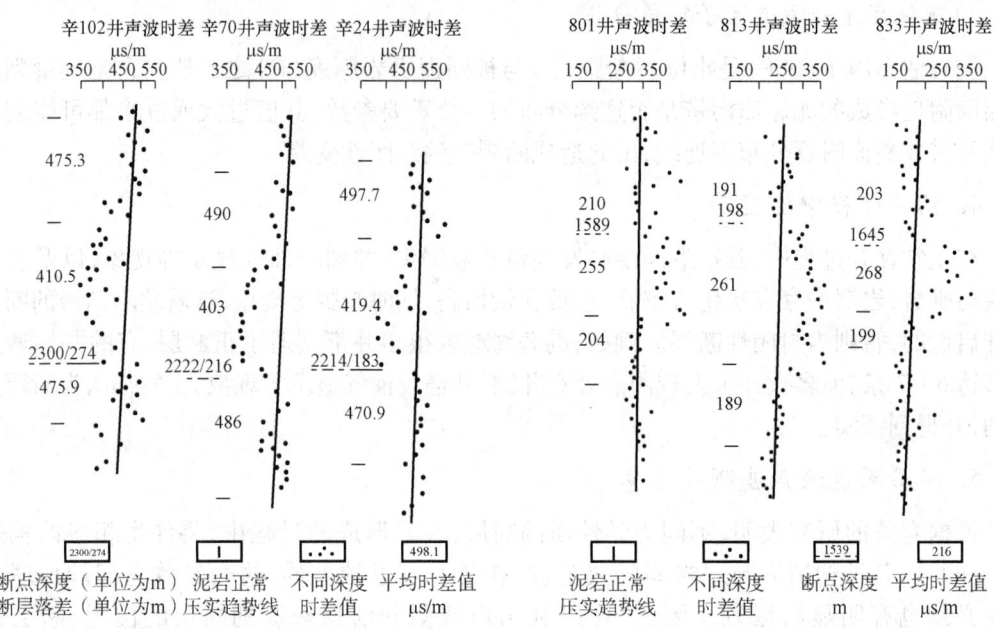

图5-35 封闭性断层声波时差与深度散点图　　图5-36 开启性断层声波时差与深度散点图

需要注意的是,声波时差异常的变化幅度、异常范围与断层倾角和断距、断层形成时间和断点埋深有关。一般来说,断层的断距和倾角越大,形成时间越早,埋藏越深,构造岩封闭性的声波特征越明显。其次,声波在岩石中传播速度受很多因素的影响,在应用时必须与其他地质与地球物理方法配合,排除干扰,才能得出正确的结论。

6. 断层两盘的流体性质及油水界面

断层的封闭性可以使用动态资料进行判定和检验。断层两盘储层中流体性质存在的差异,油水界面高度悬殊等现象是判断断层封闭性的重要标志。如下辽河地区兴隆台油田42断块与马7断块之间存在一条断层,由于两个断块沙一下油层的原油性质完全不同(表5-7),说明该断层是封闭性的。

表5-7 相邻断块同油层原油性质、油水界面比较表

断块名称	相对密度	黏度(50℃),mPa·s	凝点,℃	含蜡量,%	油水界面海拔,m
兴42块	0.8979	24.33	-28	5.46	-2050
马7块	0.8468	6.54	24	15.07	-2300

7. 井间动态监测

在油田的开发过程中,可利用多井试井、井间示踪剂测试、产吸剖面联动分析、注采井受效分析等判别断层两侧的井间连通情况,以判断断层的封闭性。

断层封闭性受多种因素的影响,因此应该应用多种方法进行综合判断。当多种方法认定某一断层封闭,该断层封闭的可靠性就越高,反之亦然。另外,还可应用模糊综合评判等数学方法进行定量判断。首先,在钻遇断层较多的邻区筛选一些对断层封闭性影响较大的因素,如泥岩沾污及主应力等,建立该区断层封闭系数与影响因素的相关方程,确定断层封闭系数的下限(当计算结果高于下限时,则可认为该断层是封闭的),然后,将该方法应用于研究区,并不断进行修改及完善,以提高预测的精度。

值得注意的是,对于现今封闭的断层,在地质历史时期可能曾经开启过并可能作为油气运移的通道,所以通过地球化学分析方法可追索其曾经开启的证据,如断裂带及其附近有油气运移的遗迹、断裂带原油物性有序变化(如自深部至浅部同一油源的油气沿断裂运移时,原油密度逐次变小)等。

第四节 沉积微相分析

沉积相(sedimentary facies)是一定的沉积环境以及其在该环境中形成的沉积物(岩)的总和。不同的沉积相反映了不同的沉积环境、沉积条件、沉积产物及其特征。通过沉积物的分析,可以从区域上掌握沉积物的区域分布、认识有利沉积相带,为油气勘探提供依据。

在油气藏(田)评价及开发阶段,油气田分布范围在几十到几百平方千米,开发井距一般在几百米甚至更小范围,这样一个相对小的范围在沉积相带上可能就处于某一个沉积亚相带内,如三角洲前缘、碳酸盐岩台地相的台地边缘亚相。如何刻画在亚相带内不同岩体的沉积特征、结构特征、储油气能力、空间展布以及说明对开发的影响,就必须在区域性沉积相研究的基础上进一步细分,即划分沉积微相。换句话说,在油气藏(田)开发阶段所工作的对象是不同微相下的沉积岩体。

沉积微相(sedimentary microfacies)是指在沉积亚相带内,具有独特岩性、岩石结构、构造厚度、韵律性及一定平面分布规律的最小沉积组合。如三角洲前缘亚相的席状砂、远沙坝、河口坝、水下分流河道及分流河道间微相;碳酸盐岩台地边缘亚相的鲕粒滩亚相、生屑滩微相、生物礁微相等等。

沉积微相研究对油气田开发意义重大,对砂岩储层来说,不同微相的砂体具有不同的岩性、基本形态和内部构成,进而控制储层的基本空间轮廓、渗流屏障的宏观分布;同时因不同微相砂体具有不同的孔、渗分布和孔隙结构特征,从而控制了储集砂体内流体的渗流差异、生产特征、采收率及剩余油分布。因此通过微相研究,可以预测砂体的空间分布、揭示油气层的非均质性、掌握注水开发油藏油水运动规律、预测剩余油分布及提高油气采收率。

一、沉积微相分析依据

沉积微相研究是不可缺少的地质工作,研究所用的资料主要包括区域沉积背景资料、钻井取心资料、测井资料及地震资料。

(一)岩心相标志

岩心是沉积微相研究的第一手资料。开展取心井岩心精细描述和实验分析是沉积微相研究最重要的基础。岩性的确定是在岩心描述及室内分析的基础上完成的,通过岩心描述,可以认识岩石颜色、粒度粗细、岩石类型、厚度、地层岩性的接触关系,为沉积相研究提供第一手资料。岩心相标志包括以下几个方面。

1. 岩石颜色

颜色是岩石最醒目的标志,可反映岩石内矿物的成分和大的沉积背景,是鉴定岩石类型、判断沉积环境、地层划分对比的重要依据。其中,泥岩和页岩的颜色是恢复古沉积环境水介质氧化还原程度的重要地球化学指标。一般地,红色、棕红色等代表氧化环境,绿色代表弱氧化环境,浅灰色、灰色代表弱还原环境,灰黑色、黑色代表还原环境。在应用颜色恢复古沉积水介质氧化还原程度时,要注意成岩作用时原始颜色的改造。描述颜色时,应与行业标准色谱对照,用数字符号表示,如 0 表示白色,1 表示棕红色,3 表示紫红色,4 表示紫色,5 表示黄色,8 表示灰绿色,9 表示褐色,10 表示棕色,12 表示黑色,13 表示深灰色,14 表示浅灰色,15 表示杂色。

2. 岩性及岩相

粒度粗细是进行水动力条件分析的重要依据,也是分析沉积物搬运距离、搬运方式的重要资料。对于有经验的地质人员,粒度粗细可能较好界定,但多数要在观察描述的基础上通过取样进行薄片鉴定、粒度分析等,以进一步确定岩石的成分、类型、结构特征(磨圆、分选、填隙物特征等)。

单层层厚反映沉积规模的大小,即反映可容纳的沉积物空间的大小,沉积速率的快慢及物源供给状况。例如近物源的一次洪水形成冲积扇砂砾规模大、岩层厚度大,而在湖泊、海洋环境的远岸沙坝就相对较薄;对某一期次形成河流的环境而言,河道砂体就厚,溢岸砂体就薄。

地层岩性界面类型通常有三种类型:(1)岩性渐变或突变面;(2)冲刷面;(3)暴露面。在描述不同岩性接触关系时,重点描述不同类型接触面的岩性、颜色、成分、结构、构造、接触面和其他沉积特征(如有无根土岩、植物根须等),为沉积旋回分析提供依据。

在岩心描述及实验分析基础上,可建立岩相。岩相可理解为岩性与主要沉积特征的综合。A. D. Miall(1988)曾在河流沉积物中划分出 22 种岩相类型,提出了代码方案(表 5-8)。代码由两部分组成,第一部分表示岩性及粒度,用大写字母表示;第二部分反映岩相所具有的某种沉积构造或颜色,用一个或两个小写字母表示。不同岩相反映了水动力条件强弱及搬运方式的差异。

表 5-8 河流体系的岩相划分(据 A. D. Miall,1988)

岩相代码	岩相	沉积环境	解释
Gmm	块状、杂基支撑的砾石	递变层理	泥石流沉积
Gmg	杂基支撑的砾石	反或正递变层理	假塑性泥石流
Gci	颗粒支撑的砾石	正递变层理	碎屑流或假塑性泥石流
Gcm	颗粒支撑块状砾石	—	假塑性泥石流
Gh	颗粒支撑的砾石	水平层理	纵向沙坝、滞留沉积、筛选沉积
Gt	成层的砾石	槽状交错层理	小河道充填
Gp	成层的砾石	板状交错层理	纵向沙坝三角洲
St	中—极粗砂含中砾	单个或成群的槽状交错层理	沙丘(低流态)
Sp	中—极粗砂含中砾	单个或成群的平板状交错层理	舌状、横向沙坝沙波(低流态)

续表

岩相代码	岩相	沉积环境	解释
Sr	极细—极粗砾	波痕	波纹
Sh	极细—极粗砾含中砾	水平纹层或裂线理	面状白流（高流态）
Sl	极细—极粗砾含中砾	低角度（<10°）交错层理	冲刷—充填、冲刷沙丘，逆行沙丘（沙波）
Se	含内碎屑的侵蚀冲刷	原生交错层理	冲刷—充填
Ss	细—极粗砂含中砾	宽的或浅的冲刷	冲刷—充填
Fl	砂、粉砂、泥	细纹层或很细的波纹	漫滩或凹坡洪水沉积
Fsc	粉砂、泥	纹层状—块状	漫滩沼泽沉积
Fcf	泥	块状夹淡水软体动物	漫滩沼泽沉积
Fsm	粉砂、泥	块状	漫滩、废弃河道、溢岸沉积
Fm	泥、粉砂	块状、泥裂	漫滩或披盖沉积
Fr	泥、粉砂	块状、根茎、生物扰动	沼泽沉积、化学土壤
C	煤、钙质泥	植物、泥薄层	沼泽沉积
P	碳酸盐岩	成壤化	古土壤

3. 沉积构造

沉积构造（sedimentary structure）是指沉积物沉积时或沉积之后因物理作用、化学作用及生物作用形成的形迹，按成因可分为物理成因构造、化学成因构造和生物成因构造。物理成因构造包括各种层理、层面构造和同生变形构造；生物成因构造包括生物扰动构造及痕迹化石等。物理成因和生物成因沉积构造具有一定的指相意义。

沉积构造描述的内容包括规律（层系的厚度）及展布、层理类型及其变形特征、层面特征、倾角（主要是纹层与层系的夹角大小和形式）、颗粒排列方式、沉积韵律。

4. 垂向沉积序列

垂向沉积序列是指自下而上岩石相或微相组合特征。垂向沉积序列或微相组合分析是沉积相分析的重要依据。一定的沉积过程在垂向上表现为相应的组合特征，如进积型正常三角洲在垂向上表现为有浅湖或前三角洲、远沙坝、河口坝、水下分流河道、水上分流河道等相序特征（图5-37）。层序分类和描述实质上是对沉积过程做出分析和解释。每类垂向层序的建立应该选择有代表性的取心井段建立起沉积微相柱状图，图中除微相特征描述外，还应包括典型测井曲线和（或）砂体物性资料。

（二）测井相标志

测井相（logging facies）分析的基本原理就是利用岩心相分析成成果，从一组能反映地层特征的测井响应中，提取测井曲线特征，包括幅度大小、形态、接触关系及组合特征，结合区域地质特征，对未取心的井段进行沉积微相解释。岩心是研究沉积微相最好的资料来源，但由于取心费用高并且受其他条件限制，取心井往往较少。但每口井都有测井曲线，具有连续性好、信息多的特征，同时可以反映主要的岩心相标志，如岩石类型、岩石颗粒结构、沉积构造、韵律性、砂体厚度等。因此，正确理解并选用有效反映相标志的测井信息，对于相分析至关重要。

研究表明，在常规测井系列中，用于测井相分析的测井曲线主要有自然伽马、自然电位和

剖面	岩性	沉积构造	古生物	环境		资料来源
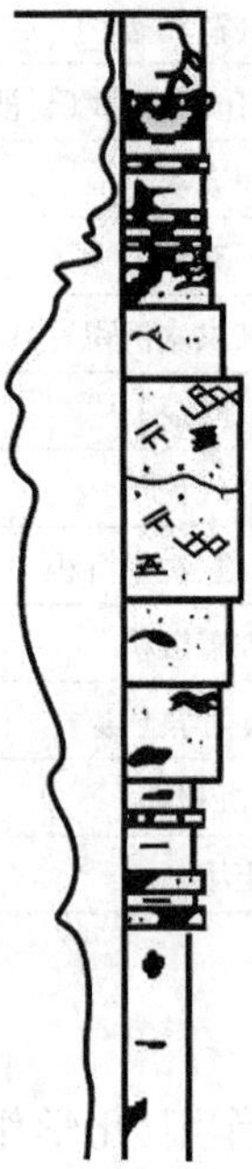	杂色泥岩,夹碳质页岩、粉砂岩	块状层理,水平层理	植物根、叶,沼泽拟星介	三角洲平原	分流间漫滩沼泽	临63
	粉砂岩,泥质较多	波状层理,上攀层理	植物叶、茎干、碎片或螺		天然堤	临63
	粉—细砂岩,常具冲刷面,泥砾	波状交错层理,板状及槽状交错层理,平行层理	植物叶、茎干、碎片或螺		分流河道	临45
	粉—细砂岩,偶为中砂岩,泥质少	波状交错层理,平行层理,变形层理	少量螺、蚌碎片	三角洲前缘	河口坝远砂坝	临45
	薄砂、泥岩互层	透镜状、脉状层理	介形虫			
	暗色泥、页岩	块状层理或水平纹理	东北介丰富,见鱼鳞、骨化石	前三角洲		临45

图 5-37　惠民凹陷三角洲沉积序列(据朱筱敏,1995)

电阻率,其曲线特征可以识别岩性、单砂体厚度、沉积旋回等;在非常规测井系列中,可以使用地层倾角测井、成像测井研究沉积构造,应用地球化学测井研究矿物成分等。下面仅对自然伽马、自然电位和地层倾角测井的主要测井相响应特征进行说明。

1. 曲线幅度大小

自然伽马(GR)和自然电位(SP)是反映岩性的测井曲线。GR 测井曲线主要反映地层天然放射性能量。由于黏土矿物中含有钾放射性同位素,故泥岩层具有较强的天然放射性,而砂岩的放射性要小得多,因此,在正常情况下,GR 曲线能较好地反映沉积层序中砂岩、泥岩的相对含量。

SP 测井曲线的幅度主要反映井中自然状态下电场强弱的分布。在渗透层段,SP 曲线偏离泥岩基线的幅度大小与地层水含盐量和井中流体含盐量之比有关。在其他条件相同的情况下,纯砂岩的 SP 曲线偏移幅度最大;当砂岩中含泥质时,SP 曲线幅减小;直至泥岩层,SP 曲线与基线一致。

在砂泥岩剖面中,岩性及泥质含量与沉积水体能量密切相关,而不同的微相具有不用水体能量,因此,在同一沉积环境中的不同微相岩性和泥质含量具有明显的区别。如曲流河环境的河道、天然堤、泛滥平原等沉积微相,河道沉积水体能量高,分选作用强,形成相对较粗的纯净砂岩(如细砂岩),SP 与 GR 曲线偏移幅度大;天然堤沉积水体能量相对较弱,砂体相对较细(如粉砂岩),SP 与 GR 曲线偏移幅度较小;而泛滥平原为低能环境,悬浮泥岩发育,SP 与 GR 曲线接近基线。

2. 曲线偏移井段长度

自然伽马和自然电位曲线偏移井段长度反映了对应岩性的厚度,即 SP 或 GR 曲线偏移的井深段计算砂岩厚度。在同一沉积环境内,不同微相的砂体厚度有一定的区别,如曲流河环境的河道砂体厚度明显大于天然堤、决口扇砂体。

3. 曲线形态

单层曲线形态主要反映垂向上粒度和泥质含量的变化,即沉积韵律特征,也就反映了水动力和物源供给的变化。常见的测井曲线形态特征有钟形、漏斗形、箱形、齿形。

钟形曲线反映正粒序结构或水进层序,是水流能量逐渐减弱或物源供应越来越少的表现(如河道砂体)。

漏斗形曲线反映反粒序结构或水退层序,说明水动力逐渐加强和物源供应充足,如三角洲前缘河口坝、滨岸沙坝沉积及部分曲流河决口扇沉积。

箱形曲线反映均质韵律,说明沉积过程中物源供给和水动力条件稳定,如辫状心滩坝或潮汐砂体。

齿形曲线反映沉积过程中能量的快速变化,如辫状河、冲积扇和浊积扇。它可以分为正齿形、反齿形及对称齿形。正向齿形反映水下冲刷填充沉积;反向齿形反映水道末梢前积式席状砂沉积;对称齿形代表急流作用下的席状沉积;指形代表均匀粗粒沉积,如滩砂。

4. 地层倾角与深度的关系

高分辨率地层倾角反映岩石内部界面的倾角和倾向,岩石内部倾角与深度的关系可以进一步提供沉积结构、构造等方面的信息。根据地层倾角测井处理的矢量图,可以把地层倾角的矢量与深度的关系大致分为四类:

(1)红模式:倾向大体一致,倾角随深度增加而增大的一组矢量。

(2)蓝模式:倾向大体致,倾角随深度增加逐渐变小的一组矢量,但倾向基本相同或变化缓慢。

(3)绿模式:倾向大体一致,倾角随深度不变的一组矢量。

(4)白(杂乱)模式:倾角变化幅度大,或者矢量很少,可信度差。

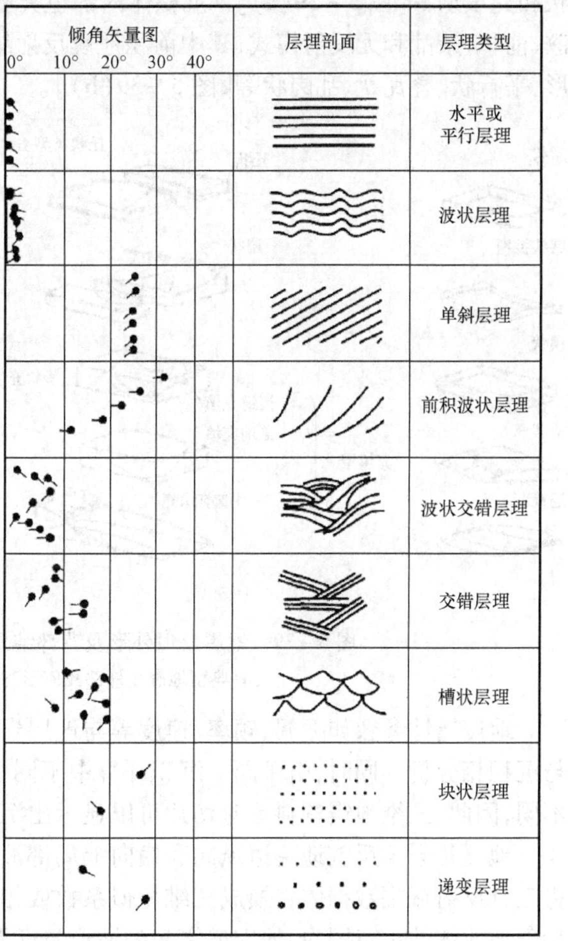

图 5-38 反映了主要层理类型的地层倾角测井响应。其中,水平或平行层理倾角近于 0,倾向不定,为绿色模式;单斜层理

图 5-38 主要层理的倾角模式(据何登春,1984)

或前积板状层理为多组绿色或蓝色模式,倾角大;波状交错层理为红色或蓝色模式,倾角变化大;槽状层理倾角及倾向均变化大且杂乱。

(三)地震沉积响应

地震探测可提供高分辨率的井间信息,因此,充分应用地震信息进行油藏地质研究是油气地质学家及地球物理学家孜孜以求的目标。

岩性及界面差异会导致地震反射参数的差异,因此,当沉积相具有特征的岩性和界面组合时,便具有特征的地震响应。常用的沉积微相分析的地震响应特征有地震波形与反射结构、地震属性、相干体等。

地震波形是地震振幅、频率、相位的形态体现。地层中的岩性差异(可表现为储层厚度分布、内部结构)、物性差异、含油气性差异、埋藏深度等均会影响到地震波波形变化。

不同沉积体具有特征的几何外形和内部构型。在一定条件下,宏观沉积体在地震记录波形上会有所反映,表现为相应的外部几何形态(某种地震相单元在三维空间内的分布状况)和内部反射结构(地震层序内反射同相轴本身的延伸情况及同相轴之间的相互关系)。如图5-39所示,地震相的外部几何形态可表现为席状、席状披覆、楔状、滩状、透镜状、丘状、扇状和充填型等[图5-39(a)]。沉积体内部也具有不同的地震反射结构,包括平行、亚平行、发散、前积、杂乱和无反射模式,其中前积地震反射结构又可以细分为S形、斜交形、S-斜交复合形、平行状、叠瓦状、乱岗状等[图5-39(b)]。

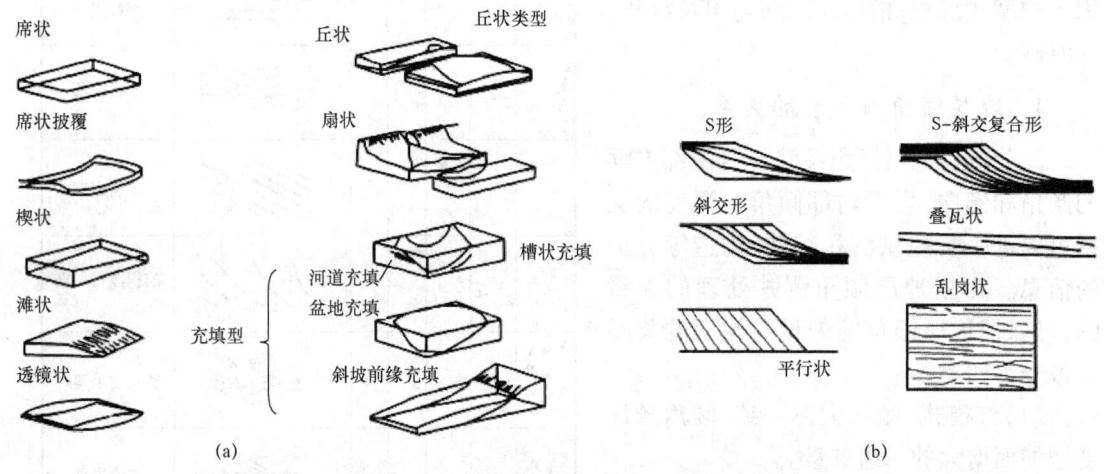

图5-39 地震反射外形及背部结果示意图(据 Mitchum 等,1977)
(a)典型地震相外部几何形态;(b)前积地震反射结构

地震属性参数如振幅、频率、速度等与地层岩性有一定的关系,据此可进行砂体厚度分布与沉积相分析。同时,由于同一沉积环境中不同相带具有不同的岩性组合,造成地震反射特征不同,因此,三维地震资料等时切片可以显示出沉积相的平面分布。

地震相干体反映地震道纵向和横向上局部波形相似性。通过提取三维相关属性体,可以将三维反射振幅数据体转换成三维相似系数或相关值的数据体。在出现断层、地层岩性突变、特殊地质体的小范围内,地震道之间的波形特征发生变化,进而导致局部的道与道之间相关性的突变。值得注意的是,断层、侵入等因素导致的边缘相似性突变的程度往往比沉积相和岩性变化要大,表现在地震属性图上则更明显。在进行储层分布解释时,排除构造因素的影响后,可充分应用相干体进行岩性空间变化的分析。

地震数据横向分辨率高,但垂向分辨率往往较低,由于油气勘探开发阶段对储层研究精度不同,地震资料的应用也在一定程度上存在局限性。在勘探阶段(包括油藏评价阶段),沉积相研究的地层单元厚度大,包含多个同相轴,可有效地进行大相和亚相的研究;而在开发阶段,主要以小层甚至单层研究为主,研究层段在地震剖面图上相当于或小于一个同相轴,分辨率往往达不到识别微相单元的程度。另外,地震资料的多解性往往较强。因此,提高分辨率并降低多解性,是地震资料用于地质解释的关键。

二、沉积微相综合分析研究

沉积相研究是一项综合性很强的工作。"综合性"表现在两个方面:一是综合各种信息正确识别研究区微相类型,建立微相模式;二是在微相模式指导下,综合研究区各种资料,研究沉积微相的时空展布。

(一) 等时地层单元划分

所谓等时地层单元是指在相同地质时间里的一套沉积组合。例如一次河流从发生到消亡所沉积的岩体即为一个等时地层单元。划分等时地层单元方法较多,如标准层法、层序地层学方法等。

(二) 了解区域沉积背景,落实大相、亚相

沉积微相属于大相和亚相之下的次级沉积单元,因此,识别微相必须在识别大相、亚相的前提下逐级进行。因为沉积微相分析总是在1个油气田范围内进行的,若脱离大相控制,直接进行微相分析容易发生"串相"。必须首先清楚该区的岩相古地理背景,即了解储层所处的地层层序;储层处在沉积盆地哪一个沉积体系;是何种沉积环境下的产物;在垂向剖面上所处的位置;沉积物源方向及古坡降;沉积水动力条件;水介质条件;古气候条件以及古生物发育情况。

(三) 确定沉积微相类型,总结沉积微相特征

选择研究区系统取心井,应用岩心相标志,对岩心剖面进行系统描述,对沉积条件(如水体深浅、水体能量、物源远近等)进行思考,结合区域地质背景或沉积相(亚相),从宏观到微观反复推敲,确定沉积微相,研究垂向上的岩相与微相演化,编绘单井岩心相分析图(图5-40)。

图5-41中该井段砂体岩性为砂砾岩、含砾砂岩、粗砂岩、中—细砂岩等,以复合正韵律为主,冲刷面和斜层理等沉积构造发育,结合研究区为扇三角洲前缘沉积亚相,说明该段岩心多期水下分流河道的叠置,为扇三角洲水下分流河道微相沉积。

根据单井岩心相分析图,总结各沉积微相特征,建立沉积微相解释模板,通常应包括岩性、沉积构造、砂体厚度、粒度韵律、电性特征等(图5-41)。利用电性特征形成测井相解释模板,用于指导未取心井的沉积微相解释。

(四) 单井相分析

单井相分析就是对研究区内未取心井,依据测井相模板,应用测井资料对全井段沉积微相解释。在进行单井解释时,由于测井曲线的局限性,有时无法识别某些微相,可合并一些微相,

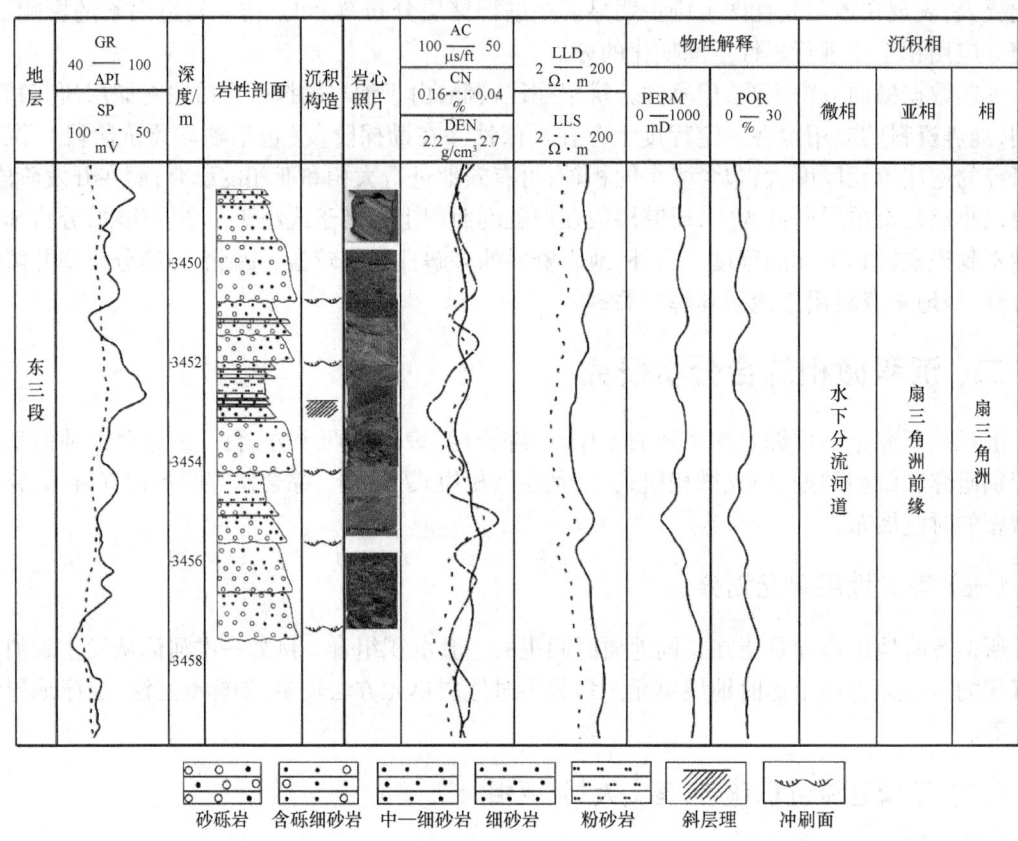

图 5-40 取心井单井岩心相分析图(渤海湾盆地曹妃甸 6-4-A4 井)

特征	分流河道		溢岸	河口坝		分流间湾
	主河道	末端水道		坝主体	坝缘	
岩性	中砂岩、细砂岩为主	细砂岩、粉砂岩为主	粉砂岩为主	中砂岩、细砂岩为主	细砂岩、粉砂岩为主	泥岩、粉砂岩
沉积构造	平行层理、交错层理	交错层理	波状交错层理	平行层理、交错层理	交错层理、包卷层理	水平层理、块状层理
砂体厚度	3~6m	2~3m	1~3m	3~8m	<3m	/
粒度韵律	正韵律	正韵律	不明显	反韵律、均质韵律	不明显反韵律	/
电性特征	中—高幅钟形	中—低幅钟形	指状	漏斗形或箱形	齿化漏斗形、齿化箱形	曲线平直
测井相图版						

图 5-41 某研究区三角洲沉积微相解释模板(据吴胜和,2022)

如在单井解释时,难以区分天然堤和决口扇,可合并为溢岸。

(五)剖面相分析

在单井相解释的基础上,采用井震结合或者多井分析的方法,分别沿物源方向和垂直物源方向进行连井相剖面分析,以了解井间的微相变化。剖面相分析的核心是沉积微相在垂向上的期次变化和确定侧向上的相界。不同小层或单层的砂体属于不同期次,在同一小层或单层内发育多期砂体时,需要根据砂体顶底的相对高程进行判别。微相单元的侧向边界的确定涉及微相的形态、规模以及接触关系,通常采用模式拟合,即在沉积模式指导下进行井间微相预测。图5-42为多井的剖面相分析结果。

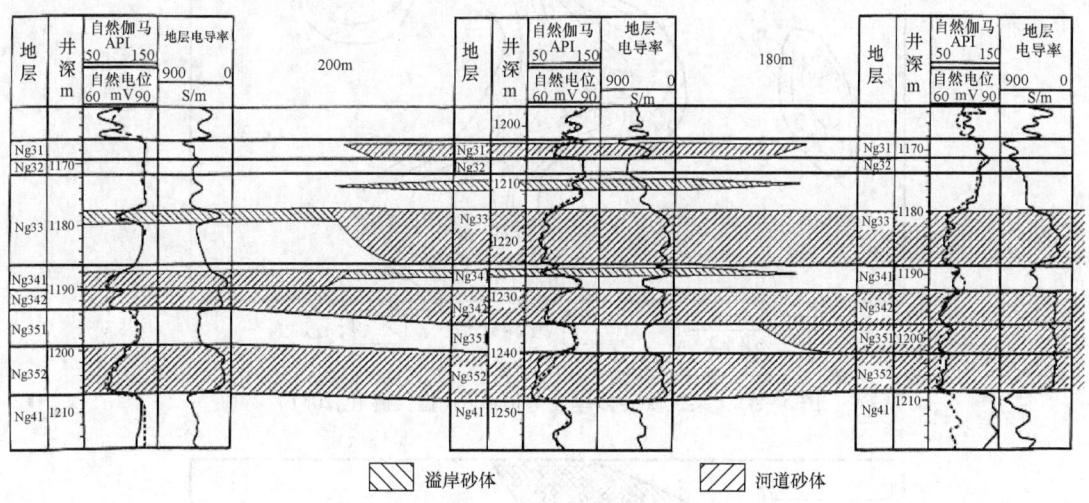

图5-42 某地区连井相剖面图(据吴胜和,2022)

(六)平面相分析

在各单井解释和剖面相分析的基础上,以小层或单层为作图单元,采用井震结合或多井分析的方法,依据沉积微相模式,对研究区沉积微相的平面分布进行综合分析。

井震结合就是在地震能分辨制图单元(如小层)的情况下,通过地震相分析(波形结构、地震属性切片、相干体切片等)展示地震反射特征的平面分布,并通过井点沉积微相标定,编制沉积微相平面分布图。

多井分析法就是利用单井上小层砂体厚度资料编制厚度分布图,同时根据井点测井曲线特征和相带,进行微相组合,然后结合砂体厚度变化,并与砂体厚度分布图互动编制沉积微相平面分布图(图5-43、图5-44)。在沉积微相平面分析过程一般要注意以下几个方面:

(1)在标准井位图上标注每口井的微相编码或符号,尽量附上测井曲线;

(2)应用井点砂体厚度(如果可能,结合地震解释的砂体厚度),进行初步的砂体厚度平面分布分析,以便为井间微相分析提供依据;

(3)以沉积微相模式为指导,综合多井及地震信息,进行单井相—剖面相—平面相的互动分析,编制沉积微相平面分布图(图5-44);

(4)检验平面微相的地质合理性,研究平面微相分布与垂向微相演化的关系,通过不断完善,使微相展布符合沉积规律。

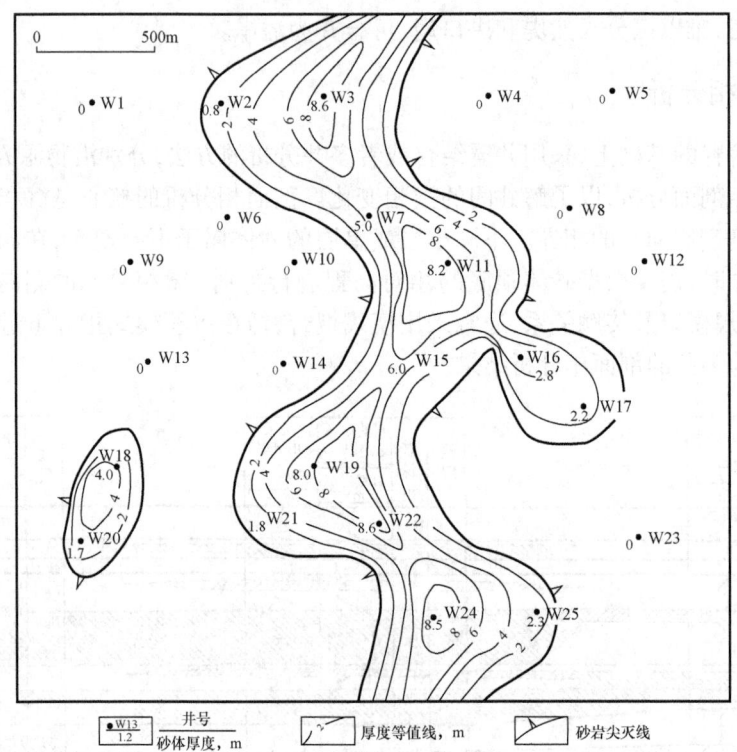

图 5-43 某区块砂体厚度等值线图(据吴胜和,2011)

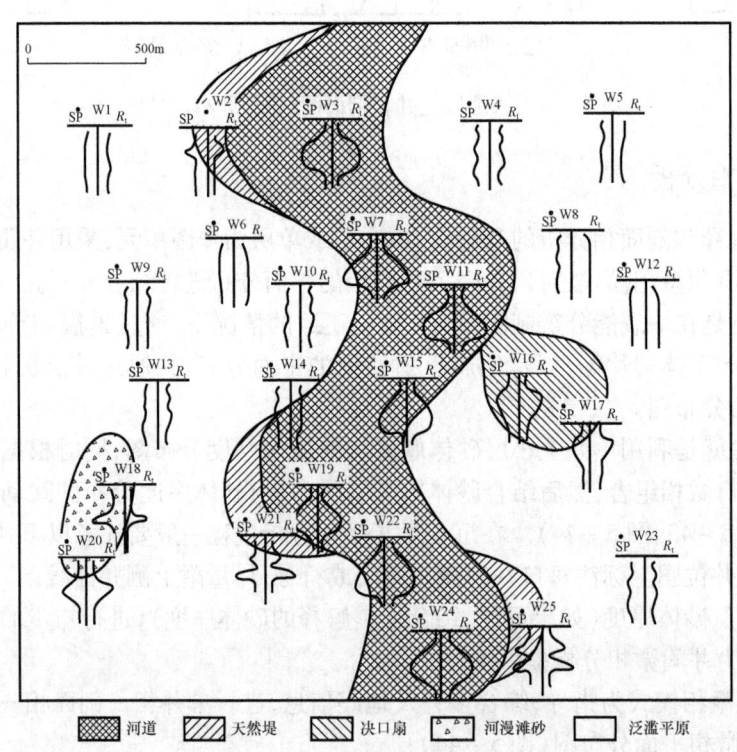

图 5-44 某区块沉积微相平面分布图(据吴胜和,2011)

思 考 题

1. 什么是油层对比？其本质内涵是什么？
2. 油层对比单元由大到小划分为哪些级别？
3. 油层对比有哪些主要依据？
4. 什么是标志层？为什么利用标志层对比具有等时意义？典型的标志层有哪些？
5. 什么是沉积旋回？为什么可以利用沉积旋回进行地层对比？陆相沉积盆地中沉积旋回可以分为哪几级？
6. 如何理解标准层控制下的旋回对比方法？
7. 给定油层对比方案，如何利用测井资料进行油层对比？
8. 井下断层识别标志有哪些？
9. 如何利用测井资料在地层对比过程中确定断层性质、断点、断失（或重复）层位、断距大小？
10. 如何区分倒转背斜与逆断层造成的地层重复？
11. 如何区分不同成因的地层缺失？
12. 什么是断层组合？断层组合的原则和方法有哪些？
13. 断层封闭的机理是什么？如何判别断层封闭性？
14. 沉积微相识别的岩心和测井依据有哪些？
15. 如何利用岩心和多井的测井资料进行沉积相分析？

第六章 储层特征与评价

油气勘探开发实践表明,石油、天然气和地层水这三种地下流体主要储存在岩石的孔隙、洞穴和裂缝中,并在一定条件下可在其中渗流。这种能让地下流体在其中储存及渗流的岩层,称为储层。储层是地下石油和天然气储集的空间和聚集的场所,是形成油气藏的重要地质条件之一,也是油气开发的目的层。储层储存和渗流流体的这种性质以及流体在储层中的饱和程度称为储集层的物理性质,简称物性,又称为储集性。它是储层的基本属性,是评价储层质量、确定开发方案的重要依据。

第一节 储层类型

一、储层类型划分

储层类型划分方案较多。按照不同的分类方案,可进行不同的储层分类。

(一)按岩石类型划分储层

根据岩石类型,可将储层分为碎屑岩储层、碳酸盐岩储层和其他岩类储层。

1. 碎屑岩储层(clastic reservoir)

碎屑岩储层指陆源碎屑岩储层,包括砂岩、粉砂岩、砾岩、砂砾岩等碎屑沉积岩。储渗空间以孔隙为主,在部分碎屑岩中可发育裂缝,溶洞发育程度不高。储层的分布主要受沉积环境的控制,储渗空间的发育则受控于岩石结构和成岩作用,部分受构造作用的影响。

2. 碳酸盐岩储层(carbonate reservoir)

碳酸盐岩储层主要为石灰岩和白云岩。与陆源碎屑岩储层相比,碳酸盐岩储层具有更大的复杂性和多样性。孔隙、裂缝和溶洞均可发育,储渗空间类型多。储层的形成和发育受到沉积环境、成岩作用和构造作用的综合控制。

3. 其他岩类储层

其他岩类储层包括泥质岩储层(argillaceous rock reservoir)、煤储层(coal reservoir)、火山碎屑岩储层(pyroclastic rock reservoir)、岩浆岩储层(magmatic rock reservoir)及变质岩储层(metamorphic rock reservoir)等。

泥质岩储层包括泥岩储层和页岩储层。

泥岩的孔隙细小,在地层压力条件下孔隙流体是不能流动的,只有那些比较致密性脆的泥岩在构造力作用下产生较密集的裂缝,或者泥岩中含有易溶成分(如石膏、盐岩等)经地下水溶蚀形成溶孔、溶洞时才能形成储层。因此,裂缝型储层是最主要的泥岩储层类型。

我国泥岩储层发现不多,主要在松辽盆地下白垩统至青山口组泥岩、川西前陆盆地中侏罗统沙溪庙组泥岩中(发现工业油气流),所产油气为次生油气。泥岩储层中获得的工业油气流,不论初期产量的高或低,在开采生产后,单井油气产能迅速下降。如胜利油田沾化凹陷罗42井沙三段油页岩裂缝发育段,初期日产原油110t,10天后日产原油降为43t,连续生产30天后日产原油仅8t。

页岩在油气勘探开发的过程中被认为是烃源岩和盖层,但近年来,页岩油气商业开发实践证明滞留在富有机质细粒沉积岩中的油气已成为世界重要的接替资源。

富有机质细粒沉积岩(organic-rich fine-grained sendimentary rocks)是指有机质含量大于1%,粒径小于0.0625mm的颗粒含量小于50%的沉积岩,以富有机质泥、页岩为主。除裂缝外,微—纳米级次生溶孔、有机孔是其重要的储集空间,滞留烃含量高。除存在自生黏土矿物外,还混杂有方解石、硅质、长石、黄铁矿等碎屑矿物。硅质、钙质等脆性矿物含量越高,页岩的脆性越大,储层加砂压裂时,容易被压开而成为储层。

与富有机质泥页岩相似,煤层既是生气源岩又是储气层。大家熟悉的瓦斯气体就是煤及煤系地层生成的天然气在煤层中的聚集。煤储层是由孔隙、裂隙(割理)组成的双重结构系统。煤层中的基质孔隙是吸附态和游离态煤层气的储集场所,气体的吸附量与煤孔隙发育程度及孔隙结构有关,煤储层的裂隙系统是煤中流体渗透的主要通道。

火山碎屑岩包括各种成分的集块岩、火山角砾岩、凝灰岩等,其特征与碎屑岩相似。火山碎屑岩储层的储渗空间主要为孔隙,其次为裂缝。

岩浆岩储集岩主要指岩浆喷出地表和侵入地壳形成的喷出岩和侵入岩,包括玄武岩、安山岩、粗面岩、流纹岩等。储渗空间主要为气孔、收缩缝及构造裂缝。

变质岩都有不同程度的结晶,故又称结晶岩。它往往构成含油、气盆地沉积盖层的基底。当结晶岩受到长期风化淋漓作用和构造作用时,其内可形成溶蚀孔隙、风化裂缝及构造裂缝等储渗空间,从而形成储集岩。这类储层的发育与地层不整合、构造破裂有关。

(二)按储渗空间组合划分储层

储层的储渗空间包括3种基本类型,即孔隙、裂缝和溶洞。在自然界中,这3种储渗空间可有不同的组合,因而可形成不同的储层类型,如孔隙型、裂缝型、溶洞—裂缝型、孔隙—裂缝型、孔隙—裂缝—溶洞复合型。

1. 孔隙型储层(porous reservoir)

储层储渗空间及渗流通道均为孔隙,如粒间孔隙,部分含微裂缝。大部分碎屑岩储层及滩礁相碳酸盐岩储层即属此类。储层的形成和发育主要受控于沉积和成岩作用。

2. 裂缝型储层(fractured reservoir)

这类储集层的储渗空间以各种裂缝为主,岩性一般较致密,孔隙不发育。而裂缝既作为储集空间,又作为渗流通道。裂缝常见于碳酸盐岩、泥岩、结晶岩储层中,储层的发育主要受控于构造作用、收缩作用、风化作用等。如伊朗加奇萨兰油田阿斯马利石灰岩储集层。这类储层初期产量高,但递减快。

3. 溶洞—裂缝型储层(cave-fractured reservoir)

此类储集层孔隙不发育或欠发育,在孔隙基础上溶蚀扩大的溶洞或其他成因的溶洞为主要的储集空间,裂缝则为渗滤的通道,裂缝将溶洞连通成形状不规则的储集体。这类储层的岩性主要为碳酸盐岩、火山岩、侵入岩、变质岩等。如四川盆地川南下二叠统灰岩储集层。

4. 孔隙—裂缝型储层(porous-fractured reservoir)

该类储集层的储渗空间为少量各种成因的孔隙,裂缝提供了基本的渗流能力,同时提供了部分储能。它是火成岩、变质岩及碳酸盐岩中分布比较广的一类储集层,致密砂岩中亦有发育。这类储层的产能高低主要依据裂缝的连通作用,初期产能高,但有部分孔隙的贡献,产量递减速度低于裂缝型储层。

5. 裂缝—孔隙型储层(fractured-porous reservoir)

这类储层的储集空间主要是孔隙,渗流通道为裂缝及孔隙间喉道。生产过程初期产能高、生产率稳。四川盆地须家河组低渗砂岩储层多为这种类型。

6. 孔、洞、缝复合型储层(pore-fracture-cave mixed reservoir)

该类储层的储渗空间主要为各种类型的孔隙、溶蚀洞穴及裂缝,孔、洞、缝互相搭配组成统一的储集体,往往孔隙度、渗透率都较高,易于形成储量大、产量高的大型油气田。这类储层岩性主要为碳酸盐岩、火山岩、侵入岩、变质岩等。

(三) 按岩石物性划分储层

根据岩石物性,主要是孔隙度和渗透率(特别是渗透率),可将储层(主要是孔隙型储层)分为不同的类型。按储层连通孔隙度大小,将储层分为5类,其中陆源碎屑岩和非碎屑岩储层的孔隙度标准略有差别(表6-1);按空气渗透率大小,也可将储层分为5类,其中,油藏储层和气藏储层的渗透率标准略有差别(表6-2)(主要依据是天然气对储层渗透率的要求比石油要低)。

表6-1 油气藏的储层孔隙度分类

分 类	碎屑岩孔隙度,%	非碎屑岩基质孔隙度,%
特高	≥30	
高孔	≥25 ~ <30	≥10
中孔	≥15 ~ <25	≥5 ~ <10
低孔	≥10 ~ <15	≥2 ~ <5
特低孔	<10	<2

表6-2 油气藏的储层渗透率分类

分 类	油藏空气渗透率,$10^{-3}\mu m^2$	气藏空气渗透率,$10^{-3}\mu m^2$
特高渗	≥1000	≥500
高渗	≥500 ~ <1000	≥100 ~ <500
中渗	≥50 ~ <500	≥10 ~ <100
低渗	≥5 ~ <50	≥1.0 ~ <10
特低渗	<5	<1.0

对于表6-2中的特低渗储层,当渗透率低于某一值时,便称为致密储层。致密储层中储存的油简称为"致密油",若储存的是气则简称为"致密气"。而针对致密砂岩的渗透率多采用原地渗透率或覆压渗透率。测定空气渗透率没有考虑上覆地层压力。

2014年国家标准化管理委员会颁布实施的《致密砂岩气地质评价方法》(GB/T 30501—2014),将致密砂岩气定义为覆压基质渗透率小于或等于 $0.1 \times 10^{-3} \mu m^2$ 的砂岩类气体。2017年颁布的《致密砂岩油地质评价方法》(GB/T 34906—2017),将致密砂岩油储层定义为覆压基质渗透率小于或等于 $0.2 \times 10^{-3} \mu m^2$ 的致密砂岩储层、致密碳酸盐岩储层等。

值得注意的是,对于低渗、致密学术术语的应用有差别,有的就将空气渗透率低于 $50 \times 10^{-3} \mu m^2$ 的储层称为"低渗储层"或"低渗—致密储层"。在生产上,低渗、特低渗、致密储层在流体渗流、是否有自然产能、开采方式等方面存在较大的差异。

二、碎屑岩储集层

陆源碎屑岩储层是世界上各主要含油气区的重要储层之一,世界上储量超过 $1 \times 10^8 bbl$ ($1 \times 10^8 bbl = 1370 \times 10^4 t$) 的油气田中 57.12% 是碎屑岩储层。我国超过 70% 的油气田是陆源碎屑岩储层。

(一)储渗空间类型与孔隙结构

1. 储渗空间类型

1)孔隙

砂岩储集岩的孔隙按成因分为原生和次生两类孔隙,根据岩石组构对空隙发育特征的影响,还可以进一步划分,其常见类型如下:

(1)原生孔隙(primary pore)。

原生孔隙是岩石沉积过程中形成的孔隙,它们形成后没有遭受过溶蚀或胶结等重大成岩作用的改造,主要是粒间孔隙、基质内微孔隙或矿物解理缝。

粒间孔隙是指发育于颗粒支撑碎屑岩的碎屑颗粒之间的孔隙。相对于大多数其他孔隙类型而言,具有孔隙大、喉道较粗、连通性好以及储渗条件好的特征,是砂岩储集岩中最重要的有效储集孔隙类型。但粒间孔隙常受成岩作用的改造,成为缩小的残余原生粒间孔。

(2)次生孔隙(secondary pore)。

次生孔隙是岩石经成岩作用的改造后产生的孔隙,最主要的孔隙是溶蚀孔隙,还有少数交代和胶结作用的晶间孔隙。这类孔隙除少数具有原沉积物的组构特征外,绝大部分为非组构型孔隙。包括粒间溶孔、粒内溶孔、溶模孔隙、胶结物内溶孔、基质内溶孔等。

20 世纪 70 年代以前,大多数人认为砂岩孔隙主要是原生的,现在人们已认识到次生孔隙在砂岩孔隙中占有较大比例。Schmidit(1980)指出,砂岩中的所有孔隙至少有三分之一是次生的。次生孔隙未被识别出的主要原因是在结构上次生孔隙与原生孔隙很相似,常常错将次生孔隙当成原生孔隙。

Schmidt 和 McDonald(1979)认为,次生孔隙的识别应借助于多方面的证据,次生孔隙一般较大,在形态和分布上比原生孔隙更无规律。薄片镜下鉴别砂岩次生孔隙的岩石学标志包括:部分溶解作用、铸模、排列不均一、漂浮颗粒、特大孔隙、伸长状孔隙、颗粒边缘溶蚀、颗粒内孔隙、破裂颗粒(图 6-1)等。

研究表明,有机质热成熟作用产生大量的有机酸、二氧化碳和水、以及黏土矿物转化生成的水,能够提供溶蚀所需的大量酸性水介质,是形成次生孔隙的重要机理。表生作用阶段也是

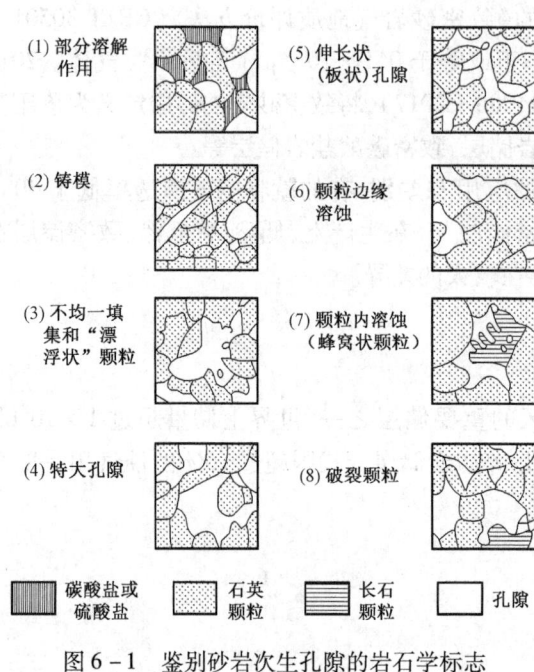

图 6-1 鉴别砂岩次生孔隙的岩石学标志
（据 Schmidit 等,1979）

次生孔隙形成的重要阶段,在这一环境,风化剥蚀作用和大气淡水的淋滤作用可形成区域性分布的风化壳次生孔隙发育带。砂岩的溶蚀可多次发生,于各个成岩作用阶段有不同程度的发育。

2) 裂缝(隙)

裂缝是由构造应力及成岩收缩等作用形成的。

(1) 构造裂缝。

岩石受构造应力作用产生的裂缝称为构造裂缝。在砂岩储集岩中主要发育微裂缝,这类裂隙一般不切穿颗粒而是绕颗粒而过,因此裂隙面总是呈弯曲状。裂缝分布受构造作用控制,裂隙宽度则受残余构造水平应力的影响。裂隙一般仅提供千分之几的孔隙度,但却能较大地提高砂岩储集岩的渗滤能力。在微孔隙和孤立溶孔发育的砂岩储集岩中,裂缝起着主要渗滤通道的作用。

(2) 非构造裂缝。

非构造裂缝是因为风化、干缩、压溶、卸载等作用下形成的裂缝,这些裂缝在一定程度上均有助于储集岩渗滤能力的改造。

3) 喉道

前已述及,喉道是孔隙系统中相对较小的、局限在两个颗粒之间连通的狭窄空间部分。喉道的大小和形状控制砂岩储集岩的储集性、渗透性。而喉道的大小和形状又主要受碎屑颗粒的接触形式、胶结类型、颗粒大小和形状的影响,罗蛰潭等(1986)根据这些控制因素将砂岩的喉道分为五种类型(图 6-2)。

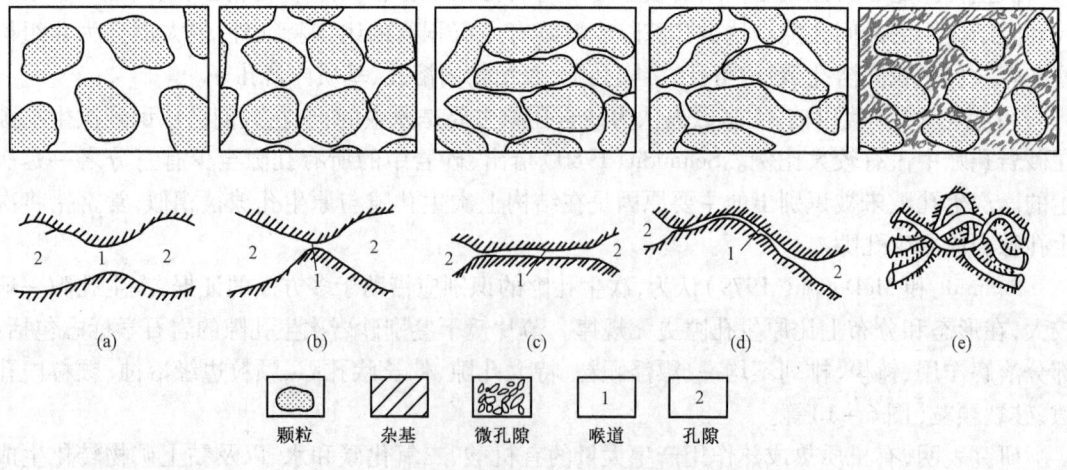

图 6-2 孔隙喉道的类型（据罗蛰潭,1986）

图 6-2(a)中喉道是孔隙的缩小部分。图 6-2(b)中喉道是可变断面收缩部分。图 6-2(c)所示为片状喉道。图 6-2(d)所示为弯片状喉道。图 6-2(e)所示为管束状喉道。

(1)喉道是孔隙的缩小部分。

发育原生粒间孔隙和扩大的粒间孔隙的砂岩储集岩,其孔隙与喉道大小差别不大,不易区分,只能将孔隙的相对缩小部分确定为喉道。其孔隙结构特征是大孔,粗喉,孔喉直径比接近 1:1,常见于颗粒支撑或漂浮状颗粒组构的砂岩中。

(2)喉道是可变断面收缩部分。

压实作用使碎屑颗粒接触较紧密,孔隙与喉道有相应的缩小,尤以喉道变窄最为显著,因而孔喉大小差异明显,易于区分。孔隙结构特征是大或较大孔、细喉,孔喉直径比大,与部分极细喉道连接的孔隙可能是无效的,因而具有高孔、低渗的特点。常见于颗粒支撑、接触式、点接触类型岩石中。

(3)片状喉道和弯片状喉道。

砂岩因压实作用或次生加大胶结作用使孔隙缩小,并使颗粒长边相互靠近,其粒间隙或次生加大的晶间隙实质上就是喉道。视颗粒形状不同,其喉道的形状可呈片状或弯片状。此类孔隙结构特征是小孔极细喉,喉道宽度一般小于 $1\mu m$,个别的有几十微米,其孔喉比由中等到较大。常见于接触式、颗粒呈线接触和凹凸接触的岩石中。

(4)管束状喉道。

由胶结物或基质填隙的砂岩,缺乏原生粒间孔隙,在基质及胶结物中发育许多叉状微毛细管状微孔隙,其孔径一般小于 $0.5\mu m$,本身既是孔隙又是喉道。其孔喉比为 1:1,孔隙度中等或较低,渗透率极低。常见于基质支撑、孔隙型及缝合接触式的岩石中。砂岩中是否存在管束状喉道,目前还有争议。

2. 孔隙结构及其研究方法

1)孔隙结构

孔隙结构就是孔隙和喉道的几何形状、大小、分布及其相互连通配置关系。

研究孔隙结构的方法较多,常用的方法有毛细管压力法、铸体薄片法、扫描电镜法、CT 扫描法、图像分析法、核磁共振、气体吸附法等。毛细管压力可以通过离心机法、半渗透隔板法、蒸气压力法及压汞法(又称水银注入法)、动力毛细管压力法测定。其中压汞法具有快速准确的优点,因而应用颇广。

2)压汞法研究孔隙结构的原理

储集岩的孔隙系统极为复杂,可以看作是由一套不规则的毛细管网络组成,饱含油、气、水的岩石具有显著的毛细管现象,因此可以通过毛细管性质的研究,了解储集岩中孔喉大小、分布及相互配置关系。

压汞法研究岩石的孔隙结构的原理是欲使水银(非润湿相)注入岩石孔隙系统,必须克服岩石孔隙系统对水银的毛细管压力。也就是说,注入水银的过程就是测量毛细管压力的过程。注入水银的每一点压力就代表一个相应的孔喉大小下的毛细管压力。在这个压力下进入孔隙系统的水银量就代表相应的孔喉大小所连通的孔隙体积。在每一个压力点,在岩样中达到毛细管压力平衡时,记录注入压力和注入岩样的水银量。根据实测的若干个水银注入压力与相

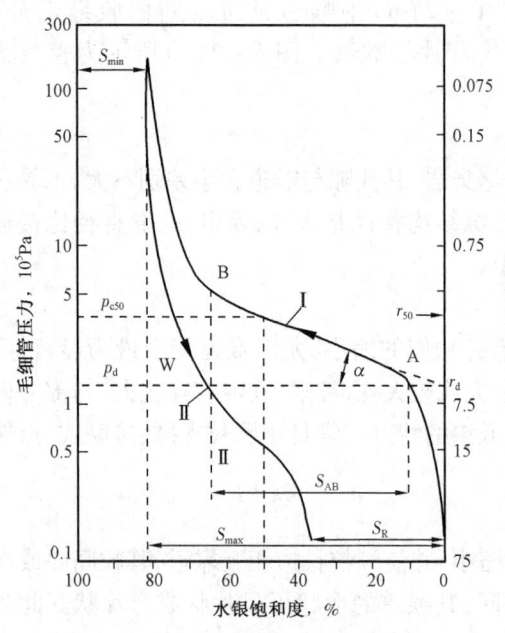

图 6-3 毛细管压力曲线特征
Ⅰ—注入曲线；Ⅱ—退出曲线

应的由注入水银体积计算的水银饱和度绘制成图件，即可获得该岩样的毛细管压力与水银饱和度关系曲线。毛细管压力曲线一般有注入和退出曲线(图 6-3)。

水银饱和度的计算公式为：

$$S_{Hg} = \frac{V_{Hg}}{\phi \cdot V_f} \quad (6-1)$$

式中 S_{Hg}——水银饱和度，%；
V_{Hg}——孔隙系统中所含水银的体积，cm^3；
V_f——岩样的体积，cm^3；
ϕ——岩样的孔隙度，%。

当流体性质不变时，毛细管压力与孔喉半径成反比关系。根据注入水银的毛细管压力计算出相应的孔隙喉道半径如下：

$$p_c = \frac{2\sigma\cos\theta}{r} \quad (6-2)$$

式中 p_c——毛细管压力，10^{-1}Pa；
σ——水银的表面张力，10^{-1}Pa；
θ——水银的润湿接触角，(°)；
r——孔隙喉道半径，cm。

对于水银注入法来说，当压力用 MPa 为单位，喉道半径用 μm 量度，水银润湿角 σ 为 146°，水银的表面张力 σ=48Pa，则有

$$p_c = \frac{0.75}{r} \quad (6-3)$$

因此，在毛细管压力曲线上可以在右纵坐标用喉道半径来表示(图 6-4)。由毛细管压力曲线可衍生出的孔隙喉道频率分布直方图、孔隙喉道累积频率分布图等(图 6-4)，用以研究储层的微观孔隙结构，反映在一定驱替压力下水银可能进入的孔隙喉道的大小及这种喉道相连通的孔隙容积。

3) 毛细管压力的应用

毛细管压力曲线形态特征取决于孔隙喉道的集中分布趋势(歪度)及孔隙喉道大小的分布均匀性(分选性)。粗歪度代表喉道粗，分选好表示孔隙、喉道均匀。分选好、粗歪度的储集层储渗能力较好，则半对数毛细管压力曲线越靠左下方坐标；反之，分选越差，孔喉越细，毛细管压力曲线向右上方偏移。不同分选和歪度下的毛细管压力曲线的详细特征见图 6-5。

4) 孔隙结构定量参数

定量表征孔隙结构的参数很多，主要包括反映孔喉大小、分选、连通性及控制流体运动特征的参数。它们是评价储层微观孔隙结构的质量优劣的重要参数。现对主要参数说明

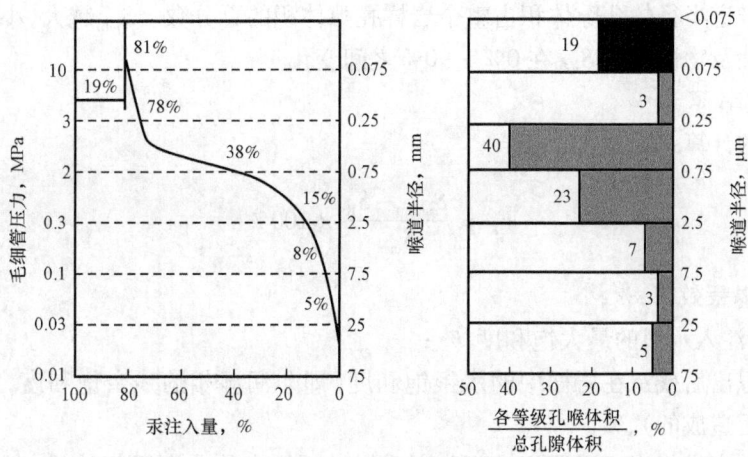

图 6-4 孔隙、喉道大小的柱状频率分布图(据罗蛰潭、王允诚,1986)

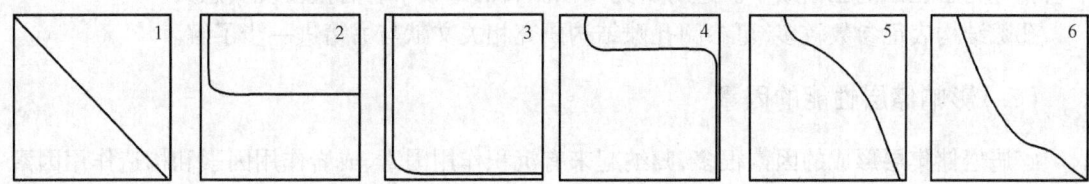

图 6-5 不同分选和歪度下的毛细管压力曲线(据 Chilinger,1972)

1—未分选;2—分选好;3—分选好,粗歪度;4—分选好,细歪度;5—分选不好,略细歪度;6—分选不好,略粗歪度

如下:

(1)排驱压力 p_d 与最大连通孔喉半径 r_d。

排驱压力(p_d)一般是指非润湿相开始进入岩样最大喉道的压力(启动压力,又称为阈压或门槛压力)。其物理意义是:在用非润湿相排驱润湿相时,非润湿相的前沿曲面突破最大孔隙喉道而连续地进入岩样并将润湿相排驱出去的压力值,亦即使非润湿相在孔隙中连续运动的初始压力。

排驱压力与连通孔隙的喉道有密切关系,直接影响岩石渗透率。孔隙度高、低渗透率低的岩样,其排驱压力一般较高,这类岩石虽然储渗空间大,但是由于连通孔隙的喉道较为狭窄,所以其排驱压力相应偏高。

最大连通孔喉半径(r_d)为与排驱压力相对应的孔喉半径,即非润湿相驱替润湿相时所经过的最大连通喉道半径。

利用毛细管压力曲线通过水平段所作切线与右纵坐标相交点就是最大连通孔喉半径 r_d,它所对应的毛细管压力就是排驱压力 p_d(图 6-3)。

(2)饱和度中值压力 p_{c50} 与喉道半径中值 r_{50}。

饱和度中值压力(p_{c50})指非润湿相饱和度为 50% 时,相应的注入曲线所对应的毛细管压力。p_{c50} 越小,反映岩石渗滤性能越好。

喉道半径中值(r_{50})即非润湿相饱和度为 50% 时,相应的喉道半径,可近似代表样品平均孔喉半径大小。

(3)最小非饱和孔隙体积百分数 $S_{\min}$。

当注入水银的压力达到仪器的最高压力时,没有被水银侵入的孔隙体积百分数称为最小非饱和的孔隙体积百分数($S_{\min}$)(图 6-3)。它表示最高压力所对应的孔隙喉道半径以及比它更小的孔隙喉道半径的孔隙体积占整个岩样孔隙体积的百分数。S_{min}越大,小孔隙所占体积越多。根据岩性及物性特征S_{min}在0%~90%之间变化。

(4)退汞效率W_e

退汞效率的计算式为

$$W_e = \frac{S_{max} - S_R}{S_{max}} \times 100\% \qquad (6-4)$$

式中 W_e——退汞效率,%;

S_{max}——注入水银的最大饱和度,%;

S_R——退出后残留在岩样中的水银饱和度(即非润湿相的残余饱和度,它是由水银的捕集滞后造成的),%。

由于退汞效率是相当于润湿相排驱非润湿相时所排出的非润湿相计量,所以在水湿油层中它相应为水驱油的驱油效率。这对研究及预测石油采收率有着重要现实意义。

孔隙结构表征参数较多,可参阅孔隙结构研究相关文献与书籍进一步了解。

(二)影响储层性能的因素

碎屑岩储集层形成的因素很多,归纳起来有沉积作用因素、成岩作用因素和构造作用因素三方面的影响。

1. 沉积作用因素

沉积作用是形成储层的原始骨架、砂体的空间形态与内部构成的基础要素。由于沉积条件的不同(如水流的强度与方向、沉积盆地中的水体深浅与进退、碎屑物供给量的大小、气候)造成沉积物颗粒的成分、大小、分选、磨圆、排列方式、基质含量、层理构造、砂体空间形态与规模不同,从而使得沉积砂体内部、砂体与砂体间的物理特性不同。

1) 母岩性质及物源供应对储层发育的影响

首先,母岩组合特征影响碎屑岩的成分及岩石类型。如石英砂岩最有可能是由先成砂岩经过多次风化搬运再沉积形成的。长石砂岩是由富含长石的母岩如花岗岩、花岗片麻岩经受风化后被搬运至沉积盆地中沉积形成的,反映出快速侵蚀、搬运和沉积条件。杂砂岩中的石英含量约占碎屑的30%~50%,其余主要由不同比例的长石与岩屑组成,基质含量高,表明物源区母岩组合类型复杂,也可反映是在快速侵蚀、搬运和沉积条件下形成的。

其次,物源供应影响碎屑岩储层及其孔隙的发育。若物源供应充足,输沙量大,搬运和沉积作用快速,则碎屑岩相对地沉积厚、分布广;近源沉积物粗,成分和结构成熟度低,可能富含杂基,从而影响原生粒间孔隙的发育;较远源沉积物,成分、结构成熟度较高,有利于发育原生粒间孔隙。

再次,母岩组分的稳定性也影响碎屑岩储层的储集性。母岩若由不稳定组分的结晶岩、火山岩或碳酸盐岩、泥岩等组成,则形成的碎屑岩中不稳定矿屑和岩屑含量高,在成岩过程中经受溶蚀作用而形成次生溶孔,改善其储集性。如果母岩主要为石英砂岩—变质石英岩—硅质岩组合,组成的砂岩碎屑主要也是由稳定的硅质矿屑和岩屑组成,其分选一般较好,基质亦少,因而砂岩中原生孔隙比较发育。

2) 岩石组分对储层发育的影响

基质含量多的砂岩原生孔隙不发育,主要出现基质内的微孔隙,这类岩石往往质量差,都是非储层或差储层。而含碳酸盐基质的砂岩比泥质基质砂岩较易形成次生溶蚀孔隙。

含不稳定成分矿屑和岩屑的砂岩容易形成溶蚀孔隙。

矿物成分对砂岩物性也有影响。这表现在一是矿物颗粒的耐风化性,即性质坚硬程度和遇水溶解及膨胀程度;二是矿物的润湿性,矿物颗粒与流体的吸附力大小,即憎油性和憎水性。长石不耐风化,其颗粒表面常有一层次生高岭土或绢云母,它们易吸水膨胀,堵塞原来的孔隙或使其变小,而使其孔渗性变差;长石比石英易被石油和水所润湿,当长石和石英都被石油或水润湿时,在其表面所形成的液体薄膜因分子间的引力而不能自由流动,减小了孔隙及喉道流通空间,使渗透率降低。而长石颗粒表面液膜比石英厚,因此对渗透率的影响也较石英大。一般来说石英砂岩比长石砂岩的储油物性好。但要注意,我国一些油田长石石英砂岩、长石砂岩比石英砂岩储集物性要好,原因是长石未经较深风化。

3) 岩石结构对储层孔隙发育的影响

岩石结构是指组成岩石的颗粒大小、形态、分选、磨圆和排列方式。一般情况下,粒度较粗、分选好、圆度好的砂岩的原生粒间孔隙比粒度细、分选及圆度差的砂岩发育好。

在理想状况下,均等大小球体颗粒组成时,其孔隙度只和球体的排列有关,而与颗粒大小无关。其绝对孔隙度(ϕ),可用公式表示如下:

$$\phi = 1 - \frac{\pi}{6(1-\cos\theta)\sqrt{1+2\cos\theta}} \tag{6-5}$$

式中 θ——底面菱形角。

理想球体排列的端元形式有两种。图6-6中A表示立方体排列,堆积最疏松,其理论孔隙度为47.6%,孔隙半径大,连通性好,渗透率也大;图6-6中B表示菱面体排列,排列最紧密,孔隙度最小,理论孔隙度为25.9%,孔径小、渗透率较低。这种由理想球体组成的碎屑岩的理论孔隙度介于47.6%~25.9%。

在实际的自然条件下,颗粒大小是不均匀的。若组成岩石的颗粒粒径大小不等,不同粒径的颗粒则组成了复杂的排列,大颗粒之间构成的大孔隙会被小颗粒所充填,而使得孔隙变小,岩石孔隙度和渗透率降低。除与粒径有关外,储集层物性与岩石颗粒的分选程度也有很大关系,分选系数一定时,粒度越大,渗透率越高。粒度一定的情况下,分选好到中等时,渗透率下降很快,分选差时,渗透率下降缓慢。

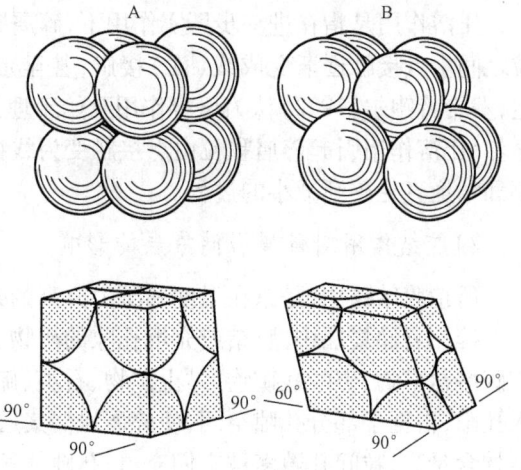

图6-6 理想球体排列的端元形式
A—按立方体排列;B—按菱面体排列

4) 沉积构造对储层孔隙发育的影响

块状层理的岩石比具斜层理的岩石孔隙发育好,而且孔隙分布均匀;具粒序层理和韵律层理的储集岩,在纵向上孔隙的分布往往具垂向非均质性;砂泥薄互层砂岩,粒细泥多,物性差;砂岩中若含有泥质条带也会影响储集性质,尤其使垂直渗透率变小。

影响碎屑岩储集层物性的沉积因素除上所述外,尚有岩层层面、层理面的发育程度等。如具水平层理、波状层理的细砂岩和粉砂岩,往往是泥质含量较高、颗粒较细,储集性质不好,而且渗透性具明显的方向性,层理明显的砂层沿层理面方向渗透性好,垂直于层理的垂直渗透率较小。具斜层理的砂岩,平行于斜层层面方向的渗透率最大,垂直方向的渗透率最小。总之,沉积作用是碎屑岩储集层形成的基础,它决定了碎屑岩的岩性、成熟度、储层的空间格架等。一般来说,碎屑岩的成熟度高、分选性好时,其物性就好;而碎屑岩的成熟度低、分选性差时,其物性就差。

2. 成岩作用因素

成岩作用是沉积物沉积之后转变为沉积岩甚至变质作用之前,或因构造运动重新抬升到地表遭受风化以前所发生的物理、化学、物理化学和生物的作用。孔隙水的性质与运动、储层的岩矿特征对成岩作用的发生最为重要,可表现为黏土矿物的转化、胶结、溶蚀及淋滤作用的发生,进而改善或破坏储层的基本物性。

碎屑岩储集层的成岩作用主要有:压实作用(机械压实作用、化学压实作用)、压溶作用、胶结作用、溶解作用。

1) 压实作用、压溶作用对碎屑岩储集层的影响

压实作用是指在上覆沉积物的重荷压力下,松散沉积物转变为致密岩石的作用,主要表现为孔隙度减少、含水量减少,以及结构、构造的变化。压实作用是碎屑岩储集层孔渗物性降低的主要因素,特别是在松散碎屑沉积物固结成岩前,压实作用引起碎屑沉积物的孔渗物性大幅降低;碎屑沉积物固结成岩后,压实作用对碎屑岩的孔渗影响逐渐降低。

压溶作用是指在进一步压实作用下,碎屑颗粒接触点之间产生的化学溶解作用,使碎屑颗粒之间由点接触逐渐变成线(面)接触,甚至形成缝合线状。压溶作用在埋藏较浅时难以发生,费希特鲍尔(1972)认为压溶作用开始于埋深1000m以下,该埋深之下压溶现象逐渐增多。显然,压溶作用引起碎屑颗粒由点接触变为线接触的过程,也是碎屑岩储集层的孔隙度、渗透率和喉道直径逐渐减小的过程。

2) 胶结作用对碎屑岩储集层的影响

所谓胶结作用,是指在温度和压力升高的条件下,孔隙水中过饱和成分发生沉淀的作用。碎屑岩储集层中,胶结或充填孔隙的矿物,绝大多数是在成岩阶段形成的自生矿物,常见有碳酸盐矿物、硫酸盐矿物、黏土矿物、石英、硫化物、沸石、钠长石、萤石等。这些自生矿物进入孔隙,占据了部分孔隙空间,使碎屑岩储集层的孔隙度、渗透率和喉道直径进一步减少。胶结物含量高,粒间孔隙多被它们充填,孔隙体积和孔隙半径都会变小,孔隙之间的连通性变差,导致储集性质变差,甚至演变为非渗透性岩石。

黏土矿物对储层物性影响十分强烈。根据黏土矿物在砂岩中的分布及其与砂岩骨架颗粒的相互关系,可将黏土矿物的产状分为分散状、薄层状、搭桥状3种类型(图6-7)。

分散状:填隙物在孔隙中以分散的形式分布,充当孔隙填充物,以自生高岭石最典型;呈假

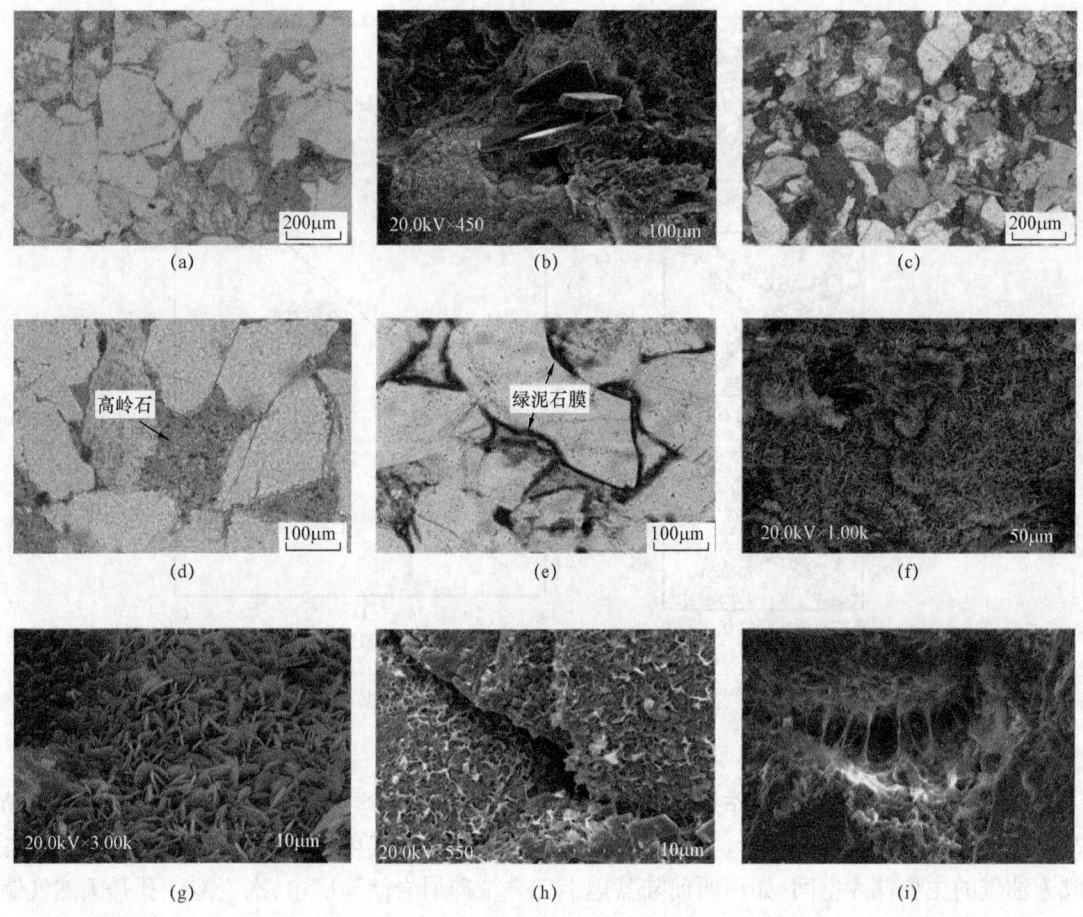

图6-7 碎屑岩中常见的黏土矿物胶结

(a)石英颗粒发育加大边,四川盆地,沙溪庙组,单偏光,×100;(b)自生钠长石胶结,四川盆地,沙溪庙组,扫描电镜,×450;
(c)方解石胶结,四川盆地,沙溪庙组,单偏光,×100;(d)高岭石充填原生孔,四川盆地,沙溪庙组,单偏光,×200;
(e)绿泥石薄膜,四川盆地,须家河组,单偏光,×200;(f)绿泥石薄膜,四川盆地,沙溪庙组,扫描电镜,×1000;
(g)绿泥石薄膜,四川盆地,沙溪庙组,扫描电镜,×3000;(h)蜂窝状伊蒙混层薄膜,四川盆地,沙溪庙组,
扫描电镜,×550;(i)搭桥状伊利石,四川盆地,沙溪庙组,扫描电镜,×2500

六边形、书页状、蠕虫状等。它们分割原始粒间孔、堵塞孔隙喉道。

薄层状:填隙物黏附于孔壁,形成一个相对连续的、薄的黏土矿物披盖,又称薄膜式。最常见的是蒙皂石、绿泥石、伊利石和混层黏土矿物,它们减小孔隙有效半径,造成孔喉堵塞,但如果成岩早期骨架颗粒表面发育完整的黏土薄膜胶结,特别是完整的绿泥石黏土膜能够有效地将石英颗粒表面与孔隙流体隔离,阻止自生石英在骨架颗粒表面的增生作用、抑制其压溶作用进行,可使储层物性较好。例如,四川盆地中部须家河组富含绿泥石黏土膜砂岩往往具有较高的孔隙度,其平均孔隙度值可达8%~10%。

搭桥状:黏土矿物黏附于孔壁表面伸长很远,整个横跨孔隙,像搭桥一样,将粒间孔分隔为大量微孔。特别是纤维状伊利石,使原粒间孔被肢解切割,变得迂回曲折,成为黏土矿物晶粒间的微细孔隙。相比之下,搭桥状黏土对孔隙损失最大(图6-8)。它对孔隙非均质性影响最大,直接影响油水微观运动规律。

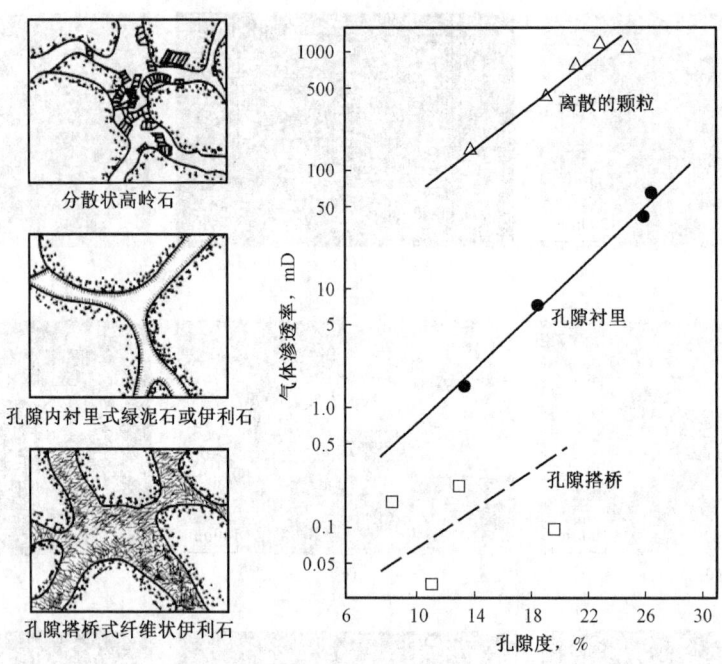

图 6-8　黏土矿物类型及其产状对孔渗性的影响（据 Damsleth,1992）

3）溶蚀、交代作用对碎屑岩储集层的影响

在碎屑岩储集层中，溶蚀作用和交代作用极为常见，并且溶蚀作用是所有成岩作用中最易造成储渗能力增强的有利因素。特别是，在致密碎屑岩储集层中，溶蚀作用形成的溶蚀孔隙常成为油气的主要储渗空间，如川西前陆盆地上三叠统碎屑岩储集层中，次生溶蚀孔是天然气储层的主要储渗空间。最常见被溶蚀的是长石和火成岩屑、碳酸盐岩屑，以及膏盐矿物，溶蚀后相应形成粒间溶孔、粒内溶孔、铸模孔等（图 6-9）。

图 6-9　碎屑岩中常见的溶蚀作用及溶孔类型

(a)长石溶蚀形成粒内溶孔,四川盆地,沙溪庙组,单偏光,×100;(b)粒内溶孔及铸模孔,四川盆地,沙溪庙组,
单偏光,×100;(c)粒间溶孔,四川盆地,沙溪庙组,单偏光,×100

交代作用是对已有碎屑或矿物的一种化学替代作用，是一种保持晶形不变的化学转化作用（图 6-10）。尽管碎屑岩储集层中交代作用非常普遍，但因交代作用的等体积性，它对储集层孔渗物性影响很小。

图6-10 碎屑岩中常见的交代作用类型

(a)方解石交代长石,四川盆地,沙溪庙组,单偏光,×100;(b)浊沸石交代长石,四川盆地,沙溪庙组,正交偏光,×200;(c)云母交代石英颗粒边缘,四川盆地,沙溪庙组,正交偏光,×100

3. 构造因素

1)断裂作用的影响

大断裂通常作为盆地或坳陷的边界,控制盆地的基本构造骨架及构造分区,对储层的储集性也有重要的影响。开放性断层使油气不能很好地保存,遮挡性的断层则可以产生油气圈闭。断裂发育带往往伴生裂隙的发育,有利于孔隙水和地下水的活动及溶蚀孔隙的发育。例如,济阳坳陷的东营凹陷,北部以大断层为界,构造活动强烈,同生断层发育,裂隙亦很发育,在其附近的井下岩心中富集溶蚀孔隙。

裂缝既是裂缝—孔隙型碎屑岩储集层的重要组成部分,也是造成储集层成为双重渗流介质的最主要因素。构造裂缝不但是碎屑岩储集层的重要渗流通道,也是裂缝型储集层的主要储渗空间。我国低渗致密碎屑岩储集层广泛发育,钻遇裂缝通常可获较高的初始产量,为了提高单井油气产能,常对碎屑岩储集层进行加砂压裂改造,目的是在让低渗碎屑岩储集层内产生大量的人工裂缝,增加导流能力。

2)区域性抬升作用的影响

区域构造作用使沉积体抬升,出现沉积间断以致发生风化作用,砂岩中的碳酸盐胶结物遭受溶蚀作用,有利于储集岩的发育或岩石储集性的改善。北海油区侏罗系砂岩中的次生孔隙是在新近纪启莫里(Cimmerian)期抬升发生溶蚀形成的。

我国华北地区二叠系砂岩孔隙分布也明显受不整合控制。在持续下沉、远离剥蚀面的地区,由于压实和胶结作用,砂岩孔隙度很低,仅5%左右,而在古隆起、古风化壳附近,砂岩次生溶解孔、洞可达20%~30%(郑浚茂,1989)。

(三)主要储集砂体成因类型及其分布特征

在碎屑岩油气藏勘探方向的选择、开发方案的制定与提高采收率等方面,一般将"砂岩体"(常简称为"砂体")作为研究和划分碎屑岩储集层的基本单元,并按沉积环境对砂岩体进行分类。所谓砂岩体(砂体)是指在某一沉积环境内形成的,具有一定形态、岩性和分布特点,并以砂质为主要成分的沉积岩体。下面简要介绍主要砂岩体的特点。

1. 冲积扇相砂砾岩体

山间河流或间歇性洪水携带大量碎屑物质进入平原,流速变小,能量降低,而使碎屑物沉积下来形成扇状堆积体称为冲积扇(图6-11)。冲积扇中的砂砾岩体称为冲积扇砂砾岩体。

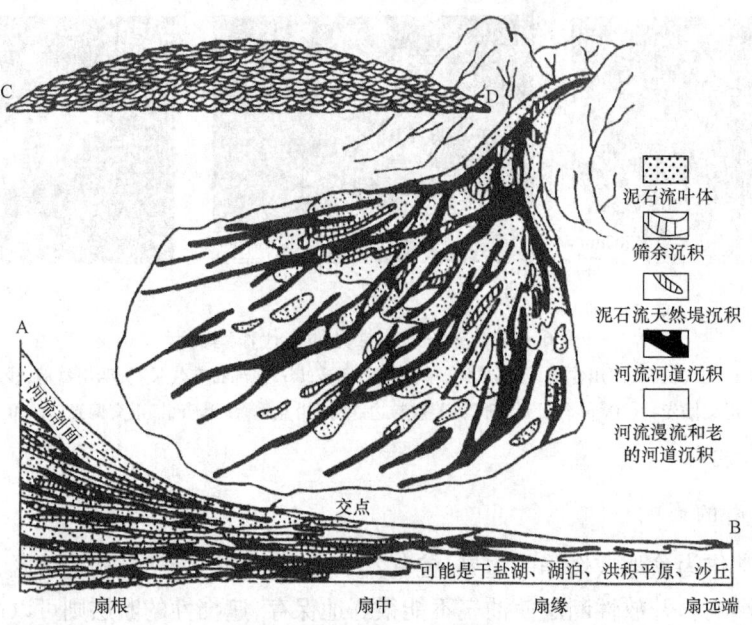

图 6-11 理想的冲积扇沉积相模式及相剖面(据 Spearing,1974)
AB—纵剖面;CD—横剖面

在冲积扇的扇根,常为泥石流沉积和主水道的粗碎屑物质组成,扇中部分主要由辫状水道微相的砂岩体和漫流微相的砂泥物质所组成。而在冲积扇的扇缘则为漫流成因的砂泥物质。

冲积扇在横向上向物源方向与残积、坡积相邻接;向沉积区常与冲积平原组合或与风成干盐湖相接,或与河流、湖泊、沼泽沉积呈超覆或舌状交错接触。有时也可以与滨海平原沉积共生。

冲积扇在平面上的形态为扇形或圆锥形。多个扇体在平面上组合形成裙边状碎屑堆积体。冲积扇中部有储集物性相对较好的辫状河道砂砾岩体,是油气聚集的主要场所。

2. 河流相砂砾岩体

河流环境形成的储集岩是重要的储集岩类型。河流按河道弯曲度及其辫状指数(单河道和多河道)分成四类(图 6-12):顺直河(单河道而弯曲度低)、曲流河(单河道而弯曲度高)、辫状河(多河道而弯曲度低)、网状河(多河道而弯曲度高)。曲流河环境储集砂体主要是边滩,辫状河砂岩体主要是心滩。

河流砂岩体剖面上呈底凸顶平,两侧不对称形态,厚度可由几米至几十米,长度可达几十、几百千米,甚至上千千米。

我国以曲流河砂体为储层的典型气藏是鄂尔多斯大牛地二叠系石盒子组气藏(于兴河,2008)、松辽盆地汪家屯白垩系气藏、四川盆地川东北五宝场及川中金华—秋林地区沙溪庙组气藏(蒋裕强等,2007;2021)。

3. 湖泊相砂砾岩体

理论上碎屑湖泊沉积模式是滨湖区、浅湖区、深湖区呈环带分布,从岸到深湖区泥质增多(图 6-13)。由于流入湖泊的河流影响,在湖的边缘地区可形成三角洲,因浊流影响,在深湖区可形成粗粒物质的浊流沉积。湖泊砂(砾)岩体类型众多,主要可分为正常三角洲、辫状三角洲、扇三角洲、水下冲积扇、滩坝和浊积砂(砾)岩体六大类。我国中、新生代含油气盆地的主要储集岩体是河流入湖形成的湖成三角洲相砂体。

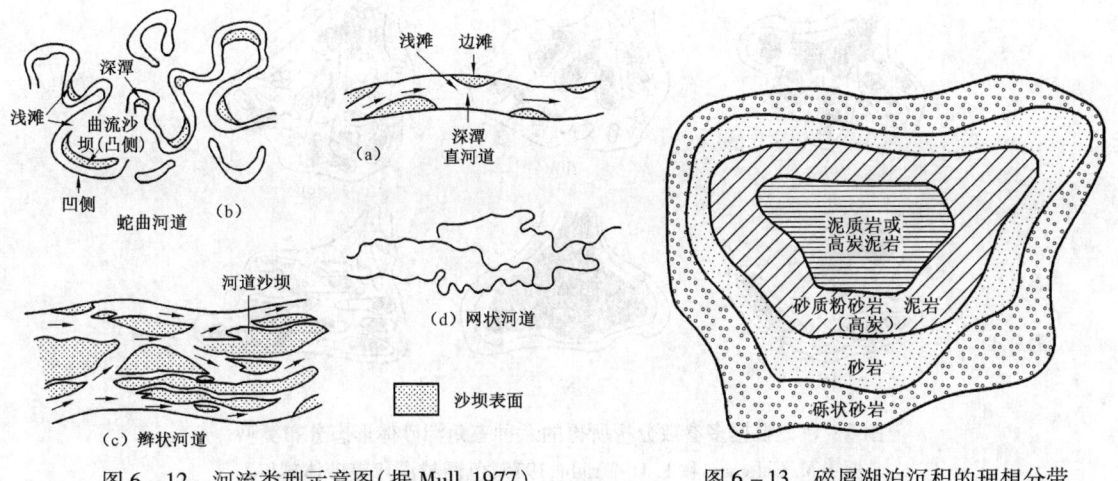

图 6-12　河流类型示意图(据 Mull,1977)　　　　图 6-13　碎屑湖泊沉积的理想分带
　　　　　　　　　　　　　　　　　　　　　　　　　　　　　(据特温霍费尔,1932)

应当指出,在波浪和湖流的联合作用下,对入湖后泥沙进行簸洗和再分配,使滨岸沉积物发生纵、横向迁移,形成滨浅湖的沙嘴、滩坝体岛链(侯方浩,蒋裕强等,2005)。现代博斯腾湖白鹭洲湖滨浴场砂体就是湖边的风成沙丘物质在入湖后被湖浪和湖流充分改造而成的滨浅湖砂体。云南滇池海埂亦是盘龙江河流搬运来的泥沙在波浪和湖流的作用下形成的障壁沙坝。

4. 三角洲相砂岩体

河流入湖、入海的过渡环境中都可能发育三角洲。由于影响三角洲形成的因素较多,包括蓄水体的性质、水动力条件、坡度陡缓、物源远近等,因此关于三角洲的分类方案不尽统一(表6-3)。

表 6-3　三角洲分类方案一览表(据于兴河,2008,有修改)

分类方案	分类结果
蓄水体性质	湖相三角洲、海相三角洲
水动力条件	河控三角洲、浪控三角洲、潮控三角洲
形态特征	鸟足状三角洲、鸟嘴状三角洲、港湾状三角洲
供源体性质	扇三角洲、辫状三角洲、正常三角洲
发育部位	陆坡型三角洲、陆架型三角洲、吉尔伯特型三角洲
粒度粗细	粗粒三角洲、细粒三角洲

J. M. Coleman 和 L. D. Wright 强调指出,影响和控制着三角洲形态、组成、结构及砂体分布特征的诸因素中,某一因素仅对三角洲的某些部分起主导作用,各个因素都是以不同强度相互联合在一起共同控制三角洲体系的总体背景环境。根据综合各种因素可划分为六大类型三角洲,每个类型都具有其独特的砂体形态和分布特征(图6-14)。这种划分方式更加强调多因素相互作用的背景环境对三角洲砂体的形态、分布、厚度变化的控制作用。突出砂体特点是十分重要的,它不仅对三角洲的分类具有重要意义,而且由于这些砂体是三角洲中油气的主要储层,查明这些砂体的分布规律也是油气勘探的主要目的之一,更确切地说这些砂体的分布模式的建立是进行三角洲研究和砂体预测的依据。

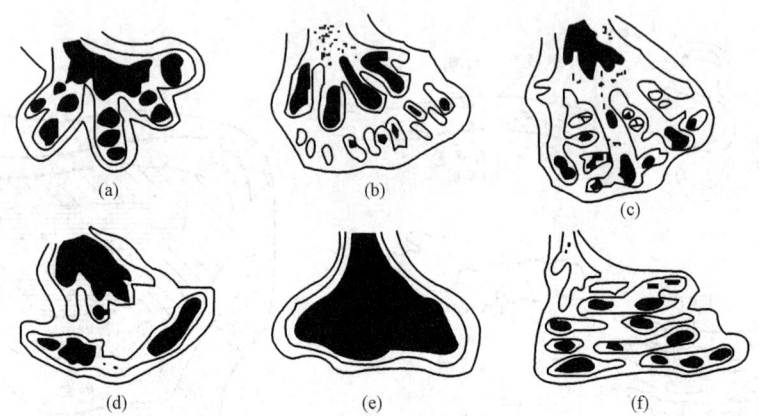

图 6-14 根据多参数分析所得的六种三角洲砂体形态分布类型
(据 J. M. Coleman 和 L. D. Wright,1975,色调越深代表砂体越厚)
(a)河控为主、低波浪和潮汐改造、低沿岸漂移作用;(b)河控为主、低波浪强潮汐改造及低沿岸漂移作用;
(c)中等波浪作用、强潮汐改造及低沿岸漂移作用;(d)中等波浪作用、低潮汐改造;
(e)高波浪改造、低沿岸漂移作用;(f)高波浪改造及强沿岸漂移作用

很多油田都和古三角洲砂岩体有关,其中大多是大型的和特大型的油田。如科威特的布尔干油田(可采储量 $90 \times 10^8 t$),委内瑞拉马拉开波盆地玻利瓦尔沿岸油田(可采储量 $42 \times 10^8 t$),美国的东得克萨斯油田(可采储量 $8 \times 10^8 t$)等。我国也发现了一批三角洲砂岩体油田,最著名的是大庆长垣这一特大型油田(地质储量超过 $44 \times 10^8 t$)。

5. 海岸沉积储集岩体

1)无障壁滨岸环境及其储集岩体特征

无障壁滨岸环境又称滨海环境(图 6-15),滨岸与陆棚直接联结,其间没有被障壁岛分隔,水体循环良好,沉积物的搬运和沉积作用主要受波浪作用的控制。在海岸上包括海滩、风暴浪影响区和风成沙丘分布区,在水下包括水下岸坡带的浪基面以上地区。

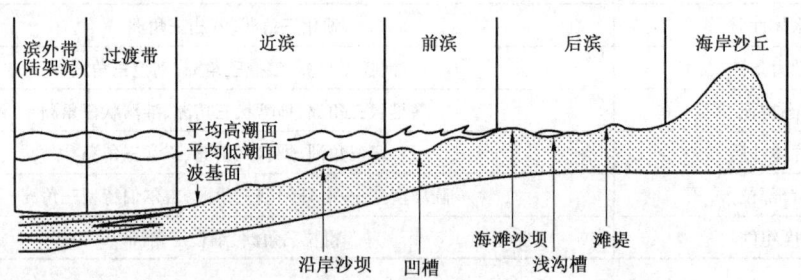

图 6-15 无障壁砂质海岸沉积环境划分(据 Howard,1971)

无障壁滨岸砂岩十分发育,砂岩体常平行于海岸线走向呈线状分布,常常成排出现,砂岩体剖面形状常为下平上凸的透镜状或席状。滨岸砂岩尤其是前滨带形成的砂岩,由于波浪的簸洗作用,分选好,基质含量少,因而可成为良好的油气储集岩。

2)障壁滨岸环境及其储集砂岩体特征

滨岸地区长出海面的沿岸沙坝、沙嘴或堡岛(障壁岛)等将其向陆一侧水体与广海分隔形成潟湖。潟湖水体因循环受阻致使水能较弱,在潟湖周围广阔而平坦的坪地上发育成宽阔的潮坪。障壁岛、潮坪、潟湖以及与之共生的潮汐水道、潮汐三角洲、河口湾等环境构成障壁海岸沉积体系(或称潟湖—潮坪沉积体系)。障壁岛、潮坪、潮汐三角洲以及河口湾水道砂体是主要的储集岩体(图6-16)。其中障壁岛是沿岸海域中高出水面的长形砂岩体,大多平行海岸分布。障壁岛沉积由中、细砂岩与粉砂岩组成,圆度与分选好,含生屑、重矿物多,发育冲洗层理、楔状和槽状交错层理、波痕、冲蚀痕和潜穴等。形态是沿海岸分布的狭长带状或微弯曲状,有时具微弱分枝。现代障壁岛长度一般为几千米至几十千米,宽数百米至数千米,厚数米至数十米。剖面上呈底平顶凸的透镜状。

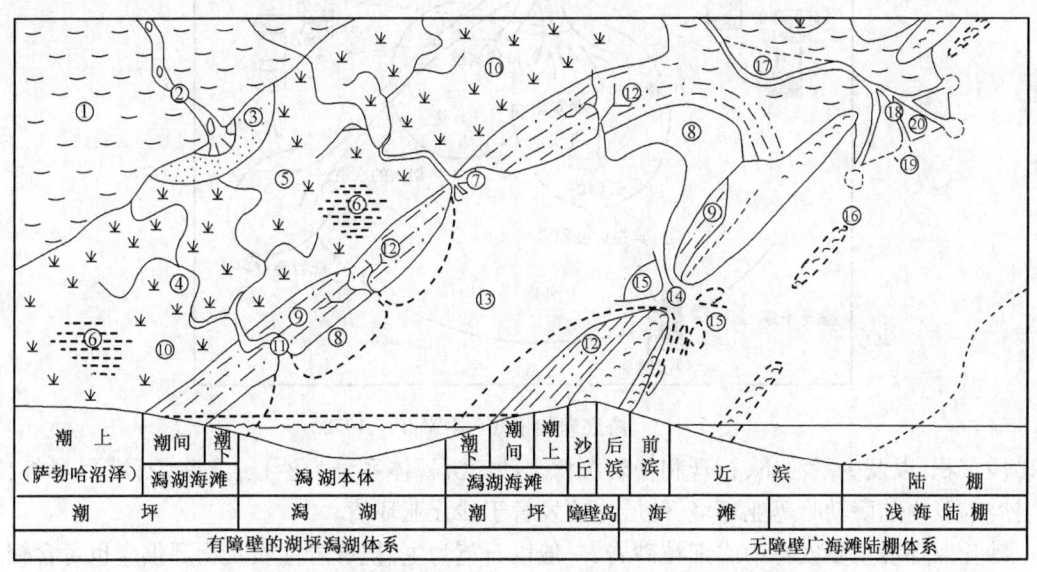

图6-16 有障壁海岸地貌景观示意图(根据美国白垩纪的海岸沉积,赖内克,1971)
1—冲积平原;2—游荡性河流;3—冲积扇;4—曲流河;5—滨岸沼泽;6—萨勃哈;7—河流潮汐三角洲;8—沙坪;
9—混合坪;10—泥坪;11—河口湾;12—潮渠、潮溪;13—潟湖;14—潮汐通道;15—潮汐三角洲;16—离岸沙坝
(浅滩);17—边滩;18—支流河流(三角洲平原);19—河口沙坝(水下三角洲);20—支流间沉积(三角洲平原)

6. 浅海沉积砂岩体

浅海陆棚环境位于近滨外侧至大陆坡外缘的陆棚上,介于波基面以下至200m左右水深的浅海底,宽度由数千米至数百千米。

浅海陆棚环境水动力条件复杂,有海流、正常波浪、风暴波浪、潮汐流及密度流等。主要形成泥质岩,其次为经过改造的残积粉砂岩、砂岩,砾岩较少。还有大量碳酸盐岩及铁、铝、锰、磷质岩。砂质沉积物在浅海陆棚可形成潮汐砂脊、风暴砂脊、毯状砂岩、沙波及线状沙坝。在适宜条件下均可成为储层。

7. 海底扇沉积砂砾岩体

海底扇砂体主要是不同类型的重力流砂体(图6-17)。这些砂体包括:典型浊积岩、块状砂岩、叠覆冲刷粗砂岩、卵石质砂岩、颗粒支撑砾岩、杂基支撑的岩层、滑塌岩。以沃克(1978)所建立的海底扇相模式,中扇亚相辫状分流水道是有利的含油气储集岩体。辫状水道一般宽300~400m,深一般不超过10m。

8. 风成沉积砂岩体

沙漠环境发育于雨量极其贫乏的干旱的大陆地区。沙漠沉积主要是由风的作用形成,发

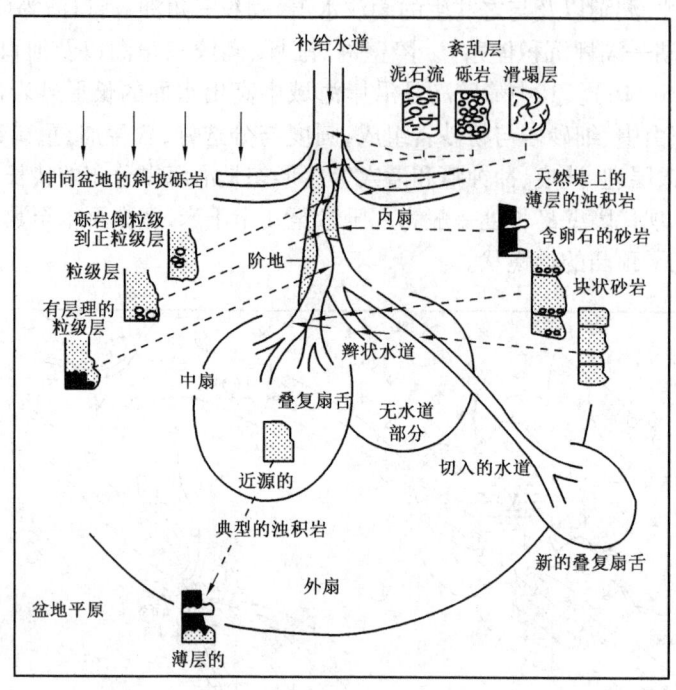

图 6-17　海底扇相模式（据 Walker,1978）

育砂质沉积,以及少量泥质、石膏和盐岩沉积。沙漠沉积体系分为沙丘、戈壁（石漠）、旱谷、绿洲、沙漠湖、内陆萨勃哈等亚环境,储层主要发育于沙丘亚环境。

沙丘亚环境主要发育中或细粒砂岩,一般以石英为主,视母岩性质及物源供应也可含较多的长石和岩屑,分选好。泰勒（Taylor,1977）认为,风成砂岩储集条件与沉积时风成沙丘分布面积有关。沙丘砂岩分布面积及形状多样,面积大而沉积厚的岩体为席状、新月形及横向脊状;分布面积广但沉积厚度薄的岩体主要呈圆丘状和线状。

三、碳酸盐岩储集层

碳酸盐岩油气储层在世界油气分布中也占有重要地位。碳酸盐岩储层中的油气储量,约占全世界油气总储量的 50%,其油气产量达全世界油气总产量的 60% 以上。波斯湾盆地,利比亚的锡尔特盆地,俄罗斯地台上的伏尔加—乌拉尔含油气区,美国的密歇根盆地、伊利诺伊盆地,加拿大的艾伯塔地区等世界重要产油气区的储集层都是以碳酸盐岩为主的。在我国,碳酸盐岩储集层分布也极为广泛,先后找到了华北任丘油田、四川中部震旦系—雷口坡组气田、长庆奥陶系气田、塔里木奥陶系气田等。碳酸盐岩石油、天然气勘探开发已是我国重要的勘探开发领域。

（一）储渗空间成因类型与孔隙结构

1. 储渗空间成因类型

碳酸盐岩储集层与砂岩储集层相比,储渗空间类型多、次生变化大,具有更大的复杂性和多样性（表 6-4）。碳酸盐岩的储渗空间,通常分为孔隙、溶洞、裂缝三类。裂缝也起到连接孔洞和喉道的作用。

表6-4 砂岩与碳酸盐岩储渗空间比较(据Choquette和Pray,1970,有修改)

对比内容	砂岩	碳酸盐岩
沉积物中的原始孔隙度	通常25%~40%	通常40%~70%
岩石中最终孔隙度	常为原生孔隙度的一半或更多,一般为15%~30%	通常不是原生孔隙,储集岩内一般为5%~15%
储渗空间的类型	粒间孔隙为主。裂缝较少,一般没有溶洞	类型多、变化大,发育大量的溶洞和裂缝
储渗空间的大小、形状及分布	分布均匀、储渗空间以组构选择性孔隙为主	变化很大,从完全取决于岩石的组构要素(组构选择性),到毫不相关
储渗空间的大小、形状的影响因素	与碎屑岩的粒度、分选等有关,孔隙形状依存于颗粒形状	一般孔隙大小与粒度、分选等无关;形态变化大,从依存于颗粒形状到完全不依存于颗粒形状
储渗空间的成因	与沉积环境有关	复杂、多期、多样。受到强烈的成岩作用和后期构造作用的影响。裂缝型储层、缝—洞型储层等与环境没有直接的关系
成岩作用的影响	影响较小,压实、胶结作用使原生孔隙度降低	影响大,能创造、消除或完全改变孔隙度,胶结作用和溶蚀作用重要
裂缝作用的影响	一般不重要	在储集性质上很重要
孔隙度与渗透率的相关性	相对一致,正相关关系	变化大,一般相关性差

碳酸盐岩储集层孔隙划分为原生孔隙和次生孔隙两大类。原生孔隙除粒间孔隙外,生物体腔孔隙、生物骨架孔隙、晶间孔隙、鸟眼孔隙是碳酸盐岩所特有的。次生孔隙除受组构控制的粒间溶孔、粒内溶孔、晶间溶孔等外,还发育非组构控制的不规则状溶孔(图6-18)。

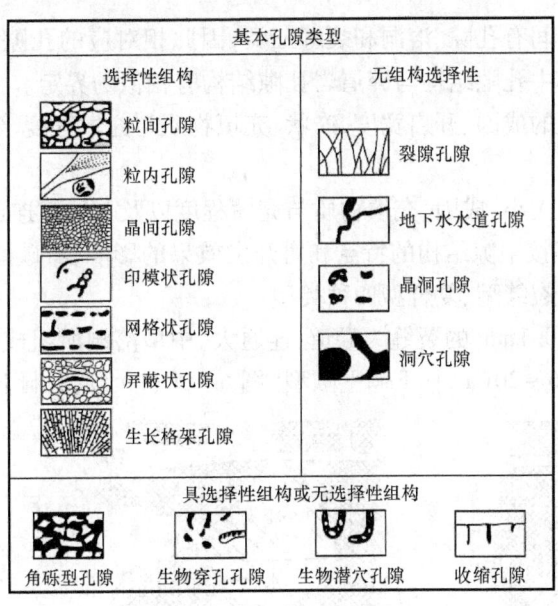

图6-18 碳酸盐岩基本孔隙类型

碳酸盐岩除发育构造裂缝外,也常见经溶蚀扩大的溶缝,它可能是原有的构造缝、收缩缝等被溶蚀扩大形成的。

洞穴是在孔隙、裂缝溶蚀扩大的基础上形成的,也可以是碳酸盐岩因溶蚀垮塌等形成的(角砾间的),其规模有大有小。

碳酸盐岩储集岩的喉道类型很丰富。颗粒碳酸盐岩储集岩的组构特征与砂岩储集岩类似,其孔隙与喉道特征亦与砂岩类似,有关喉道类型此处不再重述。

碳酸盐岩基块中的喉道类型分为管状喉道、孔隙缩小部分组成喉道、片状喉道。管状喉道为孔隙间细而长的喉道,其断面近于圆形[图6-19(a)]。孔隙缩小部分组成喉道这种情况,孔喉分界不明显,扩大时成为孔隙,缩小后即变为喉道,可能是孔隙内发生晶体生长或有其他物质充填所引起[图6-19(b)]的。白云岩中的晶间孔隙大多为四面体至多面体孔隙,在其晶粒之间形成片状喉道,因此,片状喉道连通着多面体或四面体孔隙[图6-19(c)]。片状喉道很窄,宽仅几微米至十几微米,是碳酸盐岩中最常见的喉道类型。

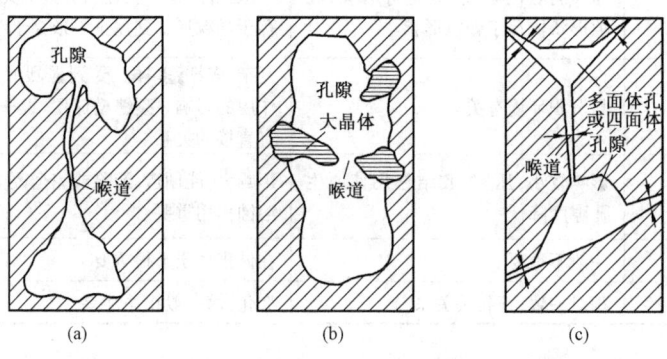

图6-19 碳酸盐岩基块的喉道类型(据罗蛰潭等,1979)
(a)管状喉道;(b)孔隙缩小部分组成喉道;(c)片状喉道

2. 孔隙结构类型

碳酸盐岩的储渗空间有孔隙、溶洞和裂缝三类,因此相对应的孔隙结构包括孔隙结构、裂缝结构与洞穴结构。其中孔隙结构与碎屑岩孔隙结构有相似的界定。

裂缝结构是指裂缝的成因、开启宽度、产状、充填物质与充填程度、延伸长度以及与孔洞连通情况。

洞穴结构是指洞穴大小、成因、充填物质与充填程度以及与缝隙连通情况。

吴元燕等(2005)等按空隙结构的特点和对开发效果的影响,将碳酸盐岩孔隙结构划分为大缝洞型、微缝孔隙型、裂缝型、复合型四种类型。

大缝洞型以宽度>0.1mm的裂缝为喉道,连通大、中型溶洞所组成的孔隙结构,又进一步细分为宽喉均质型[图6-20(a)]、下洞上喉型[图6-20(b)]及上洞下喉型[图6-20(c)]。

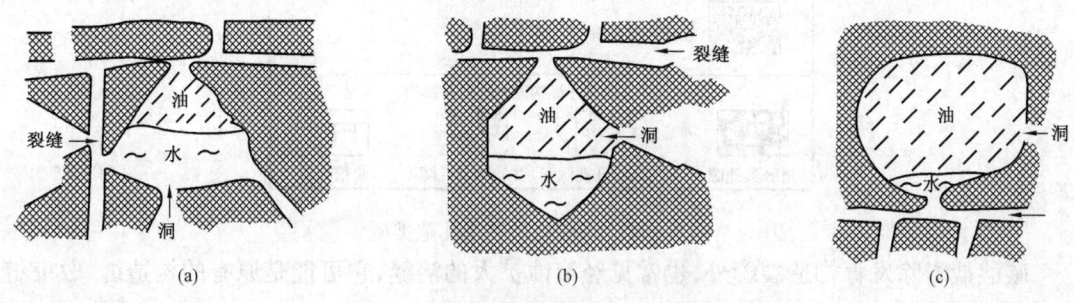

图6-20 大缝洞孔隙结构模式图

微缝孔隙型以微裂缝及晶间隙为喉道,连通各种孔隙和小型洞所组成的孔隙结构,主要分为短喉型、网格型、细长型(图6-21)。

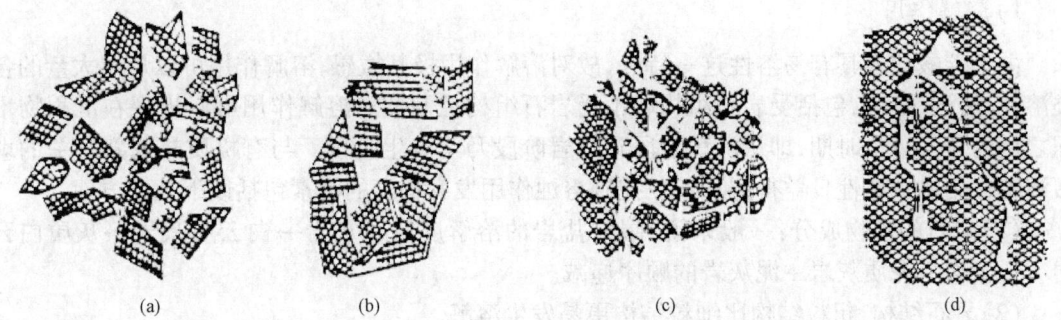

图6-21 短喉型(a,b)、网格型(c)和细长型(d)微缝孔隙结构模式图

裂缝型的储渗空间和喉道均为裂缝。储集性能取决于缝宽、裂缝密度、分布均匀与否。

复合型为裂缝、溶洞、微裂缝及小孔隙混合而成的极不规则的孔隙结构(图6-22)。

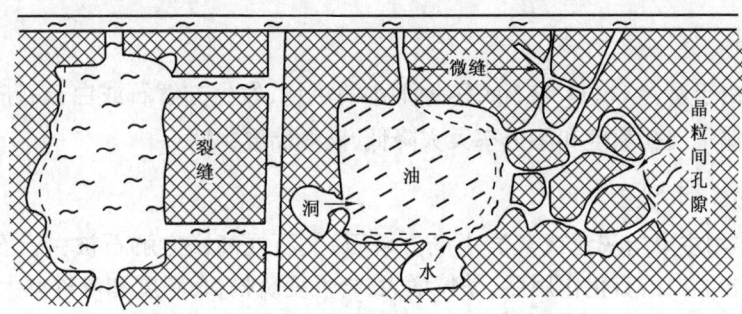

图6-22 复合型孔隙结构模式图

(二)影响碳酸盐岩储集性能的因素

影响碳酸盐岩储集层物性的主要因素包括沉积环境、成岩作用与构造作用三个方面。

1. 沉积环境

沉积环境控制了原生孔隙的发育程度,不同沉积环境下形成的碳酸盐岩储集层其原生孔隙的类型、大小、形态、连通性以及发育程度均不相同。有利于碳酸盐岩储集层原生孔隙发育的沉积环境有以下几种。

(1)各类浅滩环境:包括碳酸盐台地浅滩、陆棚浅滩、生物碎屑滩等。这些部位水体浅,水动力强,形成的各类粒屑灰岩灰泥孔隙结构基质含量低,物性好。

(2)生物礁环境:这一环境中发育了大量生物礁,造礁生物死亡后因软体部分腐烂而留下了大量生物骨架孔隙,这类孔隙个体大、连通性好,形成的生物灰岩物性极佳。

(3)潮坪环境:这一环境中常可形成同生白云岩、石膏、硬石膏等蒸发岩类,其中存在较多的晶间孔隙。由于该地区常暴露于地表,大气淡水淋滤、膏盐溶解形成晶模孔隙,蒸发作用和藻类腐烂作用可形成鸟眼孔隙。

2. 成岩作用

对碳酸盐岩储集层物性影响最显著的成岩作用有溶解作用、白云石化作用、胶结作用、重结晶作用。其成岩作用中压实作用影响较小,这是因为碳酸盐岩具有早期胶结的特点。

1) 溶解作用

由于碳酸盐岩具有易溶性这一特点,故对溶解作用极其敏感,溶解作用可以形成大量的各类溶孔、溶洞、溶缝,包括受岩石组构和不受岩石组构控制的。溶解作用可以出现在沉积物堆积之后的任何一个时期,即从沉积阶段到成岩阶段乃至表生阶段。与有机质热成熟有关的埋藏溶解作用的重要性日益得到肯定。控制溶蚀作用发育程度的因素包括以下几个方面。

(1) 岩石的矿物成分:一般来说,碳酸盐岩的溶解度按石灰岩→白云质灰岩→灰质白云岩+白云岩→泥质灰岩+泥灰岩的顺序递减。

(2) 岩石结构:粗粒结构比细粒结构更易发生溶解。

(3) 地下水性质与活动性:富含 CO_2 及有机酸的活跃地下水比贫 CO_2 及有机酸的不活跃地下水溶解性强。

(4) 地层剖面中的位置:在地层剖面中,不整合面附近或近岸浅水地带沉积物由于经常受大气淡水淋滤,易发生溶解作用。

2) 胶结作用

在岩层中,由于富含 $CaCO_3$ 或 $MgCO_3$ 地下水的沉淀,发生方解石或白云石胶结、充填粒间或粒内孔隙,使储集层孔隙度和渗透率大大降低,破坏储层物性。

3) 白云石化作用

白云石化作用主要指灰泥或灰岩中的方解石、文石或高镁方解石被白云石交代的作用。一般说来,石灰岩经白云石化作用后,晶粒增大,岩性变疏松,孔隙度和渗透率大为增加。白云石化形成模式多种多样,每种模式均有相应的地质背景、地球化学特征及分布特点。正确认识白云石化作用将有助于正确掌握储层形成机理与分布规律。

4) 重结晶作用

碳酸盐岩随着埋藏深度增加,温度和压力将升高,使矿物晶体由小变大,由无序变为有序排列,这就是重结晶作用。这一作用使致密、细粒结构的岩石变为粗粒、疏松、多晶间孔隙的岩石。粒度变粗引起岩石脆性增加,易产裂缝。也有利于地下水的渗滤,为溶蚀作用创造了条件。

5) 热液改造作用

热液改造作用指热液(hydrotherm,高于周围环境流体温度至少5℃的流体)对碳酸盐岩以热液白云石化、热液重结晶、热液溶解、膨胀角砾化、热液矿物充填等一种或多种改造方式进行的成岩改造作用(图6-23)。其中,热液对石灰岩的建设性改造常表现为热液白云石化、膨胀角砾化和热液溶解作用,而对白云岩的建设性改造则以膨胀角砾化、热液重结晶、新生变形作用为主。对于石灰岩、白云岩,热液矿物充填作用均呈破坏性。

3. 构造作用

脆性是碳酸盐岩的另一重要特性,这一特性就决定了它易受到各处构造作用而产生构造裂缝。这里只讨论影响构造裂缝发育的因素,因为其他几类裂缝对油气的储渗意义不大。

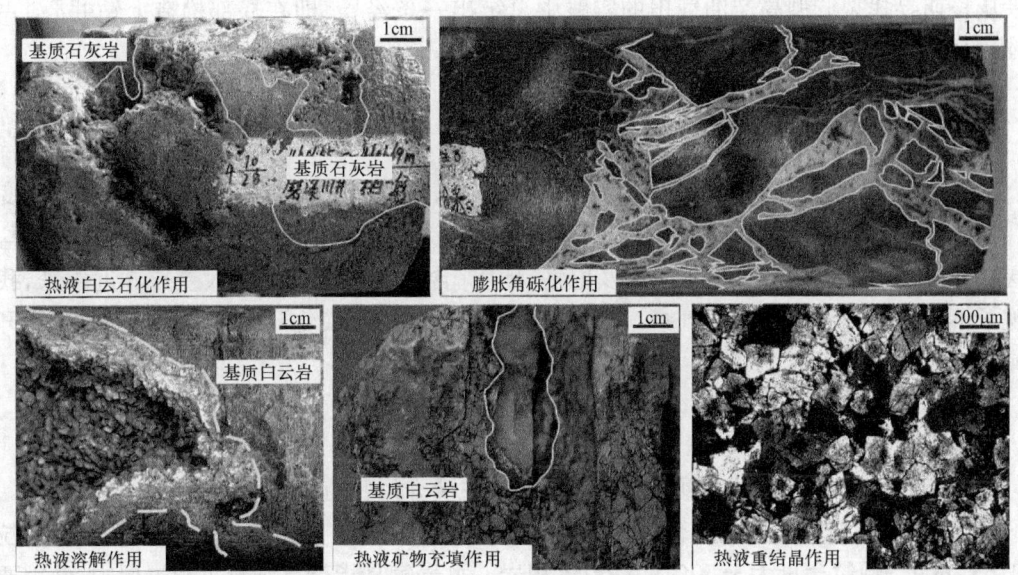

图 6-23 碳酸盐岩中热液改造作用特征

构造裂缝的发育程度和分布规律,受岩性和构造两方面因素的控制。在剖面上,裂缝往往发育在一定层位,主要受岩性控制;在平面上,裂缝往往发育在一定的构造部位,主要受构造因素的控制。

1)控制裂缝发育的岩性因素

裂缝发育的内因在于岩石的脆性。岩石的脆性不同,裂缝发育的程度也不同。在应力条件相同时,脆性大的岩石比脆性小者裂缝更发育。影响岩石脆性的因素主要有岩石的成分、结构、岩层厚度等。

就碳酸盐岩的实验室研究和实际观察来看,白云岩脆性大,裂缝发育,石灰岩次之,泥灰岩最差。当岩石中泥质含量增多时,会降低岩石脆性,减弱裂缝发育程度。

岩石结构对其脆性的影响主要表现在颗粒大小及其排列组合两方面。质纯晶粗的碳酸盐岩脆性大,容易产生裂缝,裂缝密度大。因为晶粒越粗,解理面越大,晶内结合力越弱,在同等受力条件下,比细结构的岩石更易裂开。若其中介壳含量多而排列整齐者裂缝密度常较大,反之,裂缝密度小。

裂缝密度与岩层厚度之间存在着相反的关系,即随着岩层厚度增大,裂缝密度减小。厚层状碳酸盐岩中裂缝密度小,但裂缝规模较大,以高角度裂缝为主。

2)控制裂缝发育的构造因素

控制裂缝发育的构造因素主要是岩层所受的应力大小、性质、受力次数、变形环境和变形阶段等。一般受力强、张力大、受力次数多的构造部位裂缝发育,在高温高压环境下则发育较差;在一次受力变形的后期阶段,裂缝的密度大,组系多,前期阶段则相应地小或少。这些条件的时空配合,控制着裂缝的分布规律。

构造裂缝的分布通常与褶皱和断裂构造有关。一般说来,高幅度背斜上的裂缝要比低幅度背斜上多一些,复杂背斜上的裂缝要比简单背斜上多一些。就一个局部构造来说,有效的张裂缝主要发育在背斜褶皱的顶部、轴部、扭曲带或断层附近受张力的部位。四川的石油地质工作者从长期寻找裂缝型高产油气田的实践中总结出一条经验,即在局部构造上钻井要"占高点,沿扭曲,沿长轴,沿断层"。

四、其他岩类储集层

其他类型储集层主要指除陆源碎屑岩和碳酸盐岩外的其他岩类储集层,如岩浆岩、变质岩、泥质岩等岩类及近地表疏松沉积物组成的储集层。它们与陆源碎屑岩储集层和碳酸盐储集层在岩性、岩相、成岩、储渗空间,以及电性、地震、含油气等方面有较大差异。近年来,我国发现了不少这些类型储层的油气藏。特别是海相页岩气的规模化开发拓宽了天然气勘探开发领域。

(一)泥质岩类储集层

泥质岩储集层包括泥岩和页岩储集层。这里主要介绍富有机质页岩气储层。

目前,国内外能够实现工业化气流的页岩层段主要为广义的页岩。广义的页岩是指粒径小于 $63\mu m$ 的、颗粒含量大于 50% 的细粒沉积岩。页岩气是指产自细粒沉积岩层中,并需要通过水平井钻探及压裂技术进行规模化商业开采的一类非常规天然气(王世谦,2013)。主要以游离态、吸附态为主,赋存于富有机质页岩层段中,为自生自储的、大面积连续型天然气聚集。

页岩气储层指富含有机质(TOC>1%)、达到一定成熟度(R_o>1.3%)、富脆性矿物、含气量高(C_t>1.0m³/t),能够产出工业性气流的页岩层段。页岩气储层具有典型的"源—储"一体特征,既是烃源岩,也是储层。

1. 页岩气储层基本特征

1)矿物组成

页岩中的矿物主要由陆源矿物沉积和自生矿物结晶两部分构成,由于在热演化过程中存在复杂的黏土矿物相互转化,导致页岩储层矿物组分较复杂。四川盆地龙马溪组页岩气储层的主要矿物成分包含石英、黏土矿物、长石、碳酸盐矿物、黄铁矿,其中黏土矿物以伊利石为主,其次为绿泥石,基本不含高岭石,混层比多为 10%,普遍小于 15%。

矿物组分差异对页岩气储集空间、气体吸附载体、裂缝发育程度、可压裂性等都有影响,是页岩储层研究的重要内容。岩石中的矿物成分可以通过常规显微镜、阴极发光、场发射扫描电镜等观察及X—衍射全岩分析等手段获取。目前定量表征页岩气储层矿物组分最广泛、最常用的技术是X射线衍射全岩分析技术。

石英是页岩气储层中非常重要的矿物之一,含量较高,具有较高的抗压实作用,有利于孔隙的保存,使储层富集天然气。同时,石英含量较高,可有效增加页岩储层的脆性,有利于压裂开采。在页岩气储层中,石英来源分为三类,陆源沉积的石英、自生石英和生物石英。陆源碎屑石英来源于"他生"矿物,是源岩风化的产物,其含量的多少、颗粒的大小与物源的供给、搬运距离和沉积环境密不可分。

页岩气储层中黏土矿物的含量将影响页岩气井的压裂工艺决策,同时黏土矿物的类型可以判断页岩气储层的成岩演化,有助于分析页岩储层的孔隙、裂缝发育机制。依据X射线衍射黏土矿物分析结果,四川龙马溪组海相页岩气储层黏土矿物主要为伊利石和绿泥石,含少量伊蒙混层,基本不含高岭石。

长石属不稳定矿物,在镜下少见,主要以斜长石为主,偶见正长石。斜长石具聚片双晶结构,扫描电镜下多呈长条形,这主要是由其特殊的晶体结构决定。由于长石易被溶蚀,常在粒内和边缘发育溶蚀孔隙,甚至溶蚀后形成的孔隙空间在热演化过程中被液态烃充注,进一步扩大溶蚀空间。长石在搬运过程中多向高岭石、水云母转变,使长石表面呈浅棕黄色,土状结构,在成岩过程中易被溶蚀转化。除此外,碳酸盐矿物也是不稳定易溶性矿物,主要为含铁方解石和白云石两类。氩离子抛光扫描电镜下可见其粒内溶蚀孔或粒间孔。

黄铁矿是富有机质的特征矿物,也是氧化还原环境的重要指标。页岩岩心观察中主要见一些星散状、团块状和纹层状黄铁矿,镜下可观察到自形程度较高的黄铁矿,扫描电镜下多见草莓状黄铁矿,黄铁矿中的晶间孔被有机质充填,进而发育孔径较小的有机孔。

2)有机地球化学

有机地球化学特征包含了有机质类型、有机质丰度和有机质成熟度。

有机质类型是烃源岩评价有效和生烃能力的关键指标之一,不仅可反映出页岩的沉积环境,也可反映出有机质的母源。目前,评价有机质类型的方法主要包含有机岩石学和有机地球化学方法。有机岩石学方法评价有机质类型根据干酪根组分鉴定计算 TI 值,进而判别有机质类型;有机地球化学方法包含干酪根元素分析、岩石热解参数分析和稳定碳同位素分析等。采用干酪根显微组分和稳定碳同位素分析来判别有机质类型表明,龙马溪组页岩气储层有机质类型主要以 I 型干酪根为主,上部偶见 II_1 型干酪根,为天然气富集提供了优越的物质基础。

有机质丰度是储层评价最重要和最关键的参数。有机质丰度直接决定了页岩的生气能力以及在热演化过程中有机孔的发育,进而影响天然气的赋存。页岩储层有机质丰度的评价指标包含总有机质含量(TOC 含量)、氯仿沥青"A"、岩石热解游离烃和裂解烃($S_1 + S_2$)等。前人研究表明,在高过—成熟的页岩储层中,氯仿沥青"A"和岩石热解游离烃和裂解烃的含量均较小,对储层评价影响不大而失去意义,使 TOC 含量在页岩气的勘探开发过程中应用最为广泛。经过勘探开发实践表明,海相页岩有机质含量总体大于2%的页岩储层才能实现页岩气商业开发。

有机质成熟度是页岩储层有机质热演化和生烃阶段的重要反映,不同的有机质成熟度页岩具有不同热演化阶段的产物,使有机质中发育不同的有机孔特征。通常情况下,有机质成熟度可以由镜质组反射率、岩石热解参数、可溶有机质参数、光谱学参数等进行评价(陈尚斌等,2015)。其中,镜质组反射率(R_o)是评价有机质成熟度最常用的评价参数。

3)物性

页岩储层孔隙度是储层评价和确定含气性的关键参数。我国海相页岩储层孔隙度一般在3%~5%,极少部分可达10%。页岩作为一种致密的储层,具有极低孔和极低渗的特征。孔隙度是页岩储层中孔隙发育程度的宏观表现。页岩储层中富含有机质和黏土矿物,有机孔和黏土微孔隙的发育程度影响页岩的孔隙度高低。随着页岩储层埋深的不断增加,压实作用不断增强,原始粒间孔将被压缩,导致早成岩和中成岩阶段孔隙度减小。也有因部分矿物承受不住较高的上覆地层压力而破碎或重排,形成新孔隙,增大孔隙度。有机质演化过程中会生成有机酸,溶蚀易溶性矿物,形成次生溶蚀孔隙,进而增大孔隙度。

页岩储层岩石组构(矿物组成与纹层结构)、孔隙结构非均质性极强,导致其渗透率分布范围较广,具有层间差异大的特征。大型水力压裂技术已成为页岩油气成功开采与增产的主要措施,具有1纳达西到毫达西渗透率的页岩储层均有可能成为页岩油气勘探开发的"甜点"。

4) 含气性

页岩气的赋存方式主要为吸附态和游离态,少部分以溶解态存在于孔隙流体中(由于溶解量极少,一般不考虑)。含气性是决定页岩气有无经济开采价值的重要参数,目前页岩储层含气性评价中常从吸附气和游离气两个方面来研究。页岩含气量测试方法主要有3种:解吸法、等温吸附法和测井解释法。等温吸附实验主要是在实验室评价页岩储层最大吸附量的重要手段,但是该方法的实验对象通常为粉末样,且实验的时长较长,费用也昂贵。解吸法最为直接、简单,使用较为便捷。解吸法中页岩的含气量主要包括:解吸气量、残余气量和损失气量,页岩的含气量为三者之和(图6-24)。测井解释是以测井响应特征建立相应的总含气性、游离气、吸附气解释模型为基础,进而达到页岩储层含气性评价的一种手段。

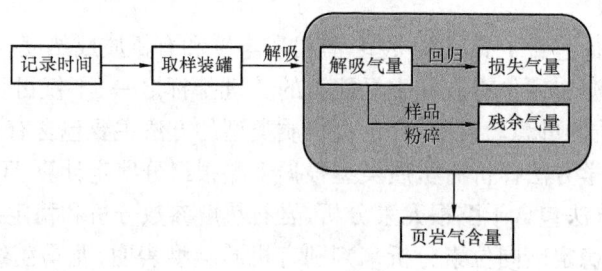

图6-24 解吸法测量页岩含气量流程图(据唐颖等,2011)

5) 脆性

页岩可压裂性通常用脆性指数表征。页岩脆性指数的评价方法较多,目前我国主要是借鉴北美页岩气勘探开发中总结的经验公式,依据矿物组成或是弹性参数进行脆性的定量评价和有利压裂层段的优选。主要参考国外的评价指标(式6-6)(Jarvie D. M. 等,2007;王升等,2018),结合四川盆地海相页岩矿物组分特征和岩石力学特征,形成了脆性指数评价的指标。

$$BRIT_1 = \frac{W(石英)}{W(石英) + W(碳酸盐岩) + W(黏土)} \times 100\% \qquad (6-6)$$

矿物脆性指数依靠室内岩石矿物组分或测井矿物组分便可直接计算,实用性较强。王升(2018)认为页岩脆性随着石英含量的增加而增强,随着黏土含量的增加而减弱,其中碳酸盐矿物是属于中等脆性水平。通过对海相页岩常见矿物组分杨氏模量和泊松比数据统计,发现四川盆地五峰组—龙马溪组海相页岩石英($E=95.94GPa, v=0.07$)、白云石($E=121GPa, v=0.24$)、黄铁矿($E=305.32GPa, v=0.15$)、黏土($E=14.2GPa, v=0.3$)、钾长石($E=39.62GPa, v=0.32$)、斜长石($E=69.02GPa, v=0.35$)、方解石($E=79.58GPa, v=0.31$)。根据我国页岩气储层评价标准($E>30GPa, v<0.30$),针对我国南方海相页岩高含钙和黄铁矿发育的基本特征,依据不同矿物组分的岩石力学性质的差异,提出基于石英、白云石和黄铁矿三矿物的脆性指数的计算公式:

$$BRIT_1 = \frac{W(石英) + W(白云石) + W(黄铁矿)}{W(总)} \times 100\% \qquad (6-7)$$

式中 $BRIT_1$——矿物脆性指数;

$W(x)$——某矿物组分的质量分数。

$$BRIT_2 = \frac{E - E_{\min}}{E_{\max} - E_{\min}} + \frac{\upsilon - \upsilon_{\max}}{2(\upsilon_{\min} - \upsilon_{\max})} \qquad (6-8)$$

式中 $BRIT_2$——弹性参数脆性指数；

E、υ——杨氏模量和泊松比；

$E_{\max}$、$E_{\min}$、$\upsilon_{\max}$、$\upsilon_{\min}$——杨氏模量和泊松比的最大值和最小值。

四川盆地南部五峰组—龙马溪组富有机质页岩段脆性指数普遍较高。大足地区页岩矿物脆性指数为38.50%~62.00%，平均为50.96%，弹性脆性指数为45.9%~69.29%，平均为55.99%；长宁地区页岩矿物脆性指数为52.26%~67.64%，平均为58.85%，弹性脆性指数为43.60%~57.84%，平均为50.55%；威远页岩矿物脆性指数为44.45%~62.54%，平均为53.70%，弹性脆性指数为35.32%~42.11%，平均为35.48%，均表现出较好的工程可改造条件。

2. 微观孔隙结构及表征方法

在砂岩储层中，孔隙结构（pore structure）是指岩石内的孔隙和喉道的类型、大小、分布及其相互连通关系。岩石的孔隙系统由孔隙和喉道两部分组成。孔隙为系统中膨大的部分，连通孔隙的细小部分称为喉道，喉道控制着天然气的运移。页岩气储层孔隙大小低至纳米级，喉道对页岩气的运移影响不明显。由于页岩气储层中微裂缝普遍发育，页岩气的运移主要受微裂缝的影响。由此借鉴砂岩孔隙结构的概念，将页岩气储层微观孔隙结构的概念定义为孔隙和微裂缝类型、大小、体积、占比、分布及其相互作用关系。表征孔隙结构的参数主要包含孔隙类型、孔隙体积、孔隙占比、比表面积、孔隙连通性及孔—缝配置关系等。

页岩油气藏具有典型的自生自储的特点，在成岩演化与有机质热演化的整个过程中持续接受油气聚集。与常规油气藏不同的是页岩既是烃源岩又是储层，由于自身极低的孔渗，导致生成的烃多滞留于储层而不能向外逸散或运移，进而形成异常高压，有利于页岩储层中微观孔、缝发育和天然气的储集。因此采用常规的光学显微镜观察储集空间表征方法不能够实现页岩气储层的孔隙结构表征。目前，页岩储层孔隙结构研究虽然有很大的突破，但是孔隙结构表征方法较多且测试范围差异大，主要可分为以下两类。一类是直接观察法，包含氩离子抛光扫描电镜、纳米计算机断层扫描（纳米CT）、纳米透射X射线显微镜和聚焦离子束扫描电子显微镜（FIB—SEM）等（Hemes S. 等，2013；Klaver J. 等，2015）。另一类是间接测试法，主要包括中子小角散射、高压压汞、核磁共振（NMR）和核磁共振低温测试以及气体吸附（图6-25）和自发渗吸实验等，以表征页岩储层孔隙结构与孔隙连通性。

1）直接观察法

直接观察法可以定性获取页岩储层孔隙结构信息，包含页岩中的孔隙类型、孔隙大小、孔隙形状及其与颗粒的接触情况等信息，该方法的优势在于能够直观、方便、快捷地对页岩中的孔隙进行观察，获取相关的电镜图像，结合计算机技术对获取的图像进行处理，便可深层次获取图像带来的定量信息。直接观察法中，扫描电镜是使用最为广泛的一种方法。扫描电镜，全称为扫描电子显微镜（scanning electron microscope，SEM），是一种用于观察岩石表面结构的电子光学仪器，其原理是利用一束精细聚焦的电子扫描样品表面，从而得到二次电子、背散射电子、X射线、吸收电子等不同类型信号随表面形貌不同而发生的变化。根据发射电子枪类型的差异，可分为钨灯丝扫描电镜、场发射扫描电镜和环境扫描电镜等。

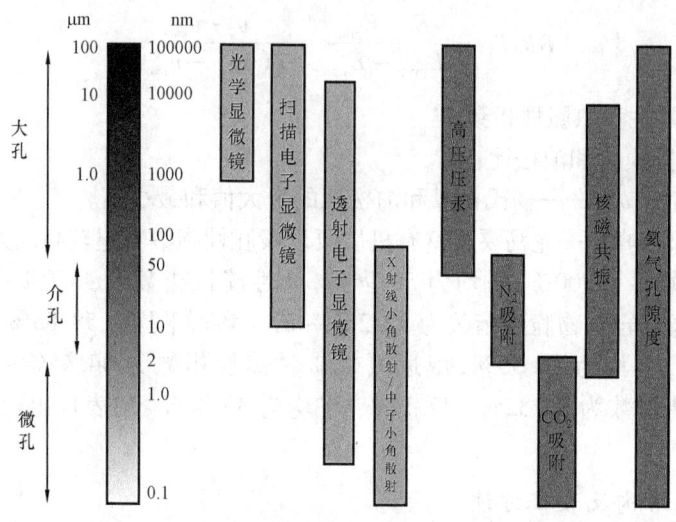

图 6-25 页岩孔隙度与孔径分布表征技术

场发射扫描电子显微镜(FESEM)具有超高分辨率,能开展各种固态样品表面形貌的二次电子像、反射电子像观察,搭配三离子束切割机和喷镀仪等便可以高精度直接观察页岩储层孔隙形貌,是微米—纳米级孔喉结构测试和形貌观察的最直观和最有效仪器。

氩离子抛光扫描电镜直接观察已成为页岩储层孔隙结构研究最直接、最便捷、最有效的手段,可直接观察出页岩储层内的有机孔、无机孔及其与矿物间的接触关系等信息(图 6-26)。除此以外,在氩离子抛光扫描电镜获取图片的基础上,常常配合图像处理技术,可实现页岩储层孔隙面孔率、孔隙类型占比、孔隙数量统计、孔径分布等孔隙结构的定量化评价(图 6-27)。

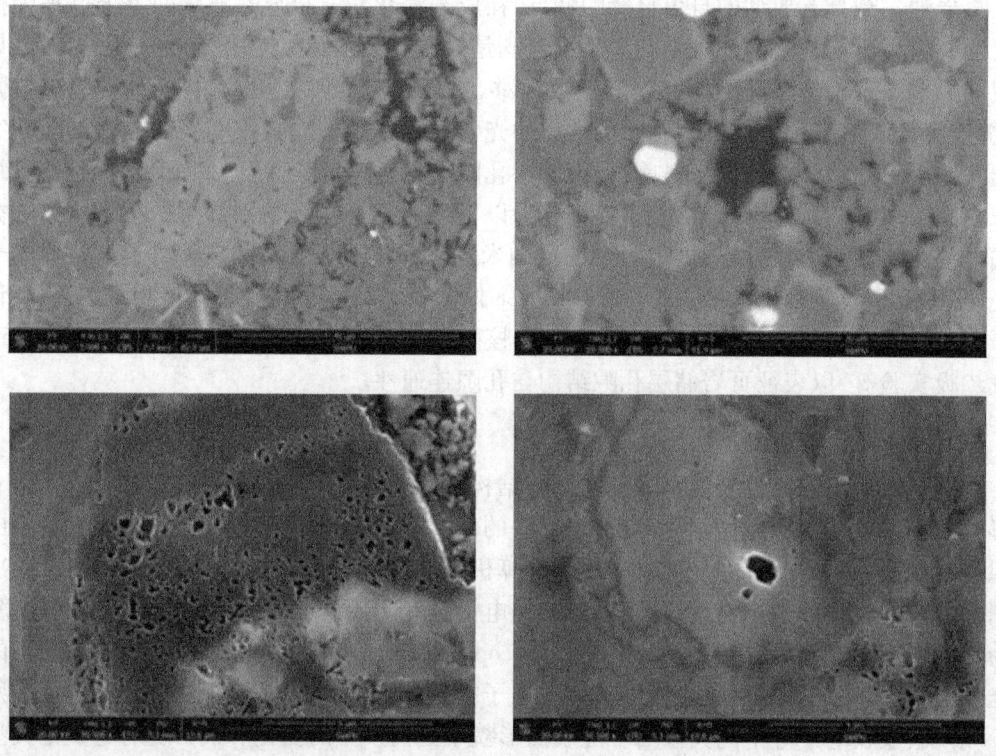

图 6-26 氩离子抛光扫描电镜图片示例

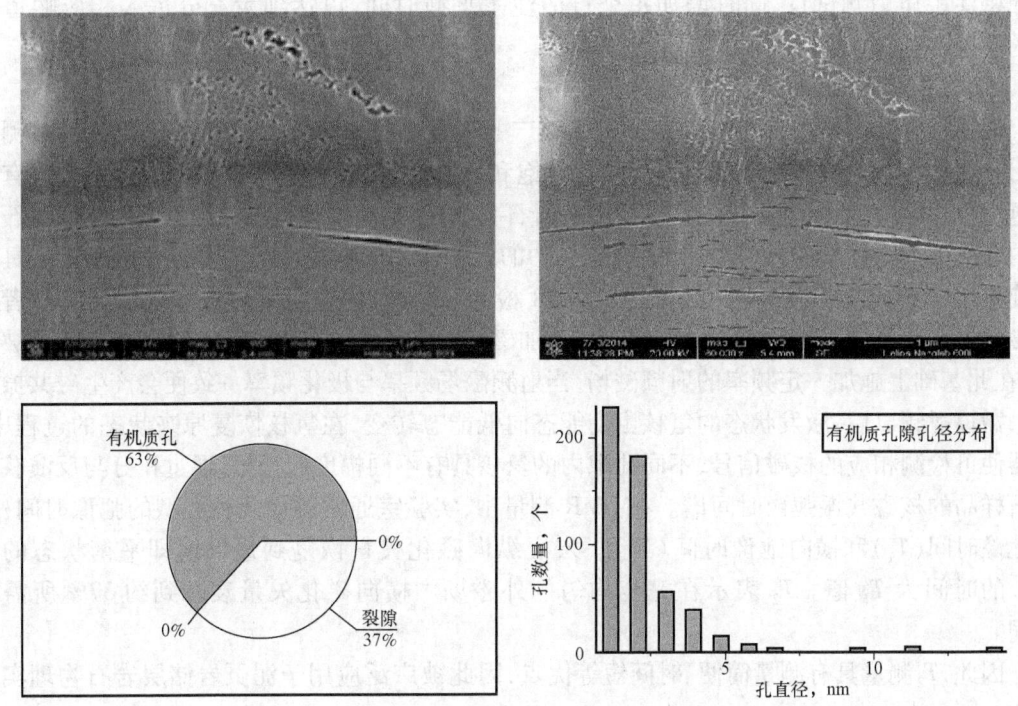

图 6-27 单一视域氩离子抛光扫描电镜图像处理示例

2) 间接测试法

(1) 气体吸附法。

气体吸附法是利用毛细管凝聚现象和体积等效代换原理,将孔隙吸附气体的体积等效为总孔隙体积。目前,气体吸附法使用最广泛的是氮气吸附和二氧化碳吸附测试两种方法,以获取微孔和介孔孔隙结构信息。

氮气吸附实验采用的吸附介质为纯氮气(纯度为 99.99%),实验温度为 77.35K,实验测试的相对压力(p/p_0)为 $0.001 \sim 0.998$,分别测试不同大小平衡蒸气压条件下的吸附量和脱附量,以获取等温吸附曲线。依据实验获取的数据,选用 DFT 模型计算介孔的比表面积和孔体积。由于低温条件下氮气分子没有足够的动能进入微小的微孔中,因而采用二氧化碳吸附实验测试页岩样品的微孔隙,以获取更为细小的孔隙信息。

二氧化碳吸附实验与氮气吸附实验的数据处理基本相似,主要的差别在于实验温度为 273K,相对压力(p/p_0)为 $0.001 \sim 0.032$。

(2) 高压压汞。

高压压汞主要是测量岩石样品的毛细管压力曲线。压汞法又称水银注入法,其原理为:将相对岩石孔隙表面为非润湿相流体的汞注入岩石孔隙系统内时,必须克服岩石孔隙喉道所造成的毛管阻力。当特定注汞压力与毛管阻力达到平衡时,便可测得该注汞压力下进入岩样内的汞体积。在岩石样品注汞过程中,可在一系列测点上测得注汞压力下的进汞量,从而得到压力与注汞量的关系曲线,即压汞曲线。由于注汞压力在数值上与岩石孔隙喉道毛管压力相等或等效,可通过注汞压力计算出相应的孔隙喉道半径。

此次实验选取 $1cm^3$ 的立方体页岩样品进行高压压汞实验,实验前进行抽真空干燥处理,去除孔隙内部的杂质气体与水分。由于页岩样品的孔隙较小,实验过程中在高压段选取加密注汞压力测试点,同时增加每个点的注汞平衡时间,以达到汞充分进入相应喉道连通的孔隙。

(3)核磁共振。

低场核磁共振技术(NMR)是应用范围较广的多孔介质中流体中质子(氢)含量的检测技术,为可获取岩石物理特征(如孔隙度、含水饱和度、渗透率、孔径分布)的有效方法,具有无损、重复性强等优势。低场核磁共振技术对岩石孔隙度、孔隙结构等参数的测试均是以岩石孔隙内介质(如水、甲烷)中的氢原子核在磁场中的相互作用的响应特征为基础。由于氢核具有高旋磁比、产生信号强等特点,且容易被 NMR 检测,故含氢流体是顺理成章地成为了学者们核磁共振实验使用最广泛的测试介质。在外加磁场的作用下,页岩样品孔隙内的氢核子被极化,在此基础上施加一定频率的射频磁场,当射频磁场频率与极化频率一致便会产生磁共振现象。撤掉射频以后,激发状态的氢核由高能态向低能态转变,在氢核恢复原来状态的过程中,仪器便可检测相应的核磁信号,不同孔隙内的氢核具有不同幅度的振幅,通过积分与反演获取岩石样品的核磁共振弛豫时间谱。在 NMR 测量中,实验室通常测量两种类型的弛豫时间:纵向弛豫时间(T_1)和横向弛豫时间(T_2)。宏观纵向磁化矢量恢复到最大值即平衡状态的约63%的时间为 T_1 值。T_2 表示在完全均匀的外磁场中横向磁化矢量衰减到约37%所需的时间。

因此,T_2 测量具有测量简便、时间短等优点,因此被广泛应用于泥页岩储层岩石物理实验研究。

T_2 横向弛豫比 T_1 更为复杂,弛豫机理主要有三种:颗粒表面弛豫、体弛豫和梯度场中的扩散弛豫,并可通过下式计算:

$$\frac{1}{T_2} = \frac{1}{T_{2B}} + \frac{1}{T_{2S}} + \frac{1}{T_{2D}} = \frac{1}{T_{2B}} + \rho_2\left(\frac{S}{V}\right) + \frac{D(\gamma G T_{2E})^2}{12} \quad (6-9)$$

其中,T_{2B} 为体弛豫时间,由流体固有属性决定;T_{2S} 为表面弛豫时间,表征由自旋氢核与岩石孔壁碰撞引起能量衰减的过程;S 为孔隙表面积;V 为孔隙体积;ρ 为表面弛豫强度;γ 为氢核旋磁比;G 为磁场有效梯度;T_{2E} 为 CPMG 脉冲序列回波间隔;D 为有效扩散系数。

对于岩石孔隙流体,T_{2B} 参数取决于温度,并且与黏度有关,通常为 2000~3000ms,远大于孔隙表面弛豫,因此在 NMR 测量中可以忽略。此外,当磁场非常均匀且回波间隔 T_{2E} 足够短时,扩散弛豫时间也可以忽略不计。因此 T_2 的计算式可以简化为

$$\frac{1}{T_2} = \frac{1}{T_{2S}} = \rho\left(\frac{S}{V}\right) = \rho\left(\frac{F_S}{r}\right) \quad (6-10)$$

式中,F_S 为孔隙形状因子常数,圆柱孔 F_S 等于 2,球形孔 F_S 等于 3;r 为孔隙半径,nm。

通过上式可知,横向弛豫时间 T_2 与孔隙半径呈正相关关系,T_2 时间越大,孔径越大。根据核磁 T_2 谱信号峰值及其对应 T_2 时间大小,可以判断页岩样品的孔隙发育特征。通常情况下,核磁 T_2 时间分布反映了孔径的大小,谱峰的面积反映了孔隙体积的大小,峰的宽度反映的孔隙发育的分选性等。由于页岩储层中有机孔和无机孔均发育,可利用有机质孔、无机孔的润湿性差异,通过饱和油与饱和水核磁 T_2 谱在一定程度上反映出有机孔与无机孔的特征。

(4)磁共振低温(NMR-C)测试。

核磁共振低温孔隙分析是一种新颖的孔隙结构测试方法,又称为核磁冻融,它的理论基础是 Gibbs-Thomson 方程。与核磁共振低温测孔法类似的新孔隙结构分析方法有差示扫描量

热孔隙分析法,它利用探针液体相变时释放或吸收的相变潜热来测量探针物质相变温度的变化及发生相变的物质含量,从而得到测试材料包括页岩的孔隙结构,以获得样品小孔隙孔径分布。适用的样品包括页岩气(油)柱状标准岩心、不规则碎岩心,测试变温范围从 -35℃ 到常温。

页岩气储层孔隙结构表征方法众多,每种方法表征的范围差异较大,使页岩气储层孔隙结构表征多趋向于多种方法相互融合的联合表征。通过二氧化碳吸附、氮气吸附、高压压汞及 NMR-C 实验可以分别对研究区页岩储层孔径分布进行分析,每一种表征方法都具有其优势,但同样也存在不完善的地方。高压压汞理论上可以表征大于 3.75nm 的孔隙,但是页岩储层有机孔发育,可压缩性较强,在高压阶段测试的孔隙结构可能受到高压作用的破坏或岩石本身的压缩两个方面的影响,使测试结果可能不够精确。除此以外,微孔是高压压汞无法表征的缺陷。气体吸附可弥补高压压汞测试介孔的不精确性和不能测试微孔的缺陷,氮气吸附能够表征介孔,二氧化碳吸附可实现小于 2nm 的孔隙测试。为了实现页岩储层全尺度孔径分布表征,可以联合二氧化碳吸附、氮气吸附和高压压汞表征方法,选取各实验方法表征的优势孔隙范围,如选用二氧化碳吸附表征 2nm 以下的孔隙,选用氮气吸附表征 2~50nm 孔隙,选用高压压汞表征大于 50nm 孔隙,实现页岩储层全孔径范围表征。

3. 页岩气储层储集能力控制因素

页岩气储层储集能力主要受控于两方面因素:一方面,原始沉积环境控制储层物质基础,决定储层原始储集能力,是储层后期成岩改造的前提条件;另一方面,后期成岩演化条件在一定物质基础上控制储层成岩演化路径,最终决定储层储集能力(Jiang et al.,2015;赵文智等,2016)。页岩气储层储集能力受沉积环境、有机质、矿物组成及微裂缝的影响。

1) 沉积环境

不同的富有机质泥页岩形成于不同的沉积环境,古水深、沉积类型、古气候等直接影响其发育特征。四川盆地五峰组—龙马溪组页岩气储层自下而上进一步可划分出深水硅泥质陆棚、深水泥质陆棚、深水混积陆棚和深水砂泥质陆棚 4 类沉积微相类型,分别发育 4 种不同的岩石类型组合,即富有机质硅质页岩、富有机质页岩、富有机质钙质页岩、富有机质砂质页岩。纵向上,下部储层段沉积于水体较深、生物生产率较高的缺氧环境,往上随着水深变浅,缺氧环境逐渐变差。底部黑色页岩中的 TOC 和自生硅质含量较高,利于有机孔发育与保存,增加页岩气储层的储集能力。

2) 有机质

有机质孔是由固体干酪根转化为烃类流体而在干酪根内部形成的孔隙(Jarvie D. et al.,2007),有机质类型是影响有机质孔发育的重要因素。四川盆地五峰组—龙马溪组页岩气储层有机质类型为 I 型,具有较好的生烃潜力,即具有发育大量有机孔的潜力。当热成熟度由 0.55% 增高到 1.40% 时,岩样因有机质分解可产生 4.3% 的体积孔隙度。但是,页岩有机质孔隙并非总是随着 R_o 增大而持续增加,当 R_o 达到和超过一定界限以后(>3.5%),随着有机质碳化程度的增加,有机质孔隙逐渐减少(Curtis et al.,2012)。五峰组—龙马溪组页岩储层镜质组反射率 R_o 值为 2.20%~3.13%,处于有机孔生成的最佳阶段。尤其是龙马溪组底部有机质含量高,发育大量有机质微孔,增加了储层的储集空间。TOC 是控制页岩气储层储集空间发育的主要内在因素。

3) 矿物组成

页岩中的黏土矿物与石英和方解石相比,具有较多的微孔隙和较大的比表面积。特别是伊利石、伊/蒙混层等,其晶形大多呈片状、层状、纤维状,晶粒间发育有大量的纳米级无机晶间孔。在成岩阶段晚期,随着埋深增加,当孔隙水偏碱性、富钾离子时,蒙脱石向伊利石转化,体积减小,增加了孔隙空间,提高了储层的孔隙度。因此,黏土矿物含量较多的层段,储集空间类型以黏土矿物(主要是伊利石)晶间孔为主,孔隙度主要受黏土矿物含量及类型的控制。

当页岩中硅质、碳酸盐等矿物含量较多时,岩石脆性较大,容易在外力作用下形成天然裂缝和诱导裂缝,有利于渗流。成岩过程中,以方解石为主的碳酸盐矿物具有很强的化学胶结作用,易充填原生孔隙与裂缝。除此之外,脆性矿物含量高,页岩气储层抗压实能力较强,有利于粒间孔的保存,为有机质热演化形成的烃类充注提供了有效的空间。有机质持续演化,形成大量的有机孔,由于脆性矿物的支撑,使有机孔能得以较好的保存。

4) 页理缝

通常情况下,具备微裂缝的样品实测渗透率普遍高于1mD,最高可达355.2mD,而不具备微裂缝的样品实测渗透率普遍低于1mD,由此可见页理缝的发育可造成地层渗透性能的显著增强。虽然页理缝对页岩气储层的储集空间的贡献不明显,然而,页理缝的发育可以连通更多的无机孔隙和有机孔隙,从而使得总的有效孔隙体积增加。

(二) 煤层气储层

煤在演化过程中生成大量的气体。由于煤层是具备由孔隙、裂缝组成的双重结构孔隙系统(Kulander et al.,1993;Laubach et al.,1998),具有允许气体储集及流动的能力,可作为煤层气的储集层。煤层气具有自生自储自封闭的成藏特征。与常规天然气储层相比,煤层气储层,即煤储层具有自身的特殊性。

1. 煤储层的基本特征

1) 煤储层的岩石学特征

煤是一种固体可燃有机岩,由有机质和无机矿物质混合组成。用肉眼观察,煤是由各种宏观煤岩成分组成的,包括镜煤、亮煤、暗煤和丝炭。镜煤和丝炭是简单的煤岩成分,暗煤和亮煤是复杂的煤岩成分。煤的显微组分包括无机组分及有机组分,有机显微组分包括镜质组、壳质组和惰质组。镜质组可分为三种显微组分,即结构镜质体、无结构镜质体和碎屑镜质体;惰质组包括丝质体、半丝质体、粗粒体、菌类体、碎屑惰性体和微粒体;壳质组包括孢子体、角质体、木栓体等。

2) 储渗空间特征

煤储层是由宏观裂隙、显微裂隙和孔隙组成的三元孔、裂隙介质(傅雪海等,1999)。孔隙是煤层气的主要储集场所,宏观裂隙是煤层气运移的通道,而显微裂隙则是沟通孔隙与裂隙的桥梁。基质孔隙是煤层气赋存的主要聚集场所,可划分为原生孔、变质孔、外生孔及矿物质孔等类型(表6-5)。气体的吸附量与煤的孔隙发育程度以及孔隙结构特征有关。煤中裂隙(国外也称为割理,国内已摈弃)的规模差异很大,组合形态也有差别,小者数微米长、大者数米至数百米长(表6-6,图6-28)。

表 6-5　煤孔隙类型及成因（据张慧,2001）

类 型			成 因 简 述
孔隙	原生孔	胞腔孔	成煤植物本身具有的细胞结构孔
		屑间孔	镜屑体、惰屑体和壳屑体等碎屑状颗粒之间的孔隙
	变质孔	链间孔	胶化物质在变质作用下缩聚而形成的链之间孔隙
		气孔	煤变质过程中由生气和聚气作用而形成的孔隙
	外生孔	角砾孔	煤受构造应力破坏而形成的角砾之间的孔隙
		碎粒孔	煤受构造应力破坏而形成的碎粒之间的孔隙
		摩擦孔	压应力作用下面与面之间因摩擦作用而形成的孔隙
	矿物质孔	铸模孔	煤中矿物质在有机质中因硬度差异而铸成的印坑
		溶蚀孔	可溶蚀矿物在长期气、水作用下受溶蚀而形成的孔
		晶间孔	矿物晶粒之间的孔

表 6-6　宏观裂隙级别划分及分布特征（据傅雪海,2007）

裂隙级别	高度	长度	密度	切割性	裂隙形态特征	成因
大裂隙	数十厘米至数米	数十至数百米	数条/m	切穿整个煤层甚至顶底板	发育一组，断面平直，有煤粉，裂隙宽度数毫米到数厘米，与煤层层理面斜交	外应力
中裂隙	数十毫米至数十厘米	数米	数十条/m	切穿几个宏观煤岩类型分层（包括夹矸）	常发育一组，局部两组，断面平直或成锯齿状，有煤粉	
小裂隙	数毫米至数厘米	数厘米至1m	数十条/m至200条/m	切穿一个宏观煤岩类型分层或几个煤岩成分分层，一般垂直或近垂直于层理分布	普遍发育两组，面裂隙较端裂隙发育，断面平直	综合作用
微裂隙	数毫米	数厘米	200~500条/m	局限于一个宏观煤岩类型或几个煤岩成分分层（镜煤亮煤中，垂直于层理面）	发育两组以上，方向较为零乱	内应力

(a) 矩形网状　　(b) 不规则网状　　(c) 平行状

图 6-28　宏观裂隙组合形态（据傅雪海,2007）

3) 煤储层的物性

煤储层的物性包括储集性、表面积和渗透性。煤的孔隙率是指煤中毛细孔和裂隙的总体积与煤总体积之比，也可用单位重量煤包含的孔隙体积表示，即煤的比孔容为每克煤所具有的孔隙体积，单位为 cm^3/g。煤孔隙率的大小与煤级有关，变化在 2%~25% 之间。

煤的孔隙性与煤岩成分有关。丝炭的孔隙率比镜煤大3~4倍,且以中孔、大孔为主,镜煤则以微孔和小孔为主。煤中的大孔和中孔有利于甲烷气体的运移;而小孔和微孔则与甲烷的吸附、储集能力有关。

煤的表面积包括外表面积和内表面积,外表面积所占比例极小,主要是内表面积。煤的表面积用比表面积表示,即每克煤所具有的表面积,单位为m^2/g。煤的比表面积大小与煤的分子结构和孔隙结构有关。

煤层渗透率一般很低,通常小于1mD,渗透率各向异性明显,实验室一般测定基质渗透率,但由于煤层的破碎储层没有基质渗透率,试井测试的渗透率值能较好地反映煤层渗透率,可用于产能分析。煤储层渗透率主要受裂隙系统的发育程度、基质显微结构等内部因素以及多种外部因素的影响。

4) 力学性质

煤层的力学性质是指煤的力学强度与变形特征。力学强度主要包括抗压强度、抗拉强度、抗剪强度。变形特征常用弹性模量E和泊松比v两个参数来表示。

不同煤阶煤的力学性质存在一定的差异性。总的说来,高煤阶煤的力学强度和弹性模量要高于中低煤阶煤储层,不同煤阶煤的泊松比变化较小;随着围压的增加,煤的抗压强度和弹性模量增大;煤储层裂隙发育、应力敏感性强,对煤储层压裂和产气效果产生影响。

煤层的力学性质是影响储层改造效果的重要因素,与常规储层相比,煤储层力学性质表现出低强度、低弹性模量、高泊松比的特性。

煤岩力学性质的特殊性通过与其顶、底板力学性质的对比表现出来。煤岩的抗压强度与顶、底板的相比明显偏低;弹性模量与顶、底板的差别更为明显,和灰岩相比可差一个数量级;泊松比明显高于顶、底板的。

5) 煤储层压力

煤储层压力是指煤层孔隙中流体(包括气体和水)的压力。煤储层压力对煤层气含量、气体赋存状态起着重要作用;同时,储层压力也是水和气体从煤层流向井筒的动能。当煤储层压力降低时,煤孔隙中吸附的气体开始解吸,向裂隙方向扩散,在压力差的作用下,从裂隙向井筒流动。煤层气开采就是根据这一原理,通过排水降低压力而达到采气的目的。影响储层压力的因素包括地质构造演化、生气阶段、区域水文地质条件、埋深、含气量、大地构造位置、地应力等。

6) 吸附/解吸特征

地层条件下煤层气主要以吸附状态储存在煤孔隙表面。用来描述煤吸附甲烷行为的方程多是借用Langmuir方程为代表的吸附模型,以用来定量描述吸附量和压力的关系。煤岩吸附能力受到储层压力、煤阶、煤中水分、煤中灰分、埋深的影响。

解吸是吸附的逆过程,处于运动状态的气体分子因温度、压力等条件的变化,导致热运动能增加而克服气体分子和煤基质之间的引力场,从煤的内表面脱离成为游离相,发生解吸。

7) 煤储层含气性特征

煤层气主要由吸附气、游离气、溶解气三部分组成,吸附气一般含量最多,高达90%。煤层含气量测定方法目前为大多数人所接受的是美国矿业局(USBM)的直接法(Kissel 等,1973),我国在此基础上做了大量修改。

煤层气含量受到煤级、构造类型、沉积作用、煤的几何形态、盖层条件、水文地质特征等的综合影响。

(三)岩浆岩储集层

岩浆岩储集层主要是指岩浆侵入岩和火山喷发岩形成的储集层,常见的有玄武岩、安山岩、粗面岩、流纹岩,此外,还有火山碎屑岩(包括各种成分的集块岩、火山角砾岩、凝灰岩)。由于后者的成因及分布均与火山喷发岩密切相关,故往往从油气勘探的角度将火山喷发岩和火山碎屑岩形成的储集层统称为火成岩储集层。

火成岩储集层油气勘探与开发在国外开展较早,而且卓有成效。美国、古巴、墨西哥、阿根廷、日本、印度尼西亚等国都有这类油气藏。我国大多数油田都有这类储层。从油气聚集的数量来看,中-基性喷出岩储层占有重要地位。

我国火成岩储集层的主要岩性是富含气孔的玄武岩和安山岩等喷出岩,其次有角砾化玄武岩或安山岩及具晶间孔隙的灰绿岩。玄武岩和安山岩在形成过程中,形成大量原生的气孔构造。

岩浆岩储集层的储渗空间包括孔隙和裂隙、溶洞三种类型,根据成因,孔隙划分为原生孔隙和次生孔隙。原生孔隙有气孔、晶间孔,次生孔隙包括溶蚀孔、杏仁体内孔、晶内孔、收缩孔缝、胀裂孔等(表6-7)。

表6-7 火成岩储渗空间类型(据赵澄林,1997,有修改)

孔隙类型			形成机制及特点
类		亚类	
孔隙	原生孔隙	气孔	岩浆内的挥发组分集中之后再散逸出去而留下的空间。其形状为椭圆形、长形、不规则形
		晶间孔	矿物结晶,在晶体间产生的孔隙
	次生孔隙	杏仁体内孔	气孔充填后留下的空间或充填矿物被溶蚀形成的孔或残余孔
		晶内孔	多见于斑晶内,主要是熔蚀(溶蚀)作用形成
		收缩孔缝	火山玻璃质或充填某种空间的物质,因其冷凝、结晶而收缩产生的孔隙或裂隙,多见于喷出岩
		胀裂孔	深部结晶的矿物随溶浆运到浅部处,由于温度变化,晶体胀裂形成的孔隙
裂缝		构造裂缝	构造断裂运动形成,多组,面状延伸
		隐爆裂缝	裂隙呈开张式
		成岩裂缝	岩浆冷凝、结晶形成
		风化裂缝	近地表风化
		竖直或柱状节理	岩浆冷凝
洞穴			淋滤、溶蚀

(四)变质岩储集层

变质岩储集层是指由变质岩类构成,并由其中的表生风化或构造破裂形成的裂缝作为主要的储渗空间和渗流通道的一类储集体。

我国变质岩油气藏最早在1959年发现于酒泉西部盆地鸭儿峡背斜构造,为志留系变质岩潜山油藏。1971年辽河西部凹陷兴213井钻遇太古宇变质岩系古潜山风化壳,获日产天然气803m^3,凝析油120t。20世纪80年代先后在中—新元古宙的变质石英砂岩储层(曙2—3—010井获得日产97.4t工业油流)和大民屯凹陷东胜堡太古宇古潜山中获高产工业油气流。表6-8为我国已发现的代表性的变质岩油气藏。变质岩勘探成果均说明,我国变质岩古潜山型油气藏有较大的勘探前景。

表6-8 中国变质岩油气藏(据赵澄林,1997)

油田	地质时代	储集岩类型	油藏类型
玉门	古生代 志留纪	千枚岩、板岩	鸭儿峡志留系古潜山油藏
辽河	元古宙	变质石英砂岩	杜家台古潜山油藏
	太古宙鞍山群	混合岩类、区域变质岩	兴隆台、东胜堡、静安堡、齐家、牛心坨、茨榆坨等古潜山油藏
胜利	太古宙泰山群	碎裂状片麻岩、混合岩、变粒岩	王庄潜山油藏,郑4井单井日产油上千吨
渤海	元古宙	花岗质混合岩类	锦州20-2构造古潜山油气藏
冀东	太古宙	花岗质混合岩类	冀东变质岩油藏

我国发现的变质岩型油气藏,储集层的形成时代主要为太古宙和元古宙,少量为古生代,岩石类型以混合岩、片麻岩为主,其次为片岩、千枚岩、变粒岩等,它们属于混合岩类、区域变质岩类、碎裂变质岩类。

储集层的储渗空间,仍为孔隙和裂隙。孔隙和裂缝都有多种成因。首先,变质岩自身的晶间或粒间孔隙,沿矿物解理形成微裂缝。其次,构造成因的构造裂缝和构造破碎角砾间孔隙。第三,风化成因的物理风化裂缝和风化破碎角砾间孔隙。第四,表生淋滤作用产生的溶蚀孔隙和解理溶蚀缝、构造溶蚀缝等。

变质岩储集层以风化淋滤及构造作用形成的孔隙、裂缝为主,故这类储集层多发育在不整合带、盆地边缘斜坡以及盆地内古地形突起上。表生作用时间越长,适于表生淋滤位置又佳,风化孔隙更为发育,同时构造条件使裂隙在区域性发育的基础上重复加强,形成有一定方向性和连通性的裂隙密集带,提供了油气储集的良好场所。

(五)近地表疏松沉积物储集层

近年来,我国在第四系未固结或弱固结沉积物中发现了天然气藏,例如,浙江地区第四系疏松沉积物中的浅层天然气藏,柴达木盆地第四系弱固结沉积物中的浅层天然气藏等。第四系疏松或弱固结沉积物中的天然气主要是生物气成因,也可能有来自深部的次生气,由于疏松或弱固结砂体的孔渗物性普遍很好,只要有适当的保存条件,生物气或次生气就可以大规模聚集成藏,形成有工业价值的天然气藏。同时,这类气藏分布广泛、埋藏深度很浅,勘探开发成本较低,是我国今后应加强研究和勘探的重要领域。

第二节 储层非均质性研究

一、概述

(一)储层非均质性的概念

储层非均质性(reservoir heterogeneity)是指油气储层由于在形成过程中受沉积环境、成岩作用和构造作用的影响,在空间分布及内部各种属性上都存在的不均匀的变化。这种不均匀变化具体地表现在储层岩性、物性、含油性及微观孔隙结构等内部属性特征和储层空间分布等方面的不均一性。无论是海相储层还是陆相储层,其非均质性是普遍存在的。研究储层的非均质性实际上就是研究储层的各向异性,定性定量地描述储层特征及空间变化规律,为油气藏模拟研究提供精确的地质模型。储层非均质性是影响地下油、气、水的运动、分布及油气采收率的重要因素,它是随着油气田开发实践及油气田地质研究的深入而提出的。

储层的均质性是相对的,非均质性则是绝对的。例如,对于一个河道沉积的砂体而言,在研究某一层系内不同河道砂体的层间渗透率差异时,可将该河道砂体作为一个相对的均质体,只需要考虑该砂体的平均渗透率。在研究该砂体的垂向渗透率时,则该砂体应视为非均质体,需要测量其垂向上不同部位的渗透率值。

储层性质本身可以是各向同性的,也可以是各向异性的。有的储层参数是标量,如孔隙度,其数值测量不存在方向性问题,即在同一测量单元中,沿三维空间任一方向测量,其数值大小相等。换句话说,对于呈标量性质的储层参数,非均质性仅是由参数数值空间分布的差异程度表现出来的,与测量方向无关。有的储层参数为矢量,如渗透率,其数值测量涉及方向问题,即在同一测量单元内,沿三维空间任一方向测量,其数值大小不等,如垂直渗透率与水平渗透率就有差别。因此,具有矢量性质的储层参数,其非均质性的表现不仅与参数值的空间分布有关,而且与测量的方向有关。由此可见,具有矢量参数的非均质性表现得更为复杂。

(二)主要影响因素

油气储层非均质性是沉积、成岩和构造因素综合作用的结果,这些因素会影响储层的非均质程度,决定储层质量的好坏,并直接影响到油田生产(图6-29)。无论是碎屑岩储层还是碳酸盐岩储层,其非均质性均受到沉积、成岩和构造等因素的综合影响。

1. 沉积因素

沉积因素主要决定于沉积作用或过程,形成储层的建筑结构或构型——原始骨架、原始物性及成岩演化方向。

在碎屑岩体系中,由于沉积条件的不同(如流水的强度和方向、沉积区的古地形陡缓、盆地中水的深浅与进退、碎屑物供给量的大小)造成了沉积物颗粒的大小、排列方向、层理构造和砂体空间几何形态的不同,即不同的沉积相中砂体的分布不同,这就使得沉积砂体内部的物理特性不同,进而造成储层非均质程度的千差万别。

碳酸盐岩的岩石特性使得不同沉积环境中形成的碳酸盐岩都有可能成为储集层,但碳

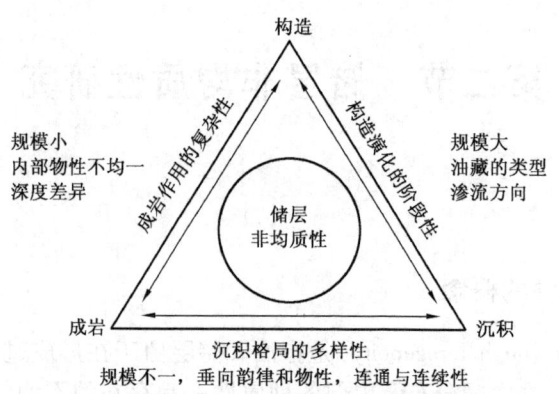

图6-29 影响油气储层非均质性的主要因素

酸盐岩储集体常发育于生物滩、浅滩、潮坪、斜坡及台地等沉积相带内,这些相带具有特定的沉积作用,造成沉积物的成分、结构、构造及储渗空间的不均匀变化,同时碳酸盐岩沉积环境在一定程度上控制其后的成岩作用。因此碳酸盐岩沉积环境也是影响储层非均质性的基本因素。

2. 成岩因素

成岩因素决定储层的岩矿与地下流体特征,形成黏土、胶结物及溶蚀、淋滤过程,改善或破坏储层的基本属性。

当沉积物或砂体沉积后,由于一系列的成岩作用,如压实、压溶、溶解、胶结以及重结晶等作用改变了原始砂体的孔隙度和渗透率的大小,加上盆地中不同层位地层通常具有不同的地温、流体、压力和岩性,因此其成岩作用各异,次生孔隙的形成与分布状态在空间上的极不均匀,增加了储层的非均质程度。

概括而言,对储层非均质性产生影响的三大方面为:构造演化的阶段性、沉积格局的多样性和成岩作用的复杂性,后两者是影响储层非均质的主要因素。

3. 构造因素

宏观上,构造运动影响着沉积盆地的沉积充填和埋藏演化史、成岩环境和成岩事件、孔隙发育演化史,决定着某一盆地内储集岩体的发育和非均质程度,构造运动形成断层、裂缝,改造和叠加于原始储层骨架之上,造成流体流动的隔挡或通道。

断裂作用使岩石的结构发生变化或矿物重结晶等,形成开启断层或沿断裂带渗透率变小甚至完全成为封闭断层,同时断层在空间的格局复杂多变,有些垂直或具较大角度的断层,不但可以错开原来连通的地层,使得高渗透率的储层错断而与低渗透的岩层相交,也可使不同年代的地层串联起来,导致断层带附近的储层孔隙度和渗透率发生变化,增强储层非均质性,影响地下流体的运动特征。

裂缝通常改变了储层的渗透方向和能力,造成了其渗透性在纵、横、垂三维空间上有很大的差异,影响了地下油水运动规律,最终影响油气采收率。不同时期的构造运动则具有不同的特征和性质,这就决定了储层裂缝的形成分布不同,进而影响着储层的非均质性特征。

(三) 储层非均质性的分类

储层非均质性的分类方案较多。如 Pettijohn 的分类、Weber 的分类、Haldorsen 的分类等。

1. Pettijohn 的分类

1973 年 Pettijohn、Poter 和 Siever 在研究河流沉积的储层时,依据沉积成因和界面以及对流体的影响,首先提出了储层非均质性研究的层次和分类概念,并由大到小建立了非均质类型的 5 个分级序列(图 6-30)。

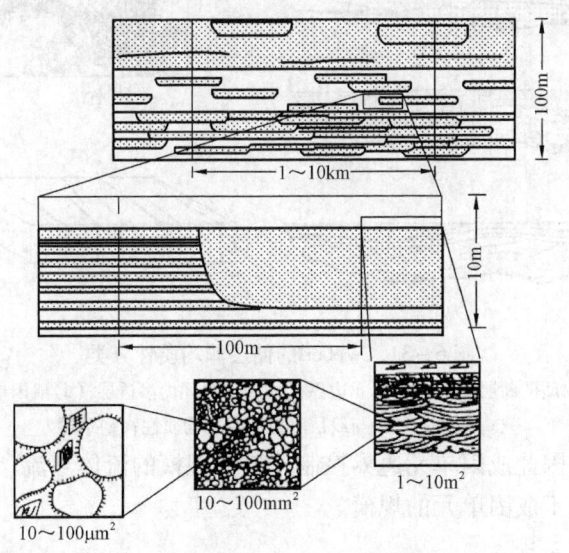

图 6-30　Pettijohn 的非均质性分类

Ⅰ级——相当于油(油藏)层组规模,油藏规模 $(1\sim10)\mathrm{km}\times100\mathrm{m}$;

Ⅱ级——相当于层间规模,层规模 $100\mathrm{m}\times10\mathrm{m}$;

Ⅲ级——相当于层内规模,砂体规模 $(1\sim10\mathrm{m}^2)$;

Ⅳ级——相当于岩心规模,孔隙规模 $(10\sim100\mathrm{mm}^2)$;

Ⅴ级——相当于薄片规模,层理规模 $(10\sim100\mu\mathrm{m}^2)$。

图 6-30 中显示,1 个层系包含若干个非均匀分布的砂体,1 个砂体包含若干个非均一分布的成因单元(河道及溢岸砂),1 个成因单元包含若干个非均匀分布的层理系,1 个层理系包含若干个非均一的纹层,1 个纹层包含若干个非均一的颗粒、孔隙及喉道等。

2. Weber 的分类

1986 年,Weber 在对油田进行定量评价和开发方案的设计中,根据 Pettijohn 的分类思路,提出了一个更为全面的分类体系,主要是增加了构造特征、隔夹层分布及原油性质对储层非均质性的影响(图 6-31)。

1)封闭、未封闭断层

这是一种大规模的储层非均质属性,断裂的封闭程度对油区内大范围的流体渗流具有很大的影响。如果断层是封闭的,就隔断了断层两盘之间流体的渗流,起到了遮挡的作用;如果断层未封闭,就成为一个大型的渗流通道。这种非均质性主要是针对断块型油气藏。

2)成因单元边界

成因单元的边界实质上是岩性变化的边界,且通常是渗透层与非渗透层的分界线,至少是

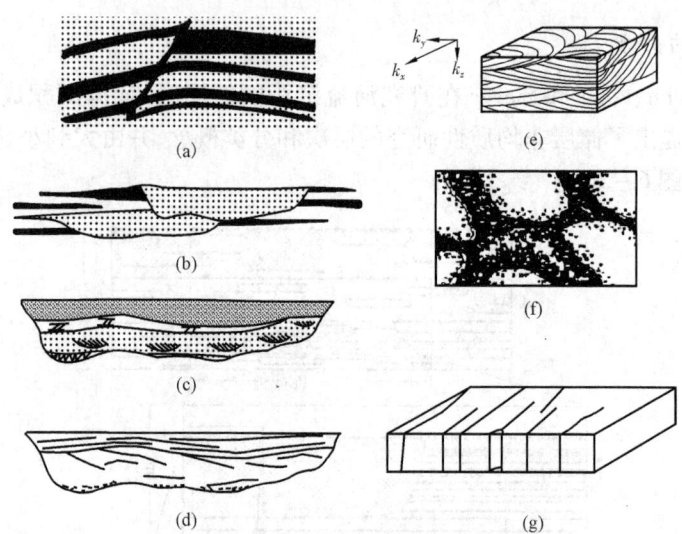

图6-31 Weber的储层非均质性分类
(a)封闭、未封闭的断层;(b)成因单元边界;(c)成因单元内渗透层;(d)成因单元内隔夹层;
(e)层理的层系与纹层;(f)微观非均质性;(g)裂缝

渗透性差异的分界线,因此成因单元边界控制着较大规模的流体渗流。它通常是油组,也可以是油层的分界,这取决于成因单元的规模。

3)成因单元内渗透层

在成因单元内部,具有不同渗透性的岩层,它在垂向上呈网状分布,因而导致了储层在垂向上的非均质性,它直接影响着油田开发的注采方式。

4)成因单元内隔夹层

在成因单元内,不同规模的隔夹层对流体渗流具有很大影响,它不仅影响着流体的垂向渗流,同时也影响着水平渗流,因而制约着油田开发的注采层位或射孔层段。

5)层理的层系与纹层

它为渗透层内的层理构造,由于层理构造内部层系与纹层的方向具较大的差异,这种差异对流体渗流亦有较大的影响,从而影响注水开发后剩余油的分布。

6)微观非均质性

这是最小规模的非均质性,即由于岩石结构和矿物特征差异导致的孔隙规模的储层非均质性。

7)封闭、开启裂缝

储层中若存在裂缝,裂缝的封闭性和开启性亦可导致储层的非均质性。

8)原油的黏度变化和沥青垫

这一分类较Pettijohn的分类更为全面,它考虑了非均质模型的同时,特别注重储层非均质性对流体渗流的影响。

3. Haldorsen的分类

H. H. Haldorsen(1983)根据储层地质建模的需要及储集体的孔隙特征,按照与孔隙均值有关的体积分布,将储层非均质性划分为四种类型(图6-32)。

(1)微观非均质性,即孔隙和颗粒规模。
(2)宏观非均质性,即岩心规模。
(3)大型非均质性,即模拟模型中的大型网块。
(4)巨型非均质性,即整个岩层或区域规模。

4. 裘亦楠等人的分类

裘亦楠(1987,1989,1992)根据多年的工作经验和Pettijohn的思路,结合我国陆相储层的特点,既考虑了非均质性的规模,也考虑了开发生产的实际,将碎屑岩的非均质性由大到小分成四类:

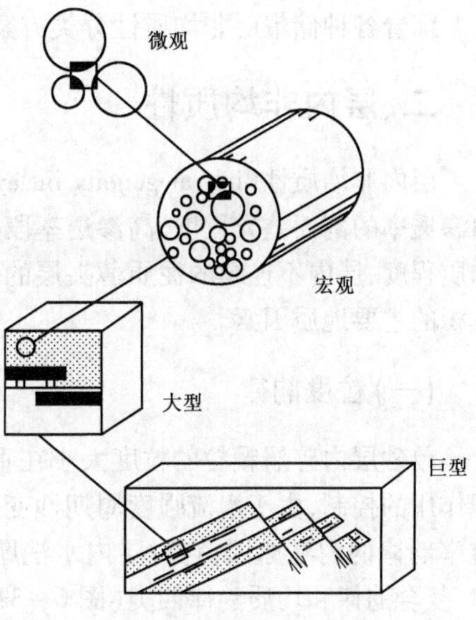

1)层间非均质性

层间非均质性反映纵向上多油层之间的非均质变化,重点突出不同层次油层或砂组、油组之间的非均质性,包括层系的旋回性、砂层间渗透率的非均质程度、隔层分布、特殊类型层的分布。

图6-32 Haldorsen(1983)的储层非均质性分类

2)平面非均质性

平面非均质性主要描述一个储层砂体平面上的非均质变化,包括砂体成因单元的连通程度、平面孔隙度、渗透率的变化和非均质程度以及渗透率的方向性。

3)层内非均质性

层内非均质性主要反映单层内垂向上的非均质变化,包括粒度韵律性、层理构造序列、渗透率差异程度及高渗透段位置、层内不连续薄泥质夹层的分布频率和大小,以及其他不渗透隔层、全层规模的水平、垂直渗透率比值等。

4)微观非均质性

微观非均质性包括孔隙非均质性、颗粒非均质性和填隙物非均质性。其中孔隙非均质性对应砂体孔隙、喉道大小及其均匀程度,孔隙喉道的配置关系和连通程度;颗粒非均质性主要对应岩石碎屑结构(包括砂粒排列的方向性)及岩石矿物学特征;填隙物非均质性对应填隙物的含量、矿物组成、产状及其敏感性特征(吴元燕等,1996)。

我国各油田根据陆相储层特征及生产实践,以裘亦楠的分类方案为基础,综合各种分类方案,提出了一套较完整且实用的分类方案。该方案将储层非均质性分为宏观及微观非均质性两大类,而其中宏观非均质性又包括层内非均质性、平面非均质性及层间非均质性,微观非均质性包括孔隙非均质性、颗粒非均质性和填隙物非均质性。除以上分类外,还有Tayler(1988,1993)和P. F. Worthington(1989)等人以尺度为函数的非均质性分类;陈永生(1993)将储层非均质性分为流体非均质性和流场非均质性两大类,其中流场非均质性又分为层间非均质性、平面非均质性、层内非均质性、孔间非均质性、孔道非均质性和表面非均质性6个层次;姚光庆等(1994)将储层非均质性按规模大小分为8个级别——盆地级、油田级、砂组级、砂层级、砂体级、层理级、毫米级、微米级。

综合各种储集层非均质性分类方案,本书推荐裘亦楠的分类。

二、层内非均质性

层内非均质性(inhomogeneity in layer)是指一个单砂层在垂向上的储渗性质变化,包括层内渗透率的剖面差异程度、高渗透率段所处的位置、层内粒度韵律、渗透率韵律及渗透率的非均质程度、层内不连续的泥质薄夹层的分布等。层内非均质性是直接影响单砂层注入剂波及体积的主要地质因素。

(一)粒度韵律

单砂层内碎屑颗粒的粒度大小在垂向上的变化称为粒度韵律或粒序,它受沉积环境和沉积作用的控制,由于水流强度周期性变化而造成粒度粗细的周期性变化。粒度韵律是构成渗透率韵律的内在原因,它对层内水洗厚度的大小影响很大。粒度韵律一般分为正韵律、反韵律、复合韵律和均质韵律四类(图6-33)。

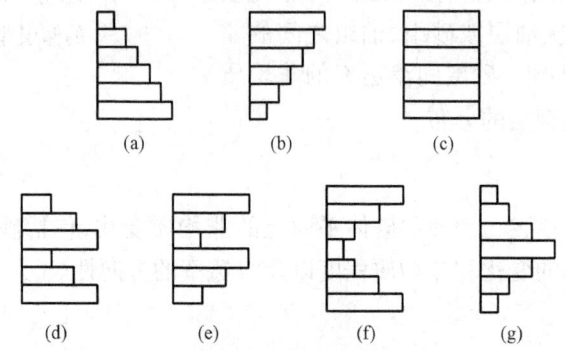

图6-33 垂向韵律模式
(a)正韵律;(b)反韵律;(c)均质韵律;(d)复合正韵律;(e)复合反韵律;
(f)复合正反韵律;(g)复合反正韵律

(1)正韵律:颗粒粒度自下而上由粗变细者称为正韵律,往往导致物性自下而上变差。曲流河点沙坝、三角洲分流河道砂、浊积岩等常具有典型的正韵律。

(2)反韵律:颗粒粒度自下而上由细变粗者称为反韵律,往往导致物性自下而上变好。三角洲前缘河口沙坝、湖相滩坝等常具有典型的反韵律。

(3)复合韵律:即正、反韵律的组合。正韵律的叠置称为复合正韵律;反韵律的叠置称为复合反韵律;上、下细,中间粗者称为复合反正韵律;上、下粗,中间细者称为复合正反韵律。

(4)均质韵律或无韵律:颗粒粒度在垂向上无变化或无规律者称为无韵律或均质韵律。

(二)渗透率韵律

渗透率大小在垂向上的变化所构成的韵律性称为渗透率韵律,与粒度韵律一样,渗透率韵律也可分为正韵律、反韵律、均匀韵律、复合韵律(包括复合正韵律、复合反韵律、复合正反韵律)。通常情况下,储层的物性(孔隙度、渗透率)与韵律特征及粒度有较好的对应关系,尤其是孔隙度。但也不尽然,孔隙度、渗透率的垂向变化规律不仅受粒度分布的影响,同时还受岩石组构、成岩作用与构造活动的制约和改造,尤其是渗透率,这就造成了最大渗透率的位置出现多种变化的现象。一般而言,在正常粒度韵律的储层中,最大渗透率的位置较易确定且有规律,但复合粒序韵律的储层则变化多样。

(三)渗透率非均质程度

表征渗透率非均质程度的定量参数有渗透率变异系数(V_k)、渗透率突进系数(T_k)、渗透率级差(J_k)、渗透率均质系数(K_p)。

1. 渗透率变异系数(V_k)

变异系数是一个数理统计的概念,用于度量统计的若干数值相对于其平均值的分散程度,其计算公式为

$$V_k = \frac{\sqrt{\sum_{i=1}^{n}(K_i - \overline{K})^2/n}}{\overline{K}} \tag{6-11}$$

式中 V_k——渗透率变异系数;
K_i——层内某样品的渗透率值($i=1,2,3,\cdots,n$),D 或 mD;
$\overline{K}$——层内所有样品渗透率的平均值,D 或 mD;
n——层内样品个数。

一般说,当 $V_k \leq 0.5$ 时为均匀型,表示非均质性弱;当 $0.5 \leq V_k \leq 0.7$ 时,为较均匀型,表示非均质性程度中等;当 $V_k > 0.7$ 时为不均匀型,表示非均质性程度强。由于我国陆相碎屑岩储层渗透率值的差别较大,所以为了更好地反映其非均质性特点,其分类标准通常以小于 0.25、0.25~0.7 和大于 0.7 为界限。

2. 渗透率突进系数(T_k)

渗透率突进系数以砂层中最大渗透率与砂层平均渗透率的比值来表示,公式为

$$T_k = \frac{K_{\max}}{\overline{K}} \tag{6-12}$$

式中 T_k——渗透率突进系数;
$K_{\max}$——层内最大渗透率(一般以砂层内渗透率最高且相对均质层的渗透率表示)。
当 $T_k < 2$ 时为均匀型,当 T_k 介于 2~3 时为较均匀型,当 $T_k > 3$ 时为不均匀型。

3. 渗透率级差(J_k)

渗透率级差即砂层内最大渗透率与最小渗透率的比值,公式为

$$J_k = \frac{K_{\max}}{K_{\min}} \tag{6-13}$$

式中 J_k——渗透率级差;
$K_{\min}$——最小渗透率值,一般以渗透率最低且相对均质段的渗透率表示。
渗透率级差越大,反映渗透率的非均质性越强,反之非均质性越弱。

4. 渗透率均质系数(K_p)

渗透率均质系数为砂层中平均渗透率与最大渗透率的比值,公式为

$$K_p = \frac{\overline{K}}{K_{max}} \quad (6-14)$$

显然,K_p值在 0~1 之间变化,K_p越接近 1 均质性越好。

关于非均质程度分级标准并不统一,不同学者提出不同的分级标准,可查阅相关文献。

(四)层内夹层

层内夹层(interlayer)是指位于单砂层内部的非渗透层或低渗透层,厚度从几厘米到几十厘米不等。作为渗流屏障,层内夹层影响着砂体的垂向和(或)侧向的流体渗流。

1. 夹层类型

层内夹层主要为泥质条带,其次为成岩胶结条带,少见沥青条带。

1)泥质条带

泥质条带的岩性主要为泥岩、粉砂质泥岩。有人将粉砂岩也归为此类,其形成与短暂或局部的水流状态变化有关,反映微相变化,它和侧向连续性受沉积环境制约。虽然有随机性而难以追踪,但可通过沉积环境分析来预测。

泥质条带一般以下三种形式存在。

(1)砂体中的泥质薄层:这种夹层在砂体中多平行于砂层层面分布(图 6-34)。大部分湖泊砂体都发育这类夹层,如三角洲前缘河口坝、席状砂。

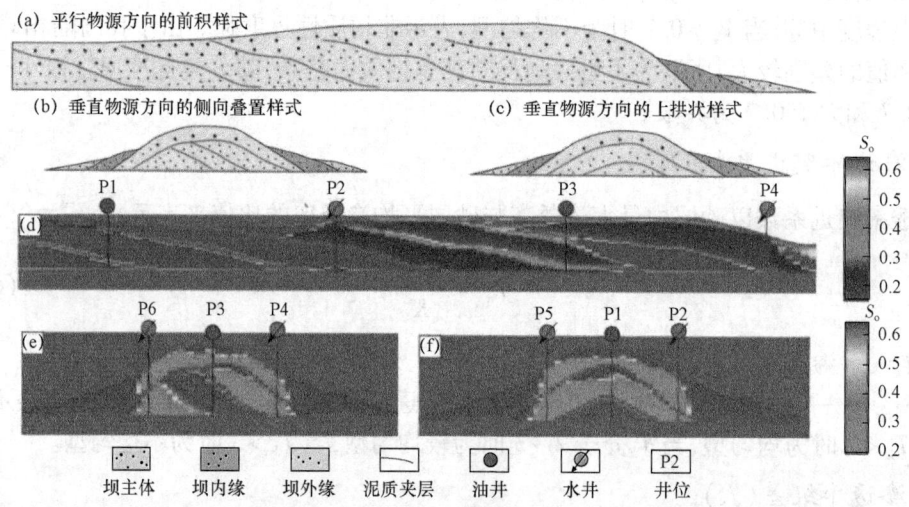

图 6-34 河口坝层内夹层概念模型及剩余油分布特征(据印森林,2015)

(2)砂体中的泥质侧积层:这种夹层与砂体斜交,在河流点坝砂体中最为常见。点坝砂体由多个呈叠瓦状的侧积体组成,在每个侧积体之上经常披覆一层间洪期的泥质侧积层(即夹层)。夹层为等时间单元,与砂体斜交(图 6-35)。

(3)层理构造中的泥质纹层:为层理构造中低能水动力条件形成的泥质纹层,其特点为厚度小、数量多、分布不规律(图 6-36)。

2)成岩胶结条带

成岩胶结条带为胶结作用形成的非渗透条带,如钙质条带、硅质条带或黏土胶结条带等。

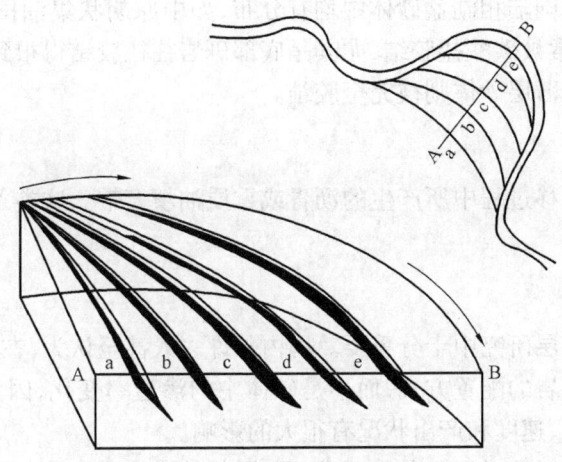

图 6-35　河流点沙坝的泥质侧积层分布模式图（据薛培华，1991）

图 6-36　层理构造中的不连续泥质纹层

这类夹层的岩性往往相对较粗（一般为粗粉砂级以上），但由于胶结作用而使得渗透率变得很低而成为夹层，这就是所谓的"物性夹层"。物性夹层属于成岩非均质的范畴。

砂体内碳酸盐胶结物的分布形式主要有3种：薄层砂体全胶结型，薄层砂体夹于泥岩中，来自于泥岩的Ca^{2+}使薄层砂岩胶结成致密砂岩[图6-37(a)]；厚层砂体顶底胶结型，在厚层砂体底部和（或）顶部与泥岩接触的界面附近，被来自于泥岩的Ca^{2+}胶结，形成砂体顶、底被胶结的表层致密条带[图6-37(b)]；砂体内的分散胶结型，在厚层砂体内部，形成分散状分布的胶结团块[图6-37(c)]。

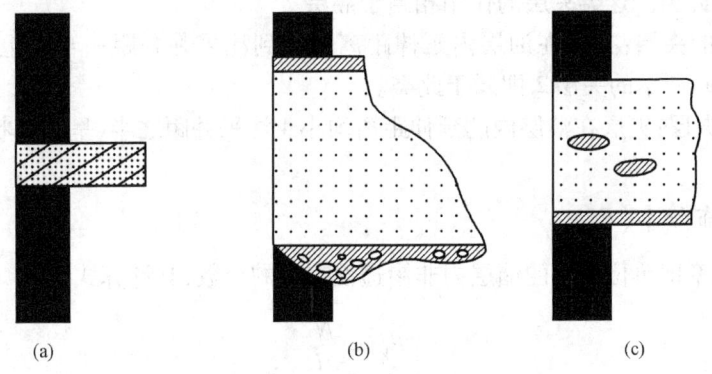

图 6-37　碳酸盐胶结物的分布形式

上述胶结形式在我国陆相湖盆砂体中均有分布,如中原胡状集油田沙三段扇三角洲水下分流河道砂体的顶、底常被碳酸盐胶结,尤其是底部砾岩往往胶结得很致密;另外,一些远沙坝薄层砂体和前扇三角洲薄层砂体则被完全胶结。

3) 沥青条带

沥青条带为石油运移过程中所产生的沥青或重质油填充带。这类条带在油气开采过程中亦起着夹层的作用。

2. 夹层产状

夹层产状在开发储层研究中十分重要。国内外许多人甚至认为,在油田开发中,控制流体宏观流动的是砂岩和泥岩的配置方式,而不是砂体中的渗透率变化,因为砂/泥几何配置方式对油水运动的空间轨迹、速度和产出状况有很大的影响。

夹层的空间几何配置方式可划分为两类,即:平行的渗流屏障和交织的渗流屏障。渗流屏障越交织越连续,采出油、气就越难,采收率也就越低。

泥质薄层多属于平行的渗流屏障,而泥质侧积层、交错层理泥质层及部分胶结条带则属于交织的渗透屏障。

3. 夹层的大小及延伸长度

夹层大小及延伸长度对油水运动规律影响较大。一般来说,在厚油层中夹层延伸越长,开发效果越好。根据夹层延伸长度与注采井距之间的关系,可将夹层分为3类(图6-38)。

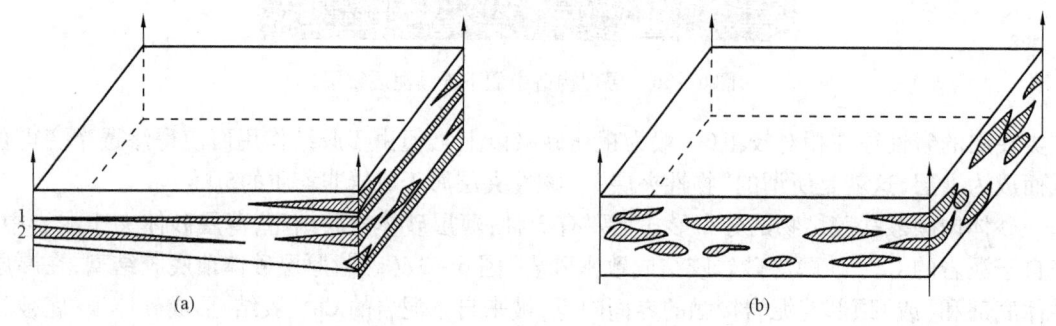

图6-38 砂体内夹层大小及延伸长度示意图

(1) 相对稳定的夹层:夹层在油层内延伸距离达到1个注采井距以上,如图6-38(a)所示的夹层1即属于此类。这类夹层的作用相当于隔层。

(2) 较稳定的夹层:夹层在油层内延伸距离可达到注采井井距一半以上,但不到1个井距,如图6-38(a)所示的夹层2即属于此类。

(3) 不稳定夹层:夹层在油层内的延伸距离均小于注采井距之半,呈透镜状分布,如图6-38(b)所示。

4. 夹层分布频率(P_k)

夹层分布频率即单位厚度的储层内非渗透性夹层的个数,其计算式为

$$P_k = \frac{N}{H} \tag{6-15}$$

式中 P_k——夹层分布频率,个/m;

N——层内非渗透性夹层数量,个;
H——层厚,m。

5. 夹层分布密度(D_k)

夹层分布密度指单位厚度的储层内非渗透性泥质夹层的厚度,即各夹层厚度之和与储层总厚度之比的百分数,其计算式为

$$D_k = \frac{H_{sh}}{H} \times 100\% \qquad (6-16)$$

式中 H_{sh}——层内非渗透性泥质夹层的总厚度,m;
H——储层厚度,m。

通过编制以上两参数的平面等值线图,可以反映夹层在平面上的分布规律。夹层在油田开发中主要起着屏障的作用表现在:(1)夹层的存在使层内渗透率的各向异性更明显;(2)夹层分布影响油水运动规律;(3)夹层分布的稳定性影响厚油层内的压力分布。

储层层内非均质性与砂体微相有很大关系。实际上,沉积相、沉积方式决定了砂体的粒度韵律、渗透率韵律、渗透率非均质性程度及夹层特征等。

(五)渗透率的各向异性

1. 沉积构造

在碎屑岩储层中,大都具有不同类型的原生沉积构造,其中以层理为主,通常见到的有平行层理、板状交错层理、槽状交错层理、小型沙纹交错层理、递变层理、冲洗层理、块状层理及水平层理等。层理类型受沉积环境和水流条件的制约。层理主要通过岩石的颜色、粒度、成分及颗粒的排列组合的不同而表现出不同的构造特征,这种差异则导致了渗透率的各向异性(表6-9)。所以,可以通过研究各种层理的纹层产状、组合关系及分布规律,来分析由此而引起的渗透率的方向性。这一层次的储层非均质性主要是通过岩心分析、地层倾角测井或成像测井进行研究。

表6-9 层理类型与渗透率的关系

层理类型	层理特点	渗透率非均质性
平行层理	具剥离线理、纹层间的空隙易开启	水平渗透率很大,K_v/K_h值较小
板状交错层理	有顺层理、逆层理和平行纹层三个方向	$K_{逆层理倾向} < K_{平行纹层走向} < K_{顺层层理倾向}$
槽状交错层理	各向异性强,纹层组合复杂	渗透率各向异性强

层面构造包括波痕、冲刷面、侵蚀下切现象、泥裂等。构造差异将影响渗透率在垂向上的差异。结核、缝合线、揉皱等构造同样也是影响渗透率在垂向上发生变化的因素。

层内的微裂缝也是产生层内非均质性的一个主要因素。在致密的储层中一般都分布有大量的微裂缝,微裂缝的存在,可以改变储层的渗透性,改变流体在层内的渗流特征,甚至出现窜层,因此决不能忽略微裂缝的形态、产状及其组合方式。

2. 夹层对砂体垂向渗透率的影响程度

层内夹层一般不稳定,其对流体的垂向渗流不能起完全的封隔作用,但会降低垂向渗流性

能。Haldorsen等人(1984,1986)提出了一个在二维剖面情况下应用夹层频率和密度简化计算砂体垂向渗透率的公式：

$$\frac{K_{ve}}{K} = \frac{1 - F_s}{\left(1 + S\dfrac{L_{av}}{2}\right)^2} \qquad (6-17)$$

式中 K_{ve}——有效垂直渗透率，D 或 mD；

K——均质砂体垂直渗透率，D 或 mD；

F_s——夹层密度，小数；

S——夹层频率，层/m；

L_{av}——夹层延伸长度，m。

另外，对于含裂缝的储层，尚需考虑层内裂缝及其对渗透率的影响。

三、层间非均质性

层间非均质性(interlayer heterogeneity)是指储层或砂体之间的差异性，是对一个油藏或一套砂、泥岩间含油层系的总体研究，属于层系规模的储层描述。包括各种沉积环境的砂体在剖面上交互出现的规律性或旋回性、层间隔层的发育和分布、层间渗透率非均质程度的差异以及层间裂缝发育和分布情况。

研究层间非均质性是划分开发层系、决定开采工艺的依据，同时，层间非均质性是注水开发过程中层间干扰和水驱差异的重要原因。层间非均质性主要受沉积相的控制，由于各类沉积环境在纵向上形成的不同性质的砂体和隔层的分布，使得储层在纵向上具有差异性。我国陆相湖盆中大多数沉积体系的相带窄、相变快，往往为多种成因类型的砂体叠加成一套储层，因而层间非均质性一般都比较突出。

(一) 层间差异

沉积旋回性(sedimentary cyclicity)或宏观的沉积层序，是不同成因、不同性质储层砂体和非储层按一定规律排序叠置的表现，是储层层间非均质性的沉积成因。我国陆相盆地沉积旋回一般可以分为五级。一级、二级旋回是反映盆地构造演化、盆地沉降和抬升背景上形成的沉积层，旋回之间有不整合和(或)沉积相的明显变化，在油田开发中，储层层组的划分对比主要依据三级、四级、五级旋回。

三级旋回代表湖盆水域的扩展与收缩。不同的三级旋回之间地层是连续的，常有湖侵层分隔，它是形成油组的基础。油组是在油田范围内有一定厚度的、分布稳定的隔层分隔的储层段，适用于开发层系的划分。油组间隔层厚度在现有的采油工艺技术条件下最好能达到5m以上，最小不能小于3m。四级旋回是沉积条件变化所形成的沉积层，是划分砂岩组的基础。砂岩组是在油组内根据储层性质的差异和隔层的稳定程度进一步划分的次一级储层单元，它适用于开发区块范围内的分层开采工艺的实施。五级旋回是同一沉积环境下形成的微相单元，相当于开发地质研究中的单层，上下有隔层分隔，砂层内部可构成独立的流体流动单元。然而，由于陆相沉积环境相变的复杂性，单层在横向上可能出现分叉、合并甚至尖灭。由此可见，层间非均质具有不同的层次，即油组之间的非均质、砂组之间的非均质和单层之间的非均质。

1. 分层系数(A_n)

分层系数(stratification coefficient)指一套层系或一个油藏内砂层的层数,由于相变的原因,在平面上同一层系内的砂层层数并不相同,故用平均单井钻遇砂层数表示其特征。

$$A_n = \sum \frac{N_{bi}}{n} \tag{6-18}$$

式中　N_{bi}——某井的砂层层数;
　　　n——统计井数。

对一定层段,当砂岩总厚度一定时,垂向砂层数越多,则分层越多;隔层越多,越易产生层间差异,即分层系数越大,层间非均质性越严重。

2. 垂向砂岩密度(S_n)

垂向砂岩密度(vertical sandstone density)指砂岩总厚度(含粉砂)与地层总厚度之比的百分数,即砂地比,又称净毛比(NGR)。由于该系数主要是用来反映砂体的连通程度,而粉砂具有一定的孔、渗性能,并且可以作为储层,因此在统计时应含粉砂。

应用各井钻遇的分层系数及砂岩密度,可编制相应的平面分布图,以反映层间差异的平面变化。

3. 各砂层间渗透率的非均质程度

各砂层间渗透率的非均质程度指各砂层间的渗透率变异系数(V_k)、渗透率突进系数(T_k)、渗透率级差(J_k)、渗透率均质系数(K_p)的层间差异。其计算公式与层内渗透率的非均质程度计算公式类似。层间渗透率非均质程度通常应用以下统计关系来表达:

1) 层间渗透率变异系数

变异系数(variation coefficient)是一统计概念,指用于统计的若干数值相对于其平均值的分散程度或变化程度。渗透率变异系数是对层间渗透率非均质程度的一种度量,有

$$V_k = \frac{\sqrt{\sum_{i=1}^{n}(K_i - \bar{K})^2 / n}}{\bar{K}} \tag{6-19}$$

式中　V_k——层间渗透率变异系数;
　　　K_i——第i层的渗透率(以层平均值计),D 或 mD;
　　　$\bar{K}$——渗透率总平均值,为各砂层平均渗透率的厚度加权平均值,D 或 mD;
　　　n——砂层总层数。

一般地,当$V_k < 0.5$时,反映非均质程度弱;$V_k = 0.5 \sim 0.7$时,反映非均质程度中等;$V_k > 0.7$时,反映非均质程度强。当然,在实际工作中,需结合流体性质等条件,作出确切的评价标准。

2) 层间渗透率突进系数

层间渗透率突进系数(interlayer permeability breakthrough coefficient)为纵向上最高渗砂层的渗透率与各砂层总平均渗透率的比值,有

$$T_k = \frac{K_{max}}{\overline{K}} \tag{6-20}$$

式中　T_k——层间渗透率突进系数；

　　　K_{max}——最大单层渗透率（以平均值计），D 或 mD；

　　　$\overline{K}$——渗透率总平均值，为各砂层平均渗透率的厚度加权平均值，D 或 mD。

一般地，当 $T_k<2$ 时，表示非均质程度弱；T_k 为 2～3 时，表示非均质程度中等；$T_k>3$ 时，表示非均质程度强。在油田开发时，高渗层段易发生单层突进，从而影响油田总体开发效果。因此，在研究过程中，尚需研究高渗透层的纵向分布。

3）层间渗透率级差

层间渗透率级差（interlayer permeability difference）为纵向上最高渗砂层的渗透率与最低渗砂层的渗透率的比值，有

$$J_k = \frac{K_{max}}{K_{min}} \tag{6-21}$$

式中　J_k——层间渗透率级差；

　　　K_{max}——最大单层渗透率（以层平均值计），D 或 mD；

　　　K_{min}——最小单层渗透率（以层平均值计），D 或 mD。

渗透率级差越大，反映渗透率非均质性越强；反之，级差越小，非均质性越弱。

4. 有效厚度系数

有效厚度系数（effective thickness coefficient）指含油气层厚度与砂岩总厚度之比，其平面等值线可较好地反映油层的分布规律。

5. 主力油层与非主力油层的识别及垂向配置关系

主力油层与非主力油层的识别、划分、位置确定、相互关系及地质成因是层间非均质性研究的重要内容。因为主力油层产能大、注入剂注入量也大，又是开发生产与研究的重点，非主力油层是开发后期的重要接替资源和挖潜对象。

主力油层与非主力油层的识别是在各砂层平面及层内非均质性研究后，掌握各砂层特征，分析垂向各砂层层间差异，再通过各砂层间的分布面积、厚度、储油物性、含油饱和度、产能等指标比较后而确定的。

（二）层间隔层

隔层（interlayer）是砂层间发育较稳定的相对非渗透的泥岩、粉砂岩或膏岩层等，其厚度从几十厘米到几十米不等。其成因多样，如在三角洲发育地区，隔层的主要成因为前三角洲泥、分流河道间或水下分流河道间等。由于隔层的分布较稳定，能够有效封隔上、下砂层，使上、下砂层相互独立，而不属于同一流动单元。隔层在各井区发育的情况不同，就导致各井非均质性的差异。在工作中，主要研究以下 4 个方面的内容。

（1）隔层的岩石类型。在砂岩和泥岩剖面中主要有泥岩、粉砂质泥岩、泥质粉砂岩、钙质泥岩等，也包括少量的蒸发岩和其他岩类。不同类型隔层的阻挡流体的能力也不同。

（2）隔层在剖面上的分布（位置）。

(3)隔层厚度及其在平面上的变化。可用隔层岩石类型与厚度平面分布图表示,也可用不同等级厚度所占井数的分布频率表示。

(4)隔层级别。隔层岩性致密、排替压力大、厚度大、平面分布稳定,其封隔能力好;反之则分隔性差。隔层可分为油层组间隔层、砂层组间隔层、砂层间隔层和砂层内薄夹层四个级别。在制订开发方案时,要求在两个开发层系之间应有稳定的隔层,同时要求开发层系内砂层间渗透率的差异不能太大。一般而言,通过水驱实验研究及试油确定隔层的界限及级别。

(三)裂缝

裂缝对隔层也有较大影响,即使岩性上封隔能力很强的隔层,当其存在裂缝时,封隔能力也可降低甚至失去。裂缝研究主要包括:
(1)裂缝在不同岩性,不同厚度储层中的产状;
(2)裂缝在不同岩性,不同厚度储层中的密度、规模、开启程度及充填物等;
(3)裂缝与泥质隔层的关系,即构造缝的穿层程度;
(4)潜在裂缝的特点和分布规律。

四、平面非均质性

平面非均质性(plane heterogeneity)是指一个储层砂体的几何形态、规模、连续性,以及砂体内孔隙度、渗透率的平面变化所引起的非均质性。平面非均质性是造成注水前缘不均匀推进的主要原因,它对于井网布置、注入剂的平面波及效率和剩余油的平面分布有很大影响。

(一)砂体几何形态

砂体几何形态是砂体在平面和剖面上分布的几何特征,它在各个方向上的大小表现出一定的差异。它主要受控于沉积相的分布,不同沉积体系内砂体的几何形态有着自己的特性与规律,如冲积扇砂体呈扇状或锥状,障壁岛砂体呈条带状等。描述砂体几何形态一般用砂体长宽比,据此,可将砂体平面几何形态分为席状、不规则状、长形状和透镜状四大类。砂体平面分布一般是在沉积相研究基础上通过编制砂岩厚度图来表示。

1. 席状

席状砂体的平面面积较大,L/W(L 为长度,W 为宽度)≈ 1,平面上呈等轴状,厚度薄而稳定,如陆棚砂或海滩砂可为席状。

2. 不规则状

不规则状砂体可以分为扇状、朵状、朵叶状和鸟足状,$L/W \leqslant 3$;砂体向盆地方向增厚并呈扇形散开,呈朵叶状,如冲积扇、海底扇或扇三角洲砂体。通常情况下,冲积扇为厚层扇状,浊积扇为层状朵体,而三角洲则为前积朵叶状。但有时要视具体沉积条件和背景分析,如陡坡三角洲以朵状为主,断陷湖盆长轴方向的河控三角洲则多为鸟足状。席状与朵状的主要区别是前者在平面上呈等轴状;后者向一个方向散开,向另一个方向收敛。

3. 长形状

长形状砂体的厚度不稳定,可进一步划分为下面几种类型:
(1)条带状,$L/W > 3$,有时可高达20或更大;

(2) 树枝状,一般比较弯曲,并具有分支或分叉;

(3) 条带状,由于侧向移动,条带状砂体与树枝状砂体结合起来可形成带状,如沿岸沙坝、障壁岛、河流、三角洲及潮汐水道均可形成长形砂体;

(4) 鞋带状,$L/W > 20$,如高弯度曲流河。

条带状与树枝状的主要区别是展布方向与变化趋势不同,前者是向单方向变薄并尖灭;后者则是向两端变薄、尖灭或平行。

4. 透镜状

透镜状砂体又称豆荚状砂体或鸡窝状砂体,分布面积特别小,$L/W < 3$,如扇端滑塌的浊积透镜体。

(二) 砂体规模及各向连续性

砂体规模与连续性直接影响着储量的大小与开发井网的井距。通常重点研究的是砂体的侧向连续性,通常用宽厚比、钻遇率来表征。按延伸长度可将砂体分为五级:

(1) 一级砂体延伸大于 2000m,连续性极好;

(2) 二级砂体延伸 1200~2000m,连续性好;

(3) 三级砂体延伸 600~1200m,连续性中等;

(4) 四级砂体延伸 300~600m,连续性差;

(5) 五级砂体延伸小于 300m,连续性极差。

钻遇率表示在一定井网下对砂体的控制程度,钻遇率 =(钻遇砂层井数/总井数)×100%。

我国中生代、新生代陆相盆地沉积砂体,连续性总体较差,特别是横向连续性,因而普遍采用密井网开发,注水开发井距大多在 300m 以下,至今一些小型河道砂体储层在经济井距下无法注水开采。

(三) 砂体的连通性

砂体的连通性(connectivity of sand body)是指不同砂体之间的接触关系。砂体的连通程度不仅关系到开发井网的密度及注水开发方式,同时还影响到油气最终的开采效率。地下砂体的连通性从成因上讲主要为两类:一是构造,二是沉积。前者主要是通过断层或裂缝连通砂体;后者则是指砂体在垂向上和平面上的相互接触连通,可用砂体配位数、连通程度、连通系数、连通体大小和砂体接触处渗透能力表示。

(1) 砂体配位数:与某一个砂体连通接触的砂体数,控制着油、气、水界面与注采方式。

(2) 连通程度:指连通的砂体面积占砂体总面积的百分数。

(3) 连通系数:连通的砂体层数占砂体总层数的百分比。连通系数也可用厚度来计算,被称为厚度连通系数。

(4) 连通体大小:各种成因单元砂体在垂向上和平面上相互接触连通所形成的复合砂体称为"连通体"。在开发储层评价中,应研究一个连通体内包含的成因单元砂体的个数,连通体的长度、宽度、总面积及厚度等。

(5) 砂体接触处渗透能力:在某些砂体接触处,不一定是渗流体的通道,如由于泥质披覆层或钙质胶结层的存在,使得砂体间冲刷接触面可能形成不渗透或低渗透的界面。因此对砂体接触处的渗透能力应该进行深入研究。

砂体的连通主要受沉积作用的控制,以河流为例,其连通体通常有单边式(或多边式,以侧向上相互连通为主);多层式(或称叠加式,以垂向上相互连通为主);孤立式(未与其他砂体连通者)。砂体的连通也可用砂体密度进行评价(图6-39),因此研究连通性的方法通常包括:砂岩密度、空间叠置关系分析、压力测试、生产动态检测、示踪剂跟踪。

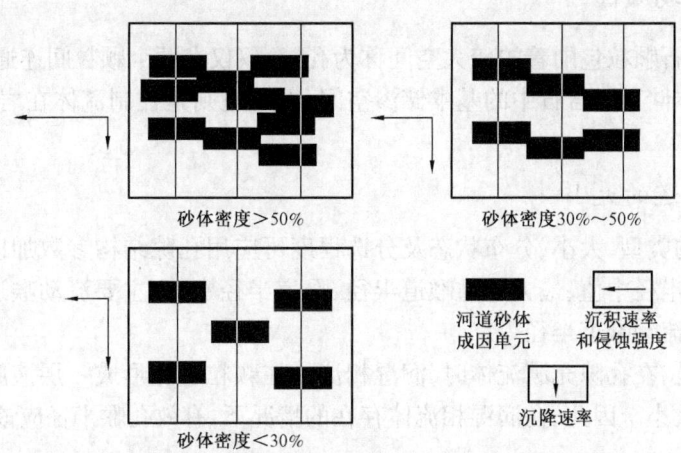

图6-39 河道砂岩密度与其连通的关系(据裴亦楠,1990)

(四)砂体内孔隙度、渗透率的平面变化及方向性

通过编制孔隙度、渗透率及渗透率非均质程度的平面等值线图,来表征其平面变化规律。研究的重点是渗透率的方向性,它直接影响到注入剂的平面波及效率,制约着油、气、水的运动方向。渗透率的方向性可分为两类,即:

(1)宏观渗透率的方向性,指砂体内岩性变化引起的渗透率的方向性;

(2)微观渗透率的方向性,指砂体内沉积构造和结构因素所引起的渗透率的方向性。

影响渗透率平面非均质性的原因较为复杂,主要有沉积、构造和成岩三个方面。

(五)井间渗透率非均质程度

1. 井间渗透率变异系数

井间渗透率的变异系数反映了砂体渗透率在平面上的总体非均质程度。

2. 不同等级渗透率的面积分布频率

在渗透率等值线图上,根据划定的渗透率等级,计算不同等级渗透率分布面积的百分数,并编绘分布频率图,以了解渗透率在平面上的差异程度。

3. 注采井间渗透率的差异程度

在注采井网确定的条件下,描述注入井与各采油井之间渗透率的差异程度。这一差异程度是导致注水开发中平面矛盾的内在原因。

五、微观非均质性的研究

储层的微观非均质性(micro heterogeneity of reservoir)是指微观孔道内影响流体流动的地质因素,主要包括孔隙和喉道的大小、连通程度、配置关系、分选程度以及颗粒和填隙物分布的

非均质性。这一规模的非均质性直接影响注入剂的微观驱替效率。微观非均质性包括三个方面的内容,即孔隙非均质性、颗粒非均质性和填隙物非均质性,后二者是造成孔隙非均质性的重要原因。

(一) 孔隙非均质性

一般而言,岩石颗粒包围着的较大空间称为孔隙,仅仅在两个颗粒间连通的狭窄部分称为喉道。孔隙是流体储存于岩石中的基本储渗空间,而喉道则是控制流体在岩石中渗流特征的主要因素。

1. 孔隙和喉道的大小

孔隙和喉道的类型、大小、分布状态及分选程度可应用孔隙结构参数加以定量描述,即孔隙最大半径、孔隙半径中值、最大连通喉道半径、喉道半径中值、主要流动喉道半径平均值、喉道峰值半径、最小流动喉道半径等。

值得注意的是,在孔隙充满流体时,润湿相流体在颗粒边缘形成一层液膜,从而减小了可流动的孔隙通道大小。因此,在润湿相流体存在的情况下,有效孔喉半径应该是实际孔喉半径减去液膜厚度。

2. 喉道的非均质性

每一支喉道可以连通两个孔隙,而每一个孔隙至少和三个以上的喉道相连通,有的甚至和六个至八个喉道相连通,它直接影响着油田的开采效果。孔喉的配位数是孔隙系统连通性的一种定量表征方式,在一个六边形的网格中,配位数为3,而在三重六边形网格中,配位数则等于6。在同一储层中,由于岩石的颗粒接触关系,颗粒大小、形状及胶结类型不同,其喉道的类型也不相同,主要有孔隙缩小型喉道、缩颈型喉道、片状或弯片状喉道、管束状喉道。

不同的喉道形状和大小可以导致产生不同的毛管压力,进而影响孔隙的储集性和渗透率。任何储层的孔隙都是由不同孔径的孔隙组成,不同大小的孔喉的渗流能力也存在着较大的差别。对于孔喉大小分布的非均质程度,可用分选系数、相对分选系数、均质系数、孔隙结构系数、孔喉歪度、孔喉峰态等参数来描述。

3. 孔隙的连通性(pore connectivity)

孔隙与孔隙之间是通过喉道来连通的,但不同孔隙的连通情况可能不同。这种连通情况可用孔喉配位数、孔喉直径比或孔喉体积比来表征。显然,孔隙连通性越好,越有利于油气的采出。

(二) 颗粒非均质性

颗粒非均质性指颗粒大小、形状、分选、排列及接触关系,它们既影响着孔隙非均质性,也可造成渗透率的各向异性,同时还影响着注水开发过程中储层自身的动态变化。

颗粒的排列方向性是造成储层渗透率各向异性的重要因素,它主要受沉积古水流方向的控制(图6-40)。颗粒的长轴方向趋向于与古水流方向一致,沿此方向渗透率要比其他方向的大,古水流速度较高,孔隙通畅,而其两侧的孔隙则成为缓流区或滞留区,其中可能有较多的细粒物质或黏土物质。这样便造成了在不同方向孔道畅通程度的差异,从而导致渗透率的各向异性。

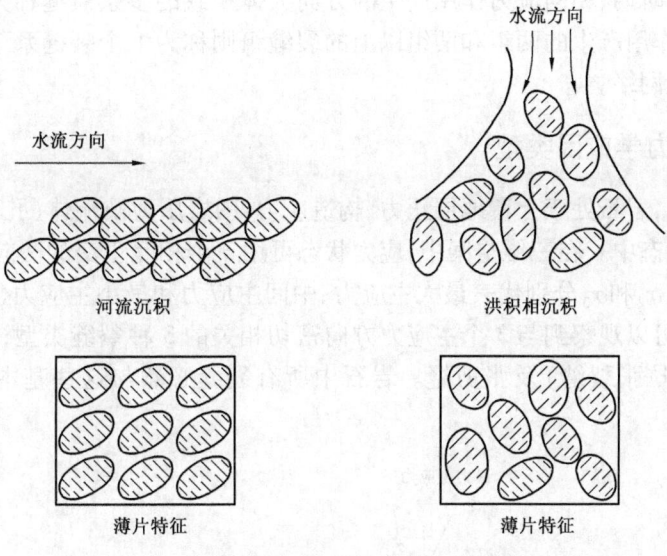

图 6-40　颗粒排列非均质模型（据罗明高，1998）

(三) 填隙物非均质性

填隙物包括杂基（自生和他生）和胶结物，其类型、含量、产状在不同的储层中有着较大的差异，导致不同储层孔、渗、饱及非均质性的差别。填隙物的特征既是影响孔隙非均质性的重要因素，又是储层敏感性的内在原因及物质基础。

杂基是碎屑岩中细小的机械成因组分，最常见的是各类黏土矿物，有时见有灰泥和云泥。充填于碎屑岩储层孔隙内的黏土矿物类型较多，常见的有蒙皂石、高岭石、绿泥石、伊利石，以及它们的混层黏土。不同物源，不同沉积环境储层中出现的黏土矿物类型和含量不同，对流体的敏感性也不同。黏土矿物具有很大的表面积和极强的活性（如吸附能力、对外来流体的敏感性等），对各种注入剂的注入能力，注入剂的吸附性都有较大影响，加上在孔隙中的分布产状及其自身的变化，往往会增强已开发油气层的非均质程度，极大地影响油气层驱替效果。因此，黏土矿物是油藏微观规模描述的重点内容之一。

胶结物是沉淀于粒间孔隙的自生矿物。胶结物的含量、分布及产状也是影响孔隙发育及其非均质程度的重要因素。方解石胶结物常呈嵌晶式充填于颗粒之间，改变沉积储层的原始面貌，若后期发生溶解作用，孔隙性可以变好，但储层的非均质程度反而增强。

第三节　储层裂缝研究

裂缝是油气储层特别是裂缝性储层的重要储渗空间，更是良好的渗流通道。系统地研究裂缝的类型、性质、特征、分布规律，对于裂缝性油气田及低渗透致密砂岩油气田的勘探和开发具有十分重要的意义。本节主要介绍裂缝系统的成因类型、基本参数、孔渗性以及裂缝的探测和预测方法。

一、裂缝的成因类型及分布规律

所谓裂缝，是指岩石发生破裂作用而形成的不连续面。显然，裂缝是岩石受力而发生破裂作用的结果。同一时期、相同应力作用产生的方向大体一致的多条裂缝称为1个裂缝组。同一时期、相同应力作用产生的两组和两组以上的裂缝组则称为1个裂缝系。多套裂缝组系连通在一起称为裂缝网络。

(一) 裂缝的力学成因类型

在地质条件下,岩石处于上覆地层压力、构造应力、围岩压力及流体(孔隙)压力等作用力构成的复杂应力状态中。在三维空间中,应力状态可用3个相互正交的法向变量(即主应力)来表示,以分量σ_1、σ_2和σ_3分别代表最大主应力、中间主应力和最小主应力(图6-41)。在实验室破裂试验中,可以观察到与3个主应力方向密切相关的3种裂缝类型,即剪裂缝、张裂缝(包括扩张裂缝和拉张裂缝)及张剪缝。岩石中所有裂缝必然与这些基本类型中的一类相符合。

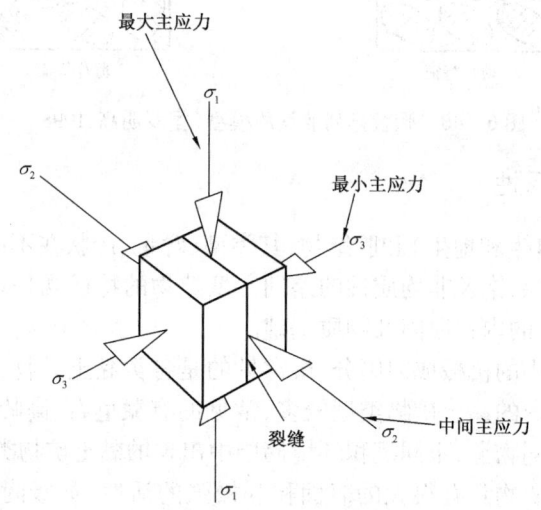

图6-41 应力单元及张裂面(据T.D.范高尔夫—拉特,1989)

1. 剪裂缝

剪裂缝(shear fracture)是由剪切应力作用形成的。剪裂缝方向与最大主应力(σ_1)方向以某一锐角相交(一般为30°),而与最小主应力方向(σ_2)以某一钝角相交。在任何的实验室破裂实验中,都可以发育两个方向的剪切应力(两者一般相交60°),它们分别位于最大主应力两侧并以锐角相交。当剪切应力超过某一临界点值时,便产生了剪切破裂,形成剪裂缝。剪裂缝的破裂面与σ_1—σ_2面呈锐角相交,裂缝两侧岩层的位移方向与破裂面平行,而且破裂面上具有"擦痕"等特征。在理想情况下,可以形成两个方向的共轭裂缝。

2. 张裂缝

张裂缝(tension fracture)是由张应力形成的。当张应力超过岩石的扩张强度时,便形成的张裂缝。张应力方向(岩层裂开方向)与最大主应力(σ_1)垂直,而与最小主应力(σ_3)平行,破裂面与σ_1—σ_2平行,裂缝两侧岩层位移方向(裂开方向)与破裂面垂直。张裂缝一般具有一定的开度,有的被后期矿物填充或半填充。根据张应力的类型,可将张裂缝分为两种,即扩张裂缝和拉张裂缝。

3. 张剪缝

除上述剪裂缝和张裂缝外，还存在一种过渡类型，即张剪缝(tension - shear fracture)。它是由剪应力和张应力综合作用形成的，一般是两种应力先后作用，或先剪后张，或先张后剪。张剪缝的破裂面上可见擦痕，但裂缝具有一定的开度。

(二) 裂缝的地质成因类型及分布规律

从地质角度来讲，裂缝的形成受到各种地质作用的控制，如局部构造作用，区域应力作用、成岩收缩作用、卸载作用、风化作用，甚至沉积作用，在不同的地区可能有不同的控制因素。裂缝类型可分为构造裂缝和非构造裂缝，主要有构造裂缝、收缩裂缝、卸载裂缝、风化裂缝、层理裂缝等。

1. 构造裂缝

构造裂缝指由局部构造作用所形成或局部构造作用相伴生的裂缝，主要是与断层和褶曲有关的裂缝。裂缝的方向、分布和形成均与局部构造的形成和发展相关。

1) 区域裂缝

区域裂缝是指那些在区域上大面积内切割所有局部构造的裂缝。其形成与发育受区域构造应力场控制。在大面积内，裂缝方位变化较小，破裂面在两侧沿裂缝延伸方向无明显水平错动位移，而且总是垂直于岩层面。这些裂缝与上述构造裂缝的主要区别在于：区域裂缝的几何形态简单且稳定、裂缝间距相对较大，一般为两组正交裂缝，多为垂直缝，并且在大面积内切割所有局部构造。

区域裂缝一般以两组正交裂缝的形式发育。Prince(1974)指出，在沉积盆地中，这两组正交方向分别平行于盆地的长轴和短轴，其成因是由于岩层的负载和卸载历史造成的。然而，对于区域裂缝的形成机理目前并不十分清楚。

在许多油气田中，区域裂缝作为油气储渗空间，如美国的 Big Sandy 气田是在发育区域裂缝的页岩中产气。区域裂缝在油气储层中的重要性仅次于构造裂缝。当构造裂缝系统与区域裂缝系统相互叠加时，将形成极好的裂缝性储层。

2) 与局部构造有关的裂缝

(1) 褶皱有关的裂缝系统。

岩层发生褶皱时，应力和应变历史十分复杂。不同的褶皱所经受的应力状态不同，对于同一褶皱来讲，在其形成过程中可能会经历不同的应力作用历史。在不同的应力状态下，则可发育不同的裂缝形式。

构造各部位的裂缝发育程度(即密度)取决于应力强度、岩性变化的不均匀性、地层厚度及裂缝形成的多次性。裂缝形成的多次性是由应力强度的重新分配决定的。构造形成前应力分布于整个构造所在的面积内；构造形成后应力场重新分布，引起一连串的各种不同的裂缝系统。裂缝密度在构造各部位的分布极为复杂，一般认为，在地台区的局部构造上，窄而陡的构造顶部裂缝发育；如果构造顶部虽宽而缓，但其高点若被复杂化，裂缝仍然很发育；不对称构造的陡翼及隆起构造的端部裂缝发育；被次级褶皱所复杂化的平缓翼裂缝也很发育。

(2) 与断层有关的裂缝。

理论研究和实际测量结果表明，断层和裂缝的形成机理是一致的。断层的形成可分为几个阶段:第一个阶段是大量的微裂缝形成;第二个阶段是由于微裂缝的形成而使岩石的坚固性下降,导致应力集中,许多微裂缝合并而成为大裂缝;第三个阶段形成大断裂。断层实际上是裂缝的宏观表现。断层两盘沿断裂面发生了明显的相对位移。裂缝是断层形成的雏形。一般来说,在已存在的断层附近,总有裂缝与其伴生,两者发育的应力场是一致的。对于正断层而言,最大主应力σ_1为垂直方向,中间主应力σ_2和最小主应力σ_3为水平方向[图6-42(a)]。断裂面实际上为剪切面。在此情况下,可形成高角度或垂直的张裂缝以及平行于断层和断层共轭的剪裂缝。对于逆断层而言,最大主应力(σ_1)为水平方向,最小主应力为垂直方向。断层面亦为剪切面,岩层沿水平方向缩短[图6-42(b)],与逆断层相伴生的裂缝则主要为近于水平的张裂缝以及平行于断层和与断层共轭的剪裂缝。

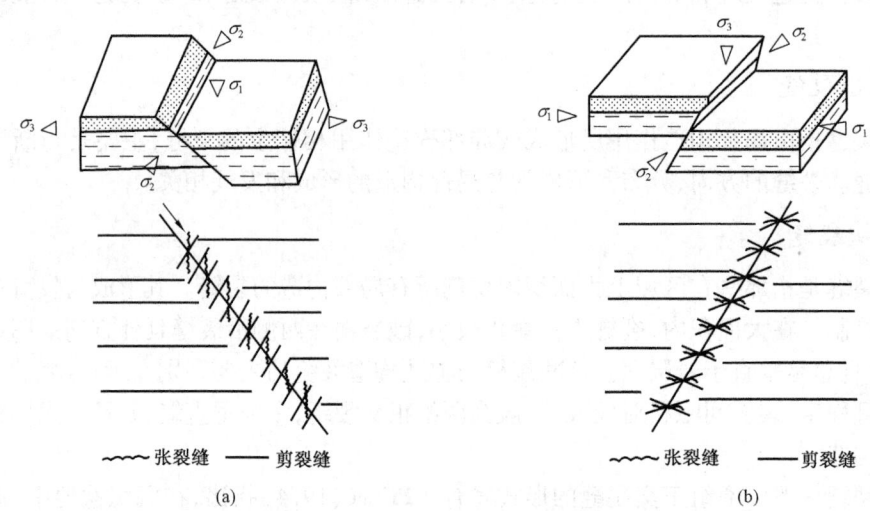

图6-42 与正断层(a)和逆断层(b)伴生的裂缝分布示意图

实际上,断层与裂缝的关系是十分复杂的,这与断层发育的复杂性有关,特别是在考虑裂缝发育程度与断层的关系时,情况更为复杂。与断层作用相关的裂缝程度与下列因素有关:距断层面的距离、断层的位移量、岩性、岩体的总应变、埋深及断层类型。一般来说,断层附近裂缝较发育,随着与断层面距离的增加,裂缝发育程度降低。在断层上下盘裂缝发育具有同样的规律。另外,根据力学实验可知,断层末端、断层交汇区及断层外凸区是应力集中区,因此也是裂缝相对发育带。

2. 非构造裂缝

1) 压实—压溶裂缝

压实—压溶裂缝是指岩层在成岩过程中由于压实和压溶等地质作用而产生的近水平裂缝。通常顺微层面分布,并且具有顺层理面发生弯曲、断续、分支、尖灭等分布特点。缝合线是岩石在成岩过程中压溶作用形成的一种成岩裂缝,常分布在灰岩、白云岩和砂岩中,其产状与层理面基本一致。

2) 收缩裂缝

收缩裂缝是与岩石总体积减小相伴生的张性裂缝的总称。这些裂缝的形成与构造作用无关,而为成岩收缩缝。形成这些裂缝的原因主要有:干缩裂缝(形成干缩裂缝,即泥裂)、脱水作用(形成脱水收缩裂缝)、矿物相变(形成矿物相变裂缝)和热力收缩作用(形成热力收缩裂缝)。

(1)干缩裂缝。

干缩裂缝实际上就是人们所熟悉的泥裂。这种裂缝是在炎热气候条件下,黏土沉积物或灰泥沉积物出露地表因干燥失水收缩而形成。裂缝断面呈上宽下窄的楔状"V"字形或"U"字形,裂缝上部宽度一般小于2~3cm,深度为几毫米至几十厘米;在平面上,裂缝系统呈多边形。由于这种裂缝系统局限发育于较薄的地形暴露面上,且往往被后期沉积物所充填,因此对油气储集的意义不大。

(2)脱水收缩裂缝。

脱水作用是沉积物体积减小的一种化学作用,它包括黏土的失水和体积减小以及凝胶或胶体的失水和体积减小。它与前述的干燥作用不同,干缩作用仅发生在地表,为一种机械过程;而脱水作用既可发生于地表,又可发生于水下或地下,为一种化学过程。

脱水收缩裂缝在沉积物三维空间内发育成三维多边形的网络,裂缝间隔小,呈"鸡笼状",在三维空间上均匀分布,裂缝系统在三维空间中相互连通。这种裂缝不仅可出现于泥页岩中,还可出现于粉砂岩、细砂岩、粗砂岩、石灰岩和白云岩中。发育这种裂缝的岩层可形成很好的油气储层。

(3)矿物相变裂缝。

矿物相变裂缝是由于沉积物中碳酸盐或黏土组分的矿物相变引起的体积减小而形成的裂缝。例如,方解石向白云石的化学转变、蒙脱石向伊利石的相变都可导致体积的减小,可能形成裂缝。

(4)热力收缩裂缝。

热力收缩裂缝是指那些受热岩石在冷却过程中发生收缩而形成的裂缝。火成岩(如玄武岩)中的柱状节理是典型的热力收缩裂缝。

3)层理缝

层理缝主要为具剥离线理的平行层理纹层面间的裂缝,由沉积作用和构造应力综合作用所形成。这类平行层理为强水动力条件的产物,由一系列厘米级甚至毫米级厚度的平板薄层组成,平板薄层间为力学性质薄弱的界面,后期构造应力加剧了界面间的破裂,从而形成沿层理面发育的裂缝。

4)卸载裂缝

卸载裂缝是由于上覆地层的侵蚀而诱导而生成的裂缝。其形成机理至少有以下两种:

(1)由于上覆地层的侵蚀,岩层的负载减小,应力释放,岩层内部则通过力学上薄弱的界面产生膨胀、隆起和破裂,从而形成裂缝。

(2)如果在一定范围内侵蚀厚度变化较大,即地形起伏较大,地下岩层所承受的静水压力在横向上出现了差异,于是造成流体的横向运移,若运移的流体与深部高压剖面或连续含水层相通,则会大大增加流体压力梯度,从而可能形成天然水压裂缝。

5)风化裂缝

风化裂缝是指那些在地表或近地表与各种机械和化学风化作用(如冻融循环、小规模的岩石崩解、矿物的蚀变和成岩作用)及块体坡移有关的裂缝。

6)岩溶裂缝

与岩溶发育有关的裂缝称为岩溶裂缝。在溶洞发育过程中或溶洞形成以后,由于上覆地层的自身重力作用,通常在溶洞的顶部发生坍塌,同时形成裂缝。岩溶裂缝一般分布在溶洞的顶部,呈环状发育。由于在溶洞顶部的岩石中通常存在早期构造裂缝,因此岩溶裂缝可以在早期构造裂缝的基础上进一步发育和扩展,甚至可以由岩石至地表形成地裂缝。

另外,在裂缝形成之后,溶解流体可沿裂缝发生选择性溶蚀作用,从而使裂缝宽度加大且形状变得很不规则,这类裂缝可称为溶蚀裂缝。当然,溶蚀裂缝不是一个独立的裂缝成因类型,只是由于溶蚀作用对裂缝发生了改造作用。

7) 隐爆裂缝

隐爆裂缝是指在隐爆角砾岩形成过程中产生的裂缝,主要发育在火山通道的隐爆角砾岩中,裂缝将岩石切割成角砾状。例如,辽河油田东部凹陷中段发育的古近纪次火山岩,其岩性为粗面斑岩,形成时岩浆体的顶面埋藏深度小于1000m,当岩浆从深处上升到浅部环境以后与冷的围压接触,在接触的边缘形成了冷凝壳。由于压力降低,岩浆中各种挥发成分从深部逸出至冷凝壳内聚集,当它们聚集到一定程度时,会发生剧烈的爆炸作用,使冷凝壳破碎形成隐爆角砾岩,并伴生隐爆过程形成隐爆裂缝。它们是油气的重要储渗空间。

二、裂缝描述的基本参数

对于一个裂缝组系来说,裂缝的基本参数是指裂缝的宽度、高度、长度、间距、密度、产状、填充情况、溶蚀改造情况等。这些参数可在野外露头和岩心上直接测量和研究。

(一) 裂缝的宽度(张开度)

裂缝的宽度,又称张开度(或开度),是指裂缝壁之间的未被充填空间距离。这个参数是定量描述裂缝的重要参数,它与裂缝孔隙度或渗透率,特别是渗透率的关系很大。在实际的油气藏中,裂缝宽度往往变化很大,从几微米到几毫米不等,但一般小于100μm。在研究裂缝时,往往要根据裂缝宽度的观测结果进行统计分析,并作频率分布图(如图6-43),以了解裂缝宽度的主要分布范围。

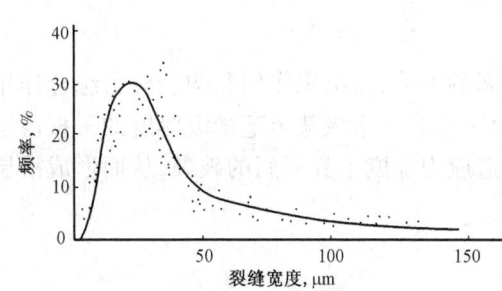

图6-43 裂缝宽度的统计频率分布图
(据T.D.范高尔夫—拉特,1989)

露头和岩心上所量取的裂缝宽度通常为视宽度,应根据测量面与裂缝面的夹角进行换算,得到真实裂缝宽度。

$$\varepsilon = \varepsilon' \times \cos\theta \tag{6-22}$$

式中 ε——裂缝面真实宽度,mm;
ε'——裂缝面视宽度,mm;
θ——测量面与裂缝面的夹角,(°)。

(二) 裂缝的高度、长度与间距

裂缝的高度一般是指裂缝在纵向上的切穿深度。由于岩心的限制,岩心上测得的高度不能反映实际值。但可以在一定程度上反映裂缝的发育情况。

裂缝的长度是指裂缝沿裂缝面走向的延伸长度。平面上的裂缝长度数据在岩层中往往难于准确获取。大量露头区裂缝统计表明，裂缝的高度、延伸长度及其间距等各个参数间存在相关性，可根据其相关关系进行估算（曾联波，2019）。

裂缝间距是指两条裂缝之间的距离。对于岩石中同一组系的裂缝，应对其间距进行测量。所谓同一组系裂缝，是指那些具有成因联系的、产状相近的多条裂缝的组合。

裂缝间距变化较大，可由几毫米变化到几十米。

（三）裂缝的密度

裂缝的密度反映了裂缝的发育程度，是十分重要的裂缝参数。它与裂缝孔隙度和渗透率直接相关。根据测量的参照系的不同，可分为3种密度类型。

1. 线性裂缝密度（L_{fD}，简称线密度）

线性裂缝密度指与垂直于流动方向的直线或岩心中线相交的裂缝条数（n_f）与该直线长度（L_B）的比值，有

$$L_{fD} = \frac{n_f}{L_B} \tag{6-23}$$

式中 L_{fD}——线性裂缝密度，又称裂缝频率，条/m；

L_B——所作直线的长度，m；

n_f——与所作直线相交的裂缝数目，条。

2. 面积裂缝密度（A_{fD}，简称面密度）

面积裂缝密度指流动横截面上裂缝累积总长度（L）与该横截面积（S_B）的比值，有

$$A_{fD} = \frac{L}{S_B} = \frac{n_f \cdot l}{S_B} \tag{6-24}$$

式中 A_{fD}——面积裂缝密度，m^{-1}；

L——裂缝总长度，m；

n_f——裂缝总条数；

l——裂缝平均长度，m；

S_B——流动横截面积，m^2。

3. 体积裂缝密度（V_{fD}，简称体密度）

体积裂缝密度指裂缝总面积（S）与岩石总体积（V_B）的比值，有

$$V_{fD} = \frac{S}{V_B} \tag{6-25}$$

式中 V_{fD}——体积裂缝密度，m^{-1}；

S——裂缝总面积，m^2；

V_B——岩石总体积，m^3。

在上述三种裂缝密度中，裂缝体积密度是静态参数，而面积密度和线性密度都与流体流动的方向有关。影响裂缝密度的因素有很多，其中地质因素有岩石成分、粒度、孔隙度、层厚、构

造位置等。总的来说,相对坚硬、致密、厚度薄的岩层,在应力集中或曲率大的构造部位具有较高的裂缝密度。

(四)裂缝的产状

裂缝的产状(fracture occurrence)是指裂缝的走向、倾向和倾角。在岩心描述中,根据裂缝与岩心横截面的夹角将裂缝分为4个类别:

(1)水平缝,夹角为0°~15°;
(2)低角度斜交缝,夹角为15°~45°;
(3)高角度斜交缝,夹角为45°~75°;
(4)垂直缝,夹角为75°~90°。

根据裂缝与层面的关系,可以分为穿层裂缝与顺层裂缝(顺岩层面分布的滑脱裂缝)。

裂缝产状在野外露头、岩心上可直接测量,通过测井也可获取裂缝产状。裂缝产状有助于裂缝的预测,且在油藏开采过程中对流体流动具有很大的影响,因此准确测定裂缝产状(走向、倾向和倾角)对于裂缝性储层的勘探和开发具有十分重要的意义。

(五)裂缝的填充情况

根据裂缝的张开与闭合性质及填充情况,可将裂缝分为四类:
(1)张开缝:缝宽较大,基本无填充物,为有效裂缝,流体可在其中流动。
(2)闭合缝:基本闭合,基本无填充物。对这类裂缝的有效性要慎重分析。在地下条件下为闭合的裂缝,当油田注水开发或压裂过程中,这些裂缝也可能会被启动而张开。
(3)半填充缝:裂缝间隙被填充物部分地填充。常见的充填矿物有石英、方解石和泥质。实际的有效裂缝为未被矿物填充的部分空间,这类裂缝才是有效缝。对于半填充或全填充缝,应充分研究填充物的成分和期次,以便对裂缝的期次进行鉴别。
(4)全填充缝:裂缝完全被填充物质填充,有效缝宽为零,为无效缝。实际上,这种裂缝是流体渗流的隔板。

(六)裂缝的溶蚀改造情况

大多数碳酸盐岩地层中的裂缝常见缝面被地下水所溶蚀的现象。这一现象在某些砂泥岩或火山岩、变质岩裂缝中也可看到。因此,在岩心裂缝观察中也应对其做出一定的描述,主要描述以下几个方面:
(1)溶蚀段的基块成分、结构和构造特征;
(2)溶蚀部位分布的特点;
(3)溶蚀加宽的平均宽度。

三、裂缝的探测和预测方法

裂缝的分布规律十分复杂,为此而提出的分析描述、探测和预测裂缝的方法也很多。就地下裂缝的探测而言,直接探测方法有岩心观察、井下照相、压痕封隔器等;间接探测方法有测井、试井、地震等方法。就裂缝的预测而言,则是在裂缝探测的基础上,从裂缝的成因入手,应用曲率法、地应力法、数值模拟、地震属性分析等方法对地下裂缝进行预测和评价。本节对岩心裂缝观测研究方法(裂缝探测和预测)、测井方法(裂缝探测)、曲率法(裂缝预测)、地震方法和通过应力场的数值模拟方法进行简单介绍。

(一)井内裂缝的探测

根据钻井岩心及测井资料,可以对地下岩层中的裂缝进行观察、描述,据此对地下裂缝进行预测研究。

1. 岩心裂缝观测

岩心是地下裂缝研究的第一性资料。利用岩心资料,应进行以下几个方面的研究工作。

1)裂缝基本参数

对于连续的取心段,首先划分裂缝发育段,然后通过全岩心和岩心薄片观测以下内容:含裂缝岩层特征、裂缝组系、裂缝产状、裂缝宽度、裂缝密度、裂缝填充特征、裂缝溶蚀情况、裂缝的相对大小及连续性等。

为了进行井间裂缝预测,需要特别研究岩心裂缝的走向和裂缝密度。根据岩心测定的裂缝产状,将走向(或倾向)按井点统计成玫瑰花图或水平投影网图。裂缝面真实产状的确定是非定向岩心裂缝测量、描述的难点,需识别裂缝所在岩心的层面及确定层面的倾向(针对非水平岩层)。后者可通过以下几种途径得到:

(1)从构造等高线图上量取某一层的产状作为该层的层面产状;

(2)利用地层倾角测井成果图,量取与岩心相同深度段的产状;

(3)利用古地磁定向。

2)裂缝孔隙度和裂缝渗透率

可采用两种方法确定裂缝孔隙度和裂缝渗透率,一种是全岩心实验测试方法,另一种是前面介绍的利用裂缝宽度、密度等参数计算孔隙度和渗透率的方法。

3)裂缝系统的成因

确定裂缝的成因类型、裂缝形成的主应力方向、不同组系裂缝的形成及与构造运动的关系,要注意区分天然裂缝和诱导裂缝。

4)裂缝发育程度与岩石性质和构造的关系

研究裂缝发育程度与岩石类型、岩石组构(成分、粒度、层理、基岩孔隙度等)、岩层厚度及构造位置的关系,为井间裂缝预测奠定基础。

岩心裂缝观测资料是探测和预测裂缝的基础,但这种方法在研究裂缝分布中仍存在许多不足,主要表现在下述3个方面:

(1)对于裂缝十分发育的井段,钻井时地层易破碎,取心收获率不高,因此地下具裂缝的样品不易取出;

(2)取心井段有限,不能反映全井的裂缝发育情况;

(3)有些井虽然取心未见裂缝,但可能就在取心井周围地层就有裂缝存在。

对于上述前两个问题,在一定程度上可用测井探测裂缝的方法来弥补其不足。

2. 裂缝测井识别

测井方法主要是利用井眼周围的裂缝对测井仪器的异常响应(如井径、电阻率、声波等)

来间接地探测裂缝(除井下声波电视外)。可用于探测裂缝的测井方法很多,主要为常规测井资料、成像测井资料和地层倾角测井。对于不同的测井方法,探测裂缝的能力有所差别。利用测井方法可探测裂缝的产状、裂缝密度、裂缝孔隙度及裂缝渗透率等。

1)常规测井资料识别裂缝

常规测井资料除了包含储层岩性、物性、电性和含油性等多种信息外,还包含了地层倾角、裂缝等重要地质信息,因此,常规测井资料在裂缝性油田储层评价中起着很关键的作用,主要包括深浅侧向电阻率测井法、声波测井法、密度测井法和地层倾角测井法等。

(1)声波时差测井资料分析法:对高角度裂缝的反映较差,而对水平缝、低角度缝和网状缝的反映较敏感。在遇到较大规模的低角度缝和网状缝时,声波时差测井曲线显示独特的周波跳跃特征,能引起周波跳跃的情况包括裂缝性地层或破碎带、含气的疏松砂岩、泥浆气侵。因此,利用声波时差识别裂缝时,需要结合其他资料,进行具体的划分。

(2)密度测井资料分析法:利用伽马射线和地层介质发生的各种效应来研究地层性质,测量的是岩石的密度,主要反映地层的总孔隙度。由于裂缝发育导致的地层体积密度降低、地层含气和井眼不规则等原因造成密度降低,补偿密度测量的尖锐低值为裂缝带的特征。

(3)深浅双侧向电阻率测井资料分析法:侧向电阻率测井利用屏蔽电流对主电流的排斥作用,主电流被聚焦,只能侧向(垂直井轴)流入地层,来测量地层深部电阻率和侵入带电阻率。此法比普通电阻率能更好地反映地层电阻率变化,是性能最优的侧向测井。

在不同类型的裂缝影响下,深浅双侧向电阻率的会显示不同的规律:

① 低角度裂缝在深、浅双侧向上呈尖刺状的"负差异",但也可能无差异或出现小的正差异;

② 高角度裂缝在深、浅双侧向上呈较圆滑的"正差异",角度越大,差异越大;

③ 网状裂缝的深、浅双侧向曲线数值接近;

④ 深、浅双侧向电阻率差异的大小反映着裂缝发育程度的高、低,即深、浅双侧向电阻率差异幅度越大,裂缝的发育程度就越高。

(4)自然伽马测井资料分析法:自然伽马测井是放射性测井中最简单的一种测井方法,其测量的是地层的自然放射性强度(天然放射性铀、钍、钾的含量)。只有当裂缝发育段的地下水活动很活跃时,才能使得其中的铀被裂缝壁吸附,造成地层中铀的富集,即自然放射性强,表现为自然伽马高值,所以自然伽马测井只作为辅助手段识别裂缝。

(5)自然电位测井资料分析法:自然电位曲线主要应用于划相、判断岩性和评价渗透性。在裂缝发育带,自然电位曲线由于裂缝的改造作用导致渗透性良好,而表现出自然电位低值,负异常的特征。

裂缝在常规测井上可表现为声波跳波(注意气层也有跳波),故在判断裂缝时需要利用钻井显示资料。在钻井过程中井漏、井喷、气侵等油气显示现象,可作为裂缝(断层)的重要依据。例如四川某井在钻入2095m处发生井喷,且岩屑录井中见次生石英晶簇,2095~2097m处声波曲线具明显跳跃,而该井段上下地层声波时差数值稳定在200μs/m左右,为致密砂岩层。结合录井油气显示、井喷发生及声波跳跃,可以判断裂缝发育层段。

2)成像测井(FMI)资料识别裂缝

FMI技术在井下采用传感器阵列扫描测量或旋转扫描测量,其原理是任何地质现象只要与相邻地层的岩石电阻率存在一定差异,FMI 图像就会有所反映。当这种电阻率差异越大,图像反映就越明显。如果处于裂缝层,高电阻率的岩层往往对应于浅色的图像,而裂缝中由于充满了导电的钻井液,导致电阻率降低,因而裂缝往往对应于深色图像;在低电阻率的岩层(如泥岩)和充满水基钻井液的裂缝则是对应于深色的图像。成像测井图可以直观地反映裂缝的形状、填充状况以及产状,将之与常规测井资料和岩心分析结果结合对比之后,可在成像测井图上准确的区别出真、假裂缝(图 6-44)。

3) 地层倾角测井识别裂缝

利用地层倾角测井来识别裂缝是用测井资料识别裂缝的最有效的方法。它可以给出裂缝井段、裂缝相对密度、裂缝的走向等参数。地层倾角测井探测裂缝主要是通过在同一平面上装置的四个互成 90°的贴井壁的极板,分别记录高分辨率的微电阻率曲线,较为精确地探测井壁四个方位上裂缝的位置和产状。地层倾角测井资料识别裂缝的方法包括裂缝识别测井(FIL)、电导率异常检测(DCA)、定向微电阻率及利用 SHDT 测井资料的井列电极对比等。

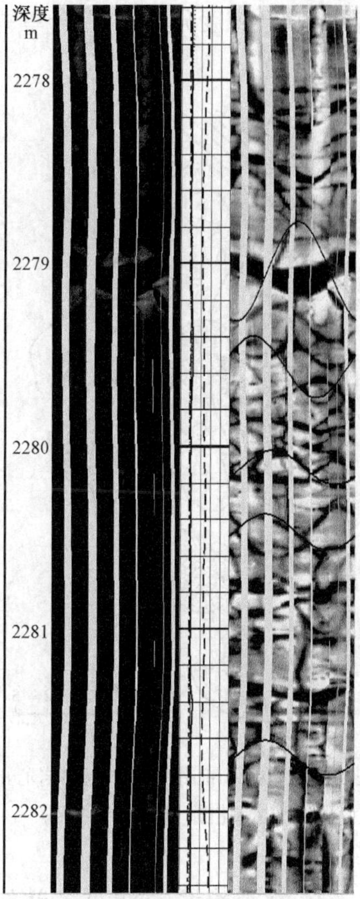

(二)裂缝横向预测方法

1. 统计分析方法

1) 预测裂缝方向

图 6-44 四川安岳××井须
二段裂缝在成像测井成果
图上的响应特征

对于构造裂缝,可根据单井(岩心和测井)测量的裂缝走向(或倾向)编制成玫瑰花图或水平投影网图,然后,将各井裂缝走向标注在构造图上。这样,根据构造上各井点的优势裂缝方向就可以判断出构造裂缝的方向。图 6-45 为美国北达科他州小刀油田产油井定向岩心的裂缝玫瑰花图(等值线单位为 m)。从图中可以看出,6 口井的裂缝走向变化范围为北东至南东东向,主要方位为北东方向,主裂缝方向与小刀背斜的轴线近于垂直。

2) 预测裂缝发育带

如果某一构造有一定数量的取心井,则可利用岩心和测井的裂缝观测资料预测井间裂缝发育带。通常是根据岩心和测井裂缝密度编制某构造的裂缝等密度图,以反映构造裂缝的发育情况。图 6-46 为我国四川盆地中坝构造须家河组二段岩心裂缝等密度图。从图上可以看出,裂缝发育带岩背斜轴向分布且与构造变化曲率分布具有一致性。

在编制裂缝密度等值线图时,井间裂缝密度的插值是一大难点。因此,编图时应注意以下几点:① 尽量分裂缝组系进行裂缝密度的单井测量和井间插值,因为同期同成因的裂缝在横向上才可能具有一定的分布规律;② 研究构造对裂缝发育程度的控制作用,确定构造部位与裂缝密度的相关性;③ 研究岩石性质对裂缝密度的控制作用,分析岩性、层厚、基质岩块孔隙度等与岩心(或测井)裂缝密度的相关关系;④ 编制精细的构造图、岩性分布图、层厚分布图及基质岩块孔隙度分布图,综合单井裂缝密度及其与构造和岩石性质的关系,编制裂缝密度分布图。

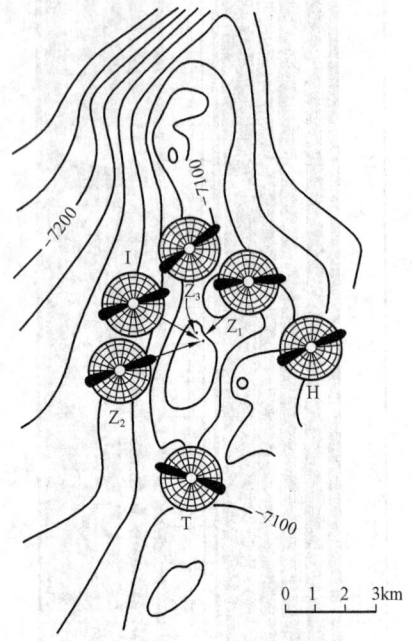

图 6-45　小刀油田产油井定向岩心的裂缝玫瑰花图(据 Narr,1984)

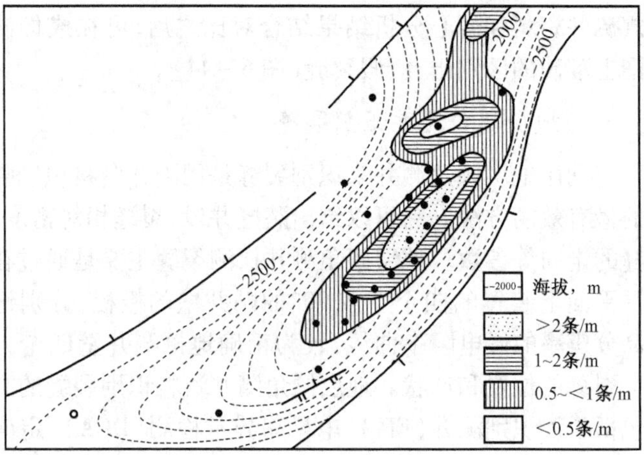

图 6-46　中坝构造须二段岩心裂缝等密度图(据王允诚,1992)

2. 预测构造(拉张)裂缝的曲率法

1)基本原理

曲率是反映某一线、面弯曲程度的数学参数。Murray(1968)首次应用曲率法研究和评价构造裂缝。这一方法自 20 世纪 70 年代初引入我国以来,经过 20 多年的不断探索,已得到进一步的完善。

曲率法所研究的裂缝是岩层弯曲变形而形成的拉张裂缝。岩层受力弯曲后,中性面以上的地层承受拉张应力,当拉张应力超过岩石的抗拉强度时,便形成拉张裂缝。岩石的拉张应力与岩层弯曲程度成正比(假设岩层为完全的弹性体),即当岩层弯曲达到一定程度后,岩层开始破裂,且弯曲程度越大,岩层应变增加,岩层破碎强度越大,裂缝就越发育。由于曲率是弯曲程度的表征,因此可用岩层的曲率来预测和评价构造裂缝。

曲率是一个矢量,既有大小,又有方向。岩层弯曲变形出现拉张裂缝时,裂缝走向垂直于主曲率方向,裂缝发育程度则与主曲率大小成正比。

2)曲率与裂缝孔隙度、渗透率及体积的关系

(1)曲率与裂缝孔隙度的关系。

设岩层中性面以上的厚度为 H,岩层弯曲的曲率半径为 R,则根据岩层变形前后的面积变化,可知岩层裂缝孔隙度 ϕ_f 为

$$\phi_f = \frac{H}{2R + H} \tag{6-26}$$

由于 $R \gg H$，则可将上式分母中的 H 忽略，有

$$\phi_f \approx \frac{H}{2R} \tag{6-27}$$

式中　ϕ_f——拉张裂缝的孔隙度，小数；
　　　H——岩层中性面以上厚度，m；
　　　R——岩层弯曲的曲率，m。

岩层的构造曲率为曲率半径的倒数，即 $1/R$，在 $X—Z$ 坐标内，亦可用 d^2z/dx^2 表示，因此裂缝孔隙度亦可表述为

$$\phi_f \approx \frac{H}{2}(d^2z/dx^2) \tag{6-28}$$

上式表明，裂缝孔隙度与岩层构造曲率呈正比关系，因此可以用曲率来反映裂缝的相对发育程度。

(2) 曲率与裂缝渗透率的关系。

根据 Lamen(1932) 提出的流量平板公式，可推导出曲率与渗透率的关系为

$$K_f = \frac{1}{48} e^2 \left(H \frac{d^2z}{dx^2} \right)^3 \tag{6-29}$$

它可以进一步化为有量纲参数，有

$$K_f \approx 0.2 \times 10^{11} e^2 \left(H \frac{d^2z}{dx^2} \right)^3 \tag{6-30}$$

式中　K_f——裂缝渗透率，μm^2；
　　　e——裂缝间距，m；
　　　H——岩层中性面以上厚度，m；
　　　$d^2z dx^2$——x 方向地层曲率，m^{-1}。

(3) 曲率与裂缝体积的关系。

设临界曲率值以上区块面积为 S，则裂缝体积 V_f 为

$$V_f = S \cdot H \cdot \phi_f \cdot c = \frac{c \cdot S \cdot H^2}{2} \left(\frac{d^2z}{dx^2} \right)_{adv} \tag{6-31}$$

式中　H——中性面以上厚度，m；
　　　c——系数，张开性裂缝占总裂缝的比例，该值可以根据井下岩心裂缝调查确定；
　　　$(d^2z/dx^2)_{adv}$——区块的平均曲率值。

3) 临界曲率

临界曲率为岩层弯曲过程中形成拉张裂缝所要求的最小曲率值。形成裂缝所需的最小应力可以表示为岩石弹性模量 E、产层厚度 H 和曲率的关系，有

$$\sigma > E \left(H \frac{d^2z}{dx^2} \right) \tag{6-32}$$

式中　σ——形成裂缝所需的最小应力；

E——岩石弹性模量。

对于给定的岩层厚度,当已知岩石抗拉强度和弹性模量时(可通过岩石力学实验得到),便可根据上式计算临界曲率值。

通常,计算值比实际值相比可能偏小,原因是地下岩层处于高温、高压状态,并非完全弹性,而且破裂作用还与应力作用的时间长短有关,这些都是在计算临界曲率值时所忽略的。因此,要确定一个地区的实际临界曲率值就要充分考虑实际地质资料,即用岩心调查和生产测试等资料对临界曲率计算值进行验证和修改。

4)曲率图的编制和应用

绘制一个构造的曲率等值线图,其要求和步骤如下:

(1)校正所研究层位的构造图。

(2)布置计算曲率值的测网,要求测网能控制整个研究区。

(3)根据实际构造形态,选择适当的曲率计算方法。对于长轴背斜,一般应用剖面的曲率计算方法,而对短轴背斜,则采用面曲率法较佳。若背斜的形态有变化可分区处理。

(4)计算岩石变形曲率值应注意曲率值的叠加。

(5)将计算结果归位于构造图,并勾绘等值钱。

(6)确定岩层中性面位置。当资料不全时,以岩性总厚度的一半作为中性面。

(7)根据曲率值和变形岩层厚度计算裂缝孔隙度。

3. 预测构造裂缝的现今地应力方法

现今地层应力是地层受力破裂变形后剩余的应力,其大小是相对的,当地层破裂严重时(断裂与裂缝较发育),地应力释放也大。由此可通过直接和间接方法确定地层目前的应力状态,以此来推断地下裂缝的发育程度。

1)基本应力状态

目前地应力状态是:$S_v(\sigma_1)$垂直应力(上覆岩层应力);$S_x(\sigma_2)$侧向最大主应力;$S_h(\sigma_3)$侧向最小应力。储集层的有效应力(即储集层颗粒间应力值)分为垂向有效应力σ_v和水平有效应力σ_h。

如果储集层孔隙压力为p,则可以得出应力之间的关系式为

$$\sigma_v = S_v - p \tag{6-33}$$

$$\sigma_h = S_h - p \tag{6-34}$$

当水平应力为零时,水平方向的应力可表达为:

$$\sigma_h = \frac{v}{1-v} \cdot \sigma_v \tag{6-35}$$

$$S_h = f \times S_v \tag{6-36}$$

式中　v——储集层泊松比系数;

f——围限应力系数。

通常将S_h/S_v称为总应力比率,σ_h/σ_v称为有效应力比率,将$(S_v + 2S_h)/3$称为平均应力。据统计,大多数具有储集能力的沉积岩有效应力比率为0.2~0.4。

在非构造活动区,可以利用有效应力比率、垂直有效应力、平均有效应力的关系,对地应力做出判断。

2)地应力的估算方法

(1)静力学估算方法。

垂直地应力实际上是地层静压力,通常可表示为

$$S_v = [\rho_w \times \phi + (1 - \phi)\rho_m] \cdot H \tag{6-37}$$

式中 ρ_w——剖面中地层水平均密度,g/cm^3;

ρ_m——剖面中地层骨架密度,g/cm^3;

ϕ——地层平均孔隙度,小数;

H——计算层埋深,m。

S_v 求出后,利用式(6-40)便可求得 S_h。此时应力方向只能根据其他地质资料来确定,f 值可通过岩层的压裂资料求得。根据 S_v 和 S_h 就可以得到 σ_v 和 σ_h。

(2)压裂资料估算法。

利用水压裂资料可以估算地下应力。通常认为采用微型压裂来确定地下应力比较理想,测出等压段后便可得到恒压点,该点压力即为 S_k 或 S_v。经过对四川盆地大量酸化压裂施工曲线的研究,认为可以采用普通酸化压裂资料来进行地应力的估算。

压裂过程中指出,岩石应力与地层破裂压力之间存在如下关系式:

$$p_\infty = p_f - p \tag{6-38}$$

式中 p_∞——岩石相对应力值,MPa;

p_f——地层破裂压力值,MPa;

p——地层孔隙应力值,MPa。

这是一个近似评价地应力相对大小的公式,实际的情况要复杂得多。

当已知地层破裂压力及地层孔隙压力时,就可估算相对的应力值(但无法确定方向)。地层孔隙压力通常根据测试资料确定,而破裂压力值可由多种方法得到,如实测地层破裂压力、利用测井资料或水力压裂资料确定破裂压力。一般情况多使用实测地层破裂压力。

中坝构造须家河组二段利用酸化压裂资料来确定岩石应力,并预测裂缝发育带。该构造须二段基本为常压。据 22 口井的酸化压裂资料,确定出须二段的破裂压力值,并根据式(6-42)计算岩石相对应力值 p_∞,利用 p_∞ 与气井产能关系得如下回归方程:

$$Q_g = 13.358\, e^{-0.0119 p_\infty} \quad (r = -0.5) \tag{6-39}$$

式中 Q_g——单井初测产能,$10^4 m^3/d$;

p_∞——岩石应力,$10^5 Pa$。

上式表明,现今岩层应力越低,说明岩层裂缝相对越发育,产能越高。

4. 预测构造裂缝的古应力场数值模拟方法

裂缝是岩石在应力作用下发生脆性破裂而形成的。应力场数值模拟预测裂缝就是通过反演裂缝主要形成期的古构造应力场,再根据岩石的脆性破裂准则及相关理论来预测裂缝。

利用区域性和油田局部构造形迹,以及已知井点裂缝现象作为模拟拟合对象,结合构造发育史,用专门软件模拟恢复古构造应力场的演化史,以此确定油田构造各部位应力分布演化过程,进而半定量到定量判断各部位裂缝发育状况。常用方法为有限元法,国内已有一些商业化的软件可供使用。

5. 地震预测法

目前地震裂缝预测技术分为单波和多波预测技术。以单波预测技术为主,且以纵波检测为主。纵波裂缝预测分为叠前和叠后裂缝预测,以叠后预测为主。在具体的技术上有:横波探测方法、多波多分量探测方法、三维三分量技术、频谱分解法、纵波 AVO 和 AVA 技术、地震反演技术、相干分析法、地震属性法、高分辨率地震反演岩相法、VSP 裂缝预测技术、最大似然属性法等。

1) 频谱分解法识别裂缝

地震波的频谱,即组成复杂信号的各个谐波分量的振幅、相位与频率的关系曲线,是地震波的动力学特征之一。频谱分解技术是一种频率域的储集层解释方法,通过离散傅立叶变换(DFT)将地震数据 $g(t)$ 由时间域转换到频率域 $G(f)$,即:

$$G(f) = \int_{-\infty}^{+\infty} g(t) e^{i2\pi ft} dt \qquad (6-40)$$

傅里叶变换是计算从起始到终止的每一个频率的振幅值,其离散表达式为:

$$A(k) = \sum_{j=0}^{N-1} a(j) e^{i2\pi jk/N} = \sum_{j=0}^{N-1} a(j) \left[\cos\left(2\pi j \frac{k}{N}\right) + i\sin\left(2\pi j \frac{k}{N}\right) \right] \qquad (6-41)$$

式中 $a(j)$——地震时间道在样点 j 处的振幅值;

$A(k)$——经过傅里叶变换后数据道在频率 k 处的复振幅;

N——时窗内的样点数。

转换后产生的振幅谱可以识别地层的时间厚度变化,相位谱可以检测地质体横向上的不连续性。频谱分解技术主要生成两种类型的数据体:目的层调谐体和离散频率能量体。

应用频谱分解处理成果进行裂缝的识别和解释的主要依据:(1)裂缝在相位调谐体(或振幅体)频率切片上相位(振幅)变化密集条带状突变及错段;(2)裂缝在调谐体剖面上的不连续,表现为振幅间断、上翘或上拱。

2) 地震属性法识别裂缝

地震属性是指那些由叠前或叠后地震数据经过数学变换而导出的有关地震波的几何形态、运动学特征、动力学特征和统计学特征的特殊测量值。目前,地震属性方法种类繁多,包括瞬时相位、振幅包络和瞬时频率 3 类地震属性分析法。

瞬时相位是地震剖面上同相轴连续性的度量,能反映岩性、地层层序变化等。当地震波在各向同性均匀介质中传播时,其相位是连续的,当它通过异常区会显示出相位的不连续。利用这种属性,可以运用瞬时相位图来识别河流和湖泊相等砂体、断层、缝(洞)等。

振幅包络是地震波振幅绝对值的大小,主要反映岩性、不整合、断层、流体及储集层的孔隙率变化,运用于识别河流和湖泊相砂体、局部断层、薄层、缝(洞)等。在振幅包络图上,能明显地反映出地震波横向上通过不同介质的振幅强弱变化特征。

瞬时频率是相位的时间变化率,可以反映岩性和地层层序的变化,用以识别冲积扇和三角洲砂体、异常衰减和薄层调谐变化、缝(洞)等。在瞬时频率图上,能清晰地显示出由于地震波通过不同介质界面而导致的地震波频率的明显变化。

3) 相干分析法识别裂缝

相干概念是相邻多地震道数据(地震属性:波形、振幅、频率和相位等)间相似程度的一种度量。通过相似部分或非相似部分的纵横向分析,就可识别出断层、裂缝和岩性的突变带,结合钻井、测井等资料可给出正确合理的解释。

当地层为连续的地层时,道和道之间有高的相关值或相似值,一个相位在相邻地震道上记录下来的地震波形肯定是相似的;当地层由于断层、地层岩性突变、褶皱、裂缝、地层尖灭等地质现象的出现而连续性遭到破坏时,地震道之间的地震属性特征可能发生变化,表现为道之间的相关性发生突变,为非相似性图[6-47(a)]。

4) 最大似然属性法识别裂缝

将原始地震数据沿着一组走向和倾角,计算每一点最低的相似度,最终的最大似然属性数据体更加接近断裂的原貌,检测到的断裂在剖面上比第三代属性技术(蚂蚁体、相干属性)连续性强,在地震反射轴错断和变形的区域断裂都能刻画出来,在剖面上更加接近人工解释的断裂。最大似然算法在充分考虑地层走向及倾向前提下,计算同相轴连续性,对小断层及裂缝有很好识别能力[图6-47(b)]。

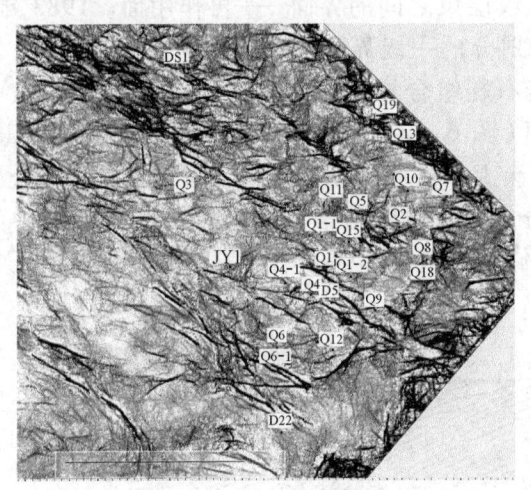 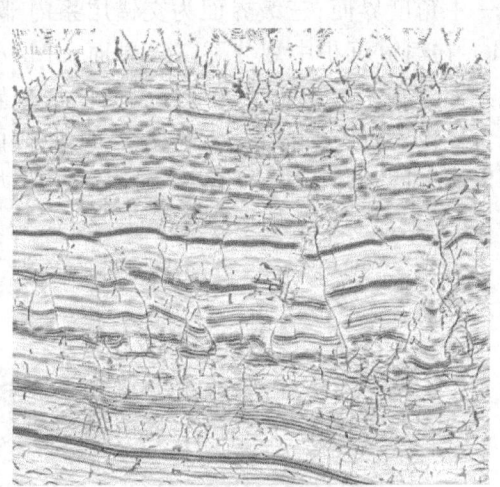

(a) 相干分析法识别裂缝　　　　　　　　　(b) 最大似然属性识别裂缝

图6-47　川东地区某气田裂缝预测图

第四节　储层构型研究

储层构型(reservoir architecture)是指不同级次储层构成单元的形态、规模、方向及其叠置关系,其核心是储层的层次性和结构性。随着油气藏开发的深入和地质资料的不断丰富,储层内部不同成因、不同级次的储层储集单元与渗流屏障的空间配置及分布地刻画更加精细,这对于油气藏评价和开发具有十分重要的意义。

一、概述

传统沉积相研究工作强调沉积岩的组合,依据这些沉积岩的几何学、岩石学、沉积构造、古水流模式和化石方面的特征(Selley,1985)进行相的判别和区分,主要侧重于垂向剖面分析,或依据二维研究结果拟想勾画出块状图以表示沉积相的三维分布。这种基于垂向剖面的解释可能会歪曲大尺度沉积体的几何形态和复杂的内部构型,尤其不能对河流这样侧向快速相变的沉积体做三维分析。

1977年,Allen在第一次国际河流沉积学研讨会上,首次将建筑学的术语"architecture"(构型)引入到河流沉积研究中,提出了"fluvial architecture"(河流构型)的概念,用来强调河流层序中河道和溢岸沉积的几何形态及内部结构。这一概念的提出是以20世纪60年代沉积层次规模的研究为基础的。1966年,Allen在研究河流、三角洲沉积露头时,将沉积体分为5个层次,即小规模波痕、大规模波痕、沙丘、河道、复合体系。Jackson(1975)提出了水下沉积底形(bedforms)的三级分类:微型底形(microforms,如波痕)、中型底形(mesoforms,如沙丘)、巨型底形(macroform,如点坝)。Miall(1977)在Allen(1966)的研究基础上增加了一个河流体系的层次,系统表达了沉积体系内部层次规模的概念。Brookfield(1977)等人在研究风成沙丘时,明确提出了层次界面的概念,将沙丘划分为四级层次(draas,dunes,zerodynamic ripples,impact ripples),其间被三个级次的界面所限定。一级界面为大沙丘之间的、大型的、侧向连续的、平整或上凸的界面;二级界面为沙丘迁移形成的交错层系之间的低—中角度界面;三级界面为交错层系内部、纹层束之间的界面——再作用面。1983年,Allen在河流沉积中划分了三级界面。Allen划分的一级界面为单个交错层系的界面;二级界面为交错层序组或成因上相关的一套岩石相组合界面;三级界面为一组构型要素或复合体的界面,通常是一个明显的冲刷面(图6-48)。1985年,Miall继承了Allen(1983)的思想,在第三届国际河流沉积学大会上提出了一套河流相的储层构型要素分析法,同年发表了《构型要素分析——河流相分析的一种新方法》一文,介绍了该方法中的构型要素、界面等概念,将储层构型定义为"储层及其内部构成单元的几何形态、尺寸、方向及其相互关系"。

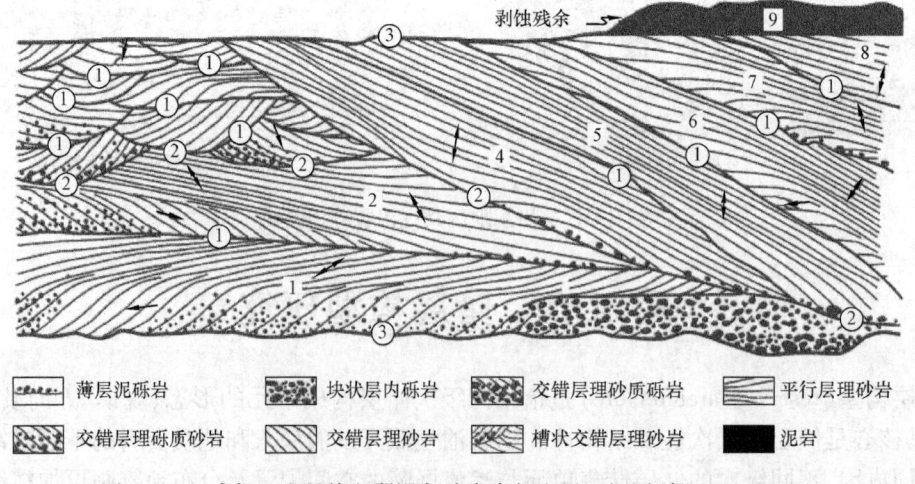

图6-48 威尔士边陲德文郡褐色砂岩岩相和界面概图(据 Allen,1983)
1~9为沉积层序位置;①~③为界面级次

从上述内容可知,构型概念主要是从层次结构的角度对地质体进行研究,也进一步说明储集体的层次结构即为储层构型,沉积体的层次结构则可称为沉积构型。当成岩作用和裂缝形成作用影响小时,储层构型主要为沉积构型。

二、构型界面

沉积环境具有多级次,沉积速率也具有多级次。沉积速率的级次可高达 11 级(从 10^{-4} m/a 到 10^7 m/a)。沉积环境与沉积速率的多级次性导致沉积体的层次结构性,其级次主要通过构型界面来划分。

构型界面(architecture surface)是指一套具有等级序列的岩层接触面,据此可将地层划分为具有成因联系的地层块体。对于层次界面划分的排序,目前有两种截然相反的方案。一种是以 Miall 为代表的河流相构型研究时采用的数序与级次相同的划分方案(即 1 级界面最小),另一种是 Mutti 和 Normark 等为代表的在研究深海浊流沉积时采用的数序与级次相反的划分方案(即 1 级界面最大)。下面以 Miall 划分的级次为例来说明构型界面。

Miall(1985)在 Allen(1983)三级构型界面划分的基础上,提出了一个六级界面的划分方案(从交错层系间的 1 级界面到河谷的 6 级界面),其后,在 1 级界面前增加了一个反映纹层间界面的 0 级界面,在 6 级界面之后增加了两个地层意义的界面(7 级和 8 级界面)(表 6 – 10)(Miall,1996)。

表 6 – 10 三级层序内的河流—三角洲沉积构型分级(据 Miall,1996)

构型界面级别	构型单元 (以河流—三角洲为例)	时间规模 a	沉积过程(举例)	瞬时沉积速率 m/10^3 a
0 级	纹层	10^{-6}	脉动水流	
1 级	波痕,沙丘内部增生体(微型底形)	$10^{-5} \sim 10^{-4}$	底形迁移	10^5
2 级	中型底形,如沙丘	$10^{-2} \sim 10^{-1}$	底形迁移	10^4
3 级	巨型底形,如增生体	$10^0 \sim 10^1$	季节事件,10 年洪水	$10^{2 \sim 3}$
4 级	巨型底形,如点坝、天然堤、决口扇;未成熟古土壤	$10^2 \sim 10^3$	100 年洪水,河道及坝迁移	$10^{2 \sim 3}$
5 级	河道;三角洲舌体;成熟古土壤	$10^3 \sim 10^4$	河道改道	$10^{0 \sim 1}$
6 级	河道带;冲积扇	$10^4 \sim 10^5$	5 级米兰柯维奇旋回	10^{-1}
7 级	大型沉积体系;扇域	$10^5 \sim 10^6$	4 级米兰柯维奇旋回	$10^{-1} \sim 10^{-2}$
8 级	盆地充填复合体(三级层序)	$10^6 \sim 10^7$	3 级米兰柯维奇旋回	

0 级界面:沉积纹层间的界面。

1 级界面:交错层系的界面。在这一级界面内部,没有侵蚀或仅有微弱的侵蚀作用。这级界面实际上代表了连续的沉积作用和相应的底形。在岩心中,这些界面有时并不明显,但可根据交错前积层的前缘及切割作用来识别。

2 级界面:简单的层系组边界面。这类界面指示了流向变化和流动条件变化,但没有明显的时间间断,界面上下具有不同的岩石相。在岩心上可以通过岩石相的变化来区分 1 级界面和 2 级界面。

3 级界面:大型底形(如点坝或心滩)内的大规模再作用面或增生面,是一种横切侵蚀面,其倾角较小(小于 15°),以低角度切割下伏交错层,通常穿过 2~3 个交错层系;界面上通常披覆一层薄泥岩或粉砂岩(代表水位下降事件),其上砂岩内可发育泥砾;界面上下的相组合相同或相似。3 级界面代表大型的侵蚀作用及流水水位变化,但并没有特别明显的沉积方式和底形方向的变化。

4 级界面:大型底形的界面,如单一点坝或心滩(相当于单一微相)的顶面,其表面通常是平直或上凸的,下伏的层理面以及 1 级、2 级、3 级界面遭受低角度切割或局部与上部层平行。小型河道(如串沟)的底侵蚀面、决口扇顶面也是 4 级界面,而大型的河道底面属于级别较大的界面。4 级界面也是低角度面,界面上也可披覆一层薄泥岩(或透镜体)以及泥砾,但界面上下的岩相组合有变化,而且界面限定的构成单元较大(而 3 级界面限定的单元面积一般小于 0.1km^2)。

5 级界面:大型砂席边界,诸如宽阔河道及小河道充填复合体的边界。通常是平坦到稍具上凹的,但由于侵蚀作用会形成局部的侵蚀—充填,以切割—充填地形及底部滞留砾石为标志,基本与 Allen(1983)的三级界面相当。

6 级界面:限定河道群或古河谷的界面。

7 级界面:一种异旋回事件沉积体的界面,相当于体系域的界面,如最大海(湖)泛面,其限定的单元为大型沉积体系。

8 级界面:区域不整合面,相当于三级层序的边界,其限定的单元为盆地充填复合体(basin - fill complex)。

Miall 在构型界面划分的基础上,充分考虑了各级次地质体的结构变化(如岩性、粒度、成分)及界面的接触关系(如上超、下超、截断),并确定了界面的识别原则:

(1)任何一级界面可被同级或更高一级界面所削蚀,但不能被更低级界面所削蚀。
(2)老界面可在新的单元沉积之前被侵蚀。
(3)较小级别的界面在横向上可改变其级别。

三、构型单元

构型界面具有层次性,因此由不同级次界面所限定的构型单元也具有层次性。从构型单元规模看,可将其分为三组:规模最大的一组为 8~6 级界面所限定的构型单元,分别对应于 3~5 级米兰柯维奇旋回,大体相当于三级层序、体系域和准层序(组),实际上为地层意义上的构型单元;其次为 3~5 级界面所限定的构型单元,是真正意义上的储层构型单元;规模最小的一组为 2~0 级界面所限定的构型单元,是层理级别的岩石单元。

Miall 定义构型单元为沉积体系的一个构成部分,将 3~5 级界面所限定的构型单元定义为构型要素,实为储层意义上的构型单元。5 级界面限定的构型要素大体相当于沉积微相组合规模,如曲流河的曲流带(或河道);4 级界面限定的构型要素大体相当于单一微相,相当于成型淤积体(钱宁,1987),如单一点坝(或侧向增生大型底形)、单一决口扇等;3 级界面限定的构型要素大体相当于单一微相内部的构成单元,如点坝内部的侧积体(图 6-49)。目前我国油田生产部门对储层构型的研究多限于 5 级界面所限定的构型要素,而对 4 级、3 级界面限定的构型要素研究很少。然而,这些低级次构型要素对于油层内部剩余油分布及开发效果起到非常重要的控制作用,是我国油田部门下一步深入挖潜、提高油藏采收率的重要方向。

构型单元分类既是描述性的,也是成因分类。对于构型单元的划分需要从以下 6 个方面进行考虑。

(1)上、下界面特征:侵蚀或递变、板状的、不规则的及弯曲的〔向上凸或向下凹〕。限定构型单元的上下界面特征主要表现为平整、不规则和曲面,曲面既有上凹的,也有上凸的。

(2)外部几何形态:席状、透镜状、楔状、勺状及U形充填等。

(3)规模:厚度、在平行或垂直于水流方向的延伸情况。

(4)岩性:岩石组合和垂向序列。

(5)内部几何形态:内部的性质和位移、层理和1~2级界面与更高级界面的关系〔平行、削截、上超、下超)。

(6)古水流模式:与内部界面和构型单元外部形式相关的水流标志方向。

据此,Miall 归纳出河流沉积中9类基本构型单元,又把越岸细粒单元(FF)分解为5个次一级单元,这5个单元与人们传统上划分的微相是一致的。详见表6-11、表6-12。

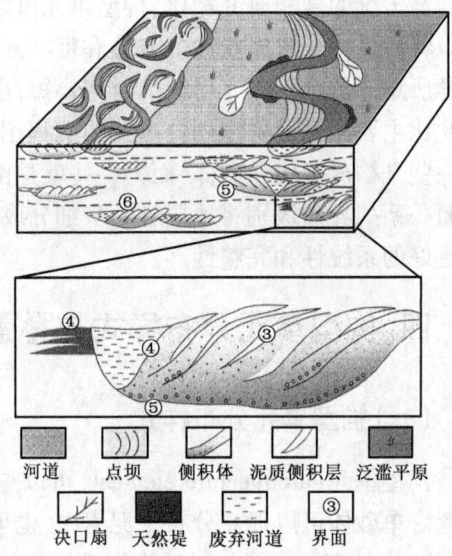

图6-49 曲流河沉积储层构型模式
(据 Ambrose,1991)

表6-11 越岸环境碎屑构型单元(据 Miall,1996)

构型单元	符号	相组合	几何学特征	解释
天然堤	LV	Fl	楔状,可达10m厚、3m宽	越岸溢流
决口河道	CR	St,Sr,Ss	带状,可达几百米宽、5m深、10m长	主干河道边缘的裂缝
决口扇	CS	St,Sr,Fl	透镜状,范围可达10km×10km,10m级厚	从决口河道进入洪泛平原,类似于三角洲的加积
洪泛平原	FF	Fsm,Fl,Fm,Fr	席状,侧向延伸数千米,厚10m级	越岸席状流沉积物,洪泛平原洼地和沼泽
废弃河道	CH(FF)	Fsm,Fl,Fm,Fr	带状,规模上可相当于流水河槽	流槽或牛轭湖产物

表6-12 河流沉积的构型单元(据 Miall,1996)

代码	单元	符号	几何学和相关性
1	河道	CH	指状、透镜状或席状,上凹的侵蚀基底;规模、形状变化大,内部上凹的3级侵蚀面常见
2	砾石坝及底形	GB	透镜状、平伏状,通常是板状体,具有 SB 的夹层
3	砂底形	SB	透镜状、席状、平伏状、楔状,河道充填、决口扇、小型沙坝出现
4	向下加积底沙坝	DA	发育于平和河道底上的透镜状,具有上凹的3级内部侵蚀面和向上的4级界面
5	侧向加积的沙坝	LA	楔状、席状、舌状,以及内部侧向加积3级界面特征
6	冲蚀凹地	HO	匙形凹地,具有不对称的充填
7	沉积重力流	SG	舌状体、席状,典型的 GB 夹层
8	层状沙席	LS	席状、带状
9	越岸细粒	FF	薄的到厚的带状,通常具有 SB 夹层,可以充填废弃的河道

与传统的微相研究相比,构型单元可以更精细地刻画沉积体单元,如根据砂体的形态,它可以将河道砂分成席状砂(CHS)和带状砂(CHR);它所划分的沉积单元持续的时间比层序地层学所划分的沉积单元持续的时间要短;由于构型单元是试图从三维角度去划分沉积地质体,因此比主要从剖面构型划分单元的沉积相分析更能反映沉积体的本来特征;Miall 的构型单元有一些是构成微相的砂体,而另一些就是由沉积微相构成,所以应用起来比较方便;构型单元按照一系列界面级别将地层进一步细分成不同等级,在复保存地层的沉积史比沉积相研究具有更好的系统性和完整性。

四、构型单元分布样式与叠置方式

(一) 构型单元分布样式

构型单元(architecture element)可以是单砂体,也可以是多个单砂体的在侧向和垂向上的叠置。单砂体可以孤立分布于泥岩中,也可由多个单砂体侧向或垂向叠置成为复合砂体。壳牌石油公司 Weber 等(1990)根据砂体的组合样式将储层构型单元分布样式归纳为三类,即千层饼状构型(layercake architecture)、拼合板状构型(jigsaw-puzzle architecture)和迷宫状构型(labyrinth architecture)(图6-50)。

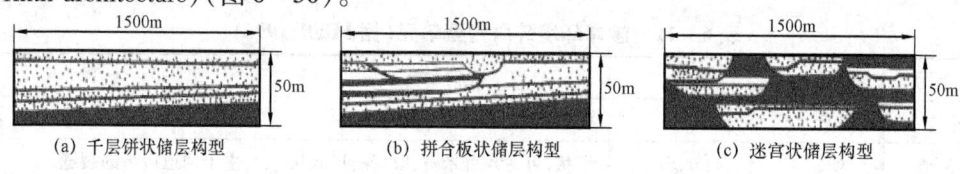

(a) 千层饼状储层构型　　(b) 拼合板状储层构型　　(c) 迷宫状储层构型

图 6-50　储层构型单元分布样式(据 Weber,1990)

1. 千层饼状

这类储层构型的主要特征为:(1)由分布宽广的砂体叠合而成,为同一沉积环境或沉积体系形成的层状砂体;(2)砂体连续性好,单层砂体厚度不一定完全一致,但厚度是渐变的;(3)砂体水平渗透率在横向上没有大的变化,单层垂向渗透率在横向上也是渐变的;(4)单层之间的界线与储层性质的变化或阻流界线一致。

具有这类储层构型的沉积砂体在陆相主要为湖泊席状砂、风成沙丘等;海岸相主要有障壁沙坝、海岸砂脊、海侵砂;海相主要有浅海席状砂、滨外沙坝和外扇浊积体。

2. 拼合板状

这类储层构型的主要特征为:(1)由一系列砂体拼合而成;(2)砂体连续性较好,储层内偶尔夹有低渗或非渗透率层,有些重叠砂体之间也存在非渗透隔层;(3)砂体之间会出现岩石物性的突变,有些砂体内部的岩石物性存在着很强的非均质性。

绝大部分陆相沉积砂体属于这种类型,如河流相砂体、冲积扇砂砾岩体、三角洲砂体、浊积扇砂体等;在海岸环境主要为沉积相复合体如障壁岛与潮道充填复合体、河道充填/河口坝复合体等具有较高砂泥比的沉积复合体;在海洋环境主要有风暴砂透镜体和中扇浊积体等。

3. 迷宫状

这类储层构型的主要特征为:(1)为小砂体和透镜状砂体的十分复杂的组合;(2)砂体连

续性常具方向性,在剖面上不连续,在平面上不同方向的连续性也不一样;(3)部分砂体之间为薄层席状低渗透砂岩所连通。

属于这类储层构型的砂体成因类型在陆相主要为低弯度河道充填砂体、具低砂泥比的冲积沉积;在滨岸相主要为低弯度分流河道沉积;在海洋环境主要为上扇浊积岩、滑塌岩及具低砂泥比的风暴沉积等。

(二)储层构型单元叠置方式

构型单元的叠置可分为不同期复合与同期复合两种方式。

1. 不同期复合

不同期的构型单元之间的叠置主要受控于异旋回作用。相互叠置的构型单元在沉积时间上有先有后,表现为两期砂体的顶部高程(距标志层的相对距离)有差别。根据叠置的产状,可将不同期复合分为垂向叠置和侧向叠置两类。

1) 垂向叠置

垂向叠置即两期砂体在大体相同的平面范围内的叠置。以河流相为例,由于河道下切程度的不同,两期单河道在垂向上可表现为以下三种叠置模式(图6-51)。

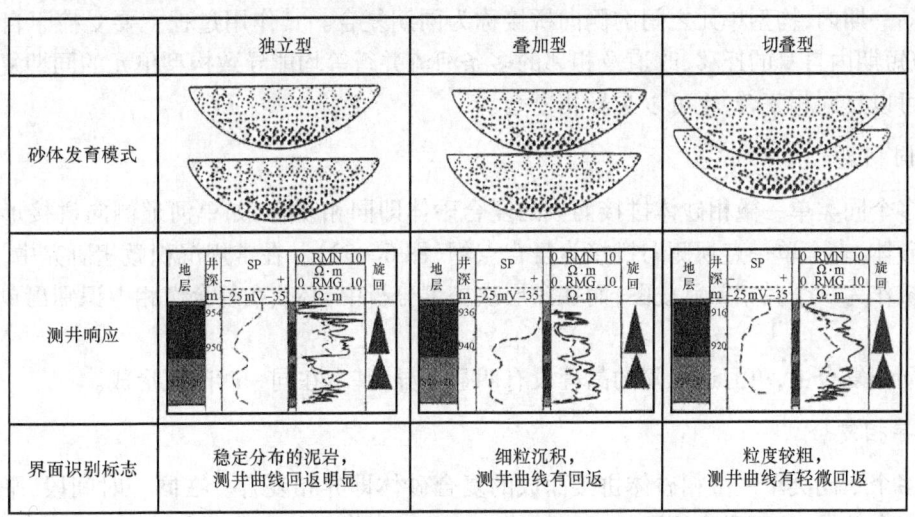

图6-51 单河道垂向叠置模式(据吴胜和,2010)

(1)独立型:两期河道砂体在垂向上尚未接触,其间尚有泛滥平原泥岩(作为两期河道之间的隔层)。从严格意义上讲,两期砂体尚未"叠置"。

(2)叠加型:两期河道砂体在垂向上已接触,即后期河道底部与先期河道顶部接触。在这种情况下,虽然两期砂体叠置,但其间存在较明显的储层质量差异。

(3)切叠型:后期河道下切到先期河道砂体内部。随着河道下切程度持续增强,先期河道砂的上部往往被后来的河流冲刷掉,仅仅保留了下部的不完整旋回,不同时期的不完整旋回可叠置成非常厚的复合砂体。

2) 侧向叠置

侧向叠置为两期平面上相邻的砂体在侧向上的叠置。后期砂体在侧向上切割侵蚀先期砂体(图6-52)。一般而言,叠置的两期砂体属于同一个单层,但不属于一个期。因此,在以单层作图的平面砂体分布图中往往表现为连片砂体,但实际上由两期侧向叠置的砂体组成。

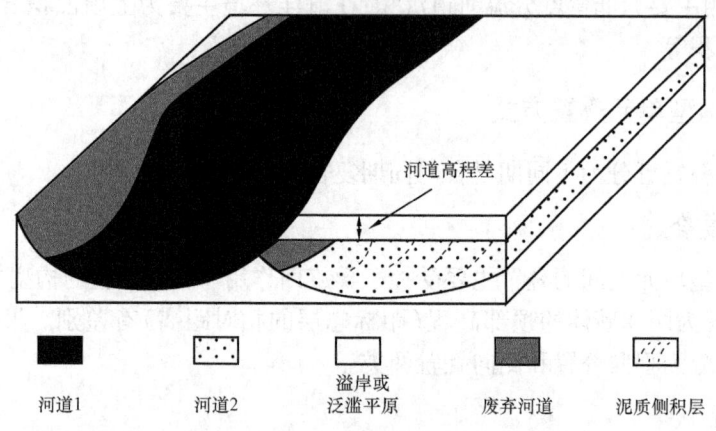

图6-52 两期河道的叠置关系(据吴胜和,2010)

2. 同期复合

在同一期内,构型单元之间的侧向拼接称为同期复合。其作用过程主要受控于自旋回因素,河流短期内自身的迁移、改道及相邻的多条河流并行等均能导致构型单元的同期复合。复合砂体可以是同相复合,也可以是异相复合。

1)同相复合

由多个同类单一微相砂体拼接而成的复合砂体即同相复合,如单河道侧向拼接形成的复合河道砂体、多个单一点坝侧向拼接为复合点坝(图6-52)。在常规沉积微相研究中,这类复合砂体被作为一个微相单元成图;而在深层次构型分析中,必须在复合微相中识别出单一微相砂体。

在同相复合中,单河道之间的高程没有明显差异,基本在同一时间段形成。

2)异相复合

由多个不同类单一微相砂体拼接而成的复合砂体即异相复合。在同一时间段,平面上的微地貌存在差异,从而形成不同的成因砂体。这些不同类型的砂体侧向拼接形成异相复合,如河道—溢岸复合砂体(图6-52)。

(三)构型单元的规模

1. 绝对规模

构型单元的规模与沉积体系的规模密切相关,如单一河道砂体的规模取决于河流的规模,而复合河道砂体的规模还与河流的侧向迁移有关。

近20年来,很多研究者通过对野外露头的精细测量,对构型单元的规模进行了研究,以河流相为例,测量了大量的河流相砂体宽度、厚度及宽厚比参数(表6-13、表6-14),初步建立了河道砂体的储层地质知识库,为广大学者研究地下河道砂体分布及规模奠定了基础。

表 6–13　砂质辫状河不同层次规模的砂体宽度、厚度及宽厚比关系

砂泥体层次规模划分	位置	宽度,m	厚度,m	宽厚比	备注
槽状交错层理	下段	6.06	0.71	8.5:1	测157个数据
	上段	9.04	0.87	10.4:1	
向上变细岩相单元/泥砾		3~11	1~5		底部有泥质条带或泥砾
单砂体/底砾	下段	271(31~1600)	5.0(1~12)	59:1	测64个数据变化范围
	上段	530(149~1200)	9.9(5.8~18)	53:1	测17个数据变化范围
废弃河道充填		99(24~281)	3.0(1.3~7.2)	33:1	平均值变化范围
复合砂体	下段	1550	20.6	75:1	测3个砂体
	上段	(770~1500)	30~33	23:1~50:1	测2个砂体
溢岸/泛滥平原沉积		305(10~1500)	4.4(1~13)	7:1	

表 6–14　中国湖盆各类河道砂体的储层地质知识库(据穆龙新等,2000)

非均质指标 \ 砂体类型		高弯曲度曲流河	低弯曲度曲流河	短流程辫状河	长流程辫状河
粒度变化		均匀向上变细、单个正韵律	单个和多个向上变细正韵律	无规则序列	无规则序列
最高渗透率段位置		底部	底部	不定	底部或中下部
渗透率非均质性	变异系数 K_v	0.8~1.0(1.3)	0.0~0.7(1.0)	0.4~1.0	0.5~1.0
	极差 K_{max}/K_{min}	10~20(50)	10~20(40)	5~20(>40)	4~14(>30)
	突进系数 $K_{max}/\bar{K}$	3.5~5.07	2.5~4.5	1.6~2.4(3.5)	1.6~2.3
顶部亚相厚度		30%	20%左右	≈0	<10%
层内薄泥质夹层	产状	侧积	侧积、泛滥、充填多	充填	充填
	频率	上部多	全剖面分布	几乎没有	很少
侧向连续性	砂体几何形态				
	河流带砂体宽厚比	130~170	30~60	40~80	100左右

注:括号内为最大值。

2. 规模比例

由于构型单元的规模与沉积体系的规模密切相关,因此从理论上讲,同一类型沉积环境形成的同类构型单元的规模可以相差很大。在地下储层表征中,往往可以掌握单井垂向构型单元的厚度,而需要预测构型单元的侧向分布。因此,把握构型单元的垂向信息(特别是厚度)

与侧向规模的定量比例关系十分关键。

研究者对砂体的宽厚比进行了很多研究。比较有代表性的是 Fielding 和 Crane(1987)对不同类型河道砂体的宽度和厚度关系进行的统计及宽/厚系关表达式(图 6-53)。然而，从图可以看出，宽/厚关系的数据点仍然过于分散，难以用于地下实际。

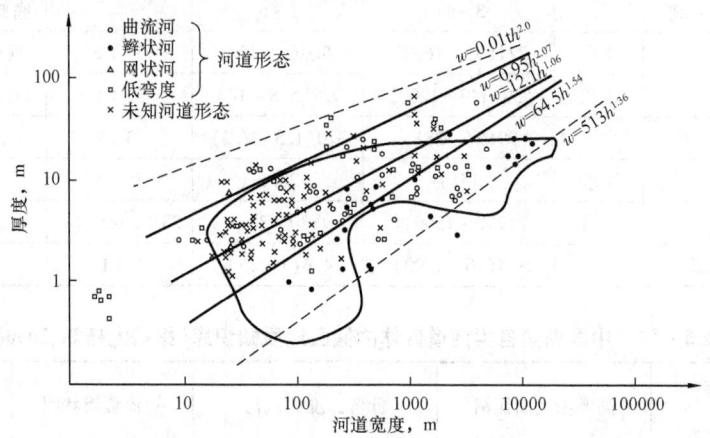

图 6-53　河道充填砂体的宽度和厚度交会图(主要数据取自 Fielding 和 Crane,1987)
图中粗线圈起来的点是简单的曲流河河道砂体

导致宽/厚关系的数据点过于分散的原因主要有地质复杂性原因和统计方法。由于地质过程的复杂性，宽度和厚度之间不一定具有简单的线性关系。例如，对于同一深度的河道，其侧向迁移程度不同，将导致不同的宽度，在这种情况下，简单地统计宽厚比，必然难以得到理想的结果。鉴于此，应从成因机理入手，建立垂向信息与侧向规模的关系。在高弯度曲流河的定量规模研究中已取得了较大的进展。

五、储层构型分析思路

已有的储层构型分析研究成果大多是在露头和现代沉积中取得的，地下储层构型分析与露头分析有很大的差别，后者直观可视，而前者需要进行井间预测。针对油田开发阶段地下储层构型井间预测的特点，吴胜和等提出了层次分析、模式拟合与多维互动的基本研究思路。

(一)层次分析

层次分析是指针对需要研究的储集体，进行层次划分，并分析各层次不同构型单元的特征。构型分析的核心是恢复不同层次构型单元的分布。由于小级别构型单元的分布受控于大级别构型单元，因此层次划分、分级控制十分必要。如针对曲流河的河道储层，可按以下层次进行划分。

第一层次为河谷或复合河道层次，包括复合河道砂体、溢岸砂体、泛滥平原等，其界面相当于 Miall(1996)的 6 级界面。

第二层次为河道砂体层次，即曲流河到侧向加积形成的带状砂体，其界面相当于 Miall(1985,1996)的 5 级界面。

第三层次为点坝层次，为曲流带内的单一点坝砂体、废弃河道、决口扇、天然堤等，其界面相当于 Miall(1985,1996)的 4 级界面。

第四层次为侧积体层次,为点坝内部的侧积体和泥质侧积层,有时还有串沟,其界面相当于 Miall(1985,1996)的 3 级界面。

在构型分析过程中,首先确定曲流带(复合或单一)河道砂体的分布,然后在河道砂体内部识别点坝,最后在点坝内部解剖侧积体和侧积层。

(二)模式拟合

构型分析的核心是井间预测,而预测的基本前提是预知对象的分布规律或模式。显然,地下构型的空间分布不能用线性或非线性方程来表达,因而难于通过井间插值来预测构型单元的分布。构型分布的规律主要表现为模式,为此,提出模式拟合的构型分析思路,即通过将不同级次的定量构型模式与地下井资料(包括动态监测资料)进行拟合,建立地下储层构型的三维模型。

模式拟合的关键是模式认知和模式与井的拟合。

1. 模式认知

针对不同级次的构型单元,建立相应的定量构型模式,特别是不同构型单元的定量规模。例如,对于曲流河储层构型分析,十分关键的是点坝规模及其内的侧积体和侧积层的规模。

2. 模式与井的拟合

按照各构型单元的规模范围将井点处的构型单元进行联结,构建初始构型模型,然后按照构型模式中各构型单元之间的几何配置关系,对已连接的初始模型进行优化,使最终模式既与井点吻合,又符合地质模式。

(三)多维互动

所谓多维,是指一维井眼、二维剖面、二维平面和三维空间;互动则是指在分析过程中,不是单纯的从一维到二维再到三维,而是各维之间相互印证,即单井分析、剖面分析、平面分析和三维模型分析都不是一步到位的,需要相互验证,最终得到一个既符合井资料和油田开发动态响应,又符合构型地质模式的逼近地质实际的三维构型模型,这是符合地质分析思维的方法。

第五节 储层综合评价

储层综合评价(reservoir comprehensive evaluation)是油气勘探、开发各阶段的重要工作,通常按勘探与开发两个阶段进行划分。勘探阶段储层评价贯穿含油气盆地的勘探全过程,主要应用区域地质和地震资料,并结合少量钻井和测井资料,从沉积和储层条件出发,结合相关地质因素,对研究区内主要勘探目的层按照油气勘探有利与不利程度分区评价,为油气探勘提供依据。开发阶段储层评价是指从油田发现开始直至油田废弃,在整个过程中进行的所有储层评价,此时主要是应用大量的地震、钻井、测井及生产测试资料,对有效储层进行评价和预测,以最大限度地提高油田(藏)的采收率为目的。储层综合评价一般采用多参数综合权衡评价的方法,在勘探与开发各阶段所采用的评价参数有所不同;进行综合权衡评价的核心问题是要根据不同研究区块,合理选择评价参数、合理确定各参数在评价体系中的权重。

一、储层综合评价参数选择

(一)勘探阶段评价参数选择

基于勘探阶段目的,储层综合评价的参数必须包括:查明沉积相带及重要沉积界线、储集体类型、储集体规模及形态、储层物性、储集体埋藏深度与成岩阶段、储集体与圈闭的配置关系、储集体盖层条件、油气显示等(表6-15)。具体到勘探的不同阶段,应根据具体的目标、储层类型选择不同的参数,各参数的权重也有所不同。如油气藏评价阶段,其目的是确定主力区块、主力含油层系、主力油层组,用于参与常规储层评价的参数应包括:有效厚度、储集体面积和连续性、有效孔隙度、渗透率、泥质含量和类型以及碳酸盐岩含量等参数。致密砂岩储层评价参数包括:烃源岩特征、岩性、物性、脆性、含油气性、应力各向异性等参数;页岩油气储层评价参数主要为页岩厚度、有机质丰度、有机质成熟度、灰分、发热量、全硫含量、矿物组分、岩石力学性质等参数。

表6-15 勘探阶段储层评价参数表

主要参数	具体内容	主要作用
储集体成因	不同碎屑岩沉积相带的砂体类型、碳酸盐岩沉积相类型以及火山岩或特殊岩性储层	分析储层形成过程、储集体规模、储集性能及生储组合特征
储集体规模	储集体的厚度及分布面积	确定潜在油藏的储量大小
成岩储集相	不同的埋藏深度、岩性组合、构造演化及古温度演化史	分析储层特征、孔隙结构、储层非均质性
储集体物性	储层孔隙度和渗透率	确定油气储能(储量)和产能大小

(二)开发阶段评价参数选择

油气田进入开发阶段,储层综合评价的任务是评价储层渗流能力的差异。常用于评价储层的参数应该包括反映储存能力的参数(如有效孔隙度、储存系数)、反映渗流能力的参数(如渗透率、地层流动系数、地层系数、储层质量指数、渗透率非均质参数等)以及孔隙结构参数(如孔隙类型、孔喉大小、孔喉分选性、毛管压力等)(表6-16)。开发不同阶段,储层评价的侧重点也不相同,选用参数亦不相同。

表6-16 开发阶段储层评价参数表

主要参数	具体内容	主要作用
砂岩厚度	给出砂岩解释的测井标准及每口井的岩性解释	确定储集体的规模
有效厚度	给出每个层组中含油(气)层(砂体)的厚度	确定储量的丰度和储量大小
有效厚度钻遇率	油田内钻遇有效层井数/总井数的百分数	反映储层砂体规模的相对大小,间接反映储层砂体连续(通)性
净毛比	有效储层(含油气层厚度)/总储层(砂岩总厚度)*	反映储层规模、计算储量的必要参数

续表

主要参数	具体内容	主要作用
有效孔隙度	具有工业价值的孔隙度,即大于孔隙度下限值	反映储量丰度(储能)与储量大小,分析储层非均质性
有效渗透率	具有工业价值的渗透率,即大于孔隙度下限值	反映储层岩石渗流能力与的储层产能、分析储层非均质性
储集(砂)体面积或延伸长度	某一层组或单层的不同级别有效层的范围	判断储层连续性与连通性
黏土含量及其矿物类型	样品或测井解释的V_{sh},各种类型的含量	了解储层非均质性,分析储层保护与改造措施
孔隙结构参数	平均喉道半径或中值以及相对分选系数	间接体现储层渗流条件与非均质性
层内非均质性参数	变异系数、突进系数、级差及垂向渗透率的韵律性	分析储层非均质性
储层质量系数	$RQI = (K/\phi)^{1/2}$	量储集砂体油气储量与产能优劣

注:也可以采取砂地比作为净毛比,但应依据泥质百分含量模型和给出一定的孔隙度下限值辅助计算,扣除泥质含量和无效孔隙的影响。

开发各阶段的储层评价阶段之间以及与勘探阶段的储层评价也不是截然分开的,往往勘探早期与评价阶段相交叉,评价阶段的先导开发实验区与开发早期相交接,而开发早期与中后期的描述也是各有特殊性又有共性,许多研究内容是相似的,只是精度不同而已。

二、储层综合评价方法

(一)储层定量综合评价方法

综合分类评价方法很多,如"权重"评价法、聚类分析法、模糊数学方法等,下面以"权重"评价法为例进行说明。

1. 单项参数标准化

由于不同参数的量纲不同,数值差异大,各单项参数的定量评价得分可采用标准化法。一般采用极大值标准化法,即以单项参数除以同类参数的极大值,使本项参数评价值在 0~1 之间。

对于数值与储层性能正相关的参数,如储层厚度、渗透率、有效孔隙度等值越大,反映储层参数越好,直接除以本项参数最大值。标准化公式为

$$E_i = X_i / X_{max} \tag{6-42}$$

对于数值与储层性能负相关的参数,如泥质含量、碳酸盐含量,则用本参数极大值减去单项参数之差再除以本项参数最大值。

$$E_i = (X_{max} - X_i) / X_{max} \tag{6-43}$$

式中 E_i——第 i 单元的本项参数评价得分;

X_i——第 i 单元本项参数实际值;

X_{max}——所有单元中本项参数的最大值;

2. 确定各项参数的权系数

各项参数标准化以后,根据不同评价目的各参数的重要程度,对各项参数给予不同的

"权"系数。如在油藏评价阶段,各层组的储量丰度是评价储层的重要指标,可以将有效厚度作为第一权重;在方案设计阶段,划分开发层系和对不同层系采用不同井网成为主要矛盾时,可以将渗透率和其他影响储层渗流特征的参数作为第一权重;当所需井网密度处于经济边际条件时,反映储层连续性的参数就应加大权系数。

计算权系数常用的方法较多,通常有专家估值法、层次分析法、模糊关系法、灰色关联法、主成分分析法等。

3. 计算综合得分

把各项参数标准化数据分别乘以其权重系数,求得单项得分,然后将各样本中单项得分相加,得到各样本的综合得分。

4. 确定评价标准,进行综合分类评价

根据评价目的,依据综合得分建立储层综合分类标准。利用各个样本的综合得分,对其进行综合分类。

(二)储层定性综合评价方法

1. 碎屑岩储层评价

按储层孔隙结构特征来进行分类评价早在20世纪50年代就开始,后陆续出现了一些储层分类和评价标准,如Levorsen给出的孔隙度和渗透率分类评价标准;Robison给出的岩石表面结构和毛细管压力特征评价标准。到了20世纪80年代以后,储层研究逐步提出了单井储层评价、区域储层评价、开发储层评价、地震储层评价、测井储层评价、储层敏感性评价、计算机定量化储层评价以及建立储层研究数据库等。

在储层评价中的一个重要工作是对储层进行分级,确定储集层分级的界限值以及每一级次储层的特征。不同地区、同一地区不同层段,由于储层性质的差异,储层分类标准也不一样。其中一个重要的问题是储集下限与有效储集下限的界定。其次是各储层级别划分的"关节点",如好储层与中等储层的界限。

储集下限是指储集油气的最小物性下限值,物性参数大于该下限参数值的储集层就可聚集油气,也可产出油气,但不一定产出工业性油气量。有效下限值是指在当前工艺技术与经济条件下,在允许的生产压差下,能使储集层稳定产出工业性油气流的物性参数的最小值。当储层物性参数大于有效下限值的储集层称为有效储集层,因此储集下限主要考虑的是孔隙度与渗透率的问题,有效储集下限不仅要考虑孔隙度与渗透率的问题,还要考虑含油气饱和度。

目前关于储层分类的方法较多,主要有如下几种方法:

(1)依据孔隙度、渗透率与喉道半径分类。

(2)以基质克氏渗透率、孔隙度、中值喉道宽度的分级方法。

(3)根据砂岩的孔隙类型和毛细管压力特征的分类评价方法。

2. 碳酸盐岩储层评价

由于裂缝、溶蚀孔洞的存在,对碳酸盐岩的评价更为复杂。多数评价是基于孔隙型储层或碳酸盐岩的"基质岩块"的评价。裂缝与孔洞在评价整个岩石时是作为单独的因素考虑的。

1)单因素评价

基质孔隙度与渗透率是评价碳酸盐岩的两个重要因素。不同的学者依据孔隙度或渗透率对储集层进行了分级,如包茨(1988)分别依据孔隙度和渗透率对储层进行了分级评价(表6-17、表6-18)。

表6-17 依据孔隙度对储集岩(层)进行分级(据包茨,1988)

孔隙度,%					
Levorsen(1967)		Авцусин 等(1943)		孔金祥(1981)	
25~20	极好	>20	大容积	>12	好
20~15	好	20~15			
15~10	中等	15~10	中容积	12~6	较好
10~5	不好	10~5		6~2	中等
5~0	无价值	<5	小容积	<2	差

表6-18 依据渗透率对储集岩(层)进行分级(据包茨,1988)

渗透率,mD					
Levorsen(1967)		Калинто(1983)		Теоцорович(1958)	
		>1000	极好	>1000	极好
1000~100	很好	1000~500	好	1000~100	好
		500~100	中等		
100~10	好	100~10	不重要	100~10	中等
10~1	中等	10~1	差	10~1	差
		1~0.1	可能的	<1	非渗透性的
		0.1~0.01	非生产的		

2)物性结合孔隙结构参数等多因素法

国内外许多学者从物性、孔隙结构参数、天然气产能等各方面进行了储层的分类评价。但由于碳酸盐岩的复杂性以及对储层分类的实用性,因此不同划分评价方案都具有一定的"地方性"色彩。但这些分类方法都是具有意义的。储渗体评价法是目前比较常用的一种多因素评价法,即将致密岩层中非均一分布的孔、洞、缝相互沟通而形成的不规则组合及其空间分布看作一个储渗系统,以单井岩溶储层类型划分成果为约束,结合储层反演成果,按照有利微相展布、优质储层分布、缝洞发育分布、优质储层储量丰度对储渗体进行分类评价。

3. 页岩气储层评价

国外针对页岩气储层评价的研究较早,早在2012年就已经形成了地质—工程—经济一体化的储层评价流程。Sondergeld(2010)等基于北美海相页岩气特点,从岩石物理性质角度首次提出页岩气储层评价指标,分为储集能力、气体流动能力和储层改造能力等三大类,包含了岩石矿物组成、总有机碳含量(TOC)、孔隙度、含水饱和度、渗透率和可改造性质。Clarkson C. R. 等(2011,2012)在原来的储层评价基础上增加了孔径分布、毛细管压力、相对渗透率、电学性质、吸附气含量等参数,并形成了较为全面的地质—工程—经济一体化的储层评价流程。

我国页岩气储层评价研究起步晚。蒋裕强等通过对比美国页岩气储层与我国南方海相页岩气储层特征与差异性,率先提出了海相页岩气储层评价内容与标准,该标准系统性地涵盖了页岩气储层的有效厚度、储层地球化学指标(TOC和R_o)、储层储集与含气性指标(孔隙度、渗透率、含气性、含水饱和度)及可压裂性指标(脆性矿物组成、泊松比、杨氏模量)。2015年颁布的《页岩气地质评价方法》(GB/T 31483—2015)以此为基础,拟定从气源岩质量与有效范围、储层质量、潜力与前景、生产方式与产能四大方面开展海相页岩、煤系页岩与湖相页岩的地质综合评价准(表6-19)。

表6-19 页岩气地质评价标准(GB/T 31483—2015)

参　数	海相页岩气	过渡相—湖沼相煤系页岩气	湖相页岩气	意义
总有机碳含量,%	>2.0	>1.0	>1.0	气源岩质量与有效范围
热成熟度,%	Ⅰ、Ⅱ$_1$>1.1,Ⅱ$_2$、Ⅲ>0.9			气源岩质量与有效范围
脆性矿物含量,%	>40	>40	>40	储层质量
黏土矿物含量,%	<30	<40	<40	储层质量
孔隙度,%	>2.0	>2.0	>2.0	潜力与前景
渗透率,mD	>100	>100	>100	潜力与前景
含水饱和度,%	<45	<45	<45	潜力与前景
含油饱和度,%	<5.0	<10	<10	潜力与前景
含气量,m^3/t	>2.0	>1.0	>1.0	潜力与前景
直井初期日产量,10^4m^3	1.0	0.5	0.5	潜力与前景
资源丰度,10^8m^3/km^2	>2.0	>2.0	>2.0	潜力与前景
单井EUR,10^8m^3	0.3	0.3	0.3	潜力与前景
地层压力	常压-超压	常压-超压	常压-超压	生产方式与产能
有效页岩连续厚度,m	>30~50	>15	>15	生产方式与产能
夹层厚度,m	<1.0	<3.0	<3.0	生产方式与产能
砂地比,%	<30	<30	<30	生产方式与产能
顶底板岩性及厚度,m	非渗透性岩层>10	非渗透性岩层>10	非渗透性岩层>10	生产方式与产能
保存条件	构造稳定、改造程度低			生产方式与产能

注:Ⅰ、Ⅱ$_1$、Ⅱ$_2$、Ⅲ为气源岩母质类型,脆性矿物包括石英、长石、碳酸盐岩、黄铁矿等矿物。

目前,大多数学者都是基于储层静态地质参数进行评价,总体上均考虑页岩生烃潜力、储渗能力与含气性(孔隙度、微裂缝发育程度、含气量)、可压裂条件(矿物组成、脆性指数)。结合缓解水锁能力、流体可动性等开展页岩油气储层静—动态综合评价是发展的新方向。

4. 煤储层评价

煤储层评价指从区域煤层气地质调查至提交煤层气探明储量的所有勘查活动中的储层评价工作。早期的煤储层评价主要是作为煤层气资源评价的一部分进行的,大都是建立在区域或盆地评价的基础上(如赵庆波,1997;叶建平等,1998)。也有部分研究者,如苏付义(1998)对煤储层进行过单独评价,并提出了煤层气储集层的评价参数组合;王生维等(2004)提出了煤储层评价的基本参数特征及基本原则;姚艳斌等(2005,2008)将多层次模糊综合评价和GIS相结合的方法应用于煤储层评价,对多层次模糊综合评价进行完善,取得一定的研究进展。能源行业标准《煤层气储层评价》(NB/T 10256—2019)规定了煤层气勘探各阶段储层评价的目的、内容、方法和技术要求。将煤储层按照潜力区评价阶段、有利区评价阶段和富集区评价阶段进行评价。潜力区评价阶段目的是初步分析煤层气资源勘查潜力,估算煤层气潜在资源量。

有利区评价阶段目的是确定煤层勘查有利区,计算煤层气控制储量。富集区评价阶段是以发现具有商业性潜力的煤层气藏,提交煤层气探明储量、落实探明经济可采储量和煤层气井产能、确定合理的开发方式和开发技术为目标,为开发方案提供依据。不同阶段选用不同参数按照Ⅰ类、Ⅱ类、Ⅲ类进行综合评价。

思 考 题

1. 储层储渗空间有哪些类型?分别反映的尺度大小是多少?怎样去研究认识?
2. 砂岩、碳酸盐岩、页岩及煤储层各自主要特点是什么?
3. 碎屑岩的岩石结构对储层物性有什么影响作用?
4. 成岩作用对碳酸盐岩储层形成与改造有什么影响?
5. 储层非均质性研究的内涵是什么?表达砂岩储层非均质性的主线是什么?
6. 对于缝洞发育的碳酸盐岩等储层,如何研究其非均质性?
7. 储层裂缝的地质有哪些成因类型?表征裂缝的基本参数有哪些?
8. 简述表征储层性质的基本要素及核心内涵。
9. 不同沉积环境中砂体的平面几何形态和空间叠置方式有什么不同?

第七章 油气藏流体、温度和压力特征

油气藏形成以后,油气藏流体的性质和分布以及油藏的压力、温度处于一个相对平衡的状态,油气藏流体分布、性质、温度和压力的大小决定了油气藏的开发方式,因此,油气藏流体分布规律以及温度、压力系统的研究对于油气藏评价和油气开发都具有重要的意义。

第一节 油气藏流体分布

油气藏中油、气、水分布规律对正确评价油气藏、合理部署井网以及采油工艺的确定都起着至关重要的作用。本节首先介绍油气水在圈闭中的分布规律,然后介绍流体分布规律的控制因素,最后介绍油气藏流体研究的内容和研究方法。

一、油气水系统概念及分类

具有统一压力系统和油(气)水界面的油(气)、水聚集的基本单元,即一个单一的油气藏及其底部或边部水体的组合,称为一套油(气)水系统[oil(gas)and water system]。油(气)水界面是指在油(气)藏中,由于流体的重力分异作用,油气占据油藏的高部位,水体则位于油藏的底部或边部,从而形成的油(气)与水体之间的接触面。位于油藏正下方的水体被称为底水(bottom water)。位于油藏的边部的水体被称为边水(edge water)。

对于单一油气藏而言,根据油水产状,则可将油水系统分为具底水的油(气)水系统和具边水的油(气)水系统。而对于一套油层,可以是单一油(气)水系统,也可以是多套油(气)水系统,这取决于油层间隔层的封挡性能,即油层间的垂向渗流性能。

(一)具底水的油气水系统

油(气)藏具有底水及统一的油水界面,整个油藏与底水(及气顶)形成统一的水动力学系统。一般为块状油(气)藏,其储层厚度大、内部无连续性隔层,一般含油(气)高度小于油(气)层厚度。这类油藏多为古地貌油藏(如生物礁油藏)、古潜山油藏(如缝洞性基岩油藏)及厚层砂岩、碳酸盐岩油藏等。

对于厚层砂岩(如大于20m),如纵向上叠加的辫状河砂体、扇三角洲砂砾岩体、障壁沙坝等,复合砂体内部往往缺乏稳定的泥岩沉积,垂向渗透性较高,在油气成藏过程中将发生统一的油水分异,就可形成具有统一油水界面的底水油藏。

一些小断块油藏中局部发育厚层砂岩,也可形成块状底水油藏(如济阳拗陷永安镇、现河庄等小断块)。

(二)具边水的油气水系统

具边水的油气水系统是指油(气)藏中水体位于油层的边部(即边水),油层(及气层)与边水形成的油(气)水系统。该类油水系统一般由多层油层组合,呈层状。纵向上砂、泥互层,单油层厚度小,含油(气)高度大于油(气)层厚度,面积大,油层之间有连续性隔层。另外,透镜状砂体形成的透镜状油气藏一般也具有边水(或无水体)。这类系统可分为两大基本类型。

1. 多油层具有统一的油(气)水系统

此类系统一般发育于多层砂体形成的原生油藏中。在多旋回沉积中,同一沉积旋回内的多油层之间虽然具有连续性的隔层,但由于岩性、裂缝或断层的影响,隔层仍具有一定的渗透性,在缓慢的成藏过程中,油层间仍发生油水垂向运移和分异,从而使得各个油层具有统一的水动力系统和油水界面(图7-1)。如松辽盆地大庆长垣北部喇嘛甸、萨尔图、杏树岗三个油藏,在数百米的沉积旋回中(河流—三角洲沉积),油水统一分异,形成统一的水动力系统。

2. 各油层具有各自的油(气)水系统

此类系统中储层内油、水分布以砂层为单元各自形成系统。纵向上油、水层间互,各油层具有各自的油水系统和油水界面(图7-2)。

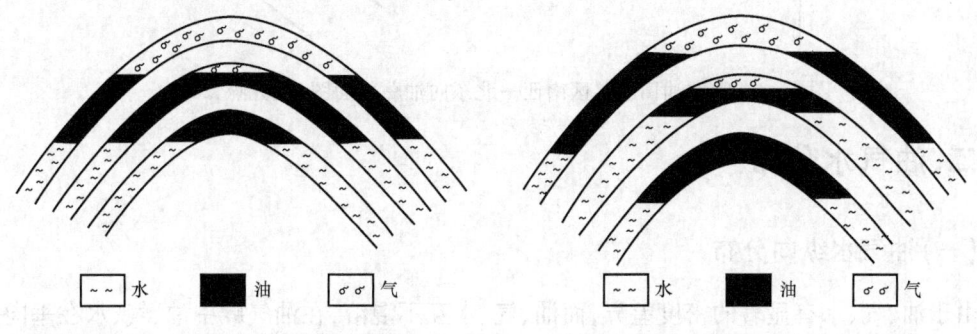

图7-1 多油层统一油(气)水系统　　　图7-2 各油层各自油(气)水系统

一般情况下,这类油藏的砂层间发育连续的、不渗透的泥岩等岩层,该岩层的封隔条件好。在成藏过程中,油气在各个砂层中发生油气充注,并在其内部发生油气水的分异作用,砂层间几乎未发生垂向渗流,因此,各砂层形成各自的水动力系统。

油(气)水系统是成藏及其后油水分异过程的结果,而砂层间的垂向渗流程度是决定多油层是统一油(气)水系统还是各自油(气)水系统的关键。实际上,垂向渗流程度是油层间隔层质量与分异时间的函数。隔层质量越高(渗透性越低),油水分异时间越短,垂向渗流程度越低,反之亦然。在时间因素相近的情况下,油层间隔层质量是决定油(气)水系统的最关键因素,以济阳拗陷东营凹陷胜坨油田二区为例,沙河街组为河流—三角洲沉积,其内至少存在12个油水界面(图7-3)。较厚的、稳定的湖泛泥岩控制着大型油水系统的分布,如沙二、沙三段6砂组与7砂组之间的厚层泥岩将1~15砂组分隔为两大油水系统。即上油组(1~6砂组)和下油组(7~15砂组)。而在大型油水系统内部较稳定的泥岩控制着次一级油水界面,形成了若干个小型油水系统,如上油组分为二个小型油水系统,即1~2砂组、3~4砂组和5~6砂组。在小型油水系统内部,各油层具有统一的油水界面,油层之间虽发育较薄的泥岩层,但隔层质量低,油水发生垂向分异作用。

具底水的油气水系统和边水油气水系统可以共生。在低幅度构造背景的厚层砂体中形成含油高度很小(小于砂体厚度)的底水油藏可出现于边水层状油藏的油田中。如长庆马坊油田延长组10小层,含油高度6~10m和大港港东油田一区馆陶组油层,含油高度20m,都为底水油藏,在这些层段的上下均为具边水的油气水系统。

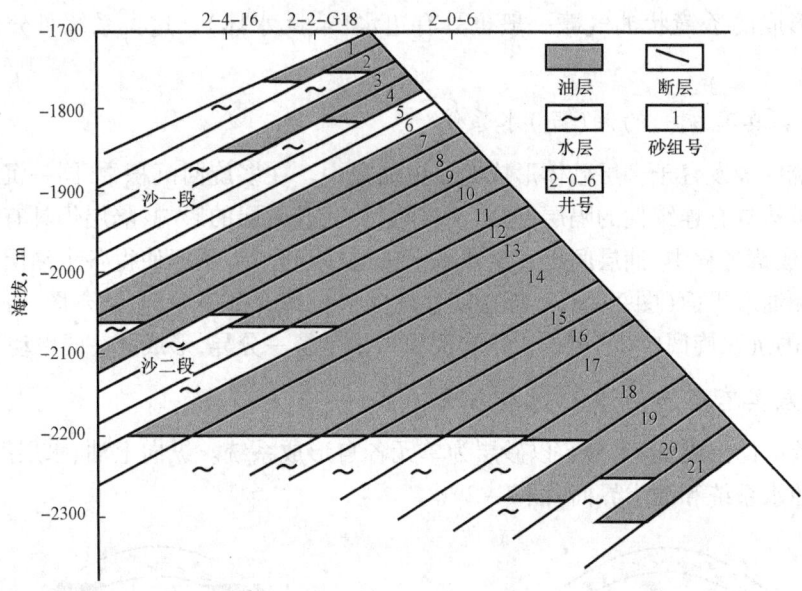

图7-3 胜坨油田胜二区南西—北东向油藏剖面图(吴元燕,2005)

二、油气水分布

(一)油气水纵向分布

由于油、气、水有显著的密度差异,而油、气、水互不混溶,在油气藏中油、气、水在垂向上总是表现为:气在上,油在中,水在下,形成明显的油—气界面或油—水界面。在一般情况下,这些界面是近于水平的,但实际上油水界面(油底或水顶)并非严格的水平面,有的呈凹凸不平的不规则状,有的呈倾斜状。这主要与储层的孔隙结构、地下水流动情况有关。如果油层岩性和物性不均一,在水湿油藏岩性较差、孔道变小的地方,由于界面毛细管力的作用,油水界面就会在这些地方升高,因而就形成了参差不齐、凹凸不平的不规则油水界面。如果含水区中存在着区域性的地下水流动,由于水动力梯度关系,油水界面就会沿着水流方向发生倾斜(为水动力油藏)(图7-4)。

水平油水界面　　　　　不规则油水界面　　　　　倾斜油水界面

图7-4 油水界面示意图

然而,实际的油水界面并非一个油、水截然分开的面。从下而上,即从油层的含水部分至油层的含油部分,含水饱和度由100%减少至束缚水饱和度,而含油饱和度则由零增加到最大值。油藏自上而下可划分为纯油段、油水过渡段和纯水段三个段(图7-5)。

1. 纯油段

纯油段又称产油段,该段只产油,不产水,含油饱和度高,含水饱和度较低,且均为"不可动水",水的相对渗透率为零。产油段的底面称为"油底"。

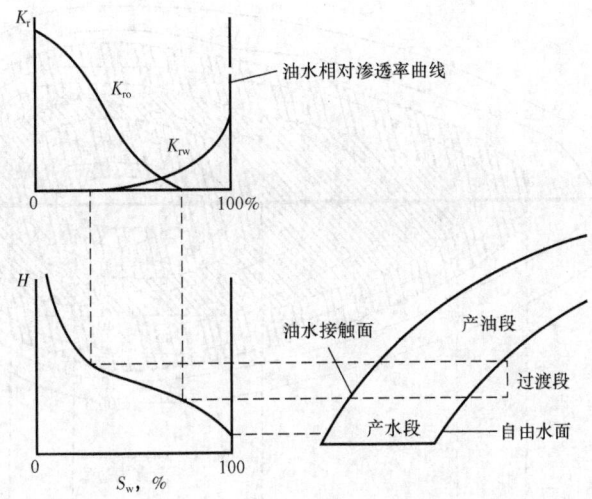

图 7-5 油水界面及相关的相渗透率和毛细管压力曲线示意图(据 G. V. Chlilingar,1972)

2. 油水过渡段

此段内"可动油"与"可动水"共存,油、水的相对渗透率均大于零。段内油水同出。自上而下,含水饱和度迅速增大,其顶界为束缚水饱和度。按含水饱和度变化的趋势,该段又可分为上、下两段,即上部的含水产油段和下部的含油产水段。

油底与水顶之间的油水过渡段的厚度变化较大,可从数分米至数十米。这主要取决于油气藏内的油水分异程度。油水分异程度受油层渗透性、油水密度差、构造倾角、油藏形成时间等因素的影响。油层渗透性越好,油水密度差越大,构造倾角越陡,油藏形成的时间越早(油水分异时间越长),则油水分异越完全,油水过渡段的厚度越小;反之,油水过渡段的厚度就越大。

3. 纯水段

纯水段又称产水段。该段只产水,不产油。油的相对渗透率为零。该段内实际上也含油,但均为"残余油",或"不可动油",含油饱和度一般较低。含水饱和度高,向下至自由水面,含水饱和度达到100%。产水段的顶面称为"水顶"。

(二) 油气水平面分布

以气顶油藏为例,将油气藏投影到构造顶面图上,可见油气藏以油气边界和油水边界划分为气顶区、油区和水区。在石油地质中,油(或气)水边界是指油(或气)水界面与油层构造顶、底面的交线,是控制油气水分布最重要的边界。对于边水油藏,油水接触面与油层顶面的交线为外含油边界,它是含油面积的外界,外含油边界之外为纯水区;油水接触面与油层底面的交线为内含油边界,内含油边界之内为纯含油气区;内、外含油边界之间为油水过渡带(图7-6)。对于底水油藏,由于底水存在,只有外含油边界。因此要确定油气水在平面上的分布,就要先确定油(或气)水界面。下面以油藏为例介绍油水界面的确定方法。

1. 利用试油及测井解释资料确定油水界面

确定油水界面的首要工作是正确判别油层、油水同层和水层。本方法采用的资料包括试油和测井解释资料,确定油水界面的基本步骤如下:

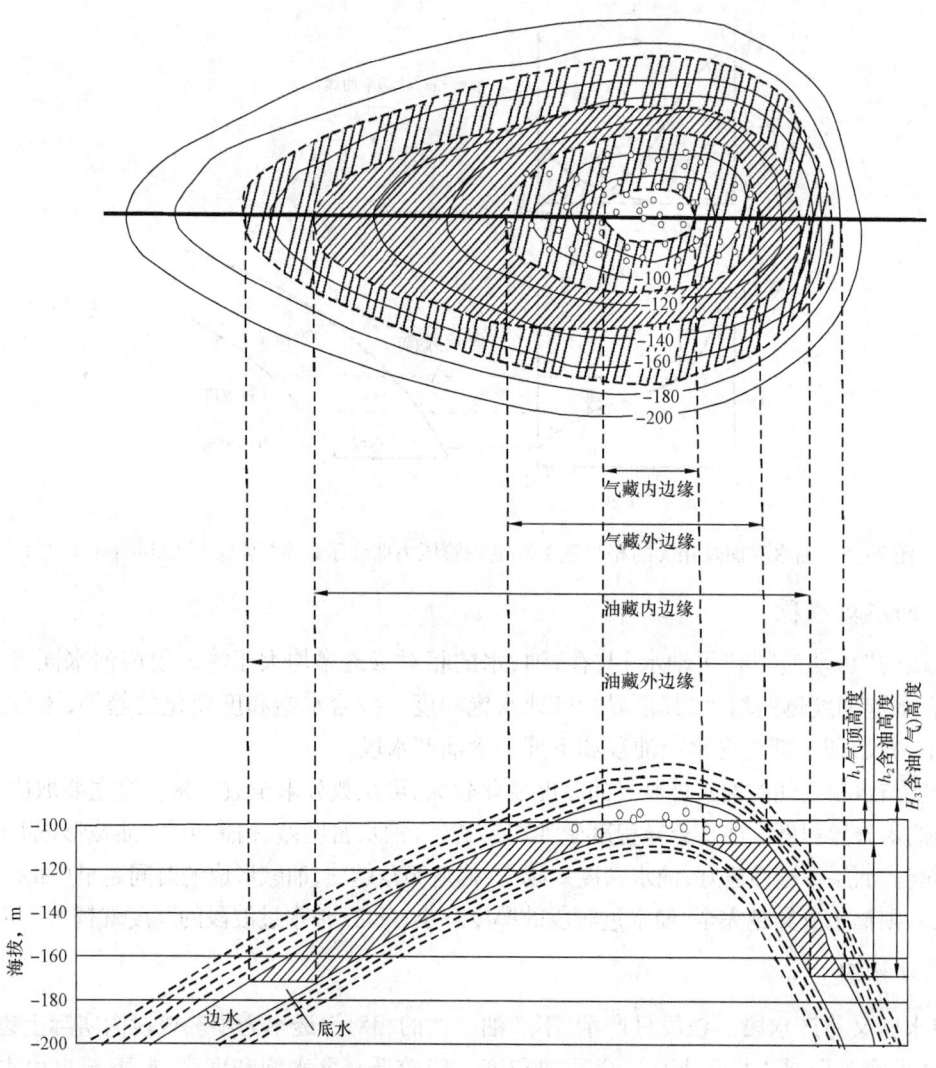

图7-6 背斜边水油气藏中油气水分布示意图

(1) 划分油水系统。根据试油成果,特别是单层试油成果,确定各井的油层、水层、油水同层、干层;对于缺乏单层试油的井段,可通过试油资料标定测井资料,制定判断油水层的测井标准,然后根据测井资料划分各井的油层、水层和油水同层。

(2) 在同一油水系统内,按油藏剖面依次将各井的油底和水顶海拔高度标注在如图7-7的坐标图上。分析不同资料的可靠程度,其中,最可靠的资料为单层试油资料,在图中可特别标出;测井解释的未经试油证实的油层和水层,做为确定油水界面的重要的参考资料。

(3) 在整体分析油藏油水分布规律的基础上,在油底与水顶之间合理划分油水界面。油水界面可以是水平的,也可以是小角度倾斜的或一定程度的凹凸不平的;同时,油底和水顶之间还存在油水过渡段。当测井解释的油层、水层与油藏分布规律明显不吻合时,应考虑对测井资料进行复查解释。当油底和水顶分属于上下不同的砂体而相距较远时,油水界面应偏向油底,以防止含油面积偏大。

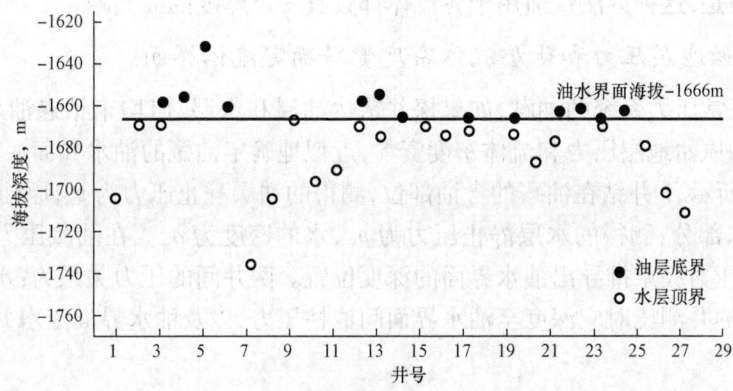

图7-7 利用试油及测井油层解释资料确定油水界面图

2. 利用压力梯度资料确定油水界面

当探井钻达油气层并钻穿流体界面时,流体界面还可以应用钻杆测试器(DST)或重复地层测试器(RFT)测得的原始地层压力与相应深度的关系(即压力梯度)来确定。

由于压力与流体密度成正比,当地层所含流体(连续段)的密度有差异时,在深度—压力交会图上就表现为不同的压力梯度,因此,在交会图上不同压力梯度线的交点所对应的深度,即为上下两种不同流体的接触面位置。图7-8为应用RFT测压资料确定某井油气界面(OGC)和油水界面(OWC)的图解。图中,压力梯度图由3个不同斜率的直线所组成。第一条直线段压力梯度和密度分别为0.002176MPa/m和0.2176g/cm³,反映为气层;第二条直线段的压力梯度和密度分别为0.006223MPa/m和0.6223g/cm³,反映为油层;第三条直线段的压力梯度和密度分别为0.01032MPa/m和1.032g/cm³,反映为水层。在第一条和第二条直线段的交点处(1975m),为油气界面(OGC),在第二条和第三条直线段的交点处(2067m),为油水界面(OWC)。

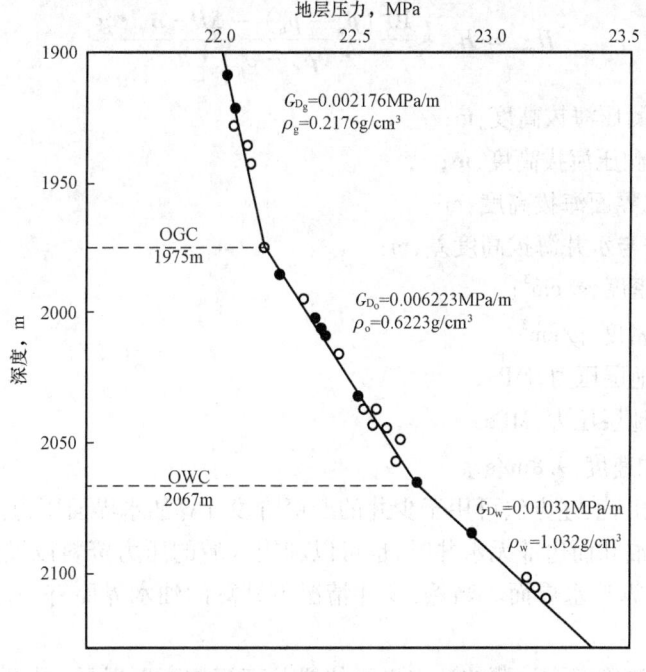

图7-8 利用压力梯度资料确定流体界面图

值得注意的是,这种方法仅适用于各流体都具有一定厚度的油气藏。

3. 利用原始地层压力和地层流体密度资料确定流体界面

对于具有正常压力系统的油藏,如果探井钻达油层和水层,但均未钻遇油水界面时,可以利用测试获得的原始地层压力和流体密度资料,近似地确定油藏的油水界面。

如图7-9所示,1井钻在油藏的含油部位,测得的油层静止压力为p_o,原油密度为ρ_o;2井钻在油藏的含水部分,测得的水层静止压力为p_w,水的密度为ρ_w。在油藏压力系统正常的情况下,可以根据压力关系推导出油水界面的深度位置。两井间的压力关系为:水井地层压力为油井地层压力、油井测压对应深度至油水界面间油柱压力,以及油水界面至水井测压深度间水柱压力之和,即

$$p_w = p_o + \frac{(H_o - H_{ow})}{10^3} \cdot \rho_o \cdot g + \frac{(H_{ow} - H_w)}{10^3} \cdot \rho_w \cdot g \tag{7-1}$$

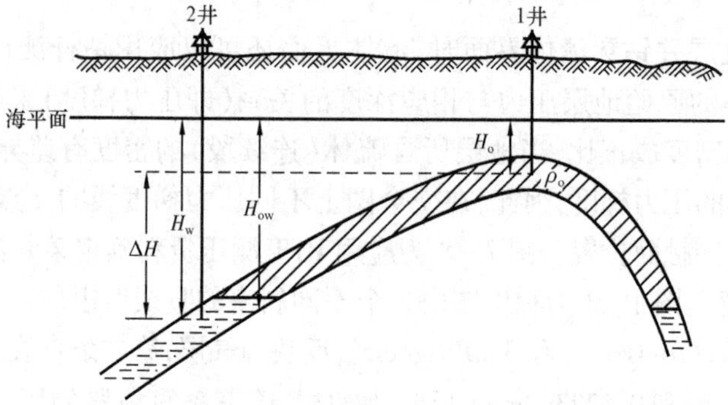

图7-9 利用地层压力和流体密度资料确定油水界面示意图

式(7-1)经整理可得到油水界面的海拔高度为

$$H_{ow} = H_o + \frac{10^3(p_w - p_o) - \Delta H \cdot \rho_w \cdot g}{(\rho_w - \rho_o) \cdot g} \tag{7-2}$$

式中 H_o——油井测压海拔高度,m;

H_w——水井测压海拔高度,m;

H_{ow}——油水界面海拔高度,m;

ΔH——油井与水井海拔高度差,m;

ρ_o——油的密度,g/cm³;

ρ_w——水的密度,g/cm³;

p_o——油井地层压力,MPa;

p_w——水井地层压力,MPa;

g——重力加速度,9.8m/s²。

从以上可以看出,上述方法可用于少井的勘探阶段计算油水界面压力。实际上,即使在构造圈闭上只有1口油井而边部无水井时,也可以利用区域的压力资料以及水的密度资料代替水井测压资料来计算油水界面。当然,少井情况下计算的油水界面有一定的误差,仅可作为参考。

在应用上述方法确定了油藏的油水界面位置及其海拔高度以后,可将油水界面投影到构

造图上,即可在平面上确定油水边界,明确油藏中油水在平面上的分布。

三、油气藏流体分布表征

油气藏流体分布定量表征通常使用含油(气)饱和度等值线图。含油气饱和度(hydrocarbon saturation)是指储层孔隙中烃类体积占孔隙体积的比例,一般用百分数表示。在油气藏形成以后未开发之前的含油气饱和度称为原始含油气饱和度,用 S_{oi}(含气饱和度 S_{gi})表示。确定含油(含气)饱和度的方法有岩心直接测定、测井资料解释、毛细管压力资料计算等方法。一般都是先确定油层束缚水饱和度 S_{wi},然后用 $1 - S_{wi}$ 计算原始含油(含气)饱和度。

(一)岩心直接测定

岩心直接测定原始含油饱和度对取心有要求,一般采用油基钻井液取心,这样可以保证从地下取出的岩心受钻井液冲刷和侵入影响小,保持压力防止油气挥发。虽然在油基钻井液取心过程中岩心油气饱和度会发生变化,但束缚水含量基本不变,因此,原始含油气饱和度岩心直接测定主要是测定岩心中束缚水饱和度,然后计算出原始含油气饱和度。

油基钻井液取心井成本高,钻井工艺复杂,工人劳动条件差。我国也采用密闭取心代替油基钻井液取心。密闭取心采用的是水基钻井液,利用双筒取心加密闭液,以避免岩心在取心过程中受到水基钻井液的冲刷。尽管如此,钻井液仍会短时间接触岩心,故在钻井液中加入适量的酚酞指示剂,对取心部位进行监测化验。凡岩心中的钻井液侵入水量小于含水饱和度绝对值1%的样品为无侵样品,侵入水量小于含水饱和度绝对值2%的样品为微侵样品,凡大于此界限的样品为全侵样品。无侵、微侵样品可用于分析原始含水饱和度。

油基钻井液取心和密闭取心都不能避免岩心从井底取至地面后暴露在空气中产生的挥发作用。美国应用高压密闭冷冻取心工艺可取得较好的取心效果。这种取心方法是在取心筒内割心至岩心起出井口前,岩心筒始终保持高压密封的条件。岩心到井口后立即放在干冰中冷冻,使油、气、水量保持原始状态。此方法价格高昂,取心收获率仅在60%左右。苏联采用井底蜡封岩心的取心方法也取得较好的效果。具体做法是在地面将石蜡充满取心筒,在取心过程中,岩心进入熔化的石蜡中,阻止钻井液与岩心接触,多数情况下,地面可取得蜡封好的岩心。

对于低渗透油层,可采用大直径的水基钻井液取心。由于钻井液不能侵入岩心中心部分,故仍可得到原始含水饱和度数据。

(二)测井资料解释原始含油饱和度

由于油基钻井液取心和密闭取心井一般很少,其饱和度数据也不能代表整个油田,因此,有必要应用测井资料解释原始含油饱和度。采用油基钻井液取心或密闭取心的岩心资料标定测井资料,寻求测井参数和岩心直接测定的原始含油饱和度的关系,建立测井解释模型,进而应用测井资料解释原始含油饱和度。

(三)应用实验室平均毛细管压力资料计算原始含油饱和度

在没有油基钻井液取心、密闭取心或测井资料解释含油饱和度的情况下,还可以应用实验室平均毛细管压力资料计算原始含油饱和度。

此种方法计算的原理是:在油藏的自由水面以上,油藏岩石内的残余水是毛细管压力与驱动压力平衡的结果。因此对于同类储层而言，含油气层中的残余水数量则取决于驱动压力，实验室(主要是离心法)测量的毛细管压力曲线正是反映了这种关系。因此，将实验室测量的毛细管压力曲线换算为油藏毛细管压力曲线，便可计算自由水界面之上不同油柱高度的含水饱和度。

(四) 油水同层含油饱和度的确定

油水同层分布于油水过渡段内。在该层段里存在可动油和可动水，当试油或生产时，表现为油水同出。由于油水同层含油饱和度的变化范围较大，油基钻井液和密闭取心手段都不能反映存在自由水的油水同层饱和度的原始状况，因此油水同层含油饱和度的确定是很困难的。目前可以使用相渗透率曲线和含水率来近似地确定油水同层含油饱和度。

相渗透率实验提供了某油层从产纯油(只有束缚水)到产纯水(只有残余油)的饱和度变化全过程，从而获得相渗透率与含水饱和度的关系。根据油水共渗体系中的分流方程式，可得到相渗透率与含水率的关系。综合这两种关系，便可得到含水率与含水饱和度变化的关系曲线。

在油水共渗体系中，含水率(f_w，产水量与总产液量之比)与油、水两相的相对渗透率及黏度有关，即

$$f_w = \frac{Q_w}{Q_w + Q_o} = \frac{1}{1 + \frac{K_{ro}}{K_{rw}} \cdot \frac{\mu_w}{\mu_o}} \tag{7-3}$$

式中 f_w——含水率，%；

Q_w——产水量，m^3/d；

Q_o——产油量，m^3/d；

K_{rw}——水相相对渗透率，无量纲；

K_{ro}——油相相对渗透率，无量纲；

μ_w——水相黏度，$mPa \cdot s$；

μ_o——油相黏度，$mPa \cdot s$。

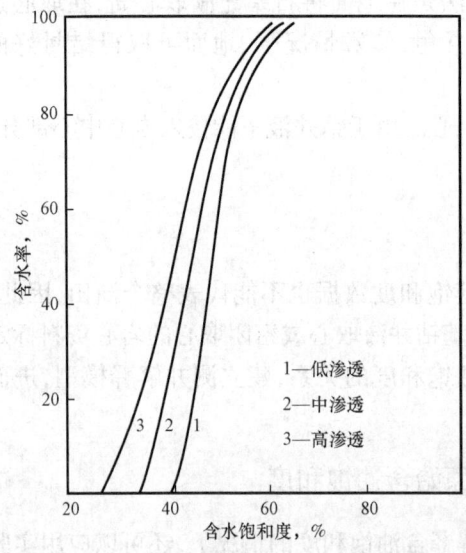

图 7-10 含水率与含水饱和度综合曲线
(据杨通佑，1998)

根据含水率与相对渗透率的关系以及大量的相对渗透率实验结果，可以建立不同渗透率类型的含水率与含水饱和度关系的综合曲线图(图 7-10)。据此，应用油水同层投产初期的试采含水率数据，便可确定其含水饱和度，相应地可确定其含油饱和度。

确定油藏原始含油饱和度的方法较多，必须使用多种方法，相互补充，综合选取采用值。对于具有油基钻井液取心或密闭取心的油田，应以岩心分析的束缚水饱和度为依据，制定空气渗透率与含水饱和度关系图版和测井解释图版。一方面通过渗透率查出各取心井的束缚水饱和度，从而计算取心井的原始含油饱和度平均值；另一方面应用测井图版解释所有生产井的原始含油饱和度。然后根据油田地质情况、测井条件以及井所

处的构造位置等因素对两种方法计算的结果进行比较,分析各自的精度和代表性,以一种方法为主选取采用值。对于没有油基钻井液或密闭取心井的油田,或勘探程度较低的控制储量的区块,可应用毛细管压力曲线计算含油饱和度,或借用邻近相似油田的测井解释模型,应用测井资料解释含油饱和度。然而,这种方法计算的含油饱和度有一定的误差。

四、油气水分布地质控制因素

圈闭内的油气聚集是指油气进入圈闭后油气向上首先驱替储层内可动水,然后在油藏内流体将发生分异调整过程。在这个过程中,油气受到驱动力(主要浮力)和毛细管阻力的共同作用,毛细管压力和浮力的计算公式见式(7-4)、式(7-5),因此,油气藏内部油水分布受岩石孔喉半径、流体表面张力、润湿接触角、油气藏中的含油(气)高度和流体密度差所控制,概括起来有含油高度、储层特征和流体性质三个方面。下面以油藏为例,分析各因素对油水分布的影响。

$$p_c = \frac{2 \times 10^{-3} \sigma \cos\theta}{r} \quad (7-4)$$

$$p_b = 0.01(\rho_w - \rho_o)H \quad (7-5)$$

式中 p_c——毛细管压力,MPa;

σ——流体两相的表面张力,mN/m;

θ——水银的润湿接触角,(°);

r——孔喉半径,μm;

p_b——油在水中的浮力,MPa;

ρ_w——地层水的密度,g/cm³;

ρ_o——地层原油密度,g/cm³;

H——含油高度(自由水界面之上高度),m。

(一)含油高度的影响

含油高度是指圈闭内油水界面到圈闭顶面的垂直高度,反映了油藏内浮力的大小。在同一油藏内,随着含油高度增加,浮力也增大,在储层性质变化不大(毛细管阻力大体相似)的情况下,石油克服毛细管力向上运移的量则增加,故石油的聚集数量增加,含油饱和度增加,相应的,孔隙中含水减小,含水饱和度降低。当然,油层中含油饱和度增加的幅度在不同含油段中是不相同的。通常,油水过渡段含水饱和度高而且变化大,而纯油段含水饱和度低而且变化小。

对于含油高度不同的油藏来说,在储层与流体性质相似的情况下,含油高度大的油藏含水饱和度比含油高度小的油藏要低,因为前者的石油浮力更大,油水分异效果更好。因此,对于低幅度油藏而言,含水饱和度往往较高,有的甚至整个含油段均处于油水过渡段,油井开始生产时就油水同产。

(二)储层非均质性的影响

针对某一具体的油藏,当含油高度一定,地下流体性质变化不大时,油层中的含油数量就会受到储层孔隙结构和储集物性的影响。通常储层孔喉越小,毛细管阻力越大,油气越难进入。因此,在驱动力(如浮力)大体相当的情况下,小孔喉储层中含水饱和度高于大孔喉储层的含水饱和度。油水界面上表现尤为明显,差的储层含水饱和度偏大,油水界面向上凸;好的储层处的含水饱和度偏小,油水界面向下凹,从而形成凹凸不平的油水界面。孔喉大小的宏观表现为储层渗透率。储层的孔喉越小,渗透率越低,在驱动力(如浮力)大体相当的情况下,小孔喉低渗透储层的含水饱和度要高于大孔喉高渗透储层的含水饱和度。

在含油层段中,储层的渗透率是变化的,根据其在层内的变化规律可以划分为正韵律、反韵律和复合韵律。在正韵律储层内,粒度、孔隙度、渗透率等参数在垂向上总体具有由大变小、由高变低的趋势。原始含油饱和度在垂向上的变化趋势与有效孔隙度、渗透率相一致,即正韵律储层的含油饱和度一般具有向上变小的趋势,其垂向变化幅度与渗透率变化幅度有关。在反韵律储层内,储层有效孔隙度、渗透率在垂向上由下往上变高,含油饱和度呈现自下而上变高的特点。值得注意的是,当渗透率大到一定程度时,渗透率与含油饱和度不再具有线性关系。这是因为油气运聚受到水动力、浮力和毛细管力的共同制约。当水动力一定时,控制油气的作用力主要为浮力和毛细管力。同时,渗透率与毛细管阻力呈反比关系,也就是说渗透率越大,毛细管阻力越小。因而在浮力与毛细管阻力的相互作用过程中,当毛细管阻力小到一定程度或者说渗透率大到一定程度时,浮力比毛细管阻力大得多,浮力将对砂体内的油气平衡起主导作用。对于胜坨油田来说,这一渗透率的门槛值为10D。

(三)流体性质的影响

流体性质的影响主要表现为流体密度差(fluid density difference)、流体表面张力(surface tension)和润湿角(contact angle)对含水饱和度的影响。

流体密度差指水油、水气或油气之间的密度差。油气与水的密度差越大,则油气的浮力越大,分异程度越强,过渡段越薄,油气层含水饱和度越低;反之,流体密度差越小,则过渡段越厚,油气层含水饱和度越高[图7-11(a)]。

流体表面张力越大,则毛细管力越大,越不利于油水分异,因而油层内含水饱和度越高。影响流体表面张力的因素有地层温度、压力及流体性质等。地层温度和压力升高,流体表面张力降低;液体中存在表面活性剂及油层中溶解气增加,也使流体表面张力降低[图7-11(b)]。

润湿角增大,岩石亲水程度降低,则含水饱和度降低。完全亲水的岩石润湿角为零,含水饱和度高;亲油岩石的润湿角大于90°,含水饱和度相对较低。因此,亲水油层的含水饱和度大于亲油油层。因此,亲油油藏的过渡带很小,甚至可以忽略[图7-11(c)]。

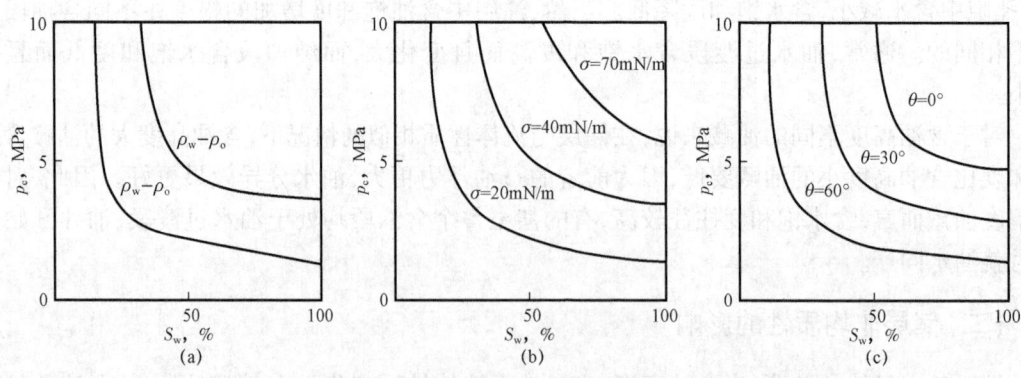

图7-11 流体密度差、表面张力和润湿角对油层含水饱和度的影响

以上流体分布规律是基于油水达到平衡状态进行讨论的。对于尚未达到平衡状态下的油气藏,如成藏较晚的油气藏或成藏后又经构造运动使油水重新分布的油气藏,油(气)水分布不完全服从毛细管压力规律,需要具体情况具体分析。

第二节 油气藏温度系统

油气藏温度是影响油气分布、状态和性质的重要因素,原油黏度和流动性严重依赖于油层温度,对油气田的开发方式、开采技术、经济成本及最终采收率有直接的影响,因此,油气藏温度是油气藏描述的一个重要参数。在对油气藏进行评价和认识描述时,需要测取油藏温度和温度随深度变化的规律。

含油气区地层温度的研究包括两个方面,即古地温研究和含油气区地温场分布和变化规律的研究。古地温研究主要解决古地温与油、气生成的关系,而地温场研究则解决油、气分布与地层温度的关系。这里重点介绍地温场的研究。

一、地温梯度的概念

地温随深度的变化率称地温梯度,它是表征地下温度状况的一个重要的地质—地球物理参数。地温梯度(geothermal gradient)可按下式计算:

$$G = \frac{T - T_0}{H} \times 100 \qquad (7-6)$$

式中　G——地温梯度,℃/100m;
　　　T——深度为 H 处的温度,℃;
　　　T_0——平均地面温度或恒温带温度,0℃;
　　　H——井下测温点与恒温带深度之差,m;

地温梯度的单位一般用℃/100m,也可用℃/km。地球的平均地温梯度(3℃/100m)称为正常地温梯度,低于此值为地温梯度的负异常;高于此值为地温梯度的正异常。

二、油层温度的测量

油层或地层温度的测量方法主要有关井实测法和外推法。

(一)关井实测法

在打开油层的第一批探井中进行测量,这是因为油层未受后来采油和注水的影响,地温场基本保持原始状态。在测井温前,将井关闭一段时间,待井内流体温度与围岩的原始温度达到平衡后,才能将高温温度计下到井底(或目的层)进行测量。

(二)外推法

由于生产现场不可能较长时间地关井以测油层温度,此时可利用外推法求地层温度。其具体操作方法为:先循环井内钻井液,并记录下循环钻井液所消耗的时间 t,待钻井液循环停止后,把高温温度计下入到井底(或目的层段),记录下钻井液循环停止后到温度计下达井底的

这段时间 Δt。然后,起出温度计,读取所测温度。重复上述操作,可获得数次(一般不少于三次)测量数据后,便可绘制井底温度关系曲线。

以测量温度为纵坐标,以 $\Delta t/(t+\Delta t)$ 的对数值为横坐标,将所测得之数据点标在图上,连接各点,并将直线外推到无限远的时间,即 $\Delta t/(t+\Delta t)=1$ 的时间,直线与纵轴交点之井底温度便是地层温度。

三、地温场的影响因素

影响地温场的因素较多,概括起来有大地构造性质、基底起伏、岩浆活动、岩性、盖层褶皱、断层、地下水活动、烃类聚集等。从大区域上看,大地构造性质、基底起伏及岩浆活动等是影响地温的主要因素,而在油田范围内则重点是岩性、断层、地下水活动及烃类聚集的影响更大。

第三节 油气藏压力

油气藏的压力不仅影响油气的性质,还与油气田的开发方式、开采技术、经济成本及最终采收率有关。因此,在油气勘探和开发过程中,都要十分重视对油藏压力的研究。

油气层压力研究的重点是油气藏原始地层压力的分布特征,以及投入开发后地层压力的变化,这对油气田的合理开发和提高采收率具有重要意义。

一、有关地层压力的概念

(一)上覆岩层压力

上覆岩层压力(overburden pressure)是指上覆岩石骨架和孔隙空间流体的总重量所引起的压力,随上覆岩层骨架的增厚而加大,也与岩层及其孔隙空间流体的密度大小有关。如果将岩层骨架的重量和岩层孔隙间流体的重量分别加以考虑,上覆岩层压力可表示为:

$$p_r = H[\phi \rho_f + (1-\phi)\rho_{ma}]g \qquad (7-7)$$

式中 p_r——上覆岩层压力,Pa;
H——上覆岩层的垂直高度,m;
ρ_f——岩层孔隙中流体的平均密度,kg/m³;
ρ_{ma}——岩层骨架的平均密度,kg/m³;
ϕ——岩层平均孔隙度,小数;
g——重力加速度,m/s²,一般取值为9.8。

(二)静水压力

静水压力(hydrostatic pressure)是指由静水柱造成的压力。静水压力的大小与液柱的形状和大小无关。静水压力的计算公式可为:

$$p_H = h\rho_w g \qquad (7-8)$$

式中 p_H——静水压力,Pa;

ρ_w——水的密度,kg/m³;

h——静水柱高度,m。

(三)压力梯度

压力梯度(pressure gradient)是指每增加单位高度所增加的压力值,单位为 MPa/m。

(四)地层压力

地层压力(formation pressure)是指作用于岩层孔隙空间内流体上的压力,所以又可称为孔隙流体压力,常用 p_f 表示。在含油、气区域内的地层压力又称为油层压力或气层压力。

在油气层未被钻开之前,油气层内各处的压力保持相对平衡状态,一旦油气层被钻开并投入开采,原油、气层内压力的相对平衡状态就要被打破。当在油、气层的压力大于井底压力时,地层的油气就会从地层中向井筒流动,聚集在井筒中;当油、气层压力大于井筒的静液柱压力时,油气层内的流体就会喷出地面。

(五)油层折算压力

在油藏开发过程中,为了正确地掌握油层压力大小,分布及其变化规律,必须消除构造因素,即油层埋藏深度对油层压力的影响,因而提出油层折算压力。

1. 折算压头

折算压头(reduced pressure head)是指井内静液面距某一折算基准面的垂直高度。折算基准面可以是海平面,或原始油—水(或油—气)界面,或任意水平面。在对比油藏上各井压头的大小时,应将所有的井都折算到同一个折算基准面上。

假设折算基准面为海平面,利用下式便可将油井实测的油层压力换算为折算压头:

$$I = h - L + H \tag{7-9}$$

式中 I——折算压头,m;

h——静液柱高度,m;

L——井口至油层顶面(或中部)的垂直距离,m;

H——井口海拔高度,m。

当静液面在海平面以上时,折算压头取正值,静液面在海平面以下时,折算压头取负值。

2. 折算压力

折算压力(reduced pressure)系指折算压头产生的压力,可利用静水压力公式计算。

对于无泄水区具统一水动力系统的油藏来讲,油藏未投入开采时,位于油藏不同部位的各油井,其油层压力折算到同一个折算基准面后,折算压力或折算压头相等;油藏一旦投入开发,由于各种因素的影响,油藏上各油井的折算压头或折算压力就会发生较大的变化,原始相等的状态被打破,油气在油藏中产生流动。

二、异常地层压力

(一)异常压力的概念

在正常压实条件下,作用于孔隙流体的压力为静水柱压力,但由于许多因素的影响,作用

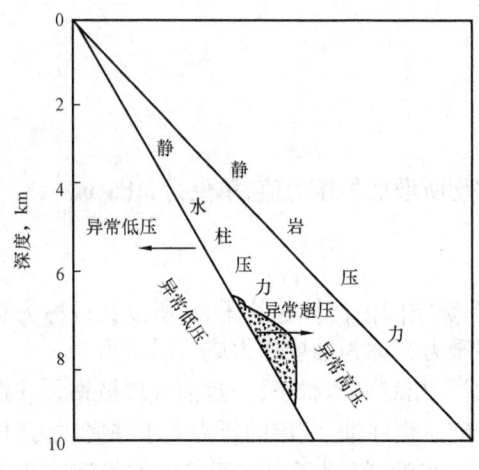

图 7-12 异常地层压力示意图

于地层孔隙流体的压力,很少是等于静水柱压力的。通常我们将偏离静水柱压力的地层孔隙流体压力称为异常地层压力(abnormal pressure),或称为压力异常(图 7-12)。

在研究异常地层压力时常用压力系数或压力梯度来表示异常地层压力的大小。国内常用的是压力系数法。所谓压力系数(α_P)是指实测地层压力(p_f)与同一深度静水柱压力(p_H)的比值:

$$\alpha_P = \frac{p_f}{p_H} \qquad (7-10)$$

对压力异常情况分析时,一般认为 α_P 在 0.9~1.2 时,属正常地层压力;当 $\alpha_P > 1.2$ 时称为高异常地层压力,或称高压异常;当 $\alpha_P < 0.9$ 时称为低异常地层压力,或称低压异常。

国内外的研究表明,异常地层压力是普遍存在的。从新生界的更新统到古生界的寒武系地层中,发现不仅碎屑岩地区的油田有异常压力地层,而且碳酸盐岩地区的油田也存在异常压力地层。

引起储层异常的原因非常复杂,如区域性差异压实、黏土矿物脱水、黏土矿物转化、构造封闭、地层封闭、成岩作用、热力作用、生化作用、渗透作用等等多种地质因素均可形成地层压力异常。

(二)异常压力的预测方法

预测异常地层压力的任务是确定异常地层压力带的层位和顶部深度,计算出异常地层压力值的大小。

由于高压或超高压储油、气层周围的泥岩、页岩层通常处于从正常地层压力到异常地层压力过渡带上。因此,这个过渡地带上的泥岩、页岩也就具备了高压或超高压异常地层压力的特征。与正常压实的泥岩、页岩相比,过渡带的泥岩、页岩因欠压实而出现密度变小、孔隙度增大,在地球物理特征上表现为:电阻率值低、声波时差大等。在钻井过程中,当钻入过渡带时,可能产生井喷、井漏、井涌及钻井参数出现异常等现象。利用这些变化特征就可以预测异常地层压力。

1. 地球物理测井法

目前国内外广泛采用电阻率测井、声波测井和体积密度测井的信息来识别异常压力。此处仅介绍电阻率测井的方法。

在正常压实的情况下,页岩或泥岩的孔隙度随埋藏深度的增加而减小,电阻率则随埋藏深度的增加而加大。倘若钻遇异常地层压力井段,由于孔隙度增加,所含地层水的数量增加,泥岩、页岩电阻率必然偏离正常趋势线,由此可以发现异常压力段的顶部位置。图 7-13 为墨西哥湾岸某井的页岩电阻率与深度的关系曲线,可以看出,该井的高异常地层压力过渡带的顶部大约在 4038.6m 处。

另外,借助页岩电阻率与深度的关系曲线可以计算相邻储集层的地层压力。其方法为:首先绘制研究区页岩电阻率比值与压力梯度关系曲线(页岩电阻率比值是指正常压实的页岩电阻率 R_n 与实测的页岩电阻率 R_{ob} 之比，R_n 可由外推正常压实趋势线获得)。然后在研究井的页岩电阻率曲线上，确定该井储层的外推正常趋势值 R_n 与外推偏离正常趋势的值 R_{ob}，同时，求出它们的比值 R_n/R_{ob}。最后在区域的 R_n/R_{ob} 与流体压力梯度 G_P 图版上(图7-14)，用研究井上的 R_n/R_{ob} 确定出相应的流体压力梯度值 G_P，并用储层的井深乘以流体压力梯度值，求出该储层的预测压力值。

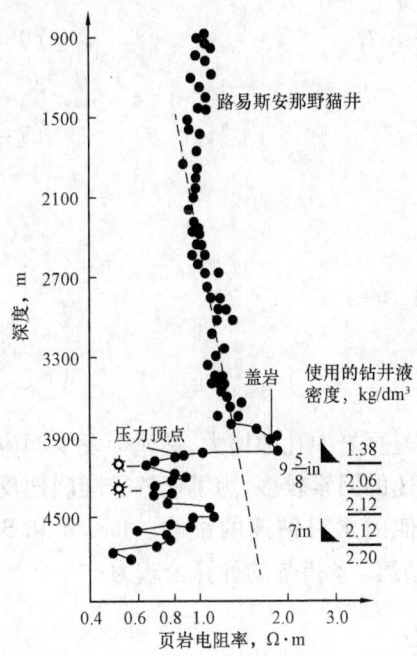

图 7-13 墨西哥湾岸的页岩电阻率
曲线(据瓦尔特，1976)

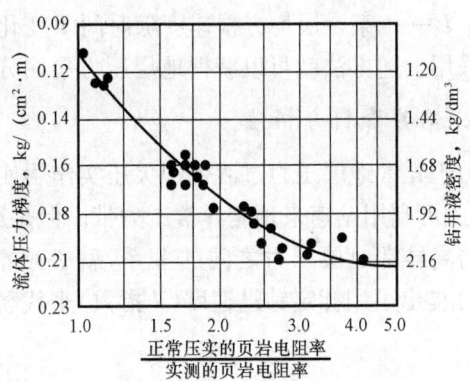

图 7-14 墨西哥湾岸地区页岩电阻率
比值与储层压力梯度关系曲线
(据 Hottman 和 Johnson，1965)

2. 地震方法

由于超压层(或过压带)是欠压实的产物，它们均表现为地震低速异常。因此，利用地震速度信息可预测超压层并估计其压力值。

Fillippone 于1979年和1982年先后提出了用地震资料预测地层压力的一套独特的方法。他指出地层压力与上覆负荷成正相关关系，其斜率与其速度有关。其公式为：

$$p = \frac{v_{max} - v_{int}}{v_{max} - v_{min}} D \cdot H \cdot C \tag{7-11}$$

式中　p——地层压力;
　　　v_{max}——孔隙度为0%时的岩石速度，m/s;
　　　v_{min}——孔隙度为50%时的岩石速度，m/s;
　　　v_{int}——地震资料计算出的层速度，m/s;
　　　D——上覆岩石的平均体密度，kg/m³;
　　　H——岩石埋深，m;

C——压力转换系数。

以上参数由下面的公式计算：

$$v_{\max} = 1.4v_0 + 3KT \qquad (7-12)$$

$$v_{\min} = 1.4v_0 + 0.5KT \qquad (7-13)$$

v_0、K 分别等于：

$$v_0 = v_\sigma - \frac{v_\sigma - v_{\sigma 0}}{T - T_0} \cdot T_0 \qquad (7-14)$$

$$K = \frac{v_\sigma - v_{\sigma 0}}{T - T_0} \qquad (7-15)$$

式中 v_σ、$v_{\sigma 0}$——时间 T、T_0 的均方根速度，m/s；

T——时间，ms；

T_0——某一层均方根速度随时间 T 变化的截距，ms。

采用上述方法就可以获得地层压力平面分布图。

3. 钻井资料分析法

由于异常地层压力过渡带中欠压实作用使得泥岩、页岩中孔隙增大，钻速会发生相应的变化，因此可利用钻速来预测异常压力带。但是影响钻速的因素较多，为了能够较准确地反映出钻速与高异常地层压力之间的关系，就必须消除其他因素对钻速的影响。Jorden 和 Shirley (1966) 提出了用标定钻进速度 (d 指数) 来代替钻进钻速。d 指数的计算公式为

$$d = \frac{\lg 0.054 \frac{v_m}{N}}{\lg 0.672 \frac{p}{D}} \qquad (7-16)$$

式中 v_m——钻速，m/h；

N——转速，r/min；

p——钻压，t；

D——钻头直径，mm。

为了消除钻井液密度对 d 指数的影响，可用 dc 指数代替 d 指数，它们之间的关系为

$$dc = d \cdot \frac{r_1}{r_2} \qquad (7-17)$$

式中 r_1——正常地层压力下的钻井液密度，g/cm³；

r_2——实际使用的钻井液密度，g/cm³。

在正常压实的情况下，d 指数或 dc 指数是随井深的增加而增大，当钻遇高异常地层压力过渡带时，d 指数或 dc 指数将向着减小的方向偏离正常压实趋势线。图 7-15 为同一口井的 d 指数和 dc 指数与深度关系曲线。图中显示出高异常地层压力过渡带的顶面位置大约在 2652m 的地方。由于 dc 指数消除了钻井液密度的影响，dc 指数的偏离幅度大于 d 指数曲线，能更清楚地反映出高异常地层压力过渡带的存在。

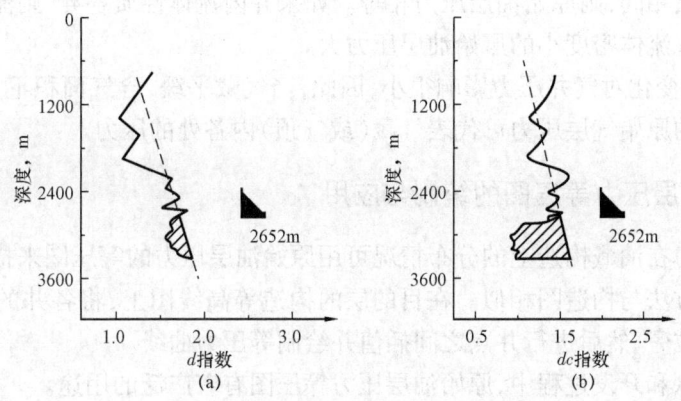

图 7-15 d 指数与 dc 指数曲线对比

三、原始油层压力

(一) 原始油层压力的确定方法

原始油层压力的确定方法有 3 种,一是实测法,二是压力梯度曲线法,三是压力恢复曲线外推法。

1. 实测法

实测通常指新油田的第一口探井中关井进行测压。即待压力恢复到稳定时所测得的研究目的层中部深度点的压力值来代表该层的原始地层压力。

2. 压力梯度曲线法

具有同一水动力系统的油气层是一个连通体,油气层不同部位厚度中点的海拔高度与相应的原始压力值之间呈线性关系,即对应原始地层压力梯度曲线。在确定原始压力时,先利用多口已测压的井点海拔高度和压力数据绘制出压力梯度曲线,再在压力梯度曲线读取为测压井的海拔高度对应的压力值,该值即为未测压井的原始地层压力。

3. 压力恢复曲线外推法

该方法利用地层测试结果建立压力恢复曲线,然后对压力恢复曲线进行外推获得原始地层压力。该方法的原理见第四章第一节地层测试与试油资料中压力卡片的解释与应用。

(二) 原始油层压力及其分布

原始油层压力是指油气层尚未钻开时(原始状态下)所具有的压力。通常可以用第一口井或第一批井的实测压力来表示。

在正常的地质条件下,具有统一水动力系统的油气藏,其地层压力分布规律遵守连通器的原理,即可以用前面介绍的计算静水压力的基本关系式来进行计算。经研究发现,原始油层压力在背斜油藏上的分布具有如下特点:

(1)原始油层压力随油层埋藏深度的增加而加大。

(2)流体性质对原始油层压力的分布有着极为重要的影响。井底海拔高度相同的各井,如果井内流体性质相同,则原始油层压力相等。如果井内流体性质各异,则流体密度大的原始油层压力小,反之,流体密度小的原始油层压力大。

(3)气柱高度变化对气井压力影响很小,因此,当气藏平缓,含气面积不大时,油—气界面或气—水界面上的原始气层压力可代表气藏(或气顶)内各处的压力。

(三)原始油层压力等压图的编制与应用

原始油层压力在油藏构造上的分布情况可用原始油层压力的等压图来描述。原始油层压力等压图绘制的方法与构造图相似。在目的层的构造等高线图上,将各井的实测原始油层压力值分别标在井位旁,然后进行井点之间插值并绘制等压力曲线。

在油气藏勘探和开发过程中,原始油层压力等压图有着广泛的用途。

1. 预测新井的原始油层压力

在探井设计中,为了确定新钻井的套管程序与钻井液密度,必须事先获得该井钻探目的层的原始油层压力值。只要确定出新钻井的位置,便可从原始油层压力等压图上查出该井的原始油层压力的预测值。

2. 计算油藏的平均原始油层压力

油藏原始油层压力的平均值是油藏天然能量大小的尺度。原始油层压力平均值越大,油藏储存的天然能量也就越大,越有利于油藏的开采。利用油藏原始油层压力等压图,采用面积权衡法便可求出平均原始油层压力。

3. 判断水动力系统

所谓水动力系统是指油、气层内流体具有连续性流动的范围。在同一水动力系统内,流体压力可以互相传递,压力等值线的分布是连续的。如果油层因断层或岩性尖灭等地层因素被分割成几个互相独立的水动力系统,则原始地层压力等值线分布的连续性受到破坏。

4. 计算油层的弹性能量

油层的弹性能量是指油层弹性膨胀时能排出的流体量。一个既无边水或底水,又无原生气顶,且原始油层压力远远超过饱和压力的油藏,进行开采时,驱油动力是油层的弹性膨胀力,如果原始油层压力与饱和压力的差值越大,则油层的弹性能量也就越大,排出的流体量越多。若要了解油藏弹性能量的大小,只需将该油藏的原始油层压力等压图与饱和压力等压图相重叠,即可求出油藏不同部位的弹性压差,进而计算出相应的弹性能量。

除此之外,还可利用原始油层压力资料预测油藏的油—水边界或油—气边界。

四、油层压力系统的判断

在编制油田开发方案时,很重要的一个问题是要判明各油层的压力系统(又称水动力系统)。不同压力系统的油层不能划分为同一个开发层系。

在油气田内,一个压力系统经常可同时包括若干个油气层。同一个油气层在横向上也可能因断层、岩性尖灭、渗透性的变化以及裂缝发育不均匀等被分隔成若干个独立的压力系统。因此,在一个油田内,如何正确识别不同的压力系统,是油藏描述中的重要内容之一。

(一)压力系统的划分

在一个油气田内划为同一个压力系统的油气层必须符合下列条件:
(1)处于同一构造单元,储层纵、横向连通性较好;
(2)同一压力系统内的油气层各处的原始折算压力相等;
(3)各油气层压力梯度曲线互相重合;
(4)依靠天然能量开采条件下,同一压力系统内各井压降速度基本一致,各井同期测得的静压数值大体相等。

(二)压力系统识别

1. 地质条件分析

油气田不同区块不同油气层分为不同压力系统的主要因素是油气层的岩性变化和构造条件引起的封隔作用。因此要特别注意以下地质条件:
(1)断层的分隔、封闭条件;
(2)储层间具一定厚度、比较稳定分布的隔层,如泥岩、盐岩等;
(3)区域性不整合面;
(4)储层岩性、物性横向上的急剧相变;裂缝储层的裂缝系统变化。

2. 油气层压力分析

压力资料是鉴别压力系统最直接而又可靠的资料。利用压力资料可以研究油田内各油气层的原始折算压力、各井静压数值及压降速度以及各层或同一层不同部位各井的压力梯度曲线。

一般通过作油层原始压力与埋藏深度关系图来判别压力系统,将原始折算压力相等(近)、压力梯度曲线相互重合的层划为同一压力系统。一个油田可以有一个或多个压力系统。

3. 井间干扰试验

井间干扰是观察某些井(观察井)由于邻井(激动井)采液量或井底压力改变时所引起的压力的变化。通过分析激动井采液量改变情况及各观察井的压力变化情况分析激动井和观察井是否同属一个压力系统。如果观察井的压力随激动井的开采条件变化而相应变化,证明为同一压力系统,反之则为不同压力系统。

思 考 题

1. 影响油藏中含油饱和度分布的地质因素有哪些?
2. 油气充注形成油气藏时的主要受什么力的作用?
3. 油水过渡带段的厚度大小受哪些因素的影响?
4. 什么是油气水系统,可以划分为几类?各类系统具有什么特征?

5. 什么是油水界面？不规则油水界面是如何形成的？
6. 如何利用试油和测井解释资料确定油水界面？
7. 如何利用压力资料计算确定油水界面？
8. 什么是含油(气)边界？
9. 什么是异常地层压力？如何预测地层异常压力？
10. 油层原始压力有什么分布规律？

第八章　油气藏地质模型与储量

第一节　油气藏地质模型

油气藏地质模型(geological model)是对油气藏内部各种地质特征在三维空间的变化及分布进行数值表征,这些地质特征包括油气藏的类型、几何形态、规模、内部结构、储层参数及流体分布等。它展示了油藏描述的最终成果,能更客观地描述储层,更精细地计算油气储量,并用于油藏数值模拟,最终作为油气勘探开发的指南和开发方案优化的依据,其重要意义在于可提高勘探和开发的可预见性。油藏地质模型由三个部分组成:构造特征模型、储层地质模型、流体分布模型,但其核心是储层地质模型。因此一般所说的地质模型均指储层地质模型。

一、储层地质模型分类

储层地质模型按照不同的标准可以划分为不同的类型。

(一)按照变量类型分类

地质变量可分为离散型变量和连续型变量,相应的储层地质模型就可分为离散型储层地质模型和连续型储层地质模型。

离散型储层地质模型包括沉积相模型、储层内部构型模型、流动单元模型、裂缝网络分布模型等;连续型地质模型包括孔隙度模型、渗透率模型、含油饱和度模型。

(二)按模型表征内容分类

按储层地质模型所表征的内容,可将储层地质模型分为储层相(结构)模型、储层参数分布模型、裂缝分布模型等。

1. 储层相模型(储层结构模型)

储层相模型为储层内部不同相类型的三维空间分布。实际上,三维相建模就是定量描述储集砂体的大小、几何形态及其三维空间的分布,即建立储层结构模型。

油田开发生产实践表明,沉积相带分布强烈地影响地下流体的流动。同时,岩石物性的变化与相类型的关系极为密切。对于多种相分布的储层来说,合理的相模型是精确建立岩石物性模型的必要前提(图8-1)。

2. 储层参数分布模型

储层参数在三维空间上的变化和分布即为储层参数分布模型。

在储层参数建模中,一般要建立三种参数的分布,即孔隙度模型、渗透率模型和含油气(或含水)饱和度模型。孔隙度模型反映储存流体的孔隙体积分布(图8-2),渗透率模型反映流体在三维空间三维渗流性能,而饱和度模型则反映油气在三维空间上的分布。这三种模型对于油藏评价及油气田开发均有很重要的意义。

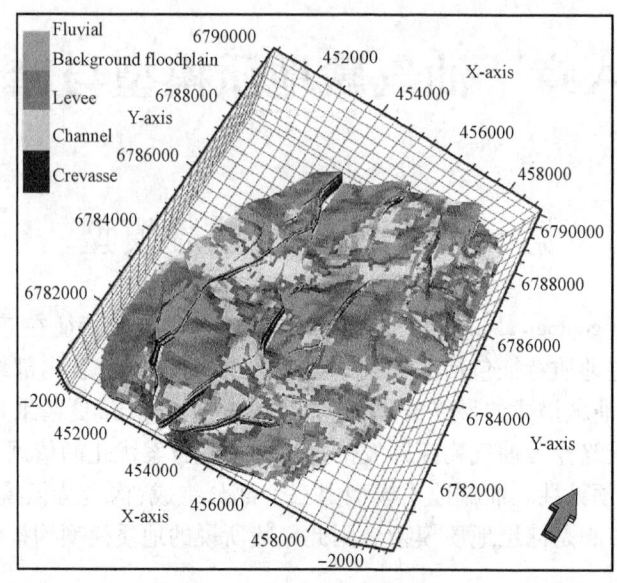

图 8-1 某油藏三维相模型

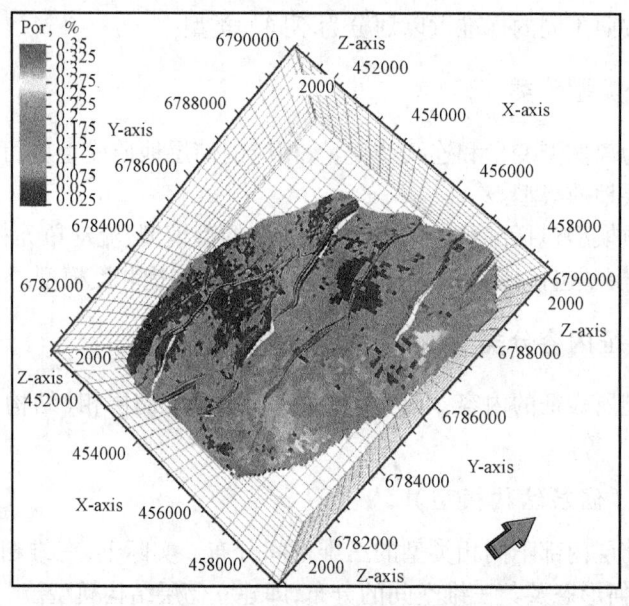

图 8-2 某油藏三维孔隙度模型

3. 储层裂缝分布模型

储层裂缝分布模型可分为两类：其一为二维裂缝密度模型，表征裂缝的发育程度；其二为三维裂缝网络分布模型，表征裂缝类型、大小、形状、产状、切割关系及基质岩块特征等（图 8-3）。

（三）根据模型精度分类

由于油田不同勘探开发阶段的资料情况和建模目的不同，对油藏地质模型的精细程度要求也不同，依此通常可以把油藏地质模型分为以下三类。

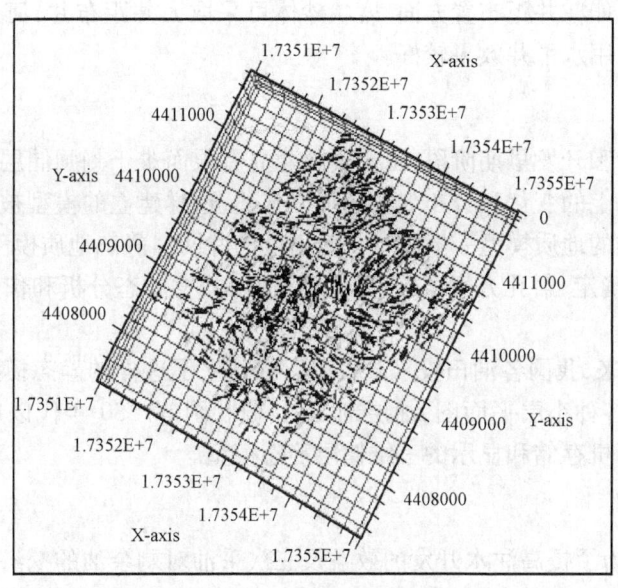

图 8-3 三维裂缝网络分布模型

1. 概念模型

针对某一种沉积类型或成因类型的储层,将它具代表性的储层特征抽象出来,加以典型化和概念化,建立一个对这类储层在研究地区(油田)内具有普遍代表意义的储层地质模型,称为概念模型(conceptual model)。概念模型并不是一个或一套具体储层的地质模型,但它却是代表某一地区(油田)某一类储层的基本面貌(图 8-4)。

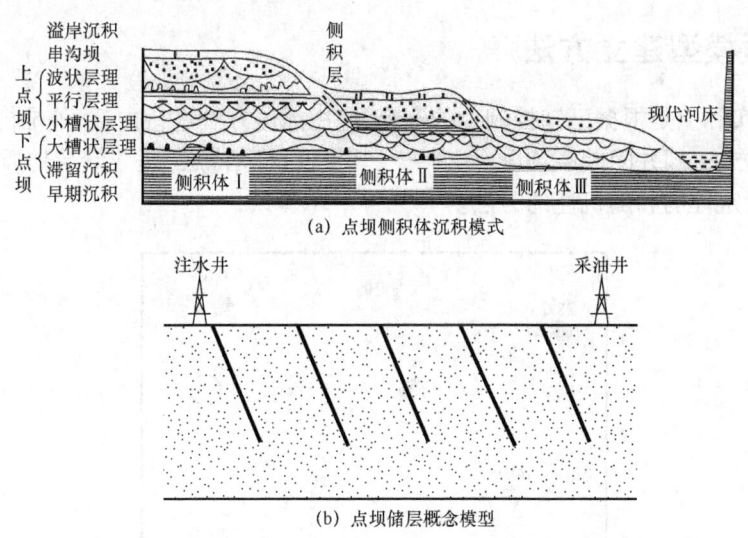

图 8-4 概念模型图

从油田发现开始,到油田评价阶段和开发设计阶段,主要应用储层概念模型研究各种开发战略问题。这个阶段油田仅有少数大井距的探井和评价井,应用这些井的岩心、测井及测试资料以及二维三维地震资料,在这种情况下,受资料条件的限制,不可能对储层做出全油藏的详细描述。此时,只能依据少量的信息,借鉴理论上的沉积模式、成岩模式和邻区同类沉积储层的实际模型,建立起研究区储层概念模型。这种概念模型对开发战略的确定是至关重要的,可避免战略上的失误。如在井距布置方面,席状砂体可采取大井距布井,河道砂体则需小井距,而块状底水油藏则采用水平井效果较好。

2. 静态模型

在油藏评价阶段和开发早期阶段,由于资料建立有限而难于刻画储层内部细节,只能将其储层特征在三维空间上的变化和分布如实地加以描述,这样建立的模型被称为静态模型(static model)。建立这样的地质模型一般需要一定密度的井网。静态地质模型主要为油田开发实施方案(即注采井别确定、射孔方案实施等)、日常油田开发动态分析和作业施工、配产配注方案和局部调整服务。

20世纪60年代来,我国各油田投入开发以后都建立了这样的静态模型,但大都是手工编制和二维显示的,如各种小层平面图、油层剖面图、栅状图等。80年代以后,国内外开始利用计算机技术建立计算机存储和显示的三维储层静态模型。

3. 预测模型

在开发中后期,为了提高注水开发的效益及三次采油对剩余油的挖潜,需要加强井间储层预测,要求在开发井网条件下将井网数十米级甚至米级规模的储层参数值或变化预测出来,基于以上要求建立的模型被称为预测模型(prediction model)。预测模型不仅忠实于资料控制点的实测数据,而且追求控制点间的内插外推值有相当的精确度,即对无资料点有一定的预测能力的模型。

静态模型和预测模型都是针对某一具体油田(或开发区)的一个(或一套)储层,根据实际资料建立的反映储层特征在三维空间的变化和分布的地质模型。预测模型可以认为是追求更高精细度的储层静态地质模型。

二、地质模型建立方法

油藏建模实际上是根据已知控制点的资料,应用插值方法进行内插、外推控制点间及以外的油藏特性的方法,即井间储层预测(图8-5)。根据这一特点,建立储层地质模型的方法可分两大类,即确定性的和随机性的方法。

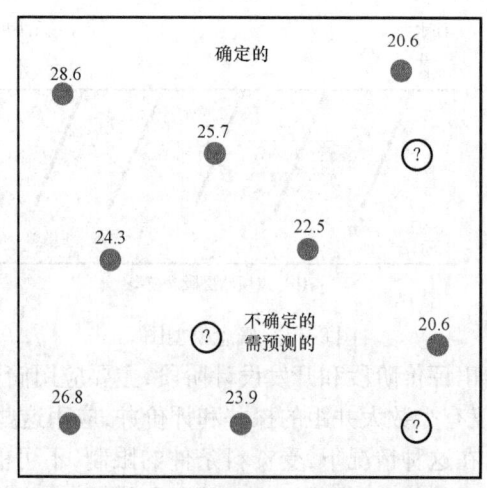

图8-5 井间孔隙度(%)预测示意图

(一)确定性建模方法

确定性建模方法认为资料控制点间的插值是唯一的、确定性的,即试图从具有确定性的控制点(如井点)出发,推测出井点之间确定的、唯一的、真实的储层参数。传统地质工作方法的内插编图,就属于这一类。克里格作图和一些数学地质方法作图也属这一类建模方法。开发地震的储层解释成果和水平井沿层直接取得的数据或测井解释成果,都是确定性建模的重要依据。

(二)随机建模方法

地下储层本身是确定的,在每一个位置点都具有确定的性质和特征(如孔隙度、渗透率)。但地下储层是很复杂的,人们难以掌握任一尺度下储层确定的且真实的特征或性质,特别是对于连续性较差且非均质性严重的陆相储层来说,更难以精确表征储层特征。这样,对地下储层的认识存在一定范围内的不确定性,需要通过"猜测"确定储层性质,因此人们广泛应用随机建模方法进行储层建模。

随机建模是以已知信息为基础,以随机函数为理论,应用随机模拟方法,产生可选的、等可能性的储层模型的方法。这就是对井间未知区应用随机模拟方法给出多种可能的预测结果。这种方法承认控制点以外的储层参数具有一定的不确定性,即具有一定的随机性。因此采用随机建模方法所建立的储层模型不是1个,而是给出多种可能的、等概率的预测结果,提供给勘探开发人员选择。

随机模拟的方法很多,主要有示性点过程、序贯高斯模拟、截断高斯模拟、序贯指示模拟、分形模拟等。

随机建模方法中又有条件模拟和非条件模拟之别。条件模拟是所建立的地质模型对已有的资料控制点完全忠实不做任何修改;非条件模拟则相反,对于已有的控制点也会作一定的变动。

当前地质统计学的重点是在发展随机建模方法,已有不少模型和相应软件问世。但是如何提高精度,取得实用效果,还有待地质工作者大量实践与检验。

三、储层建模基本步骤

一般来说,三维储层建模过程主要包括4个主要环节,即数据准备、确定网块尺寸、构造—地层建模和储层属性建模。实际上广义的储层建模还应包括模型粗化,即将精细的储层地质模型转化为数值模拟网格。

(一)数据准备

从建模内容上看,储层建模所需的基本数据包括以下几类。

(1)坐标数据:包括井位坐标、地震测网坐标等;

(2)分层数据:各井的地层划分对比数据(油组、砂组、小层、砂体数据);地震资料解释的层面数据;

(3)断层数据:断层位置、断点、断距等;

(4)储层数据:井眼储层数据(岩心、测井解释数据)、地震储层数据及试井储层数据。

(二) 确定网块尺寸

网块尺寸反映了所建模型的精度和详细程度。一般人们总希望所建模型网块尺寸越小越好，即网块越细越好，因为网块越细，反映出储层的非均质特征越明显。但是，当资料密度不够时，一味追求细网格建模，实际上造成模型的失真，因为在这种情况下各网格参数很难求准。例如，在早期评价阶段，仅有少数井的条件下，井距达千米甚至数千米，这时如果选择太细的网块尺寸必然会造成两种现象：一种是由于缺乏足够的资料控制点，各网块的预测数据精度难以保证；另一种情况是各网格的参数大同小异，这实质上与粗网格的作用是相同的。所以选择网块尺寸应根据资料点的密度和研究范围的大小而定，一般在两个已知井点网块之间加入一个网块或最多三个网块(图8-6)，相当于在已钻井间再加入1~3口井，这样已经满足了生产的需求。因此，网格尺寸应根据不同开发阶段资料点的密度进行适当选择。

(三) 构造—地层建模

构造模型反映储层的空间格架(图8-7)。因此，在建立储层属性的空间分布之前，应进行构造建模。构造模型由断层模型和层面模型组成。

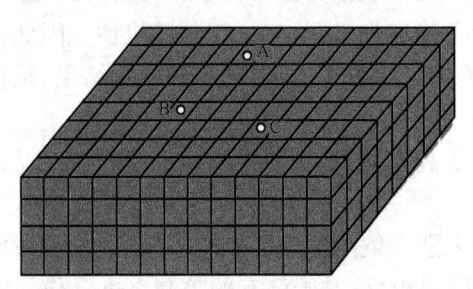 

图8-6 网格划分示意图　　　图8-7 新疆某气田的构造—地层模型图

断层模型实际为三维空间上的断层面，主要根据地震解释和井资料校正的断层文件，建立断层在三维空间的分布。层面模型为依据各井的层组划分对比数据及地震资料解释的层面数据而建立的地层界面三维分布，叠合的层面模型即为地层格架模型。

(四) 储层属性建模

根据确定的网块尺寸大小对构造模型进行三维网格化后，即可利用井数据或地震数据，按照一定的储层建模方法(插值或随机模拟)对每个三维网块进行赋值，建立储层属性(离散和连续属性)的三维数据体，即储层数值模型。由于目前大多数的油气储层参数与沉积相(或岩石相)存在一定的相关关系，因此，在属性建模中，一般首先建立相模型，然后以相模型为约束建立储层参数分布模型，即"相控建模"。

第二节　油气资源与储量

油气是国民经济建设的战略物资，油气储量是石油工业发展的基础，关系着国民经济和油田建设投资等重大问题。油气勘探的重要任务就是探明油、气资源，落实油气储量的大小。各国政府和石油公司高度重视油气资源和储量估算与评价。政府主管部门依据全国性和大区域的油气资源评价制定中长期能源规划和方针政策;石油公司更重视具体勘探区块的油气储量评价,关注油气勘探区块和勘探目标是否能开发出具有工业价值的油气。

一、油气资源量及储量分类

油气矿产资源(total petroleum initially – in – place)以数量、质量和空间分布来表征地壳中由地质作用形成的油、气自然聚集物,以换算到地面标准条件(20℃,0.101MPa)的地面条件来表达其数量。

资源/储量的分类,是在勘探开发各阶段,主要依据油气藏(田)的勘探开发程度、地质可靠程度和产能证实程度而进行的分类。石油天然气勘探开发工作是一个循序渐进的过程。完整的勘探开发过程根据工作过程由低到高可分为三个阶段:预探阶段、评价阶段、开发阶段。随着油、气田勘探开发的深入,人们对地下油、气田地质规律认识在不断地深化,所获取的各项地质参数也不断地丰富、完善,因此油、气储量估算的精度也就不断地提高。为了评价、对比各阶段计算油、气储量的可靠程度,不同国家和组织根据不同的勘探、开发阶段对油、气储量进行分类、分级,其划分的标准也不尽相同。

(一)我国油气储量分类

我国油气储量最早的分类系统是20世纪50年代、60年代采用的A、B、C级分类,70年代末到80年代则采用一、二、三级油气储量分类系统,基本与苏联的油气储量属于同一分类系统。为了使我国储量分级、分类可与世界对比,1988年全国矿产储量委员会正式发布了《石油天然气资源/储量分类》,对资源和储量进行了系统分类。2004年,在三大油公司海外上市背景下出台了GB/T 19492—2004国家标准,对1988版进行修订。2020年3月颁布了新的GB/T 19492—2020《油气矿产资源储量分类》。

GB/T 19492—2020储量规范按照资源发现与否以及地质认识程度将油气矿产资源划分为两类,即资源量和地质储量;地质储量再按照地质可靠性、技术和经济可采性以及生产情况进一步划分成不同级别,其中可采储量进一步划分为三级,即技术可采储量、经济可采储量和剩余经济可采储量(图8-8)。与2004的油气资源/储量分类方案比较,2004版中总原地资源量称为资源量(现对应油气矿产资源),包括未发现资源量(现对应资源量)和已发现资源量(即地质储量);原未发现资源量细分为推测资源量和潜在资源量,现方案不再细分。

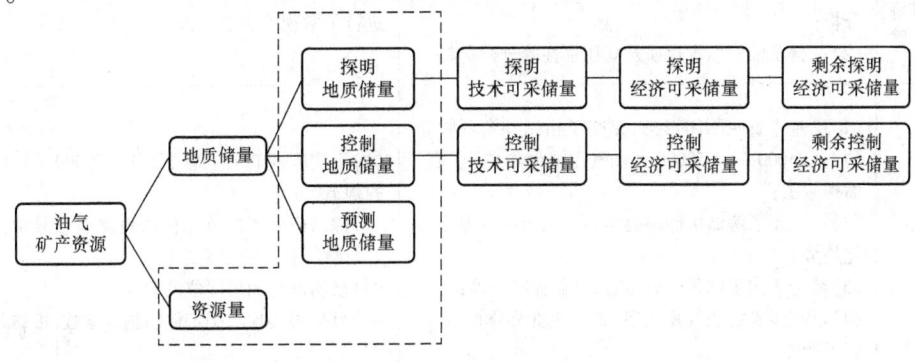

图8-8 油气矿产资源量和地质储量类型及估算流程图

资源量(undiscovered petroleum initially-in-place)是指待发现的未经钻井验证的,通过油气综合地质条件、地质规律研究和地质调查推算出的油气数量。

地质储量(discovered petroleum initially-in-place)是指在钻井发现油气后,根据地震、钻井、录井、测井和测试等资料估算的油气数量。其中,在一定的技术经济条件下可采部分称为可采储量。下面分别介绍地质储量和可采储量的分级。

1. 地质储量分级

地质储量根据勘探开发程度和地质认识程度,由低到高将地质储量划分为预测地质储量、控制地质储量和探明地质储量三个级别。

1)预测地质储量

预测地质储量(possible petroleum initially-in-place)是指钻井获得油气流或综合解释有油气层存在,对有进一步勘探价值的油气藏所估算的油气数量,其确定性低。预测地质储量的估算应具备的条件为:初步查明了构造形态、储层情况,预探井已获得油气流或钻遇了油气层,或紧邻在探明地质储量(或控制地质储量)区并预测有油气层存在,经综合分析有进一步评价勘探的价值,地质可靠程度低。常规油气藏和页岩气预测地质储量的勘探程度和地质认识程度要求分别见表8-1和表8-2。

表8-1 常规油气藏控制和预测地质储量勘探程度和地质认识程度要求

类别		控制地质储量	预测地质储量
勘探程度	地震	已完成地震详查,主测线距一般1~2km	已完成地震普查,主测线距一般2~4km
	钻井	(1)已有预探井或评价井,或紧邻探明储量区; (2)主要含油气层段有代表性岩心	(1)已有预探井或评价井,或紧邻探明储量或控制储量区; (2)主要目的层有取心或井壁取心
	测井	采用适合本探区特点的测井系列,解释了油、气、水层及其他特殊岩性段	采用本探区合适的测井系列,初步解释了油、气、水层
	测试	(1)已进行油气层完井测试,取得了产能、流体性质、温度和压力资料; (2)单井日产量达到或低于储量起算标准	(1)油气显示层段及解释的油气层可有中途测试或完井测试; (2)单井日产量达到或低于储量起算标准,或钻遇油气层
	分析化验	(1)进行了常规的岩心分析及必要的特殊岩心分析; (2)取得了油、气、水性质及高压物性等分析资料	进行了常规的岩心分析
地质认识程度		(1)已基本查明圈闭形态,提交了由钻井资料校正的1:25000~1:50000的油气层或储集体顶(底)面构造图; (2)已初步了解了储层储集类型、岩性、物性及厚度变化趋势; (3)综合确定了储量估算参数,可靠程度中等; (4)已初步确定了油气藏类型、流体性质及分布,并了解了产能	(1)证实圈闭存在,提交了1:50000~1:100000的构造图; (2)深入研究了构造部位的地震信息异常,并获得了与油气有关的相关结论; (3)已明确目的层层位及岩性; (4)可采用类比法确定储量估算参数,可靠程度低

表8-2　页岩气控制和预测地质储量勘查程度和地质认识程度要求

储量类别	控制地质储量	预测地质储量
勘探程度	(1)关于页岩气层的地震、钻井、测井等工作量,按照DZ/T 0217中有关天然气的要求执行; (2)已钻页岩气参数井,根据需要进行了页岩气层取心和测井,并获得了关于地应力方向、岩性、含气量、气水性质、页岩气层物性、压力等资料	(1)关于页岩气层的地震、钻井、测井等工作量,按照DZ/T 0217中有关天然气的要求执行; (2)已钻页岩气参数井,根据需要进行了页岩气层取心和测井,并获得了关于地应力方向、岩性、含气量、气水性质、页岩气层物性、压力等资料
地质认识程度	页岩气层构造形态、厚度TOC、R_o、产层物性、脆性矿物含量等情况基本清楚;进行了储量参数研究,选值基本可靠;经过试采取得了生产曲线,基本了解了气井产能;进行了初步经济评价或开发评价,完成了开发概念设计	初步查明页岩气层构造形态、厚度、TOC、R_o、产层物性、脆性矿物含量等分布变化;由气田钻井合理推测或少数参数井初步确定了储量参数;未进行试采,通过类比求得气井产能;只进行了地质评价

2)控制地质储量

控制地质储量(probable petroleum initially – in – place)是指钻井获得工业油气流,经进一步钻探初步评价,对可供开采的油气藏所估算的油气数量,其确定性中等。

控制地质储量的估算应具备的条件为:初步查明了构造形态、储层变化、油气层分布、油气藏类型、流体性质及产能等,或紧邻在探明地质储量区,具有中等的地质可靠程度,可作为油气藏评价钻探、编制开发规划和开发概念设计的依据。常规油气藏和页岩气控制地质储量的勘探程度和地质认识程度要求分别见表8-1和表8-2。

3)探明地质储量

探明地质储量(proved petroleum initially – in – place)是指钻井获得工业油气流,并经钻探评价证实,对可供开采的油气藏所估算的油气数量,其确定性高。探明地质储量的估算应具备的条件为:查明了油气藏类型、储集类型、驱动类型、流体性质及分布、产能等;流体界面或油气层底界应是钻井、测井、测试或可靠压力资料证实的;应有合理的钻井控制程度或开发方案设计的一次开发井网;各项参数均具有较高的地质可靠程度;含有油(气)范围的单井稳定日常量达到油气井的工业油气流标准,即储量起算标准,其中,稳定日产量为系统试采井的稳定产量,试油井可用试油稳定产量折算(不大于原始地层压力20%)压差下的产量代替,试气可用试气稳定(不大于原始地层压力10%)压差下的产量代替,或用20%~25%的天然气无阻流量代替。常规油气藏和页岩气探明地质储量的勘探程度和地质认识程度要求分别见表8-3和表8-4。

表8-3　常规油气藏探明地质储量勘探开发程度和地质认识程度要求

类别		探明地质储量
勘探开发程度	地震	已完成二维地震测网不大于1km×1km,或有三维地震,复杂条件除外
	钻井	(1)已完成评价井钻探,满足编制开发方案的要求,能控制含油(气)边界或油(气)水界面; (2)小型以上油(气)藏的油气层段应有岩心资料,中型以上油(气)藏的油气层段至少有一个完整的取心剖面,岩心收获率应能满足对测井资料进行标定的需求; (3)大型及以上油(气)田的主力油气层,应有合格的油基泥浆或密闭取心井; (4)疏松油气层采用冷冻方式钻取分析化验样品

续表

类别		探明地质储量
勘探开发程度	测井	(1)应有合适的测井系列,能满足解释储量估算参数的需要; (2)对裂缝、孔洞型储层进行了特殊项目测井,能有效划分渗透层、裂缝段或其他特殊岩层
	测试	(1)所有预探井及评价井已完井测试,关键部位井已进行了油气层分层测试;取全取准产能、流体性质、温度和压力资料; (2)中型以上油(气)藏,已获得有效厚度下限层单层试油资料; (3)中型以上油(气)藏进行了试采或系统试井,稠油油藏进行了热采试验,低渗透储层采取了改造措施,取得了产能资料; (4)单井稳定日产量达到储量起算标准
	分析化验	(1)已得到孔隙度、渗透率、毛细管压力、相渗透率和饱和度等岩心分析资料; (2)取得了流体分析及合格的高压物性分析资料; (3)中型以上油藏进行了确定采收率的岩心分析试验,中型以上气藏宜进行氦气法分析孔隙度; (4)稠油油藏已取得黏温曲线
地质认识程度		(1)构造形态及主要断层分布落实清楚,提交了由钻井资料校正的1:10000~1:25000的油气层或储集体顶(底)面构造图;对于大型气田,目的层构造图的比例尺可为1:50000,对于小型断块油藏,目的层构造图的比例尺可为1:5000。 (2)已查明储集类型、储层物性、储层厚度、非均质程度;对裂缝—孔洞型储层,已基本查明裂缝系统。 (3)油气藏类型、驱动类型、温度及压力系统、流体性质及其分布、产能等清楚。 (4)有效厚度下限标准和储量估算参数可靠程度高。 (5)已有以开发概念设计为依据的经济评价

表8-4 页岩气探明地质储量勘查程度和地质认识程度要求

储量类别	探明地质储量
勘探程度	(1)关于页岩气层的地震、钻井、测井等工作量,按照DZ/T 0217中有关天然气的要求执行。 (2)要有一定数量的满足储量估算要求的页岩气参数井;页岩气参数井页岩层段全部取心,建立完整的取心剖面,收获率为80%以上;进行了地球物理测井;查明储层裂缝发育情况。在钻井资料控制下,精确解释储层含气量、TOC、地应力方向等参数;通过实验和测试获得分析化验资料,TOC、矿物成分、物性、含水饱和度等关键参数分析化验资料1块/m,含气量参数规定见本标准相关要求。 (3)页岩气层已进行了小型直井井网和水平井组开发实验,如果评价井取心资料与压裂效果较好的井对比类似,则该评价井可不压裂,直接侧钻为水平井;通过试采三个月以上,已经取得了关于气井压力、产气量等动态资料;在建产区完成三维地震(受地表条件限制,无法完成三维地震地区,需进行高密度测网二维地震),精确查明建产区构造形态和单元、断层发育、岩石力学参数和TOC平面分布等特征;应有一定数量的试采井,气藏地质条件一致的条件下,可以借用试采或生产成果
地质认识程度	储层的构造形态清楚,查明断层发育情况,顶底地层岩性和水层分布、储层厚度、TOC、压力系数、R_o、孔隙度、渗透率、含水饱和度、脆性矿物、岩石力学参数、地应力分布、矿物成分等分布变化情况清楚,储量参数研究深入,选值可靠;经过试采取得了生产曲线,获得了气井产能认识;完成了开发概念设计或开发方案,确定了合理的开发井型、井距、适用的钻井压裂工艺技术和单井合理产量,有五年开发计划,经济可采储量经济评价后开发是经济的

2. 可采量分级

探明地质储量根据是否开发进一步划分为未开发探明地质储量和已开发探明地质储量。未开发探明地质储量是指在油气藏或区块中,完成了评价钻探,但开发生产井网尚未部署,或开发方案中开发井网实施小于70%。已开发探明地质储量是指在油气藏或区块中,按照开发方案完成了配套设施建设,开发方案中开发井网已实施70%及以上。

油气可采储量是在一定技术经济条件下,油气地质储量中可以采出的部分。按照技术、经济、生产情况将可采储量进一步划分为技术可采储量、经济可采储量、剩余经济可采储量。

1) 技术可采储量

技术可采储量(technically recoverable reserves)是指在地质储量中按开采技术条件估算的最终可采出的油气数量。开发技术条件是指决定或影响开采方法和技术措施的各种地质及技术因素,包括油藏类型、几何形状、储层特征、埋藏深度、油井产能等。一般而言,在估算技术可采储量时,仅针对地质储量和探明地质储量进行技术可采储量的估算。

(1) 控制技术可采储量。

控制技术可采储量(probable technical recoverable reserves)是指在控制地质储量中,依据预设开采技术条件估算的、最终可采出的油气数量。控制技术可采储量估算应满足如下条件:① 推测可能实施的操作技术(如注水、酸化压裂等)明确;② 按照经济条件(如价格、成本等)估算,油藏开发在经济上具有可行性。

(2) 探明技术可采储量。

探明技术可采储量(proved technical recoverable reserves)是指在探明地质储量中,按当前已实施或计划实施的开采技术条件估算的,最终可采出的油气数量。探明技术可采储量估算应满足如下条件:① 已实施的操作技术和近期将采用的操作技术(包括采油、采气技术和提高采收率技术等)明确;② 已有开发概念设计或开发方案,并已列入或将列入中近期开发计划;③ 按照经济条件(如价格、成本等)估算,油藏开发在经济上具有可行性。

2) 经济可采储量

经济可采储量(commercial recoverable reserves)是指在技术可采储量中按经济条件估算的可商业采出的油气数量。

储量的经济意义是指油气藏(田)开发在经济上所具有的合理性,可以在不同勘探开发阶段通过可行性评价所获得的,进一步可划分为经济的、次经济的和内蕴经济的三类。

经济的储量是依据当时的市场条件,按储量评估当时的油气产品价格和开发成本,油气藏(田)投入开采在技术上可行、环境等其他条件允许、经济上合理(即储量收益能满足投资回报的要求)。这类储量曾被称为表内储量。

次经济的储量是依据当时的市场条件,油气藏(田)投入开采是不经济的,但在预计可行或可能发生的推测市场条件下,或预计投资环境得到改善的情况下,其开采将有效益。这类储量曾被称为表外储量。

内蕴经济的储量是对油气藏(田)只进行了概略研究评价,但由于对储层复杂程度、规模大小、开采技术的应用和市场前景都只有初步的推测,不确定因素多,无法区分是属于经济的还是次经济的。

我国2004版储量规范中分别按照经济和次经济对控制技术储量和探明技术储量进行分级,而在2020版的标准中仅以经济标准对控制技术储量和探明技术储量进行分级。

(1) 控制经济可采储量。

控制经济可采储量(probable commercial recoverable reserves):指在控制技术可采储量中,按合理预测的经济条件(如价格、配产、成本等)估算求得的、可商业采出的油气数量。控制经济可采储量的估算应满足下列条件:① 按照合理预测的经济条件估算求得的、可商业采出、经过评价为经济的;② 将来实际采出量大于或等于估算的经济可采储量的概率至少为50%。

(2)探明经济可采储量。

探明经济可采储量(proved commercial recoverable reserves):指在探明技术可采储量中,按合理预测的经济条件(如价格、配产、成本等)估算求得的、可商业采出的油气数量。探明经济可采储量的估算应满足下列条件:① 依据不同要求采用评价基准日的或合同的价格和成本以及其他有关的经济条件;② 操作技术已经实施,或先导试验证实的并肯定付诸实施,或本油气田同类油气藏实际应用成功的并可类比和肯定付诸实施;③ 已有开发方案,并已列入中近期开发计划(天然气储量还应已铺设天然气管道或已有管道建设协议,并有销售合同或协议);④ 含油气边界是钻井或可靠的压力测试资料证实的流体界面,或者是钻遇井的油气层底界,并且含油气边界内达到了合理的井控程度;⑤ 实际生产或测试证实了油气层的商业性生产能力,或目标储层与邻井同层位或本井邻层位已证实商业性生产能力的储层相似;⑥ 可行性评价为经济的;⑦ 将来实际采出量大于或等于估算的经济可采储量的概率至少为80%。

3) 剩余经济可采储量

针对已经开发油气藏或区块,若已开采一定数量的油气,则需要估算剩余经济可采储量(remaining commercial recoverable reserves)。我国2020版的标准中仅针对控制经济可采储量和探明经济可采储量进行剩余经济可采储量的估算。

剩余控制经济可采储量(remaining probable commercial recoverable reserves)是指控制经济可采储量减去油气累计产量。剩余探明经济可采储量(remaining proved commercial recoverable reserves)是指探明经济可采储量减去油气累计产量。

(二)与国内外主要油气资源/储量分级体系对比

我国现行油气资源/储量分类分级体系是以2004版为基础,考虑我国油气资源与储量管理模式和尽量能与国际油气资源与储量分类接轨的原则进行修订完成。它与美国地质调查局的分类体系以及第十一届石油会议推荐的分类体系基本一致,与PRMS(美国石油工程师协会、美国石油地质学家协会等联合发布的石油资源管理系统,2007)分类方法以及俄罗斯的最新分类体系具有一定的对应关系(表8-5)。在剩余可采储量的分类上与SEC(美国证券交易所,图8-9)准则相似。

表8-5 国内外油气资源/储量分类对比表

国家或会议	储量				资源量
中国(2020)	探明		控制	预测	资源量
	已开发	未开发			
美国SPE等 (PRMS,2007)	商业的	1P	2P	3P	远景的
	次商业的	1C	2C	3C	
第十一届世界石油会议推荐 (1983)	Proved 证实		Unproved 未证实		Speculative 推测的
	Developed 已开发	Undeveloped 未开发	Probable 概算	Possible 可能	
俄罗斯(2016)	A	B_1 C_1	B_2 C_2		D_0、D_n、D_1、D_2

注:A为已投产;B为预投产;B_1为探明后预投产;B_2为评估后预投产;C为未投产;C_1为已探明未投产;C_2为已评估未投产;D为资源量;D_0为准备的;D_n为定域的;D_1为远景的;D_2为预测的。

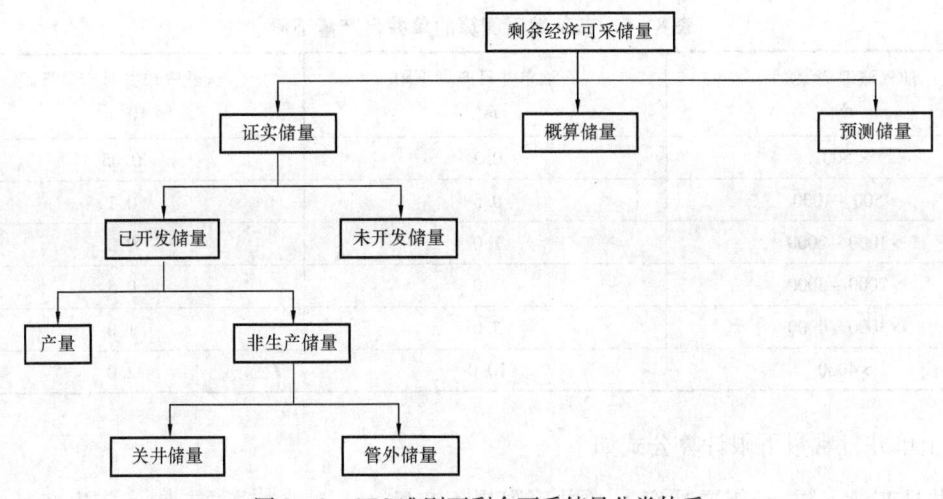

图 8-9 SEC 准则下剩余可采储量分类体系

二、储量起算标准

自圈闭预探发现油气到油田开发直至枯竭,各个阶段均需要进行油气储量的估算,包括新增储量估算、储量复算、储量核算和结算。在油(气)田、区块或层系中,首次进行估算并上报的储量被称为新增储量。在开发生产井完钻后(三年内),由于资料增加,进一步提高了该油气田认识程度,需要对其储量进行再次估算,这就是复算。随着油气田开发调整工作的深入和对油气田认识程度的提高,需对复算后的投入开发储量进行多次核算。在油气田废弃时,则对油气储量进行结算,包括对废弃前的储量估算、产量清算及剩余未采出储量的核销。另外,在开发生产过程中,依据开发动态资料和经济条件,对截至上年末及以前的探明技术可采储量及经济可采储量进行重新估算,称为可采储量标定,简称标定。

在对油(气)田、区块或层系进行储量估算时,应达到最低经济条件,即储量起算标准。我国分别制定了常规油气藏及页岩气的储量起算标准。

(一)常规油气藏储量起算标准

常规油气藏储量起算标准是指油气藏不同埋藏深度下石油和天然气的单井日产量下限。单井日产量下限受钻井成本、勘探建设费用、开发建设费用、油气销售价格、经营成本、利税等多种经济因素的影响。其中,钻井成本取决于油气藏的埋藏深度、工艺技术水平等因素。由于各地区的地理条件和储层的地质、采油条件不同,不同油区储层的采油指数标准界限值应该有很大的变化,所以各地区可根据当地价格和成本等测算求得只回收开发井投资的单井日产量的下限;也可用平均的操作费和油价求得平均井深的单井日产量下限,再根据实际井深求得不同井深的单井日产量下限。

陆上平均井深的单井日产量下限估算公式为

$$\text{油或气单井日产量下限} = \frac{\text{固定成本}}{(\text{销售价} - \text{税费} - \text{可变成本})}$$

表 8-6 是根据东部地区平均油气价格和成本、只回收开发井成本投资所测算的东部地区常规油气藏单井下限日产量,可参照应用。国家允许结合储量估算区的情况,另行估算起算标准,但不能低于表 8-6 的标准。

表8-6 东部地区测算的单井日产量下限

油气藏埋藏深度 m	石油单井日产量下限 m^3	天然气单井日产量下限 $10^4 m^3$
<500	0.3	0.05
>500~1000	0.5	0.1
>1000~2000	1.0	0.3
>2000~3000	3.0	0.5
>3000~4000	5.0	1.0
>4000	10.0	2.0

海上单井日常量下限计算公式如下：

单井日产量下限 = 年递减率 × 单井下限累积产量 / $(1 - e^{-年递减率 × 生产期})$ / 年生产时率

其中，单井下限累积产量 = 开发井单井投资 / [油气价格 × (1 - 增值税率) - 特别收益金 - 桶油操作费]。

表8-7是根据中国近海海域开发井平均成本，在油价30美元/bbl，气价0.6元人民币/m^3 等条件下测算的单井日产量下限，可在水深不大于300m的海域内参照应用。当水深大于300m时，国家允许结合申报区的情况，另行计算起算标准。

表8-7 中国近海海域储量起算标准（适用于300m以内水深）

油气藏埋藏深度 m	石油单井日产量下限 m^3	天然气单井日产量下限 $10^4 m^3$
≤500	2.5	0.3
>500~1000	4.0	0.5
>1000~2000	7.5	1.0
>2000~3000	12.5	2.0
>3000~4000	17.5	2.5
>4000	25	3.5

（二）页岩气储量起算标准

页岩气储量起算标准包括试采三个月的单井平均产气量下限、含气量下限、总有机碳含量（TOC）下限、镜质组反射率（R_o）下限、页岩中脆性矿物含量下限、勘探程度和地质认识程度要求等有关起算标准。具体标准分别如下：

（1）试采三个月的单井平均产气量下限标准，见表8-8。其中，试采3个月的单井平均产气量下限是进行储量估算应达到的最低经济条件，各地区可根据当地价格和成本等测算求得只回收开发井投资的试采3个月的单井平均产气量下限；也可用平均的操作费和气价求得平均井深的试采3个月的单井平均产气量下限，再根据实际井深求得不同井深的试采3个月的单井平均产气量下限。

（2）含气量下限标准见表8-9。

（3）总有机碳含量（TOC）下限标准为 TOC≥1%。

(4)镜质体反射率(R_o)下限标准为$R_o \geq 0.7\%$。
(5)页岩中脆性矿物含量下限标准为脆性矿物含量大于或等于30%。
(6)勘探程度和地质认识程度要求是进行储量估算的地质可靠程度的基本条件。

表8-8 试采3个月的单井平均产气量下限标准

气藏埋深 m	直井平均日产气量 $10^4 m^3$	水平井平均日产气量 $10^4 m^3$
≤500	0.05	0.5
>500~1000	0.1	1.0
>1000~2000	0.3	2.0
>2000~3000	0.5	4.0
>3000	1	6.0

注:试采3个月的单井平均产气量指试采前3个月获得的单井平均日产气量。

表8-9 含气量下限标准

页岩有效厚度 m	含气量 m^3/t	页岩有效厚度 m	含气量 m^3/t
>50	1	<30	4
50~30	2		

页岩气由于其钻井成本、勘探建设费用、开发建设费用等与常规气藏的差异较大,其储量起算标准有较大的差异。国家允许结合储量估算区情况,另行估算起算标准,但另行估算的起算标准应不低于表8-8起算标准。例如,四川盆地及其周边地区龙马溪—五峰组、筇竹寺组海相页岩层系页岩气储量起算标准为:(1)控压试采方式下页岩气试采6个月的单井平均气量下限标准见表8-10;(2)含气量下限标准见表8-9;(3)总有机碳大于或等于2%;(4)镜质组反射率大于或等于1.1%;(5)页岩中脆性矿物含量大于或等于40%;压力系数大于或等于1.2。

表8-10 试采6个月的单井平均产气量下限标准

气藏埋深 m	直井平均日产气量 $10^4 m^3$	水平段长度 m	水平井平均日产气量 $10^4 m^3$
>1000~≤2000	0.3	≤1000	2
		>1000~≤1500	2.5
		>1500	3
>2000~≤3000	0.5	≤1000	4
		>1000~≤1500	5
		>1500	6
>3000	1	≤1000	6
		>1000~≤1500	7
		>1500	8

第三节 容积法油气储量估算及评价

一、油气储量估算方法

油气储量估算的方法分为静态法和动态法两大类。其中静态法是应用油、气田的静态资料和参数来计算油气储量的方法,包括容积法、类比法、概率法;动态法是应用油气田动态资料和参数计算油气储量的方法,包括物质平衡法、压降法、产量递减曲线法、水驱曲线法、矿场不稳定试井法等。这些方法应用于不同的油气田勘探和开发阶段以及不同的地质条件。

油气地质储量估算中最常用的方法是容积法。容积法适用于以静态资料为主、油气藏未开发或开发时间短且动态资料较少情况下的储量估算。不同的油气藏类型在使用容积法进行地质储量估算中存在差异。下面主要介绍容积法在不同类型油气藏地质储量估算中的应用。

(一) 常规油气藏地质储量估算

容积法估算储量的实质是确定油(气)在储层孔隙中所占的体积。因此,地下温压条件下一定含油(气)范围内的油(气)体积可表达为含油(气)面积、有效厚度、有效孔隙度与含油(气)饱和度的乘积。

油层埋藏在地下深处,高温、高压条件下的石油中常溶解了大量的天然气,当原油被采到地面上以后,由于压力降低,石油中溶解的天然气便会逸出,从而使地面石油的体积大大减小。因此,如果要将地下原油体积换算成地面原油体积,应将地下原油体积除以石油体积系数(地下原油体积与地面标准条件下原油体积之比,由地层流体高压物性分析得到)。石油储量一般以质量为单位,故还应将地面原油体积乘以石油的密度。

对于天然气藏而言,天然气体积严重地受压力和温度变化的影响。地下气层温度和压力比地面高得多,因此,当天然气被采出至地面时,由于温压降低,天然气体积大大膨胀(一般为数百倍)。如果要将地下天然气体积换算成地面标准温度、压力条件下的体积,也必须考虑天然气体积系数。

1. 油藏地质储量估算公式

油藏的石油地质储量估算公式为

$$N = 100 A_o \cdot h \cdot \phi (1 - S_{wi}) / B_{oi} \tag{8-1}$$

或

$$N = A_o h S_{of} \tag{8-2}$$

式中 N——石油地质储量,$10^4 m^3$,精确到小数点后二位;

A_o——含油面积,km^2,精确到小数点后二位;

h——平均有效厚度,m,精确到小数点后一位;

ϕ——平均有效孔隙度,无量纲,精确到小数点后三位;

S_{wi}——平均原始含水饱和度,无量纲,精确到小数点后三位;

B_{oi}——平均地层原油体积系数,无量纲,精确到小数点后三位;

S_{of}——原油单储系数,$10^4 m^3 /(km^2 \cdot m)$。

若用质量单位表示石油地质储量时,有

$$N_z = N \cdot \rho_o \tag{8-3}$$

式中 N_z——石油地质储量,$10^4 t$;

ρ_o——平均地面原油密度,t/m^3,精确到小数点后三位;

当地层原油中的原始溶解气地质储量大于 $0.1 \times 10^8 m^3$ 时,可按下式估算:

$$G_s = 10^{-4} \cdot N \cdot R_{si} \tag{8-4}$$

式中 G_s——溶解气的地质储量,$10^8 m^3$,精确到小数点后二位;

N——石油地质储量,可由式(8-1)计算得到,$10^4 m^3$;

R_{si}——原始溶解气油比,m^3/m^3,整数。

当油藏有气顶时,气顶天然气地质储量按气藏或凝析气藏地质储量估算公式估算。

2. 天然气藏储量估算公式

容积法也是计算天然气储量的基本方法,但主要适用于孔隙性气藏(及油藏气顶)。对于裂缝型与裂缝—溶洞型气藏,难以应用容积法估算储量。

容积法估算气藏和油藏气顶天然气的地质储量的公式为

$$G = 0.01 A_g \cdot h \cdot \phi (1 - S_{wi}) / B_{gi} \tag{8-5}$$

或

$$G = A_g h S_{gf} \tag{8-6}$$

式中 G——天然气地质储量,$10^8 m^3$,精确到小数点后二位;

A_g——含气面积,km^2,精确到小数点后二位;

B_{gi}——平均地层天然气体积系数,无量纲,精确到小数点后五位;

S_{gf}——原油单储系数,$10^4 m^3/(km^2 \cdot m)$。

天然气体积系数为天然气地下体积转换为地面标准条件下体积的换算系数(我国地面标准条件指温度20℃,绝对压力0.101MPa)。其数值受原始地层压力和温度、地面标准压力和温度、原始天然气偏差系数的影响:

$$B_{gi} = \frac{p_{sc} \cdot T_i \cdot Z_i}{T_{sc} \cdot p_i} \tag{8-7}$$

式中 p_{sc}——地面标准压力,MPa,精确到小数点后三位;

T_{sc}——地面标准温度,K,精确到小数点后二位;

p_i——原始地层压力,MPa,精确到小数点后三位;

T_i——原始地层温度,K,精确到小数点后二位;

Z_i——原始气体偏差系数,无因次,精确到小数点后三位。

据此,天然气原始地质储量估算公式式(8-5)也可表达为

$$G = 0.01 A_g \cdot h \cdot \phi (1 - S_{wi}) \frac{T_{sc} \cdot p_i}{p_{sc} \cdot T_i \cdot Z_i} \tag{8-8}$$

原始地层压力和温度可通过井下仪器直接测定。在计算体积系数时,一般应用平均地层压力。气体由于受重力分异作用的影响,其密度随气层埋藏深度的增加而增加,所以气藏的压力系数由构造顶部向边部逐渐减小。因此,计算平均地层压力必须采用体积权衡法,实际计算中采用气藏1/2体积折算深度的压力。

天然气的偏差系数是天然气在给定压力和温度下气体实际占有体积与相同条件下作为理想气体所占的体积之比。一般有三种确定方法：天然气样品测定偏差系数；根据气体组分确定偏差系数；利用气体相对密度确定偏差系数。

3. 凝析气藏天然气地质储量估算公式

凝析气藏的地层条件下，天然气和凝析油呈单一气相状态，当采出地面后，除天然气外还有凝析油析出。应用容积法估算凝析气藏储量时，应先计算气藏总地质储量，然后再按天然气和凝析油所占摩尔数分别估算天然气（即干气，为凝析气采至地面后经分离器回收凝析油后的天然气）和凝析油储量。

(1) 凝析气藏中凝析气总地质储量(G_c)可由式(8-8)估算，式中的Z_i为凝析气的偏差系数。

(2) 当凝析气藏中凝析油含量大于或等于$100cm^3/m^3$或凝析油地质储量大于或等于$1×10^4m^3$时，应分别估算干气和凝析油的地质储量。凝析气藏中天然气（干气）和凝析油的原始地质储量可由下式估算：

$$G_d = G_c \cdot f_d \qquad (8-9)$$

$$N_c = 0.01 G_d \cdot \sigma \qquad (8-10)$$

式中　G_d——天然气（干气）的地质储量，10^8m^3，精确到小数点后二位；

　　　G_c——凝析气藏的总地质储量，10^8m^3，精确到小数点后二位；

　　　N_c——凝析油地质储量，10^4m^3，精确到小数点后二位；

　　　f_d——天然气（干气）的摩尔分数，小数，精确到小数点后三位。

$$f_d = \frac{GOR}{GE_c + GOR} \qquad (8-11)$$

$$\sigma = \frac{10^6}{GE_c + GOR} \qquad (8-12)$$

$$GE_c = 543.15(1.03 - \gamma_c) \qquad (8-13)$$

式中　GOR——凝析气油比，m^3/m^3，整数；

　　　GE_c——凝析油的气体当量体积，m^3/m^3，整数；

　　　γ_c——凝析油相对密度，无量纲，精确到小数点后三位；

　　　σ——凝析油含量，cm^3/m^3，整数。

若用质量单位表示凝析油地质储量时，可使用以下公式计算：

$$N_{cz} = N_c \rho_c \qquad (8-14)$$

式中　N_{cz}——凝析气地质储量，10^4t，精确到小数点后二位；

　　　ρ_c——凝析油密度，t/m^3，精确到小数点后三位。

气油比是凝析气藏储量估算中十分重要的参数。为了取得准确的气油比资料，在井口取样时应尽量用小油嘴生产，使生产压差很小，地层内凝析气压不降至露点以下，保证井口气油比代表地层内的比例。

实际工作中常常获得许多井点或样品的参数值，因此在计算油田地质储量时需要根据油田的实际情况,采用"分区平均法"或者是"积分法"进行。对于油气藏类型简单、储层均质性好的油田,通常是先计算各种参数的平均值,然后利用上面的公式计算出一个储量值,可以获得较理想的成果。但对于高度非均质复杂断块油田,则必须分区、分块、分层系进行平均,再利用容积法求得各级单元地质储量进行累加。得到整个油田的储量。

我国储量估算标准要求,当气藏或凝析气藏中总非烃类气含量大于15%或单项非烃类气含量大于标准时(如硫化氢含量大于0.5%,二氧化碳含量大于5%,氦含量大于0.01%),应分别估算各单项非烃类气体地质储量。具有油环或底油时,原油地质储量按油藏地质储量估算公式计算。

(二)页岩气储量估算方法

页岩气地质储量估算静态法包括体积法和容积法,其精度取决于对气藏地质条件和储层条件的认识,也取决于有关参数的精度和数量。吸附气地质储量采用体积法估算,游离气和溶解气地质储量宜采用容积法估算。

1. 吸附气地质储量估算

页岩层段中泥页岩黏土矿物和有机质表面可以吸附大量的天然气,其储量采用体积法估算,计算公式如下:

$$G_x = 0.01 A_g h \rho_y C_x \tag{8-15}$$

式中 G_x——页岩层段的吸附气地质储量,$10^8 m^3$,精确到小数点后二位;
A_g——含气面积,km^2,精确到小数点后二位;
h——有效厚度,m,精确到小数点后一位;
ρ_y——页岩质量密度,t/m^3,精确到小数点后二位;
C_x——页岩吸附气含量,m^3/t,精确到小数点后一位。

2. 游离气地质储量估算

页岩层段中页岩基质孔隙和夹层孔隙赋存游离气,估算其地质储量时采用容积法,公式如下:

$$G_y = 0.01 A_g h \phi S_{gi} / B_{gi} \tag{8-16}$$

式中 G_y——游离气地质储量,$10^8 m^3$,精确到小数点后二位;
ϕ——有效孔隙度,小数,精确到小数点后三位;
B_{gi}——原始页岩气体积系数,无量纲,精确到小数点后五位。

3. 溶解气地质储量估算

当页岩层段含有原油时,可采用容积法估算溶解气地质储量G_s。估算方法与常规油气相同,估算公式见式(8-4)。

4. 页岩气总地质储量估算

(1)页岩气总地质储量估算就是将吸附气、游离气和溶解气地质储量相加,计算公式如下:

$$G_z = G_x + G_y + G_s \tag{8-17}$$

式中 G_z——页岩气总地质储量,$10^8 m^3$,小数点后二位。

(2)当页岩层段不含原油时,不估算溶解气地质储量,页岩气总地质储量就是将吸附气和游离气地质储量相加,计算公式如下:

$$G_z = G_x + G_y \qquad (8-18)$$

如果获得了总的含气量参数时,也采用体积法计算页岩气总地质储量,计算公式如下:

$$G_z = 0.01 A_g h \rho_y C_z \qquad (8-19)$$

式中 C_z——页岩气总含量,m^3/t,小数点后一位。

(三)页岩油储量估算公式

依据资料状况,页岩油地质储量估算一般采用容积法,无法采用容积法时,也可采用体积法或者概率法。

容积法估算页岩油地质储量与常规油藏计算方法相同,当溶解气油比较高时或溶解气储量规模大于 $0.1×10^8 m^3$ 时,要求计算溶解气地质储量。下面介绍体积法和概率法。

1. 体积法

体积法的计算公式为

$$N = 100 A_o h T_f \rho_o / B_{oi} \qquad (8-20)$$

式中 T_f——游离烃含油率,小数。

2. 概率法

概率法计算地质储量分为三个步骤:

(1)根据构造、储层、流体分布、断层及地层或岩性边界等,确定含油面积的变化范围;

(2)根据地质特征、有效储层下限标准、测井解释结果等,分别确定油层有效厚度、有效孔隙度、含油饱和度等相关储量的变化范围及分布类型;

(3)根据各储量参数分布类型,求得地质储量累积概率曲线,按规定的概率值估算各级地质储量。

二、油气储量估算单元划分

(一)常规油气藏计算单元划分

储量估算单元指一次储量估算中的地层单元。储量估算单元划分是否合理对储量估算精度影响很大。在油气藏储量估算中,计算单元原则上为单个油气藏。在一些情况下,可适当细分或合并计算。具体的划分原则如下:

平面上计算单元一般按区块划分。当含油(气)面积很大的油气藏,视不同情况可细分区块或井区;受同一构造控制的几个小型的断块或岩性油气藏,当油气藏类型、储层类型和流体性质相似,且含油(气)连片或叠置时,可合并为一个计算单元;当含油(气)面积跨两个及以上的矿业权证或省份的,按矿业权证或省份细划计算单元;含油(气)面积与自然保护区等禁止勘查开采区域有重叠的,应分重叠区和非重叠区划计算单元。

纵向上计算单元一般按油(气)层组(砂层组)划分。已查明具有统一油(气)水界面的油(气)水系统一般作为一个计算单元,含油(气)高度很大时也可细分亚组或小层;同一岩性的块状油气藏,含油(气)高度很大时可按水平段细分计算单元;尚不能断定为统一油(气)水界面的层状油(气)藏,当油(气)层跨度大于50m时视情况细分计算单元;对于不同岩性、储集特征的储层,应划分独立的计算单元。在开发阶段计算已开发探明储量时,纵向上的计算单元应根据需要细化,可细化到小层甚至单砂体。

对于裂缝性油气藏,应以连通的裂缝系统细分计算单元。

(二)页岩气储量估算单元划分

页岩气储量估算单元划分应充分考虑构造、页岩气层非均质性等地质条件,结合井控等情况综合确定。页岩气储量估算单元划分原则如下:

(1)计算单元平面上一般按井区确定,根据不同情况可再细分或合并:面积很大的气藏,视不同情况可细分单元;当气藏类型、页岩气层类型相似且含气连片或叠置时,可合并为一个计算单元。

(2)计算单元纵向上一般按含气页岩组、段划分,结合含气量、孔隙度、脆性矿物含量、总有机碳含量和压裂技术(纵向压裂长)等因素确定计算单元。单个储量估算单元不超过100m。

(3)含气面积跨两个及以上的矿业权证或省份的,按矿业权证或省份细划计算单元。

(4)含气面积与自然保护区等禁止勘查开采区域有重叠的,应分重叠区和非重叠区划分计算单元。

(三)页岩油储量估算单元划分

页岩油储量估算单元以页岩油甜点区为基础进行划分。

(1)平面上,在甜点区,应结合钻井控制程度、储层分布状况和各级储量界定条件分井区细化计算单元。

(2)纵向上,按甜点段划分,各单元纵向厚度不超过措施改造工程实际波及的最大厚度,措施改造波及不到的零散油层不能计算储量。

三、容积法油气储量估算中参数的确定

(一)容积法储量公式中参数确定

容积法地质储量估算中涉及的参数较多,其中含油(气)面积、有效厚度、有效孔隙度、原始含油(含气)饱和度是所有类型油气藏静态地质储量估算中的重要参数。此外,页岩气地质储量估算中还包括页岩质量密度、页岩总含气量等参数。下面具体介绍各参数的确定方法。

1. 含油(气)面积

含油(气)面积的确定应充分利用地震、钻井、测井和测试等资料,综合研究油、气、水分布规律和油(气)藏类型,确定流体边界以及油气遮挡(如断层、岩性、地层)边界,编制反映油气层(储集体)顶(底)面形态的海拔高度等值线图、砂体分布图和有效厚度分布图。流体边界通过在流体界面(即气油界面、油水界面、气水界面)平面上投影确定(界面确定方法见本书第七章第一节)。

1) 油气遮挡边界的确定

(1) 岩性边界的确定。

岩性边界一般指储层岩性发生变化的分界线,在储量估算中常指工业含油边界,边界以内钻的井应具有工业油流。即有效储层与非有效储层的分界线(有效厚度零线)。

岩性边界不等同于砂岩尖灭线,后者为砂岩与泥岩之间的分界线。一般来说,岩性边界位于砂岩尖灭线向砂体的一侧,即在砂岩尖灭线与岩性边界之间存在一个非有效砂岩区。因此,岩性边界的确定,一般是先确定储集体的砂岩尖灭线,然后以此为基础确定岩性边界。

理论上应用沉积学和地震岩性学相结合的方法,可以比较有效地描述砂体的宏观空间分布,然后利用试井探边测试就有可能获得较可靠的岩性边界位置。然而,即使在开发井网条件下,井间及井外岩性边界的定量界定仍是难点。在应用地震方法和试井方法不能准确、定量地圈定岩性边界的情况下,为了计算油、气储量,往往应用"井控法"来"推断"井间和井外岩性边界。

井控法就是首先界定砂岩尖灭线的位置,然后界定岩性边界。砂岩尖灭线处于砂岩尖灭井点与有效砂岩井点之间。该尖灭线与两口井的距离取决于砂岩的展布规律与尖灭规律。一般来说,尖灭距与砂层厚度和砂岩渗透性有关。如果井点砂层厚度越大、砂岩渗透性越好,则尖灭位置就越远;反之,则越近。

20世纪60年代,我国大庆油田的油田地质工作者根据砂层的延伸长度与厚度的关系,利用大量统计资料,建立了在开发井网条件下计算砂岩尖灭位置的方法(图8-10)与公式[式(8-21)]:

$$x = \frac{L}{h+1} \qquad (8-21)$$

式中 x——砂层尖灭位置到相邻砂层已尖灭井的水平距离;

L——相邻两井的水平距离;

h——砂岩厚度。

确定砂岩尖灭位置后,在尖灭线和有效厚度井之间勾绘有效厚度零线,即岩性边界线。在实际的操作过程中,可将岩性边界定为砂岩尖灭线距有效厚度井点的1/3处(图8-11)。有时,直接在砂岩尖灭井点与有效厚度井点之半,圈定有效厚度零线作为油气边界。

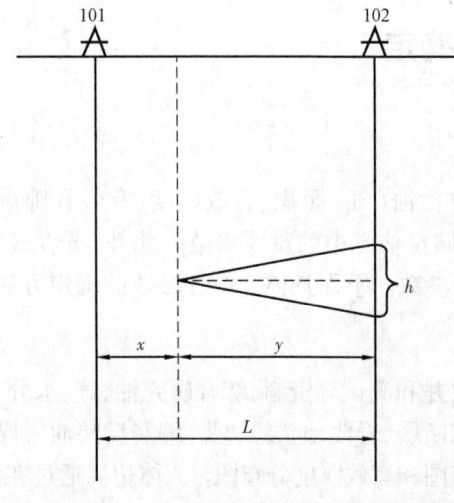
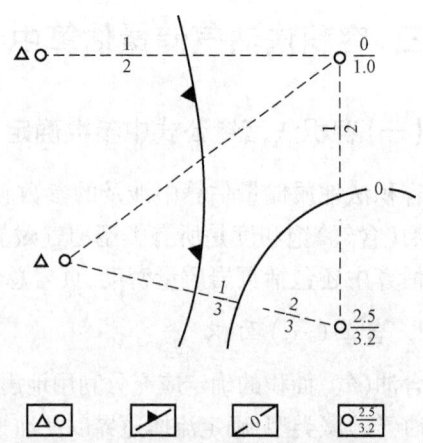

图8-10 应用公式计算砂岩尖灭位置　　图8-11 圈定岩性含油气边界示意图

当油气藏边界无控制井时,可根据有效层井点外推岩性边界。在开发井网条件下,可按1个或1/2个开发井距外推含油气边界。

在油藏评价时期井距较大时,一般不能用井距之半外推岩性边界,而应根据同类已开发油田砂岩体大小的统计资料,确定井点外推距离。首先通过盆地沉积相研究确定出砂体的基本形态(注意砂体的宽度、大小,即使同属一种沉积相带也各不相同),然后在老油区,根据盆地的实际资料统计确定其砂体范围;在新油区,预测岩性油藏含油边界,一般条带状和透镜状砂岩体边界井点外推距离不能超过500m。

(2)断层边界的确定。

在断块油藏中,断层对油气分布起着控制作用。因此断块油藏的含油边界不仅包括油水(气)边界和岩性边界,断层边界也是十分重要的。在圈定含油面积时,应充分研究断裂系统与断层的分布,然后根据断层与油水界面等其他界面共同确定。具体方法常采用剖面投影法,如图8-12所示。值得注意的是,在应用顶面构造图表现含油边界时,断层的控油范围要考虑油层顶、底面与断层面的交线,应以上述两条线的外线为油层含油边界线。如在图8-12中,油层位于断层下盘,含油边界应为油层底面与断层的交线;如断层上盘含油,则含油边界为油层顶面与断层的交线。

2)常规油气藏含油面积圈定方法

按照常规油气藏储量规范,不同级别储量面积的圈定方法有所差别,主要是油气边界的确定性程度方面。

(1)探明含油(气)面积。

已投入开发的探明储量,应为在油(气)藏或区块中按照开发方案,完成配套设施建设,开发井网已实施70%及以上的探明地质储量。其含油(气)面积以油(气)开发井外推1.0~1.5倍开发井距圈定。

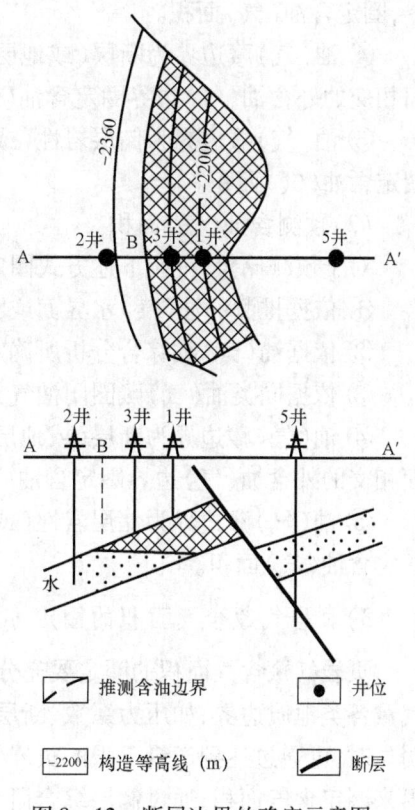

图8-12 断层边界的确定示意图

未投入开发的探明储量的含油(气)面积,各种边界的确定需达到以下条件:

①用以圈定含油(气)面积的流体界面,应经测井或测试资料,或钻井取心资料证实,或可靠的压力测试资料确定。

②未查明流体界面的油(气)藏,应以测试证实的最低出油气的层段(或井段)底界或有效厚度累计值或集中段高度外推圈定含油(气)面积。

③油(气)藏边界为断层(或地层)遮挡时,以油(气)层顶(底)面与断层(或地层不整合)面相交的外含油(气)边界圈定含油(气)面积。

④油(气)藏边界为储层岩性(或物性)遮挡时,用有效厚度零线或渗透储层一定厚度线圈定含油(气)面积;未查明边界时,以油气流井外推1~1.5倍开发井距划计算线。

⑤在确定的含油(气)边界内,边部油(气)井到含油(气)边界的距离过大时,可按照油(气)井外推1~1.5倍开发井距划计算线。

⑥ 在储层厚度和埋藏深度等适当条件下,高分辨率地震解释预测的流体界面和岩性边界经钻井资料约束解释并有高置信度时,可作为圈定含油(气)面积的依据。

(2)控制含油(气)面积。

对于控制储量,可按下述方式圈定含油面积:

① 依据测井解释的油气层底界面,钻遇或预测的流体界面圈定含油(气)面积。

② 在探明含油(气)边界到预测含油(气)边界之间圈定含油(气)面积。

③ 依据多种方法对储层进行综合分析,结合油(气)层分布规律,确定可能含油(气)边界,圈定含油(气)面积。

④ 油(气)藏边界为断层(或地层)遮挡时,以油(气)层顶(底)面与断层(或地层不整合)面相交的外含油(气)边界圈定含油(气)面积。

⑤ 油(气)藏边界为储层岩性(或物性)遮挡时,用有效厚度零线或渗透储层一定厚度线圈定含油(气)面积。

(3)预测含油(气)面积。

对于预测储量,可按下述方式圈定含油面积:

① 依据推测的油(气)水界面或圈闭溢出点圈定含油(气)面积。

② 依据油(气)藏综合分析所确定的油(气)层分布范围圈定含油(气)面积。

③ 依据同类油(气)藏圈闭油气充满系数类比或地震约束反演资料圈定含油面积。

④ 油(气)藏边界为断层(或地层)遮挡时,以油(气)层顶(底)面与断层(或地层不整合)面相交的外含油(气)边界圈定含油(气)面积。

⑤ 油(气)藏边界为储层岩性(或物性)遮挡时,用有效厚度零线或渗透储层一定厚度线圈定含油(气)面积。

3)页岩气藏含气面积的圈定办法

页岩气藏含气面积的圈定要充分利用地震、钻井、测井和测试(含试气)等资料,获取页岩气藏各类地质边界,如压力系数、断层、地层变化(变薄、尖灭、剥蚀、变质等);当地质边界不明显时,可通过达到产量下限的页岩气井圈定,也可由矿权区边界、建产区边界或其他计算边界来圈定含气面积;通过储层综合研究,编制含气量等值线图、优质页岩等值线图等,并根据含气量下限、优质页岩厚度下限圈定含气面积。不同级别的地质储量,含气面积圈定要求不同。

(1)探明含气面积。

页岩储层含气面积圈定原则如下:

① 依据测试测试资料证实的流体界面圈定含气面积。

② 钻井和测井、地震综合确定的页岩气藏边界(即断层、尖灭、剥蚀等地质边界)、达到储量起算标准(单井平均产气量下限、含气量下限等)的下限边界。

③ 当地质边界或含气边界未查明时,沿边部页岩气井(达到产气量下限标准)外推。探明面积外推距离不大于开发井距的 1~1.5 倍,可分为以下几种情况:

a. 一口井达到产气量下限值时,以此井为中心外推 1~1.5 倍开发井距;

b. 在有多口相邻井达到产气量下限值时,若其中有两口相邻井井间距离超过 3 倍开发井距,可分别以这两口井为中心外推 1~1.5 倍开发井距;

c. 在有多口相邻井达到产气量下限值时,若其中有两口相邻井井间距离超过 2 倍开发井距,但小于 3 倍开发井距时,井间所有面积都计为探明面积,同时可以这两口井为中心外推1~

1.5倍开发井距作为探明面积边界；

d. 在有多口相邻井达到产气量下限值,且井间距离都不超过两个开发井距时,探明面积边界可以边缘井为中心外推 1~1.5 倍开发井距；

e. 由于特殊原因也可由矿权区边界、自然地理边界或人为储量估算线等圈定。作为探明面积边界,距离边部页岩气井不大于 1~l.5 倍开发井距。

(2)控制含气面积。

页岩储层控制含气面积边界圈定原则如下：

① 依据钻遇的,或测井解释的,或预测的流体界面圈定含气面积。

② 探明储量含气边界到预测储量含气边界之间圈定含气面积。

③ 当地质边界或含气边界未查明时,沿边部页岩气井(达到产气量下限标准)外推,具体外推距离视页岩气层稳定程度和构造复杂程度确定,一般为探明储量外推距离的 2 倍。

(3)预测含气面积。

页岩储层预测含气面积边界圈定原则如下：

① 依据预测的流体界面或圈闭溢出点圈定含气面积。

② 控制含气边界到预测含气边界之间圈定含气面积。

③ 当地质边界或含气边界未查明时,沿边部页岩气井外推,具体外推距离视页岩气层稳定程度和构造复杂程度确定,一般为控制储量外推距离的 2 倍。

4)页岩油含油面积圈定方法

充分利用地质、地震、钻井、测井、测试和生产动态资料,综合研究页岩油分布规律,确定各类地质边界及甜点区有效储层边界,编制油层顶面构造图和有效厚度等值线图,作为圈定含油面积的基础。

(1)探明含油面积。

① 探明已开发含油面积,应依据生产井静态、动态资料确定的开发井距,沿井外推半个开发井距确定；开发井距的大小应与实际措施改造工程波及范围相匹配。

② 探明未开发含油面积,应在综合评价确定的甜点区、单井最低经济有效厚度线及矿权区边界范围内,结合钻井控制程度确定。

a. 含油面积边部,依据已批准的开发方案,沿井外推 1.5 倍的开发井距界定；在水平井段延伸方向不超过 1 口水平井部署的需要；

b. 含油面积内,依据储层非均质程度不同,井间距离不大于 3~4 倍开发井距；在水平井段延伸方向不超过 2 口水平井部署的需要；

(2)控制含油面积。

应在综合评价确定的甜点区、单井最低经济有效厚度线及矿权区边界范围内,结合钻井控制程度确定：

① 含油面积边部,沿井外推 2.5 倍的开发井距；在水平井段延伸方向不超过 2 口水平井部署的需要。

② 含油面积内,根据储层非均质程度不同,井间距离不大于 6~8 倍开发井距；在水平井段延伸方向不超过 4 口水平井部署的需要。

(3)预测含油面积。

在综合评价确定的甜点区及矿权区边界范围内,结合钻井控制程度确定：

① 含油面积边部,采用经多井验证的地球物理资料预测的甜点区边界,距边界井距离原则不超过 3km。

② 含油面积内的钻井资料能基本控制储层分布。

页岩油各级地质储量含油面积圈定时应充分考虑未来开发可行性,合理扣除自然保护区等禁止勘查开采的区域。

2. 有效厚度

1) 有效厚度的概念

油(气)层有效厚度是指油气层中具有产工业性价值油气能力的那部分储层厚度,即工业油(气)井内具有可动油(气)的储层厚度。油气层有效厚度必须具备两个条件:一是油气层内具有可动油气;二是在现有工艺技术条件下达到工业油气流标准并可供工业性开采。

有效厚度与有效储层有差别。有效储层为具渗透性的、含可动流体的储层,其内可以是油气,也可以是水;而有效厚度是指含具有工业价值油气的有效储层段的厚度。所以,非工业油气流井没有圈定在含油面积内,不能划分有效厚度;在工业油气流井中无贡献的储层厚度也不是有效厚度,如水层。

研究有效厚度的基础资料有岩心录井、地层测试、地球物理测井资料。对于常规油气藏,目前国内常用的是地质和地球物理的综合研究方法。其研究思路为:以单层试油资料为依据,综合岩心分析制定有效厚度的岩性、物性、含油性下限标准,并通过试油和岩心标定测井,制定出油气层划分的测井标准,包括油层、水层标准,油层、干层标准和夹层扣除标准,最后,应用测井曲线及其解释参数确定油层、气层的有效厚度。

2) 常规油气藏有效厚度物性标准

(1) 有效厚度物性标准。

油层的工业产能能力主要受油层物性(油层的有效孔隙度和渗透率)和含油性(含油饱和度)等因素的影响。在这些因素中,有效孔隙度和含油饱和度的乘积反映了油层的"储油能力",而渗透率则反映了油层的"产油能力"。当油层的有效孔隙度、渗透率和含油饱和度达到一定界限时,油层便具有工业产油能力,这样的界限被称为有效厚度的物性标准,又称为下限值(cut off)。由于在一般的岩心资料中难以求准油层原始含油饱和度,通常用孔隙度和渗透率参数反映物性下限。实际上,孔隙度和渗透率下限反映的是有效储层(包括有效厚度层、水层)与干层的临界物性界限。

物性下限的确定方法有测试法、钻井液侵入法、经验统计法、含油产状法等。各油田可根据具体地质条件和资料情况选择采用。

① 测试法。

测试法是根据单层试油成果来确定有效厚度物性下限的方法。

a. 应用单层试油的每米采油指数确定有效厚度的物性下限。

首先编绘每米采油指数与空气渗透率的关系曲线,图中每米采油指数大于零时所对应的空气渗透率值,即为油层有效厚度的渗透率下限(图 8-13)。然后应用孔隙度—渗透率关系曲线,根据渗透率下限求取孔隙度下限。

b. 利用单层试油结果(油气层或干层)确定有效厚度的物性下限。

首先编绘油(气)层和干层的岩心孔隙度与渗透率交会图,在图中分别标绘产层与干层,根据产层和干层的分布分别确定孔隙度和渗透率分界线,分界线值即为有效厚度的物性下限。如图 8-14 所示,气层的渗透率下限为 $18 \times 10^{-3} \mu m^2$,孔隙度下限为 17%。

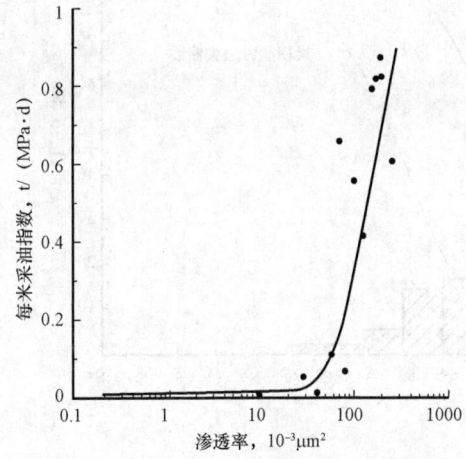

图 8-13 每米采油指数与渗透率关系曲线

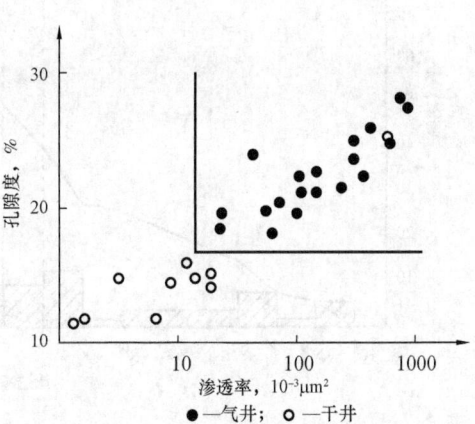

图 8-14 试油与物性关系图

② 钻井液侵入法。

应用水基钻井液取心测定的含水饱和度确定有效厚度物性下限。其基本原理如下:在水基钻井液取心中,钻井液对有效储层产生不同程度的侵入现象,而对于干层则基本无钻井液侵入。渗透率较高的储油砂岩,钻井液驱替出原油,使岩心测定的含水饱和度增高;渗透率较低的储油岩,钻井液驱替出原油较少;当渗透率降低到一定程度,钻井液不能侵入,岩心测定的含水饱和度仍然是原始含水饱和度,随着渗透率的降低,含水饱和度升高。这样,含水饱和度与空气渗透率关系曲线上出现两条直线(图8-

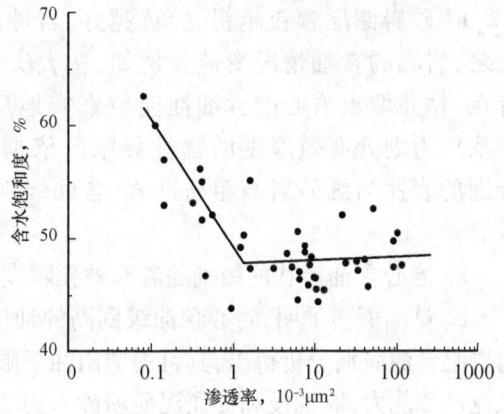

图 8-15 钻井液侵入法确定渗透率下限

15),其交点的渗透率就是钻井液侵入与不侵入的界限。钻井液侵入的层段就反映原油可以从其中流出,为有效厚度;钻井液未侵入的层段反映原油不能从其中流出,为非有效厚度。交点处的渗透率就是有效厚度下限。用上述方法也可以定出孔隙度下限。

③ 经验统计法。

该方法是以岩心分析的孔隙度和渗透率为基础,以低孔渗段累积储渗能力丢失占总累积储渗能力的 5% 左右为界限的一种累积频率统计法(图 8-16)。该方法的基本前提是渗透率下限值以下的砂层丢失的产油能力很小,可以忽略。对于中低渗透性油田,将全油田的平均渗透率乘以 5%,就可作为该油田的渗透率下限。对于高渗透性油田,或者远离油水界面的含油层段,则应乘以比 5% 更小的数字作为渗透率下限。

④ 含油产状法。

含油产状法是在取心井中,选择一定数量的、岩心收获率高的、岩性和含油性较均匀的、孔隙度和渗透率具有代表性的、油水界面以上的层,进行单层试油,通过试油资料建立岩性、含油性、物性和产油能力的关系,由此来研究有效厚度的物性下限的方法。

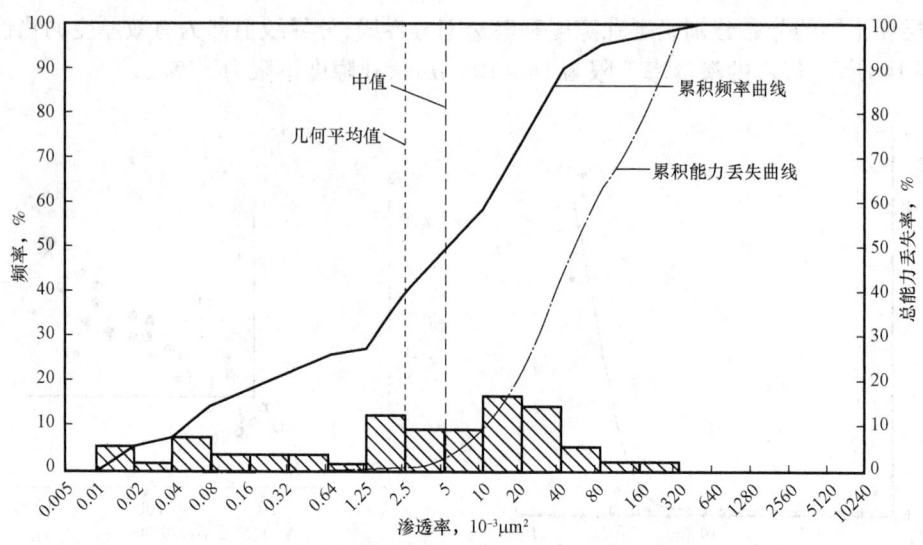

图 8-16 渗透率直方图及累积能力丢失曲线

研究表明,油水界面以上的岩心含油产状与岩性、物性及产能之间存在较好的关系:

a. 砂岩储层颗粒越粗、分选越好、岩性越均匀,则岩心的含油面积越大,含油越饱满;反之,岩心的含油情况变差。例如,在大庆油田,原油具有高黏度、高凝固点、高含蜡量等特点,钻井取出岩心的含油性能较真实地反映油层的原始含油饱和度,因此可应用含油产状作为划分有效厚度的物性界限的依据。通过对其含油性和岩性关系研究发现油砂级别的岩性为细砂岩与粗粉砂岩,含油级别的岩性为细粉砂岩,油浸、油斑级则为泥质粉砂岩。

b. 岩心含油产状的级别随着有效孔隙度和空气渗透率的增加而有规律地升高。

c. 试油资料证明,岩心含油级别高的油层,其产油能力也高。通过对大庆油田产油能力与岩心含油级别分析得出,其目前的出油下限为油浸粉砂岩,油井产油量均在 1t/d 以上,具有工业产油能力,而油浸和油斑泥质粉砂岩为非有效层。

显然,该方法与试油确定的有效层的含油产状级别有很大的关系,若有效层的含油产状级别定得过高,则统计的物性下限偏高;反之,则下限偏低。

(2) 有效厚度的测井标准。

油层的地球物理性质是油层的岩性、物性与含油性的综合反映,它可以间接地反映油层的"储油能力"和"产油能力"。因此,可以利用油层岩心、试油、测井等资料建立岩性、含油性、物性与电性间的关系,确定出油层的地球物理参数的界限值,这界限就是有效厚度的测井标准,包括油层、水层解释标准,油层、干层标准和夹层标准。油层、水层解释标准和油层、干层标准属于测井地质学的研究范畴。在此主要介绍夹层扣除标准。

陆相碎屑岩储油层内非均质性严重,油层内常夹有泥岩、粉砂质泥岩,有些还夹有钙质条带,这些夹层对储量无贡献,应予扣除。低阻夹层扣除标准的建立一般在微电极曲线上进行。首先,在取心井中读出岩心有效层中的夹层和非夹层所对应的微电位回返程度,然后编制出夹层图版,以最小误差原则,确定夹层的测井标准。同样也可以用微侧向测井曲线制定低阻夹层的测井标准。对于高阻夹层,目前只能采用微电极、自然电位、短电视电阻率极以及声波时差等曲线反映的岩性特征进行综合判断。

3) 非常规油气藏有效厚度标准

非常规油气藏有效厚度储层物性标准的确定方法总体上与常规油气藏相同,但也有一些特殊性。

对于页岩气来说,其页岩有效厚度标准的确定首先应在岩心分析资料和测井解释资料的基础上,以测试资料为依据,通过研究储层岩性、物性、电性与含气性关系确定气层划分标准。除此之外,还应确定其有效厚度划分的岩性、页岩含气量、总有机碳含量、镜质组反射率、脆性矿物含量等下限标准。国内的有效页岩为高伽马($GR \geqslant 100API$)、富含有机质($TOC > 2\%$)、处于热成熟生气窗内($R_o \geqslant 1.1\%$)、高脆性矿物含量(脆性矿物含量$\geqslant 40\%$;黏土矿物含量$\leqslant 30\%$)、充气孔隙度$>2\%$与渗透率$\geqslant 100 \times 10^{-9} \mu m^2$的富有机质页岩。

页岩油的有效厚度标准是以岩心分析和测井资料为基础,以测试和试采资料为依据,研究页岩油储层岩性、物性、含油性和电性的相互关系,并考虑储层的脆性指数及烃源岩特性,建立划分有效厚度的下限标准。

4) 油层有效厚度的划分

油层有效厚度划分的步骤一般为:首先根据物性或测井油层、水层和油层、干层标准划分出油层,计量油层总厚度,然后从总厚度中扣除夹层的厚度,从而得到油层有效厚度。

利用测井资料划分油层时,其界面的确定应综合考虑能反映油层界面的多种测井曲线。各种曲线解释结果不一致时,则以反映油层特征最佳的测井曲线为准。例如,我国大庆油田采用微电极、自然电位、视电阻率3条曲线来量取产层总厚度,具体作法如下:

首先利用收获率高的岩心,确定各类油层相应的地球物理测井曲线的典型特征,并按油层特征和测井曲线形态分类,编制出典型曲线,以此典型曲线作为划分油层有效厚度的样板。

对于均匀层,由于其电测曲线形态与理论电测曲线相符,且分层界限又较清晰,故可分别利用自然电位、视电阻率和微电极曲线划分油层的顶、底界限,所得油层总厚度基本相同。

对于顶、底渐变层,则以这3条曲线中所量取的厚度最小为准。这是由于各种电测曲线对油层顶、底的过渡性岩类的鉴别能力不同,故所量取的厚度也各异。与岩心资料的对比表明,厚度大的包括了过渡性岩层的厚度。所以,应当以3条曲线中所量取的厚度最小的那条曲线为准,如图8-17所示。

对于具高阻、低阻夹层和薄互层的油层来讲,除量取油层总厚度外,还需扣除夹层的厚度。图8-18为扣除夹层示意图。对于泥质夹层,通常以自然电位曲线作为判别标志,以微电极和视电阻率曲线作验证,其厚度以微电极曲线所量取的为准。对于高阻夹层,以微电极曲线所显示的尖刀状高峰异常为判别标志,以视电阻率和自然电位曲线作验证,其厚度也以微电极曲线所量取的厚度为准。

上述讨论的划分油层有效厚度的方法仅适用于孔隙性的砂岩油层。对渗透率低、泥质含量高的油层,特别是裂缝、孔洞性的碳酸盐岩油层来讲,油层有效厚度的确定非常困难,应当借助其他技术和手段,如井下电视、地层倾角测井、毛细管压力曲线分析、铸体以及扫描电镜等来确定油层有效厚度。

值得注意的是:在夹层扣除时要考虑夹层起扣标准。夹层起扣标准是指扣除夹层的最小厚度,与油层有效厚度起算标准一样是由射孔精度、地球物理测井资料解释的准确程度,以及薄油层在油气田开采中的价值和作用等因素来确定。目前国内夹层起扣厚度为 0.2m。

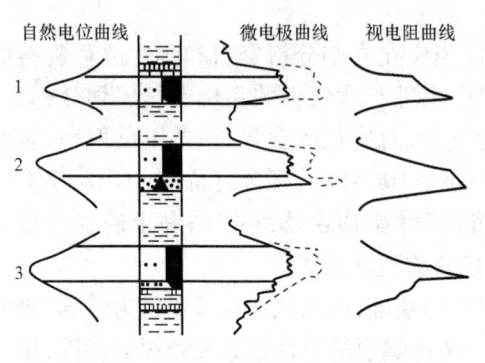

图 8-17 油层量取方法示意图

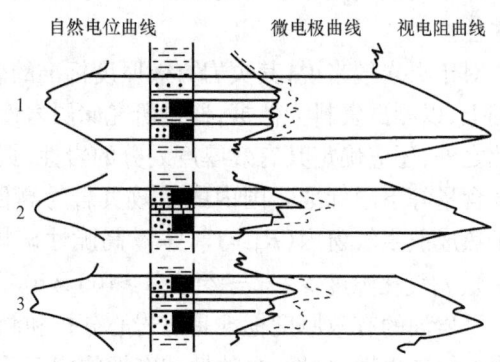

图 8-18 扣除夹层示意图
1—低阻夹层；2—高阻夹层；3—高阻、低阻夹层

油层有效厚度起算标准是用以计算油、气储量的最小厚度，是由射孔精度、地球物理测井资料解释的准确程度，以及薄油层在油、气田开采中的价值和作用等因素来确定。射孔精度采用磁性定位跟踪射孔技术后，精度可达到 0.2m。测井解释精度与地质条件有关，一般地区可准确解释到 0.4~0.6m 的油层，沉积稳定的地区可解释到 0.2m 的薄油层。所以，国内常规油气藏有效厚度起算厚度定为 0.2~0.5m。

在页岩气和页岩油等非常规油气层有效厚度的划分时，如果用测井解释资料划分有效厚度，应对有关测井曲线进行必要的井筒环境（如井径变化等）校正和不同测井系列的标准化处理；如果以岩心资料为主划分有效厚度，在页岩油甜点段应取全岩心，收获率不低于 80%。中石油西南油气田分公司页岩气对应气层有效厚度起算为 1m，夹层起扣厚度 0.5m。为了保证商业规模页岩气储量和页岩气储层水平井钻探与大型水力压裂改造，富有机质页岩有效厚度最低不能 <15m。北美页岩气勘探开发实践证实页岩气有效页岩厚度一般要 ≥15~50m。需要进一步说明的是，当有效页岩连续发育时，有效厚度 ≥15m 即可，但有效页岩为断续发育或 TOC 含量低于 2%，则需累计厚度 30m 方能满足商业勘探开发要求。若存在夹层，夹层厚度 ≤1m，若夹层厚度 >1m、所占比例 ≤30%。美国页岩气区有效页岩厚度为 6m（Fayetteville 页岩）~304m（Marcellus 页岩），页岩气核心区厚度均在 30m 以上。中石油页岩油对应油层有效厚度起算为 0.4m，夹层起扣厚度 0.2m。

3. 有效孔隙度

有效孔隙度的确定以实验室直接测定的岩心分析数据为基础。对于未取心井，则采用测井资料求取有效孔隙度，并与岩心分析数据对比，以提高其精度。

1) 岩心分析孔隙度

岩心孔隙度是岩样孔隙体积与岩样总体积的比值，岩心分析孔隙度的精度与其测定方法有关，不同地层的岩样应选择合适的测量方法。

由于岩样总体积是岩样颗粒体积和岩样孔隙体积之和，所以只要测得上述 3 个变量中的任意两个量，就可计算出该岩样的有效孔隙度。

测量岩样总体积的方法有液体饱和排液法、封蜡排液法、游标卡尺几何测量法等。

测量岩石颗粒体积的方法有氦气孔隙度仪法、固体体积法等。

测量孔隙体积的方法有液体饱和法、气体孔隙度仪法等。

目前各种分析孔隙度方法的允许误差在 ±0.5% 以内,国内氦气孔隙度仪测量结果比封蜡排液法大 0.2%~0.3%。从误差分析观点来看,小岩样和小孔隙度岩样产生的误差大。所以低孔隙储层除了采用最先进的分析仪器和最好的操作技术外,还应尽量选择大岩样测定孔隙度。

由于地层高压条件下的孔隙度与地面常压下的孔隙度存在差异,而地质储量估算中首先计算出的是油藏内的原始储油量,故应使用地层条件下的孔隙度参数。当采用地面岩心分析资料时,由于钻井取心,将砂岩储层取到地面后发生压力释放和弹性膨胀,一般在地面常压下测量的岩心孔隙度要大于地层条件下的孔隙度,因此在计算储量时应将地面孔隙度校正为地层条件的孔隙度。

实验室提供了不同有效上覆压力下的三轴孔隙度,利用这些数据就能够对地面孔隙度进行压缩校正。根据美国岩心公司的研究,三轴孔隙度转换为地层孔隙度的公式为:

$$\phi_f = \phi_g - (\phi_g - \phi_3) \cdot \varepsilon \tag{8-22}$$

式中　　ϕ_f——校正后的地层孔隙度,小数;

　　　　ϕ_g——地面岩心分析孔隙度,小数;

　　　　ϕ_3——静水压力作用下的三轴孔隙度,小数;

　　　　ε——转换因子。

D. Teeuw 通过对人造岩心模型的理论计算和实际岩心测试,得出转换因子的计算式为:

$$\varepsilon = \frac{1}{3}\left(\frac{1+\lambda}{1-\lambda}\right) \tag{8-23}$$

式中　　λ——岩石泊松比,为岩石横向应变与轴向应变的绝对值的比值,无因次量。

为寻求某地区地面孔隙度压缩校正规律,还应制定该地区关系图版或建立相关经验公式。利用这种图版或相关经验公式,可将常规岩心分析的地面孔隙度校正为地层孔隙度。

对于裂缝孔隙型储层,必须分别确定基质孔隙度和裂缝、溶洞孔隙度。

2)测井解释方法确定孔隙度

声波测井、中子测井和密度测井是地层岩性和孔隙度的综合反映,测井参数和孔隙度之间存在基本的关系。通过岩心标定测井,建立测井解释模型,进而根据测井资料解释油层孔隙度。具体方法可参阅测井解释原理。

3)应用地震资料预测孔隙度

地震资料具有横向采集度大的优点,可据此进行储层孔隙度的横向预测。通过测井标定地震,首先建立地震速度或波阻抗与孔隙度的关系,继而将地震速度(波阻抗)或三维速度场(波阻抗场)转化为孔隙度等值线图或三维孔隙度数据体。具体方法可参阅有关参考书。由于地震资料的分辨率及多解性问题,地震预测的孔隙度一般用于控制储量和预测储量的计算。在探明储量估算时,可以此为参考。

4. 原始含油(含气)饱和度

原始含油(含气)饱和度是指油(气)层在未开采时的含油饱和度 S_{oi}(含气饱和度 S_{gi})。

一般来说,先确定油层束缚水饱和度S_{wi},然后计算原始含油(含气)饱和度($1-S_{wi}$)。

5. 原始原油(天然气)体积系数

原始原油(天然气)体积系数,指原始地层条件下原油(天然气)体积与地面标准条件下脱气原油(天然气)体积的比值。

在油(气)田评价勘探阶段,应在油(气)田不同部位的井中取样或地面配样获得高压物性分析资料求得;对于原油(天然气)性质变化较大的油(气)田,应分别取得有代表性的不同性质的油(气)样做高压物性分析求得。

对于原始天然气体积系数,则可依据有关储量参数,采用式(8-7)求得。

6. 原始气油比和原油密度的测定

石油的原始气油比,指在原始地层条件下取得的油样,经分离后在地面标准条件下计量的气量与油量之比值。在油田评价勘探阶段,从油田不同部位的井中取样做高压物性分析测定。对于凝析油气田和小型油田可借用合理工作制度下稳定的生产气油比。

原油(凝析油)密度,则可以通过在油(气)田不同部位取得一定数量有代表性的地面油样分析测定。

7. 页岩气储量估算其他参数的确定

1) 页岩质量密度

页岩质量密度为视页岩质量密度,可由取心实验测定方法获得。含气页岩层段可采用平均页岩质量密度。

2) 页岩总含气量和吸附气含量

(1) 总含气量。

总含气量主要由解吸法、保压岩心法获取。

解吸法是测量页岩含气量的最直接方法,通常在取心现场完成。钻井取心过程中,待岩心提上井口后,迅速将其装入密封的样品罐,在模拟地层温度条件下测量页岩中天然气的释放总量。根据测试过程发现,页岩气含量包括损失气含量G_{CL}、解吸气含量G_{CD}和残余气含量G_{CR}。通过分别计算各类气体的含量,然后累加得到总含气量。G_{CL}、G_{CD}和G_{CR}计算公式分别如下:

$$G_{CL} = V_{Lost}/m_T \tag{8-24}$$

式中 G_{CL}——损失气含量,cm^3/g;
V_{Lost}——损失气体积,cm^3;
m_T——样品总质量,g。

$$G_{CD} = V_D/m_T \tag{8-25}$$

式中 G_{CD}——实测的自然解吸气含量,cm^3/g;
V_D——实测的自然解吸气体积,cm^3。

$$G_{CR} = V_R/m_R \tag{8-26}$$

式中 G_{CR}——残余气含量,cm^3/g;
V_R——残余气体积,cm^3;

m_R——残余气样品质量,g。

$$G_C = G_{CL} + G_{CD} + G_{CR} \qquad (8-27)$$

在计算中自然解吸和残余气测定所得的气体体积应换算到温度0℃,压力101.325kPa下,公式如下:

$$V_{ss} = \frac{273.15 p_m \cdot V_m}{101.325 \times (273.15 + T_m)} \qquad (8-28)$$

式中 V_{ss}——标准状态下的气体体积,cm³;
p_m——大气压力,kPa;
T_m——环境温度,℃;
V_m——气体体积,cm³。

保压岩心法是在钻孔内采用保压岩心罐取心,这就使得所有页岩气都保存在岩样中,通过解吸直接测得含气量,无须再估算逸散气。这种方法可准确、全面测定含气量,特别是取心时间长、气体散失量大的深孔。

(2)吸附气含量。

吸附气含量还可以采用等温吸附实验法确定。等温吸附实验方法获取页岩气含量原理是对页岩样品进行等温吸附实验,模拟样品的吸附过程,推算出页岩的吸附含气量。

吸附气量确定方法:页岩吸附气含量的确定,目前行业上普遍采用煤层气含量的评价方法。通过 Langmuir 吸附等温线方程 $\left(v = \frac{v_m b_p}{1 + b_p}\right)$,建立等温吸附计算模型。通过模拟实验,建立吸附气含量(v)与压力(p)、温度的关系模型。吸附实验在恒温条件下,测试不同压力下气体的吸附量,由压力和吸附量绘制出吸附等温线,根据兰氏模型计算吸附气含量。其计算公式为:

$$V = \frac{V_L p}{p_L + p} \qquad (8-29)$$

式中 p——气体压力,MPa;
V——吸附量,cm³;
V_L——Langmuir 体积,cm³;
p_L——Langmuir 压力,MPa。

式(8-29)可算出任意地层压力下的页岩吸附气含量。

游离气量确定方法:游离气为游离在裂缝和黏土颗粒孔隙间的天然气,占总含气量的25%~85%,变化较大,依据以下公式计算:

$$G_{游} = \frac{\phi S_g}{\rho Z} \qquad (8-30)$$

式中 $G_{游}$——游离含气量,cm³/g;
S_g——含气饱和度,%;
ϕ——有效孔隙度,%;
ρ——岩石密度,g/cm³;

Z——气体体积压缩因子,无量纲。

在此方法中,有效孔隙度和含气饱和度如何确定是该方法的关键。游离气主要赋存在裂缝和孔隙中,因此有效孔隙度为两者之和,可通过实验获得。含气饱和度一般通过间接方法(如测井解释法)获得。

页岩气总气含量($G_总$)确定方法可根据以下公式计算:

$$G_总 \approx G_吸 + G_游 \tag{8-31}$$

吸附气含量可通过等温吸附实验法得到。

8. 页岩油储量估算中其他参数

游离烃含油率(T_f)主要通过实验分析方法求取,也可通过测井解释及其他方法计算求取。实验分析法就是利用密闭取心或油基钻井液取心资料,通过低温蒸馏法获得样本总含油率(T_C),然后通过实验分析方法确定干酪根吸附校正系数,再与总有机碳含量(TOC)相乘计算吸附烃含油率(T_a);最后将总含油率(T_C)减去吸附烃含油率(T_a)获得样本的游离烃含油率(T_f)。

(二)储量估算参数的选值

储量参数计算中常常运用多种方法或多种资料,可以获得多种结果。在使用某一种方法时,由于油气储集空间的非均质性,在计算单元内不同的位置其参数值不同,因此在储量估算中必须对所计算的参数进行选值。对于应用多种方法(或多种资料)求得的储量估算参数,可选用一种有代表性的参数值作为计算参数;对于同一方法所计算的单元内的参数值,一般选用计算单元内的参数平均值。在平均值的计算中要尽量反映出油田大小、储层性质和原油性质等重要特征,因此,不同的储量参数应可选用不同的平均值计算方法,不同类型的油气藏计算参数选值方法也不相同。

1. 油层有效厚度平均值

为储量估算单元内的油层平均有效厚度。选择有效厚度的平均方法有算术平均法、井点面积权衡法和等厚线面积权衡法,其选用与油田地质条件和井点分布情况有关。

(1)算术平均法。

对于已开发油田,在开发井网较均匀、油层厚度变化不大的情况下,油层有效厚度平均值可采用算术平均法:

$$\bar{h} = \frac{\sum_{i=1}^{n} h_i}{n} \tag{8-32}$$

式中 $\bar{h}$——平均有效厚度,m;
h_i——单井有效厚度,m;
n——计算单元内具有有效厚度的总井数。

(2)井点面积权衡法。

油层有效厚度平均值的计算也可采用井点面积权衡法。井点面积即单井控制面积,为该井至邻井距离的1/2范围内的面积(图8-19)。各井所能控制的面积大小随井距而异,以每口井所钻遇的厚度代表该井控制面积内的厚度。其计算公式如下:

$$\bar{h} = \frac{\sum_{i=1}^{n} h_i A_i}{\sum_{i=1}^{n} A_i} \qquad (8-33)$$

式中 $\bar{h}$——纯含油区平均有效厚度,m;
A_i——各井点的单井控制面积,km²;
h_i——单井有效厚度,m;
n——纯含油区井数。

(3)等厚线面积权衡法。

以有效厚度等值线图为基础,以相邻两条等厚线的面积为权,对计算单元内的有效厚度进行加权平均。该方法主要适用于油田开发阶段:

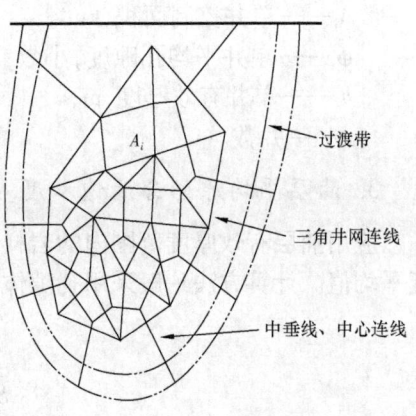

图 8-19 井点面积权衡法示意图

$$\bar{h} = \frac{\sum_{i=1}^{n} \left(\frac{h_i + h_{i+1}}{2}\right) A_i}{\sum_{i=1}^{n} A_i} \qquad (8-34)$$

式中 $\bar{h}$——平均有效厚度,m;
h_i——第 i 块有效厚度等值线值,m;
A_i——相邻两条等厚线间第 i 块面积,km²;
n——等厚线间隔数。

2. 油层平均孔隙度

油层平均孔隙度是将油层有效厚度范围内的分析样品数据或测井资料解释值进行平均计算。一般先用厚度权衡法计算单井平均孔隙度,然后应用岩石体积权衡法求取计算单元内的孔隙度平均值。厚度权衡法计算单井平均孔隙度的公式为

$$\bar{\phi} = \frac{\sum_{i=1}^{n} h_i \phi_i}{\sum_{i=1}^{n} h_i} \qquad (8-35)$$

式中 $\bar{\phi}$——单井平均孔隙度,小数;
ϕ_i——每块岩样分析孔隙度,小数;
h_i——每块岩样控制的厚度,m;
n——样品块数。

岩石体积权衡法计算区块或油田平均孔隙度的公式为

$$\bar{\phi} = \frac{\sum_{i=1}^{n} A_i h_i \phi_i}{\sum_{i=1}^{n} A_i h_i} \qquad (8-36)$$

式中 $\bar{\phi}$——区块或油田平均孔隙度,小数;

A_i——单井控制面积,km^2;
ϕ_i——单井平均孔隙度,小数;
h_i——单井有效厚度,m;
n——井数。

3. 油层平均原始含油饱和度

应用油层有效厚度范围内的岩样分析数据和测井资料解释值计算油层平均原始含油饱和度平均值。计算方法一般采用孔隙体积权衡法,其公式为

$$\overline{S_{oi}} = \frac{\sum_{i=1}^{n} A_i h_i \phi_i S_{oi}}{\sum_{i=1}^{n} A_i h_i \phi_i} \tag{8-37}$$

式中 $\overline{S_{oi}}$——单层(或油层组或区块或油藏)的含油饱和度平均值;
A_i——单井含油面积,km^2;
h_i——有效厚度,m;
ϕ_i——有效孔隙度,小数;
S_{oi}——原始含油饱和度,小数。

4. 平均原油体积系数和平均原油密度

在1个储量估算单元内,原油体积系数和原油密度一般变化不大,对实测值进行算术平均即可达到储量估算的精度。在变化较大的情况下,可采用原油体积权衡法进行平均。其中,平均原油体积系数计算应采用地下含油体积权衡,平均原油密度计算应采用地面原油体积权衡。计算公式分别为:

$$\frac{1}{\overline{B_{oi}}} = \frac{\sum_{i=1}^{n} A_i h_i \phi_i S_{oi} \frac{1}{B_{oi}}}{\sum_{i=1}^{n} A_i h_i \phi_i S_{oi}} \tag{8-38}$$

$$\overline{\rho_o} = \frac{\sum_{i=1}^{n} A_i h_i \phi_i S_{oi} \frac{1}{B_{oi}} \rho_{oi}}{\sum_{i=1}^{n} A_i h_i \phi_i S_{oi} \frac{1}{B_{oi}}} \tag{8-39}$$

式中 $\overline{B_{oi}}$——平均原油地层体积系数;
B_i——单井原油地层体积系数;
$\overline{\rho_o}$——平均原油地面密度,g/cm^3;
ρ_o——单井原油地面密度,g/cm^3。

页岩油单井游离烃含油率采用有效厚度权衡法计算;页岩气藏中有效厚度和页岩气含量采用等值线面积权衡法,或采用井点面积或均匀网格面积权衡法。单元游离烃含油率采用面积权衡法或算术平均法确定。

(三)基于油藏地质模型的储量估算

基于油藏地质模型的储量估算就是将油藏划分成若干个大小一定或不等的单元,确定出

各单元的储量估算参数值(即建立油藏参数地质模型),然后用容积法公式分别计算各个单元的油气储量,最后对各单元的油气储量进行累加便可获得油藏的储量。在勘探评价时期,由于探井数较少,不足以对储量参数的分布进行平面成图或三维建模,因而主要应用参数平均值计算储量。但井资料较多时,特别是在开发井网完成后,可以通过此法来计算储量,可大大提高计算精度。其具体步骤如下:

1. 地质模型的建立

地质模型的建立就是按一定的间隔将研究区划分成众多的网格,对每个网格点赋予参数值,形成网格化的储量参数分布图,即油藏参数模型。目前常用的地质建模的方法有确定性建模和随机建模。

2. 网格储量估算参数的确定

由于在地质建模中获得的是各网格点的参数值,在进行网格储量的计算中,需要对各个网格的储量估算参数进行确定,即将各个网格的网格点的数据进行平均来作为该网格的储量估算参数。其平均的方法同上。由于网格较研究区计算单元小得多,各个网格的网格点的数值相差较小,使用平均值计算的网格储量参数与实际比较接近。

3. 储量估算

基于模型的储量估算方法是先使用前面所求参数计算网格储量,然后将各个网格的储量进行累加。其估算公式为:

$$N = \sum_{i=1}^{n} \frac{A_i \cdot h_i \cdot \phi_i \cdot S_i \cdot \rho_{oi}}{B_{oi}} \tag{8-40}$$

式中　N——原油地质储量,t;
　　　A_i——第i个含油网格大小,m^2;
　　　h_i——第i个含油网格的有效厚度,m;
　　　ϕ_i——第i个含油网格的有效孔隙度,小数;
　　　B_{oi}——第i个含油网格的地层原油体积系数(一般用平均值),无量纲;
　　　S_{oi}——第i个含油网格的原始含油饱和度,小数;
　　　ρ_{oi}——第i个含油网格的地面脱气原油密度(一般用平均值),g/cm^3;
　　　n——网格数。

通过上述公式估算的储量,其精度明显高于应用平均值估算的储量。这种方法估算储量的关键是建立符合实际和储量规范要求的地质模型。其模型的精度受地质建模的方法和资料数量的控制,研究区资料数量大,划分的网格数量多,建模方法适合该区的地质特征,模型精度就高,利用此法计算出的储量精度也高。

另外,应用这种方法,还可以得到储量的平面分布图。如图8-20所示,含油范围内的每1个网格均有1个储量值。这样,可方便地求出不同断块、不同微相、不同流动单元或任一指定区域的储量值,从而十分有利于储量评价和油藏管理。

四、可采储量估算

由于技术条件的限制,人们还不可能从经济上合理地把地下全部的油、气开采出来,而只

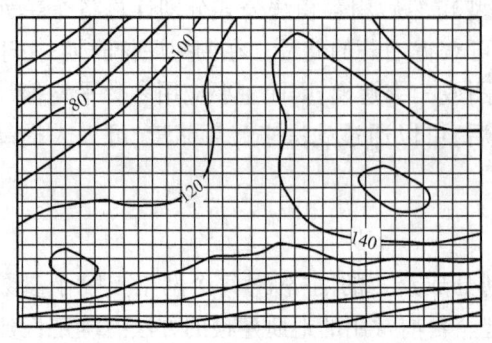

图 8-20 基于网格的储量分布图

能采出原始地质储量中的一部分,甚至是很少的一部分,能被采出来的那部分储量称为可采储量。在油藏评价阶段计算油田探明储量时,要求计算可采储量。随着油田开发工作的进展、经济技术条件的改善,特别是采用新的开采工艺技术,采收率会随之提高,也要求定期计算可采储量。

在储量估算规范中要求分技术可采储量和经济可采储量分别估算。对于技术可采储量而言,未开发状态和已开发状态储量估算方法不同。可采储量的估算(特别是已经开发可采储量和经济可采储量)属于石油工程和石油经济学范畴,在此仅简要介绍未开发技术可采储量的估算方法。

未开发技术可采储量是指在评价钻探及开发初期阶段进行的技术可采储量的估算,由于缺乏足够的开发动态资料,一般应用经验公式法、类比法、理论计算等方法求取油气采收率,然后与地质储量相乘积计算可采储量。石油和天然气可采储量估算的公式为

$$N_R = NE_R \tag{8-41}$$

$$G_R = GE_R \tag{8-42}$$

式中 N_R——原油可采储量,10^4m^3;
   N——原油地质储量,10^4m^3;
   E_R——采收率,小数;
   G_R——天然气可采储量,10^8m^3;
   G——天然气地质储量,10^8m^3。

(一) 油气采收率的影响因素

采收率是指在某一经济极限内,在现代工程和技术条件下从油气藏原始地质储量中可以采出石油、天然气量的百分数。使用最经济的方法最大限度地把原油或天然气采出来,是油气田开发工作者最终追求的技术目标。

影响油气采收率的因素有许多,归纳起来可分为两大类,即地质因素和开发因素。

1. 主要地质因素

(1)油气藏类型,即构造、断块、地层或岩性油气藏。油气藏的类型不同,所能达到的最终采收率会有很大差别。

(2)油气藏储层性质,即储层孔隙或裂缝的结构特征、润湿性、连通性、非均质程度,以及孔隙度、渗透率与油气饱和度的大小。

(3)油气藏的天然能量类型,如油田的边水、底水和气顶,以及能量的大小和可利用程度;气田和凝析气田的边水、底水及能量大小。

(4)原油和天然气的性质,如其组成成分、原油的黏度、气油比、气田的天然气中含其他气体水化物的情况、凝析气田的露点压力及含凝析油数量等。

2. 主要开发因素

(1) 油藏开发层系的划分。
(2) 开发方式,即消耗性开发、二次采油,或三次采油等方式。
(3) 布井方式,即采用哪一种布井方式和井网密度的大小。
(4) 开采的技术水平和增产增注的效果。

(二) 原油采收率的确定方法

由于影响原油采收率的因素很多,因此原油采收率是较难确定的参数。在确定某油藏的原油采收率时,通常先使用不同的方法进行估算,然后将各种方法获得的值进行分析、对比,从中选出较为合理的原油采收率值。下面着重介绍目前国内外常用的几种确定原油采收率的方法。

1. 类比法

在勘探阶段资料很少的情况下,对于成熟油田中的新油藏或邻近成熟油田的类似新油田,当所评估油藏的地质条件、原油性质、原始压力和温度、纯产层厚度以及油藏驱动类型相似,地面条件、已采用或设计采用的开采技术、开发方式等与所类比油藏相同,已采用或设计采用的开发井网、井距与所类比油藏相似或相近时,可根据已开发油田的经验值,用类比法初步估计采收率值。

油气藏驱动类型对采收率的影响很大,而同属一个驱动类型的油气藏,由于不同的布井方式和开采方式,其采收率也不是固定的,而存在着一个较大的变化范围。表 8-11 给出油藏在一次采油和二次采油时,不同驱动类型采收率的变化范围(未包括特低或特高值)。该范围是由大量已开发油气田所达到最终采收率的实际统计结果而得出的。油藏三次采油如注聚合物等各种驱油剂的最终采收率范围,则是依据实验室大量驱替试验结果得出的。

表 8-11 不同驱动类型的油藏采收率

采油方式	驱动类型	采收率,%
一次采油	弹性驱	2~5
	溶解气驱	10~20
	水压驱	25~50
	气顶驱	20~40
	重力驱	10~20
二次采油	注水	25~60
	注气	30~50
	混相驱	40~60
	热力驱	20~50
三次采油	注聚合物、注 CO_2、注碱水、注表面活性剂等类型的驱油剂	45~80

2. 相关经验公式法

相关经验公式法是针对还未投入开发或者开发初期的油田,利用油藏地质参数和开发参数评价油藏采收率的简易方法。下面介绍几种有代表性的经验公式。

美国石油学会采收率委员会阿普斯(J. J. Arps)等人,从 1956 年开始到 1967 年,综合分析和统计了美国、加拿大、中东等产油国的312个油藏的资料。油藏包括水驱、溶解气驱、气顶驱、重力驱等驱动机理,岩性包括砂岩和碳酸盐岩。根据72个水驱砂岩油田的实际开发资料,确定的水驱砂岩油藏采收率的相关经验公式为

$$E_R = 0.3225 \left[\frac{\phi(1-S_{ws})}{B_{oi}}\right]^{+0.0422} \times \left(\frac{\overline{K}\mu_{wi}}{\mu_{oi}}\right)^{+0.0770} \times S_{ws}^{-0.1903} \times \left(\frac{p_i}{p_a}\right)^{-0.2159} \quad (8-43)$$

式中 E_R——水驱砂岩油藏采收率,小数;
　　　ϕ——油层平均有效孔隙度,小数;
　　　S_{ws}——油层束缚水饱和度,小数;
　　　B_{oi}——原始地层压力下的原油体积系数;
　　　$\overline{K}$——油层平均绝对渗透率,$10^{-3}\mu m^2$;
　　　μ_{wi}——原始条件下地层水黏度,mPa·s;
　　　μ_{oi}——原始条件下原油黏度,mPa·s;
　　　p_i——原始油层压力,MPa;
　　　p_a——油藏废弃时压力,MPa。

式(8-43)的复相关系数 $R=0.958$。适用于油层物性好、原油性质好的油藏。

1978年,我国学者童宪章根据实践经验和统计理论,推导出有关水驱曲线的关系式,并将关系式和油藏流体性质、油层物性联系起来,推导出确定水驱油藏原油采收率的经验公式:

$$E_R = 0.227 + 0.133\left[\log\left(\frac{K_{ro}}{K_{rw}}\right) - \log\left(\frac{\mu_o}{\mu_w}\right)\right] \quad (8-44)$$

式中 K_{ro}——油的相对渗透率,小数;
　　　K_{rw}——水的相对渗透率,小数;
　　　μ_o——地层原油黏度,mPa·s;
　　　μ_w——地层水黏度,mPa·s。

式(8-44)的优点是简单,式中两个主要因素,一个是油水黏度比,很易测定;另一个为油水相对渗透率比值,可以根据相对渗透率曲线间接求得。

1995年,我国油、气专业储量委员会办公室刘雨芬、陈元千等根据我国六大油区水驱砂岩油田150个开发单元的油层渗透率、有效孔隙度、地下原油密度、井网密度等参数,利用多元回归分析,建立了这些参数与采收率的相关经验公式:

$$E_R = 5.8419 + 8.4612\log\frac{\overline{K}_a}{\mu_o} + 0.3464\phi + 0.3871f \quad (8-45)$$

式中 $\overline{K}_a$——油藏的平均空气渗透率,mD;
　　　μ_o——原油地下黏度,mPa·s;
　　　ϕ——平均有效孔隙度,%;
　　　f——井网密度,井/km²。

上式的复相关系数为0.7614,标准差为4.55%。

自20世纪50年代以来,国内外学者已建立许多相关经验公式,由于公式建立所依据的油田地质、开发特征等不同,所以其公式的适用范围也不同。在经验公式选择使用时,一定要了解经验公式建立所依据的油田地质和开发特征以及参数确定的方法和适用范围。

除以上方法外,还可利用理论公式法来确定水驱油效率,如弹性驱动油藏采收率计算公式为

$$E_R = \frac{C_o + (S_{wi}C_w + C_f)/S_{oi}}{1 + C_o(p_i - p_b)}(p_i - p_b) \qquad (8-46)$$

式中　C_o——地层原油压缩系数,MPa^{-1};
　　　C_w——地层水压缩系数,MPa^{-1};
　　　C_f——岩石压缩系数,MPa^{-1};
　　　p_i——原始油层压力,MPa;
　　　p_b——饱和压力,MPa;
　　　S_{wi}——原始含水饱和度,小数;
　　　S_{oi}——原始含油饱和度,小数。

(三)天然气采收率的确定方法

国内外对气藏采收率的研究比油藏少得多。目前可以根据气藏类型、地层水活跃程度、储层特性和开发方式、废弃压力等情况,选择经验公式法、经验取值法、类比法和数值模拟法求取。下面介绍类比法和废弃压力法。

1. 通过类比法确定气藏采收率

对于未投产或开发时间较短的新区、新油气藏以及动态资料缺乏的老区,可根据本地区同类油、气藏统计平均采收率值,或按不同类型气藏采收率范围值类比的方法,估算本气藏的天然气可采储量。

气藏的采收率与驱动类型关系很大。国内外的研究表明,如果气藏为气驱,气藏最终采收率取决于气藏的废弃条件;如果气藏为弹性水驱,气藏的最终采收率则直接与气藏开采过程中地层水驱气的过程有关。加拿大学者 G. J. Desorcy 对世界不同类型气藏的采收率归纳为:弹性气驱采收率为 0.7~0.95;弹性水驱采收率为 0.45~0.70;致密气藏采收率可低到 0.30;凝析气藏采收率为 0.65~0.80。

我国根据影响气藏采收率主控因素,将天然气藏按衰竭式开发方式细分为气驱和水驱两种类型;按储渗条件分为常规气藏和低渗透气藏两类。在水驱气藏中,再细分为活跃水驱、次活跃水驱和不活跃水驱三个亚类;在低渗透气藏中,再细分为低渗与特低渗两个亚类。在气藏分类的基础上,考虑水侵替换系数和气藏废弃相对压力,经统计确定了采收率范围(表8-12)。

表8-12　不同天然气藏采收率范围值

分类指标	地层水活跃程度	水侵替换系数	废弃相对压力	采收率范围值	开采特征描述
Ⅰ水驱	Ⅰa（活跃）	≥0.4	≥0.5	0.4~0.6	可动边、底水水体大,一般开采初期($R<0.2$),部分气井开始大量出水或水淹,气藏稳产期短,水侵特征曲线呈直线上升
	Ⅰb（次活跃）	≥0.15~0.4	≥0.25	0.6~0.8	有较大的水体与气藏局部连通,能量相对较弱,一般开采中、后期才发生局部水窜,致使部分气井出水
	Ⅰc（不活跃）	>0~0.15	>0.05	0.7~0.9	多为封闭型,开采中后期偶有个别井出水,或气藏根本不产水,水侵能量较弱,开采过程表现为弹性气驱特征

续表

分类指标		地层水活跃程度	水侵替换系数	废弃相对压力	采收率范围值	开采特征描述
Ⅱ气驱			0	≥0.05	0	无边、底水存在,多为封闭型的多裂缝系统、断块、砂体或异常压力气层。整个开采过程中无水侵影响,为弹性气驱特征
Ⅲ低渗透	Ⅲa（低渗）		0~<0.1	>0.5	0.3~0.5	储层平均渗透率$0.1\text{mD}<K\le 1.0\text{mD}$,裂缝不太发育,横向连通性差,生产压差大,千米井深稳产量$0.3\times 10^4\text{m}^3/\text{d}<q_g\le 3\times 10^4\text{m}^3/\text{d}$,开采中水侵影响弱
	Ⅲ（特低渗）			>0.7	<0.3	储层平均渗透率$K\le 0.1\text{mD}$,裂缝不发育,无措施下一般无生产能力,千米井深稳产量$q_g\le 0.3\times 10^4\text{m}^3/\text{d}$,开采中水侵影响极弱

2. 根据废弃条件确定气驱气藏采收率

气藏的废弃条件包括废弃产量和废弃压力两个参数,即在当前技术经济条件下,当生产天然气的经营成本大于销售净收入,气藏无工业开采的价值时,其产量为经济极限产量。当气藏产量递减等于经济极限产量时的压力即是废弃压力。

气驱气藏的采收率主要取决于所采用的气藏废弃压力值,其计算公式为

$$E_R = \left(\frac{\bar{p}_i}{C_{yg}} - \frac{p_a}{C_a}\right) / \left(\frac{\bar{p}_i}{C_{yg}} - \frac{\bar{p}_{or}}{C_{or}}\right) \quad (8-47)$$

式中 E_R——气驱气藏最终采收率,小数;

p_i——气藏平均原始地层压力,MPa;

p_a——气藏废弃地层压力,MPa;

p_{or}——采气井井口压力为标准压力时(0.1MPa)气藏的平均剩余压力,MPa;

C_{yg}——压力为p_i时的天然气压缩系数,MPa^{-1};

C_a——压力为p_a时的天然气压缩系数,MPa^{-1};

C_{or}——压力为p_{or}时的天然气压缩系数,MPa^{-1}。

上式中气藏废弃地层压力的确定需考虑开采方式。在自喷开采时,气藏产量在经济极限产量以上时,以井口流动压力等于输气压力为条件,计算废弃地层压力;对于增压开采的气藏,则以井口流动压力等于增压机吸入压力为极限来计算废弃地层压力。

五、储量综合评价

油、气储量开发利用的经济效果不仅和油、气储量的数量有关,还取决于储量的质量和开发的难易程度。对于油气层厚度大、产量高、原油性质好、储层埋藏浅、油气田所处地区交通方便的储量,比油气层厚度薄、产量低、油稠、含水高、储层埋藏深的储量,建设同样产能所需开发建设投资必然少,获得的经济效益必然高。因此,分析勘探的效果不仅要看探明多少储量,还要综合分析探明储量的质量。

油气藏(田)储量的综合评价可以通过以下资料来进行:

(一) 储量规模

按可采储量规模大小,可将油、气藏(田)分为5类(表8-13)。

表8-13 储量规模分类(DZ/T 0217—2020、DZ/T 0254—2020)

分类	原油技术可采储量,$10^4 m^3$	天然气技术可采储量,$10^8 m^3$
特大型	≥25000	≥2500
大型	12500 ~ <25000	250 ~ <2500
中型	250 ~ <2500	25 ~ <250
小型	25 ~ <250	2.5 ~ <25
特小型	<25	<2.5

(二) 储量丰度

储量丰度是指单位含油面积所拥有的油气地质储量。它显示出油气储量的丰富程度,直接影响油气田开发产量和经济效益,是油气储量评价的重要指标之一。按可采储量丰度大小,可将油气藏(田)分为4类(表8-14)。

表8-14 储量丰度分类(DZ/T 0217—2020、DZ/T 0254—2020)

分类	原油技术可采储量丰度,$10^4 m^3/km^2$	天然气技术可采储量丰度,$10^8 m^3/km^2$
高	≥80	≥8
中	25 ~ <80	2.5 ~ <8
低	8 ~ <25	0.8 ~ <2.5
特低	<8	<0.8

(三) 产能

油气井产能用每天、每千米的油气产量表示,它关系到油气田产量、采油速度和开发效益,是储量品质评价的重要指标之一。按千米井深稳定产量大小,可将油、气藏(田)分为4类(表8-15)。对于页岩气来说,要求试采前3个月平均日产量的数据。

表8-15 产能分类(DZ/T 0217—2020、DZ/T 0254—2020)

分类	油藏千米井深稳定产量,$m^3/(km \cdot d)$	气藏千米井深稳定产量,$10^4 m^3/(km \cdot d)$
高产	≥15	≥10
中产	5 ~ <15	3 ~ <10
低产	1 ~ <5	0.3 ~ <3
特低产	<1	<0.3

(四)埋藏深度

储量埋藏深度直接影响油田建设成本(尤其钻井成本)、开发难度和开发的经济效益。按埋藏深度大小,可将油、气藏(田)分为5类(表8-16)。

表8-16 埋藏深度分类(DZ/T 0217—2020、DZ/T 0254—2020)

分类	油(气)藏中部埋藏深度,m	分类	油(气)藏中部埋藏深度,m
浅层	<500	深层	3500 ~ <4500
中浅层	500 ~ <2000	超深层	≥4500
中深层	2000 ~ <3500		

(五)储层物性

储层孔隙度影响油气储量的规模及丰度,渗透率影响油气井的产能。在一定程度上,储层物性越好,油气藏开发的经济效益越高。

(1)按储层孔隙度大小,可将常规油气藏储层分为特高、高、中、低、特低5类,页岩气层按储层孔隙度大小可划分为高、中、低、特低4类(表8-17)。

表8-17 储层孔隙度分类(DZ/T 0217—2020、DZ/T 0254—2020)

分类	碎屑岩孔隙度,%	非碎屑岩基质孔隙度,%	页岩气层孔隙度,%
特高	≥30	≥15	
高	≥25 ~ <30	10 ~ <15	≥10
中	15 ~ <25	5 ~ <10	5 ~ <10
低	10 ~ <15	2 ~ <5	2 ~ <5
特低	<10	<2	<2

(2)按渗透率大小,将常规油气藏储层分为特高、高、中、低、特低5类。页岩气层按渗透率大小划分为高、中、低、特低4类(表8-18)。

表8-18 储层渗透率分类(DZ/T 0217—2020、DZ/T 0254—2020)

分类	油藏空气渗透率,mD	气藏空气渗透率,mD	页岩气层空气渗透率,mD
特高	≥1000	≥500	
高	500 ~ <1000	100 ~ <500	100 ~ <500
中	50 ~ <500	10 ~ <100	10 ~ <100
低	5 ~ <50	1.0 ~ <10	1.0 ~ <10
特低	<5	<1.0	<1.0

(六)含硫量

硫是石油天然气中的有害物质,产生的硫化氢、硫化铁、硫酸等,会腐蚀油气储运和炼化设备,它是影响油气品质重要参数之一。按原油含硫量和天然气硫化氢含量大小,可将油气藏分为高含硫、中含硫、低含硫、微含硫4类(表8-19)。

表 8 – 19　原油含硫量、天然气硫化氢含量分类（DZ/T 0217—2020）

分类	原油含硫量,%	天然气硫化氢含量,g/m³
高含硫	≥2	≥30
中含硫	0.5 ~ <2	5 ~ <30
低含硫	0.01 ~ <0.5	0.02 ~ <5
微含硫	<0.01	<0.02

（七）原油性质

原油性质影响原油流动性，从而直接影响油田采收率。对于原油密度很大、黏度很高的重质油或高黏度油，通常需要特殊的开发方式，从而提高了油田的开发成本，影响经济效益。

（1）按原油密度大小，将原油分为轻质、中质、重质、超重质4类（表8–20）。

表 8 – 20　原油密度分类（DZ/T 0217—2020）

分类	原油密度,g/cm³	分类	原油密度,g/cm³
轻质	<0.87	重质	0.92 ~ <1.0
中质	0.87 ~ <0.92	超重	≥1.0

（2）按照地层原油黏度可将其分为低黏度、中黏度、高黏度和稠油等（表8–21）；

表 8 – 21　原油黏度分类（DZ/T 0217—2020）

分类	原油黏度,mPa·s
低黏度	<5
中黏度	5 ~ <20
高黏度	20 ~ <50
稠油	≥50

（3）原油凝固点为原油凝固的临界温度，当凝固点大于等于40℃，称为高凝油。原油凝点直接影响原油的流动性。在原油开采过程中，当井筒温度下降到凝点以下时，原油从液态变为固态，造成流动能力降低甚至丧失，使原油采收率和经济效益下降。

（八）页岩气其他评价标准

页岩气储量评价除通过储量规模、储量丰度、产能，埋藏深度、页岩气层物性评价外，还可以通过总有机碳含量、热演化程度、页岩中脆性矿物含量等方面进行评价。

1. 总有机碳含量

按总有机碳含量（TOC）大小，可将页岩气层分为4类（表8–22）。

表 8 – 22　总有机碳含量分类（DZ/T 0254—2020）

分类	总有机碳含量,%	分类	总有机碳含量,%
特高	≥4.0	中	1.0 ~ <2.0
高	2.0 ~ <4.0	低	<1.0

2. 热演化程度

按照镜质组反射率（R_o）大小，可将页岩气层热演化程度分为3类（表8-23）。

表8-23　热演化程度分类（DZ/T 0254—2020）

分类	镜质组反射率,%	分类	镜质组反射率,%
高	≥2.0	低	<1.3
中	1.3~<2.0		

3. 页岩中脆性矿物含量

按照页岩中脆性矿物含量大小，可将页岩气层分为3类（表8-24）。

表8-24　页岩中脆性矿物含量（DZ/T 0254—2020）

分类	页岩中脆性矿物含量,%	分类	页岩中脆性矿物含量,%
高	40~<50	低	<30
中	30~<40		

思 考 题

1. 如何理解储层概念模型、静态模型和预测模型？
2. 确定性建模与随机建模的差别是什么？
3. 资源量和地质储量有何区别？
4. 我国油气储量如何分类？
5. 探明储量、控制储量和预测储量有什么差别？
6. 容积法估算地质储量的基本原理是什么？
7. 不同类型油藏的含油面积如何圈定？
8. 如何应用井点面积权衡法估算平均有效厚度？单井控制面积的内涵是什么？
9. 基于油气层单储系数估算地质储量的基本思路是什么？
10. 基于油气藏地质模型估算地质储量的基本思路是什么？

第四篇　油气藏开发阶段地质研究

第九章　油气藏开发设计理论基础

油藏一经探明,只要社会经济需要、开发可行、条件许可,就要投入开发。一般来说,油藏开发应以"经济效益最大化和油藏采收率最大化"为基本准则。这就要求在油气藏投入开发之前,针对所开发油气藏的实际情况和所掌握的工艺技术手段与建设能力,制定出具体体现这一总方针要求的开发原则与具体的技术政策和界线。在油气藏开发过程中,随着注入剂的注入与油气的不断采出,油气藏将显示出比较特殊的开发地质特征,这时须对原有开发方案进行必要的调整,使之达到提高采收率和稳产高产的目的。

第一节　油气藏开发阶段的划分

油气藏投入开发以后,将要经历很长的时间过程。在这漫长的开发过程中,既可依据其开发进程划分出几个大的工作阶段,又可依据其开采特征划分为各具特点的开发阶段,而一些常用的开发指标经常用来描述展示这些阶段的开发效果与动态特点,这都是应当了解掌握的基本内容。此外,从开发的角度对油气藏进行分类,也是开发地质的一个基本内容。

一、油气藏开发分类

自然界的油气藏在其地质结构、储集层特征、流体性质及分布、驱动能量与驱动类型等许多方面是千差万别的,这些差别对油气田开发方式的选择、开发效果和采收率都有巨大影响。在油藏勘探阶段,基于勘探找油的目的,对油气藏进行过以圈闭为主要依据的分类。这种分类有利于找油勘探,但对开发却难有帮助,因为即使圈闭条件完全一样的油气藏,其储集层性质、流体性质或驱动能量都可能存在很大的差异,其开发方式和开发效果都可能完全不同。因此,基于开发的目的,有必要对油气藏进行展示其开发地质特征的开发分类,用以指导油气藏开发工作。

迄今为止,国内外已有多种油气藏开发分类方案,它们各有优缺点,又都有其存在的历史,目前尚无统一的分类意见。现将其中有代表性的分类简介如下。

(一)苏联的油气藏开发分类

1. 马克西莫夫分类

苏联学者 M. И. 马克西莫夫以油藏的天然条件为依据,将油气藏分成封闭型油气藏和具有活跃的地层水的油气藏两个基本类型。

(1)封闭型油气藏:由于储集层岩性变异或存在断层遮挡或其他原因没有活跃的地层水,油气藏的天然能量主要是石油中的溶解气和气顶气。

(2)具有活跃的地层水的油气藏:油藏具较大规模的边水、底水或有外界水头供给,边外区的弹性能量或外界水头能量是主要的原始驱动能量。

马克西莫夫分类突出了油气藏的天然能量特征,具有一定实用价值。

2. 多尔仁科夫分类

苏联鞑靼石油科学研究设计院 B. H. 多尔仁科夫与 P. X. 穆斯利莫夫等人将油田划分为高效油田和低效油田两类。

(1)高效油田:主要含易动用储量的低黏度或高渗透率、较高黏度的高产和中高产油藏。

(2)低效油田:低渗透和个别渗透率较好的中、高黏度低产油藏。

多尔仁科夫的这一分类,强调的是油田开发的效果,展示油藏的天然条件不够,其对开发的指导意义与应用较为局限。

3. 美国石油学会分类

美国石油学会(API)1967 年将 312 个油藏按天然驱动方式分为 5 类:(1)无辅助驱动的溶解气驱油气藏;(2)有辅助驱动的溶解气驱油气藏;(3)气顶驱油气藏;(4)水驱油气藏;(5)重力驱油气藏。

美国石油学会的分类突出了原始驱动能量这一制约油气藏开发的重要因素,其类型简明扼要,有较强的实用性。不足之处在于,完全未涉及储集层条件,在一定程度上降低了其应用价值。

4. 我国的油气藏开发分类

我国油藏类型较为丰富。新中国成立以来,已经发现大小油气田 400 余个,其中大多数油气田已经投入开发。针对我国油藏以陆相储集层为主的特点,我国石油地质工作者也提出了自己的油气藏开发分类意见。

1)裘怿楠分类

1983 年,裘怿楠从我国油气田地质条件与开采特征出发,提出一个开发分类方案。该分类以储集层特点为第一依据,首先分为以下五类储集层:Ⅰ类河流—三角洲沉积体系的砂岩储集层;Ⅱ类冲积扇—扇三角洲—浊积扇沉积体系的砂砾岩储集层;Ⅲ类三角洲间湖湾沉积体系的席状砂岩储集层;Ⅳ类成岩作用改造的低渗透砂岩储集层;Ⅴ类碳酸盐岩为主的基岩储集层。

分类的第二依据是考虑原油性质,分出:Ⅵ类稠油油藏;Ⅶ类凝析气藏。

在上述七大类基础上,再根据其他地质因素进一步划分亚类。如:在稠油以外又分出中黏、低黏原油两个亚类;根据油气水分布又分出层状边水、块状底水和带干气气顶 3 个亚类等等。

根据上述原则,将我国已发现的油藏分成七大类 20 个亚类,其中常见的有 8 个亚类,其主要特征参见表 9-1。

表 9-1 主要亚类油藏开发地质特征比较表

油藏类型	储集层特点						原油性质	边底水	油田(藏)实例	备注
	岩性	物性	孔隙结构	几何形态	层间、层内非均质性	剖面产状				
I_1	砂岩	高孔、中高渗	较好规则	条带规模小	层间、部分层内严重	层状,砂泥间互,多层	中黏、高蜡、高凝	边水不活跃,油水系统规则	萨尔图、胜坨	包括主要大油田

续表

油藏类型	储集层特点						原油性质	边底水	油田(藏)实例	备注
	岩性	物性	孔隙结构	几何形态	层间、层内非均质性	剖面产状				
II_1	砾质岩	中孔中渗	复杂不规则	小叶状或条带	层间、层内严重	砂砾与泥岩间互,多层	中黏、高蜡、高凝	(同上)	克拉玛依多数,双河	包括储量第二油田
III_1	砂岩生物灰岩	低中孔中高渗	好	席状	弱	薄层状、层次很少	低黏	边水不活跃	兴隆台沙一中	部分黏度较高
IV_1	致密砂岩	低孔低渗	复杂不规则	条带	中等	层状,砂泥间互,多层	低黏	边水,油水过渡带宽	马岭	低产
V_1	碳酸盐岩变质岩	低孔低渗	复杂不规则	以圈闭连片	局部内幕有成层性	块状	中黏,溶解气少	底水活跃	任丘	少数变质岩无边底水
VI_1	疏松砂砾岩	中孔中渗	复杂不规则	小叶状或条带	层间、层内严重	层状,砂泥间互,多层	重油,高胶质、沥青质	边水不活跃	克拉玛依六东二区	
VI_3	疏松砂岩	高孔高渗	较好规则	条带	层间、层内严重	层状,砂泥间互,多层	高黏、低凝	边水较活跃	孤岛	多数为次生油藏
VII_1	细粉砂岩	中孔中渗	差规则	席状条带	弱	层状,砂泥间互,多层	低黏	边水不活跃气顶能量大	板桥	

裘怿楠的上述分类,是在详细研究了我国主要油田储集层特征的基础上进行的,对储集层及其性质考虑较多,但对油藏驱动条件及其他兼顾较少,这在一定程度上限制了其应用。

2) 原石油工业部开发司分类

1988年,原石油工业部开发司、科技司将我国投入开发的油气藏归纳为12种类型,并据此进行了全面、系统的"中国不同类型油气藏开发模式"研究。

(1) 层状砂岩油藏:代表油藏为大庆油田萨葡层、玉门老君庙L层、胜坨沙二段、江汉王场潜三段等,以油层成层性好、砂体展布较宽广为其主要特征。

(2) 气顶砂岩油藏:代表油藏有大庆喇嘛甸、辽河双台子、胜利永安永12块、中原濮城西区等,具明显的气顶是其主要特征。

(3) 层状低渗透砂岩油藏:代表油藏有长庆马岭、大港港西、胜利渤南、大庆朝阳沟与榆树林、陕北安塞等,油层粒度偏细、孔隙结构复杂、渗透率低是其主要特点。

(4) 裂缝型低渗透砂岩油藏:代表油藏有吉林扶余、克拉玛依八区乌尔禾及火烧山等,其特点是油层渗透率低并有相当程度的裂缝发育。

(5) 断块油藏:我国东部断块油藏广泛发育,代表油藏有胜利东辛、江汉钟市、大港港中、中原文明寨等,油层为断层圈闭并且内部常有次级断层发育为其主要特点。

(6) 砾岩油藏:典型油藏为克拉玛依,此外,河南的双河、二连的蒙古林也属砾岩油藏,油层岩石粒度变化大、孔隙结构复杂是其主要特征。

(7) 碳酸盐岩油藏:我国较少,主要有华北任丘、南海流花11-1等油藏。

(8) 变质岩油藏(包括火山岩油藏):变质岩油藏有辽河东胜堡、胜利王庄、玉门鸭儿峡,火山岩油藏有克拉玛依的一区石炭系、石西石炭系、七中区佳木河组、二连的阿北、哈南等油藏。储集层特殊、孔隙结构复杂、裂缝发育是其主要特征。

(9) 常规稠油油藏：代表油藏有胜利的孤岛（原油地下黏度 20～130mPa·s）、大港的羊三木（原油地下黏度 37～148mPa·s，平均 102.26mPa·s）等，原油地下黏度介于稀油与稠油之间，常规开采有满意的效果是其主要特点。

(10) 热采型稠油油藏：代表油藏有辽河欢喜岭、克拉玛依六区至九区、胜利单家寺等油藏，这些油藏的共同特点是原油黏度极高（数百～数万 mPa·s），常规开采无产能，注蒸汽开采有满意的效果。

(11) 高凝油油藏：代表油藏有辽河大民屯、大港小集、河南魏岗等油藏，原油凝固点高达 40℃ 以上是其特点。

(12) 凝析油气藏：主要有大港板桥、华北苏桥、新疆柯克亚等，其特点是产较高凝析油含量的凝析气。

上述 12 类油藏的基本特征与开发设计原则参见表 9-2。

表 9-2　我国主要油气藏的基本特征及开发设计原则

油藏类型	油藏基本特征	油田实例	开发设计原则
层状砂岩油藏	多油层；层间非均质性强；缺乏天然水驱	大庆萨葡层，胜坨沙二段，老君庙 L 层	合理划分开发层系，适时注水，分注分采与隔堵水技术
气顶砂岩油藏	具一定规模的气顶	大庆喇嘛甸，辽河双台子，胜利永安永 12 块	保护气顶（利用气顶驱）射孔、避气防气窜、注水注气采油或同采
层状低渗砂岩油藏	$K_{低} < 100、50mD$ 孔隙结构复杂，非均质强	大庆榆树林，陕北安塞，胜利渤南	密井网、压裂改造技术、保护油层技术、早期注水保持能量
裂缝型低渗砂岩油藏	特低孔低渗，裂缝严重影响开发效果	吉林扶余，玉门老君庙 M 层，新疆克八 P_2^1 火烧山	井网（留余地待调整）、垂直裂缝布井注水强度控制、注水(?)
断块油藏	边界多为断层，断裂发育，常有底水	胜利东辛，江汉钟市，大港港中，中原文明寨	井网留有余地（滚动）、注重断层研究
砾岩油藏	相变剧烈，孔喉复杂	克拉玛依，河南双河	井网井距优选，增大注采井数比以降低单井注水量控注速
碳酸盐岩油藏	厚层状块，双重孔隙介质特征，多具底水	华北任丘，四川威远	控制水锥（采速）、射孔避水
变质岩、火山岩油藏	次生孔缝发育，非均质性极强	胜利王庄，辽河东胜堡	注重前期研究及先导试验、慎重注水、油层保护
常规稠油油藏	孔渗条件好，油稠	辽河曙一区，胜利单家寺	井距缩小，抽稠油技术
热采型稠油油藏	油极稠，埋藏较浅，孔渗条件好	新疆克九区，辽河曙一区，胜利单家寺	注蒸汽：吞吐、汽驱(?)
高凝油油藏	凝点 >40℃	辽河大民屯，大港小集，河南魏岗	注意保持温度，注水井预处理
凝析油气藏	产气、凝析油	柯克亚，大港板桥，华北苏桥	凝油 >200g/m³ 以上，必须保持压力采气（循环注气）

3)1999 年,王乃举等在《中国油藏开发模式总论》中的分类

我国油藏类型调整为如下 10 种类型:多层砂岩油藏;气顶砂岩油藏;低渗透砂岩油藏;复杂断块砂岩油藏;砂砾岩油藏;裂缝性潜山基岩油藏;常规稠油油藏;热采稠油油藏;高凝油油藏;凝析油气藏。

在这一新的油藏类型划分中,整合了裂缝性低渗透砂岩油藏和火山岩、变质岩油藏,裂缝性低渗透砂岩油藏归入低渗透—砂岩油藏类型,火山岩、变质岩油藏归入裂缝性基岩油藏类型。此外,在个别油藏类型的定名上有小的调整,显示对我国油藏分类的极端负责和慎重。

4)裘怿楠等采用分级命名的原则对油藏进行开发地质分类

(1)首先,以决定开发方式最重要的油藏地质特征作为油藏基本类型的命名。以原油性质、构造条件、储集层渗透率、储集层岩石类型依次作为油藏基本类型命名的第一、第二、第三、第四判别标志。如原油性质已进入必须进行热采的稠油范围,则命名为稠油油藏;若油藏构造条件已属于非常破碎的断块则首先命名为断块油藏;若油藏储集层在低渗透率范围,则首先命名为低渗透率油藏等。对于常规油藏,则以储集层岩石类型为基本命名。若同时考虑多种判别标志,可据判别标志的级次进行命名,如砾岩稠油油藏、砂岩低渗透率油藏、低渗透断块油藏等。基本分类共 14 类。

(2)基本类型确定后,对于其他的油藏开发地质特征,可视重要程度,依次在基本类型命名前作为形容词。如按原油饱和程度分为高饱和油藏(原始饱和压力/原始油层压力大于 0.5)、低饱和油藏(原始饱和压力/原始油层压力小于 0.5);如按油气水接触关系分为层状边水、块状底水、带气顶油藏;如按储集空间分为孔隙型、裂缝型、双重介质型等;按油层原始压力系数分为异常高压油藏(压力系数大于 1.2)、异常低压油藏(压力系数小于 0.9)。正常压力油藏(压力系数 ±1.0,一般情况下可以不命名)。

(3)作为常规油藏特征,不必在命名中出现,以简化命名。如孔隙型砂岩油藏,则在命名中可略去"孔隙型"描述;如常规黑油油藏,则再命名中可略去"原油性质"的描述;如常规非高倾角的背斜、单斜、鼻状等构造圈闭油藏,则"构造条件"不必在命名中出现等。

(4)根据我国基本石油地质规律和基本开发方针,考虑油藏分类标准,已发现和投入开发的油藏绝大多数储存于陆相含油气盆地,以碎屑岩储集层为主,因此对碎屑岩储集层油藏分类应较细,对海相碳酸盐岩和其他岩类为储集层的油藏,分类可较粗。同时我国以注水为油田开发的基本方式,在分类时应着重考虑影响注水开发的油藏地质特征作为油藏的分类依据。

根据油气藏的主要开发地质特征,对于一个具体油田,一般都有简单命名和详细命名两种,如胜坨油田,简单命名为砂岩油藏,详细命名为高饱和边水层状砂岩油藏,我国部分油气藏分类举例详见表 9-3。

表 9-3 油气藏开发分类命名表(据张一伟,2006)

	分类控制因素	基本命名	综合命名举例
油气藏开发分类	驱动能量	水压驱动	
		气顶驱动	
		溶解气驱动	透镜状砂岩溶解气油藏
		重力驱动	
	几何形态	块状底水油藏	碳酸盐岩裂缝型块状底水油藏
		层状边水油藏	
		透镜体油藏	
		小断块等特殊油藏	

续表

分类控制因素		碎屑岩(砂岩、砾岩)油藏	高饱和边水层状砂岩油藏
油气藏开发分类	储集层岩性	碳酸盐岩油藏	
		特殊岩性(泥岩、火成岩、变质岩)油藏	块状底水双重介质型变质岩油藏
	储集空间	孔隙型油藏	碳酸盐岩高渗孔隙型油藏
		裂缝型油藏	
		双重介质型油藏	
	渗透性	高渗、中渗油藏	
		低渗油藏	致密砂岩低渗透油藏
		特低渗透油藏	
	流体性质	天然气藏	
		凝析气藏	
		挥发性油藏	
		稠油油藏	带气顶块状底水稠油油藏
		高凝油藏	边水层状砂岩高凝油藏
		常规油藏	

二、油田开发常用技术指标

在油田开发界与油田开发相关专业中,常常需要使用一些专业技术指标来刻画、表征油田的注采状况与开发效果。这其中的一些指标虽广为应用,但含义各有侧重,需要给以明确或界定。兹将一些常用指标介绍如下。

(一)产能

产能指生产能力或产油能力。在实际应用中,产能主要用在两个方面:单井产能与区块、油藏或油田的产能。单井产能是指油井在满时率工作时(全天开井生产24小时)的日产油量,其单位是 t/d 或 m^3/d。区块、油藏或油田产能是指该区块、油藏或油田的年产油能力,其单位是 $10^4 t/a$。

油井在某一阶段的产能的可按如下公式计算

$$q = Q/n \tag{9-1}$$

式中 q——油井日产油能力;

Q——该油井阶段实际产油量,t;

n——与 Q 对应的实际生产天数。

应当注意的是,油井或油田的产能均是一个近于理想状况的产量,有可能在短期内达到或保持;但在较长时间内(例如数月、半年、一年),常由于各种可预见与不可预见的原因导致停产(例如停电、恶劣气候、事故等),影响生产时率,使产能难以达到或保持。于是,在产能指标出现的同时,又出现了与之对应的"水平"指标。

(二)水平

在油田开发中,有日产油水平、日产液水平、日注水水平等指标。这里的"水平"一词十分专业,已不大具有其中文的本来意义。此处的水平,是指井或区块、油田在一段时间内的平均日产油量(或日产液量、日注水量),其单位为 t/d 或 m³/d。因为油水井常因停电、井下作业、资料录取等原因短暂停产,也有井因为待修、低能、高含水、高气油比、控制关井等原因停产,导致期间生产时率不满,所以井或区块、油田的日产(日注)水平一般低于其产能,在最好的情况下可以接近或等于产能。

日产油(液)水平的计算公式为

$$q' = Q/m \tag{9-2}$$

式中　q'——日产油(或日产液)水平,t;
　　　Q——该井阶段实际产油(或产液)量,t;
　　　m——与 Q 对应的阶段日历天数。

日注水水平的计算公式为

$$q_i = Q_i/m_i \tag{9-3}$$

式中　q_i——日注水水平,t(或 m³);
　　　Q_i——阶段实际注水量,t(或 m³);
　　　m_i——与 Q_i 对应的阶段日历天数;

从时间跨度上分,水平包括旬度水平、月度水平、季度水平、年度水平等。它们分别说明该段时间内的平均产量或注入量状况。

与产能比较,水平能够更好地说明油井或油田的真实生产能力。

(三)含水比(率)

在油井或油田的采出液体中,由于注水、地层中可动水、或井下作业带入作业水等原因,常有一定的水量产出。其产出水量与产出液量的质量比,称为含水比(率)。通常用百分比表示。

$$f_w = (Q_w/Q_L) \times 100\% \tag{9-4}$$

式中　f_w——含水比,%;
　　　Q_w——产水量,t 或 m³;
　　　Q_L——产液量,t 或 m³。

油井或油田的含水比(率)有两种:取样含水与综合含水。前者是油井或站、库取样化验得出的含水值;而后者则是一段时间内的平均含水,它可以根据多个含水资料平均之后计算得出,也可以根据该段时间内的累积采出水量与累积采出液量之比计算得出。取样含水由于影响因素甚多、数值起伏变化较大,其应用受到一定限制;而综合含水则由于有多个含水数值平均,其代表性更强,数值更加可靠。因此,在油田开发中通常所说的含水,一般都是指综合含水,在需要使用取样含水时,应当加以特别指明。

(四)气油比

由于油藏原油含溶解气甚至带有气顶气,在采出地面时所分离出的天然气。生产中产出的天然气量与油量之比,称为气油比(GOR),其单位为 m³/t 或 m³/m³。气油比是油田开发分析研究的重要指标。与含水类似,气油比也有计量气油比与综合气油比之分,前者是油井或集油管线中的气与油的计量数值之比,后者则是某一阶段的平均气油比(可用多个计量气油比值平均,但更多地使用阶段产气量与阶段产油量之比得出)。

$$R_s = Q_g/Q_o \tag{9-5}$$

式中 R_s——气油比,m^3/t 或 m^3/m^3;

Q_g——产气量,m^3;

Q_o——与 Q_g 对应的产油量,t 或 m^3。

气油比是判断油藏溶解气能量高低与开发过程中原油脱气程度及原油流动性的重要指标。一般稀油油藏原始溶解气比高者达 $200m^3/m^3$、$300m^3/m^3$ 或更高,中等者在 $100m^3/m^3$ 左右,低者几~几十立方米/立方米。稠油油藏气油比一般都低,仅几~几十立方米/立方米。

(五)采油速度

采油速度定义为年采油量占地质储量的百分比。即

$$v = (Q/N) \times 100\% \tag{9-6}$$

式中 v——采油速度,%;

Q——年采油量,t;

N——原油地质储量,10^4t。

采油速度是评价油田开采状况与开发效果的重要指标。油藏采油速度的高低,受油藏地质条件的优劣、开采手段的强弱、井网密度的大小等许多因素影响。一般而言:油藏在其开发生产的旺盛时期,采油速度在 1.5% 左右为中等,小于 1% 则较低,高于 2% 则较高。

采油速度的计算,可以用实际年产油量,也可以用折算年产油量。例如,计算 2000 年 2 月某油藏的采油速度时,可以用该油藏当月的全部产油量除以当月的日历天数(29 天),计算出平均日产油量,再乘以 365 天,得出折算年产油量。这样折算得出的采油速度能更准确地展示该油藏在该时期的开采状况。

(六)采出程度与采收率

采出程度定义为累积采出油气量占地质储量的百分数。即

$$R = \frac{\sum Q}{N} \times 100\% \tag{9-7}$$

式中 R——采出程度,%;

$\sum Q$——累积采油(气)量,10^4t;

N——原油(天然气)地质储量,10^4t。

采收率有狭义与广义之分。狭义的采收率是指油藏开采结束(或预计结束)时的油气采出程度,又称最终采收率(或称设计采收率)。广义的采收率则与采出程度的含义相近,指某时刻以前(或某阶段中)的油气采出量占地质储量的百分数。采出程度与采收率都是油田开发中常用的技术指标,从目前的应用情况看,宜将二者的含义加以区别,采收率取其狭义为好。

(七)含水上升率

含水上升率定义为每采出 1% 的地质储量含水上升的百分数,有

$$m = (f_2 - f_1)/(R_2 - R_1) \times 100\% \tag{9-8}$$

式中 m——含水上升率,%;

f_1,f_2——期初与期末的含水率,%;

R_1、R_2——期初与期末的采出程度,%。

含水上升率是水驱油藏的重要开发指标。含水上升率低,说明油藏水驱效果好,每采出1%的地质储量含水上升不多;反之,若含水上升率高,则说明油藏水驱效果差。水驱油藏在低含水或高含水生产时,其含水变化缓慢,含水上升率一般不高于2%;但在中含水阶段(25%~75%),含水上升较快,含水上升率一般为3%~4%。

(八) 注采比

注采比定义为油藏或油田注入地下的体积与采出的地下体积之比,有

$$Z = V_{注入}/V_{采出} \tag{9-9}$$

式中　Z——注采比;

$V_{注入}$——注入的地下体积,$10^4 m^3$;

$V_{采出}$——采出的地下体积,$10^4 m^3$。

计算注采比时,注入和采出的物质都需要折算成地下体积。根据注采比的大小可以判断油藏注采是否平衡,地下是否亏空:如果注采比在1.0左右,则注入与采出的地下体积平衡;如果高于1.0较多,则注入高于采出较多,油藏压力将逐渐回升;如果注采比小于1.0较多,则油藏欠注,油藏压力将逐渐下降。在进行油藏注水开发设计时,一般采取平衡注水或温和注水的方针,将注水比保持在0.95~1.05左右;有时候,为了弥补油藏压力和亏空,也可短期采取强注措施,将注采比提高到1.1之上;有时候,为了控制含水上升速度,也常常采取减注、弱注措施,将注采比降到0.9以下。

三、油田开发阶段的划分

油田开发是一个长期的过程,短者也需10~20年,长者往往需要30年、50年或更长的时间。在油田的整个开发过程中,其产量、压力、含水、气油比、采油速度等主要开发指标都将发生变化,而且,这种变化往往具有阶段性特点,显示出油田开发由初期到中期再到后期的自然发展过程。开发阶段的划分是油藏开发过程中不断对油藏开发诊断、治理、研究的基础,正确的开发阶段划分对同类型油藏既往开发史的解剖研究具有十分重要的意义,必须重视这项工作。

油田开发阶段的划分方法较多,至今尚无统一标准。但常见的划分方法主要有两种:一种是,主要依据产量变化情况进行划分;另一种是,主要依据含水变化情况进行划分。现对油田开发阶段的主要划分方法简介如下。

(一) 按产量变化划分开发阶段

产量是油田开发的一项主要生产指标。产量的变化可以显示油田开发生产的进度、油藏剩余储量的多少与驱动能量的强弱,也能很好地反映油田开发的发生、发展和衰亡的基本过程。

苏联学者 C. A. 奥鲁德涅夫等人1968年在"全苏晚期油田开发座谈会"上提出依据产量变化为主,再辅以含水、采出程度等其他开发指标来进行开发阶段划分,一般将油田开发过程划分为四个开发阶段(图9-1)。

1. 油藏投产阶段

此阶段始于开发井开始投产之初,而止于多数开发井投产完毕的某一时间,以油井逐渐投产、产量急剧增加为主要特点。也有人将此阶段称为开发准备阶段。

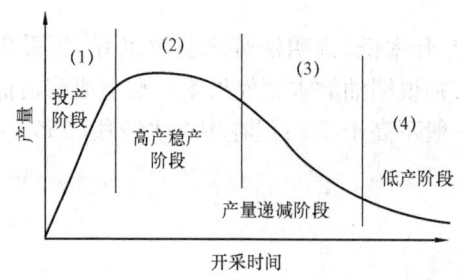

图 9-1　按产量变化划分开发阶段示意图

2. 高产稳产阶段

此阶段始于多数开发井投产完毕、产量达到高值的某一时间,而止于产量由高转低急剧变化的某一时间。此阶段以生产井数变化不大、油井与油田产能旺盛、产量变化较小为特征,是油田开发生产的黄金阶段。

3. 产量递减阶段

此阶段始于油田由稳产转下降时,产量变化出现明显转折,结束于产量经过长时期下降已经降得很低,产量递减明显转缓。此阶段以产量持续下降、产量递减长时期居高不下为特点,是油田开发中各种矛盾交织、调整控制频繁、采油成本急剧上升的阶段。

4. 低产阶段(也称后期阶段、收尾阶段)

此阶段由于生产井数因水淹或枯竭不断减少,生产特征以产量极低、产量递减变得平缓为主要特点。

上述以产量变化为主的四阶段划分方法在油田开发界得到广泛应用,已成为主流划分方法。

在按产量划分开发阶段的方法中,我国学者童宪章曾提出将一个早期注水开发的油田划分为三个开发阶段。

(1)准备阶段:从油田投产开始,到产量达到峰值年产油量(即在目前技术经济条件下,以"经济效益最大化和油藏采收率最大化"为基本准则设计的该油藏的最大年产油量)的75%时为止,其特点是随着投产井数的增加产油量不断上升。

(2)稳产阶段:界定为年产油量达于峰值年产油量的75%以上的整个阶段,其特点是开发井投产完毕,油井与油田产量均处于高产稳产状况。

(3)递减阶段:为年产油量降到峰值年产油量的75%以下的整个阶段,其特点是油田产量较快下降,产量持续递减直至结束(图9-2)。

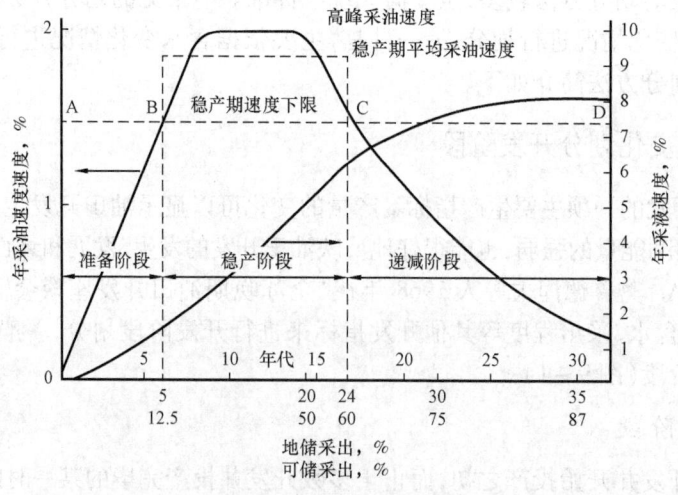

图 9-2　童宪章按产量划分开发阶段示意图

童宪章首创了定量划分开发阶段的方法,但未能在油田开发界得到广泛应用,其原因可能有两个:一是油田开发过程是各种矛盾和复杂因素交织的过程,随油藏地质条件与开采调控手段的不一而有很大差别,取峰值年产油量的75%做划分尺度似显机械、难于恰当;二是大多数油藏或油田,其开发准备阶段与稳产阶段均较短(前者一般在2~4年以内,后者多在3~8年以内),而递减直至开发结束的整个阶段则可持续10~30年或更长,显然,这一阶段有必要细分。

上述按产量划分开发阶段的方法,其"产量"多用年产油量、年采油速度或年平均日产油水平;在破年划分时(即划分点取在年中的某一月),也常用月产油量、月平均日产油水平或折算采油速度来划分,这可视其需要与方便而定。

(二)按含水划分开发阶段

含水是水驱油田一项主要开发指标,含水变化与采油速度、采出程度等重要开发指标有很好的相关性,含水高低可以显示一个油田是处在青年期、中年期还是老年期。因此,采用含水高低划分开发阶段的方法是十分自然的。

大庆油田在70年代初提出按含水划分开发阶段,其划分方法如下:

(1)无水采油期,不含水;
(2)低含水采油期,含水0~20%;
(3)中含水采油期,含水20%~70%;
(4)高含水采油期,含水70%以上。

大庆的上述划分方法提出较早,现在看来有明显的缺点:

(1)对于注水开发油田无水采油期常常很短(1~3年)。
(2)无水期与低含水期难于严格划分(大型油田成百上千口井生产时,只要有一口井产出一点水,全油田含水就不为0%,但此时99%以上的井都不含水,能算低含水采油期?后来有人将低含水期的起点定为0.2%或0.5%,但依据何在,难于界定)。
(3)含水70%以上即定为高含水期则时间太长,一些原油黏度较高的油田或裂缝发育、含水上升较快的油田,此阶段常可占到全部开发时间的2/3以上,需要细分。

我国学者童宪章在20世纪80年代初提出以下的按含水划分开发阶段的方法(图9-3)。

(1)低含水阶段,含水0~25%;
(2)中含水阶段,含水25%~75%;
(3)高含水阶段,含水75%~90%;
(4)特高含水阶段,含水90%以上。

童宪章这一划分方案具有多方面的优点:一是将无水期与低含水期合并,既免去了二者划分界限的争论,又使此阶段具有了较为合理的时间长度;二是将75%以上的高含水期划分为高与特高两个阶段,该划分适应油田开发在含水75%~90%左右时,可以进行稳油控水工作,在含水90%以后进行措施效果甚微的内在特点,解决了原来所划高含水期太长的缺陷。童宪章的这一按含水划分开发阶段的方法,已在油田得到较广泛的应用。

关于油田开发阶段的划分方法还有多种。例如,有按开采方法划分为一次采油阶段、二次采油阶段、三次采油阶段的;有按开采对象的接替转变划分为主力油层开采的高产稳产阶段、中低渗透层接替稳产阶段、高含水开采阶段的……

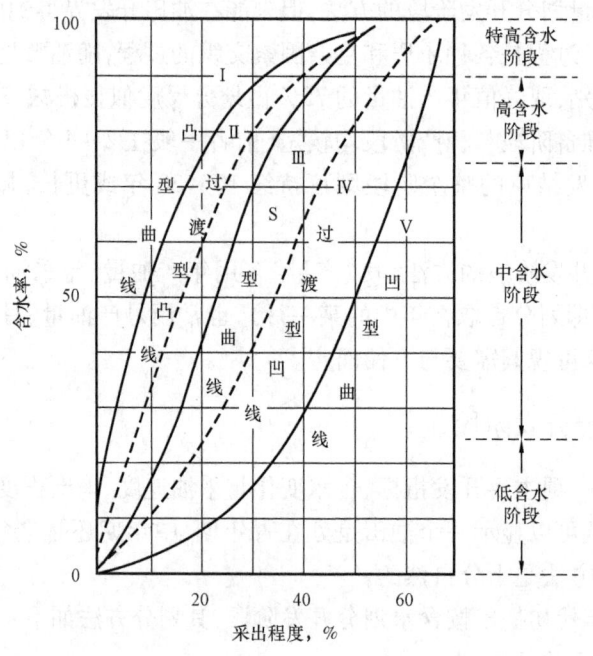

图 9-3 按含水高低划分油田开发阶段示意图

开发阶段划分是油田开发分析研究中的一个重要课题。正确的开发阶段划分,可以便捷、容易地展示油藏主要的开发过程和基本的地质—开发特征,便于分析寻找油藏开发过程中的主要矛盾和存在的主要问题。对于具体油藏或油田,其开发阶段划分不必拘泥于某一模式,应当在遵循一定原则的基础上,按照该油藏的内在地质—开发特征进行划分。

例如,在研究国内火山岩油藏开采特征时,发现这些油藏在油井投产完毕,产量达到高峰之后,都几无例外地进入快速递减阶段,很难划分出像样的高产稳产阶段(图 9-4),于是将这些油藏都按三个阶段划分为:投产准备阶段、快速递减阶段和低产阶段。这也比较符合这些油藏"裂缝发育、初期产量高、递减极快、注水效果很差"的基本开发地质特点。具体油田在划分开发阶段是要具体油田具体分析,不能机械套用,如王庄变质岩油藏根本不具备稳产条件(图 9-5),却划分出包括"高产稳产"在内的四个阶段,显然有悖于该油藏的基本开发地质特征。

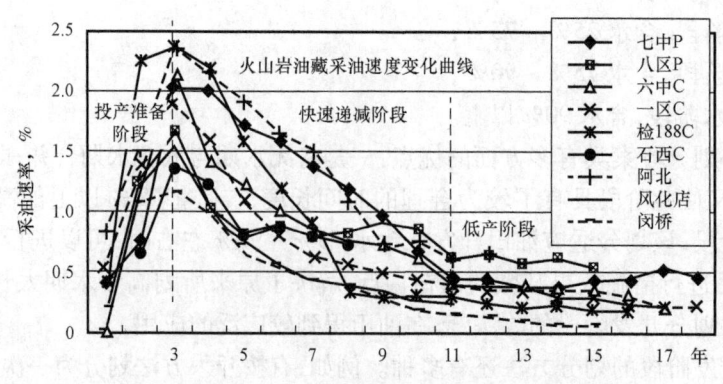

图 9-4 中国火山岩油藏采油速度变化曲线

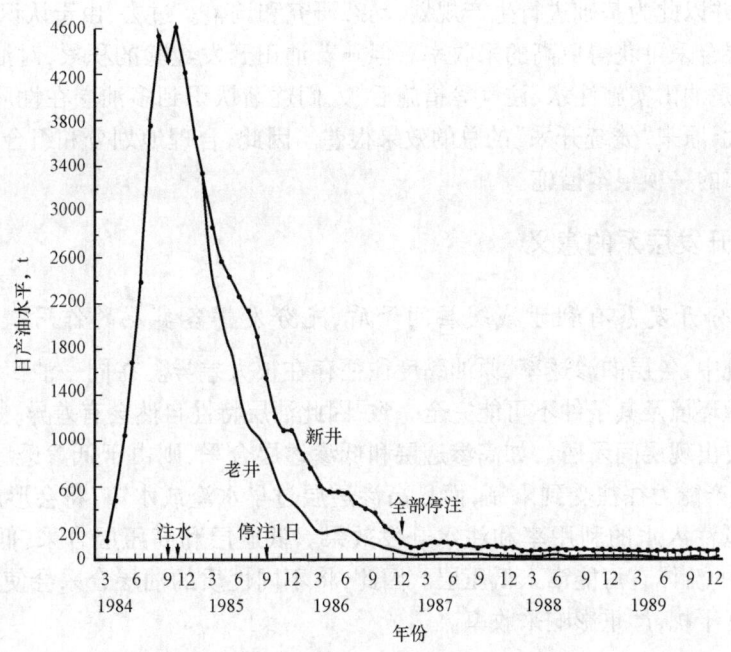

图9-5 王庄变质岩油藏日产油水平变化曲线

因此,在油田开发阶段划分时应当遵循如下原则:
(1)正确展示各开发阶段的基本开发地质特征;
(2)便于暴露开发过程中的矛盾和倾向性问题。

第二节 油藏开发方案设计基础

一个含油气构造经过勘探确定具有工业价值后,便进入开发设计阶段。合理的油田开发是指在勘探成果和实验结果的基础上,应用所积累的油田开发经验,在保持经济效益的前提下对油藏进行有规律的开发。油田开发包括3个阶段:第一阶段为油藏开发的准备阶段,充分利用地质、钻井、测井及实验资料进行详细研究,为油藏开发提供可靠的参数;第二阶段,编制合理的油藏开发方案,包括层系组合优化、井网方式优化、注采压力系统优化及驱动类型选择;第三阶段,油田开发过程中方案的调整和逐步完善,油田开发是一个循序渐进的过程,无论配套以何种方案,为了延长稳产期、改善开发条件和提高采收率,都需要选择适当的时机,对油田的开发效果进行合理评价,以便及时发现开发过程中存在的问题,开展必要的调整工作。为了最大限度地合理采出地下原油,必须制定科学、经济的油藏开发方案,遵循科学的油藏开发程序。一个合理的油藏开发方案是以油藏地质特征为基础,包括油藏工程、钻井工程和地面建设工程在内的油藏整体开发设计。本节仅介绍油藏开发方案设计中涉及的开发层系、开发方式与井网设计、驱动类型等内容。

一、开发层系的划分和组合

所谓开发层系,是指油层性质与驱动方式相近,具备一定储量和产能且上下具有良好隔层的多个油层的组合。划分开发层系,就是将特征相近的油层组合在一起,用单独一套开发生产井网进行开发,并以此为基础进行生产规划、动态研究和调整。过去,由于认识上的局限,人们认为油井中多层合采可获得更高的采收率。但随着油田开发经验的积累,对油田地质认识水平的提高,特别是油田实施注水、注气等措施后,人们逐渐认识到多油层在性质上的差异性导致相互干扰很大,原来"笼统开采"的总的效果很差。因此,合理地划分和组合开发层系,是开发好多油层油田的一项根本措施。

(一)划分开发层系的意义

1. 合理划分开发系有利于减缓层间矛盾,充分发挥各类层的作用

在多层系统中,各层的渗透率、原油黏度往往存在很大差异。在同一油田内,由于储油层在纵向上的沉积环境及其条件不可能完全一致,因此油层特性自然会有差异,所以开发过程中就不可避免地要出现层间矛盾。如高渗透层和低渗透层合采,则由于低渗透层的油流阻力大(流度值大),生产能力往往受到限制,而且高渗透层过早水淹或水窜,将会形成水洗带(或大孔道),最终降低注入水的利用率和注水开发效果。低压层和高压层合采,低压层往往不出油,甚至高压层的流体有可能窜入低压层。因此,将不同性质的油层合采会使层间矛盾加剧,出现油水层相互干扰,严重影响采收率。

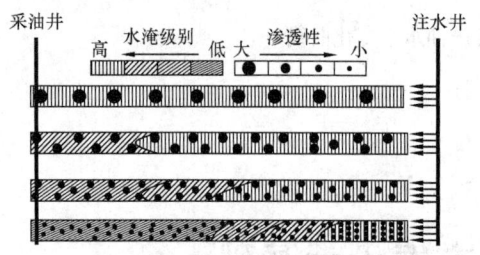

图9-6 层系差异导致水淹差异示意图

注水开发油田的主要油层出水后,流动压力不断上升,生产压差越来越小。这样,注水不好的差油层的压力可能与全井的流压相近,因此出油不多或根本不出油。在某些情况下,还会出现高压含水层中的水和油向低压层中流动的现象,被称为见水层与含油层间的倒灌现象。若采用多油层合注合采,随着开发程度的不断加深和油层物性条件的影响,层系内部的注采差异性就会更加明显,高渗透层水流动快,水淹程度严重;而低渗透层受物性条件限制,吸水效果差(图9-6)。由于小层间或砂层组间往往存在着严重的矛盾,降低了开发效果,所以将特征相近的层组合在一起,用独立的一套井网开采,就会缓和层间矛盾,有利于发挥各类油层的生产能力。

2. 划分开发层系是部署井网和规划生产设施的基础

对每一套开发层系,都应独立进行开发设计。针对开发层系的划分情况,确定井网套数、井网部署、注采方式,并依其进行动态分析和调整,制订相应的工艺措施。另外,还要根据开发层系来规划地面生产设施。

井网是根据所组合层系的地质条件部署的,离开这一具体的层系,部署的井网就会变得不合理。虽然层系组合与井网部署是相互依存的,但两者有不同的侧重面。层系划分主要解决层间矛盾,通过层系的合理组合,使同一开发层系内各个层之间的矛盾较小、干扰较小;井网部署则主要是调整平面矛盾,通过井网的合理部署,减少井间干扰。

3. 采油工艺技术的发展水平要求进行层系划分

一个多油层油田,油层数可能很多,开采井段有时可达数百米。采油工艺的任务在于充分发挥各油层的作用,使它们吸水均匀、出油均衡,所以往往必须采取分层注水、分层采油和分层控制措施。目前的分层技术还不可能达到很细的水平,因此必须通过划分开发层系实现分层

系开发。在开发层系划分时,生产层系内部的油层不能过多,井段不能过长,这样才能更好地发挥采油工艺的作用,使油田开发效果更好。

4. 油田高效开发要求进行层系划分

当主要产油层较多时,用一套井网开发一个多油层油田不可能做到充分发挥各类油层的作用。因此为了充分发挥各油层的作用就必须划分开发层系,从而提高采油速度,加速油田生产,提高经济效益。

(二)划分开发层系的原则

总结国内外在开发层系划分方面的经验和教训,特别是我国大油田在层系划分方面的研究成果,合理组合和划分开发层系一般应考虑以下几项原则:

(1)一个独立的开发层系应当具备一定的储量和产能,以保证油田满足一定的采油速度,并具有较长的稳产时间和达到较好的经济指标。

(2)同一开发层系中的主要油层,其油层性质与原油性质应比较接近,以保证各油层对注水方式和井网具有共同的适应性,减少开采过程中的层间矛盾,从而达到较高的剖面动用程度(允许少数次要油层的物性差异较大)。油层性质相近主要体现在:沉积条件相近;渗透率相近,即组成层系基本单元的平均渗透率及渗透率在平面上的分布差异不大;组成层系的基本单元内油层的分布面积接近。油田根据大量的研究工作和生产实践,提出以砂层组来划分和组合开发层系,因为砂层组是一个独立的沉积单元,油层性质相近。

(3)各开发层系之间应当具备良好的隔层条件,以便在注水开发条件下,层系间能严格地分开,确保层系间不发生窜流和干扰。

(4)同一开发层系中的主要油层,应有统一的压力系统和基本一致的延伸状况(允许少数次要油层的延伸差异较大)。

(5)在分层开采工艺所能解决的范围内,开发层系不宜划分得过细,以减少地面建设工作量。划分开发层系时,要考虑目前的工艺技术水平,充分发挥工艺措施的作用,这样既便于管理,又能达到较经济的开发效果。

开发层系的划分应在详细研究油田储层特征的基础上确定,对某些划分原则要定出技术界线(如渗透率级差界线)。大部分井点超过这一界限的油层就应该分层系开发,如果该套油层不能和其他油层组合形成另外的层系的话,一般来讲在开发初期就应暂不射孔投产,而是从整体上留作后备开发对象。

在油田开发初期,许多层间矛盾在评价勘探及开发实施阶段尚未暴露,油层分层改造措施及效果尚未经过实际生产考验,一些差油层可能通过分层改造或分注分采得到较满意的动用,一些认为不错的油层也可能分层改造与分注分采效果变差,随着生产的深入,这些油层的生产特征可能会发生变化。这些情况只有通过相当时间的开采过程才能得到暴露并逐渐被认识。因此,初期划分开发层系时可以稍粗,主要瞄准主力油层及主要油层,次要油层可以放宽,留有一定的余地。待油藏开发进入中、后期,层间矛盾得到充分暴露以后,再进行开发层系的细分调整。

(三)划分开发层系的一般程序

1. 从研究单油层的砂体入手,对油层性质进行全面分析与评价

单油层的砂体(简称油砂体)是组成油层的最小含油单元。通过对油砂体的形态、延伸方

向、厚度变化、面积大小、连通状况以及油砂体的渗透率、孔隙度及含油饱和度等进行较详细的研究,可以掌握不同油层组、砂层组或单油层的特点和差异程度,为层系划分提供静态地质依据。通过在油井中进行分层试油、试采,了解各小层的产液性质、产量大小、地层压力状况以及各小层的采油指数等;也可通过数值模拟的方法模拟不同的组合(分采、合采)的开采情况,为划分或组合开发层系提供动态依据。

2. 层间隔层系统研究

划分开发层系时,必须同时考虑隔层条件。在碎屑岩含油层系中,除泥岩外,具有一定厚度的砂泥过渡岩类也可作为隔层。在各层研究中可利用油层对比的方法先确定隔层的层位、厚度,通过编制隔层平面分布图来具体了解隔层的分布状况。对于隔层厚度应根据隔层物性、开发时间、层系间工作压差、水流渗滤速度、工程技术条件而综合确定。

3. 综合对比选择层系划分与组合的最优方案

对同一油田,可提出多个层系划分方案,利用油藏数值模拟技术,通过计算各种组合方案的开发指标,综合对比,选择最优方案。主要技术指标包括:(1)不同层系组合所控制的石油地质储量;(2)不同层系组合所能达到的采油速度、单井生产能力以及低产井所占比例;(3)不同层系组合的无水采收率;(4)不同层系组合的投资量、投资效果等经济指标。

开发层系的划分是由很多因素决定的,划分的方法因地而异。对所划分的开发层系还要依据开发过程中暴露出的矛盾,进一步分析其适应性,并进行适时调整。

二、注水开发方式及井网参数

目前常规油藏常用注水方式进行油田开发,注采井网的选择起到了关键性的作用。除了规模较小的断块可以采用边界注水的方式,对井网要求相对较简单以外,大多数的复杂层状油藏根据油藏性质需要选用不同的井网布排方式,才能适应非均质油藏开发的需求。

(一)注水开发方式

不同地质条件的油田选择不同的注水方式,油层性质和构造条件是确定注水方式的主要地质因素。目前,国内外油田应用的注水方式主要有边界注水、切割注水、面积注水3种。

1. 边界注水

边界注水即在含油区域的外边界附近注水。注水井一般线状排列。根据注水井排与含油边界的位置关系,边界注水又可以分为边内注水、边外注水和边上注水(图9-7)。

1)边内注水

边外注水指注水井按一定方式分布在外含油边界以内。这种注水方式常用于在油水过渡带处有高黏度稠油带,或在过渡带出现低渗透的遮挡层,或在过渡带注水不适宜。将注水井布置在内含油边界以内,可以保证油井充分见效和减少注水量外逸。

2)边外注水

边外注水指注水井按一定方式分布在外含油边界以外,向边水中注水。这种注水方式要求含水区与含油区之间的渗透性较好,不存在低渗透带或断层。

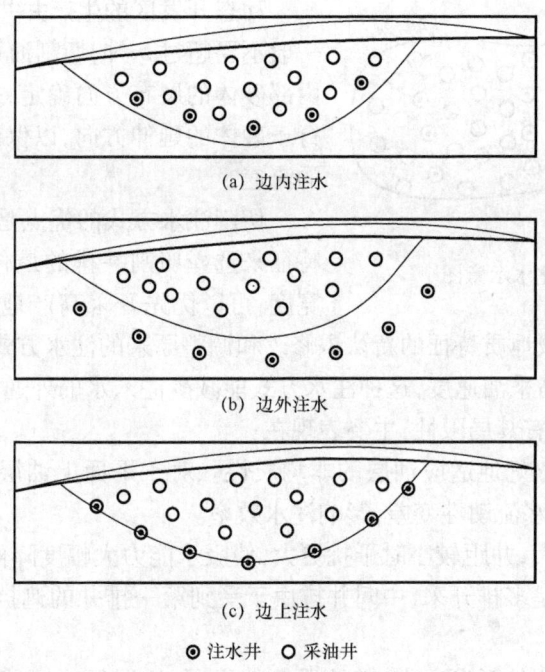

图 9-7　边界注水示意图

3) 边上注水

由于一些油田的外含油边界以外的地层渗透率显著变差,为了保证注水井的吸水能力和注入水的驱油作用,而将注水井布置在含油外边界上或油水过渡带上,这时即成为边上注水方式。

边界注水比较适合的油藏条件为:含油面积不大,有明显的油水边界或油干边界,油层厚度比较稳定,且连通性好,油层的流动系数较高,特别是注水井的边缘地区有好的吸水能力,保证压力有效地传播,水线均匀地推进。

采用边界注水方式时,注水井排布置一般与等高线平行,而且生产井排和注水井排基本上与含油边缘平行,这样将有利于油水前缘的均匀向前推进,以取得较高采收率。

边界注水的优点比较明显:油水界面比较完整,水线移动均匀,逐步由外向油藏内部推进,因此水线移动控制较容易,无水采收率和低含水采收率较高。

这种注水方式也存在一定的局限性:注入水的利用率不高,一部分注入水向边外四周扩散。由于能够受到注水井排有效影响的生产井井排数一般不多于3排,因此对较大的油田,其构造顶部的井往往得不到注入水的能量补充,形成低压带,在顶部区域易出现弹性驱或溶解气驱。在上述情况下,仅仅依靠边缘注水就不够了,应该采用边缘注水并辅以顶部点状注水方式开采,或采用环状注水方式。

2. 切割注水

切割注水即注水井成排状布置,将油藏切割成多个相对独立的开发单元,各单元内部进行单独的开发调整(图9-8)。被注水井井排切割的开发区域叫动态开发区,动态开发区域的大小取决于油层的连通性和物性条件。

切割注水适用于油层大面积连续分布的油藏,油层的渗透性好,具有较高的流动系数,以确保注水井井排和生产井井排之间的有效连通。

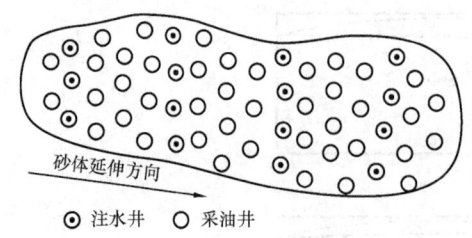

图 9-8 切割注水示意图

动态开发区的生产井井排数视油藏条件而定,一般不要超过 5 排,切割油藏的方向可以根据油藏内部砂体的展布方向确定,一般要让注采井连线平行于砂体的延伸方向,以保证注采井线上保持最大的流速。

切割注水方式的优点是:可以根据油田的地质特征来选择切割井排的最佳切割方向和切割区的宽度;可以优先开采高产地带,使产量很快达到设计要求;可以根据对油藏地质特征的新认识修改和调整原来的注水方式。另外,切割区内的储量能一次全部动用,提高采油速度,这种注水方式能减少注入水的外逸。

但这种注水方式也有其局限性,主要表现在:

(1)这种方式不能很好地适应油层的非均质性。对于平面上油层性质变化较大的油藏,处于低渗地带的水井注水流动性变差,影响注水效率。

(2)注水井间干扰大,井距较小时干扰更大,使吸水能力大幅度降低。

(3)行列注水方式是多排开采,中间井排由于受到第一排井的遮挡作用,注水受效程度明显变差。

(4)在注水井排两侧的开发区内,其地质条件不同,油层压力可能不一致,因此可能出现区间不平衡,增加平面矛盾。

3. 面积注水

面积注水是指注水井和生产井按照设计的几何形状规则、均匀地分布在油藏内部,平面上将油藏划分为多个相互影响的动态开发小单元,每个小单元由一口(或几口)注水井控制,与周围的生产井组成一个相对平衡的开发井组。面积注水使所有生产井都直接受效于对应井组内的注水井,注水波及面积大大增加,水驱控制程度和采油速度也明显上升。

面积注水方式适用的油层条件为:油层分布不规则,延伸性差;油层渗透性差,流动系数低;油田面积大,断层分布复杂。

在面积注水方式下,所有油井都处于注水井第一线,有利于油井受效;注水面积大,注水受效快;每口油井受到多向供水,采油速度高,适用于油田后期强化开采。由于面积注水的特点较显著,目前面积注水方式几乎被所有注水开发油田采用。

面积注水根据注水井和采油井的位置关系及配比数量不同可以分为多种类型,目前国内外油田普遍采用的一般有五点法、七点法、反七点法(或四点法)、九点法和反九点法几种。

1)五点法

井网排列方式为正方形,采油井处于正方形的中心,4 个顶点分别为 4 口注水井。从平面上来看,五点法井网内部的每一口油井同时受到 4 口注水井的影响,每一口注水井总共可以控制周围的 4 口油井,注采比总数为 1:1(图 9-9)。

五点法井网注采强度较大,适合于注重采油速度的中—高渗透油藏;另外,油藏开采中后期采取"强注强采"时可以参考使用五点法井网。

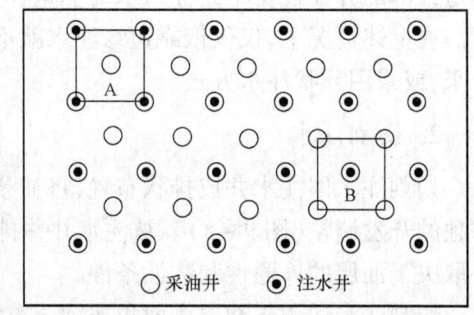

图 9-9 五点法井网示意图

2) 七点法与反七点法

井网排列方式为三角形,与四点法井网隶属同一种布井方式。七点法的采油井处于六边形的中心,六边形的6个顶点分别为6口注水井[图9-10(a)];反七点法(即四点法)与七点法的注水井和采油井位置调换,注水井处于六边形的中心,六边形的顶点分别为6口采油井[图9-10(b)]。从平面上来看,七点法井网内部的每一口油井同时受到6口注水井的影响。每一口注水井总共可以控制周围的3口油井,注采比总数为2:1;反七点法注采比为1:2。七点法为高强度注采井网,不适合油藏初期开发井网部署。反七点法注采强度适中,较适合采油速度稍慢的中—低孔渗或中—高孔渗油藏初期开发阶段。

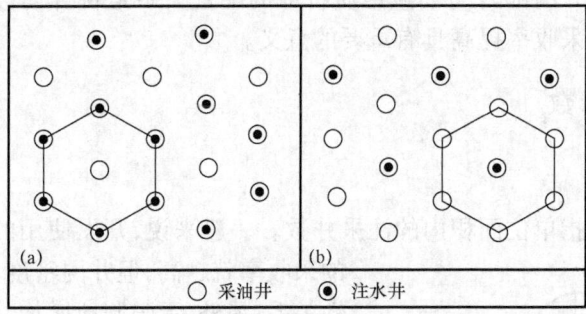

图9-10 七点法(a)和反七点法(b)井网示意图

3) 九点法与反九点法

井网排列方式为正方形或菱形,九点法[图9-11(a)、图9-11(b)]的采油井处于正方形的中心,四边形的4个顶点和边中线上共8口水井;反九点法[图9-11(c)、图9-11(d)]与九点法的注水井和采油井位置调换,即注水井处于四边形的中心,四周8个点分别布置8口采油井。平面上展布分析来看,九点法井网内部的每一口油井同时受到8口注水井的影响,边线上的注水井受效于2口油井,角点上的注水井受效于4口油井,整体上注采比总数为3:1;反九点法井网的注采总数比为1:3。九点法井网注采强度大,适用性较小;反九点井网注采强度适中,特别是菱形反九点井网比较适合于低渗透裂缝油藏的稳定开采,可以有效地控制油井的水淹速度。

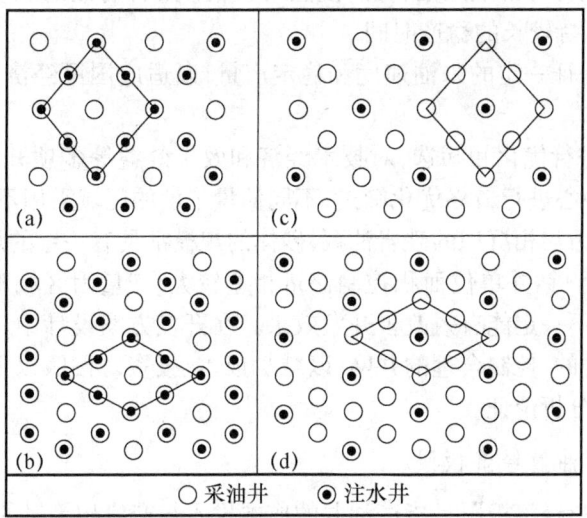

图9-11 九点法和反九点法井网示意图

面积注水主要适用于油层分布规律性差,存在油水边界和油干边界的断块油藏。此类油藏一般构造复杂,含油区块多,平面和纵向连通性差,储层非均质性严重,使用面积井网注水,可以针对单砂体或局部含油区域进行精细开发。另外,边缘注水和切割注水方式开发的油藏,到二次开发阶段也可以转为面积井网注水开发。

一套井网是否合理,主要从以下 3 个方面衡量:一是能否延长无水采油期,提高开发初期的采油速度;二是能否获得较高的最终采收率;三是井网调整是否具有较大的灵活性。油气藏的合理开发,既要考虑单井控制储量,即整个油田开发的经济合理性,又要充分考虑注水井和采油井之间的压力传递关系。另外,还要最大程度地延缓方向性的水窜以及水淹时间。井网是否合理,最关键的是井网部署与油藏地质特征的配置关系是否合理,是否有后期调整的余地,这对油藏开发以及采收率提高具有重要的意义。

(二)注采井网参数

1. 井网密度

所谓井网密度,是指单位面积内的注采井数。一般来说,开发使用的井网密度越大,油藏的采收率就越高,但井网密度与采收率之间并非线性关系;另外,无限制地增加井数,开发的经济成本就会越高,因此,要想合理高效地开发油藏,必须使用合理的井网密度。井网密度、采收率及经济效益之间的关系如图 9 - 12 所示。

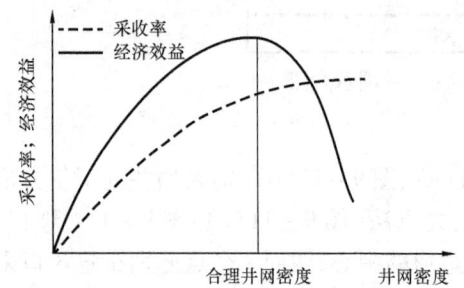

图 9 - 12　井网密度、采收率和经济效益之间的关系示意图

从示意图上可以看出:随着井网密度的增加,采收率的上升幅度逐渐变缓,经济效益的变化趋势则存在着一个合理井数的问题,超过合理井数,虽然采收率一直在缓慢上升,但经济效益开始逐渐变差。合理井网密度的选取应考虑如下几个方面的原则:

(1)井网密度要适应油层的分布特点,开发井网控制水驱储量要达到80%以上。

(2)井网密度要充分考虑油层的特点,使注入水能够发挥有效的驱替作用,生产井能够见到较好的注水效果,保持较长的稳产时间。

(3)井网密度要保证一定的采油速度和稳定产量,以适应国民经济发展宏观上对原油产量的需要。

(4)井网密度要进行优化和筛选,对技术经济和效果效益等多项开发指标作综合分析评价,并以经济效益为中心进行最终优化筛选,不同储量丰度的区域采用不同的井网密度。

我国油田大部分为陆相沉积的砂岩油藏,砂体的规模都具有一定的局限性,平面上的非均质性都相对较强,因而,钻井单位面积控制储量相差较大,产量因区域不同也有较大的差别。单纯增加井网密度并不一定能有效改善开发效果。在开发方案设计中,必须针对油藏自身特性,制订一套灵活布排的、控制合理的井网,以减少成本、投资。按照以上原则,从以下几个方面进行合理井网密度分析论证。

1)单井平均日产油量经济极限

单井平均日产油量经济极限是指产油井的成本投入与产值相等时的平均日产油量。若单井平均日产油量高于此极限,说明油田开发具有经济效益;反之,则油田开发没有经济效益。

单井平均日产油量经济极限可用如下公式表示：

$$q_{\min} = \frac{(I_D + I_B)(1+R)^{T/2} \cdot \beta}{0.0365 \, \tau_o \cdot d_o \cdot T(P_o - O)} \quad (9-10)$$

式中 $q_{\min}$——单井平均日产油量经济极限，t；

I_D——平均一口井的钻井投资（包括射孔、压裂），万元；

I_B——平均一口井的地面建设（包括系统工程和扩建等）投资，万元；

R——投资贷款利率，小数；

T——开发评价年限，a；

β——油井系数，即油水井总数与油井数的比值，小数；

τ_o——采油时率，小数；

d_o——原油商品率，小数；

P_o——原油销售价格，元/t；

O——原油成本，元/t。

从式(9-10)可以看出，在一定的油田开发评价年限内，单井平均日产油量经济极限与钻井投资、地面建设投资、油井系数及贷款利率等成正比，与采油时率、原油商品率和吨油毛利润成反比。因此，要想降低单井平均日产油量的经济极限，就必须降低单井钻井和建设投资，降低生产操作费用，同时提高采油时率和原油商品率。

2) 单井可采储量经济极限

单井可采储量经济极限是指在一定的开发年限内，采油井的投入成本与油藏产出相等时的单井控制可采储量。若单井控制的可采储量高于此值，说明油藏具有经济效益；反之，则说明油藏没有经济效益。

根据平均单井日产油量经济极限，可以求出单井可采储量经济极限，计算公式为

$$N_{\min k} = \frac{0.0365 \, \tau_o \cdot q_{\min} \cdot T}{W_i \cdot \beta} \quad (9-11)$$

将式(9-10)代入式(9-11)中，经整理得

$$N_{\min k} = \frac{(I_D + I_B)(1+R)^{T/2}}{d_o T(P_o - O) \cdot W_i} \quad (9-12)$$

式中 $N_{\min k}$——单井控制可采储量经济极限，10^4t；

W_i——开发评价年限内原油工业采出程度，小数。

3) 井网密度经济极限

井网密度经济极限是指油藏所有注采井总投入与油藏产出相等时的井网密度。若井网密度低于此值，说明油藏具有经济效益；反之，则说明油藏没有经济效益。

单井控制地质储量经济极限就是单井控制可采储量经济极限除以原油最终采收率，计算公式为

$$N_{\min g} = \frac{N_{\min k}}{E_R} \quad (9-13)$$

式中 N_{ming}——单井控制地质储量经济极限,10^4t;

E_R——原油采收率,小数。

由式(9-12)和式(9-13)可得井网密度经济极限,计算公式为

$$f_{\min} = \frac{d_o(P_o - O) W_i \cdot N \cdot E_R}{A_o(I_D + I_B)(1 + R)^{T/2}} \tag{9-14}$$

式中 $f_{\min}$——井网密度经济极限,口/km²;

N——原油地质储量,10^4t;

A_o——含油面积,km²。

4) 合理井网密度

经济极限井网密度是理论上能够达到的最大井网密度,但在实际的布井过程中,为了给油藏后期调整预留一定的空间,选择布排的井网密度往往会与经济极限井网密度相差较大。因此,油藏开发初期的井网密度确定原则就是在利益最大化和采收率最大化之间选取一个平衡点,即合理井网密度。

苏联谢尔卡乔夫院士推导出的井网密度与采收率的关系式为

$$E_R = E_D \, e^{-a/f} \tag{9-15}$$

根据式(9-15),结合油藏经济评价,推导出开发评价期内原油开采纯收入与井网密之间的关系式为:

$$Y = N \cdot W_i \cdot (P_o - O) \cdot E_D \, e^{-a/f} - (I_D + I_B)(1 + R)^{T/2} \cdot A_o \cdot f \tag{9-16}$$

式中 Y——开发评价期内的原油开采纯收入,万元;

a——井网指数(由实验或经验公式求得),小数;

E_D——驱油效率,小数;

f——井网密度,口/km²。

在闭区间内对 Y 求关于井网密度 f 的导数得到极值点,令导数等于0,可得到合理井网密度的计算公式为

$$(I_D + I_B)(1 + R)^{T/2} \cdot A_o \cdot f - N \cdot W_i \cdot (P_o - O) \cdot E_D e^{-a/f} = 0 \tag{9-17}$$

井网部署过程中需根据各个油藏的不同特点进行合理优化布排,遵循"优化实用"的原则,即在满足油田开发基本需要的前提下,力争达到好的经济效益。具体做法是:在油田地质条件相对较好或经济风险性较大的情况下,选用的井网密度应该接近经济最佳井网密度;而当油田地质条件差,或者经济风险性较小时,应该选取接近经济极限井网密度;一般情况下,合理井网密度可以选用经济最佳和经济极限井网密度的平均值。另外,在油气藏开发初期,实施井网加密不能太彻底,生产井的合理井数不应超过油田最大井网密度的80%,应余留20%的井数作为开发调整使用。

2. 井排方向

井排方向一般指多边形井网中注水井的布排方向,是表征多边形井网布排方式的参数。对于均质油藏来说,井排方向的差别对采收率的影响效果甚微,可以忽略不计;但对于储层中微裂缝发育的油藏,井排方向直接关系到油藏开发效果的好坏,特别是注水流向及水淹的速

度。存在天然裂缝的油藏,一旦高压注水,闭合缝可能开启,所以在确定注采井网形式时,一定要充分考虑裂缝对注水开发带来的影响作用。裂缝对油田开发有正、反两方面的影响:一方面,裂缝能够提供高渗通道,增加油层的出油能力和吸水能力;另一方面,裂缝可能造成方向性水窜,降低注入水的波及系数,影响水驱油效果。

通过多年来对低渗透裂缝砂岩油藏井排研究可知,裂缝性低渗透砂岩油藏井网与裂缝方向的配置在油田初期开发和后期井网调整起着尤为重要的作用。低渗透裂缝砂岩油藏井网排列方式的发展过程经历了以下发展阶段:沿裂缝自然水线注水→将井排方向与裂缝方向错开一定角度→井排方向与裂缝方向平行,经过不断发展认识的过程,得知较为适合裂缝性低渗透砂岩油藏注水开采的井网形式为菱形反九点井网;裂缝性低渗透砂岩油藏注水开发井网部署的基本原则是沿裂缝方向灵活井排距布井。

3. 合理采油速度

采油速度是指年采出油量与地质储量之比,它是衡量油田开采速度快慢的指标。从同一油田的不同开发方案看,若采用较高采油速度,开发初期原油产量高,但开发后期由于产量递减速度较快,其原油产量反而低。因此,在进行注采井网设计和优化时,为了保证经济效益和采收率的最大化,需要确定合理的采油速度。

一般来说,随着采油强度逐渐增大,油藏的稳产期也逐渐缩短,产能情况逐渐变差,开发经济效益也逐渐降低。数值模拟研究认为,较高的采油速度可以取得较好的经济效益,但对于维持油藏的稳产期有一定的难度,不利于地层能量的有效保持。为了有效保持注入与采出的平衡关系,保持油藏长期稳定开采,初期采油速度不宜过高。

(三)注采压力系统

油藏开发要取得好的开发效果,除了布置合理的井网外,还必须建立合适的注采压力系统。合适的注采压力系统是指满足油田开采速度所需要的注采压差必须达到注采压力系统的平衡,即在注水井所需压力不超过注水泵压及地层破裂压力、油井流压不低于原始饱和压力、地层压力不超过原始地压力等条件下,注入水量能满足采出量的要求。

1. 合理生产压差

油藏在生产过程中,随着储层中的流体被不断采出,地层压力会有所下降。不同的油藏类型压力的下降梯度差别较大,一般来说,被物性边界和断层边界封闭的油藏,由于缺少边水或底水能量补充,压降速度会相对较快;而边底水能量比较充足的油藏,由于亏缺的地层能量能够得到及时的补充,压降速度会相对较缓慢。

压力下降使得储层岩石骨架所承受的应力增大而发生弹塑性变形,对储层孔隙结构造成永久性的损害,从而使孔隙度、渗透率降低,这种现象称为储层岩石的应力敏感性。研究表明,油藏储层孔隙度和渗透率较低,一般具有较强的应力敏感性,所以,在生产过程中合理控制生产井的井底流压对油藏的高效开发具有较大的影响。

2. 合理注水压力界限

合理注水压力是指在套管和水泥环以及油层不受伤害的情况下,为保证配量的完成,注水井可以达到的最高井口压力。若油藏超压注水,会导致套管和岩石破裂,产生水窜,严重影响油藏的正常开发,因此,合理注水压力的确定是保护好油水井套管和油藏储层的关键。

1) 岩石的破裂压力

岩石破裂压力的计算公式为

$$p_f = \Delta p_f \cdot H \tag{9-18}$$

式中 p_f——储层的破裂压力，MPa；

Δp_f——破裂压力梯度，MPa/m；

H——岩层厚度，m。

2) 最大注水压力

计算注水井最大井底压力一般取油层破裂压力的 80%~90%。注水井井底压力尽量保持在地层破裂压力附近，以充分增大注水压力。但对于裂缝性低渗透油田则需特别注意，应严格控制注水压力不超过地层裂缝张开和延伸压力，以防止大量产生套管损坏和油井暴性水淹等严重问题。

油藏注水井最大井口注入压力计算公式为

$$p_{fmax} = p_f - \Delta p_i + p_{tL} + p_{mc} - \frac{H \cdot D_w}{100} \tag{9-19}$$

式中 p_{fmax}——注水井最大井口注压力，MPa；

Δp_i——防止超过岩石破裂压力而设定的保险压差，MPa；

p_{tL}——油管摩擦压力损失，MPa；

p_{mc}——水嘴压力损失，MPa；

D_w——压力系数。

3. 合理注采比

由于受注采井的空间位置、构造特征及储层物性条件等因素制约，注水对于地层能量的补充具有一定的延迟性，同时由于存在压敏作用和水敏作用，注水受效性有很大的差异性。所以，采用合理的注采比能够有效补充地层能量亏空，使油藏保持一定的生产压差，维持油藏的长期高效开发。

不同的油藏类型对应合理的注采比相差较大，一般来说，低渗透油藏的注采比应适当高一些，高渗油藏或边底水能量较强的油藏，注采比可适当降低，以保持开发过程中的压力平衡。

三、驱动类型及开发特征

在原始状态下，油藏内的流体在地下处于平衡状态，一旦油井钻穿地层以后，这种平衡状态被破坏，油（气）层中的流体将在内部潜在能量的作用下向井筒内流动，并从井筒内流向井口，这种能量在油藏被开采时就成为驱动油层中流体的动力来源。另外，当油层开采一段时间导致地层潜在能量下降后，人工增加油层能量（例如向油层里注水、注气等），也是油层中的一种动力来源。驱动力的不同将直接影响油田开发效果。

油气藏的驱动类型是指油藏在开采过程中主要依靠哪种能量来驱替油气。油气流向生产井筒是驱油动力克服了各种阻力的结果。驱油动力主要有：油藏的边水或底水的压头、气顶压力、原油中溶解气的膨胀力、油层的弹性膨胀力以及原油的重力；而油层中的阻力主要是：外摩擦力、内摩擦力、相摩擦力、贾敏效应毛细管阻力。由于阻力的存在，原油由油层流向井底的过程是不断消耗油层内部能量的过程。油气藏驱动能量分为天然驱动能量和人工驱动能量两大类。目前油田开发常采用人工驱动能量，或者先利用天然驱动能量，后采用人工驱动能量。

(一) 油气藏驱动能量

1. 油气藏的天然能量

1) 油气层岩石及其中流体的弹性能

油气层深埋在地下，油层岩石及其中的流体在投入开发前均承受着上覆岩层的巨大压力。当钻开油气层后，随着油气层孔隙空间流体的产出，孔隙体积减小；同时油气层孔隙内的流体因压力减小而产生弹性膨胀。在孔隙体积减小和流体弹性膨胀的双重作用下，油气层中的油气就会推向压力已经降低了的井底，甚至喷出地面。当压力降低波及油气区以外的含水区时，含水区的岩石及地层水的弹性能量也会释放出来，形成巨大的驱油气动力。

弹性能量的大小取决于岩石和液体的压缩系数、油气藏体积以及含水区域的大小。压缩系数、油气藏体积及含水区域越大，弹性能量越大。但是，弹性能量在地层压力高于饱和压力条件下才能发挥作用，因此地层压力与饱和压力之差越大，弹性能量越大。在弹性能量释放的过程中，岩石孔隙体积和流体密度将产生一定的变化，而孔隙内原油的饱和度一般不发生改变。

2) 油藏含油区内溶解气的膨胀能

对于高于饱和压力的油藏来说，随着油田的开发，当油层压力降低至饱和压力以下时，在岩石和流体的弹性能释放并发挥驱油作用的同时，原来呈溶解状态的溶解气便会从原油中挥发出来，成为气泡分散在原油中。随着油层压力的下降，气泡不断膨胀扩张，产生弹性膨胀，并将油层中的石油挤入井底。地层压力下降越低，分离的气泡越多，所产生的弹性膨胀能越大。这种膨胀能没有补充来源，因此随着能量消耗而趋于枯竭。

溶解气膨胀能量大小与气体成分、气体在原油中的溶解度以及油层的压力、温度有关。

3) 气顶气的膨胀弹性能

具有原生气顶的油藏，气顶中的天然气呈压缩状态，这时的油层压力等于原始饱和压力。随着原油的开发，井底压力将不断下降，压力降落所波及的井底地区将是溶解气弹性膨胀驱油。当油层压降区波及气顶时，气顶中的天然气发生膨胀，使气顶区气体体积不断扩大，将油层中的石油不断挤入井底，油层中空出的空间被天然气所充满，因此油气界面逐渐向下移动。

气顶气膨胀弹性能量大小取决于气顶区体积的大小，气顶区体积越大，其膨胀弹性能越大。如果在某一开发阶段膨胀弹性能成为主要驱油能量，称这种油藏为气顶驱油藏。

4) 露头水柱压能

具有边水或底水的油气藏，一旦油气层内部的压力降低波及含油气区以外的水区，往往是数倍于含油区大小的含水区内地层岩石和水的弹性能量会释放出来，这样就迫使边水或底水挤入含油气区，即发挥边底水区的弹性驱动能量。如果边底水供水区存在露头，且水源补充，边底水将依靠露头水柱与油气层水柱之间的压力差，源源不断地从露头流入油气层，不断推动油气流入井底，甚至喷出地面。天然水压驱动能量的大小和露头与油气层埋藏深度的高差有关，也和露头与油气层的距离、油气层的连通状况与油气层的渗透率高低等因素有关。

5) 油藏的重力驱动能

当油层厚度较大或倾角较大时,处于油层上部的原油依靠自身的位能或重力向低部位的井底流动。

在油气藏中常常是同时存在几种驱动能量,而且都起作用,只是在油气藏开采的不同时期只有一种驱动能量起主要作用,这说明油气藏驱动类型不是一成不变的。

2. 油气藏的人工补充能量

1) 人工注水

人工注水就是利用注水设备,将质量合乎要求的水从注水井注入到油层,以保持油层压力,使油层具有充足的驱油动力。根据注水时间的早晚可分为早期注水(油田开发初期即注水)、晚期注水(油田开发一段时间后再注水)。

2) 人工注气

人工注气就是利用注气设备把气体从注气井中注入到油层,使油层具有充足的驱油动力,保持地层压力。对于一些低渗或特低渗油藏以及水敏性较强的油藏,往往采取人工注气以保持地层能量的开发方式。人工注入的气体可以是空气、氮气、烟道气等非烃类气体,也可以是一些烃类气体。

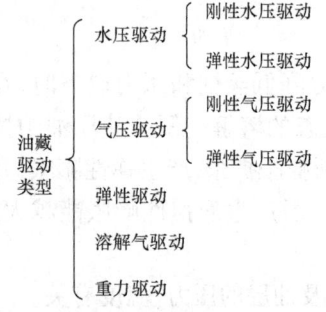

图 9-13 油藏驱动类型划分

(二) 不同驱动类型油气藏开采特征

油气藏的驱动类型根据油藏主要驱油能量可以划分为水压驱动、气压驱动、弹性驱动、溶解气驱动、重力驱动,水压驱动和气压驱动可进一步划分为刚性水压驱动、弹性水压驱动和刚性气压驱动、弹性气压驱动(图9-13)。不同的驱油类型将导致油气藏开发过程中产量、压力、气油比、最终采收率等重要的开发指标差异较大。

1. 刚性水压驱动

刚性水压驱动的主要驱油动力是边水或底水的静水压头(图9-14)或人工注水的水力。由于开采过程中有水体能量及时补充,油藏压力基本保持不变。

刚性水压驱动油藏存在边水或底水,并有供水露头;供水露头与江河、湖泊连通,供水充足;供水露头与油层之间高差大、连通好,中间无断层或岩性遮挡;供水区离油层不远,油层渗透性好;油藏具有同一压力系统,原始地层压力高、饱和压力低等。这样的水力对油藏中的压力变化反应敏感,油层的采出量与水体推进补给量基本平衡。

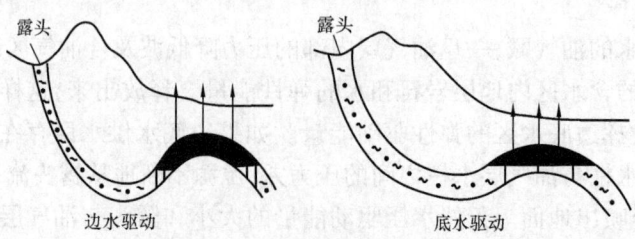

图 9-14 刚性水驱示意图

刚性水压驱动油藏油井生产能力旺盛,可保持长期自喷。油田投产后,随投产井数的增加,产量迅速上升,油井全部投产后,产量达到最高水平。在高速开采下,油层压力和产量稳定,气油比保持不变(由于井底压力高于饱和压力),高产稳产期长。由于边底水或人工注水逐渐进入井底,随着见水井数的增加和含水率的上升,产液量上升,产油量缓慢下降,含水率逐渐上升。当油田进入高含水后期,产油量迅速下降。油田开采末期,产油量降到最低水平,但递减很慢(图9-15)。

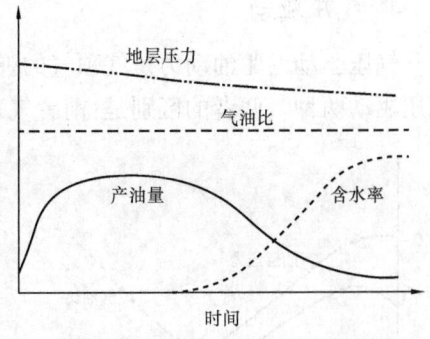

图9-15 刚性水压驱动示意图

2. 弹性水压驱动

弹性水压驱动的驱油动力是由于水动力和因水力供给不足造成地层压力下降而产生的油藏本身岩层和流体的弹性膨胀力,以及周围广大含水区地层水的弹性膨胀力。

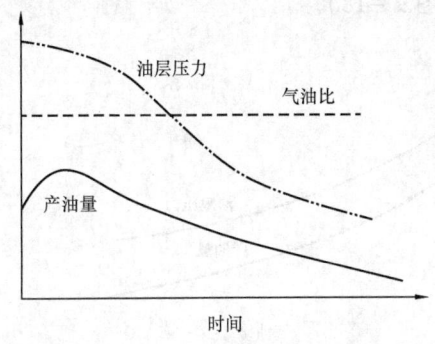

图9-16 弹性水压驱动示意图

弹性水压驱动油藏存在边水或底水,但没有供水露头;或者虽有供水露头,但供水区与油层之间的连通性差,存在断层或岩性等遮挡,渗透率低;人工注水时注水速度低于采液速度;原始地层压力高,饱和压力低,油藏总压缩系数较大。

弹性水压驱动油藏在弹性水压驱动阶段,油井投产初期能自喷,但随着油层弹性能量的消耗而得不到补偿,油层压力不断下降,油井停喷。产油量递减较快,气油比不变(图9-16)。随着石油不断被采出,油水边界不断向油田内部推进。

3. 溶解气驱动

溶解气驱动的驱油动力是溶解于石油中的天然气膨胀力。

溶解气驱动油藏与外部水体连通极差或完全封闭(如岩性油藏),或者采出量大大超出水体的补给量,又没有气顶存在,且油藏压力低于饱和压力时,溶解气从油中分离出来,以分散的泡状存在于油中,原始气油比一般较高。

溶解气驱动油藏投产初期的产油量仅靠投产井数的增加而增加,而单井产油量随油层压力的不断下降而迅速下降。气油比开始上升时速度较慢,但随地层压力的不断下降而迅速上升,严重时,油井只出气不产油。当溶解气大量采出后,气油比开始下降,产油量降到最低水平(图9-17)。

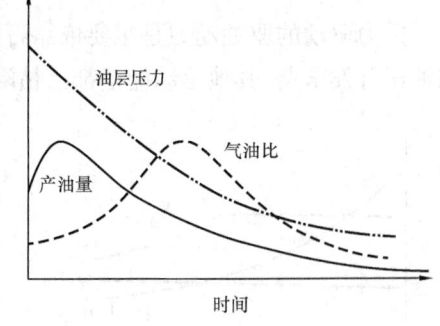

图9-17 溶解气驱动示意图

4. 气压驱动

气压驱动的驱油动力是气顶气的弹性膨胀力。这种驱动类型可分为刚性气压驱动和弹性气压驱动两种。两者的区别是：前者气顶区的体积很大，驱动能量很充足，气顶中压力降落很慢；而后者的气顶区体积小，驱动能量小，气顶中压力随油气的采出而不断下降。

气压驱动油气藏具有一个较大的原生气顶，构造完整，倾角较大，油层渗透性好，含油区与含气区之间无断层或岩性遮挡，原油黏度低。

气压驱动油气藏在油田投产初期，油层压力较稳定或缓慢下降，但由于没有能量补偿，随油田的开采，油层压力不断下降，产油量也不断下降。当油气界面接近油井时，容易出现气体的锥进和气窜，导致气油比的急剧上升和油井产能的迅速下降（图9-18）。

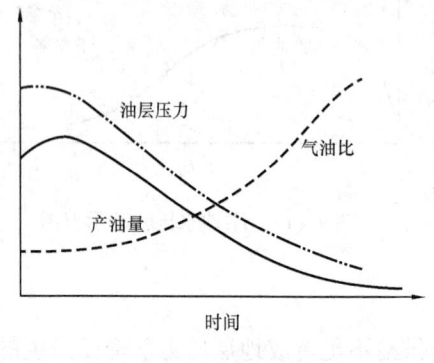

图9-18 气压驱动示意图

5. 弹性驱动

驱油动力是油藏本身的弹性膨胀力，该类驱动的油藏常常是断层封闭或岩性封闭油藏，缺乏丰富的水源供给（包括边水、底水或人工注水），油藏压力高于饱和压力。

弹性驱动油藏开采时，随着压力的降低，油藏不断释放出弹性能驱油向井运移。弹性驱动类型油藏的开采特征基本上与弹性水压驱动的相似，但压力和产量下降更快，单位压降产量低。如果保持井底流压不变，油井产量将不断下降（图9-19）。

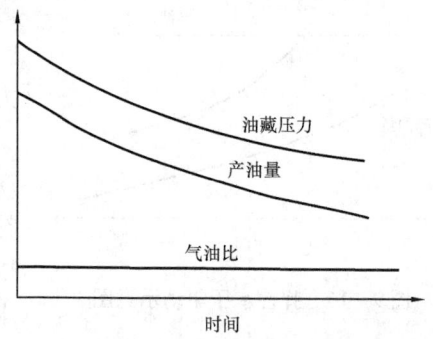

图9-19 弹性驱动示意图

6. 重力驱动

重力驱动的驱油动力是主要依靠石油本身的重力将油驱向井底。这种驱动类型一般出现在油田开发末期，其他驱动能量都已枯竭和一些被破坏了的低能量油藏中。

重力驱动油藏的油层厚度大，地层倾角大；油藏边部的油层透性差，或为封闭边界；原始地层压力小，气油比低。

此类油藏在开采初期，油井不能自喷，产量小，递减慢，原始地层压力低。随着油田的开采，含油边缘渐渐向下移动，油层压力不断下降。油田采油速度极低，最终采收率也很低，油田开发效果较差，油井产量在含油边缘到达油井之前是基本不变的（图9-20）。

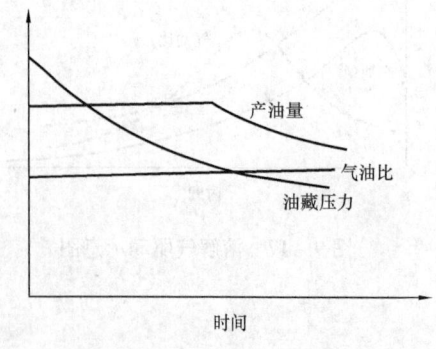

图9-20 重力驱动示意图

思 考 题

1. 油气藏开发地质分类的依据和划分原则是什么?
2. 开发层系划分的意义和划分原则是什么?
3. 注水开发方式包括哪些? 不同注水开发方式适应的油层条件是什么? 不同注水开发方式的优缺点是什么?
4. 什么是井网密度、井排方向、采油速度? 油田进行注水开发时, 如何选取井网密度、井排方向、采油速度?
5. 什么是合理的注采压力系统?
6. 油气藏的驱动类型有哪些? 各种驱动类型油气藏开发的特征是怎样的?

第十章 油气藏动态地质特征

油藏一经开采,地下油藏内的流体就发生运动,油藏温压环境发生变化,加上外来流体(注入剂)的注入,储层岩石和流体会发生各种物理或化学作用,使得储层性质和流体性质不断发生变化,这种变化对开发过程中的油水运动产生一定的影响。随着油层中原油(天然气)被部分采出,滞留在油层内的原油(天然气)被称为剩余油,根据世界油田开发平均采收率为35%,剩余油含量可以高达65%,成为油田挖潜从而提高采收率的目标,其分布是必须面对的问题。因此,分析储层与流体性质在开发过程中的动态变化及其对开发的影响和剩余油分布可以为开发方案调整和提高油气采收率提供必要的地质依据。

第一节 注水开发过程中的油藏地质变化

油藏投入开发以前是处于相对平衡的状态。投入开发以后,由于油气采出引起的油层压力下降,或者由于注水注气(汽)补充能量引起的压力上升,或者由于注入水与油层岩石的相互作用,以及其他一些变化等等,常常导致油藏地质条件出现变化。研究这些变化的原因及其对油藏开发的影响,对于掌握油藏地质特征和提高开发效果都有着重要的实际意义。

一、油层岩石润湿性的变化

所谓油层岩石的润湿性,是指在地层条件下,当存在两种非混相流体时,某一流体在固相岩石表面附着或延展的倾向性。

在岩石—油—水体系中,油层岩石润湿性表现为某种流体在与岩石表面的分子力作用下自发地驱赶另一种流体的能力。如果某种岩石在油藏条件下能够让原油在其表面附着或延展,岩石的这种性质称为亲油性或油湿,这种岩石称为亲油岩石,这种流体称为润湿相流体(另一种流体则称为非润湿相);如果某种岩石在油藏条件下能够让水在其表面附着或延展,岩石的这种性质则称为亲水性或水湿,这种岩石则称为亲水岩石。岩石的润湿性可以用润湿接触角表示,当岩石润湿角小于 90°时,表示岩石亲水;当岩石润湿角大于 90°时,表示岩石亲油(图 10-1)。

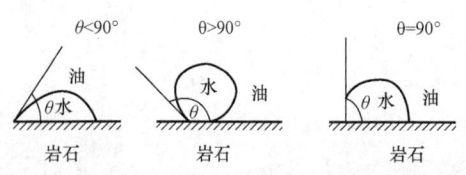

图 10-1 油、水、岩石润湿情况

润湿性是油层岩石的一项重要的物理性质,它在一定程度上控制着油水在岩石孔隙中的流动和分布,对束缚水饱和度、残余油饱和度、相对渗透率、水驱油效率等均有重要影响。

(一)油层岩石润湿性的影响因素

影响油层岩石润湿性的因素较多,主要影响因素如下:

1. 岩石的矿物成分

储集层岩石是由多种矿物构成的。研究表明,许多储集层岩石具有非均匀润湿的特性。

这是由于一些矿物组成的岩石颗粒表面可能亲水,而另一些矿物组成的岩石颗粒表面可能亲油。储集层岩石的润湿性是这些矿物润湿性的综合或平均后的总体表现。

自然界中常见的亲水矿物有石英、云母、长石等硅酸盐岩和铝硅酸盐岩类矿物,石灰岩、白云岩等碳酸盐岩类矿物和硫酸盐岩类矿物。常见的亲油矿物有硫黄、滑石、石墨、硫化物类矿物。

2. 流体性质

流体性质可以显著改变岩石表面的润湿性。这主要表现在以下几个方面。

(1)水中的表面活性物质浓度:一定量的表面活性物质在岩石表面吸附,将会使岩石润湿性发生变化,甚至完全改变固体表面的润湿性。三次采油中常用的活性水驱、碱水驱即是利用的这一原理。此外,水中存在某些金属离子也会改变岩石的润湿性。例如,在水中加入铜离子时,就会出现润湿性反转现象。

(2)石油中某些极性物质的含量:石油中的非烃物质与沥青物质是主要的极性物质,它们对各种油层岩石表面的润湿性都有影响,其影响的程度取决于极性物质的含量及性质。例如,石油中的沥青质极易吸附在岩石表面,使其显示亲油特征,而且沥青的吸附能力很强,以至用常规的岩石清洗方法都不能去掉。

(3)固液两相接触时间的长短:油层岩石与流体接触时间的长短,对岩石润湿性有一定影响。大庆油田曾做过这样的试验,将已知润湿性的岩心样品洗净烘干并饱和地层水,然后浸泡于模拟油中 20 天、30 天、60 天、90 天后测定其润湿性,结果发现浸泡时间越长,其亲油性明显增强(表 10-1)。

表 10-1 大庆油田恢复岩石润湿性试验数据(据大庆油田勘探开发研究院,1991)

岩心块数	含水饱和度范围 %	空气渗透率范围 μm^2	恢复后测定的润湿性,%			浸油老化时间 d
			V_O	V_W	$V_O - V_W$	
3	0	0.927~1.960	13.6	3.1	10.5	20
3	33.0~40.0	0.205~0.792	6.7	2.9	3.8	20
3	0	0.968~2.211	13.0	3.0	10.0	60
3	27.2~41.9	0.658~1.310	14.7	2.2	12.5	60
3	0	2.007~3.189	15.8	2.3	13.5	90
3	33.5~38.6	0.967~1.310	15.1	2.0	13.1	90

注:V_O 为平均吸油量;V_W 为平均吸水量。

3. 黏土矿物含量与分布

分散黏土矿物在砂岩孔隙中的分布可分为分立质点式(又称分散式)、内衬式(又称薄层式)与孔隙桥塞式(又称搭桥式)。其黏土含量以分立质点式最低(大庆为 3%~6%),后二者较高。

大庆油田陈树跃、龙海骧的研究认为,黏土矿物的含量及分布对油层岩石的润湿性有明显影响:分散黏土以分立质点式为主的砂岩储集层一般显示偏亲油;分散黏土以内衬式为主的砂岩储集层一般显示偏亲水;分散黏土以桥塞式为主的砂岩储集层更亲水(表 10-2)。

表 10-2 黏土矿物不同分布类型对油层参数的影响(据大庆油田勘探开发研究院,1991)

项　　目	分散黏土呈孤立质点式分布类型		分散黏土呈内衬式分布类型		
井号	北 2-5-122	北 2-5-122	中丁 4-013	龙 134	龙 134
层位	葡 I_{2-3}	葡 I_{3-4}	高一组	葡 I_3^3	萨 II_3
空气渗透率,μm^2	1.640	0.940	0.430	0.125	0.079
孔隙度,%	28.4	28.05	29.2	22.94	18.7
束缚水饱和度,%	12.20	17.36	28.00	40.30	46.60
残余油饱和度,%	27.94	27.89	28.70	25.70	18.50
润湿性	亲油	亲油	亲水	亲水	亲水

黏土矿物显著改变油层岩石润湿性的原因,在于黏土本身的强烈亲水性及其特殊的层状结构所形成的极大的比表面积。由于黏土矿物的这种特性,大量附着在碎屑岩颗粒表面形成内衬式或桥塞式的黏土便可以吸附大量的地层水从而改变岩石颗粒的表面润湿性。

大庆油田有研究表明,油层岩石润湿性还与储集层岩石的束缚水饱和度及岩石渗透率有关(图 10-2、图 10-3)。其实,这种关系可能只是一种表面现象,其本质原因很可能在于储集层岩石的黏土矿物含量及分布。因为油层岩石束缚水饱和度的高低及渗透率的大小,均严重依赖于其孔隙中黏土矿物的含量多少及分布形态。黏土含量少并呈分散质点式者,其束缚水饱和度必然比黏土含量高并呈内衬式和桥塞式分布的低,而黏土含量少的岩石渗透率当然比黏土含量高者高。因此,分散黏土矿物在砂岩储集层中的含量及分布,应是影响其润湿性的根本因素。

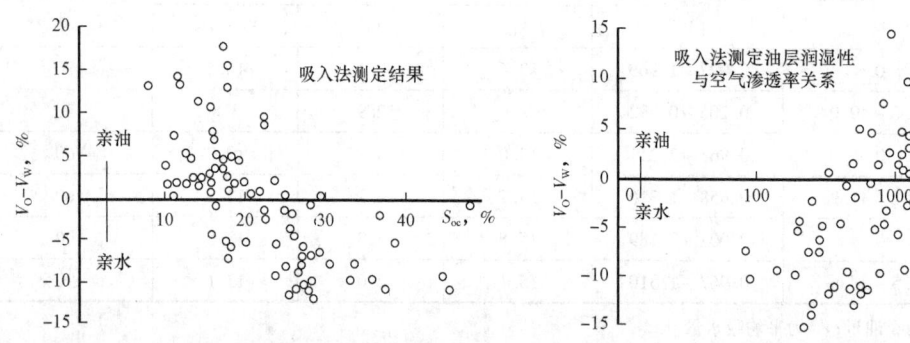

图 10-2　油层润湿性与束缚水饱和度关系　　图 10-3　油层润湿性与空气渗透率关系

(二)油层岩石润湿性在注水开发过程中的变化

在油田投入注水开发以后,随着开发时间的延长与注入水量的增加,油层岩石孔隙中的含水饱和度将逐渐增大,油层岩石与注入水接触的时间也逐渐增加,因此,油层岩石表面的润湿性将出现变化,其亲水性将逐渐增强而亲油性将逐渐减弱。大庆油田水淹前后检查井取心的润湿性测定结果表明:水淹层的吸油量下降,吸水量增加,除个别油层由偏亲油转化为中间润湿性外,其余多数油层已转化为偏亲水的非均匀润湿性(表 10-3)。室内油层岩石长期水冲刷实验也证实了上述润湿性的转化。

表10-3 大庆油田水淹前后油层润湿性数据(据刘丁曾,1996)

油田	井号	层位	水淹前				水淹后			
			块数	V_O,%	V_W,%	V_O-V_W,%	块数	V_O,%	V_W,%	V_O-V_W,%
喇嘛甸	喇5—检151	葡Ⅰ2	3	4.0	3.7	0.3	7	2.7	6.4	-3.7
	喇5—检263	萨Ⅱ10+11	1	4.2	4.2	0	3	3.3	5.3	-2.0
萨尔图	北2-5-122	萨Ⅱ13-16	15	15.0	6.6	8.4	6	7.9	9.2	-1.3
	中检4-4	萨Ⅱ8	2	17.3	6.5	10.8	2	9.5	9.5	0
		葡Ⅰ2+3	2	11.7	6.6	5.1	4	6.3	9.6	-3.3
		葡Ⅰ6	2	11.4	3.7	7.7		7.6	9.8	-2.2
	中丁4-103	萨Ⅱ2-3	5	8.4	6.9	1.5	13	4.0	9.9	-5.4
		葡Ⅰ2	2	10.3	6.4	3.9		3.8	9.8	-6.0
	南2-检5-32	葡Ⅰ2	4	12.0	8.5	3.5	5	5.6	16.9	-11.3
杏树岗	杏7-检1-33	葡Ⅰ2_1	3	12.5	5.6	6.9	3	9.0	9.2	-0.2
		葡Ⅰ2_1-2_2	10	16.3	9.2	7.0	1	4.8	12.8	-8.0

(三)润湿性变化对开发效果的影响

室内试验与现场生产资料都表明,亲水油层较亲油油层开发效果更好。在同样注入水量或注入孔隙体积倍数时,亲水油层可以获得比亲油油层高得多的原油采收率。根据江汉油田试验资料,当注入0.7倍孔隙体积的水时,亲油油层的采收率为21.7%,而亲水油层的采收率为33.6%。此外,亲水油层无水与低含水采油期较长,开采经济效益较好,而亲油油层无水及低含水采油期均短,开采经济效益较差。

亲水油层比亲油油层驱油效果好的原因有二:一是注入水主要沿亲水岩石颗粒表面迂回曲折运动,容易驱出亲水岩石孔隙中的石油,仅在较大孔道的中间留下孤立的剩余油滴,而注入水在亲油岩石中总是选择大孔道高渗透通道指进,其岩石孔壁上的油膜与孔隙狭小处的石油则难于被注入水驱出;二是在亲水油层中,毛细管力作用可以作为细小孔道中油水交换的动力促使小孔道中的石油被驱替出,而对于亲油油层,注入水的毛细管力作用则常常成为驱油的阻力(图10-4)。

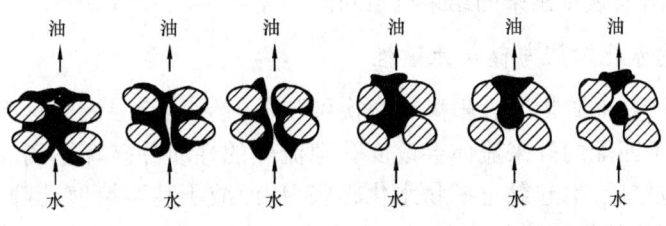

(a) 亲油岩石水驱油的驱替过程　　(b) 亲水岩石水驱油的吸吮过程

图10-4 亲油岩石与亲水岩石驱油过程示意图

由于亲水油层具备水驱采收率高、开发效果好的优点,如何利用注水开发过程中油层润湿性逐渐向亲水方向转变这一特点,来获取更好的开发效果,便成为油田开发工作者着重研究的一个问题。国内新疆、江汉等许多油田对亲水油藏在高含水开发期间较多地采用间歇注水（脉冲注水）、变强度注水等方法，大多取得明显的效果，即是利用了这一特点。

所谓间歇注水，又称为脉冲注水，它是在井组或油田进入高含水期间采用的一种控制含水上升并提高水驱油效率的注水方式。当井组或油田进入高含水（含水75%以上）时，继续采用原有方式注水则会使含水不断升高并且大量产水，而停止注水又会使油层压力很快下降导致产量迅速降低，使油田生产面临两难。这时，对亲水油层来说，一个较好的解决办法是转变注水方式，改连续注水为间歇注水或者变强度注水。

间歇注水就是让注水井以一定的时间周期进行正常注水和停注，比如可以注半个月（或10天、20天、1个月、2个月等）停半个月（或更长或较短的时间），在停注时由于水驱作用减缓，亲水油层的细小孔道中就会出现比较强烈的毛细管压力自吸排油作用，这有利于提高水驱效率。与此同时，由于停注，周围油井的产水量也会出现明显甚至很大的减少，这有利于控制含水上升速度。但是停注会使油层压力下降，从而导致产液量出现下降，因此间歇注水的停注与复注的时间周期的确定需要以能够有效控制含水上升速度并保持油井一定的地层压力水平为基本前提，在实践中逐渐摸索、优化完善。

由于间歇注水有一个停注周期，在有些油藏中会出现明显的压力下降，使产水量出现较大的减少，于是人们又摸索出变强度注水的方式，以一定的时间周期改变注水井日注水量的大小（即强度）。比如，一段时间如注水$100m^3$，另一段时间如注水$150m^3$，这样周期性地改变注水强度，在油层内部造成水动力激动，在低注水期可以发挥毛细管压力作用，以此改善注水驱替状况，控制含水上升并提高驱油效率。

二、油层孔隙结构和储渗性质的变化

油藏注水对油层孔隙度和渗透率影响较大。注入水中包含机械杂质、溶于水中的盐类、氧气和生存于水的细菌。若注入的是含油污水，则水中还含有乳状的原油微滴、天然气和各种化学剂等。因此，注入水对油层的影响作用是十分复杂的，需要具体分析。

（一）注入水对黏土矿物和油层孔隙的影响

1. 注入水对黏土矿物的影响

注入水对黏土矿物的作用有两种，一是水化作用，另一个是机械搬运作用。这两种作用同时存在，油层特点不同，表现出来的结果也不同。

1）黏土矿物的水化膨胀与储层水敏性

在储层条件下，黏土矿物通过阳离子交换可与任何天然储层流体达到平衡。但在油田注水开发过程中，不匹配的外来流体会改变孔隙流体的性质并破坏平衡。当与地层不配伍的外来流体进入地层后，引起黏土矿物水化膨胀，从而减小甚至堵塞孔隙喉道，使渗透率降低，造成储层损害，这就是储层的水敏性。储层的水敏程度主要取决于储层内黏土矿物的类型及含量。

大部分黏土矿物都具有不同程度的膨胀性。在常见黏土矿物中，蒙脱石的膨胀能力最强，其次是伊蒙和绿蒙混层矿物，绿泥石膨胀能力弱，伊利石很弱，高岭石则无膨胀性。因此，蒙脱石、伊蒙和绿蒙混层矿物被称为水敏性矿物。

黏土矿物的膨胀有两种情况：一种是层间水化膨胀（内表面水化），它是流体中阳离子交换和层间内表面电特性作用的结果，水分子易于进入可扩张晶格的黏土单元层之间，从而发生膨胀；另一种是外表面水化膨胀，黏土矿物表面表生水化，形成水膜（一般为四个水分子层左右），使黏土矿物发生膨胀，而且比表面越大，膨胀性越强。

黏土矿物为层状硅酸盐，其膨胀性取决于晶体结构特征。层间电荷为零的电中性层和层间无阳离子的层状结构一般不膨胀。高岭石为 1：1 的层状结构，由一个四面体片和一个八面体片组成，层间缺乏阳离子，阳离子交换能力弱，层间膨胀非常弱，只靠外表面水化撑开晶层，且高岭石比表面又较低，故高岭石几乎没有膨胀性。伊利石、蒙脱石、绿泥石矿物属 2：1 型结构，由两个四面体片和一个八面体片组成。伊利石虽具有较大的层电荷，并且层间具有较强的静电吸引力，但为钾离子所补偿，在加入水时，层间钾离子并不发生交换作用，故层间不发生水化膨胀，因此，伊利石只发生外表面水化，其阳离子交换量与膨胀率均小于蒙脱石。而在蒙脱石的层状结构中具有离子半径小的 Ca^{2+} 和 Na^+，这些阳离子的水化和溶解都会引起晶体膨胀。

蒙脱石的膨胀特性还取决于复合层阳离子的种类。钠蒙脱石比钙蒙脱石的膨胀性强，当有淡水注入时，钙蒙脱石略显膨胀，而含钠高的蒙脱石可膨胀至原体积的 6~10 倍。但当蒙脱石层间有 K^+ 离子时，在水中不具有膨胀性，原因是钾离子的大小正好填满蒙脱石复合层的间隙，这与伊利石的情况相同。

当储层孔隙喉道较大时，水化膨胀的黏土矿物并没有堵塞孔隙喉道，而是随着流体从生产井中被采出地面，使储层物性变好。我国东部新近系馆陶组高孔高渗疏松砂岩储层中最为常见。

黏土矿物的水化膨胀除取决于储层内黏土矿物的类型和含量外，还受控于外来流体的矿化度。当外来流体为高浓度盐水时，黏土矿物（包括蒙脱石在内）均不膨胀或膨胀性很弱；而当外来流体为淡水时，黏土矿物膨胀性极强，说明外来流体矿化度对黏土矿物的膨胀程度影响很大。当不同盐度的流体流经含黏土的储层时，在开始阶段，随着盐度下降，岩样渗透率变化不大；但当盐度减小到某一临界值时，随着盐度的继续下降，渗透率将大幅度减小，此临界点的盐度称为临界盐度。

储层在系列盐溶液中，由于黏土矿物的水化膨胀而导致渗透率下降的现象，称为储层的盐敏性。储层盐敏性实际上是储层耐受低盐度流体的能力的度量。度量指标即为临界盐度。黏土膨胀过程可分为两个阶段。第一阶段是由表面水合能引起的，即外表面水化膨胀，黏土矿物颗粒周围形成水膜，水可由渗透效应吸附，并使黏土矿物发生膨胀，但当溶液的盐度降低到临界盐度时，膨胀使黏土片距离超过 10^{-10}m 左右（相当于 4 个单分子层水），表面水合能不再那么重要，而层间内表面水化膨胀（双电层排斥）变为黏土膨胀的主要作用，此时进入黏土膨胀的第二阶段，即内表面水化阶段，其体积膨胀有时可达 100 倍以上。临界盐度正是这两个过程的交点。外表面水化膨胀是可逆的，而当盐度低于临界盐度时的内表面水化膨胀是不可逆的。

2）微粒迁移与储层速敏性

在地层内部，总有不同程度地存在非常细小的微粒。这些微粒或被牢固地胶结，或呈半固结甚至松散分布于孔壁和大颗粒之间。当外来流体流经地层时，这些微粒可在孔隙中迁移，堵塞孔隙喉道，从而造成渗透率降低。储层因外来流体流动速度的变化引起地层微粒迁移、堵塞喉道、造成渗透率下降的现象,称为储层的速敏性。

流体一开始流动,储层中未被胶结的、细小的微粒便开始移动。但在流速较低的情况下,只能启动细小的地层微粒,且启动的微粒数量也不多,这样难于形成稳定的"桥堵",且即使出现"桥堵",其稳定性也较差,在流体的冲击下,"桥堵"很容易解体。当流速增至某一值时,与喉道直径相匹配的微粒开始移动。一方面,这部分微粒可以在喉道处形成稳定的"桥堵";另一方面,由于此时流速较大,启动的微粒也较多,因此导致岩石中的喉道在短时间内大量地被堵塞,致使渗透率骤然下降。这一引起渗透率明显下降的流体流动速度称为岩石的临界速度。临界速度所标志的并不是微粒运移的开始,而是稳定"桥堵"的大量形成。此时,流速增加将导致岩石渗透率的大幅度降低,降低的渗透率可达原始渗透率的 20% ~ 50%,甚至超过 50%。

对于实际的储层,地层微粒还有另一种迁移情况,即随着流体速度的增加,地层内部的微粒并不形成"桥堵",而是直接被流体冲击而带出岩样,致使渗透率随流速增大而升高,只是在流速更大时,渗透率才开始下降。这种情况往往发生于骨架颗粒分选性较好、地层微粒较小而孔隙喉道相对较大的岩石中。由于地层内大部分微粒与孔隙喉道不匹配,难以形成"桥堵",而是流经喉道而被带出岩样。在长期注水开发的油田,一些中高渗储层经过注入水的长期冲刷,在地层内部形成了大孔道,地层微粒则顺着大孔道被带出岩石,且随着流速的增加和时间的持续,大孔道越来越大,地层微粒被带出的越来越多,渗透率越来越大。这是与正常速敏不同的速敏性,可称为"增速速敏"。

微粒迁移后能否堵塞孔喉和形成"桥塞",主要取决于微粒大小、含量以及喉道的大小。当微粒尺寸小于喉道尺寸时,在喉道处既可发生充填又可发生去沉淀作用,喉道桥塞即使形成也不稳定,易于解体;当微粒尺寸与喉道尺寸相当时,则很容易发生孔喉的堵塞;若微粒尺寸大大超过喉道尺寸,则发生微粒聚集并形成可渗透的滤饼。微粒含量越多,堵塞程度越严重。另外,颗粒形状对孔喉堵塞也有影响,细长颗粒不能单独形成桥堵,而球状颗粒相对而言能形成稳定的桥堵。由于储层微观孔喉的非均质性,微粒在孔喉中的迁移也是非均匀的。较大孔道中的微粒经水驱后已被冲散、迁移、随水流带出,从而使孔道变得干净、畅通,扩大了喉道直径;另一方面,一些被剥落或冲散的黏土可能在小孔隙中或大孔隙角落中重新聚集,从而加剧了孔间矛盾。

在储层内,随流速增大而易于分散迁移的矿物称为速敏矿物,主要为高岭石、毛发状伊利石以及固结不紧的微粒石英、长石等。高岭石常呈书页状(假六方晶体的叠加堆积),晶体间结构力较弱,常分布于骨架颗粒间,但与颗粒的黏结不坚固,因而容易脱落、分散,形成黏土微粒。

总体来看,注入水将结构破坏后的黏土矿物微粒从原处搬走,在其他地方聚积,或从油井中采出。水驱之后,由于水的搬移、聚积作用,总的说来是使原来黏土矿物少的地方更少,多的地方更多。用扫描电镜观察,经过强水洗后的岩样表面黏土矿物明显减少,且零散分布的高岭石等有被冲散的现象,留下的聚集高岭石晶体为假六边形的晶片,与原始状况相比,产生了明显的变化。

2. 注入水对油层孔隙的影响

注入水除对黏土矿物有影响外,对造岩矿物亦有作用。最常见的作用是溶蚀作用,虽然溶解度很低,但长期积累作用的结果也是可观的。通常采出水的矿化度总是高于注入水,说明水在驱油过程中,总是溶解了一部分盐类,并把它带出地面。这样日积月累的作用效果,就可能使孔隙有所增大。同时,由于注入水的冲刷作用使得小颗粒移动,也会增加孔隙。在有的油田(特别是疏松砂岩储层中)常常形成"大孔道",对油藏开采产生极其严重的影响。

"大孔道"是指高渗透油层经过注入水长期冲刷而形成的孔隙度特别大、渗透率特别高的薄层条带。油层内部产生大孔道的现象各油田均有发现,胜利油田更为明显。如孤岛油田中一区馆 3 组油层,原始空气渗透率为 $1.1\mu m^2$;含水 88% 时,密闭取心分析渗透率为 $13.1\mu m^2$,增大了十几倍。大庆萨北厚层试验区的一口注水井,在正常注水压力下,连续注入了 $4m^3$ 左右的粒径为 $0.8mm$ 的压裂砂,另一口注水井注入了粒径为 $50\sim100\mu m$ 左右的粉砂 $150t$,注砂后,没有发现明显堵塞现象,测井也证明井底附近没有发生坍塌,说明注水井井底孔道已经增大。

油层内部如此大的孔道存在使注入水形成低效—无效循环,很难再扩大波及面积,提高驱油效率,对油田稳产和采收率造成严重影响。为减除大孔道的影响,改善油藏的注水开发效果,各油田在封堵大孔道方面做了大量研究试验,特别是深度调剖堵水技术和整体调剖堵水措施成效比较显著,可以大大降低特高渗透-大孔道层的吸水能力,提高其他层的吸水量。

另一方面,注入水中杂质的种类很多,这些杂质基本上都是对油层孔隙起堵塞作用。水中机械杂质粒径与孔隙喉道直径的匹配情况不同,堵塞的情况也不同。用实际注入水和人工配制的含有一定杂质的水样进行了室内岩心注水试验,如图 10-5 所示,粒径在 $25\mu m$ 以上的悬浮颗粒全留在岩心中;粒径在 $6.35\sim25.4\mu m$ 间的悬浮物颗粒部分留在岩心中,粒径小于 $1.58\mu m$ 的颗粒采出。

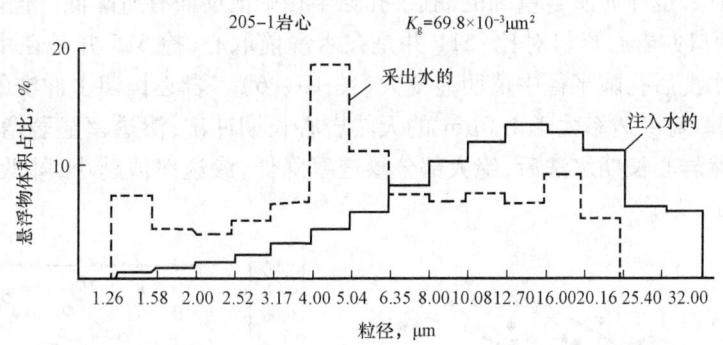

图 10-5 人工配制悬浮物通过岩石前后水中杂质粒径的分布图

水中溶解的矿物盐类产生各种离子,其中 Na^+,K^+,Cl^- 等不会形成沉淀而析出晶体,但另外一些离子,如 Ca^{2+},Mg^{2+},HCO_3^-,CO_3^{2-},SO_4^{2-} 等,在一定条件下则可能生成沉淀,析出晶体,占据孔隙空间,使油层结垢。

油层结垢不严重时,一般不易发现。但也有些油田,如长庆马岭油田、新疆百口泉油田等,结垢情况比较严重。由于油层结垢对注水开采油藏的正常生产影响很大,因此在选择注水用的水源时,一定要注意与油层水的配伍,以防止发生化学反应,产生沉淀结垢。

从上面的分析可以看出,黏土矿物的破碎、运移和再沉积、水化作用以及水中的机械杂质堵塞作用对中低渗透油层的影响更为严重。而对于好油层,主要是堵塞中小孔隙;在一定条件下,大孔道反而更畅通。

(二)水洗后油层特征的变化

1. 油层物性的变化

油层经过注入水长期冲洗后,孔隙度和渗透率都发生变化。一般孔隙度变化的幅度较小,渗透率变化显著。

根据胜利孤岛油田中一区 8 个井组 16 口加密调整井的测井解释资料与邻井对比的结果,与开发初期相比,含水 88% 时,孔隙度增大 5.3%(相对值),渗透率提高 1343%(相对值)(表 10-4)。

表 10-4 含水 88% 以上时,孤岛中一区储集层参数变化数据表

项　目	开发初期		特高含水期		增减的平均值		增减百分比,%	
	Ng_3	Ng_4	Ng_3	Ng_4	Ng_3	Ng_4	Ng_3	Ng_4
孔隙度,%	0.3463	0.3443	0.3652	0.3624	0.0189	0.0181	5.46	5.26
粒度中值,mm	0.1505	0.1500	0.1595	0.1557	0.009	0.0057	5.98	3.8
渗透率,$10^{-3}\mu m^2$	1111	1085	16078	15645	14966	14559	1346	1341
泥质含量,%	0.0797	0.0801	0.0140	0.144	0.0657	-0.0657	-82.4	-82.0

2. 油层孔隙特征参数的变化

对于孔隙半径中值大的油层,相同粒径条件下,孔隙半径中值有增大的趋势;而对于孔隙半径中值小的油层,也即泥质含量高的油层,孔隙半径中值反而有所降低。根据萨贝油藏相距 50m、同层位的两口井岩心资料对比(511 井是在水洗前取心,检 515 井是在水洗后取心),相同的粒度中值,水洗后孔隙半径中值明显变大(图 10-6)。岩心长期水冲洗的室内实验结果也证明了这一点。对渗透率大于 $1.0\mu m^2$ 的天然岩心长期冲洗,渗透率显著增加;对渗透率小于 $1.0\mu m^2$ 的天然岩心长期水洗后,绝大部分渗透率降低,渗透率值越小,降低幅度越大,甚至可达 50%(图 10-7)。

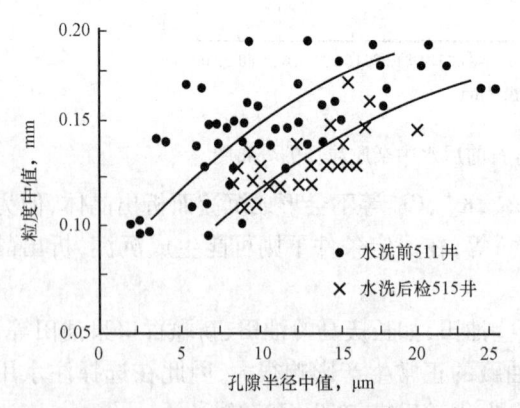

图 10-6 水洗前后岩石粒度中值

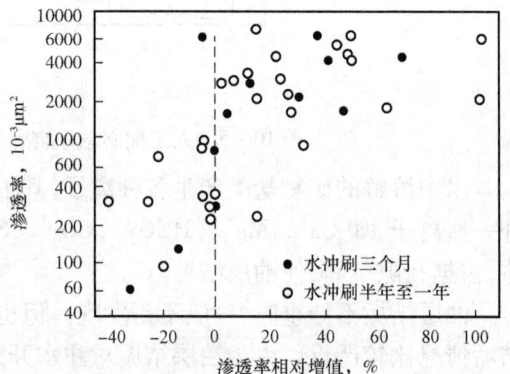

图 10-7 长期水冲刷后渗透率相对增值与渗透率关系图

胜坨油田 35 组相邻井岩心样品水驱油实验前后平均渗透率增加 27.6%(图 10-8),孔隙度提高不明显。油层孔隙特征参数也有变化,K/ϕ 值增加 26.5%,结构系数减小 12.20%,特

征结构系数增大26.4%,退汞效率降低40.5%,绝大多数岩样退出效率下降。说明水驱以后油层非均质性更为严重。

(三)储层敏感性

储层的敏感性(reservoir sensitivity)是由于储层岩石中含有的敏感性矿物与流体接触发生物理、化学或物理化学反应而导致渗透率大幅下降的特性。在组成砂岩的碎屑颗粒、杂基和胶结物中都有敏感性矿物,它们一般粒径很小($<20\mu m$),比表面积很大,往往分布在孔隙表面和喉道处,处于与外来流体优先接触的位置。常见的敏感性矿物可分为酸敏性矿物、碱敏性矿物、盐敏性矿物、水敏性矿物及速敏性矿物等。与之相对应的是储层的五敏性,即

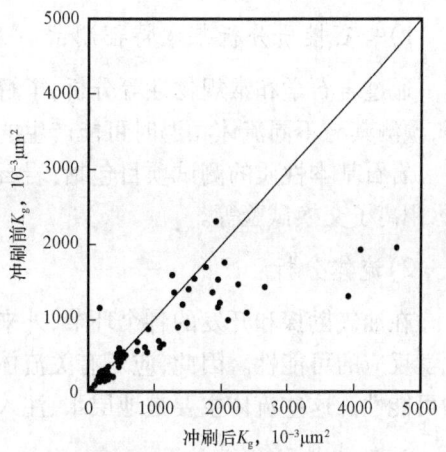

图10-8 岩心经水冲刷前后渗透率变化情况

酸敏性、碱敏性、盐敏性、水敏性、速敏性(表10-5)。同一种矿物,可能同时具有几种不同的敏感性,储层所受的损害往往是各种敏感性总和的结果。

表10-5 储层的五敏性及其形成因素

敏感性	含 义	形 成 因 素
酸敏性	酸液与地层酸敏矿物反应产生沉淀使渗透率下降	盐酸或氢氟酸与含铁高或含钙高的矿物反应生成沉淀而堵塞孔隙引起渗透率降低
碱敏性	碱液在地层中反应产生沉淀使渗透率下降	地层矿物与碱液发生离子交换形成水敏性物或直接生成沉淀物质堵塞孔隙
盐敏性	储层在盐液作用下渗透率下降造成地层伤害	盐液进入地层引起盐敏性黏土矿物的膨胀而堵塞孔隙和喉道
水敏性	与地层不配伍的流体使地层中黏土矿物变化引起的地层损害	流体使地层中蒙皂石等水敏性矿物发生膨胀、分散而导致孔隙和喉道的堵塞
速敏性	流速增加引起渗透率下降造成地层的伤害	黏结不牢固的速敏矿物在高流速下分散、运移而堵塞孔隙和喉道

在开发生产过程中为了避免各种敏感性的发生,保护油气储层需要对储层的各种敏感性进行研究和评价。储层敏感性评价包括两方面的内容:一是从岩相学分析的角度,评价储层的敏感性矿物特征,研究储层潜在的伤害因素;二是在岩相学分析的基础上,选择代表性的样品,进行敏感性实验,通过测定岩石与各种外来工作液接触前后渗透率的变化,来评价工作液对储层的伤害程度,最后提出保护油气储层的推荐措施。

1. 潜在敏感性分析

通过对岩石学、岩石物性及流体进行分析,了解储层岩石的基本性质及流体性质,同时结合膨胀率、阳离子交换量、酸溶分析、浸泡实验分析,对储层可能的敏感性进行初步预测。

1)岩石性质分析基本特征测试

通过岩石学和常规物性等分析,了解储层的敏感性矿物的类型和含量、孔隙结构、渗透率等,预测其与不同流体相遇时可能产生的伤害。

岩石基本性质的测试项目包括:岩石薄片鉴定、X射线衍射分析、毛细管压力测定、粒度分析、阳离子交换试验等。

2)流体分析

在油气勘探和开发的各个环节,外来流体与地层流体之间,不同外来流体之间均存在发生化学反应的可能性。因此,应对有关流体进行化学成分分析,预测各种流体之间形成化学结垢的可能性。这些流体主要是地层水、注入水、钻井液滤液、射孔液等。

3)敏感性预分析

(1)水敏性预分析。

水敏性预分析通常是测定岩石的膨胀率和阳离子交换能力,定性地预测岩石水敏性的可能程度(表10-6)。

表10-6 水敏性分析指标

水敏性程度	水敏黏土含量,%	膨胀率,%	阳离子交换量,mg(当量)/100g
弱	0~10	0~3	0~1.4
中	10~20	3~10	1.4~4
强	>20	>10	>4

(2)酸敏性预分析。

通过酸溶分析和浸泡观察,研究静态条件下岩样可能产生的酸敏性,被称为酸敏性预分析。

酸溶分析的目的是通过静态实验测定不同条件下岩样的酸溶失率及残酸中酸敏性离子的含量以检验酸—岩反应过程中是否存在产生二次沉淀的可能性。

浸泡观察是分别用盐酸、土酸、氯化钾溶液和蒸馏水浸泡岩样,观察是否有颗粒胶结或骨架坍塌等现象,并可进行显微照相或录像,观察浸泡前后岩样表面的显微变化。

2. 岩心流动实验与储层敏感性评价

岩心流动实验是储层敏感性评价的重要组成部分。通过岩样与各种流体接触时发生的渗透率变化,评价储层敏感性的程度。通过评价实验,据酸敏性确定酸化用液,据盐敏的临界盐度数值提供合理的盐水浓度,据水敏性选择合理的水质,据流速敏感性为采油和注水作业提供合理的临界流速,据系列流体评价为现场选择最佳的钻井液、完井液、修井液提供依据。

1)酸敏性评价

酸敏是储层敏感性中最为复杂的一类,其评价实验的目的在于了解准备用于酸化的酸液是否会对地层产生损害及损害的程度,以便优选酸液配方,寻求更为有效的酸化处理方法。

流动酸敏评价以注酸前岩样的地层水渗透率为基础,然后反向注0.5VP~1VP(孔隙体积倍数)的酸(注酸量不能太大,否则反映的是酸化效果,而不是酸敏效果,酸化效果评价时注入酸液量为5VP以上)。然后,再进行地层水驱替,通过注酸前后岩样的地层水渗透率的变化来判断酸敏性影响的程度(表10-7)。

表10-7 酸敏性流动试验评价指标

酸敏指数 I_a	≤0.05	0.05~0.30	0.30~0.70	≥0.70
敏感程度	无酸敏	弱酸敏	中等酸敏	强酸敏

选择长度等于或大于5cm,直径2.5cm的岩样,注入1倍孔隙体积的15%HCl或0.5倍孔隙体积的15%HCl+0.5倍孔隙体积的12%KCl+3%HF,反应时间为1~2小时,定义酸敏指数为:

$$I_a = \frac{K_w - K_{wa}}{K_w} \quad (10-1)$$

式中 I_a——酸敏指数,小数;
K_w——地层水渗透率,D 或 mD;
K_{wa}——酸化后地层水渗透率,D 或 mD。

2)碱敏性评价

碱敏性评价实验目前比较常用的方法有碱水膨胀率测定、化学碱敏实验和流动碱敏实验。

碱水膨胀率测定是评价已知碱配方使地层岩石产生水化膨胀的程度,其操作方法及评价指标与水敏性评价类似。化学碱敏实验与化学法酸敏性实验基本相同。

碱敏性流动实验的作法是,以一定浓度(通常大于1%)的 NaCl 盐水作为标准盐水,依次测定碱度递增的碱水(NaCl/NaOH)的渗透率,最后为一定浓度(通常大于1%)的 NaOH 溶液,一个系列通常由五个以上的碱水组成。根据 NaOH 溶液的渗透率与标准盐水渗透率的比值,评价其碱敏性,评价指标参见水敏性评价指标。

3)盐敏性评价实验

盐敏性评价实验的目的是了解储层岩样在系列盐溶液中盐度不断变化的条件下,渗透率变化的过程和程度,找出盐度递减的系列盐溶液中渗透率明显下降的临界盐度,以及各种工作液在盐度曲线中的位置。因此,通过盐敏性评价实验可以观察储层对所接触流体盐度变化的敏感程度。

该实验通常在水敏试验的基础上进行,即根据水敏试验的结果,选择对渗透率影响最大的矿化度范围,在此范围内,配制不同矿化度的盐水,由高矿化度到低矿化度依顺序将其注入岩心(按照盐度减半的规划降低盐度),并依次测定不同矿化度盐水通过岩样时的渗透率值(图10-9)。

当流体盐度递减至某一值时,岩样的渗透率下降幅度较大,这一盐度就是临界盐度。这一参数对注水开发中注入水的选择和调整有较大的意义。

盐敏性是地层耐受低盐度流体的能力量度,而临界盐度(Sc)即为表征盐敏性强度的参数,单

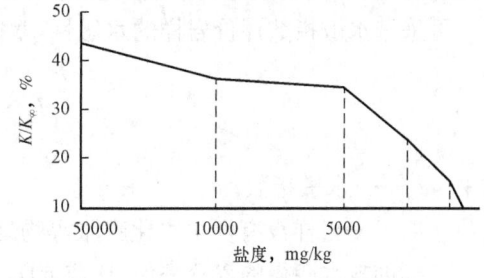

图10-9 盐敏评价实验曲线图
(据吴胜和,1998)

位为 mg/L。另外,盐敏性与流体中所含离子的种类有关,对于同一地层来说,对单盐(如 NaCl)的临界盐度通常高于复合盐(如标准盐水)的临界盐度(表 10-8)。

表 10-8 盐敏性流动试验评价指标

临界盐度 S_c, (mg/L)	NaCl 盐水	≤5000	5000~10000	10000~20000	20000~40000	40000~100000	≥100000
	标准盐水	≤1000	1000~2500	2500~5000	5000~10000	10000~30000	≥30000
敏感程度		无盐敏	弱盐敏	中等偏弱盐敏	中等偏强盐敏	强盐敏	极强盐敏

4)水敏性流动实验与评价

储层中的黏土矿物在接触低盐度流体时可能产生水化膨胀,从而降低储层的渗透率。水敏性流动实验的目的正是为了了解这一膨胀、分散、运移的过程,以及储层渗透率下降的程度。

水敏性评价实验的作法是先用地层水(或模拟地层水)流过岩心,然后用矿化度为地层水一半的盐水(即次地层水)流过岩心,最后用去离子水(蒸馏水)流过岩心,其注入速度应低于临界流速,并分别测定这三种不同盐度(初始盐度、盐度减半、盐度为零)的水对岩心渗透率的定量影响,并由此分析岩心的水敏程度(图 10-10),其结果还可以为盐敏性评价实验选定盐度范围提供参考依据。

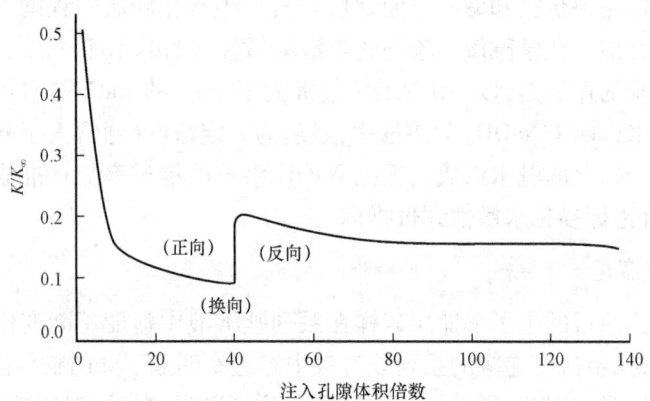

图 10-10 水敏评价实验曲线图(据吴胜和,1998)

水敏性和盐敏性实验主要是研究水敏矿物的水敏特性,故驱替速度必须低于临界流速以保证没有"桥堵"发生,这样产生的渗透率变化,才可以认为是由于黏土矿物水化膨胀引起的。

可采用水敏指数评价岩样的水敏性,水敏指数定义如下:

$$I_w = \frac{K_L - K_w^*}{K_L} \quad (10-2)$$

式中 I_w——水敏指数;

K_L——岩样没有发生水化膨胀等物理化学作用的液体渗透率,通常为用克氏渗透率或标准盐水测得的渗透率值,D 或 mD;

K_w^*——去离子水(或蒸馏水)渗透率,D 或 mD。

水敏性强度与水敏指数成正比,水敏程度越强,对储层的可能伤害越大(表 10-9)。

表 10-9　水敏性流动实验评价指标

水敏指数I_w	≤0.05	0.05~0.30	0.30~0.50	0.50~0.70	0.70~0.90	≥0.90
敏感程度	无水敏	弱水敏	中等偏弱水敏	中等偏强水敏	强水敏	极强水敏

5)速敏性流动实验与评价

速敏性评价实验的目的在于了解储层渗透率变化与储层中流体流动速度的关系。如果储层具有速敏性,则需要找出其开始发生速敏时的临界流速,并评价速敏性的程度。通过速敏性评价实验,可为室内其他流动实验限定合理的流动速度。一般来说,由速敏试验求出临界流速以后,可将其他各类评价试验的试验流速确定为 0.8 倍临界流速,因此速敏性实验应是最先开展的岩心流动实验,也可为油藏的注水开发提供合理的注入速度。

(1)渗透率伤害率。

渗透率伤害率的计算公式为

$$D_k = \frac{K_L - K_{LA}}{K_L} \tag{10-3}$$

式中　D_k——渗透率伤害率;

K_L——伤害前岩样液体渗透率,D 或 mD;

K_{LA}——伤害后岩样渗透率的最小值,D 或 mD。

用渗透率伤害率评价速敏性的指标见表 10-10。

表 10-10　速敏性流动实验评价指标

评价指标	渗透率伤害率D_k	≤0.05	0.05~0.30	0.30~0.50	0.50~0.70	≥0.70
	速敏指数I_v	≤0.05	0.05~0.10	0.10~0.25	0.25~0.70	≥0.70
敏感程度		无速敏	弱速敏	中等偏弱速敏	中等偏强速敏	强速敏

(2)速敏强度。

当某些岩样的临界流速相近时,由速敏性产生的渗透率伤害率越大,则速敏性越强。但实际情况往往复杂得多,有些岩样虽然渗透率差值较小,但临界流速可能也小,前者反映速敏性较弱,而后者反映速敏性较强。为此,需综合这两个参数进行综合评价,即用速敏指数(I_v)来表述速敏性的强弱,其与岩样的临界流速成反比,与由速敏性产生的渗透率伤害率成正比,即

$$I_v = \frac{D_k}{v_c} \tag{10-4}$$

式中　I_v——速敏指数;

D_k——渗透率伤害率;

v_c——临界流速。

在速敏实验中,流速大于临界流速以后,储层中的微粒开始在储渗空间中运移,但并不一定都使渗透率降低,有时随着流速的增加,渗透率非但不降低反而增高,表明部分堵塞喉道的微粒可能被流体带出,使喉道变粗、渗透率增大,这也是一种速度敏感性。

6）正反向流动实验

正反向流动实验是指在用流体作正向流动后,在不中断流动的状态下,以同样的流体、同样的流速作反向流动,以观察岩样中的微粒运移及其产生的渗透率的变化情况。

在正向流动的情况下,由于流体的流动速度超过了临界流速,造成了较多的微粒在喉道外"桥堵",引起流体渗透率的大幅度下降;当反向流动时,这些堵塞在喉道的微粒会被冲开,解除了"桥堵",使流体渗透率上升。但是若有较多的可移动微粒的存在,往往过了一段时间之后,它们又在其他喉道处形成"桥堵",导致渗透率再次下降。

7）体积流量评价实验

体积流量实验的目的是了解储层渗透率的变化与流过储层液量之间的关系。实验是在低于临界流速下,用大量液体流过岩样,考察岩样胶结物的稳定性。注入水的体积流量试验可以在不同注入孔隙体积倍数的情况下,观察岩样渗透率对水注入量的敏感性。

三、油层温度的变化

油藏流体的流动属性尤其是原油的黏度受温度影响很大。一般来说,温度下降10℃,原油黏度将增加一倍左右。因此,研究油层温度变化,对分析评价油田开发效果及存在问题有重要意义。

稀油油藏埋藏深度一般在1000～4000m,极浅者也有400～500m,更浅者多为稠油(一般不适于常规注水开发)。油田注水多采用地表水或浅层地下水,其温度一般较油藏温度低出很多。因此,在注水开发油田的过程中,长期向油层大量注入冷水,就将在一定程度上引起油层温度下降,从而影响油田开发效果。

许多油田都监测到注水导致油层温度下降的现象。根据大庆油田小井距试验区的油层温度监测资料,在大庆的原始油层温度36～45℃左右、注入水温度15℃左右、注入水与地层温差20～30℃的条件下,注水引起的温度变化大多局限在注水井周围100m左右的范围,一般不超过150m。在注水井周围的地层温度下降较大,平均温度下降7～9℃左右,在采油井附近则温度变化不大。

油层温度下降,将直接导致原油黏度的上升。一般而论,温度下降10℃,原油黏度将增加一倍左右。黏度的增加导致原油的流动性变差,流动阻力增大,使得油井产量降低,油田开发效果变差。

关于注水对油田开发效果的影响,已有一些研究成果。一般认为,注冷水对开发效果的影响在开采初期表现不明显,原因在于注水时间不长、注入水量不多、影响范围不大;但在注水程度较高的中后期,其影响将逐渐显现。由于影响油田开发效果的因素很多,很难从实际的油井或油田中剔除其他因素而单独统计出注水冷却油层造成的产量下降。根据大庆油田的研究,注冷水影响的采收率一般在2%左右,井距很小时(大庆油田的小井距试验区井距为150m)可能增加到5%甚至更高。

应当指出的是,注水开发油田由于温度下降使采收率有所降低,但这与注水驱油所大大提高增加的采收率相比,只能算很少一部分,不能因此否定注水开发油田的巨大成效。

在我国辽河油田,还成功地将注冷水用于开发高凝油油藏。例如,辽河的东胜堡潜山(油层温度101℃、原油析蜡温度58℃、凝点44℃)、静北潜山(油层温度91.3℃,原油析蜡温度

72℃、凝点60℃)、沈84-安12沙三层(油层温度$S_3^4$62℃、$S_3^3$72.5℃、原油析蜡温度52℃、凝点大于45℃)等油藏,均实现了常规注水开发而不致显著影响开发效果。根据辽河油田的现场试验,注热水虽不致降低油层温度,但由于注入水加温后,大量离子析出沉淀,导致管线结垢十分严重,使注水压力升高,单井注水量大幅度降低甚至注不进水。通过对沈84-安12块注入水井口温度变化和注水井井底地层温度变化的模拟研究,表明注入水井口温度在20℃时,只在井底周围造成局部低温;而在距注水井50m处,以日注水量60~100m³,注水3年后地层温度均大于52℃(原始地层温度62~72.5℃),高于原油析蜡温度。该油藏以及东胜堡潜山与静北潜山等高凝油油藏均成功实现注冷水开发。

四、原油性质变化

在油田开发过程中,由于油藏压力、温度的变化,由于注入水与油气的物理化学作用,将会使原油性质发生变化。研究这些变化,对于把握油藏注采特征与动态规律、分析评价开发效果,都有着重要的实际意义。

(一)地面原油性质变化

各个油田均有大量实际资料证明,随着开采时间的延长与采出程度的增加,采出地面的脱气原油,其密度和黏度都是逐渐上升的(图10-11)。此外,随着开采时间的延长与采出程度的增加,原油平均分子量与胶质含量也有不同程度的增加,而环烷酸含量则有所下降。

出现上述变化的原因,主要有以下几点:

1. 原油中轻组分优先采出

原油是烃类物质的复杂混合物,其中的轻组分由于流动性比重组分好,因此容易从地层深部(或远处)流向井底并优先采出。这就导致油田开采越到后期,油藏中的重组分含量会越来越高,原油黏度与密度会逐渐上升。

2. 注入水对原油的氧化

油田注入水一般都含有一定的溶解氧,大庆油田注入水中溶解氧含量为3~7ppm,但采出水中不存在溶解氧。说明注入水中的溶解氧已全部消耗在油层

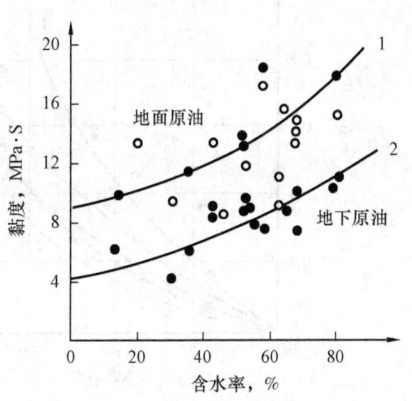

图10-11 原油黏度与油层含水率的关系

中。氧化作用使原油的分子量增大,胶质含量增加,这显然会使原油密度与黏度上升,使原油的流动性变差,开发效果受到影响。许多油田都有边底水入侵使油水接触带原油氧化密度增加的例子,例如苏联的阿塞拜疆油田、巴拉哈内—萨布奇—拉马尼油田、比纳格多油田,美国的堪萨斯油田的油水接触带原油密度增高。注入水显然要比边底水含氧量高,其氧化作用应更强烈。

3. 注入水对原油烃组分的溶解

原油中烃类组分在水中有一定的溶解度,不同烃类在水中的溶解度不同。一般而言,烷烃溶解度最小,芳烃溶解度最大,环烷烃溶解度居中,各族烃类在水中的溶解度均随分子量增大

而减小。大庆油田通过产出水中有机物分析结果发现,产出水中有机物含量达 1.3880~1.6904g/L,其中除含有 56%~59% 的烷烃外,还含有 23%~26% 的芳烃与 17%~19% 的非烃类化合物(表 10-11)。由于注入水对原油轻组分的溶解,从而导致原油平均分子量增大,密度、黏度增加。环烷酸能很好地溶于水,随着注入水对环烷酸的溶解流失,原油中环烷酸含量下降是必然的。

表 10-11 大庆油田采出水中有机物族组分分析数据

样品编号	取样地点	有机物族组成,%			分析时间
		烷烃	芳烃	非烃	
1	西一油站	56.91	25.54	17.54	1983.2
2	西一油站	58.53	23.13	18.34	1983.2
3	西一油站	56.76	24.78	18.47	1983.2

(二)地层原油性质变化

随着油田开发时间的延长与水洗程度的增加,地层原油的饱和压力、地层油黏度、溶解气油比都有明显变化。即饱和压力和溶解气油比均出现下降,并且随含水率的增加,两者的下降幅度增大(图 10-12、图 10-13);地层油密度、黏度随着含水的增加逐渐上升(图 10-11)。

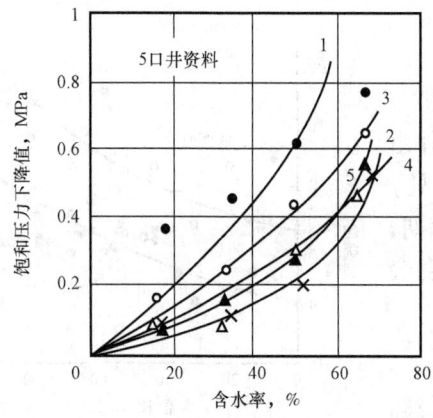

图 10-12 地层油饱和压力与含水关系

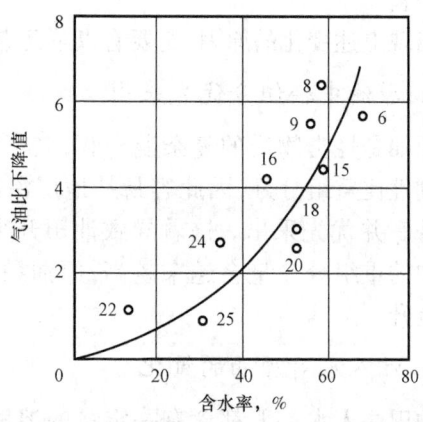

图 10-13 地层油溶解气油比与含水关系

出现上述变化的原因主要有两条:注入水对原油中轻组分的溶解和注入水对原油的氧化。注入水对原油轻组分的溶解使得原油中的溶解气量减少较多,其饱和压力下降与溶解气油比下降是必然的,这也会引起地层油密度与黏度的增加,注入水对原油的氧化也将促使地层油密度增高与原油黏度的上升。

五、断层、裂缝变化

断层与裂缝是多数油田普遍存在的一种地质现象。地层岩石在应力作用下发生破裂,有相对位移者称为断层(或断裂),无明显位移者称为裂缝。断层与裂缝在油田开发过程中的状况与变化,对地下油水运动、驱油效率和油田开发效果都有重要影响。

(一) 油田开发过程中断层的变化

断层在其形成、发展直至稳定前,断层面是开启的,或者说断层是活动的。在断层形成沉寂以后,由于机械充填与水化学搬移积淀,断层面及其附近的破裂带将逐渐被充填、胶结,使断层封闭起来。许多断层圈闭或具断层遮挡条件油藏的存在,证明了断层在定型并趋于沉寂以后的封闭性。

在油田注水开发过程中,由于油藏地层压力发生变化,以及注入水使黏土矿物膨胀导致地应力变化,就有可能诱发某些断层复活,导致断层不密封,注入水沿断层发生水窜、水淹;断层附近的井可能出现套管错断、变形、损坏。

大庆油田 1 号断层就是一条现今复活的断层。此断层位于萨尔图构造高点附近,长 3.5km,断距 134m,倾角 50°,为一条北西—南东向的正断层。钻遇 1 号断层的南 1-3-136 井,于 1979 年 9 月 12 日投注,注水两天后油管压力由 9.0MPa 下降到 7.6MPa,日注水量由 817m^3 上升到 1130m^3,注水 10 天后发现井口北侧 100m 处地面冒水,注水 11 天发现距离 1600m 处钻遇同一断层的南 1-2 丙 28 井的油、套管压力猛升,产液、含水猛增,并于次日井内喷出泥岩溶解物。注水井关井后,地面停止冒水。经查证,南 1-3-136 井在 288m 处套管错断,错断点深度与断层面深度一致;在 1 号断层控制的 5km^2 范围内,从 1981 年 8 月开始,曾多次发生井口下陷、井口倾斜、地裂、地面管线被折断、套管外冒油冒水及出砂出泥等现象,共损坏油水井 8 口。1979 年底测得 1 号断层上、下盘压力不平衡,地层压力相差达 6.1MPa。以上信息证明,1 号断层确实由于注入水进入断层面而被诱发复活。

此外,大庆油田在注水开发过程中,还发现套管损坏井的分布在断层附近多而一般地区少,在构造高点附近多而在构造两翼少,在构造陡翼多而在较平缓翼少。其钻遇断层的套管损坏井占全部套管损坏井的比例达到 55%。分析其油水井套管损坏的原因主要是萨零组泥页岩进水,造成岩石机械强度下降,在地应力作用下出现滑动,从而导致油水井套管变形、错断。

综上信息说明,断层在注水开发过程中出现一定程度的复活并非个别现象。同时断层复活是需要一定的条件的,巨大的应力与注入水的润滑作用很可能是断层复活所必不可少的条件。

显然,断层复活对油田开发不利,需要加以控制。控制的方法主要有:注水井设计应尽量避开断层;沿断层附近慎用强注(例如高压力注水、大注入量注水、压裂增注等)和强采(例如大型压裂、大泵深抽等)的强烈的开发手段;钻遇断层的井应采用严格的钻井、完井措施(例如增加技术套管程序、严格化固井措施等)。

(二) 油田开发过程中裂缝的变化

在油田开发过程中,油层裂缝的变化主要表现为在降压开采时,裂缝闭合明显。许多裂缝发育的油藏,在降压开采过程中都发现油层渗透率严重下降。表 10-6 为克拉玛依油田某井压力回复解释的渗透率变化。克拉玛依油田某裂缝发育的火山岩油藏虽然实施注水开发,但由于一部分注水井发生水窜,部分井注不进水,使得该油藏累积注采比仅 0.3 左右,地层压力已降到原始压力的 60% 左右。从该油藏某油井 1986 年至 1995 年压力恢复测试解释成果上看,该井在 10 年开发生产中,井底压力大幅度下降的同时,渗透率从初期的 16.72mD 下降到 1.01mD,油层渗透率下降达 10 余倍之多(表 10-12),目前解释为裂缝闭合。

表 10-12 克拉玛依油田某井复压解释渗透率变化

测压时间	测压方式	解释渗透率 mD	测压时间	测压方式	解释渗透率 mD
1986.5	压力恢复	16.72	1992.3	压力恢复	1.40
1986.8	压力恢复	10.73	1992.8	压力恢复	1.37
1987.4	压力恢复	8.01	1993.5	压力恢复	1.78
1991.10	压力恢复	1.64	1995.5	压力恢复	1.01

苏联学者 A. T. 戈尔布诺夫(Горьунов,1964)通过岩样试验,研究了致密裂缝性砂岩与裂缝性石灰岩渗透率随围限压力增减的变化情况,其研究结果示于图 10-14。可以看出,当实验中所采用的围限压力由 1MPa 逐渐增加至 100MPa 时,其渗透率下降十分明显,裂缝性砂岩渗透率下降至 35%~63%,裂缝性石灰岩渗透率下降至 2%~50%。

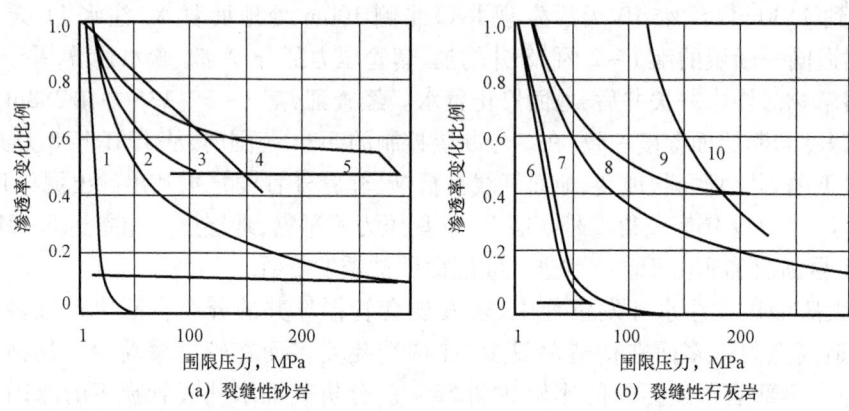

图 10-14 裂缝性砂岩与裂缝性石灰岩渗透率与围限压力的关系

非裂缝型孔隙储集层在压差作用下渗透率也会出现下降,但下降幅度要小得多。M. A. 拉奇(M. A. Latchie)等通过实验研究了纯砂岩岩样及泥质砂岩岩样的渗透率与压力的关系(图 10-15)。当围限压力由 0 加大到 16MPa 时,泥质砂岩的渗透率下降幅度较大,而纯砂岩渗透率下降的幅度仅为 7%~15% 左右。

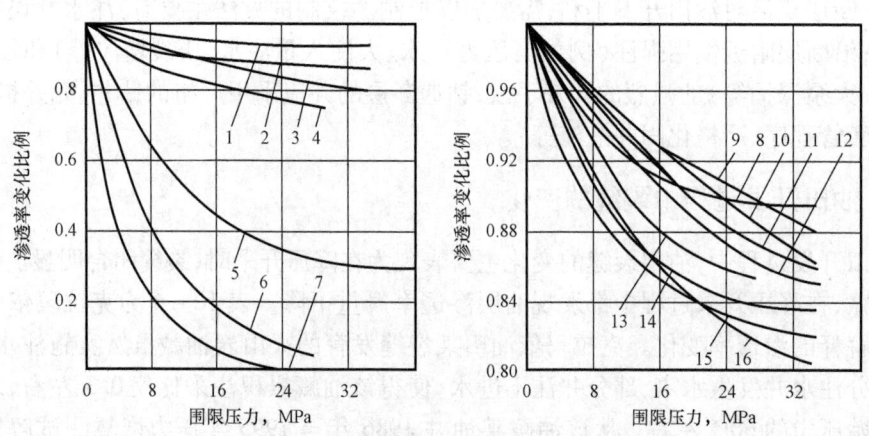

图 10-15 孔隙性泥质砂岩与纯砂岩渗透率随围限压力的变化
1~4—纯砂岩;5~7—泥质砂岩;8~16—纯砂岩

此外,克拉玛依、扶余、安塞等油田都曾发现,当注水压力提高时,有些注水井的吸水量出现超常的增加,注水井的试井曲线出现上翘,显示微裂缝开启、渗透率增大的现象。对比此时的井底注水压力,发现并未超出油层岩石破裂压力的下限,说明并非超破裂压力注水导致油层破裂产生裂缝,而是原来就已存在的微裂缝在未注水前或早期注水压力不高时,由于围岩压力(油井投产压力下降)导致裂缝有所闭合,但在后来注水压力提高时,裂缝重新开启所致。

第二节 油层水洗规律

在天然水驱或人工注水开发的油藏中,地下油水分布状况、油层见水、水洗、水淹的表现,除了与井网设计、注采强度控制等因素有关外,主要受油藏地质条件所左右。这就是说,一定的油藏地质条件,决定其相应的油水分布运动规律;或者说,一定的油水分布运动规律反映出某种特定的油藏地质条件。因此,研究油层中油水分布运动规律,掌握油层水洗特征,对于判定油藏地质情况、预测地下油水分布运动态势、掌握油田开发进程都有着重要的意义。

一、油层内部油水运动的机理

在地下油层中,油水分布和运动有其特殊的规律性;这些规律与具体油层的地质特征,共同决定着地下油水运动分布的过程和结果。因此,研究和掌握油层内部油水分布运动的机理,有着重要的意义。

(一)油层内部油水运动的动力

在油层内部,决定油水分布运动的动力有三种:注入水驱动压力、重力、毛细管压力。

1. 注入水驱动压力的作用

当油藏投入开发以后,或者由于注水形成的注采压差,或者由于降压开采形成的生产压差,驱使地层流体沿压力降低的方向流动。在一定压力条件下,决定其流量大小的因素则是油层渗透率的高低。由于油层渗透率的非均质性,在某一渗透率最大的方向,在注入水驱动压力的作用下,油水运动快、流量大;而在另一渗透率最低的方向,油水运动慢、流量小;在其余方向油水运动的大小快慢介于二者之间。在渗透率方向性较强的油层中,油水运动的这种表现尤为突出,注入水沿高渗透率方向指进十分明显。在油层高渗透率方向的采油井最先见水并快速水淹,而在垂直油层高渗透率的方向上,油井见水晚,见水后含水上升慢。可见,油层渗透率的方向性差异是造成油水分布运动的平面差异的主要原因。

2. 重力作用

由于油气水三者之间存在明显的密度差异,同时油气水三者互不混相,密度最大的注入水在油层中总是存在下渗的倾向,而密度很小的注入气(或汽)在油层中总是存在向上超覆的倾向。在重力作用下,注入水在横向运动的同时将逐渐向油层下部运动,从而使得油层下部水洗较充分而上部则难于洗到。如果注入的不是水而是气体或蒸汽,则注入气(或汽)在横向运动的同时,将在重力作用下向上超覆,从而使得油层上部易于洗到而下部则难于波及。这种注入水(气或汽)的重力作用在油层较薄时表现不明显,因为这时注入水(气或汽)上下运动的空间有限。但随着油层厚度增大,其表现将益加明显。

3. 毛细管压力作用

毛细管压力作用普遍存在于地层流体与油层岩石的相互作用之中，在孔喉细小的低孔低渗油层中则更为强烈。在注水开发油层中，毛细管压力的作用主要表现在以下两个方面：

（1）驱替作用。在油层岩石的主要流动孔道中，当岩石亲水而且注入水推进速度不是特别大时，毛细管压力作用方向与注入水推进方向相同，毛细管压力成为驱替动力可增强注入水驱替作用。

（2）渗吸作用。在亲水油层细小的缺乏连通的孔道中，毛细管压力作用比较强烈，注入水在毛细管压力作用下会自发进入这些细小孔道并驱替出其中的石油。

显然，对于亲水油层，毛细管压力作用大多数情况下对驱油是有利的，但对于亲油油层，则毛细管压力作用常常是不利于驱油的。这就是亲水油层适于注水开发的原因。

（二）油层内部油气运动的阻力

油层内部石油流动时所遇到的阻力主要有以下几种：

1. 外摩擦力

外摩擦力表现为流体流动时与岩石空隙、喉道壁面的摩擦力。由于这种阻力的作用，流体在孔道壁面处的流速等于零，在孔道中心最大，在孔道中流线式按抛物线分布的。因此，在油层中被润湿的岩石颗粒表面积的总面积越大，即岩石颗粒越小，石油的流动阻力也就越大。

2. 内摩擦力

内摩擦力是指流体流动时其内部分子间的摩擦力。石油在油层中流动的内摩擦力表现为石油的黏度。

3. 相摩擦力

相摩擦力是指油层中存在多相流体（油—气、油—水或油—气—水）混合流动时，各相流体之间的摩擦力。它表现为多相渗流时油相渗透率的大大降低。

以上三种阻力又称为水力阻力。水力阻力的大小决定于流体的流速，流速越大，则阻力也越大，则对油层能量的消耗也就越大，驱油效能因此而减弱。

4. 毛细管阻力

在油气储集层岩石的孔道中，油—水、油—气或气—水混合流动时，气体常呈现气泡状或气柱状与原油一起流动，水则常呈液滴状或液柱状与原油一起流动（气层中的水则与气一起流动）。当流经孔道断面最窄的毛细管孔道（喉道）处时，由于气泡、液滴或气柱的表面张力和毛细管作用的结果，形成一种流动阻力，阻碍油气的流动。

石油在油层中向井底流动，就是油层中各种驱油动力不断克服各种阻力的结果。这个过程需要消耗能量，一旦油层能量不足以克服流动阻力，石油停止流动。

二、层内水洗特征

在注水开发过程中，地下水分布会发生很大的变化。下面从层内、层间和平面三个方面介绍地下油水运动的控制因素及分布规律，即油层水洗特征。

从剖面上看,油层水洗、水淹受储层层内非均质性的控制,即主要受油层厚度大小、油层剖面的韵律性、层理类型及夹层分布等因素的影响。

(一)油层厚度的影响

油藏注水开发时,油层厚度对注入水波及程度有相当大的影响。如果油层较薄,油层厚度较小,则剖面上注入水易于洗到,油层剖面动用较好,油层采收率较高。但若油层较厚,注入水在横向运动的同时,由于重力作用将逐渐下渗。由于油层较厚,注入水在剖面上有较大的下渗余地,这就使得大量注入水向油层下部汇集,从而导致下部油层水洗较好而上部油层则难于洗到(图10-16)。因此,在注水开发的情况下,厚油层总是较薄油层的剖面动用程度低,最终采收率不高。

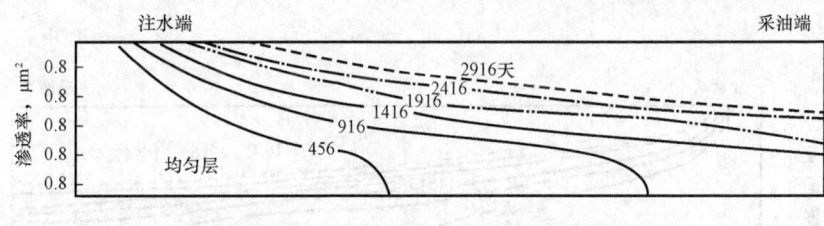

图10-16 均质厚油层水线推进等时图

(二)不同韵律性油层的水驱油特征

油层剖面渗透率的变化情况复杂,它们在开发过程中的水驱特征存在较大差别。油层依层内渗透率的变化可归结为四种基本类型:渗透率上低下高的正韵律油层,渗透率下低上高的反韵律油层,渗透率呈正、反韵律交叉变化的复合韵律油层以及渗透率较为均一的均质韵律油层。

1. 正韵律油层

水进条件下,沉积的砂岩储层大多呈现正韵律性特征。由于正韵律油层下部渗透率高而上部渗透率低,因而油层下部吸水好而上部吸水差。注入水大量进入油层的下部并沿底部高渗带快速突进;与此同时,重力作用又不断使进入中上部的注入水下沉,更加剧了下部尤其是底部油层的过水流量和水洗强度。这就使得上部尤其是顶部油层难于水洗到,油层的剖面水洗程度与强度的差别增大,油层剖面动用程度降低,油藏开发效果变差,最终采收率较低(表10-13、图10-17)。

表10-13 油层渗透率韵律特征与水淹特征、驱油效率的关系

韵律特征		水淹特征	驱油规律	油层开发效果
正韵律		底部水淹型	底部驱油效率高,含水上升快	渗透率级差大,水淹厚度小,易出现水窜
反韵律		上部水淹型	上部水淹严重	渗透率级差中等~大,产液多,利于注采
		均匀水淹型	全层驱油效率基本一致	渗透率级差小,利于注采
		下部水淹型	水淹厚度系数大,水洗作用强	渗透率级差小,常为亲水油层
复合韵律	复合正韵律	分段水淹型	水洗厚度不大	比正韵律好
	复合反韵律	分段水淹型	水洗较均匀	与反韵律类似
	复合反正韵律	中部水淹型	驱油效果中等	产液量大而快
	复合正反韵律	上下水淹型	驱油效果相对较差	复杂,通常水淹厚度小
均质韵律		下部水淹型	驱油效果取决于厚度	渗透率级差小,采收率高

图 10-18 为大庆油田某井密闭取心资料绘制的实际油层水洗剖面,该 PI_{2+3} 层是正韵律油层,其底部水洗效率高达 80%,但顶部基本未水洗到,可见正韵律厚油层在注入水的重力分异作用下剖面动用程度很差。

2. 反韵律

与正韵律油层相反,反韵律油层剖面渗透率变化呈现下低上高的逐渐变化特征。水退条件下沉积的砂岩油层大多呈现这种韵律性特征。由于油层剖面渗透率下低上高、差异明显,在注水开发的情况下,虽然反韵律油层上部渗透率高吸水多,但由于注入水受重力作用逐渐下渗,使得吸水较少的下部油层水洗得以加强,从而使吸水较多的上部油层水推受到控制。其结果是油层剖面水洗差异降低,油层剖面动用程度增高,油藏开发效果变好,最终采收率较高(图 10-17)。

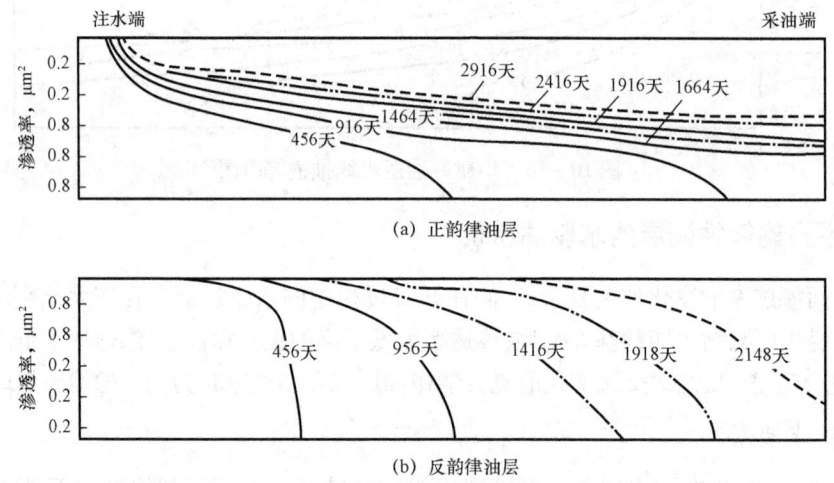

图 10-17 不同非均质类型油层水线推进等时图

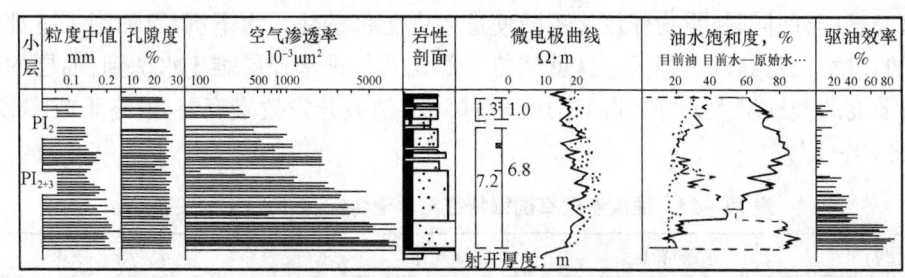

图 10-18 大庆油田某井 PI_{2+3} 正韵律油层

图 10-19 为胜坨油田某井密闭取心资料绘制的实际油层水洗剖面。该沙二$_8^3$油层是反韵律油层,渗透率显示明显的上高下低的特点,其剖面水洗就比较均匀,整个油层剖面动用程度很高。

3. 复合韵律

复合韵律油层剖面渗透率变化呈现正、反韵律交叉,表现为剖面渗透率变化高低相间,总体较为均质的特点。其水洗、水淹特点介于正韵律油层与反韵律油层之间。复合韵律油层的剖面动用程度与开发效果好于正韵律油层,但较反韵律油层为差。

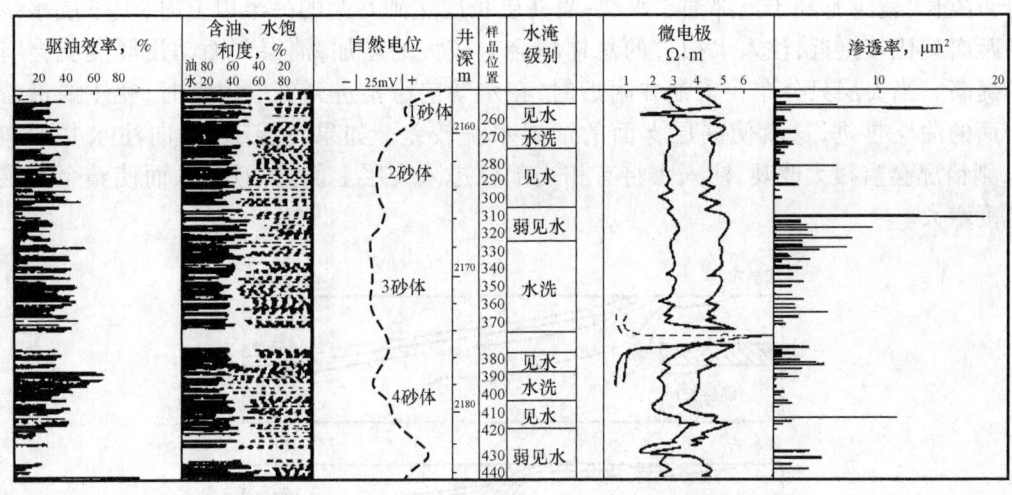

图 10-19 胜坨油田某井沙二$_8^3$水淹剖面综合图

4. 均质韵律

均质韵律油层在开发过程中,垂向水淹程度主要受流体重力分异作用的控制,因此下部水淹程度要较上部稍高,但上下两部分的水淹程度差别要较正韵律小得多,而较反韵律稍大。

(三) 局部夹层的影响

层内夹层的特征及在注采井组范围内的分布情况,对油水运动普遍具有不同程度的影响和控制作用,对油层的开发效果影响较大。

1. 夹层发育部位对油水运动的影响

夹层在层内的发育部位不同,对油水运动的影响程度也不同。一般来说,中部夹层对油水运动的影响首先体现,这是因为中部夹层将厚油层分为基本相等的两部分,分隔作用明显,并且对流体的重力分异作用起到了较大程度的抑制作用,所以提高了油层的动用程度。底部夹层对油水运动的影响较小。到了高含水阶段,顶部夹层对油水运动的影响才能有明显体现,这是因为开发早期顶部夹层只是将厚油层分割成上薄下厚的两部分,夹层之上的油层基本不水淹;夹层之下较厚的油层段内流体重力分异作用明显,水淹越来越明显;到开发后期,夹层之上的油层成为剩余油的潜力层段。

2. 夹层规模对油水运动的影响

夹层的规模大小可以用两个参数来表示:一是夹层的延伸范围,即分布稳定性。二是夹层的厚度。

一般来说,夹层在注采井组范围内分布比较稳定的,对油水就能起到封隔作用,可以将油层分成两个独立的油水运动单元。这样就把油层的层内问题变成了两个相对独立的单层的层间问题。但是,如果夹层分布不稳定,则油层上下仍具有部分水动力联系,一般表现为注入水下窜。厚油层内不稳定夹层越多,其间的油水运动与分布也就越复杂。

图 10-20 和图 10-21 显示了夹稳定性对水淹厚度的影响。当只是注水井钻遇夹层而采油井未钻遇该夹层上,说明该夹层在注水井与采油井中间出现尖灭。这时如果该夹层平

面分布越长,就越有利于上部油层水洗;当夹层长度达到井距的一半以上时,上下层水线推进的距离就比较接近,注入水扫过的总体积会有较大的增加,油层剖面动用厚度就会有较大的提高。当夹层只分布在采油井附近时,在水线前缘推进到夹层附近时,就主要沿着夹层下面的油层推进,这就使夹层上面的油层水洗较差。如果夹层越长(向注水井方向延伸),则情况会有很大改观,注入水将有相当部分进入夹层上面的油层,从而使整个油层水洗厚度增大。

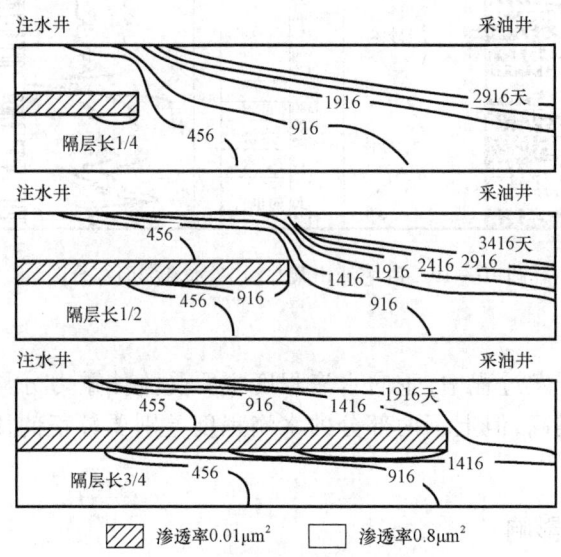

图 10-20 注水井隔层长对水淹厚度的影响

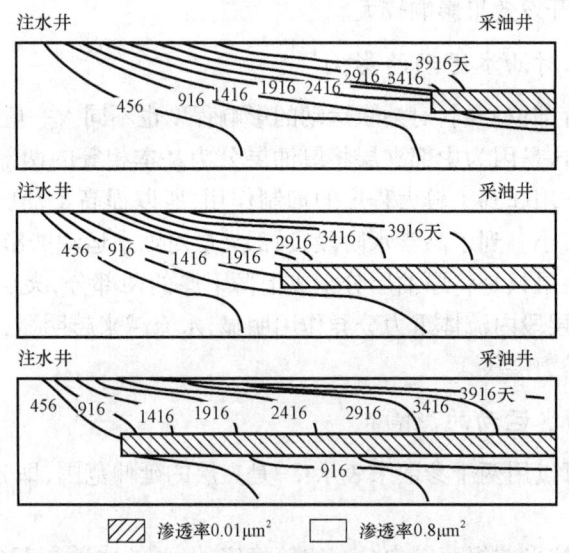

图 10-21 油井隔层长度对水淹厚度的影响

夹层的厚度越大,在注水开发过程中就越不容易被外部附加压力压穿,所以夹层的厚度越大,其分隔作用的效果也就越好。但是并不是夹层厚度越大越好,夹层厚度过大,就代表着沉积时水动力条件较弱,上下砂岩中的泥质含量过高会降低渗透率,可能形成难以驱替的死油区。

总之,在厚油层中,夹层分布稳定,油层的水洗厚度就越大。在夹层分布不稳定的注采井组,仍然是下部水洗好,上部水洗差,整个油层剖面水洗厚度小,开发效果较差。因此,在开发过程中,应当努力搞清注采井组内夹层的分布情况,充分利用夹层分布的特点,因势利导,进行调整挖潜。

3. 夹层产状对油水运动的影响

近年来运用储层构型分析方法对曲流河、辫状河以及三角洲储层进行的大量研究表明,储层中夹层产状各不相同,有的夹层水平,有的倾斜。当夹层存在倾角的情况下,油水的运动不是平行于层面,而是平行于夹层面运动,因此倾斜夹层对油水运动起到屏蔽作用。

图10-22所示为曲流河点沙坝侧积体在注水开发过程中对油水运动的影响。侧积砂体对油水运动有以下几点作用:(1)遮挡作用,使运动中的流体遇到遮挡,被迫改变方向,主要针对产状与流向斜交的夹层;(2)死角回流作用,当两夹层合并时,致使砂层尖灭形成死角,流体受阻回流;(3)分流、合流作用,在夹层消失部位,使流体形成分流或合流;(4)重力分异底板作用,聚集因重力分异而下沉的水,并使之沿夹层顶面流动;(5)减速缓流作用,特低、低渗夹层将使流体流速减小,流量减少。

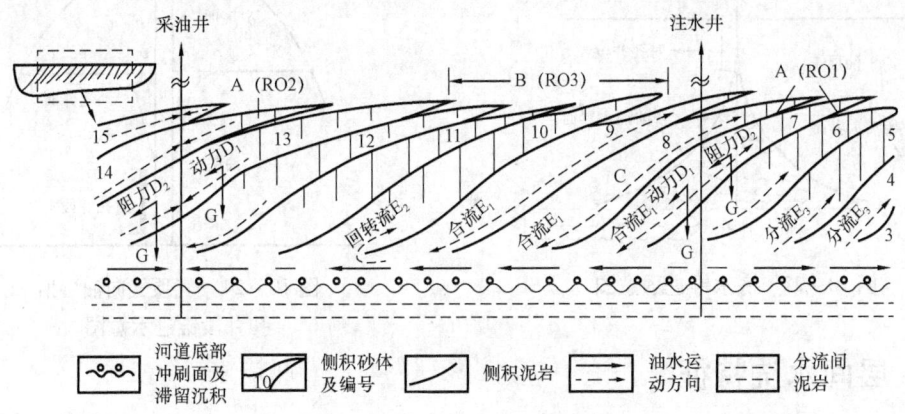

图10-22 曲流河点沙坝侧积砂体在注水开发过程中对油水运动的影响(据马世忠,2006)
A—侧积砂体与开发井直接连通;B—侧积砂体不直接与开发井连通;RO1—有注无采型高压剩余油;
RO2—有采无注型尖灭剩余油;RO3—井间侧积泥岩遮挡尖灭型剩余油

大庆葡萄花油田的厚油层夹层发育情况和水淹特征研究表明:① 夹层不发育的层比夹层发育的层更容易水淹;② 夹层发育的厚油层水淹段的水淹程度往往比较高;③ 没有夹层发育的厚油层,以下部水淹为主;④ 有夹层发育的厚油层,下部水淹常见,也容易出现多段水淹。

(四) 水锥与气锥的影响

1. 水锥

油藏采用底水驱进行开发时,水驱前缘或水线从下向上推进的。这时,就整个油层来说,其油水界面是整体抬升的,但是这种抬升在平面上是不均衡的。在远离采油井点的油层部位,油水界面一般比较平整;但在采油井点部位,由于是泄压区,所以它既是平面上压力最低的部位,又是流线汇集的部位,由此导致油水界面弯曲向上,形成底水上窜,这就是人们所说的水锥(如图10-23)。如果油层剖面非均质性较强,则水锥来得更快,水锥高度也更大。尤其在一些高角度裂缝、垂直裂缝发育的块状底水驱油藏的开发中,水锥现象十分严重。

水锥现象在底水油藏的开发中普遍存在。开发中为控制底水的过快锥进,可以采取以下两种方法:

(1)开发中规划射孔井段时,要在油水界面以上预留一定的厚度不射孔(此厚度称为射孔避水高度),以控制底水过快地锥进到射孔井段位置,造成油井过早水淹。

(2)如果底水已经锥进到油井射孔井段形成水窜,一般可以采取短暂关井压水锥的办法进行控制。若底水上窜比较严重,这时如果原射孔井段之上还存在连通的未射油层时,则可采取向上转移生产井段的办法,将原生产井段封死,在其上选择井段重新射孔进行生产。

2. 气锥

气锥现象与水锥有相同的机理。它是在气顶油藏进行气顶驱开发时出现的气顶气向油层部位的射孔井段锥进的一种现象(如图10-24)。由于天然气比水的黏度低很多,同时天然气分子比水分子要小,因而气锥比水锥更容易发生,也更严重。

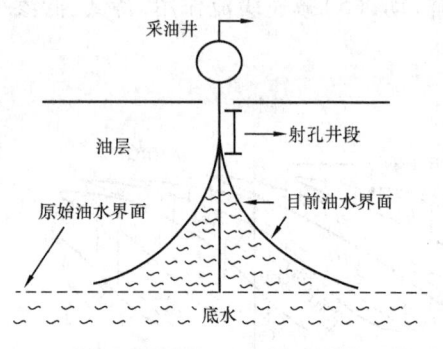

图10-23 底水锥进示意图

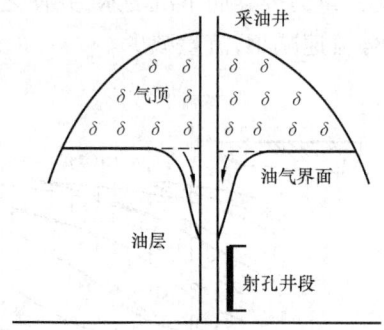

图10-24 气顶气向油层射孔井段锥进示意图

三、层间水洗特征

一个开发层系往往由多个含油小层组成,少则几个,多则几十个,每个小层的性质不同,这就存在储层性质层间非均质性,在注水开发过程中就表现出油水运动的层间差异。对层间油水运动起主要作用的是层间储层物性和压力状态的差异。

(一)注水井中的层间差异和层间干扰

1. 层间吸水差异

在同一压力笼统合注条件下,由于注水井各油层的性质不同,吸水能力相差悬殊。如某油田共射开25个层段,吸水剖面显示,吸水能力强的有10个小层,微弱吸水的有5个小层,另外10个小层根本不吸水。

层间吸水的差异程度受控于层系内层间的地层系数(有效厚度与有效渗透率的乘积)的差异。地层系数越大,吸水能力也越大。各单层之间的非均质性主要表现为渗透率的差异,并且渗透率级差可以达到数倍或数十倍。所以层间地层系数的差异主要受控于渗透率的差异。这样,在注水井合注时,渗透率高的层相对吸水量很高,而渗透率差的层吸水很低(图10-25)。

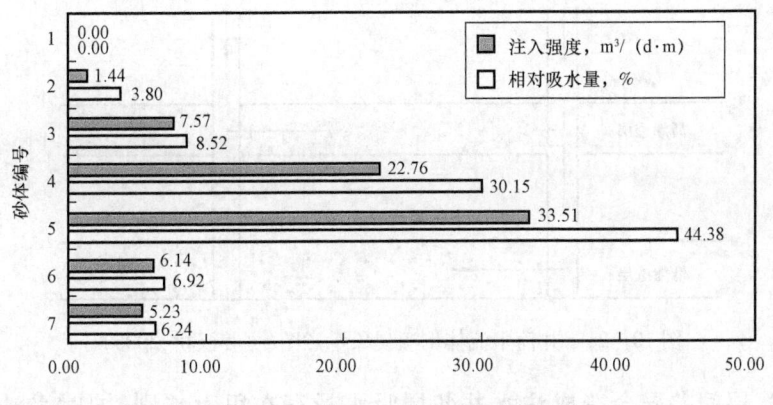

图 10-25 某油田不同单层吸水差异

2. 注水井单层突进

注水井中不同层吸水状况不同的原因,除油层本身性质差异外,还有在笼统注水条件下层间干扰的影响。在多层合注的情况下,注水层段越多,层间差异越大。在油层性质不同和层间干扰的双重影响下,注水井中层间吸水能力差异悬殊,甚至有相当数量的油层不吸水。我国各油田都进行了大量的吸水剖面测试,取得了丰富的吸水资料,是研究注水井中层间差异状况的重要依据。

层间渗透率差异越大,层间干扰越严重。较高渗透层水驱启动压力低,容易水驱,而低渗透层不容易水驱。所以在多层合注的情况下,注水井水驱往往沿着高渗透层形成单层突进;其他低渗透层流动阻力大,生产能力往往受到限制,水洗效果差。这种单层突进现象随着开发的不断进行,会变得越来越严重。因为随着不断的开发,高吸水层因吸水量多,受到的冲刷作用也越来越强,导致物性不断变好,更加剧了层间的非均质程度,所以越到开发后期注水井单层突进的现象越严重。

(二) 产油井中的层间差异和层间干扰

1. 多层合采时的层间差异

生产井在多层合采时,由于层间地层系数和生产压差的差异,导致各个层之间的产液量存在较大的差别。物性好、生产压差大的层一般产液量高,而物性差、生产压差小的层产液量低,从而造成各油层动用程度上存在较大的差别,有些层已经高含水,而另外一些层却未动用。所以在油气田开发时,要将储层性质相似的油层组合在一起,组成统一的开发层系。

2. 生产井流压与层间干扰

对于合采生产井,生产井的井底流压等于井筒附近各层流压最大者。如果生产井的井底流压大于某一层的油层压力,这时井筒中的流体就会倒流入油层压力小的油层中,发生倒灌现象。造成这种现象的主要原因是分层配水不当,某些层注水量特别大,导致该层地层压力升得很高。一般在开发层系的划分过程中,统一层系内的压力系统应基本保持一致。在同一口井中,合采时各层的流压不能相差太大。因为只有各层有大致相当的生产压差,才可以减缓层间干扰和防止流体倒灌(图 10-26)。

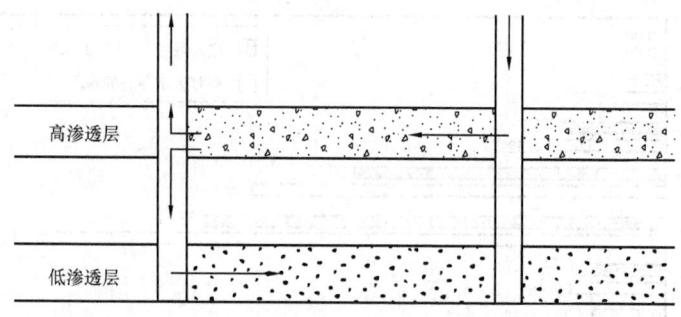

图 10-26 井筒中流体倒灌现象示意图(据姜汉桥,2006)

综上所述,层间差异会造成注水井各层吸水量存在很大差别,同时采油井中的各层产液量也存在很大的差别。通常情况下,如果注水井中某一层的吸水量很高,相应的,该层在产油井中产液量也会很高。所以层间差异的存在就会造成层间开发的矛盾,使得高吸水层的开发程度特别高,而低吸水或不吸水层的开发程度特别低,降低了总体合采层系的水淹厚度,也就降低了开发效果。因此在开采过程中,要不断地通过改层、调剖、堵水等措施降低层间差异,提高各个油层的动用程度,使其得到较好的开发效果,最终提高采收率。

四、平面水洗特征

油层平面上的油水分布主要受到渗透率的平面差异、方向性和油水井位置的影响。

(一)渗透率的平面差异

实际油层大都存在平面差异,在某一方向油井生产好产量高,而在另一方向则生产差产量较低。对一个井组来说,情况也大都类似,在不同方向上的油井,其生产与产量也大多存在明显差异。一般来说,生产情况好、产量高的油井或区带,油层发育好,渗透率较高;而生产情况较差、产量较低的油井或区带,油层大多发育较差,其渗透率较低。这种渗透率分布的平面差异使得注入水主要进入渗透性好的高产区带。由于高产区带的油井生产好、泄压快,这将进一步吸引注入水进入高产区带。可见,高产区带吸入水量大、水推快、储量动用好是十分自然的。反之,低产区带渗透性较差,注入水进入较少,油井泄压慢,更减弱了进入的水量和水推速度,其水洗较差、储量动用不高。

(二)油层渗透率的方向性

大多数油层渗透率方向性明显。这是因为在沉积岩形成时,总是在顺主水流的方向上一些片状、长轴状颗粒多呈"迎流叠瓦"状排列,使得水流畅快、渗透性较好、渗透率较高,而在垂直主水流的方向则渗透性变差、渗透率较低。对于渗透率方向性明显的油层,其注入水在顺主流线的高渗透方向吸水较多、水推较快,在这个方向上的油井见效快,见效后含水上升快;而在垂直主流线的低渗透方向则吸水较少、水推较慢,在这个方向上的油井见效见水均慢。由此形成油层水驱状况与水洗效果的平面差异。图 10-27 为我国大庆油田萨中地区平面油水运动状况图,图中可见注入水沿高渗透河道砂体条带突进的特点。

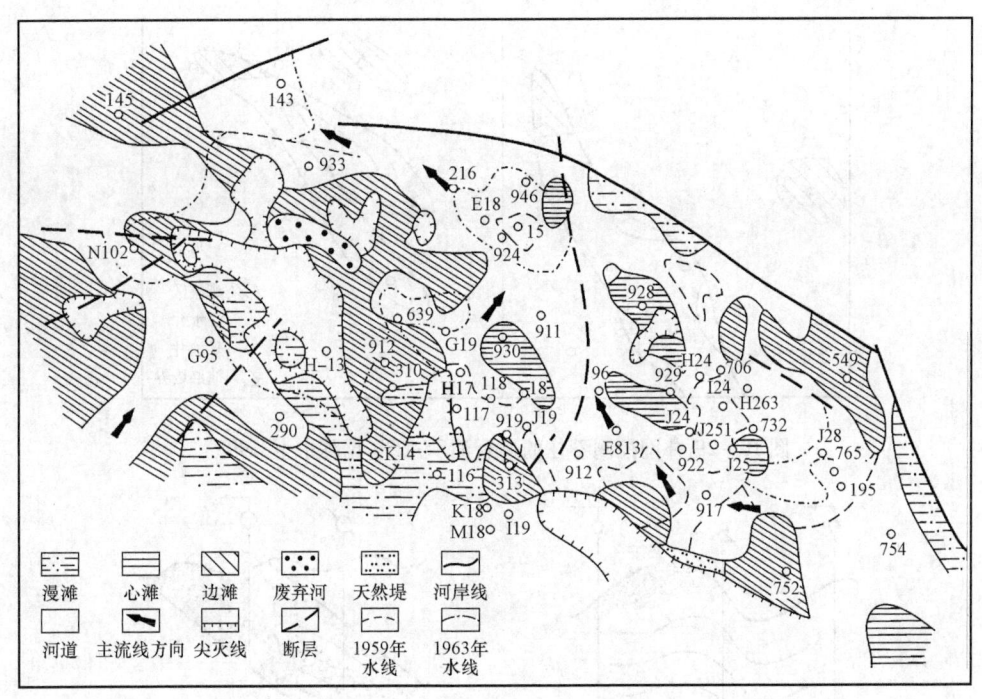

图 10-27 注入水沿高渗透河道砂体条带突进实例

(三) 油水井位置

油水井位置对油层平面上的油水分布有重要影响。这种影响表现为：在行列井网或七点井网、九点井网的情况下，两口相邻采油井的中间部位，注入水难于水洗到。这是因为在上述井网条件下，存在两口相邻采油井的中间无注水井，注水井分布在两口相邻采油井连线的两边较远处的情况。由于两口相邻采油井的中间部位压力较采油井附近为高，这就使得注入水总是优先并且持续地推向采油井附近一带，只有在油井周围水淹逐渐扩大的情况下，两口采油井中间的一些地区才可能少量地轻微地受到水洗。这就是老油田两口相邻采油井之间存在井网加密条件的原因（图10-28）。

此外，在油藏边缘部位，往往由于含油面积的局限，使得局部注采井点不够完善，从而导致油水分布的平面差异（图10-29）。

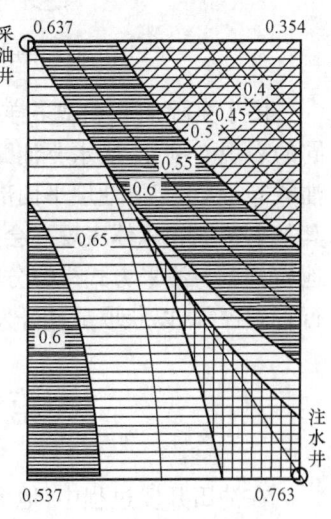

图 10-28 注水井组含水饱和度模拟

(四) 油层微构造的影响

油层微构造与通常所说的油藏构造的区别在于其空间展布的大小。油层微构造仅仅局限在两口相邻开发井的中间或几个开发井距之内，而油藏构造常常涵盖整个油藏或油藏中相当大的一部分地域。油层微构造对油水分布的影响主要缘于注入水的重力作用。由于注入水的重力作用，使得注入水易于进入油水井间的负向构造部位，使这些部位进入水量增多、存水量增大，油层水洗较为充分；而在油水井之间的正向构造部位，注入水进入较少、水洗程度不高（图10-30、图10-31）。

— 393 —

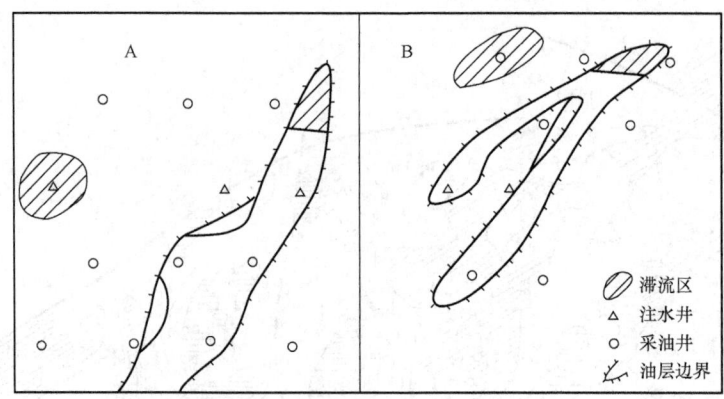

图 10-29 井网控制不住的剩余油示意图(据陈永生,1993)

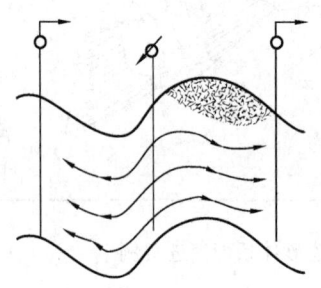 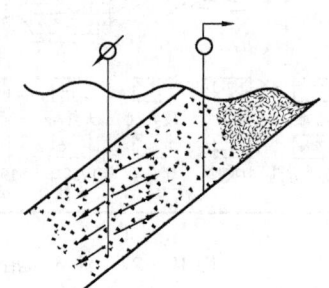

图 10-30 油层微构造影响水洗　　　图 10-31 油层上倾隔挡影响水洗

　　由于实际油藏类型多样,地质条件千变万化,其水洗特征与水淹规律在各具体油藏将有不同的表现。例如,底水驱油藏、天然边水驱油藏、注水开发的高陡构造油藏、注水开发的裂缝性油藏等等,它们的油层平面剖面水洗情况又将有不同的特点和差异。但无论这些差异有多大,其基本特征和总体表现不会违反上述基本规律。只要依据上述基本规律,再结合实际油藏的地质特点与注采方式进行分析研究,就可揭示其油层水洗水淹的具体特征,采取针对性措施进行管理控制,以获取最佳开发效果。

第三节　剩余油分布与预测

　　在油田开发过程中,地下油层中剩余储量的状况及分布,始终是油田开发人员自始至终所关心的问题,也是油田开发调整决策的基础。我国油田地质情况复杂,原油性质差异大,水驱油过程不均匀,进入勘探开发后期,尤其是那些勘探程度较高的老油田,经过一次、二次采油后仅能采出地下总储量的30%左右,这意味着有60%～70%的剩余石油仍然残留在地下成为剩余油。如何正确认识油层、改善油层开采状况仍是现阶段及今后较长一段时间内油田开发领域的主要研究方向。

一、剩余油的概念及类型

(一) 基本概念

油田开发界对剩余油的定义确有不同意见。为了全面深入地理解这一问题,对剩余油相关的基本概念集中阐述如下。

1. 束缚油

束缚油的概念不常使用,但它的含义是明确的,是指紧密附着在岩石颗粒上的常规不可流动不可采出的石油。束缚油与束缚水可能有相似的物理状态,但二者怎样共存于岩石孔隙中,这方面的研究揭示似乎不够。可能主要以吸附的形式附着在亲油或中性的岩石颗粒表面而呈常规不能流动状态。

2. 残余油

现行残余油概念有两种含义。其一,指室内岩心水驱油试验时,尽注水之所能(长时间高孔隙体积倍数水洗)而未能驱出的石油;其二,指油田开发结束时残留地下的石油。由于岩心比实际油层小的太多,也由于实际油藏不可能以十倍、百倍于油藏孔隙体积的注水量进行水洗,因此,实际油藏开采结束时,无论在平面上或是剖面上,都存在一定数量未水洗及水洗不充分的油层。所以,后一残余油概念的数量将远远高于前一残余油概念所包括的数量,并且比较接近本章所说的剩余油概念。

实际上,前一残余油概念比较接近束缚油的含义,但它又不等于束缚油,因为室内水驱油结束时,岩心中尚有少许可动油,可以通过改变岩心水洗方向来驱出。显然,后一残余油概念与前一概念相去甚远。

3. 剩余油

在油田开发界,有学者将剩余油定义为"残留在地下的可采储量,在数值上等于可采储量与累积采油量之差"。这一定义有待商榷。因为,研究剩余油的目的在于搞清剩余资源的数量及分布,以便在技术经济条件下予以采出。由于可采储量本身的不确定性,上述概念仅包括人们预测可以采出而暂未采出的油气量,未能包括全部剩余油。

本教材将剩余油定义为:已开发油藏(或油层)中尚未采出的油气。它既包括此前认为的剩余可采储量,也包括此前认为的不可采储量。

4. 可动剩余油

在当前技术经济条件下,通过适当的技术手段可以从地下采出的那部分可采储量称为可动剩余油,它在数值上等于可采储量与累积采油量之差。这部分油是宏观上连续分布的,其形成与油藏平面和厚度上的宏观非均质性、注采井网的布置以及注入工作剂的流度等因素有关。例如:低渗透夹层内和注入水绕流后形成的剩余油;未被井钻到的透镜体中的剩余油;局部不渗透遮挡(断层、逆掩断层等)处的剩余油,等等。

5. 剩余油饱和度

随着油藏的开发,当油藏处于当前地层压力和温度条件下所测出的储层岩石孔隙空间中的含油体积所占岩石孔隙体积的百分数称为剩余油饱和度。因此,剩余油饱和度是随着开发过程而变化的,是油藏开发调整的一个重要指标。

6. 残余油饱和度

随着油田开发,油层能量衰竭,即使经过注水注气等技术手段还会在地层孔隙中存在着尚未驱尽的原油,这些原油在岩石孔隙中所占体积的百分数称为残余油饱和度。

7. 剩余油储量丰度

剩余油储量丰度就是单位面积内的剩余油储量,利用油田剩余油储量除以总的含油面积即可得到。剩余油储量丰度是油田开发中后期调整挖潜的一个非常重要的依据。

(二)剩余油的成因类型

关于剩余油的类型,不同的学者有不同的分类。有的将剩余油划分为三类,即已开发层系剩余油、未开发层系剩余油、已开发区未动用剩余油(图10-32)。也有的提出依据剩余油形成的原因,将剩余油划分为的两大类十四小类。下面介绍后一种分类。

1. 基本未动用的剩余油

所谓基本未动用的剩余油,是指基本未受注水波及、其孔隙中的油气未经注入水(或其他驱替剂)驱替、可能仅仅由于弹性或溶解气驱能量有所释放而有轻微动用的石油储量。这类剩余油的存在,往往是由于井网控制程度不高或层间差异太大所造成的。基本未动用的剩余油主要有以下八种类型。

(1)井网控制不住的剩余油(分布在油藏边缘部位,井网控制不住的剩余油;油层尖灭带边缘井网控制不到的剩余油;封闭性断层附近井网控制不住的剩余油)。

(2)局部低渗透区带存在的剩余油。

(3)层间差异严重的低渗透未动用层中的剩余油。

(4)两口相邻采油井中间部位存在的剩余油。

(5)局部微构造的正向构造部位存在的剩余油(图10-33)(局部小背斜部位存在的剩余油;上倾方向受断层、不整合界面或岩性遮挡部位的剩余油)。

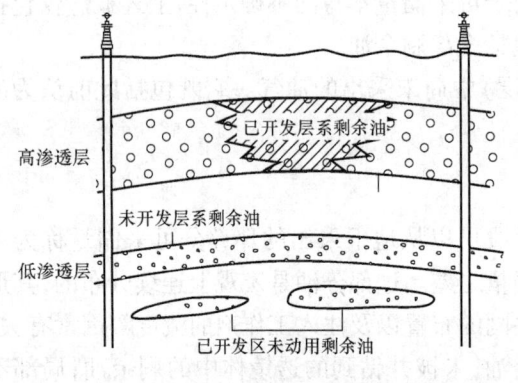

图10-32 剩余油类型示意图

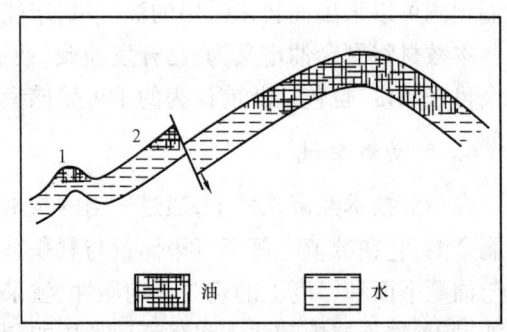

图10-33 微构造控制剩余油分布示意图

1—微隆起控制的剩余油;2—断层控制的剩余油

(6)平面水窜形成的剩余油(渗透率方向性严重差异形成的剩余油;裂缝水窜形成的剩余油)。

(7)水锥和气锥形成的剩余油。

(8)剖面上漏划和漏射的油层。

以上八种类型的剩余油,由于注入水很难洗到,其油气基本未受到驱替,是注水开发油田基本未动用剩余油的主要类型。

2. 采出程度不高的剩余油

所谓采出程度不高的剩余油,是指已经受到注水波及,其主要孔道中的油气已经受到注入剂驱替,但驱替不充分、水洗程度不高、一些细小孔道可能尚未水洗到的剩余油。这类剩余油的存在,主要是由于油层的层内非均质性与平面非均质性所造成的。平面上,这类剩余油主要分布在注入水推进的次要方向上(在某些特殊情况下也分布在裂缝发育注入水水窜严重的主要推进方向上);剖面上,这类剩余油主要分布在正韵律油层的中上部、厚油层的上部等难于水洗到的地方。从其成因上来讲,主要包括以下 6 种类型:

(1)正韵律油层上部与中部存在的剩余油;
(2)厚油层上部或内部存在的剩余油;
(3)层间干扰造成低渗透层水洗较差形成的剩余油;
(4)局部夹层遮蔽影响的剩余油;
(5)局部细孔细喉等部位存在的微观剩余油;
(6)岩石颗粒表面水洗程度不高的剩余油。

二、剩余油分布的控制因素

剩余油分布的影响因素可以从水驱采收率的角度进行分析,这是由于采收率越高,剩余油就越少;而采收率是驱油效率和波及体积系数的乘积。因此搞清驱油效率和波及体积系数的控制因素,也就基本搞清了剩余油分布的控制因素。研究表明,驱油效率的主要控制因素有储层孔隙结构、润湿性、油水黏度比以及注入倍数。波及体积系数可分为平面波及系数和纵向波及系数乘积,其主要控制因素有储层平面非均质性、层间非均质性、层内非均质性、层系组合、井网部署、射孔方案、注采对应、注采强度、注入倍数等。综上所述,影响剩余油分布的因素可归结为两大类:一类是地质因素,即油层本身的因素;另一类为开采因素,即生产工艺措施(图10-34)。开发方式及工艺取决于油藏地质条件。

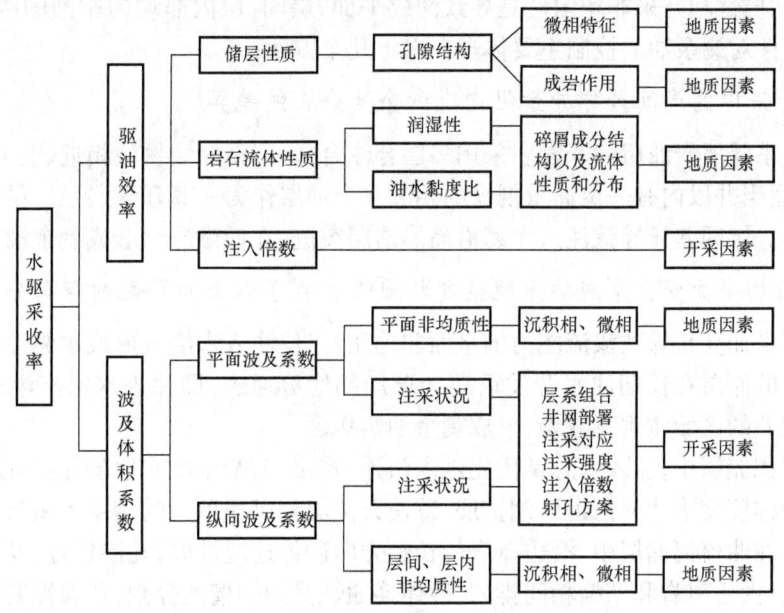

图 10-34 水驱采收率控制因素分析效果图

（一）影响剩余油分布的地质因素

造成剩余油分布状况差异的地质因素主要由储层非均质性来体现,而储层砂体的几何形态、大小尺寸、连续性和砂体内的孔隙度、渗透率等参数的分布引起平面非均质性;各单砂层厚度、孔隙度、渗透率等差别引起层间非均质性;单砂层内部垂向上储层性质的变化、非渗透夹层等引起层内非均质性。平面、层间、层内非均质性主要受沉积微相控制,不同沉积微相单元的储层具有不同的岩性、碎屑组分、黏土矿物类型及含量、孔渗性、孔隙结构和渗流特征,也具有不同的水驱油效率和剩余油分布特征。沉积微相单元是剩余油分布的主要宏观地质控制因素,另外,构造导致油藏内部位置存在差异,甚至造成储层延续性发生变化,使得流体在油藏内部流动形成差异,导致剩余油的形成。

1. 构造特征对剩余油的控制作用

1）断层

断层是油气聚集的基本条件之一,也是形成剩余油富集区的有利因素。封闭性断层对注入水的推进起封堵作用,使断层两边相同层位的油层水淹程度截然不同,在断层遮挡注采不完善的地方或断鼻的上倾方向往往易形成剩余油;而开启型断层则容易形成注入水的固定通道,大大降低了注入水的波及范围,从而形成滞留区,剩余油较多。

2）构造高部位或微构造局部高点

不同类型的微构造对油水运动的控制作用不同,由于重力的分异作用,注入水及边边水优先向构造低部位流动。因此,对于含油区域内分布三维微构造的高点,一般是剩余油储量较为丰富的区域。但是,当注水井从高点部位注水时,就会影响微构造高点存油。

2. 储层宏观非均质性对剩余油的控制作用

从储层非均匀驱油的角度来看,剩余油分布主要受储层平面、层间、层内非均匀驱油所控制,而油藏非均质性和开采非均匀性是导致油层平面、层间、层内非均匀驱油的两大因素。储层宏观非均质性对剩余油的控制主要体现在以下几个方面:

1）油藏开采中的层间差异导致纵向上剩余油分布的差异

陆相多层系碎屑岩油田的开发多采用多层合注合采,即将储层物性相近、上下有较好非渗透性的隔层、适当井段内有一定储量规模的相邻几个油层作为一套开发层系。尽管如此,各层层间仍有差异。层间差异导致注入水易沿高渗透层突进,在低渗层段形成剩余油分布。

2）沉积微相平面变化形成的水驱油非均质性控制了剩余油平面的空间分布

沉积微相平面变化导致渗流能力的平面非均质性,使注入水绕流形成水驱油的非均质性。物性差异悬殊的储层在长期注水开发后期会形局部优势通道,即注入水沿高渗透方向突进。在物性相对较差的区域注水见效慢,形成剩余油富集区。

河流相沉积储层中,注入水总是优先进入河道,再沿着高压力梯度方向顺河道突进,直到河道方向压力梯度变小才向河道两侧扩展,致使天然堤等沉积单元的储层水驱效果差、剩余油饱和度较高。在曲流河储层中,沿边滩脊的长轴方向砂体连通性好,孔渗性好,易水淹;在边滩的短轴方向上,由于滩脊和凹槽相间排列,砂体连通性受到凹槽的分割,孔渗性变化较大,水淹程度相对较弱。在井网相对较稀的情况下,砂体延伸方向及展布规律对地下流体运动的控制作用更加明显。图 10-35 显示了 XEM 油田某层系不同沉积微相类型控制下的剩余油及可动剩余油储量分布。

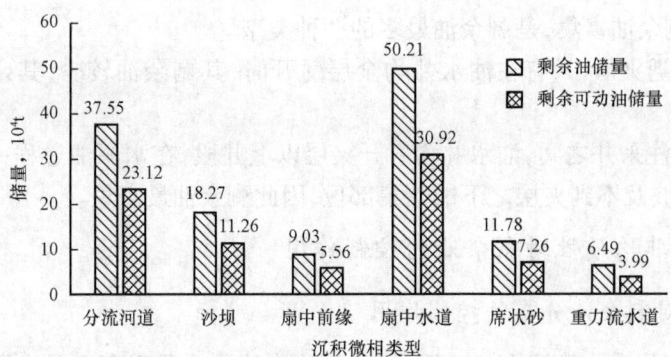

图 10-35　XEM 油田某层系不同沉积微相类型控制下的剩余油及可动剩余油分布图

3）储层韵律特征和夹层分布位置控制了剩余油层内分布

储层内的沉积韵律、夹层、沉积结构等导致垂向上储层性质的变化，是控制单砂层垂向上注入水波及体积和层内剩余油形成及分布的重要因素。

不同的渗透率韵律特征具有不同的水淹形式（图 10-36）。高渗透韵律油层，重力作用能够充分发挥，正韵律油层下部渗透率更高，上、下部渗透率级差较大，加剧了水沿下部窜流。在水质点下沉过程中，垂直渗透率也越来越高，重力作用更加充分发挥，正韵律油层加剧了下部水窜。由于这些原因，注入水在纵向上的分配很不均匀，正韵律油层下部强水洗段驱油效率在 50% 以上，且自上而下驱油效率明显增大。

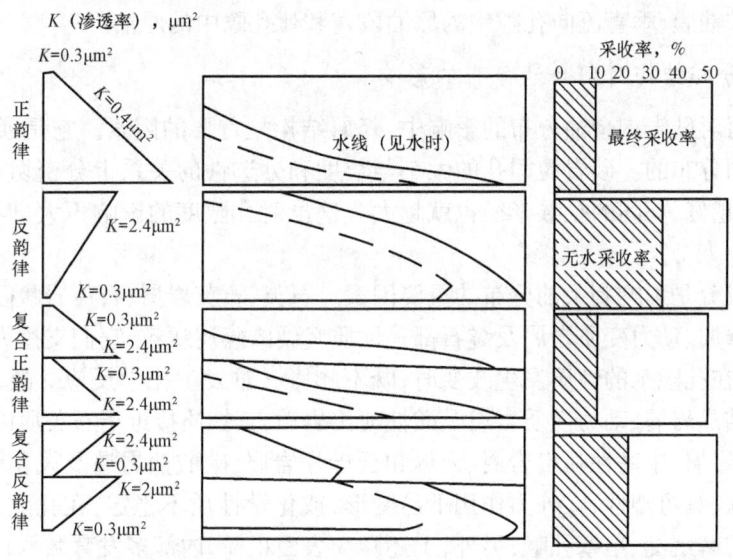

图 10-36　不同非均质类型油层水线推进等时图（据中国石油勘探开发科学研究院，2001）

层内夹层对油层的油水渗流有不同程度的影响和控制作用，其影响程度与夹层的厚度、延伸规模和射孔位置有关。油层内上部的夹层对油水渗流的影响较小、油层中部或中部偏上的夹层对油水渗流的控制作用较大。在夹层具有一定厚度（能对油水的纵向渗流起隔挡作用）和平面延伸范围的条件下，单一夹层的控制作用有 3 种情况：

（1）注水井钻遇夹层，油水井射开情况不同，剩余油分布位置与数量也不同。如对于油水井均射开的夹层以上井段，在水驱油过程中，注入水基本波及不到夹层以下的部位，从而在夹层下面的储层中剩余油富集，是剩余油最多的一种类型。

（2）采油井钻遇夹层，只有在油水井均全层射开时，其剩余油较少，其余情况下剩余油均较富集。

（3）夹层处于注采井之间，油水井均射开夹层以上井段，在水驱油过程中由于夹层的隔挡作用，注入水基本波及不到夹层之下的储集部位，因此剩余油最富集。

3. 储层微观非均质性对剩余油的控制作用

1）孔隙结构对剩余油分布的控制作用

剩余油的分布是受孔隙结构控制的，而孔隙结构的非均质程度又是由孔隙和岩石的分选性、润湿性等要素决定的，因此微观剩余油分布的形态及产状除主要受孔隙结构非均质性控制外，还受其他要素的制约，具体表现为：

（1）高渗透储层，孔径较大，孔喉连通好，孔隙分布较均匀，微观非均质性相对较小。水驱油流动阻力小，水驱前缘过后，在两相流动阶段，水沿孔隙壁逐渐向前推进，主流道的驱替水容易波及周围较小的孔道，油水分布较为均匀，水洗面积大，驱油效率高。储层的剩余油以大孔道中的油斑、与流向垂直的孔道中的原油段塞形式出现，在粒度较细的纹层剩余油含量高，甚至形成连续油相。

（2）中低渗透储层，孔隙细小，非均质性强，流动阻力大，渗透速度低，水驱前缘不能均匀向前推进，水头从连通较好的大孔隙向前推进，而渗流阻力大的细小孔道，水则不易向前推进，较细小孔隙中的原油不易被驱出，驱油效率低。储层的剩余油常见细小孔道中的原油、局部大孔隙中的油斑和油膜、垂直流向孔隙中的原油段塞和死孔隙中的原油。

2）碎屑成分和结构对剩余油分布的影响

在陆源碎屑对砂岩剩余油分布的影响中，碎屑结构是首要的因素。它是通过影响砂岩物性来影响剩余油分布的。砂岩粒间孔的大小与粒度和分选性的关系十分密切，即组成岩石的颗粒越粗、分选越好，其间的孔喉半径也就越大。这虽对孔隙度的影响不大，但对渗透率的影响却非常大。

碎屑矿物成分是影响剩余油分布的重要因素。石英、石英岩屑、石英岩状砂岩岩屑和以石英为主的结晶岩屑、动力变质岩屑及燧石都是性质坚硬的碎屑颗粒，它们支撑力强，不易变形，化学性质稳定，在孔隙水的性质发生改变时，既不膨胀又难发生化学反应。酸性斜长石、微斜长石和长英质结晶岩屑、动力变质岩屑及酸性喷出岩屑，其性质接近于石英质的碎屑颗粒。而泥质岩屑、千枚岩屑、中基性喷出岩屑、云母和云母片岩屑、碳酸盐岩屑及风化较深的长石等，它们或性质柔软、具可塑性，在外力作用下易变形，或化学性质不稳定，在孔隙水发生变化时，易膨胀、蚀变、溶解沉淀、堵塞孔喉；另外，上述颗粒表面粗糙，内部多发育微孔，比表面积大，不仅易吸附油，而且易被油浸，是束缚油赋存的方式之一。

3）黏土矿物成分、含量及产状对剩余油分布的影响

黏土矿物的成分和含量直接影响剩余油在孔隙中的分布，黏土矿物含量低，占据的粒间孔隙少；黏土矿物含量高，占据的粒间孔隙就多。这不仅对孔隙度和渗透率有影响，更重要的是对剩余油在孔隙中分布的影响极大。

黏土矿物的产状直接影响到砂岩中的孔隙分布。泥状的黏土矿物集合体往往占据砂粒的位置,当粒度较粗且压实作用影响较小时,对油层物性的影响并不大。分散状的黏土矿物多为自生高岭石,它不仅使大个粒间孔隙变为众多的微孔隙,而且还会因晶片小,且呈分散状,其固着力弱,速敏性强,在流体作用下容易被冲散流失,引起油层湿润性向亲水方向转化。交代长石和喷出岩屑的黏土矿物多为自生高岭石和绿泥石,它们虽然一般表现为同体积交代颗粒,形成一些微孔隙,但增加了束缚油的含量和颗粒比表面积,使颗粒表面对流体产生的阻力增大,同时不利于油层润湿性向亲水方向转化。

4. 流体性质及分布规律对剩余油分布的控制作用

低黏度原油油水黏度比相对较小,水驱前缘的推进相对均匀,水的指进不严重,驱替水容易波及较细小孔道,油膜及油斑易于被驱走,驱替效率高,剩余油量较小。高黏度原油,水驱前缘推进不均匀,高黏原油流度小、驱替水容易突破大孔道,迅速向前运移形成较严重的指进,因此高黏度原油油井见水早,较细小孔道中的原油不易被驱走,驱替效率低,剩余油量较大。

平面上流体分布非均质性较强导致油井生产情况不同;纵向上的流体非均质程度相对较弱,对剩余油分布的控制作用不太明显。

(二) 影响剩余油分布的开采因素

注采开发状况是剩余油分布的外部控制因素。简单地讲,就是在注采过程中,由于层系组合、井网部署、射孔方案、注采对应、注采强度、注入倍数等因素的影响,致使由采油井或注水井与采油井所建立的压力降低形成的未波及或波及较小的区域,原油未动用或动用程度低,从而形成剩余油富集区。

1. 层系组合的影响

储层非均质性越强或砂体连通性越差,油藏开采所需要的层系就越多,井网数就多。井网数的多少对注水波及体积和剩余油分布有直接影响,井网加密能提高油藏的动用程度,加快注入水的波及体积,提高剩余油的采出量。

2. 注采关系的影响

注采关系也是影响剩余油分布的主要因素之一,处在主流线部位的油层水淹程度高,而非主流线上油层水淹程度相对较低。在油层性质一定的条件下,布井方式对剩余油分布也有很大影响。以行列井网为例,如果注水井排上油层变化较大,那么即使在两口注水井之间也可能存在剩余油,在注采井网的中间井排上两口油井之间通常是剩余油的富集区;对于四点法面积井网,即使在油层比较稳定的情况下,在注水井之间的压力平衡区附近也存在剩余油。

3. 外来流体性质的影响

油藏的外来流体主要包括注入水、注入气和注入聚合物等物质。这些流体注入油藏后,由于注入剂的流动通道差异以及外来流体与岩石作用(如酸敏、水敏和盐敏反应等)对储层的储集性能和渗流特征的改变,都会影响剩余油的分布。

三、剩余油的分布特征

剩余油的分布问题是油田开发地质研究的核心问题。只有准确掌握油藏剩余油气的分布状况,才能采取正确的对策与措施予以有效采出,从而获取油田开发的最佳效果。剩余油的分布在各具体油藏各有特点、千差万别,在一些孔隙结构复杂、油藏的储集空间与渗流通道原本就不十分清楚的油藏中,比如裂缝型油藏、溶蚀型油藏等,其剩余油分布的细节至今仍不甚清楚。虽然如此,但就一般孔隙性砂岩油藏来说,其剩余油分布仍具有一定的规律性。

(一)剩余油的剖面分布

1. 剩余油剖面分布特征

1)多油层合采的情况下低渗透层剩余油较多、高渗透层剩余油较少

在我国,陆相砂岩油田占多数,油层层数多、非均质性强是其主要特点。比如,大庆的萨、葡、高油层,最多时可以细分达136个小层,辽河、胜利的主力油层也多是这种情况。在多油层并有较强非均质性的情况下,合理划分开发层系是必要的,但即便按照很细的划分思想划分2套、3套、4套开发层系,也仍然大量存在多层合采的情况。

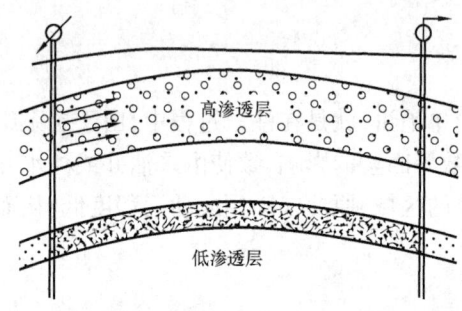

图10-37 层间差异导致低渗层中的剩余油

在多层合采的情况下,高渗透层吸水多、水推快、水洗充分;而低渗透层则吸水少、注入水水推慢、水洗差,剩余油较多。尤其当层间差异较大、渗透率相差较为悬殊时,那些渗透率很低的差油层甚至可能处于不吸水不出液的基本未动用状况。显然,这样的低渗透层剩余油较多(图10-37)。例如,大庆油田初期开发层系划分较粗,多采用1~2套井网开发,结果发现一套井网开发时,主要是渗透率高的河道砂油层发挥作用,厚度动用仅达30%~60%,很大一部分低渗透油层未得到动用。后来通过细分开发层系调整为3~4套井网,油层剖面动用程度显著提高。

2)厚油层剖面动用程度较差,其上部剩余油较多

一般来说,在油层较薄时,注入水的重力作用不明显,油层剖面水洗程度高,剩余油较少。但对厚油层来说,注入水在水平推进的同时,由于其相对于石油有更大的密度,因而在重力作用下存在一个下渗的作用,从而导致厚油层下部水洗好而上部水洗差,使其剖面动用程度显著降低,在厚油层的中上部存在较多的剩余油。特别当厚油层存在较大的层内非均质性且为正韵律油层时,这种差异将更大,油层剖面动用程度更低,其中部、上部的油层更难水洗到,从而留下较多的剩余油。

在注蒸汽开采厚层稠油时,情况与注水开采厚层稀油正好相反。因为蒸汽比稠油密度低出许多,因而蒸汽在厚油层中水平推进的同时,还有很强的向上超覆的作用,从而造成上部油层水洗好而下部油层水洗差,在油层的中下部留下较多的剩余油(图10-38)。克拉玛依油田九区稠油蒸汽驱试验区,在吞吐开采两年又转汽驱两年后所钻检查井发现,在距注汽井30m处的检查井总共约20m厚度的油层中,仅在靠近顶部的4m油层为强水洗段,其余大部分油层基本未水洗。可见蒸汽超覆作用的强烈。

3) 注采缺乏连通的部位,形成局部水洗不到的剩余油

在一些砂体窄小的油藏中,常常出现这类情况:某些砂体有注水井控制但局部方向无采油井钻遇,或某些砂体有采油井控制但局部方向却无注水井钻遇,形成注采连通不畅或缺乏注采连通的情况,从而形成局部水洗不到的剩余油(图10-39)。

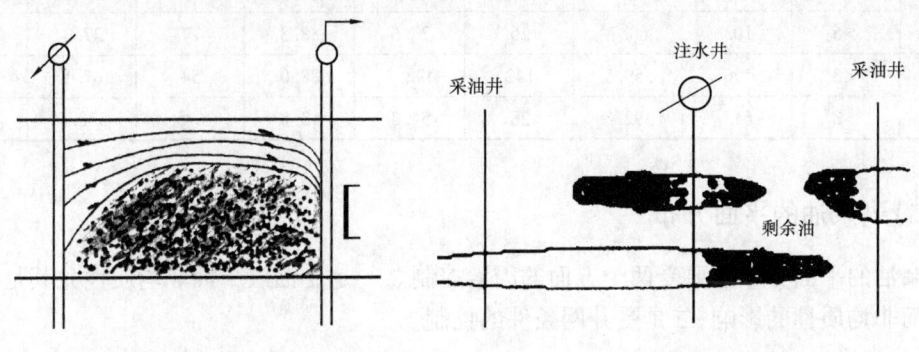

图10-38 厚油层蒸汽超覆示意图　　图10-39 注采缺乏连通的剩余油

4) 由于水锥和气锥的存在,导致在远井地带形成剩余油

水锥造成底水快速上窜造成油井过早水淹,使油井的井底附近形成锥状的、向上突出的、局部抬高的油水界面,而在离油井稍远一些的地方,油水界面还处在比较低的深度位置,从而留下大量未波及未动用的剩余油。气锥造成气顶气快速窜入油井的生产井段,导致油井气窜,气顶气大量采出,而在远井地带的原油则无法采出形成剩余油。

2. 油层剖面动用程度

油层剖面动用情况可以使用油层剖面动用程度来定量表示。所谓油层剖面动用程度,是指在油层动用厚度占油层射开总厚度的百分比。即

$$R_D = \frac{h_D}{H} \times 100\%$$

式中　R_D——油层剖面动用程度,%;

　　　h_D——油层动用厚度(平均吸水厚度或平均出油厚度),m;

　　　H——油层射开的总厚度,m。

通常根据注水井吸水剖面测试资料、采油井出液剖面测试资料判定油层剖面动用情况及程度,还可以用水淹层测井解释资料、剩余油测井资料、检查井密闭取心分析资料判定油层剖面动用情况及程度。

在我国注水开发的陆相碎屑岩油藏中,全井油层的剖面动用程度一般只在40%~80%左右,油层条件极好者可以超过80%,但鲜有超过90%者。而油层条件较差、剖面非均质性严重的油藏,其剖面动用程度可低至40%以下。这就是说,多数油层在剖面上都有约1/3左右的未动用厚度(表10-14)。

以上剩余油剖面分布特征是一般情况。对于各具体油田、具体油层,其剩余油剖面分布会各有特点,应当依据该油藏的地质特征、开发设计、注采工艺、技术措施等影响油层剖面动用的各种因素,综合各种剩余油检测分析资料具体分析研究,这样才能得出比较准确可靠的认识。

表10-14　大庆油田不同渗透率级差油层的剖面动用情况(38口井资料)

地区	渗透率级差	统计层数,层	统计厚度,m	出油			不出油		
				层数,个	厚度,m	厚度比例,%	层数,个	厚度,m	厚度比例,%
萨南	<5	195	295.2	155	250.3	86.5	40	38.9	13.5
	>5	103	60.7	26	23.6	38.8	77	37.3	61.2
杏南	<3	196	559.5	142	492.4	88.0	54	67.1	12.0
	>3	643	392.8	28	54.3	13.8	615	338.5	86.2

(二)剩余油的平面分布

剩余油的平面分布主要受两个方面的因素控制。一是受油层平面非均质性尤其是受渗透率的平面非均质性的影响;二是受井网条件的控制。

1. 平面非均质性较强的油层,局部低渗透带有较多的剩余油

大庆油田曾进行过如图10-40所示的模拟研究。在第一种情况下,渗透率变差部位只是位于9、14号井处的较小范围,其油层有效厚度设计为主体部位的一半,渗透率设计为主体部位渗透率的1/10。模拟结果表明,在主体部位油井含水达到95%时,变差部位油井含水率仅为60%;当变差部位油井含水达到主体部位油井的含水时,所需开采时间是主体部位油井的三倍多。第二种情况是变差区扩大,有8口井位于其上(其有效厚度与渗透率设计同前)。开采过程中变差区含水上升慢,当主体部位油井含水95%时,变差部位油井含水仅18%。当变差部位油井含水达到主体部位相同含水时,需6倍以上时间。

上述研究表明,当局部低渗透带较小时,可以借助主体带的水驱作用予以开采;但当局部低渗透带范围较大时,其水驱效果较差,剩余油较多。对于这种较大范围的局部低渗透油层,应采取局部加密等井网调整措施以提高油层平面动用程度、增加石油采收率。

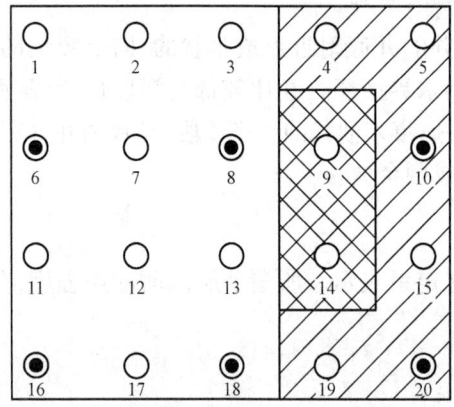

图10-40　油层局部低渗透模拟地质模型

2. 两口相邻采油井的中间部位,有较多的剩余油

无论在面积井网或是行列井网中,在两口相邻采油井的中间部位,由于远离泄压的采油井,其地层压力较高,使得注入水很难波及。在这样的部位,往往存在较多的剩余油。例如,吉林扶余油田在研究了大量油藏动态资料与检查井资料以后,得出两口相邻注水井中间部位的水洗厚度比例为53.7%,两口相邻采油井的中间部位的水洗厚度比例为35.4%,说明两口油井中间的水驱动用程度最低,剩余油最多,这是钻调整井的有利位置。

3. 局部井网不完善的部位,有较多的剩余油

实际油藏由于边界不规则或断层的分布,在靠近边界或靠近断层的地方布井时,时常出现多一口井嫌多,少一口井又嫌少的情况。为给后来的井网调整留下余地,较多采取少井策略,从而留下井网不完善的部位。此外,在老油田内部的某些地区,也有由于油水井严重出砂、套管损坏等原因导致报废而出现井网不完善的情况。在这些局部井网不完善的部位,往往由于缺少采油井点而存在较多的剩余油。

4. 井间微构造的正向构造部位,有较多的剩余油

由于注入水的重力作用,使得注入水易于进入油水井间的负向构造部位,使这些部位的油层水洗较为充分。而在油水井之间的正向构造部位,注入水进入较少、水洗程度不高,油层中将留下较多的剩余油。

5. 平面水窜形成的剩余油

注水开发油田平面水窜有两种情况:

1) 油层渗透率方向差异性形成的水窜

这种水窜普遍沿一个方向,并有大量井发生,但水窜程度一般不严重。多发生在河流相砂体的主流线方向上,或其他具条带状的砂体中。在这些砂体主流线两侧的砂体边缘部位,注入水难以水洗到,一般有较多的剩余油。

2) 裂缝造成的水窜

当注水井和采油井之间裂缝比较发育甚至出现裂缝连通时,这时的水窜是惊人的,油井可以在短短的几个月内全部水淹。这时油层的过水断面很小,注入水波及体积很小,大量剩余油分布在(被注入水封闭在)裂缝通道的两侧,成为基本未驱的优质易动用剩余油。

例如,在研究新疆一个裂缝型火山岩油藏(克拉玛依油田七中区佳木河组油藏)时,根据该油藏少数裂缝发育的高产井注水水窜水淹严重,而多数油井产量不高、注水长期不见反映的注采特征,认为剩余油主要集中在水窜、水淹的高产井附近,只是因为被裂缝通道中的注入水封闭不能流动(油水黏度比为 8 左右),建议注水井终止注水,水淹井全部强排采油。实施一年多,效果极佳,两口含水高达 98%、99% 的原高产井,含水已逐渐下降到 67% 与 58%,日产油量由 0~0.5t 分别上升到 16.6t 与 20.2t,并且含水还在下降之中(表 10-15 及图 10-41)。

表 10-15 克拉玛依油田七中区佳木河组注水井停注 7522 井强排采油的生产情况

项目	投产初	停注前	停注时	强排初	含水下降时	目前	累积生产情况
时间	1986.3	1995.8	1996.4	1996.10	1996.11	2002.8	1996.11~2002.8
日产液,t/d	56.3	27.9	50	44.7	42.4	21.4	累积增油 3.26×10^4 t
日产油,t/d	56.3	0.5	1	0.9	6.8	12.2	
含水,%	0	98	98	98	84	43	

以上是剩余油平面分布的一般情况。在各具体油藏中,其剩余油的分布是千差万别的,应当根据各油藏的具体情况进行分析研究,万不可机械套用。

(三) 剩余油的微观分布

关于剩余油的微观分布,国内外都进行过大量研究。大多数都是采用人工模型或真实岩

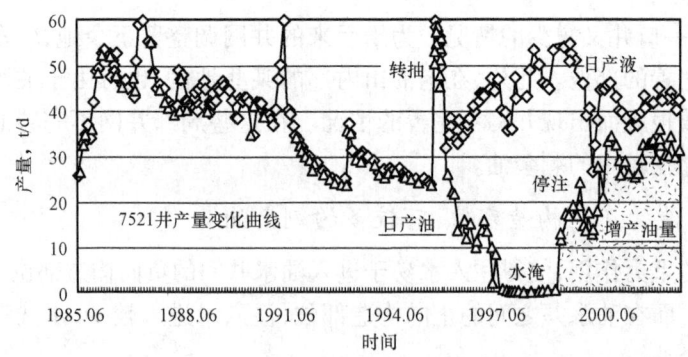

图 10-41　克拉玛依油田七中区佳木河组 7521 井产量变化曲线

心,在室内进行水驱油实验来研究剩余油的。因此,这里所说的剩余油,是指室内水驱油经过充分水洗后的剩余油,与实际油田开采中的剩余油相去甚远,实际应当是残余油的概念。虽然如此,但它提供了油田开采中水驱油的极限情况,展示出油层岩石孔隙中剩余油分布的各种典型特征,为分析思考实际油藏的剩余油状况及分布起着重要的指导作用。

关于残余油的分布,罗蛰潭、R. A. Dawe 等的研究提出过残余油的如下微观分布(图 10-42):

(1)孤岛状残余油;
(2)索状残余油;
(3)珠状或滴状残余油;
(4)悬垂状残余油;
(5)簇状残余油;
(6)并联式孔隙中的残余油;
(7)死角式孔隙中的残余油等。

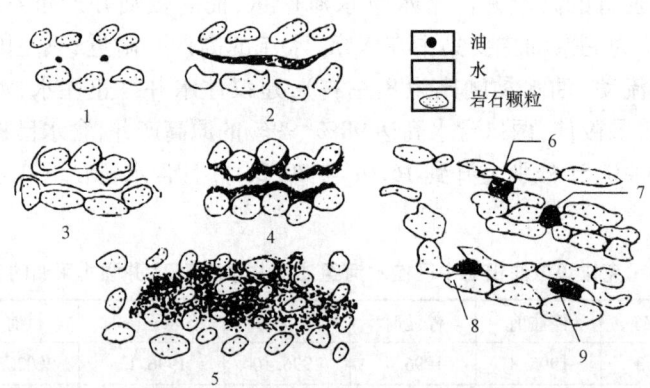

图 10-42　岩石微观孔隙网络中残余油状态
1—孤岛状(水湿孔隙中);2—索状(水湿孔隙中);3—珠状或滴状(水湿孔隙中);4—悬垂环状(油湿孔隙中);
5—簇状(水湿孔隙中);6—并联式孔隙;7—H 形孔隙;8—死角式孔隙;9—封闭式孔隙

大庆油田许焕昌等采用真实岩心,用低黏度染色环氧树脂(驱替中呈液态、驱替结束时能固化,黏度可调)、染色稠化水等模拟油或水,用染色甘油(驱替中呈液态、驱替结束时能固化,黏度高)模拟原始石油,进行油驱水及多种水驱油实验。每次实验结束时,将岩样固化制成铸体薄片进行观察和照相。根据实验资料,将剩余油(应为残余油)按其形态分成 5 种:

(1) 微观小片死油区的簇状残余油(图10-43);
(2) 颗粒表面的环状、膜状残余油(图10-44);
(3) 孔隙死角处的孤立状残余油(图10-45);
(4) 并联喉道中较小喉道中的柱塞状残余油(图10-46);
(5) 颗粒表面溶蚀孔、缝中的不规则残余油。

应该说,上述实验是极富价值的。在岩心水驱实验中极少见到如图10-42所示的孤岛状、索状、珠状形态的残余油。实验结果至少说明:油层岩心即使经过实验室条件下的充分水洗,也仍然存在大量的簇状、膜状、环状、柱塞状等微观成片的剩余油,并且这些剩余油的分布形态多数已为现有理论或专著所阐释,成为研究剩余油分布研究的可靠基础。

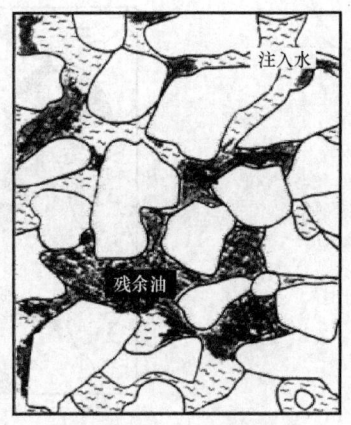

图10-43 簇状残余油

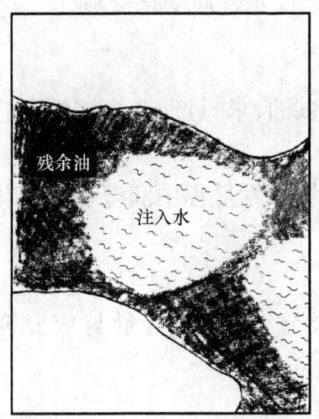 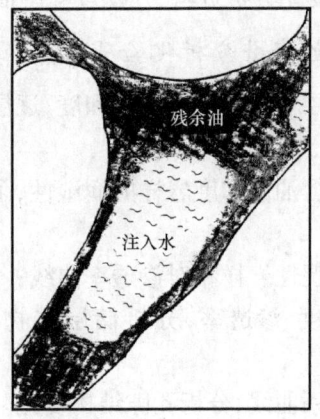

图10-44 环状、膜状残余油

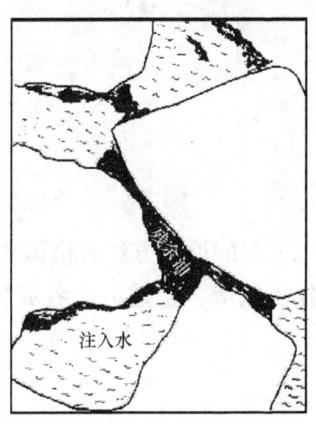 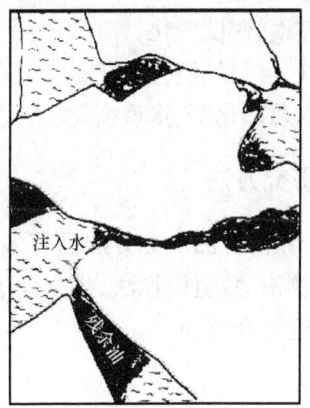

图10-45 死角状残余油

四、剩余油分布的检测和研究方法

(一)应用资料

剩余油研究所用资料除包括常规基础资料外,还应增加新的资料,如密闭取心检查井含油

 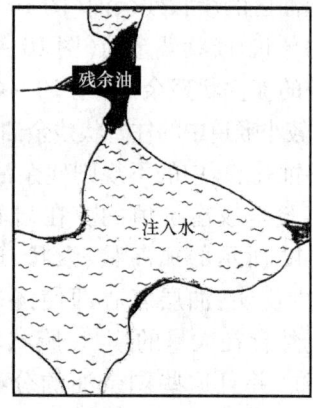

图 10-46 柱塞状残余油

饱和度、储层物性变化分析资料、开发过程中油、气、水性质变化资料。

1. 密闭取心检查井分析化验项目

（1）分析取心层段各油层含油饱和度,逐层试油,求日产油、含水情况,分析含油饱和度与含水的关系；

（2）分析不同含油饱和度岩样的润湿性,了解开发过程中润湿性的变化,分析对后期注水开发的影响；

（3）作不同润湿性岩样相对渗透率曲线；

（4）分析孔隙度、渗透率,分析储层矿物成分,胶结物含量与成分变化对注水开发的影响；

（5）作压汞退汞曲线,分析孔隙结构变化。

2. 化验分析目前油、气、水性质

（1）分析原油黏度、密度变化；

（2）分析气顶气、溶解气组分变化；

（3）分析地层水总矿化度、水型变化。

（二）检测和研究方法

目前,剩余油分布的检测研究方法已有多种,主要的检测方法有模拟实验法、测井解释法、检查井密闭取心检测法、数值模拟法、生产动态分析法等。上述方法各有特点,又都有其局限性。现对以上方法逐一介绍如下。

1. 模拟实验法

1）微观模型实验法

该方法根据目的层典型铸体薄片资料,将孔喉系统复制刻蚀在玻璃表面,以再现地层孔喉网络情况,然后进行油驱水（建立束缚水）与水驱油的实验,并在显微镜下观察或录相（图 10-47）。实验中油与水均进行适当着色以增强观察效果。该方法可直观形象地看到剩余油的微观分布情况。近些年来,我国在微观孔隙模型两相驱替实验方面进展很快,主要表现在实验模型的不断更新。最早是网状模型、手工随机刻蚀模型,后来发展到光刻模型、光刻复制模型,目前发展到采用实际岩心制作孔隙模型。

2) 物理模拟实验法

我国克拉玛依油田20世纪70年代中期曾在油田构造边缘选择目的层(三叠系克上组 S5 砂层组)的野外露头进行注水试验,用以研究油层水洗情况及剩余油分布。该试验研究了露头剖面出水点的分布,出水水流的类型,以及在注水、停注、注清水与注稠化水的不同过程中出水情况的动态变化,取得了砾岩油藏注入水流动与出水情况的生动、具体、直观的认识,对进一步搞好油藏开发具有重要的指导意义。最近十几年,利用人工岩心进行二维、三维物理模拟已经成为各个油田研究剩余油分布的常规技术手段。

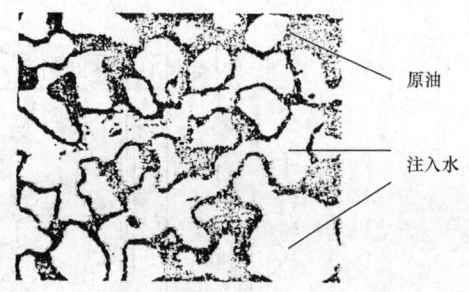

图10-47 微观模型示注入水指进
(注入水在亲油油层中指进)

2. 测井解释法

1) 生产测井解释

生产测井是在油田开发过程中在生产井中进行的一系列测井,生产测井用途非常广泛,其中包括确定生产层含油饱和度的变化,不同层段出油和产水情况等。此类用途的生产测井包括产吸水剖面、碳氧比能谱测井、相位介电测井、示踪剂测井和 PNN(脉冲中子—中子)测井等。产吸水剖面采用注水井吸水剖面测试资料与采油井出液剖面测试资料,判定油层剖面动用状况及剩余油分布情况(图10-48、图10-49);后面几种测井方式可以定量求出剩余油在井筒剖面上的分布(图10-50)。

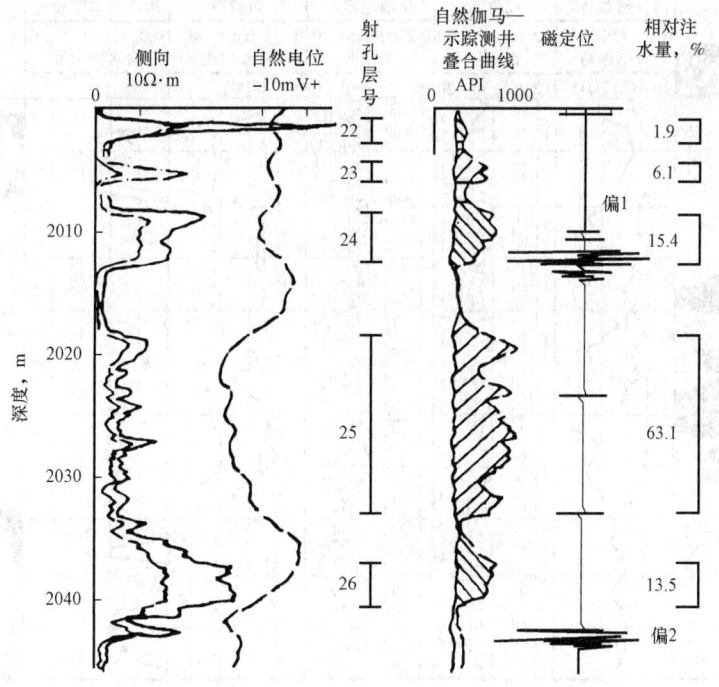

图10-48 放射性同位素示踪剂注水剖面测井图

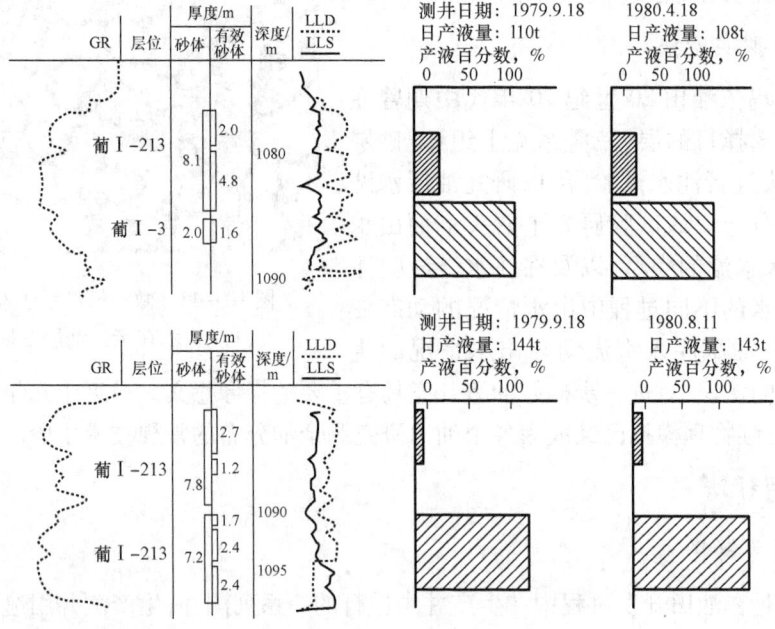

图 10-49 采油井产液剖面不同时期的测试成果

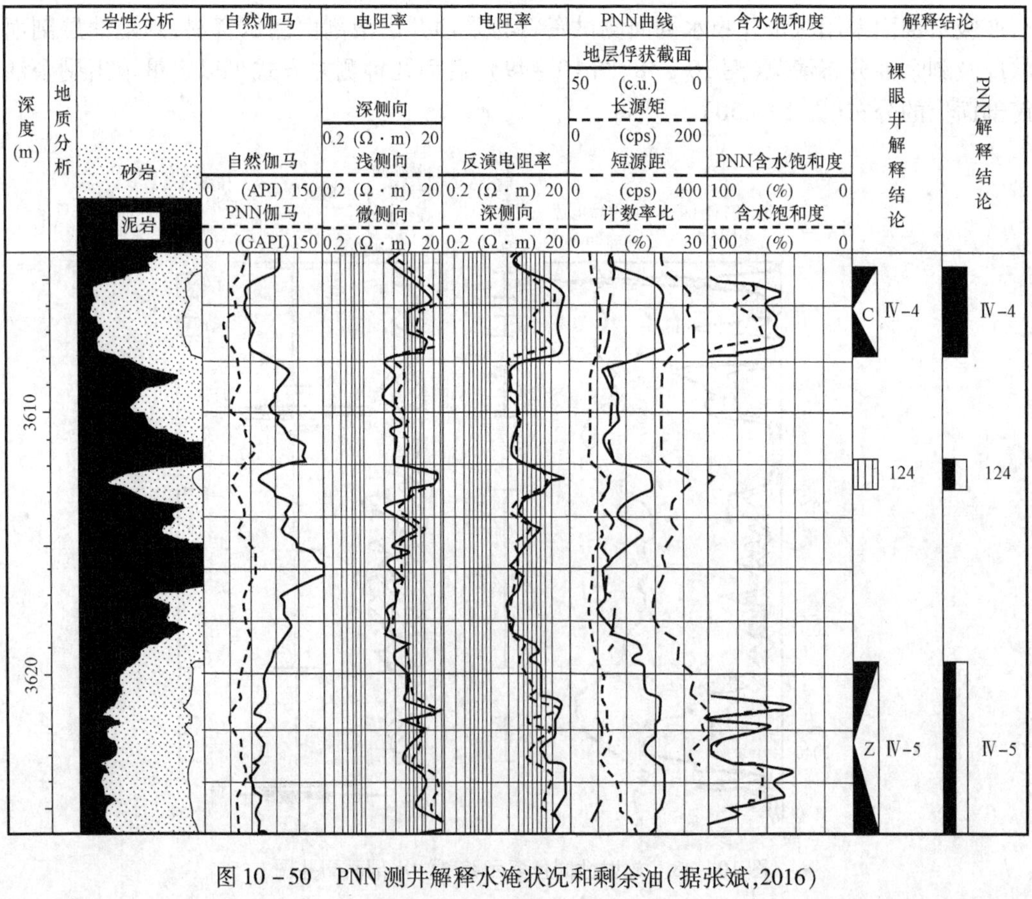

图 10-50 PNN 测井解释水淹状况和剩余油(据张斌,2016)

2) 水淹层测井解释法

水淹层测井解释的物理基础是由于长期注入淡水,将导致油藏储集层的岩性、物性、电性、水性和含油性都发生变化,因而在测井曲线上必然出现独特的响应,一般表现为:电阻率降低、水淹层段的自然电位幅度值将出现下降(自然电位曲线基线的偏移)、声波时差增大等。

该方法常用于已注水开发多年的老油田。将油田新钻的调整井、更新井、检查井等各类新钻井的完井电测曲线,与临近的老井的完井电测曲线进行对比分析,如果两井中某层段的电阻率、自然电位、声波等曲线将较老井出现明显偏移,说明其含水饱和度发生相应变化,即发生水淹。如图10-51所示,1井和2井相距200m左右,1井在L76A和L76C油层中深部电阻率都较高,且上下差异不大,但在2井中两个层的砂岩底部深电阻率分别都明显低于上部。2井钻井时间晚于1井4年,说明该区块这两个层都遭遇水洗,底部发生水淹。由于此方法在判定剖面剩余油分布的同时,还可根据井网井距及井点的平面位置推测剩余油的平面分布,再通过分层试油手段检验和改进剩余油解释的准确性,因此具有更大的实用性。

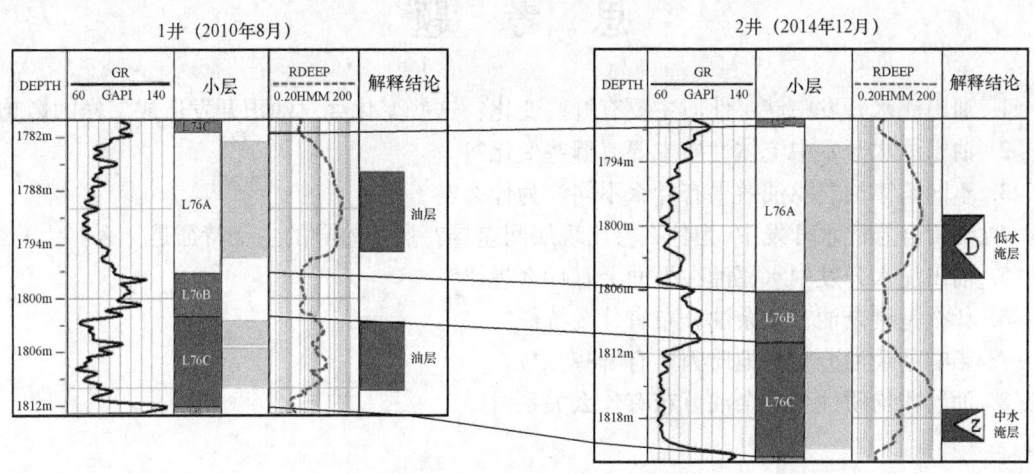

图10-51 水淹层测井解释成果图

3. 检查井密闭取心检测法

这是提取油层剩余油饱和度最权威最直接的方法。在老油田开发井网中选取有代表性的部位钻检查井,在目的层部位进行密闭取心并速送室内分析化验,以取得其含油饱和度数据。这是地下油层真实的剩余油饱和度资料,据此可以判定油层剖面剩余油的准确分布情况。再结合检查井的平面位置与注采井网的平面分布,还可推断剩余油的平面分布情况。此方法也有其局限性:一孔之见的平面代表性不强,钻井取心费用高、时间长,油层岩石强水洗后破碎厉害、岩心收获率低是其主要缺点。

4. 数值模拟法

将油藏或其中的某部分数值化,在计算机上对其注采过程进行仿真模拟,可输出任意时刻、任何点面上的剩余油饱和度数据。其优点是剩余油数量明确,可根据条件或结果研究二者的依变关系。其缺点是实用性太差,主要原因在于实际油藏相当复杂模糊,模拟所需参数太多,其中许多参数准确度太低(不少地质参数很难将误差降到10%甚至20%以下),其计算结果的累积误差必然很大。

5. 生产动态分析法

此方法主要依据油田生产动态资料,通过分析油井见水、见效及压力、含水、气油比分布变化情况,再结合油藏静态地质特征和生产测井资料,推断地下油水分布运动状况和变化趋势,据此判断储量动用状况和剩余油分布情况。

以上各种剩余油检测研究方法,各有特点,又都有其局限性,任何单独一种方法所得出的剩余油数量及分布的认识,其可靠程度都可能不高,都应予以怀疑并用其他方法进行检验、补充或修正。最好能够综合应用以上各种方法进行剩余油研究,这将大大提高研究认识的可靠程度。

当然,剩余油分布问题仍很复杂,对一些特殊储层中的水驱油过程与剩余油分布(例如裂缝型储层、双重与多重孔隙介质储层等),至今仍不甚清楚。随着石油工业的发展和研究检测技术的提高,剩余油分布研究应当逐渐取得令人满意的进步。

思 考 题

1. 油田注水开发中储层性质主要有哪些变化?这些变化会对油田开发造成怎样的影响?
2. 油田注水开发中流体性质主要有哪些变化?
3. 不同韵律油层驱油效果有什么不同?为什么?
4. 油田合层注水开发中,为什么会出现层间差异?层间差异的主要特征是什么?
5. 油田注水开发中水驱油在平面上有什么规律?
6. 什么是剩余油?剩余油分布有什么特征?
7. 影响剩余油分布的地质因素有哪些?
8. 油层非均质性与剩余油分布有什么关系?

参 考 文 献

陈新军,包书景,侯读杰,等,2012. 页岩气资源评价方法与关键参数探讨[J]. 石油勘探与开发,39(5):566-571.

陈永生. 1993. 油田非均质对策论[M]. 北京:石油工业出版社.

池秋鄂,龚福华. 2001. 层序地层学基础与应用[M]. 北京:石油工业出版社.

崔树清,王福生,董双波. 2008. 钻井地质[M]. 天津:天津大学出版社.

大庆油田勘探开发研究院. 1991. 油层物理方法研究[M]. 北京:石油工业出版社.

戴金星,裴锡古,戚厚发,等. 1992. 中国天然气地质学(卷一)[M]. 北京:石油工业出版社.

戴金星,王庭斌,宋岩,等. 1997. 中国大中型天然气田形成条件与分布规律[M]. 北京:石油工业出版社.

戴启德,纪友亮. 1996. 油气储层地质学[M]. 东营:石油大学出版社.

迪基 P. A. 1982. 石油开发地质学[M]. 北京:石油工业出版社.

董大忠,程克明,王世谦,等. 2009. 页岩气资源评价方法及其在四川盆地的应用[J]. 天然气工业,29(5):33-39.

董大忠,王玉满,黄旭楠,等. 2016. 中国页岩气地质特征、资源评价方法及关键参数[J]. 天然气地球科学,27(9):1583-1601.

董敏煜. 2000. 地震勘探[M]. 东营:石油大学出版社.

方少仙,侯方浩. 1998. 石油天然气储层地质学[M]. 东营:石油大学出版社.

傅雪梅,秦勇,韦重韬. 2007. 煤层气地质学[M]. 北京:中国矿业大学出版社.

关德师,牛嘉玉,郭丽娜,等. 1995. 中国非常规油气地质[M]. 北京:石油工业出版社.

郭海敏. 2003. 生产测井导论[M]. 北京:石油工业出版社.

何更生. 1994. 油层物理[M]. 北京:石油工业出版社.

侯启军,魏兆胜,赵占银,等. 2006. 松辽盆地深盆气藏[J]. 石油勘探与开发,33(4):406-411.

胡见义,黄第藩,等. 1991. 中国陆相石油地质理论基础[M]. 北京:石油工业出版社.

胡见义,徐树宝,等. 1986. 非构造油气藏[M]. 北京:石油工业出版社.

胡文瑞. 2008. 中国石油非常规油气业务发展与展望[J]. 天然气工业,28(7):5-7.

黄第藩,李晋超,等. 1984. 陆相有机质演化和成烃机理[M]. 北京:石油工业出版社.

黄第藩,秦匡宗,等. 1995. 煤成油的形成和成烃机理[M]. 北京:石油工业出版社.

纪友亮,蒋裕强,张世奇,等. 2015. 油气储层地质学[M]. 北京:石油工业出版社.

贾爱林,肖敬修. 2002. 油藏评价阶段建立地质模型的技术与方法[M]. 北京:石油工业出版社.

贾承造,郑民,张永峰. 2011. 非常规油气地质学重要理论问题[J]. 石油学报,35(1):1-10.

贾承造,郑民,张永峰. 2012. 中国非常规油气资源与勘探开发前景[J]. 石油勘探与开发,39(2):129-136.

贾承造,邹才能,李建忠,等. 2012. 中国致密油评价标准、主要类型、基本特征及资源前景[J]. 石油学报,33(3):343-350.

蒋有录,查明. 2006. 石油天然气地质与勘探[M]. 北京:石油工业出版社.

蒋裕强,董大忠,等. 2010. 页岩气储层的基本特征及其评价[J]. 天然气工业,10:7-12,113-114.

焦养泉,李祯. 1995. 河道储层砂体中隔挡层的成因与分布规律[J]. 石油勘探与开发,22(4):78-81.

李茂林,黎文清. 1981. 油气田开发地质基础[M]. 北京:石油工业出版社.

李兴国. 1991. 中高含水期油田开发地质工作探讨[J]. 石油勘探与开发,(6),53-59.

李艳丽. 2009. 页岩气储量计算方法探讨[J]. 天然气地球科学,20(3):466-470.

林壬子,张金亮. 1996. 陆相储层沉积学进展[M]. 北京:石油工业出版社.

刘成林,唐友军,蒋裕强,等. 2020. 非常规油气与可再生能源:富媒体[M]. 北京:石油工业出版社.

刘丁曾,等. 1994. 大庆多层砂岩油田开发[M]. 北京:石油工业出版社.

刘静,陈刚. 2009. 油气田开发地质方法[M]. 北京:石油工业出版社.

刘文革,赵虎,聂荔.2017.地震勘探概论[M].北京:石油工业出版社.
刘泽容,信荃麟.1993.油藏描述原理与方法技术[M].北京:石油工业出版社.
刘宗林,翟慎德,等.2008.录井工程与管理[M].北京:石油工业出版社.
罗明高.1996.开发地质学[M].北京:石油工业出版社.
罗蛰潭.1985.油层物理[M].北京:地质出版社.
吕晓光,田东辉,等.1992.高含水期潜力层分布及地质特征[J].大庆石油地质与开发,11(4),40-45.
吕延防,付广,等.2002.断层封闭性研究[M].北京:石油工业出版社,31-65.
穆龙新,黄石岩,贾爱林.1996.油藏描述新技术:中国石油天然气总公司油气田开发工作会议文集[A].北京:石油工业出版社.
穆龙新,贾爱林,陈亮,等.2000.储层精细研究方法:国内外露头储层和现代沉积及精细地质建模研究[M].北京:石油工业出版社.
牛嘉玉,翁维瑾,徐树宝.1990.辽河西部凹陷重油聚集条件与原油稠变特征[J].石油学报,11(4):25-32.
强子同.2007.碳酸盐岩储层地质学[M].东营:中国石油大学出版社.
裘亦楠.1996.开发地质方法论(一)[J].石油勘探与开发,23(2):43-47.
裘亦楠,陈子琪.1995.油藏描述[M].北京:石油工业出版社.
裘亦楠,薛叔浩,等.1997.油气储层评价技术[M].修订版.北京:石油工业出版社.
施玉娇,高振东,王起琮,王刚.2009.碎屑岩储层流动单元划分及特征[J].岩性油气藏,4:99-104.
石油工业部油田开发生产司.1989.中国油田开发实例[M].北京:石油工业出版社.
时庚戌,等.1994.辽河油田开发实例[M].北京:石油工业出版社.
苏玉亮,郝永卯.2014.低渗透油藏驱替机理与开发技术[M].北京:中国石油大学出版社.
孙来喜,孙建平,杨凤波,等.1999.井间流动单元生产压差预测方法[J].石油与天然气地质,20(2):176-178.
孙龙德,李峰,等.2010.中国沉积盆地油气勘探开发实践与沉积学研究进展[J].石油勘探与开发,37(4):385-396.
童宪章.1981.油井产状和油藏动态分析[M].北京:石油工业出版社.
童晓光,何登发.2001.油气勘探原理和方法[M].北京:石油工业出版社.
王乃举.1999.中国油藏开发模式总论[M].北京:石油工业出版社.
王如义,徐阿林.1984.注水开发过程中地层原油性质变化的研究[J].大庆石油地质与开发,3(4),415-421.
王顺华.2010.复杂断块油藏模式与剩余油预测[M].北京:石油工业出版社.
王延忠.2011.水驱砂岩油藏特高含水期剩余油精细表征技术[M].北京:石油工业出版社.
王元基.2009.高含水储层剩余油分布研究技术文集[M].北京:石油工业出版社.
王泽中.1997.大型交错层理内部沉积物的分异[J].矿物岩石,7(1):71-76.
吴胜和.1999.陆相储层流体流动单元研究的新思路[J].沉积学报,17(2):252-257.
吴胜和.2010.储层表征与建模[M].北京:石油工业出版社.
吴胜和,蔡正旗,施尚明.2011.油矿地质学[M].4版.北京:石油工业出版社.
吴胜和,熊琦华.1998.油气储层地质学[M].北京:石油工业出版社.
吴胜和,岳大力,蒋裕强,等.2021.油矿地质学:富媒体[M].5版.北京:石油工业出版社.
吴欣松,刘钰铭,等.2018.油气田开发地质工程[M].北京:石油工业出版社.
吴元燕,徐龙,张昌明,等.1996.油气储层地质[M].北京:石油工业出版社.
伍友佳.2004.石油矿场地质学[M].北京:石油工业出版社.
伍友佳.2004.油藏地质学[M].2版.北京:石油工业出版社.
夏位荣,张占峰,程时清.1999.油气田开发地质学[M].北京:石油工业出版社.
夏文臣.1989.沉积盆地中的成因地层分析[M].北京:中国地质大学出版社.
向光芹,陈恭洋,吴东胜.2010.温西一区块微构造图的编制及其应用[J].石油天然气学报,28(3):35-37.

熊琦华,吴胜和.1994.储层地质学[M].东营:石油大学出版社.
徐守余.2005.油藏描述方法原理[M].北京:石油工业出版社.
杨通佑,范尚炯,陈元迁,等.1998.石油及天然气储量计算方法[M].2版.北京:石油工业出版社.
于兴河.2008.碎屑岩系油气储层沉积学[M].2版.北京:石油工业出版社.
于兴河.2009.油气储层地质学基础[M].北京:石油工业出版社.
余启泰.2000.注水油藏大尺度未波及剩余油的三大富集区[J].石油学报,21(2):45-50.
查明,曲江秀,张卫海.2002.异常高压与油气成藏机理[J].石油勘探与开发,29(1)19-23.
张昌明,穆龙新,等.2011.油气田开发地质理论与实践学[M].北京:石油工业出版社.
张金亮,谢俊,等.2011.油田开发地质学学[M].北京:石油工业出版社.
张世奇,纪友亮.2005.油气田地下地质学[M],东营:中国石油大学出版社.
章凤奇,陈清华,陈汉林.2005.储集层微型构造作图新方法[J].石油勘探与开发,32(5):91-83.
赵孟军,卢双舫.2000.原油二次裂解气:天然气重要的生成途径[J].地质论评.46(6):645-650.
赵永胜,董富林,邵进忠,等.1999.储层流体流动单元的矿场试验[J].石油学报,20(6):43-46.
中国石油学会石油工程学会.1982.油田开发论文集[M].北京:石油工业出版社.
周琦,高宏印,等.1997.萨尔图油田河流相储集层高含水后期剩余油分布规律研究[J].石油勘探与开发,24(4),51-53.
周伟.2019.页岩气含气量计算办法研究[D].成都:成都理工大学.
朱国华.1984.成岩作用对砂岩储层孔隙结构的影响[J].沉积学报,2(1):1-15.
朱筱敏.2008.沉积岩石学[M].4版.北京:石油工业出版社.
邹才能,董大忠,王社教,等.2010.中国页岩气形成机理、地质特征及资源潜力[J].石油勘探与开发,37(6):641-653.
邹才能,侯连华,王京红,等.2011.火山岩风化壳地层型油气藏评价预测方法研究:以新疆北部石炭系为例.[J]地球物理学报,54(2):388-400.
邹才能,陶士振,侯连华,等.2011.新疆北部石炭系大型火山岩风化体结构与地层油气成藏机制[J].中国科学(地球科学),41(11):1602-1612.
邹才能,陶士振,侯连华,等.2013 非常规油气地质[M].2版.北京:地质出版社.
邹才能,陶士振,袁选俊,等.2009.连续性油气藏形成条件与分布特征[J].石油学报,30(3):324-331.
邹才能,袁选俊,陶士振,等.2010.岩性地层油气藏[M].北京:石油工业出版社.
邹才能,张光亚,陶士振,等.2010.全球油气勘探领域地质特征、重大发现及非常规石油地质[J].石油勘探与开发,37(2):129-145.

Ayers W B. 2002. Coalbed gas system, resources, and production and a review of contrasting cases from the San Juan and Powder River basins. AAPG Bulletin[J],86(11):1853-1890.

Canas J A, Malik I A. 1994. Characterization of flow units in sandstone reservoirs: La Cira Field, Colombia, South America[C]. SPE27732,883-892.

Cander H. What is unconventional resources? [C]. AAPG Annual Convention and Exhibition, Long Beach, California,2012.

Carwalho M V F,et al. 1995. Carbonate cementation patterns and diagenetic reservoir facies in the Campos Basin Cretaceous terbidites, offshore eastern Brazil[J], Marine and Petroleum Geology,12(7):741-758.

Clarkson C R, Jensen J L, Blasingame T A. 2011. Reservoir engineering for unconventional gas reservoirs: What do we have to consider? [C]The North American Unconventional Gas Conference, June 12-16, The Woodlands, Texas, USA.

Clarkson C R, Jensen J L, Chipperfield S. 2012. Unconventional gas reservoir evaluation: What do we have to consider? [J]. Journal of Natural Gas Science and Engineering,8:9-33

Cook T. 2004. Calculation of Estimated Ultimate Recovery (EUR) for wells in assessment units of continuous hydrocarbon accumulations, USGS Powder River Basin Province Assessment Team, total petroleum system and assessment of coalbed gas in the Powder River Basin Province , Wyoming and Montana[J]. U. S. Geological Survey, Digital Data Series, DDS-69-C:1-6

Crovelli R A. 2004. Analytic resource assessment method for continuous - type petroleum accumulations - The ACCESS assessment method: USGS Powder River Basin Province Assessment Team, total petroleum system and assessment of coalbed gas in the Powder River Basin Province, Wyoming and Montana[J]. U. S. Geological Survey Digital Data Series, DDS-69-C:7-12

Desbois G, Urai J L, Kukla P A. 2009. Morphology of the pore space in claystones—evidence from BIB/FIB ion beam sectioning and cryo - SEM observations[J]. eEath,4:15-22

Dewhurst D N, Jones R M, Raven M D. 2002. Microstructural and petrophysical characterization of Muderong shale: application to top seal risking[J]. Petroleum Geoscience,8:371-383

Gautier D L, Mast R F. 1995. U. S. Geological Survey methodology for the 1995 national assessment[J]. AAPG Bulletin,78(1):1-10.

Harry D. 2017. Practical petroleum geochemistry for exploration and production[M]. New York: Elsevier publications.

Hyne N J. 2012. Nontechnical guide to petroleum geology, exploration, drilling & production[M]. 3rd edition . New York: PennyWell Corporation.

Law B E, Curtis J B. 2002. Intrduction to unconventional petroleum systems[J]. AAPG Bulletin,86(11):1851-1852

Loucks R G, Reed R M, Ruppel S C, et al. 2009. Morphology, genesis, and distribution of nanometer - scale pores in siliceous mudstones of the Mississipian Barnett shale[J]. Journal of Sedimentary Research,79:848-86.

Masters J A. 1979. Deep basin gas trap, western Canada[J]. AAPG Bulletin,63(2):152-181.

McCreesh C A, Erlich R, Crabtree S J. 1991. Petrography and reservoir physics: relating thin section porosity to capillary pressure, the association between pore types and throat size[J]. AAPG Bulletin,75:1563-1578.

Pollastro R M. 2007. Total petroleum system assessment of undiscovered resources in the giant Barnett Shale continuous(unconventional) gas accumulation, Fort Worth Basin, Texas[J]. AAPG Bulletin,91(4):551-578.

Robin P L and Rouxhet P G. Characterization of kerogen and study of their evolution by infrared spectroscopy: carbonyl and carboxyl groups[J]. Geochim. Cosmochim. Acta,42:1341-1349.

Rochdi A, Landais P. 1991. Transmission micro - infrared spectroscopy, an efficient tool for microscale characterizeation of coal[J]. Fuel,70(3):367-371.

Rullkotter J, Michaelis W. 1990. The structure of kerogen and related materials. A review of recent progress and future trends[J]. Org. Geochem. ,16:829-852.

Rullkotter J, Spiro B, Nissenbaum A. 1985. Biological marker characteristics of oil and asphalts from Carbonate source rocks in a rapidly subsiding graben Dead Sea, Israel[J]. Geochim. Cosmochim. Acta. 49:1357-1370.

Schieber J. 2010. Lenticular shale fabrics resulting from intermittent erosion of water - rich muds - interpreting the rock record in the light of recent flume experiments[J]. Journal of Sedimentary Research,80:119-128.

Schmoker J W. 1995. Method for assessing continuous type(unconventional) hydrocarbon accumulations//Gautier D L, Dolton G L, Takahashi K I, et al. National assessment of United States oil and gas resources—results, methodology, and supporting data[J]. U. S. Geological Survey Digital Data Series DDS-30.

Schmoker J W. 1995. National assessment report of USA oil and gas resources [DB/CD]. Reston: USCS.

Schmoker J W. 1999. U. S. Geological survey assessment model for continuous(unconventional) oil and gas accumulations: the "FORSPAN" Model[J]. U. S. Geological Survey Bulletin,168:1-9.

Schmoker J W. 2002. Resource - assessment perspectives for unconventional gas systems [J]. AAPG Bulletin, 86(11):1993-1999.

Schmoker J W. 2005. U. S. Geological Survey assessment concepts for continuous petroleum accumulations [J]. U. S. Geological Survey Digital Data Series DDS-69-D,1-9.

Schoell M. 1980. The hydrogen and carbon isotopic composition of methane from natural gases of various origins[J]. Geochimica. Cosmochimica Acta,44:649-661.

Schoell M. 1983. Genetic characterization of natural gases[J]. AAPG Bulletin,67:2225-2238.

Shaw A,Reynolds T,Warren E. 1996. Integrated description of a complex low/gross sandstone reservoir: upper subzones of the Endicott Field,N Slope of Alaska[C],SPE35496:153-154.

Slatt E M, O'Neal N R. 2011. Pore types in the Barnett and Woodford gas shale: contribution to understanding gas storage and migration pathways in fine grained rocks[J]. AAPG annual Convention Abstracts,20:167.

Smith P V. 1988. The occurrence of hydrocarbons in recent sediments from the Gulf of Mexico[J]. Science, 116: 437-439.

Sondergeld C H,Ambrose R J,Rai C S. 2010. Micro-structural studies of gas shale [C]. SPE131771.

Spiro C L, Kosky P G, 1982. Space-filling models for coals: extension to coals of various ranks[J]. Fuel,3: 187-193.

Stahl W J, et al. 1975. Source-rock identification by isotope analyses of natural gases form fields in the Vol Verde and Delaware Basins,West Texas[J]. Chem. Geal. ,16(4):257-267.

Stahl W J. 1977. Carbon and nitrogen isotope in hydrocarbon research and exploration [J]. Chemi. Geol. , 20: 122-149.

Tissot B P ,et al. 1974. Influence of and diagenesis of organic matter in formation of petroleum[J]. AAPG Bulletin, 58(3):499-506.

Tissot B P,Durand B,Espitalie J,Combaz A. 1974. Influence of the nature and diagensis of organic matter in the formation of Petroleum[J]. AAPG Bulletin,58:499-506.

Tissot B P ,Welte D H. 1978. Petroleum formation and occurrence[M]. 2nd edition. New York:Springer Verlag.

Treibs A. 1936. Chlorophyll and hemin derivatives in organic mineral substances [J]. Angewandte Chemie, 49: 682-686.